现代核分析技术

贾文宝　黑大千　主编

科 学 出 版 社

北　京

内 容 简 介

本书共 11 章，主要介绍了活化分析技术(包括中子活化分析技术和带电粒子活化分析技术)、带电粒子核反应瞬发分析、带电粒子弹性散射分析(包括卢瑟福背散射分析和轻元素分析)、穆斯堡尔谱学、核磁共振、X射线荧光光谱分析、正电子湮没技术、加速器质谱分析、中子散射、基于中子的元素成像技术等现代核分析技术的背景、原理、应用范围以及发展趋势. 同时，加入了目前新兴分析技术——激光诱导击穿光谱分析技术的相关知识.

本书可供核科学与技术相关专业本科生和研究生教学使用，也可作为相关专业选修教材以及从事相关专业的教学科研人员的参考用书.

图书在版编目（CIP）数据

现代核分析技术／贾文宝，黑大千主编. —北京：科学出版社，2022.3

ISBN 978-7-03-071888-4

Ⅰ. ①现…　Ⅱ. ①贾…②黑…　Ⅲ. ①核反应分析　Ⅳ. ①TL271

中国版本图书馆 CIP 数据核字（2022）第 044849 号

责任编辑：罗　吉　龙嫚嫚　杨　探／责任校对：杨聪敏

责任印制：张　伟／封面设计：蓝正设计

科学出版社 出版

北京东黄城根北街 16 号

邮政编码：100717

http://www.sciencep.com

北京九州迅驰传媒文化有限公司印刷

科学出版社发行　各地新华书店经销

*

2022 年 3 月第　一　版　开本：720 × 1000　1/16

2024 年 7 月第四次印刷　印张：27

字数：544 000

定价：98.00 元

（如有印装质量问题，我社负责调换）

序

自 1895 年德国科学家伦琴(W. C. Röntgen)发现 X 射线，迄今已有百余年历史，在这一个多世纪的岁月里，人们不仅认识了 X 射线是短波长的电磁波，了解了 X 射线的产生机制，更是深入研究了其与物质的相互作用，并用于对物质科学分析中. 1896 年，法国物理学家乔治(S. Georges)发现了 X 射线荧光. 1913 年，莫塞莱(H. G. Moseley)提出了著名的莫塞莱定律，奠定了 X 射线荧光分析的科学基础，开启了核分析技术的先河. 而后，随着 1932 年中子的发现，中子活化分析、中子散射技术相继发展并迅速拓展应用到各个领域，推动了核分析技术的进一步发展. 20 世纪 60 年代，随着离子源技术、加速器技术及核探测技术的发展，离子束分析技术也得到了长足发展. 迄今为止，这些核分析技术的诞生、发展与应用，对推动科学技术的发展与人类文明的进步都产生了重大、积极且深远的影响. 从实际应用领域看，上至天文、下到深海，大到宇宙、小到细胞，远溯到考古，近到当代高新技术，都是核分析技术的用武之地.

核分析技术教材自 1987 年复旦大学编写出版以来，一直没有更新；而随着计算机、电子学、材料科学等技术的飞速发展，核分析技术不断推陈出新，新方法、新思路、新应用不断涌现，应对其进行系统性归纳与编纂，以便让专业人才掌握最新的技术.

编者团队长期从事核分析技术的教学研究工作，在中子技术领域、X 荧光分析技术、离子束分析领域开展了系统性研究，取得了丰富的研究成果，积累了丰富的教学、科研及实践经验. 该书是在前辈科学家的技术总结与团队多年经验的基础上，参考了大量的国内外文献资料编写而成，较为全面地反映了国内外现代核分析技术的新发展、新水平和新动向.

受该书主编邀请，我很高兴为该教材写此序言. 相信该教材的出版，将有益于核技术应用人才的培养，并为推动我国核科学技术的发展起到积极作用.

柴之芳

2021 年 11 月 28 日

前　言

现代核分析是基于核反应、核效应、核性质、核谱学和核装置的现代分析方法，它是核科学技术的一个重要领域. 国家自然科学基金委员会在“核技术科学发展战略研究报告”中，把发展核分析方法及其应用列为优先支持方向，国际权威核科学组织国际原子能机构也把核分析技术列为一项重要的研究手段和方法. 核分析技术在国家安全、社会经济发展和科技进步方面具有特殊的不可取代的地位.

现今，核分析技术在空间探测、气候变迁、反恐反毒和反走私等方面起着越来越重要的作用. 随着计算机和电子学的发展，核分析技术不断推陈出新，新方法、新思路、新应用不断涌现. 为了适应现代教学的需要，有必要加入一些现代分析技术以及相关的新的应用拓展.

“现代核分析技术”是高等学校培养核技术及应用专业人才的一门重要课程，它在学生综合素质的提高，知识结构、逻辑思维、分析能力的加强，创新意识的启迪等方面的作用是极其重要的. 它既是培养学生创造性思维的重要载体，也是一门实践性极强的专业基础课.

本书内容上主要由离子束分析技术、活化分析技术、超精细相互作用分析技术三大部分构成. 离子束分析包括卢瑟福背散射分析、核反应分析、X 射线荧光分析；活化分析包括中子活化分析和带电粒子活化分析；超精细相互作用分析包括穆斯堡尔谱学分析、正电子湮没技术、核磁共振、超灵敏质谱分析和中子散射技术. 附加中子活化成像和激光诱导光谱分析技术；重点引导同学们理解和掌握现代核分析技术的原理、方法以及应用创新.

本书的编写过程中，贾文宝老师负责整体框架的编写和审定，黑大千老师负责本书的审阅工作，单卿老师负责超精细相互作用部分的撰写，凌永生老师负责离子束分析部分的撰写，程璨老师负责中子活化成像和激光诱导光谱分析两部分的撰写，李佳桐老师负责活化分析部分的撰写. 南京航空航天大学核分析技术团队的大部分同学参与了编辑、校对工作，其中赵冬负责带电粒子核反应瞬发分析章节；汤亚军负责带电粒子弹性散射分析章节；金利民负责穆斯堡尔谱学章节；梁旭文负责核磁共振章节；张新磊负责 X 射线荧光光谱分析章节；孙爱赟负责正电子湮没技术章节；蔡平坤负责加速器质谱分析章节；雷浩宇负责中子散射章节；张志超负责激光诱导击穿光谱分析技术章节. 感谢他们的辛苦付出！

在本书的编写过程中，各位业内专家给予了大力支持. 中国原子能科学研究院倪邦发研究员、中国原子能科学研究院姜山研究员、兰州大学姚泽恩教授、华北电力大学张小东教授、中国工程物理研究院黄朝强研究员、成都理工大学周建斌教授、成都理工大学杨剑波教授以及南京航空航天大学戴耀东教授等专家对本书的相关章节进行了仔细审阅.

借此，向为本书付出辛勤劳动的各位专家、同仁以及南京航空航天大学核分析技术研究所的全体同学致以最诚挚的感谢！同时向本书所引用的文献作者表示衷心感谢！

由于编者知识水平和实践的局限性，加之时间仓促，书中难免存在疏漏和不尽如人意之处，诚恳广大读者以及同行专家不吝赐教，予以斧正.

贾文宝

2021 年 12 月

但这种反应的存在，视采用的标准化方法不同，所起的作用也不同. 在相对测量法中，X‴ 的存在并不认为是干扰，相反，对分析起着增强作用，^{65}Cu(n，2n)^{64}Cu 反应和 ^{63}Cu(n，γ)^{64}Cu、^{65}Cu 的存在对 Cu 元素分析来讲提高了分析灵敏度；而 k_0 标准化方法中，这一反应起着干扰作用.

同样，如果样品中原子序数为 Z，质量数为 A 的待分析元素 X 通过(n，p)反应($^{A}_{Z}X_{A-Z}+n\rightarrow {}^{A}_{Z-1}Y'_{A-Z+1}+p$)生成放射性核素 Y′，而样品中另一($Z$+1)、($A$+3)的元素 X*通过(n，α)反应($^{A+3}_{Z+1}X^*_{A-Z+2}+n\rightarrow {}^{A}_{Z-1}Y'_{A-Z+1}+\alpha$)生成核素 Y′, 这时元素 X* 的存在是对元素 X 分析的干扰. 例如，^{28}Si(n，p)^{28}Al 的干扰反应是 ^{31}P(n，α)^{28}Al；^{16}O(n，p)^{16}N 的干扰反应是 ^{19}F(n，α)^{16}N.

这种初级干扰反应的严重程度取决于样品中干扰元素的相对含量、中子通量分布和活化截面. 一般来说，除非在辐照前对样品进行元素分离，否则这类干扰是难以排除的. 选择合适的中子能区,可以减少干扰核反应的产额. 如果干扰元素是样品的基本元素，则即使干扰反应截面较小，这时也会造成严重的干扰. 当用纯的热中子做活化分析时，(n，γ)反应截面大，(n，p)、(n，α)干扰反应不存在. 在快中子活化分析中，因(n，p)、(n，α)、(n，2n)的反应截面大致是同数量级的，干扰比较严重. 例如 14MeV 中子的 ^{19}F(n，α)^{16}N 反应截面为 $5.7\times10^{-30}m^2$, ^{16}O(n，p)^{16}N 反应截面为 $9\times10^{-30}m^2$，^{19}F 的存在对 ^{16}O 的分析造成严重干扰. 可以根据它们反应阈能的不同，通过改变中子能量来减少干扰；或通过另外的核反应测定干扰元素的含量，从而可以扣除这部分对分析结果的影响. 例如，对于 ^{19}F 的干扰，可用 ^{19}F(n，p)^{19}O 反应. ^{19}O 的半衰期为 29.4s，比 ^{16}N 的半衰期(7.4s)长，在测定 ^{16}N 之后再测 ^{19}O，就可以定出 ^{19}F 的含量，再从 ^{16}N 的测定结果中扣除 ^{19}F(n，α)^{16}O 反应的贡献就可以确定 ^{16}O 的含量.

其他的初级干扰反应是裂变反应. 样品中含有的裂变物质受热中子作用发生裂变，裂变产物可能干扰待分析元素. 稀土元素的中子活化分析时，这种干扰比较严重.

2. 次级干扰反应

(n，γ)、(n，p)、(n，α)反应产生的γ射线、质子和α粒子与某些原子核发生核反应，生成了待鉴定的放射性核素，称为次级干扰反应. 次级干扰反应的产额一般都是很低的，在慢中子活化分析中可以不予考虑，在快中子活化分析时，有时会带来一些影响. 例如 14MeV 中子辐照聚乙烯样品时，中子与样品中的氢原子发生 n-p 碰撞，反冲质子能量很高，可与 C 元素发生 ^{13}C(p，n)^{13}N 反应，此反应干扰了 ^{14}N(n，2n)^{13}N 反应对碳氢化合物中的 N 元素分析. 又如，^{48}Ti(n，p)^{48}Sc 反应产生的质子与 ^{48}Ca 发生 ^{48}Ca(p，n)^{48}Sc 反应，造成对 ^{48}Ti 分析的干扰.

3. 其他干扰

除上述干扰反应外，还有样品中含量多的元素或基体元素的活化产物，通过β^-、β^+及电子俘获衰变成待测元素的稳定同位素，然后再被活化成待鉴定的放射性核素. 这种干扰往往发生在干扰元素的丰度高、原子序数为 Z，而待测分析的痕量元素的原子序数为 Z+1 的那些元素的热中子活化分析中，例如，要分析 Os 样品中的 Ir，可以用 ^{191}Ir(n，γ)^{192}Ir 反应，测量 ^{192}Ir($T_{1/2}$=74.3d)；但 Os 可以通过 ^{190}Os(n，γ)^{191}Os 反应生成 ^{191}Os，^{191}Os 经β^-衰变形成 ^{191}Ir，^{191}Ir 再被活化成 ^{192}Ir. 这个过程中样品中的 ^{191}Ir 含量不断增加(增强效应)，给分析带来困难. 又如，分析 Si 样品中的 P，可用 ^{31}P(n，γ)^{32}P 反应，测量 ^{32}P 的放射性，但基体元素 Si 可通过 ^{30}Si(n，γ)^{31}Si 反应生成 ^{31}Si，^{31}Si 经β^-衰变形成 ^{31}P. 分析 Ge 中的 As 也有类似的情况发生. 而分析 Ge 中痕量的 Ga 元素时，基体元素活化后通过β^+衰变也使痕量元素含量增加. 在快中子活化分析时，因(n，γ)活化截面太小，几乎没有这种干扰.

此外，尚有样品中天然放射性物质的高能γ射线本底干扰，以及样品的包装材料可能引起的干扰反应. 例如，包装材料 Al 可通过 ^{27}Al(n，α)^{24}Na 反应生成 ^{24}Na，这对用 ^{23}Na(n，γ)^{24}Na 反应分析 ^{23}Na 来讲是干扰.

1.1.6 定性定量分析方法

1. 定性分析

在中子活化分析过程中，对样品中的核素进行定性分析主要包括三种方法：一是衰变曲线法；二是能谱测量法；三是能谱测量和衰变曲线法的结合.

1) 衰变曲线法

测量放射性核素的衰变曲线，从衰变曲线的分析可以确定被测核素的半衰期，而且能在样品基体元素和其他杂质元素的干扰存在的情况下，鉴别出待测元素的种类以及确定其活度. 对于只存在单种放射性核素的简单情况，在 t 时刻的活度为

$$A(t)=A_0\exp\left(-\frac{0.693t}{T_{1/2}}\right) \tag{1.1.17}$$

式中 A_0 是辐照结束时刻的放射性活度. ln$A(t)$与 t 为线性关系，直线的斜率表示半衰期 $T_{1/2}$，与纵坐标 ln$A(t)$的交点可得 A_0.

如果辐照后生成多种放射性核素，则测得的衰变曲线是这些放射性核素的混合衰变曲线，在任意时刻 t 测得的活度是各个核素成分的活度之和，即

CRM 证书中给出的推荐最小取样量均在 100～250mg，显然不适用于上述的“微分析”质量控制.

表 1.2.2 某些现代固体取样分析技术的典型取样量

固体取样分析技术	典型取样量
中子活化分析	0.001～10g
X 射线荧光	1～100mg
粒子激发 X 射线发射	0.1～10mg
粒子激发核反应分析	0.1～10mg
卢瑟福背散射分析	0.1～10mg
火花源质谱	0.1～10mg
固体取样原子吸收谱学	0.1～1mg
固体取样电感耦合等离子体发射光谱	0.1～1mg
固体取样电感耦合等离子体质谱	0.1～1mg
辉光放电质谱	1～100g
激光剥离电感耦合等离子体发射光谱	1～10ng
激光剥离电感耦合等离子体质谱	1～10ng
微区 PIXE	≈0.1ng
微区同步辐射 XRF	≈0.1ng
电子微探针分析	≈1pg
激光微探针分析	≈1pg
二次离子质谱	≈1pg
带有能散 X 射线分析的透射电子显微镜	≈1fg

利用 ReNAA 对多种元素进行测定，具有不确定度相对小而且可以精确表述的这一优势，结合 Ingamells 取样常数理论，中国原子能科学研究院 NAA 实验室建立了对给定标准物质中给定元素的取样不确定度与取样量之间的函数关系

$$K_s = R^2\omega\ ,\quad R^2 = S_0^2 - S_a^2 \tag{1.2.15}$$

式中，S_0 为单次测量的相对标准偏差，%；S_a 为相对分析不确定度，%；R 为相对取样不确定度，%；ω 为子样品量，mg.

Ingamells 取样常数 K_s 则定义为：对于很好地混合了的物质，为保证某组分的取样不确定度小于 1%(68%置信水平)所需的最小取样量. 其量纲与 ω 的相同. 目

前，该实验室已对国内外多种 CRM 进行了多元素 K_s 测定，从而使这些 CRM 成为对部分元素适用的微分析 CRM.

2) 样品的照前处理(破坏性样品制备)

活化前对样品进行任何处理将失去(至少是部分地失去)活化分析的最大优势——相对低污染和低损失，但下列场合常需使用这些操作.

(1) 生物样品和含水样品的照前无机化和固体化.

如前所述，这是反应堆安全规程的要求. 高温灰化、低温等离子体灰化和冷冻干燥是常用的方法.

(2) 待测元素的照前富集.

下列场合之一常需使用这一操作：①样品中具有大热中子吸收截面的元素(如 B、Cd、Li、稀土元素等)含量较高；②为达到要求的探测极限所需样品量过大；③指示核素为短寿命核，没有足够的时间进行放化分离.

(3) 照前分离进行元素化学种态研究.

由于粒子轰击将造成化学键的破坏，活化分析不能直接用于元素化学种态分析. 通过照前的化学或生化技术处理，依研究目标将样品中的不同物相或化学物质群(如特定的大分子)分离，然后对各部分分别进行 ReNAA，则可以达到元素化学种态分析的目的.

2. 辐照与衰变

1) ReNAA 的堆型

普通实验反应堆可提供 10^{12}～10^{14}cm$^{-2}\cdot$s^{-1} 的中子注量率，热/快比可到 10^5 以上. 20 世纪 70 年代初，加拿大开发的 SLOWPOKE 堆和美国研制的 ^{252}Cf-^{235}U 倍增器对 ReNAA 的普及做出了重要贡献，我国原子能科学研究院于 1984 年开发了微型中子源反应堆. ReNAA 关心的主要堆参数包括：样品辐照位置的热中子注量率 Φ_{th}、中子能谱和介质温度.

2) 孔道

对(n，γ)活化反应有实际贡献的堆中子由两部分组成：热中子(或称镉下中子，能量在 0.55eV 以下)和超热中子(或称共振中子，能量在 0.55eV～1MeV). 如前所述，(n, γ)反应率可由下式估计：

$$R = \Phi\sigma = \Phi_{\text{th}} \times \sigma_0 + \Phi_{\text{e}} I_0 \tag{1.2.16}$$

当活化样品中主要干扰核素的 I_0/σ_0 小于待测核素的 I_0/σ_0 时(例如，典型地质样品中，主要干扰核素为 ^{24}Na、^{46}Sc 等，而待测核素为 ^{75}As、^{126}Sb、^{98}Au 等；典型生物样品中主要干扰核素为 ^{24}Na、^{42}K、^{32}P 等，而待测核素为 ^{76}As、^{128}I、^{115}Cd 等)，选用 $\Phi_{\text{th}}/\Phi_{\text{e}}$ 较小的照射孔道可以提高上述待测核素对主要干扰核素的相对灵敏度，从而得到较低的探测极限或改善测量精度，反之亦然. 若利用镉或硼盒过滤掉热中子，以“纯”超热中子照射样品，则可使上述例子中具有高 I_0/σ_0 核素的相对灵敏度得到最大限度的改善.

3) 样品照射和衰变时间的选择

一种指示核素在稳态堆中子照射过程中的放射性生长，停照至测量起始时刻的衰变，以及测量过程中的衰减规律可分别由式(1.1.13)中照射时间、衰变时间和测量时间来表示. 定性说来，待测核素的半衰期比主要干扰核素短时，使用较短的照射时间、衰变时间和测量时间，对提高信号干扰比有利；反之亦然. 在多元素分析中，通常的做法是使用几种不同的照射时间-衰变时间组合，使各指示核素在某一组合中得到最佳的计数统计. 典型的做法是，1～3 次不同 t_i 的照射，各次照射后进行 2～3 次跟踪测量.

3. 照后处理和测量

1) 仪器中子活化分析(instrumental NAA, INAA)

不经放射化学处理，直接测量活化样品的方法，称为 INAA. 现代 HPGe γ 谱仪的极高能量分辨率，使得大多数样品的多元素 INAA 成为可能. 所以，INAA 是目前使用最广泛的 ReNAA 方法.

在现代 ReNAA 中，占压倒优势的测量手段是计算机化 HPGe γ 谱仪. 其基本原理是：入射的γ 射线与 Ge 晶体作用，将部分或全部能量沉积于探测器晶体中，产生与沉积能量成正比的电子-空穴对. 这些电荷被加到 Ge 探测器的反向高压收集，经电荷灵敏前置放大器和成形放大器后，产生一个与沉积能量成正比的电压脉冲. 通过模数转换器(ADC)产生一个脉冲高度谱. 经能量刻度后，即是γ 能谱. 经在线计算机进行能谱分析，给出各谱线的能量和强度，用以进行元素定性定量分析. 一个典型的测量系统框图示于图 1.2.2.

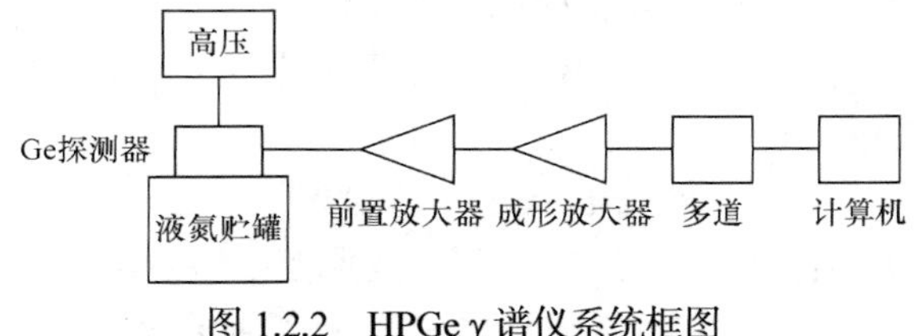

图 1.2.2　HPGe γ 谱仪系统框图

2) 放射化学中子活化分析(radiochemical NAA, RNAA)

A. 放化分离在现代 ReNAA 中的地位

对活化样品进行放射化学分离(简称放化分离)，除去主要干扰核素，或分离出待测核素，可以大大改善元素测定的探测极限和精密度. 在使用没有核素甄别能力的 Geiger-Müller(GM)计数器(乃至较低分辨能力的 NaI(Tl)探测器)的早期 ReNAA 中，放化分离曾是必不可少的步骤. 在 INAA 已成为主流的今天，放化分离仍发挥着极为重要的作用. 这是因为，一方面，在许多场合，INAA 的灵敏度已无法与最近发展的某些非核分析技术竞争；另一方面，许多科学领域对痕量分析提出了亚纳克/克的要求，没有放化分离的 ReNAA 往往不能应对这两方面的挑战.

B. 放化分离的特点

与一般的化学分离相较，放射化学分离有如下特点：①由于分离是在活化之后进行的，在普通痕量分离中致命的容器、试剂和环境污染，对于放化分离则不存在(只要污染物没有放射性)；②分离前往往加入微克至毫克量的天然待测元素“载体”和干扰元素“反载体”，从而避免了普通痕量分析中的另一致命问题，即吸附、胶体形成等所谓元素的“超低浓行为”；③已知量载体的添加可用于化学产额的准确测定，因而，分离不必是定量的.

C. 建立放化分离流程的三种方案

a. 单元素分离(single element separation, SES)

以放射化学纯的状态选择性地分出单个指示核素，以高效率低本底仪器进行测量，可以得到最佳的分析精度和探测极限. 例如，用这种方法对低灵敏度(乃至一般认为 ReNAA 不合适)元素 Sn、Si、Pb 分别达到了 2ng、5ng、1μg 的探测极限.

b. 组分离(group separation, GS)

HPGe γ 谱仪的使用使得逐个元素分离往往并不必要. 将待测元素分成几个无干扰组可满足要求. 早期的组分离流程较为冗长，如 Samsahl 的柱法系统、Goode 的萃取系统、Peterson 的柱萃取系统. 近年发展的组分离系统更为简捷和目标明确. 我国活化分析研究人员建立的两个稀土元素分离流程、两个铂族元素分离流程和一个生物样品分离流程，即属此类系统.

固定分组法的优点是便于自动化，缺点是不能普适于元素组成差别很大的样品和不同的分析目的.

c. 化学剥谱法(chemical spectra stripping, CSS)

活化样品的γ能谱分析中，经常遇到的问题是一种或几种强度最大的核素构成主要干扰. 选择性地除去它们，可以同时测定多种元素. 20 世纪 60 年代末，Girardi 等以水合五氧化二碲(HAP)除去活化样品中最常见的干扰核素 ^{24}Na，从而开创了化学剥谱法. 它的基本出发点是，以最简捷的放化分离为γ谱分析扫除障碍. Nagy 等建立的生物样品去除 ^{24}Na、^{42}K、^{32}P、^{82}Br 的 CSS 流程是一个很好的例子. 该实验室以 NaBr-NaBrO$_3$ 无机交换柱同位素分离法除去主要干扰核素 ^{24}Na 和 ^{82}Br，测定了珠穆朗玛峰地区冰、雪、河水样品中的多种元素.

4. 峰分析

HPGe γ 谱仪测得的活化样品的能谱中，全部有用的信息均存在于峰区. 峰的能量(有时结合峰强度的衰减速率)用于核素鉴定. 峰的强度(面积)则是核素定量的基础.

峰分析大致有以下步骤：①判定峰的存在(目测法，一阶导数法，广义二次差分法等)；②测定精确峰位(拟合峰形函数的极大，峰重心等)；③以γ 标准源进行测量系统的能量刻度，确定峰的能量；④对照标准能量库，对各峰进行核素检索；⑤测定峰面积(逐道加和法，拟合峰函数积分法等)和相应的计数统计不确定度.

1) 相对比较法

参见 1.1 节基本原理内容.

2) 参量化 k_0 法

$$k_0 = \frac{M^*\theta\sigma_0\gamma}{M\theta^*\sigma_0{}^*\gamma^*} = \frac{\dfrac{N_\mathrm{p}}{t_\mathrm{c}}\cdot\dfrac{1}{SDCW}}{\left(\dfrac{N_\mathrm{p}}{t_\mathrm{c}}\cdot\dfrac{1}{SDC\omega}\right)^*}\frac{1}{\rho}\frac{f+Q_0^*(\alpha)}{f+Q_0(\alpha)}\frac{\varepsilon_\mathrm{p}^*}{\varepsilon_\mathrm{p}} \tag{1.2.17}$$

式中，M 为原子量；θ 为靶核素同位素丰度；σ_0 为热中子(n,γ)截面，cm^2；γ 为γ 衰变分支比；N_p 为峰面积；W 为样品质量，g；ω 为比较器质量，μg；f 为热中子对超热中子注量率比；$Q_0(\alpha)$ 为 $I_0(\alpha)/\sigma_0$，$I_0(\alpha)$ 为对超热中子注量率进行了非 $1/E$ 分布校正(假定为 $1/E^{1+\alpha}$)的共振积分；ε_p 为全能峰效率；ρ 为元素含量，μg/g；其他参量定义同前. 有*的表示比较器的参数；无*的为待测元素的参数.

式(1.2.17)的前一部分表明 k_0 是一个与照射和测量条件无关的“组合核常数”，其后一部分则表明，它又是一个实测参量. k_0 是对应于一个比较器(一个已知量的某元素，如 Au)的给定待测元素的常数. Corte 等已经实测并编评了涉及 60 种元素的 112 个核素的 $k_{0,\mathrm{Au}}$(以 Au 为比较器的 k_0 值). Au 以外的任何元素 x，亦可用作比较器. 通过式(1.2.18)可从 $k_{0,\mathrm{Au}}$ 转换为 $k_{0,x}$

$$k_{0,x} = k_{0,\mathrm{Au}}/k_{0,\mathrm{Au}}(x) \tag{1.2.18}$$

利用式(1.2.17)或式(1.2.18)进行 k_0-NAA 法元素测定的大致步骤是：

(1) 查得各待测核素的 k_0 值；

(2) 事先测定探测系统在给定测量几何条件下的效率曲线，查得各分析峰效率 ε_p；

(3) 事先，或与待测样品同时，测定照射位置的中子能谱修正系数 α 值；

(4) 从文献查得各分析反应的 Q_0 值和 E_r 值，利用式(1.2.19)计算出 $Q_0(\alpha)$

$$Q_0(\alpha) = (Q_0 - 0.429)/(E_\mathrm{r})^\alpha + 0.429/[(2\alpha+1)(0.55)^\alpha] \tag{1.2.19}$$

(5) 样品同时照射中子注量率比监测器(通常用 ^{94}Zr-^{96}Zr 对)测定照射位置的 f;

(6) 测 N_p 和 N_p^*，计算元素含量 ρ.

5. 不确定度

1) 统计不确定度

统计不确定度是分析精密度的量度，它反映测量值的重复性. 在 ReNAA 中，它包括计数统计不确定度 S_c 和非计数统计不确定度 S_n. 前者可以较准确地计算；后者包括样品不均匀性、称重、照射中的中子注量率、测量几何、放化分离中的化学产额等参量的统计性起伏等. 它们可以通过多次重复实验对所得数值的标准偏差进行估计.

一种物质的 m 个子样品对某元素的测定结果分别为 N_1, N_2，…，N_m，单次测定的统计不确定度(标准偏差)S_{st} 的平方 S_{st}^2 为

$$S_{st}^2 = \sum\nolimits^m (N_i - \bar{N})^2 / (m-1) \tag{1.2.20}$$

其中

$$S_{st}^2 = S_c^2 + S_n^2 \tag{1.2.21}$$

S_{st} 为总的统计不确定度. 在实际工作中，可能出现三种情况：

(1) $S_{st} > S_c$，说明有明显的非计数统计不确定度；

(2) $S_{st} \approx S_c$，说明计数统计不确定度在总统计不确定度中占主导地位，通常称为“分析结果在计数统计控制中”；

(3) $S_{st} < S_c$，这一异常现象是由有限个子样品偶然得到的“异常一致”结果所致，应以 S_c 代替 S_{st} 更为合理.

平均值的统计不确定度 $\bar{S}_{st}$ 为

$$\bar{S}_{st} = S_{st} / \sqrt{m} \tag{1.2.22}$$

2) 系统不确定度

系统不确定度 S_y，是分析准确度的量度，它反映测定值与“真值”的偏离. 对分析过程的各个步骤进行系统不确定度分析有两个目的：①尽可能探测所有的系统不确定度来源，采取措施消除或减小它们；②对不能完全消除的系统不确定度因素，通过重复实验将之随机化，从而进行定量估计.

ReNAA 中，系统不确定度来源包括：

(1) 样品或标准(比较器)制备中的称重不确定度；

(2) 样品制备中待测元素的污染或丢失；

(3) 待测元素在样品和标准中有不同的靶核素同位素丰度；

(4) 标准溶液配制、贮存和标准滴制中引入的元素含量不确定度；

(5) 照射过程中，样品和标准(比较器)接受的中子注量率不一致(由于中子注量率的空间梯度或自屏蔽效应)；

(6) 不正确的干扰校正；

(7) 放化分离中不正确的化学产额校正；

(8) 样品和标准(比较器)测量几何不一致(不正确的几何归一)等.

3) 不确定度合成

分析报告中，测定值的不确定度应表示为统计不确定度和系统不确定度的合成.

单次(样)测定的不确定度

$$S = t_{m,0.05} S_{\mathrm{st}} + S_{\mathrm{y}} \tag{1.2.23}$$

平均值的不确定度

$$\overline{S} = t_{m,0.05} \overline{S}_{\mathrm{st}} + S_{\mathrm{y}} \tag{1.2.24}$$

式中将统计不确定度的置信度扩大到 95%，与通常用范围值(range)表示的 S_{y} 相匹配. 这样表达的总不确定度 S 和 $\overline{S}$，可以保守地认为具有 95%的置信度.

1.2.4　反应堆中子活化分析的应用

1. 地球和宇宙科学

地球化学的主要任务是测定化学元素在各种地质物质中的丰度和分布，以研究岩石、矿物的形成和演化机理. 近年来，各国研究人员将中子活化分析技术应用于地球科学中. 为了解土壤中 Fe 元素的形态、黏土矿物以及微量元素的含量和分布，Rosa 等研究人员对佛得角布拉瓦岛的土壤进行测定. 研究表明，在所有研究土壤的黏土粒度分数中，只检测到 Fe(Ⅲ). 在所研究的其他化学元素中，砷、溴特别是锑的浓度较高，且所有的铁氧化物都是纳米级的，这证实了这些元素在纳米颗粒表面的主要吸附作用(Rosa et al., 2018).

2. 环境科学

自 20 世纪 50 年代初著名的伦敦大雾事件以来，大气颗粒物(airborne particulate matter，APM)对人类健康的影响受到了普遍重视. 近年的研究表明，粒径小于 10μm，特别是小于 2.5μm 的 APM 构成主要的健康危害. 美国环保局于 20 世纪 80 年代制定了 PM10 标准，1997 年又颁布了 PM2.5 标准，分别对粒径小于 10μm 和 2.5μm 的 APM 浓度作了规定. APM 多元素组成作为污染源的灵敏指示，构成了化学质量平衡(chemical mass balance，CMB)法进行源分析的基础. CMB 法的基本数学表示为

$$c_i = \sum_j m_j X_{ij} a_{ij} \tag{1.2.25}$$

其中 c_i 为样品中元素 i 的浓度；X_{ij} 为源 j 中元素 i 的浓度；m_j 为源 j 的分担率；a_{ij} 为元素 i 从源 j 到采样点输运中的增减调整系数.

ReNAA 的高灵敏度(粒径小于 2.5μm 的 APM 样品量常少于 100μg)，多元素(典型的可测定 40～50 种元素)和非破坏(APM 样品中常含有极难溶解的颗粒)特点，最好地满足了分粒径 APM 多元素分析的要求.

3. 生命科学

当前社会，必需微量元素和维生素为主的微量营养素缺乏是我国和全球面临的主要营养问题. 据估计，目前全球约 20 亿人微量营养素缺乏. 自 19 世纪以来，已经发现的必需微量元素包括：Fe、I、Cu、Mn、Zn、Co、Mo、Se、Cr、Sn、V、F、Ni、As、Cd 等. 基于 ReNAA 的高灵敏度以及准确度，可对人体组织、体液中痕量元素含量进行测量，并开展痕量元素与疾病和健康关联、必需微量元素的代谢和生物利用率以及痕量元素代谢机理及生理、病理作用等研究. Gwang Min 等研究了硼摄入量对绝经期高龄雌性小鼠钙排泄的影响. 采用仪器中子活化分析方法研究了脊骨、股骨、血液、肾脏、肝脏和脾脏中的钙浓度(Sun et al., 2020).

锰是一种神经毒素，长期在高锰环境中工作会对人体产生不良影响，因此，Liu 等利用中子活化分析技术对工人骨骼中的 Mn 元素进行测定并加以评价(Liu et al., 2018). 同样的，Dwijananti 等针对医疗废液中的元素进行测定. 通过测定，样品中含有 Cr、Zn、Fe、Co、Na 等元素，各元素含量分别为 Cr(0.033～0.075)mg/L，Zn(0.090～1.048)mg/L，Fe(2.937～37.743)mg/L，Co(0.005～0.023)mg/L，Na(61.088～116.330) mg/L(Dwijananti et al., 2018).

4. 材料科学

20 世纪五六十年代 ReNAA 几乎作为亚微克/克水平多元素分析的唯一方法，在电子级高纯 Si 分析中发挥了重要作用. 20 世纪 90 年代中国原子能科学研究院曾为上海某公司进行了 Si 半导体器件中 50 余种杂质元素的体分析、表面分析和灵敏层深度分布分析，探测极限在 10^{-15}～10^{-9}g. 可见，在现代痕量无机分析家族中，ReNAA 已经不再以高灵敏度见长，其根本优势在于由低污染、低空白和基体无关性决定的高准确度，以及非破坏多元素分析能力. 近年来，ReNAA 技术在材料科学中应用愈加广泛. Sales 等利用中子活化分析技术对低温合成的 $HfSiO_4$ 材料中的 Si 和 Fe 的组分含量进行测定(Sales et al., 2018). Denis 等采用中子活化分析

法，在电场和磁场作用下，在不施加电场的情况下，对铝纳米粉体(ANP)及其在坩埚中燃烧产生的空气燃烧产物中的金属杂质进行了检测. 结果表明，空气燃烧产物中杂质含量降低. 铝纳米粉体中杂质的存在与电爆炸技术(电极和腔体材料的腐蚀)有关，也与之前在该电爆炸装置的组成中开发的各种纳米颗粒有关. 中子活化分析对元素含量具有较高的灵敏度和重现性，测量误差小. 结果表明，在 0.01～2100ppm 范围内，中子活化分析测量误差不超过 10%(Kabanov et al., 2018).

5. 考古学

不同来源的同类物品由相似的主要元素组成，而痕量多元素含量则迥异，据此建立的多元素“化学指纹学”广泛用于考古学中文物产地鉴定. 以多元素、非破坏分析见长的 ReNAA 在这一领域发挥了重要作用.

第一个核考古学工作是 1957 年发表的地中海陶瓷研究. Sayer 等利用 Na/Mn 比值判别了组成的相似性. 近年来，中子活化分析技术在考古领域十分活跃. Dasari 等采用基于 k_0 中子活化分析方法，对大型考古黏土砖样品进行了分组研究. 利用 IM-NAA 结合原位相对检测效率，推导了元素相对于 Sc 的浓度比(Dasari et al., 2018). Landsberger 等结合微量元素采样与中子活化分析对陶瓷中的元素进行测定. 通过方法改进，只需要 10mg 样品. 这些结果将有助于改进和开发新的分析珍贵陶瓷的方法，同时尽可能多地保存陶器碎片(Landsberger et al., 2018). Milan 等研究人员利用布拉格捷克技术大学的 VR-1 训练反应堆，基于 ReNAA 技术对旧石器时代中期和晚期巴普洛夫六世遗址的猛犸象遗骸碎片进行分析，使用半导体 HPGe 探测器进行活化信号的收集，并进行定性定量分析. 研究结果表明，猛犸象样品中存在 Na、Cl、K、As、Fe、Sr、Mn、Br、I、Ba、U 等元素. 同时，根据活化信号强度，测定了 Fe、Sr、Na、K、As 和 U 的浓度(Stefanik et al., 2020b).

1.3　瞬发γ射线中子活化分析

1.3.1　瞬发γ射线中子活化分析技术原理及推导

瞬发γ射线中子活化分析(prompt gamma-ray neutron activation analysis，PGNAA)是通过测量样品中各种元素(每种元素至少一种同位素)的原子核俘获中子后，瞬时($<10^{-14}$s)发射的特征γ射线的能量和强度，对相应元素进行定性和定量分析的方法. 对于堆中子俘获生成核为非放射性核素，以及纯β或弱γ分支发射核这样一些通常堆中子活化分析(ReNAA)无能为力或难于测定的元素，PGNAA 则可以发挥重要作用.

PGNAA 利用中子束流轰击靶样品中各种元素的原子核，原子核俘获中子后生成激发态复合核(A+1, Z)，并在极短的时间内退激释放出能量为 2keV～10MeV 的γ射线，或者利用快中子非弹性散射产生能量为 2keV～10MeV 的γ射线，通过γ探测器探测γ射线，再根据各特征峰的能量和强度(峰面积)对元素进行在线定性和定量分析. 中子与靶物质的靶核发生(n，γ)、(n，p)、(n，α)、(n，d)等反应，并发射γ、α、p、d 等瞬发射线. 单位时间发射的射线数为

$$I = 6.023 \times 10^{23} \frac{M}{A} \Phi \sigma \tag{1.3.1}$$

测量所发射的粒子种类、能量、强度，就可确定靶物质的化学成分和含量. 这些射线是在中子照射过程中瞬时发射的，一旦中子束中断，发射也立即停止，故要求在照射过程中进行分析处理. 目前主要利用快中子的(n, n′)和热中子的(n, γ)反应产生的特征γ射线进行分析. 前者是质量数为 A 的激发核退激时发射的γ射线，后者是质量数为 A+1 的激发核退激时发射的γ射线.

俘获γ射线的能量及各γ射线的分支比，由原子核的能级特性决定. 由于样品基体以及周围防护屏蔽等结构材料的影响，γ能谱十分复杂，如果利用高分辨率的 Ge(Li)探测器或者 HPGe γ谱仪，测量某一γ射线特征峰，其强度为

$$n = \frac{W}{M} N_{\mathrm{A}} \eta \varepsilon_{\mathrm{t}} \sigma_{\mathrm{c}} \Phi f_{\gamma} \tag{1.3.2}$$

式中 W 为待测元素的含量；M 为原子量；N_{A} 为阿伏伽德罗常量；η 为同位素丰度；σ_{c} 为俘获截面；f_{γ} 为γ射线分支比；ε_{t} 为总的探测效率.

第一个利用反应堆中子的 PGNAA 工作发表于 1965 年第二届“Modern Trends in Activation Analysis”会议(MTAA-2)上. Isenhour 等随后计算了 PGNAA 对所有元素的分析灵敏度. 20 世纪 60 年代末以来，随着高分辨 HPGe γ谱仪的开发，PGNAA 得到进一步发展. 在 1968 年的第三届“Modern Trends in Activation Analysis”国际会议上，Comar 等首次报道了使用导管中子束的 PGNAA. 1973 年，Henkelman 等首次报道了利用高注量率($1.5\times10^{10}\mathrm{cm^{-2}\cdot s^{-1}}$)冷中子束的 PGNAA 工作. 基于高效率 Ge 探测器的现代冷中子束 PGNAA 始建于 1986 年. 随后，在 NIST、日本 JAERI 等研究所均建立了永久性的冷中子束 PGNAA 装置. 迄今全世界至少在 30 座反应堆上开展了 PGNAA 工作，表 1.3.1 给出了到 1996 年的一个统计.

表 1.3.1　目前存在的部分 PGNAA 装置

地址	中子注量率/($\mathrm{cm^{-2}\cdot s^{-1}}$)	建立年代
Cornell Univ. Ithaca	1.7×10^{6}	1966
Univ.of Washington, Seattle	—	1968
AEC, Orsay(弯导管)	2×10^{7}	1968
TU Munchen	2×10^{7}	1973

续表

地址	中子注量率/($cm^{-2} \cdot s^{-1}$)	建立年代
ILL, Gerenoble(冷导管)	1.5×10^{10}	1973
PINST, Pakistan	1.2×10^{7}	1975
IVIC, Venezuela(弯导管)	4.8×10^{7}	1976
Los Alamos (内束)	4×10^{11}	1976
ILL, Gerenoble(导管)	8×10^{8}	1979
Univ.of Maryland- NBSR	4×10^{8}	1979
JAERI, Tokai	—	1980
MURR, Columbia	5×10^{8}	1981
Univ.of Michigan, Ann/Arbor	2.4×10^{7}	1982
KURR, Kyoto(热导管)	2×10^{6}	1983
McMaster Univ., Hamilton	6×10^{7}	1984
MIT, Massachusetts	1×10^{5}	1984
N.C.State Univ., Raleigh	1×10^{7}	1986
ILL, Grenoble(热导管)	1.3×10^{8}	1987
KFA Julich(冷中子束)	2×10^{8}	1987
Imperial College, Ascot	2×10^{6}	1987
AEC, Pretoria	—	1988
Cornell Univ. Ithaca	—	1989
CRN, Strsdbourg	1×10^{6}	1990
DINR, Vietnam	5×10^{6}	1992
BNC, Budapest(导管)	—	1993
JAERI, Tokai(冷和热中子束)	1.4×10^{8}	1993
Univ.of Texas, Austin(聚束导管)	—	1993
MIT, Cambridge	6×10^{6}	1993
SINQ, Villigen	—	1996

PGNAA 实验安排的一个简化概念图如图 1.3.1 所示. 其中包括由反应堆引出的中子束流；安置于束流线上的样品；HPGe γ 谱仪及附属电路；吸收从样品中穿过的中子的束流阻止器；以及为保护探测器和实验人员的屏蔽系统.

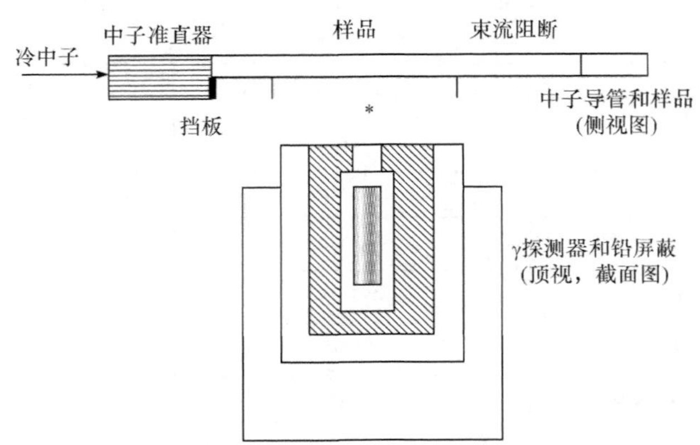

图 1.3.1　PGNAA 装置示意图

PGNAA 的灵敏度，每克元素产生的计数率，可由式(1.3.3)给出

$$S = N_A \cdot Q \cdot \sigma \cdot \Phi \cdot \Gamma \cdot \varepsilon(E)/M \tag{1.3.3}$$

其中 S 为灵敏度，单位为 $s^{-1} \cdot g^{-1}$；N_A 为阿伏伽德罗常量；Q 为俘获中子核素的同位素丰度；σ 为中子俘获截面，单位为 cm^2；Φ 为中子注量率，单位为 $cm^{-2} \cdot s^{-1}$；Γ 为γ 射线产额；$\varepsilon(E)$为能量为 E 的γ 射线的探测效率；M 为原子量.

除灵敏度外，实际探测极限亦与特征峰区本底和计数统计不确定度的要求有关. 与通常的 ReNAA 比较，PGNAA 遇到的一个特殊问题是外束(单向近平行束)导致的较严重的散射效应. 对于含氢样品，这一效应尤为严重，对此已有深入的实验和理论研究. 在实际工作中，选用与待分析样品具有相近形状和基体组成的标准，可以在很大程度上补偿这一效应. 球形或近球形样品亦可减小散射引入的不确定度；使用冷中子束时，常温含氢样品将使有效反应率降低，样品中的中子散射亦会带来γ 本底的改变.

导管冷中子束可以降低快中子和γ 射线的干扰，大大改善元素测定的探测限，而且由于反应截面的增加(1/v 定律)，提高了灵敏度. NIST 和日本 JAERI 的导管冷中子束 PGNAA 系统反映了当代较高水平的设计.

最新的技术进展包括：使用反康普顿 HPGe γ 谱仪改善低能γ 射线探测；PGNAA 与中子反射仪结合研究成层体系的分布分析；PGNAA 的 k_0 标准化方法等.

在 PGNAA 系统测量过程中，探测器采集到的能谱中非样品材料产生的γ 信号往往占很大比例. 然而这部分γ 信号会对所关注的样品γ 信号造成很大干扰，从而影响能谱的分析处理，降低样品元素的分析精度. 这些干扰γ 信号主要来自周围结构材料(如慢化材料、屏蔽材料等)被中子活化产生的γ 射线. 另外，探测器活化产生的γ 射线因探测效率较高也会对测量造成影响. 在基于同位素源的 PGNAA 测量系统中，中子源的自发裂变所产生的γ 射线也需要注意. 因此，在构建 PGNAA 测量系统时，需要通过大量的蒙特卡罗模拟进行优化设计，以提高测量系统的样品处信号的占比. 主要采取的措施有以下几点：①对探测器进行良好的γ射线和中子屏蔽，以减少周围结构材料和探测器自身活化产生的γ射线的干扰；②选取低截面材料(如石墨、氘水等)作为慢化材料，以减少活化噪声的产生；③选取释放低能瞬发γ射线的高截面(如富 Li、B 材料)中子吸收材料作为中子屏蔽材料，以利于活化γ射线噪声的屏蔽；④选取合适的中子源，并进行适当的慢化，以提高样品处中子反应率，激发更多的样品信号，在某些应用场景下，可对中子源进行适当的准直，减少散射中子对探测器周围材料的活化；⑤进行合适的几何结构设计，提高有用信号占比.

1.3.2 瞬发γ射线中子活化分析技术特点

PGNAA 技术基于中子与物质的核反应放出的瞬发γ射线对待测物质的元素成分及含量进行分析，其具有以下特点：

(1) 由于中子的强穿透性，PGNAA 技术可以实现对大体积样品的非侵入式分析；

(2) 由于中子与大部分核素均可以发生如辐射俘获、非弹性散射等核反应并放出瞬发γ射线，因此 PGNAA 技术的分析范围广，可以实现对 C、H、O 等轻元素的分析；

(3) 由于 PGNAA 技术分析的γ射线为瞬发γ射线，在探测器及电子学系统的配合下，可以实现对样品的实时在线分析；

(4) PGNAA 技术不要求对待测样品进行预处理，也几乎不受测量样品颗粒度等表面性质的影响.

目前常见的元素分析技术还有：红外分析技术、X 荧光分析技术和 NAA 技术. 在元素分析领域中，相比于上述 3 种技术，PGNAA 技术具有适应性强，分析范围广，分析精度较好，可进行实时在线分析等优势.

1.3.3 PGNAA 与 NAA 比较

PGNAA 与 NAA 都是利用中子对待测元素进行激发，通过测量元素退激发时产生的特征射线对元素进行检测分析. PGNAA 与 NAA 均属于核分析技术，常用于各类元素测量分析的场景中.

NAA 是测量生成的放射性核素$(A+1, Z)$在衰变过程中释放的各特征γ射线，进行元素的定性和定量分析，是一种离线分析方法.

PGNAA 对瞬发γ射线定量分析来说，它不涉及衰变校正，也不会达到饱和，它的照射时间与测量时间是同时的，因而 PGNAA 的计算公式比 NAA 的简单.

1.3.4 可移动瞬发γ射线中子活化分析技术装置与基本操作

1. 中子源

1) 同位素中子源

用于 PGNAA 的典型同位素中子源的有关核参数列于表 1.3.2.

表 1.3.2 用于 PGNAA 的典型同位素中子源的有关核参数

类型	组成	半衰期	平均中子能量/MeV	中子产额
(α, n)	^{239}Pu-^{9}Be	2.4×10^{4} a	3～5	约 10^{7}n/(s · Ci)
	^{226}Ra-^{9}Be	160 a	3.6	1.1×10^{7}n/(s · Ci)
	^{241}Am-^{9}Be	433 a	3～5	2.2×10^{6}n/(s · Ci)
(γ, n)	^{88}Y-^{9}Be	106.6 d	0.16	约 10^{5}n/(s · Ci)
	^{124}Sb-^{9}Be	60.2 d	0.02	1.9×10^{5}n/(s · Ci)
自发裂变	^{252}Cf	2.64 a	2.3	2.3×10^{12}n/(s · g)

由于分析反应主要是热中子俘获反应(主要测量瞬发γ射线)，因此所有的同位素中子源均需慢化装置. 某些含氢样品本身有一定的慢化作用. ^{252}Cf 比其他主要中子源有较低的平均中子能量，因而更容易慢化. ^{252}Cf 中子源的另一优势是比较简单的射线屏蔽要求和比较紧凑的屏蔽体积. 一个 50μg 的 ^{252}Cf 中子源仅占几个立方厘米的体积，而同强度的(10^{8}n/s)^{241}Am-Be 中子源需占上千立方厘米的体积. ^{252}Cf 的缺点是寿命较短.

2) 电可控中子源

近几十年来，在 PGNAA 技术中利用长寿命、小型化中子发生器替代同位素中子源是一个重要的发展方向. 电可控中子源与普通同位素中子源相比主要具有以下特点：①中子产额可调，具有良好的稳定性；②中子能量高(D-T 中子能量为 14.1MeV)，且单色性好；③中子发射状态可控，可以产生各种时序的脉冲中子；④安全性好，断电无辐射，便于维修、存储和运输.

常用的微型电可控中子管(图 1.3.2)按核反应类型分为发射能量约为 2.5MeV 的 D-D 中子管和能量约为 14MeV 的 D-T 中子管. 按中子发射方式可分为直流型和脉冲型中子管. 其中，基于脉冲中子管的 PGNAA 技术即脉冲快热中子分析技术可以同时获取快中子激发的非弹性散射谱和热中子俘获产生的俘获γ谱，较传统的 PGNAA 测量方式可以获得更多的信息和更高的信噪比，提高检测的精度. 该技术广泛应用于工业物料在线分析、测井、爆炸物检测等领域.

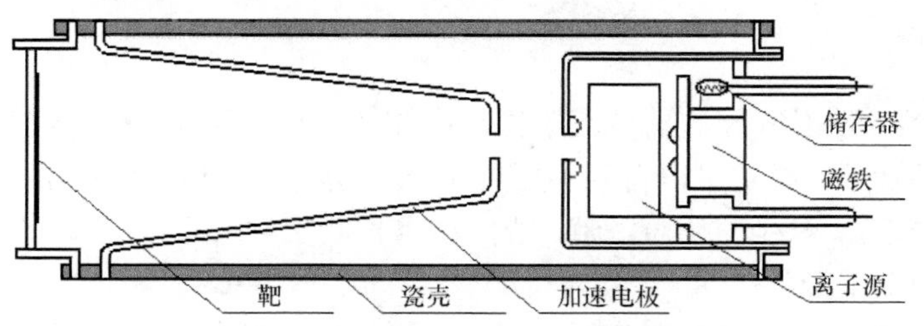

图 1.3.2　微型电可控中子管结构示意图

近些年，电可控中子管的发展方向主要集中在提高中子源产额、小型化、提高寿命和工作稳定性等方面. 在国外，美国 MF Physics、法国 Sodern、德国 EADS 等公司开发了微型中子管. 在国内，主要有东北师范大学、西安石油勘探仪器总厂、中国工程物理研究院、兰州大学、中国原子能科学研究院等单位在微型中子管方面进行了研究.

2. 中子源强度

决定中子源强度的主要因素有：

(1) 源-探测器距离；

(2) γ 射线测量系统对高计数率的限制；

(3) γ 射线探测器效率；

(4) 操作人员外照射剂量的考虑.

源-探测器距离依赖于样品和慢化体的中子慢化长度. γ 射线屏蔽体亦将增大一些距离.

$$N \sim \gamma_{\max} \cdot d^2 \cdot e^{\mu d_s} \tag{1.3.4}$$

其中 N 为中子源强度；$\gamma_{\max}$ 为测量系统允许的最高计数率；μ 为样品/慢化体的中子慢化系数；d_s 为样品/慢化体厚度；d 为源到探测器距离.

目前，市售的商品分析器中，^{225}Cf 中子源一般为 50～200μg(1.1×10^8～4.6×10^8n/s).

3. 探测器

选择探测器时要考虑的因素包括：①探测效率；②能量分辨率；③抗中子辐照能力；④时间响应(允许的最高计数率)；⑤工作温度范围；⑥价格在 NaI(Tl), BGO 和 HPGe 三种γ 射线探测器中，NaI(Tl)探测器有最高的探测效率，适中的能量分辨率(优于 BGO，劣于 HPGe)，较快的时间响应，较好的抗中子辐照能力，较宽的工作温度范围，以及较高的性能/价格比，因此是大多数同位素中子源在线 PGNAA 系统中的首选探测器，HPGe 次之，BGO 则极少使用.

4. 几何架构

将中子源和γ 射线探测器分置于样品两侧的所谓“透射几何”较二者在样品同侧的“反射几何”，通常可以得到更好的结果. 透射几何可以降低源和源屏蔽体发射的初级及次级γ 射线的相对贡献. 若样品富含低 Z 物质，样品本身亦可作为(至少是部分地)中子慢化体.

便携式同位素中子源用于煤、石灰石、水泥和玻璃原料混合物等物质体分析时的特殊优势，使它可以处理工厂中每小时几千吨的物流分析问题. 这一特殊的“取样”可以两种方式实现：一种是将样品承载于缓慢移动的传送带上；另一种是将样品填充于样品输送管道. 前者的问题是很难形成确定的样品形状和厚度，运动中的传送带将造成物料颗粒的偏析，从而影响测量结果. 后者可以靠重力得到较均匀的样品密度和固定的形状. 多数的商售装置使用样品厚度为 25～30cm 的管道.

在传送带装置中，需要有一个秤(机械秤或核子秤)和一个密度计. 在管道装置中，因填充体积是固定的，故只需要一个密度计.

5. 屏蔽系统

γ 射线探测器必须对从样品逃逸出的快中子、热中子和中子源的初级γ 射线进行屏蔽. Li 和 B，特别是浓缩同位素 ^{6}Li 和 ^{10}B，是常用的中子屏蔽元(核)素. 实际上，多用 ^{6}LiH，碳化硼，含 B 石蜡或载 B 塑料作为中子屏蔽物. 使用 B 时，需附加 1 cm 厚的铅，以屏蔽 478 keV 的俘获γ 射线.

^{225}Cf 中子源的初级γ 射线屏蔽使用贴近源的铅-铋材料. ^{241}Am-Be 中子源则通常需要一个附加的铅锥体以屏蔽长源的γ 射线阴影.

中子-γ 射线屏蔽由含 B 聚乙烯，含 B 聚酯等 B-H 化合物和铅组成. 使用充水容器是很有效的方法. 屏蔽应避免使用大量的石蜡，以防火灾和高温熔化.

6. 中子注量率监测

样品组成，特别是 H 含量的变化，将导致超热对热中子注量率比例的变化，从而影响到俘获γ 射线的产额. 因而，有必要对中子注量率进行实时监测. 使用 NaI(Tl)探测器时，I 元素的 6.8MeV 俘获γ 射线给出了超热中子注量率的一个量度. 加有镉屏蔽的外部 ^{3}He 计数器可以更快地得到超热中子注量率数据.

7. 数据分析

在线分析仪应对如下参量的变化不灵敏：

(1) 样品的体密度和粒径分布；

(2) 样品中中子毒物“B、Li、Cd”等的含量；

(3) 中子源强度.

为此，常用的方法是对一种元素(通常是 H)进行绝对测定，并将全部主元素百分重量总和作为 1. 通常的刻度操作是测量一系列组成已知的标准样品，并结合一定的理论模型. 典型商品仪器的分析周期应在 10～100s. 这段时间内，应自动完成谱收集、分析、解释、标准格式化的显示和结果贮存.

1.3.5　瞬发γ中子活化分析应用

对于大多数的元素测定，PGNAA 比通常的 ReNAA 灵敏度要低 1～3 个数量级. 此外，在线分析的不便、每次只能分析一个样品的局限以及较长的分析时间(通常每个样品几至几十小时)，进一步限制了 PGNAA 作为多元素分析方法的普及. 另外，复合核退激发射的瞬发γ射线一般远比衰变γ射线能量高，故能谱干扰小. 例如，^{56}Fe(n, γ)的初级γ射线能量大于 7MeV，若用高纯锗谱仪测量本底很低，γ射线响应函数很单纯，从而减小了γ谱分析的不确定度. 此外，由于 PGNAA 是测量瞬发γ射线的，不受生成核稳定与否和寿命长短的限制，原则上可用于所有天然元素分析. 在实际应用中，如 1.2 节所述，对于通常 ReNAA 无能为力(如 H、C、B、N 等)和难于测定(如 Si、P、S、Cd、Gd 等)的元素，PGNAA 是 ReNAA 的重要补充.

目前 PGNAA 技术按照中子源的类型主要分为两大类：基于反应堆和大型加速器等大装置的 PGNAA 技术，以及适于工业现场在线检测的基于微型中子发生器和同位素中子源的 PGNAA 技术. 反应堆中子源具有中子通量高、热中子慢化率高等特点，因此利用其对元素进行分析的精度要明显高于非反应堆中子源的分析精度. 基于反应堆的 PGNAA 技术按中子束的能量一般可分为热中子 PGNAA 技术和冷中子 PGNAA 技术. 基于核反应堆的 PGNAA 应用平台主要由核反应堆、中子孔道、探测器系统等三部分构成，如图 1.3.3 所示. 其中，中子孔道的设计是获得高质量中子束的关键，直接决定了平台的分析精度，如图 1.3.4 所示；探测器系统一般选用高分辨率的环形反康普顿高纯锗探测器.

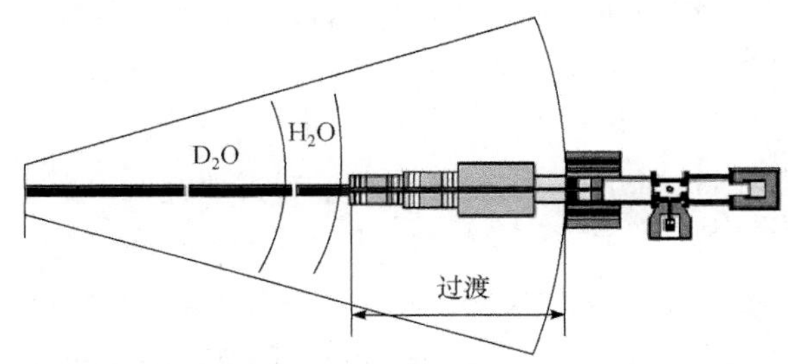

图 1.3.3　基于核反应堆的 PGNAA 装置结构示意图(孙洪超等, 2012)

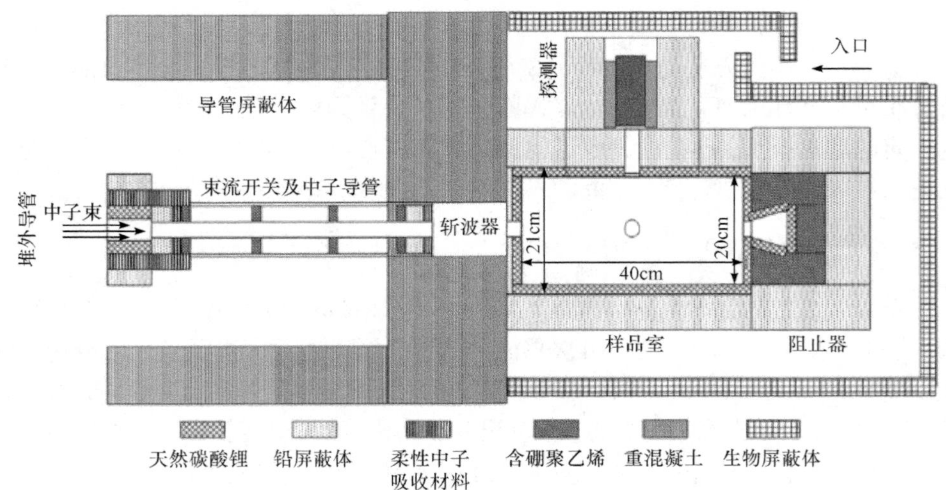

图 1.3.4　CARR 堆水平孔道示意图(运威旭等, 2019)

基于反应堆的 PGNAA 技术的应用主要有以下几个方面：化学、材料学、地质学、天文物理学、考古学、食品与农业、环境学、生物学、医学等几大领域(Molnár, 2004).

在化学领域，多年前 NIST 利用 PGNAA 技术对合金、食品、植物性药材、底泥等多种物质进行分析，并对标准物质进行检测分析和 NIST 认证. 日本原子能研究院的冷中子束、布达佩斯反应堆，韩国的 SNU-KAERI 反应堆也在应用 PGNAA 技术对标准物质进行分析的研究方向上做了大量工作. 利用 PGNAA 技术对同位素和物质的化学成分进行分析是在化学领域应用的另一个重要方向. 1996 年，日本学者 Yonezawa 等利用 JRR-3M 反应堆的冷中子束和热中子束先后对 S、Fe、Si、Ni 的同位素进行了分析研究. 1999 年，Sakai 等对铝热剂反应的产物成分进行分析，结果表明反应过程中有金属间化合物和铝硼化物的产生. 同年，Kasztovszky 等利用布达佩斯反应堆的冷中子束对商业铝材、热释光 Al_2O_3 粉末中的杂质元素进行分析. 在工业应用和材料学的研究方面，主要集中在矿石、合金、建筑材料、化石燃料、晶体玻璃和半导体等材料的基体或杂质元素成分的研究. 在地质和宇宙学的研究上，主要研究地质和陨石样品. 在考古领域，PGNAA 技术具有独特的优势，被大量地用于考古研究和文物修复(Kardjilov and Festa, 2017). 在农业领域，用于检测食物的元素含量；在环境领域，用于大气粉尘、水环境中的底泥、土壤中污染物的研究；在生物学研究领域，更多是用于研究人体组织和动物组织的元素含量；在医学领域，则用于硼中子俘获治疗癌症的研究中.

1. 工业生产领域

利用同位素源和小型加速器中子源摆脱了反应堆中子源无法移动、成本高昂的桎梏后，PGNAA 技术在工业生产中也得到了广泛的应用. 在地质勘探领域，利用 D-T 中子发生器，通过快中子与地层中 C、O 元素的非弹性散射放出的特征γ射线来对地层中的 C/O 进行测量，进而可以对地层中的油层、气层、水层进行勘探. 在工业物料的在线检测方面，PGNAA 技术在对煤炭、水泥、原油等大体积工业物料各组分的含量分析中均有应用.

美国早在 20 世纪 70 年代后期就开始对 PGNAA 如何应用于煤炭工业进行了研究. 在 20 世纪 80 年代的时候就在美国的霍默城选煤厂安装了一套设备用来监测选煤厂的低灰和低硫产品. 同时也有推出应用于发电厂的煤炭检测分析设备 Nucoalyzer，利用 ^{252}Cf 中子源和一套高计数率同轴锗探测器谱处理系统对其进行在线检测分析，其设备图如图 1.3.5 所示.

图 1.3.5 煤炭检测分析设备 Nucoalyzer

同样的，对水泥的研究从很早的时候就已开始，在 1995 年阿根廷的学者 Daniel 等就利用 ^{241}Am-Be 源和高纯锗探测器对水泥中的元素进行了分析研究，其结果显示可以测出样品中 Fe、Si、Ca 和 Cl 元素的相对浓度. 从 2004 年，Naqvi 等利用中子发生器对水泥进行了很多研究，利用 D-D 中子发生器对水泥中的 Ca、Si 和 Cl 等元素进行了一系列的测量分析(Naqvi et al., 2013, 2014a, 2014b).

近年来，南京航空航天大学核分析技术研究所基于 PGNAA 技术展开工业物料成分实时在线检测仪器的设计及研发，如图 1.3.6 所示. 仪器采用自主研发的可控长寿命高产额 D-D/D-T 中子发生器替代同位素源，提高源项稳定性；使用 NaI(Tl)探测器以及 BGO 探测器进行γ射线数据采集，面向火电厂入厂煤、入炉煤，炼铁厂矿石，水泥生料、熟料等工业物料，对其中的元素成分进行精确的定性定量分析测量，实现包括碳氧在内的全部指标元素的高精度测量(Li et al., 2018). 成都理工大学针对水泥研制了 PGNAA 全物料多元素在线分析系统，实现了水泥样品中 Ca、Fe、Si、S、Mg 等主要元素的分析(Yang et al., 2013a).

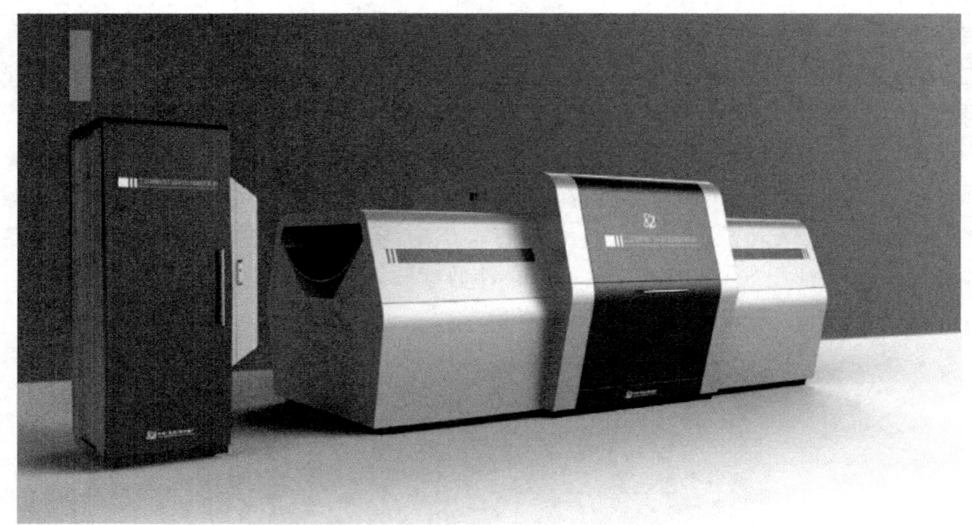

图 1.3.6　工业物料成分实时在线检测仪器

2. 安全领域

为了解决海关、机场各类货物行李的安全检查以及历次战争遗留下来的地雷、炮弹等问题，世界上许多研究机构均开展了基于 PGNAA 技术的危险物品(例如爆炸物、毒品、化学武器以及核材料)的非侵入式识别研究.

美国爱达荷州爱达荷国家实验室从 20 世纪 90 年代就开始了对 PINS 系统(图 1.3.7)和爆炸物检测(IEDS)系统的研发(图 1.3.8)，IEDS 系统主要针对车辆中的

图 1.3.7　PINS 系统

图 1.3.8 IEDS 系统

爆炸物进行分辨检测. 同时将该技术延伸应用至化学武器检测中，开发的 PINS 系统以中子为探针，利用 PGNAA 技术原理，主要针对危险品进行检测，包括神经毒气、糜烂性毒剂、爆炸物、军事筛查烟、压缩气等(Wharton et al., 2015; Seabury et al., 2015).

21 世纪初，美国西肯塔基大学研究团队开展了 PELAN(pulsed elemental analysis with neutrons)系统(图 1.3.9)的设计研发工作. 俄罗斯圣彼得堡 V. G. Khlopin 镭研究所研究团队以 PGNAA 技术为关键核心技术，进行了 SENNA 系统的设计研发(图 1.3.10). 该系统与 PELAN 系统类似，主要利用 14MeV 脉冲中子发生器作为中子源项，利用脉冲式产生中子的时间特性对非弹散射及辐射俘获等不同的中子与物质相互作用机理所产生的γ射线进行区分，从而利用了两种瞬发γ射线的主要来源反应，来实现对部分辐射俘获反应截面较低的核素的识别. 其同样受制于中子产额较低的限制，测量时间较长(Kuznetsov et al., 2009; Holslin and Vourvopoulos, 2006).

图 1.3.9 PELAN 系统

图 1.3.10　SENNA 系统

在欧洲的 C-BORD 计划中，提出利用碘化钠和溴化镧两种探测器相互补偿，如图 1.3.11 所示，基于 PGNAA 技术对行李箱中的爆炸物进行检测，以保证公众的生命及财产安全(Sardet et al., 2017).

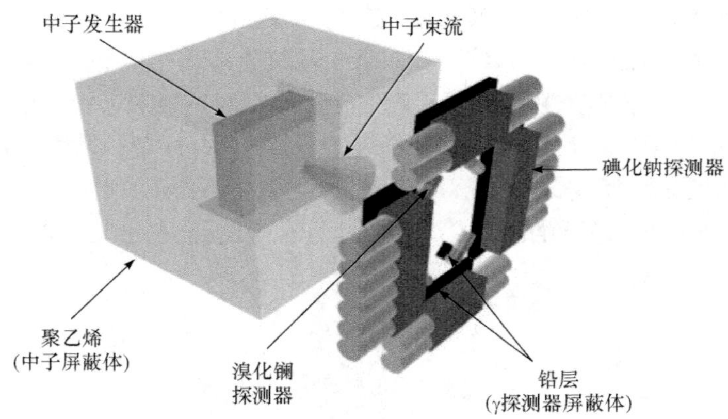

图 1.3.11　C-BORD 系统

南京航空航天大学贾文宝教授团队基于 PGNAA 技术展开危险品检测应用的相关研究. 首先，以机场等公共场所所使用的普通防爆桶为基础，以 D-T 中子发生器及 BGO 探测器为核心部件，基于 PGNAA 技术设计防爆检测一体化装置(图 1.3.12)，将防爆功能与样品分析检测功能有机结合，使该装置多功能化、集成化. 利用防爆检测一体化装置可以对含氮高的爆炸物(TNT、PETN、二硝基重氮酚等)和普通样品(水、三聚氰胺、食盐等)进行有效区分(Li et al., 2019).

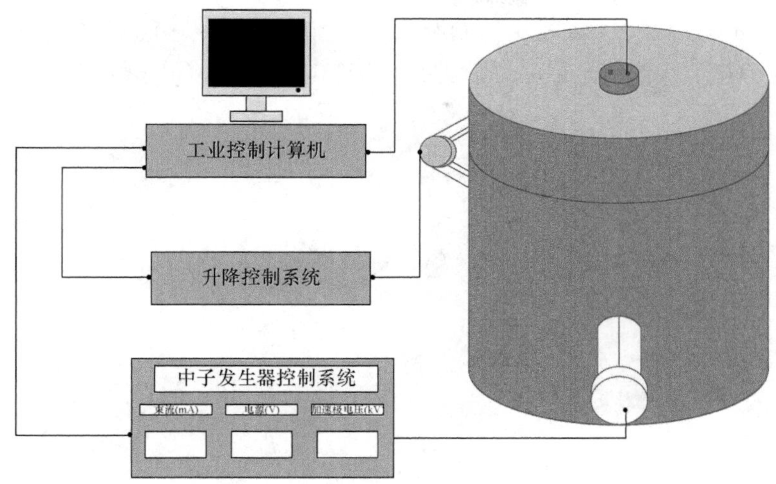

图 1.3.12 防爆检测一体化装置示意图

同时，面向掩藏地雷的环境，基于 PGNAA 技术开发一种准确率高，误报率低，可以对土壤中的地雷位置进行精确测定的地雷探测系统，如图 1.3.13 所示. 以 D-T 中子发生器以及 BGO 探测器为核心部件，设计多探测器结构扫描定位装置，通过该装置测量数据进行计算反演，可以获得较为精确的地雷位置(Sun et al., 2019).

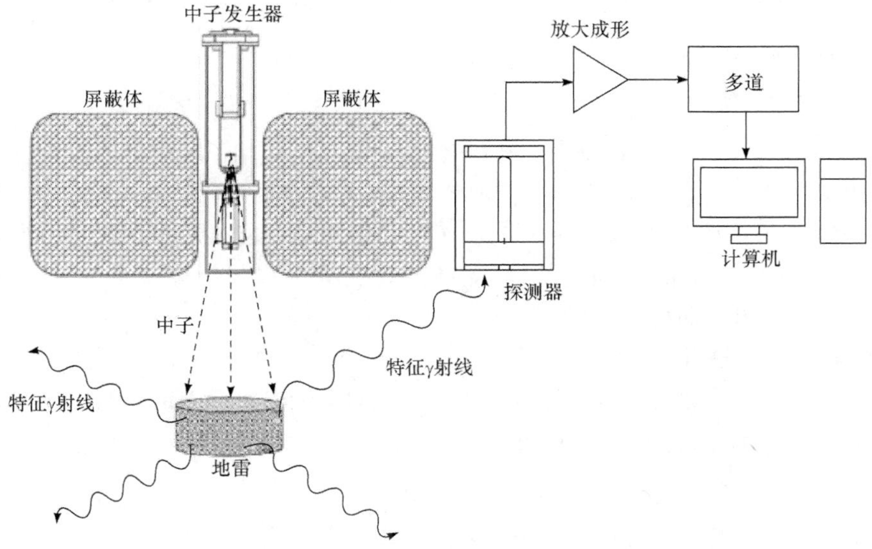

图 1.3.13 地雷探测系统示意图

同样的，以 PGNAA 为核心技术，针对化学武器鉴别与销毁问题，分别基于 ^{252}Cf 中子源以及 D-T 中子发生器设计化学武器识别分析系统(nuclide identification and quantitative analysis system, NIQAS)，利用该装置可以初步对氯化氢、萨林、塔崩等 8 种化学武器仿真样品进行种类识别(图 1.3.14)(汤亚军等, 2019).

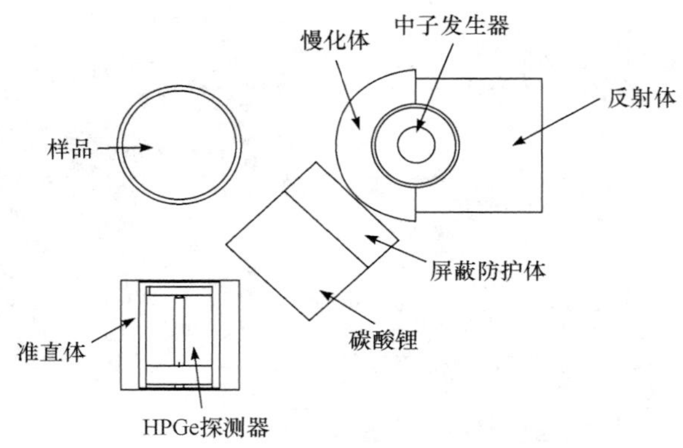

图 1.3.14　化学武器识别分析系统示意图

清华大学通过 7MeV 电子加速器打击钨靶产生 X 射线，一部分 X 射线直接用于成像，另一部分 X 射线通过重水或铍靶转换为光中子，所产生的光中子不仅可以直接进行中子透射成像，而且光中子与物质作用还可产生瞬发γ射线. 实现了利用 X 射线透射成像、中子透射成像和被检测物品中的元素特征瞬发γ射线成像，利用这三者间的优势互补来提高对特异物质(如爆炸物、毒品等)的辨别能力(Yang et al., 2013b).

3. 环境监测

PGNAA 技术在元素检测中具有特有优势，被广泛应用于环境检测中. Yakubova 等利用 PGNAA 技术以及 MCNP 模拟软件对土壤中的碳元素进行测量，并对其装置灵敏度进行了评价(Yakubova et al., 2017). Eric Mauerhofer 等对 200L 的大体积混凝土样品进行了检测，通过中子辐照，对混凝土中氯元素含量进行了评价(Mauerhofer et al., 2016). 同样的，南京航空航天大学核分析技术研究所研究人员利用 PGNAA 技术展开了较多的研究工作，主要针对水溶液中的重金属元素进行分析检测，并针对中子自屏蔽效应进行修正，完成对重金属元素的精确测定(Hei et al., 2016a, 2016b; Jia et al., 2015a, 2015b).

1.4　带电粒子活化分析

1.4.1　带电粒子活化分析原理

具有一定能量的带电粒子与原子核发生核反应时，如果反应的剩余核是放射性核素，则通过测量放射性核素的半衰期和活度，就可以确定样品中被分析元素的种类和含量，这种元素分析方法称为带电粒子活化分析(charged particle activation analysis, CPAA). 与中子活化分析一样，带电粒子活化分析也包括三个主要步骤：辐照、冷却和测量. 在冷却阶段可进行必要的放射性化学分离和样品表面沾污层腐蚀处理工作. 由测得的放射性活度按一定的标准化方法计算出元素浓度.

1. 带电粒子活化分析计算公式

带电粒子辐照样品时，放射性核素活度的增长与一定能量下的反应截面、束流强度和辐照时间有关. 由于带电粒子在靶物质中运动时经受能量损失，在靶中不同深度处粒子能量不同，因而反应截面不同，反应产额随之而改变. 所以，在推导带电粒子活化分析的计算公式时，要分为薄样品和厚样品两种情况来讨论.

1) 薄样品分析

设样品厚度为 Δx ，若能量为 E_0 的带电粒子穿透 Δx 时能量损失 ΔE 很小，则称这种样品为薄样品. 在薄样品中反应截面 σ 几乎不变，可用能量 E_0 和 $E_0-\Delta E$ 间隔内的平均截面作为活化截面，即

$$\sigma=\frac{1}{\Delta E}\int_{E_0-\Delta E}^{E_0}\sigma(E)\mathrm{d}E \tag{1.4.1}$$

式中 $\sigma(E)$ 是反应总截面，它是粒子能量的函数.

在薄样品内，元素的浓度分布可看为常数，即 $c(x)=c_0$ ，根据 1.1 节中子活化时放射性核数目增长规律的讨论，可以写出带电粒子活化分析时辐照了 t_0 时间后的放射性核数为

$$N(t_0)=\int_0^{t_0}P(t)\mathrm{e}^{-\lambda t}\mathrm{d}t \tag{1.4.2}$$

式中 λ 为衰变常数，$P(t)$为放射性核产生率. 在薄样品情况下，$P(t)$可以写成

$$P(t)=I(t)c\sigma\Delta x \tag{1.4.3}$$

式中 $I(t)$为轰击粒子束强度(即单位时间内的粒子数)，c 为样品中单位体积内的原子数. 如果从加速器出来的粒子束在辐照时间内保持不变，即 $I(t)$为常数 I，则式(1.4.3)的 $P(t)$也为常数 P. 这时 $N(t_0)$为

$$N(t_0)=\frac{P}{\lambda}(1-\mathrm{e}^{-\lambda t_0})=\frac{1}{\lambda}cI\sigma\Delta x(1-\mathrm{e}^{-\lambda t_0}) \tag{1.4.4}$$

当 λt_0 很大时

$$N(t_0) \approx \frac{1}{\lambda} cI\sigma\Delta x \tag{1.4.5}$$

如果 $I(t)$ 不是常数，则

$$N(t_0) = c\sigma\Delta x \int_0^{t_0} I(t) \mathrm{e}^{-\lambda t} \mathrm{d}t \tag{1.4.6}$$

当 λt_0 很小时

$$N(t_0) \approx Qc\sigma\Delta x \tag{1.4.7}$$

式中 Q 为轰击粒子总数，可由束流积分仪读数给出.

2) 厚样品分析

当样品的厚度较厚，带电粒子穿透厚样品能量损失较大时，必须考虑反应截面随能量的变化. 对于厚样品，活化时的放射性核产生率为

$$P(t) = cI(t) \int_0^{D^*} \sigma(x) \mathrm{d}x = cI(t) \int_{E_{\mathrm{th}}}^{E_0} \frac{\sigma(E)}{\left(\frac{\mathrm{d}E}{\mathrm{d}x}\right)} \mathrm{d}E \tag{1.4.8}$$

式中积分上限 D^* 是带电粒子活化的有效路径，当路径超过 D^* 时，不发生核反应. D^* 与粒子射程 R(见图 1.4.1)的关系为

$$D^* = R(E_0) - R(E_{\mathrm{th}}) \tag{1.4.9}$$

式中 E_{th} 为带电粒子核反应阈能，或者库仑势垒；$R(E_0)$ 和 $R(E_{\mathrm{th}})$ 分别是粒子能量为 E_0 和 E_{th} 时的射程. 为方便起见，式(1.4.9)中仍假定样品中元素浓度分布为常数.

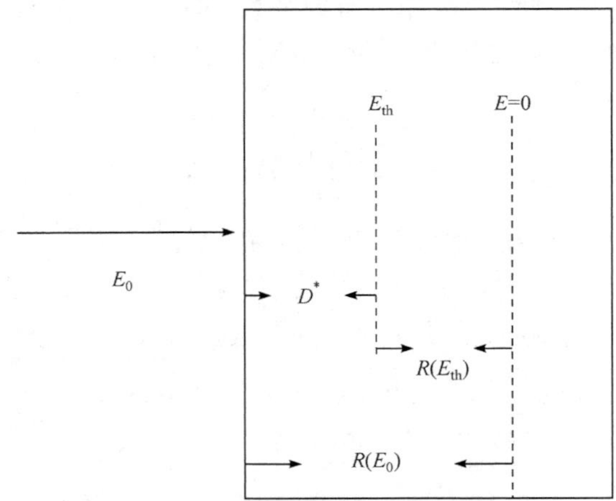

图 1.4.1　带电粒子活化的有效路径示意图

如果讨论更一般的情况，则在放射性核产生率表达式中还应考虑入射带电粒子束的能量分布和带电粒子在样品中能量损失的歧离效应. 这时式(1.4.8)应写成

$$P(t)=I(t)\int_{x=0}^{\infty}\int_{E=0}^{\infty}\int_{E_1=0}^{\infty}c(x)g(E_0,E)f(E,E_1,x)\sigma(E_1)\mathrm{d}E\mathrm{d}E_1\mathrm{d}x \tag{1.4.10}$$

式中 $g(E_0,E)$表示平均能量为 E_0 的入射粒子具有能量 E 的概率(即入射束的能量分布)，$f(E,E_1,x)$ 表示粒子在样品表面处能量为 E，在深度 x 处能量为 E_1 的概率(即能量歧离函数).

将式(1.4.8)代入式(1.4.4)，得到

$$N(t_0)=c\int_{E_{\mathrm{th}}}^{E_0}\frac{\sigma(E)}{\left(\dfrac{\mathrm{d}E}{\mathrm{d}x}\right)}\mathrm{d}E\int_0^{t_0}I(t)\mathrm{e}^{-\lambda t}\mathrm{d}t \tag{1.4.11}$$

式中的第一个积分项称为积分截面，第二个积分项可由数值积分求得. 图 1.4.2(a)是束流随时间的变化，图 1.4.2(b)中的面积表示式(1.4.11)中第二个积分的数值.

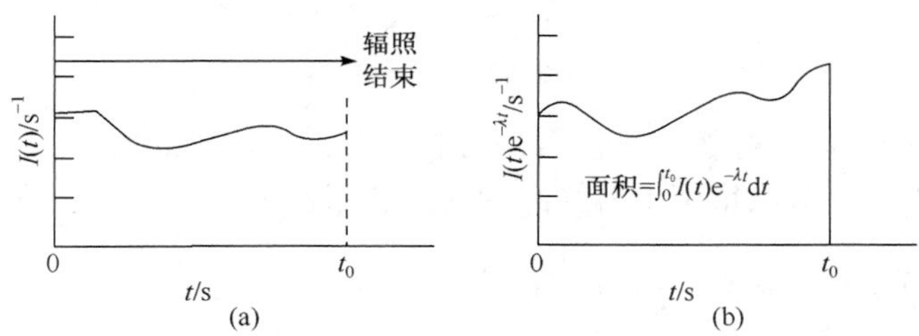

图 1.4.2 $I(t)\mathrm{e}^{-\lambda t}$ 的数值积分示意图

另外，根据辐照时间的长短，积分可作近似处理. 当 $t_0 \leqslant T_{1/2}/10$ 时，辐照时的放射性衰变可忽略，则

$$N(t_0)=c\int_{E_{\mathrm{th}}}^{E_0}\frac{\sigma(E)}{\left(\dfrac{\mathrm{d}E}{\mathrm{d}x}\right)}\mathrm{d}E\int_0^{t_0}I(t)\mathrm{d}t \tag{1.4.12}$$

当 $t_0 \geqslant 10T_{1/2}$ 时，放射性达到饱和. 这时若 $I(t)$为常数，则

$$N(t_0)=cI\frac{1}{\lambda}(1-\mathrm{e}^{-\lambda t_0})\int_{E_{\mathrm{th}}}^{E_0}\frac{\sigma(E)}{\left(\dfrac{\mathrm{d}E}{\mathrm{d}x}\right)}\mathrm{d}E \tag{1.4.13}$$

在辐照结束时，样品中的放射性活度为

$$A(t_0)=\lambda N(t_0)=cI(1-\mathrm{e}^{-\lambda t_0})\int_{E_{\mathrm{th}}}^{E_0}\frac{\sigma(E)}{\left(\dfrac{\mathrm{d}E}{\mathrm{d}x}\right)}\mathrm{d}E \tag{1.4.14}$$

冷却到 t_1 时刻的活度为

$$A(t_1)=A(t_0)\mathrm{e}^{-\lambda(t_1-t_0)} \tag{1.4.15}$$

在放射性测量阶段某一时刻 t 的射线强度为

$$\eta(t)=\varepsilon_{\mathrm{t}}A(t)=cI\varepsilon_{\mathrm{t}}(1-\mathrm{e}^{-\lambda t_0})\mathrm{e}^{-\lambda(t-t_0)}\int_{E_{\mathrm{th}}}^{E_0}\frac{\sigma(E)}{\left(\frac{\mathrm{d}E}{\mathrm{d}x}\right)}\mathrm{d}E \tag{1.4.16}$$

式中 ε_{t} 为探测器的总绝对效率. 测量一段时间内的射线总计数为

$$N_0=cI\varepsilon_{\mathrm{t}}(1-\mathrm{e}^{-\lambda t_0})\mathrm{e}^{-\lambda(t_1-t_0)}[1-\mathrm{e}^{-\lambda(t_1-t_0)}]\int_{E_{\mathrm{th}}}^{E_0}\frac{\sigma(E)}{\left(\frac{\mathrm{d}E}{\mathrm{d}x}\right)}\mathrm{d}E \tag{1.4.17}$$

由式(1.4.16)和(1.4.17)可求得厚样品中的元素含量 c. 计算中很重要的一个参数是积分截面值

$$\int_{E_{\mathrm{th}}}^{E_0}\frac{\sigma(E)}{\left(\frac{\mathrm{d}E}{\mathrm{d}x}\right)}\mathrm{d}E=\int_0^{D^*}\sigma(x)\mathrm{d}x$$

当然，对于薄样品分析，按与式(1.4.14)～(1.4.17)相同的讨论，只需将式(1.4.6)代入式(1.4.14)，就可以得到求薄样品中元素含量的公式.

2. 带电粒子核反应截面和带电粒子能量损失

在计算带电粒子活化产额时，要详细知道带电粒子活化截面和带电粒子在靶材料中的阻止本领数据.

1) 反应截面

带电粒子某一反应道的截面大小与入射粒子和靶核种类有关，也与入射粒子的能量有关. 图 1.4.3 给出了带电粒子核反应截面随能量变化的一般趋势，图中 σ_{t} 为总截面，σ_0 为某一特定反应道的截面. 在某一能量 E_{th} 时，截面为零或者很小.

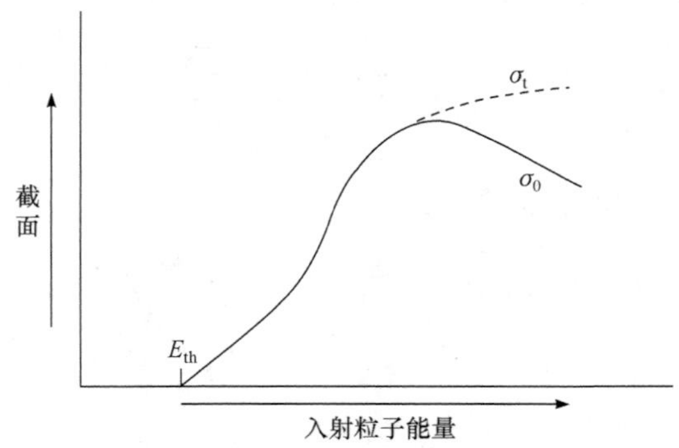

图 1.4.3　带电粒子核反应截面与能量关系

随着能量增加，截面增大，到达某一能量时，截面 σ_0 可能达到最大值，然后开始下降，这表明有与这个反应道相竞争的其他反应道开放，但 σ_t 仍增大. 对吸能反应来讲，E_{th} 即为反应阈能；对放能反应来讲，只有当入射粒子能量大于库仑势垒时才引起核反应，因此 E_{th} 就用入射粒子和靶核之间的库仑势垒代替. 库仑势垒的表达式为

$$E_0 = \frac{Z_1 Z_2 e^2}{R_1 + R_2} = 0.96 \frac{Z_1 Z_2}{A_1^{1/3} + A_2^{1/2}} \tag{1.4.18}$$

式中 Z_1 和 Z_2 分别为入射粒子和靶核的原子序数(核电荷数)，A_1 和 A_2 分别为它们的质量数，R_1 和 R_2 分别为它们的核半径(R=1.5×$10^{-13}A^{1/3}$cm，A 表示粒子的质量数). 为满足反应式的动量守恒要求，在实验室坐标系中入射粒子最低能量应等于库仑势垒乘上一个因子 $\frac{M_1 + M_2}{M_2}$，这里 M_1 和 M_2 分别为入射粒子和靶核的质量. 例如 ^{3}He 与 ^{16}O 核之间的 E_C=3.88MeV，^{3}He 束能量为 4.9MeV 时才能与 ^{16}O 发生反应. 当然，由于量子效应，即使入射粒子能量低于库仑势垒也能发生核反应，但反应截面很小.

带电粒子反应截面比热中子反应截面小得多，一般都在 10^{-30}~10^{-29} m^2 量级. 对于有些带电粒子核反应，反应截面的变化随能量变化比较缓慢；而对于有些核反应，激发曲线中出现共振结构.

2) 阻止本领和射程

带电粒子进入靶物质后，与靶原子的电子和靶原子核碰撞而损失其能量. 图 1.4.4 显示出质子在铝中的阻止截面随能量的变化情况. 在高能区用贝蒂-布洛克公式描述.

$$\frac{dE}{dx} = \frac{4\pi Z_1^2 Z_2 e^4 N}{m_0 v^2} \left[\ln \frac{2m_0 v^2}{I_0(1-\beta^2)} - \beta^2 - \frac{C}{Z_2} - \delta \right] \tag{1.4.19}$$

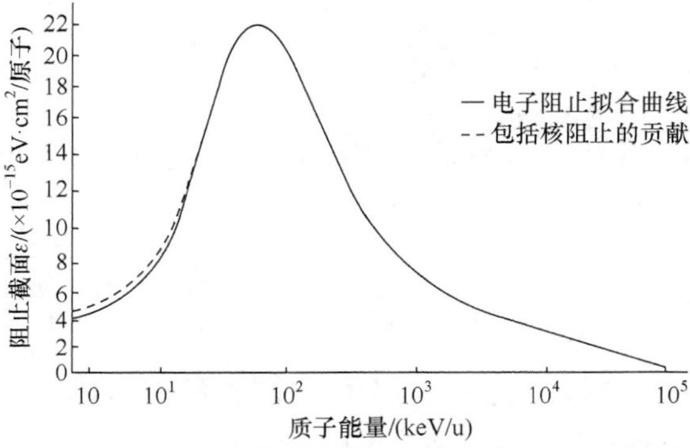

图 1.4.4 质子在铝中的阻止截面随能量的变化情况

式中 N 为单位体积中的靶原子数；m_0 为电子质量；Z_1 和 Z_2 分别为入射粒子和靶核的原子序数；I_0 为平均电离能；$\beta = v/c$，c 为光速；$\frac{C}{Z_2}$ 为壳修正；δ 为相对论修正项. 在低能区用林哈德公式描述. 图中也表示了在很低能量时的核阻止贡献(虚线与实线之差).

在带电粒子活化分析中，粒子能量较高，只考虑高能区电子阻止本领. 阻止本领与阻止截面的关系为

$$\frac{\mathrm{d}E}{\mathrm{d}x} = N\varepsilon \tag{1.4.20}$$

质子和氦离子在各元素物质中的阻止本领数据可查阅文献. 有关氘、氚、^{3}He 的阻止本领数据，可分别用下列关系式求得：

$$\left[\frac{\mathrm{d}E}{\mathrm{d}x}(E)\right]_{\mathrm{d}} = \left[\frac{\mathrm{d}E}{\mathrm{d}x}(E/2)\right]_{\mathrm{p}} \tag{1.4.21}$$

$$\left[\frac{\mathrm{d}E}{\mathrm{d}x}(E)\right]_{\mathrm{t}} = \left[\frac{\mathrm{d}E}{\mathrm{d}x}(E/3)\right]_{\mathrm{p}} \tag{1.4.22}$$

$$\left[\frac{\mathrm{d}E}{\mathrm{d}x}(E)\right]_{^3\mathrm{He}} = 4\left[\frac{\mathrm{d}E}{\mathrm{d}x}(E/3)\right]_{\mathrm{p}} \tag{1.4.23}$$

式中 E 为 d、t 和 ^{3}He 粒子的能量；用下角标 d、t、^{3}He 表示这些粒子的阻止本领；下角标 p 表示质子的阻止本领，其能量分别为 $E/2$ 和 $E/3$.

带电粒子在化合物样品中的能量损失，可用布拉格相加法则求得. 化合物 $\mathrm{A}_m\mathrm{B}_n$ 的阻止截面为

$$\varepsilon\mathrm{A}_m\mathrm{B}_n = m\varepsilon_{\mathrm{A}} + n\varepsilon_{\mathrm{B}} \tag{1.4.24}$$

式中 ε_{A} 和 ε_{B} 为单质元素的阻止截面. 化合物的阻止本领为

$$\left[\frac{\mathrm{d}E}{\mathrm{d}x}(E)\right]_{\mathrm{A}_m\mathrm{B}_n} = n_{\mathrm{A}}\varepsilon_{\mathrm{A}} + n_{\mathrm{B}}\varepsilon_{\mathrm{B}} \tag{1.4.25}$$

式中 n_{A} 和 n_{B} 为单位体积中两种原子的密度，阻止本领以单位长度上的能量损失为单位，或者可写成

$$\left[\frac{\mathrm{d}E}{\mathrm{d}x}(E)\right]_{\mathrm{A}_m\mathrm{B}_n} = \frac{mM_{\mathrm{A}}}{mM_{\mathrm{A}} + nM_{\mathrm{B}}}\left[\frac{\mathrm{d}E}{\mathrm{d}x}\right]_{\mathrm{A}} + \frac{nM_{\mathrm{B}}}{mM_{\mathrm{A}} + nM_{\mathrm{B}}}\left[\frac{\mathrm{d}E}{\mathrm{d}x}\right]_{\mathrm{B}} \tag{1.4.26}$$

式中 M_{A} 和 M_{B} 为原子量，阻止本领以单位质量厚度上的能量损失为单位.

能量为 E_0 的带电粒子在靶物质中的射程为

$$R=\int_0^{E_0}\frac{1}{\left(\frac{\mathrm{d}E}{\mathrm{d}x}\right)}\mathrm{d}E \tag{1.4.27}$$

3. 带电粒子活化分析中的积分截面计算和标准化方法

用活化分析测定样品中的元素含量时，必须采用某种标准化测量方法. 可以采用标准样品做相对测量来确定待测样品中的元素浓度，也可以采用绝对测量法确定元素浓度. 用绝对测量法测量时，需知道积分截面值 $\int_0^{D^*}\sigma(x)\mathrm{d}x$ 或 $\int_{E_{\text{th}}}^{E_0}\sigma(E)\Big/\left(\frac{\mathrm{d}E}{\mathrm{d}x}\right)\mathrm{d}E$.

1) 积分截面值的计算

积分截面包含着反应截面和阻止本领因子，它不仅与相关的核反应特性有关，而且与靶材料性质有关. 积分截面有两种计算方法：一是数值计算法；二是平均截面法.

A. 数值计算法

将已知的核反应截面随能量的变化曲线和入射粒子在样品中的阻止本领随能量的变化曲线，按能量划分为许多小区间，把积分截面中的积分号化成累加号

$$\int_{E_{\text{th}}}^{E_0}\sigma(E)\Big/\left(\frac{\mathrm{d}E}{\mathrm{d}x}\right)\mathrm{d}E\Rightarrow\sum_i\sigma(E_i)\Big/\left(\frac{\mathrm{d}E}{\mathrm{d}x}(E_i)\right)^{\Delta E_i} \tag{1.4.28}$$

在截面曲线变化较为突变的区域，能量间隔分得小一些. 这种数值计算方法的结果比较精确，但计算比较麻烦. 不同核反应的 $\sigma(E)$ 不同，要做不同的计算；即使对于同一核反应，对不同的靶材料，因 $\frac{\mathrm{d}E}{\mathrm{d}x}$ 不同，需要做不同的计算.

B. 平均截面法

为克服上述烦琐的数值计算，引进一种简化的积分截面计算方法. 定义平均截面为

$$\bar{\sigma}=\frac{\int_0^{D^*}\sigma(x)\mathrm{d}x}{D^*}=\frac{\int_0^{D^*}\sigma(x)\mathrm{d}x}{\int_{R_{\text{th}}}^{R}\mathrm{d}x}=\frac{\int_{E_{\text{th}}}^{E_0}\sigma(E)\Big/\left(\frac{\mathrm{d}E}{\mathrm{d}x}\right)\mathrm{d}E}{\int_{E_{\text{th}}}^{E_0}\frac{1}{\frac{\mathrm{d}E}{\mathrm{d}x}}\mathrm{d}E} \tag{1.4.29}$$

根据阻止本领计算公式，忽略式(1.4.19)中的相对论修正，并把式中的一些物理量记为 k ，则阻止本领可以写成

$$\frac{\mathrm{d}E}{\mathrm{d}x}=\frac{k}{E}\ln\frac{E}{I_0} \tag{1.4.30}$$

式中 E 为粒子能量. 于是式(1.4.29)可简化为

$$\bar{\sigma}=\frac{\displaystyle\int_{E_{\mathrm{th}}}^{E'}\frac{\sigma(E)}{\left(\frac{\mathrm{d}E}{\mathrm{d}x}\right)}\mathrm{d}E+\int_{E'}^{E_0}\frac{\sigma(E)}{\left(\frac{\mathrm{d}E}{\mathrm{d}x}\right)}\mathrm{d}E}{\displaystyle\int_{E_{\mathrm{th}}}^{E'}\frac{\mathrm{d}x}{\mathrm{d}E}\mathrm{d}E+\int_{E'}^{E_0}\frac{\mathrm{d}x}{\mathrm{d}E}\mathrm{d}E} \tag{1.4.31}$$

式中 E' 为式(1.4.30)能成立的某一截止能量. $E_{\mathrm{th}}<E'$ 时, 第一个积分项 $\int_{E_{\mathrm{th}}}^{E'}\frac{\sigma(E)}{\left(\frac{\mathrm{d}E}{\mathrm{d}x}\right)}\mathrm{d}E$ 和 $\int_{E_{\mathrm{th}}}^{E'}\frac{\mathrm{d}x}{\mathrm{d}E}\mathrm{d}E$ 相对于第二个积分项 $\int_{E'}^{E_0}\frac{\sigma(E)}{\left(\frac{\mathrm{d}E}{\mathrm{d}x}\right)}\mathrm{d}E$ 和 $\int_{E'}^{E_0}\frac{\mathrm{d}x}{\mathrm{d}E}\mathrm{d}E$ 较小, 可忽略; $E_{\mathrm{th}}>E'$ 时, 第一个积分项是不必要的. 于是

$$\bar{\sigma}\approx\frac{\displaystyle\int_{E'}^{E_0}\frac{\sigma(E)}{\left(\frac{\mathrm{d}E}{\mathrm{d}x}\right)}\mathrm{d}E}{\displaystyle\int_{E'}^{E_0}\frac{\mathrm{d}x}{\mathrm{d}E}\mathrm{d}E}=\frac{\displaystyle\int_{E'}^{E_0}\sigma(E)E\left[k\ln\frac{E}{I_0}\right]^{-1}\mathrm{d}E}{\displaystyle\int_{E'}^{E_0}E\left[k\ln\frac{E}{I_0}\right]^{-1}\mathrm{d}E} \tag{1.4.32}$$

对于一定的靶物质, I_0 是常数, ln 项随能量的变化缓慢变化, 可近似看作常数. 因此

$$\bar{\sigma}\approx\frac{\displaystyle\int_{E'}^{E_0}\sigma(E)E\mathrm{d}E}{\displaystyle\int_{E'}^{E_0}E\mathrm{d}E}\approx\frac{\displaystyle\int_{E_{\mathrm{th}}}^{E_0}\sigma(E)E\mathrm{d}E}{\displaystyle\int_{E_{\mathrm{th}}}^{E_0}E\mathrm{d}E} \tag{1.4.33}$$

此式中不包含 $\frac{\mathrm{d}E}{\mathrm{d}x}$ 项, 所以 $\bar{\sigma}$ 与靶材料无关. 曾对此结论进行了实验验证, 取 $Z_2=4\sim92$ 范围内的 8 种元素作为样品, 用 $^{16}\mathrm{O}(^{8}\mathrm{He,p})^{18}\mathrm{F}$ 反应分析这些样品中的 O 元素. 按 $\bar{\sigma}$ 的定义, 经严格计算, 发现对不同的 Z_2, $\bar{\sigma}$ 仅变化 8%; 在 $Z_2=4\sim57$ 范围内, 只变化 3%. 因此, 可以近似地认为 $\bar{\sigma}$ 与靶材料性质无关; 而且对一定的核反应, 在一定能量范围内, $\bar{\sigma}$ 是常数. 平均截面法在入射粒子能量较高时(例如 $^{3}\mathrm{He}$ 离子能量大于 10MeV 时), 是比较好的近似方法, 并且入射粒子和靶原子的原子序数越小, 误差越小.

有了平均截面的定义, 积分截面就可以写成

$$\int_{E_{\text{th}}}^{E_0} \frac{\sigma(E)}{\left(\dfrac{\mathrm{d}E}{\mathrm{d}x}\right)} \mathrm{d}E = \bar{\sigma} D^* \tag{1.4.34}$$

因此，对确定的核反应以及确定的靶材料，便可按定义或式(1.4.33)计算出一定能量下对应的$\bar{\sigma}$值；或者，用已知成分的样品，由实验上测定其$\bar{\sigma}$值，有了$\bar{\sigma}$值便可求得在相同能量下，同一核反应在其他靶材料中的$\bar{\sigma} D^*$,这里D^*为带电粒子在其他靶材料中的活化有效路径.

2) 标准化方法

A. 相对测量法

将已知元素含量的标准样品与待测样品在相同的粒子能量下辐照，并在相同的测量条件下测量它们的放射性活度，然后比较测量结果，得到待测样品中的元素浓度. 根据式(1.4.16)，待测元素浓度与标准样品和待测样品的射线强度之比的关系为

$$c = c_{\mathrm{s}} \frac{n}{n_{\mathrm{s}}} \left[\int_{E_{\text{th}}}^{E_0} \sigma(E) \Big/ \left(\frac{\mathrm{d}E}{\mathrm{d}x} \right) \mathrm{d}E \right]_{\mathrm{s}} \Big/ \left[\int_{E_{\text{th}}}^{E_0} \sigma(E) \left(\frac{\mathrm{d}E}{\mathrm{d}x} \right) \mathrm{d}E \right] \tag{1.4.35}$$

式中下角标 s 表示标准样品. 辐照两种样品时，束流强度、辐照时间、等待时间都相同. 利用式(1.4.34)，且由于$\bar{\sigma}$与靶材料无关，所以式(1.4.35)可写为

$$c = c_{\mathrm{s}} \frac{n}{n_{\mathrm{s}}} \frac{D_{\mathrm{s}}^*}{D^*} \tag{1.4.36}$$

而

$$\frac{D_{\mathrm{s}}^*}{D^*} = \frac{R_{\mathrm{s}}(E_{\mathrm{s}}) - R_{\mathrm{s}}(E_{\text{th}})}{R(E_0) - R(E_{\text{th}})} \tag{1.4.37}$$

可见，在相对测量法中，不必知道$\sigma(E)$的详细知识，积分截面之比简化为两种样品中的活化有效路径之比，这样计算就十分方便了. 相对测量法准确度高，而且可以用已知元素浓度的任何样品(不一定与待测样品组成相同)作为标准样品.

B. 绝对测量法

用绝对测量法时，除了要知道积分截面外，还需要知道探测器的总绝对效率、辐照剂量、辐照及冷却时间，才能按式(1.4.16)或式(1.4.17)计算元素含量.

带电粒子活化分析中的分析灵敏度因子为

$$S_0 = A/(cI) \tag{1.4.38}$$

式中S_0的单位为10^6dps/(μA)，这里 dps 为每秒衰变数. 由此可以估算出一定的活化和测量条件下的探测下限.

1.4.2 带电粒子活化分析装置

带电粒子活化分析装置包括辐照装置、样品表面处理装置、放射性测量装置.

1. 辐照装置

带电粒子活化分析中的入射粒子能量大多在几兆电子伏到十几兆电子伏量级，故在小型静电加速器、串列静电加速器、回旋加速器上可进行带电粒子活化分析. 静电加速器和串列静电加速器的能量连续可调,使用方便. 回旋加速器能量较高，束流强度较大. 有些回旋加速器能量虽然可以调节，但改变一个能量点所需时间较长. 轰击粒子束流可用由靶室或靶管组成的法拉第圆筒来收集，用束流积分仪记录束流计数. 也可以用另一已知重量的材料作为辐照剂量监测器与样品同时进行辐照，这时入射到待测样品上的粒子能量应该是从加速器出来的粒子能量减去粒子在监测器中损失的能量. 常用的束流监测器元素有 Ni 和 Cu 箔，常用的束流检测核反应如表 1.4.1 所列.

表 1.4.1　常用的束流检测核反应

核素	核反应	半衰期	γ 射线能量/keV
^{60}Ni	^{60}Ni(d,n)^{61}Cu	3.47h	283.056
^{65}Cu	^{65}Cu(α,2n)^{67}Ca	78.1h	300
^{63}Cu	^{63}Cu(α,n)^{66}Ca	9.45h	1039
^{63}Cu	^{63}Cu(p,n)^{63}Zn	38.4min	670
^{65}Cu	^{65}Cu(^{3}He,2n)^{66}Ca	9.5h	1039

为防止带电粒子轰击样品时引起发热，在样品安装架上应有水冷却设备. 入射粒子在厚样品上的发热量(功率)估算式为

$$\overline{W} = E_0 \frac{I}{q} \tag{1.4.39}$$

式中 I 为束流强度，q 为粒子电荷态.

样品可用气动装置传送到辐照点，然后传送到测量室. 操作时应与靶室阀门联合动作，关闭阀门后方可传送样品.

2. 样品制备和表面腐蚀处理装置

带电粒子活化分析用的样品均为固体样品，例如金属、半导体材料等，大小为直径10～15 mm、厚2～5 mm 的薄片. 样品表面要求平整、清洁，标准样品要求性能和含量稳定. 在样品预处理过程中，样品表面可能被化学试剂沾污；辐照

过程中也可能有沾污(如 C 沾污). 这些表面沾污元素经辐照后可形成放射性核素，而且由于轰击时的核反冲和热扩散效应，表面沾污产生的放射性核素会扩散到样品表面层内，因而影响表面层内杂质元素浓度的测定. 为消除样品表面沾污对分析结果带来的影响，可以将辐照后的样品进行表面化学腐蚀处理，腐蚀掉一定厚度后再进行放射性测量. 当然腐蚀掉的样品表面层厚度 Δx 需经测定(如称重法测定)，并应对带电粒子的有效活化能量进行修正，积分截面中的 E_0 应用 E_{eff} 替代，而

$$E_{\mathrm{eff}} = E_0 - \int_0^{\Delta x} \frac{\mathrm{d}E}{\mathrm{d}x} \mathrm{d}x \tag{1.4.40}$$

在分析 B、C、N、O、S、P 等元素时，常用的标准样品分别为硼砂片、石墨、尼龙、石英、硫化钠、磷酸氢钠. 在某些情况下，为提高分析灵敏度，也可以对表面腐蚀后的样品进行放射性化学分离.

3. 放射性测量装置

带电粒子活化分析中辐照生成的放射性核素大多是 β^+ 衰变核，故可通过测量正电子湮没的辐射光子强度来确定元素含量，并要配合半衰期测量才能鉴别元素. 通常采用 NaI(Tl)探测器，可提高探测效率. 两个 7.6cm×7.6cm 的 NaI(Tl)探测器相对方向放置，周围用铅屏蔽，并采用符合相加计数方法以减少本底计数. 对于由电子俘获后处于激发态的子核发射的γ射线，用 Ge(Li)谱仪选定从某一特征γ射线进行计数. 多道脉冲分析器做多定标运行方式，用时钟发生器的脉冲推进道址，这样可直接测得放射性核素的衰变曲线. 对测得的混合衰变曲线进行分解后，便可确定元素种类和含量. 衰变曲线的分解方法与中子活化分析中介绍的方法相类似. 分解衰变曲线的计算机程序，能分解 10 种放射性核素的混合衰变曲线.

为了在相对测量法中比较任何能量下标准样品的放射性活度，可事先将一系列已知不同厚度的吸收片放在标准样品前，然后进行辐照和放射性测量. 由带电粒子在吸收片中的 $\frac{\mathrm{d}E}{\mathrm{d}x}$ 数据，可以确定通过不同厚度吸收片后的粒子能量，从而得到不同能量下的标准样品的活化产额标准曲线. 以后分析样品时，不必再次轰击标准样品了. 对标准样品、待分析样品、束流监测器样品的放射性进行测量时，需确保探测几何条件、γ射线吸收情况保持不变，否则要进行修正.

1.4.3 带电粒子活化分析中的干扰反应

带电粒子活化分析时主要存在着初级干扰反应. 由于入射带电粒子的种类和能量的选择自由度较大，带电粒子活化分析中的干扰问题比较容易消除.

1. 相同放射性核素的干扰

样品中不同的元素经带电粒子辐照生成了相同的放射性核素，例如，用 $^{11}B(p, n)^{11}C$ 反应分析 B 元素时，存在着干扰反应 $^{14}N(p, \alpha)^{11}C$. 前一反应的阈能为 2.8MeV，后一反应要在 4MeV 以上才发生. 分析时只要把入射粒子能量降到 4MeV 以下，就消除了 ^{14}N 的干扰反应. 有时可能三个元素生成同一放射性核素，这时区分开这些元素就比较难，需要改变轰击粒子种类及轰击能量来消除干扰. 表 1.4.2 列出了用 ^{3}He 离子束做活化分析时的主要干扰反应.

表 1.4.2　^{3}He 离子束做活化分析时的主要干扰反应

放射性核素	核反应
^{11}C	$^{9}Be(^{3}He, n)^{11}C$、$^{10}B(^{3}He, d)^{11}C$、$^{12}C(^{3}He, \alpha)^{11}C$
^{13}N	$^{10}B(^{3}He, \gamma)^{13}N$、$^{11}B(^{3}He, n)^{13}N$、$^{12}C(^{3}He, d)^{13}N$、$^{14}N(^{3}He, \alpha)^{13}N$
^{15}O	$^{12}C(^{3}He, \gamma)^{15}O$、$^{13}C(^{3}He, n)^{15}O$、$^{14}N(^{3}He, d)^{15}O$、$^{15}N(^{3}He, t)^{15}O$、$^{16}O(^{3}He, \alpha)^{15}O$
^{18}F	$^{15}N(^{3}He, \gamma)^{18}F$、$^{16}O(^{3}He, p)^{18}F$、$^{17}O(^{3}He, pn)^{18}F$、$^{18}O(^{3}He, t)^{18}F$、$^{19}F(^{3}He, \alpha)^{18}F$

2. 不同的 β^{+} 衰变核素的干扰

不同元素经辐照后也可能生成不同的放射性核素，但这些核素发射的γ射线能量相同. 例如，分析浓缩的 ^{18}O 元素时，用的核反应为 $^{18}O(p, n)^{18}F$，$T_{1/2}$=110min，干扰反应有 $^{18}O(p, \alpha)^{18}N$ 和 $^{13}C(p, n)^{13}N$. ^{18}F 和 ^{13}N 都是 β^{+} 衰变核素，对γ谱上 0.511MeV 峰计数都有贡献，因而造成干扰. 但因 ^{13}N 的半衰期较短($T_{1/2}$=10min)，所以可以通过增加辐照后的冷却时间来消除此干扰.

又如在用 $^{12}C(d,n)^{13}N$ 反应分析钢中的 C 元素时，可能的干扰是基体元素中的 $^{54}Fe(d, n)^{55}Co$ 反应. 对于这种干扰，可通过选择合适的轰击粒子能量来消除它. 当降低轰击粒子能量时，库仑势垒效应使得对于原子序数 Z 大的元素，其反应截面比低 Z 元素的反应截面下降得快，因而可使高 Z 元素的干扰相对下降得多. 例如 E_d 在 4MeV 时，d 与 C 的反应截面最大，而与 Fe 的反应截面最小. 如果干扰反应是阈能反应，则可将入射粒子能量降至阈能以下，这样就不会发生干扰了. 另外，(d,n)反应产生的中子可引起次级反应而成为干扰因素.

如果有必要，且待测放射性核素的半衰期又足够长，也可用化学元素分离法，把所需的放射性核素成分分离出来后，再进行放射性测量.

1.4.4　带电粒子活化分析技术的应用

带电粒子活化分析技术主要应用于样品表面层的轻元素分析以及某些重元素

分析，入射带电粒子与轻元素之间的库仑势垒低，粒子能量较低时就可做分析工作；而入射带电粒子与 Pb 和 Nb 等这些较重元素间的库仑势垒虽然较高，但由于分析这些重元素的其他分析方法灵敏度低，故可用带电粒子活化分析法来分析.分析的样品材料包括 Si、Ge、GaAs 半导体材料和各种金属、合金材料. 要分析的元素有 B、C、N、O、P、S 等. 材料中的轻元素杂质对材料的性能影响很大. 例如，Zr 合金是一种熔点高、强度大、抗腐蚀性好、中子俘获截面小的材料，是核动力工程中重要的结构和包装材料，这要求材料中 B 的含量极低，否则因为 B 的中子俘获截面大，B 含量高会造成中子通量损失. C 和 N 的存在也影响 Zr 合金的机械性能和化学性能.

当然，带电粒子活化分析法只能确定薄层中这些轻元素总量，不能给出深度分布，只有与离子溅射剥层或其他剥层技术相配合后，带电粒子活化分析才能给出深度分布信息.

Oshima 等利用 8MeV 质子束，基于带电粒子活化分析(CPAA)技术进行了一般元素定量研究. 利用布鲁克海文国家实验室国家核数据中心提供的核数据库，推导出各核素单元素样品的测定灵敏度. 结果表明，当靶核变重时，测定灵敏度逐渐降低，但利用 CPAA 可以对包括重核区域在内的全部元素进行研究. 结果表明，CPAA 可用于大多数稳定核，是中子活化分析的一种替代方法(Oshima et al., 2016).

1. 半导体材料中的轻元素分析

超纯硅材料中要求 B 元素含量小于 10^{-9}. 采用中子活化分析法分析 B 元素有一定困难，而用带电粒子活化分析法非常有效，常用的核反应是 $^{11}B(p, n)^{11}C$ 和 $^{10}B(d, n)^{11}C$. 回旋加速器产生的 6.7MeV 质子束轰击样品，用 $^{52}Cr(p, n)^{52m}Mn$ ($T_{1/2}$=21min)反应作束流监测. 用燃烧法作快速放化分离. 用塑料闪烁体探测 ^{11}C 发射的 0.96MeV 的正电子，用 NaI(Tl)探测湮没光子，采用β-γ 符合测量装置，可有选择性地测量 ^{11}C 的放射性. 图 1.4.5(a)为γ 能谱，图 1.4.5(b)为 ^{11}C 的衰变曲线.

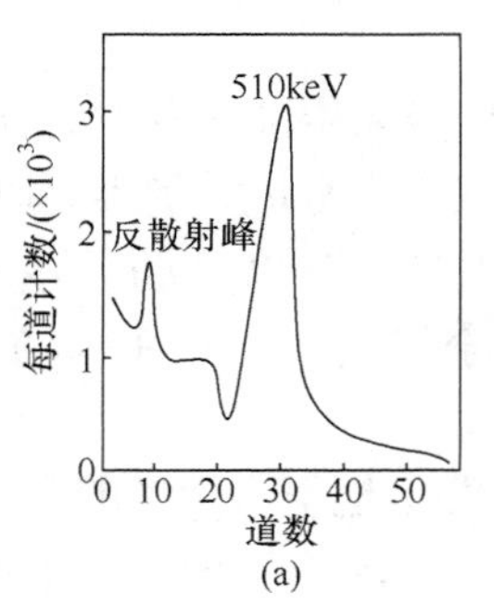

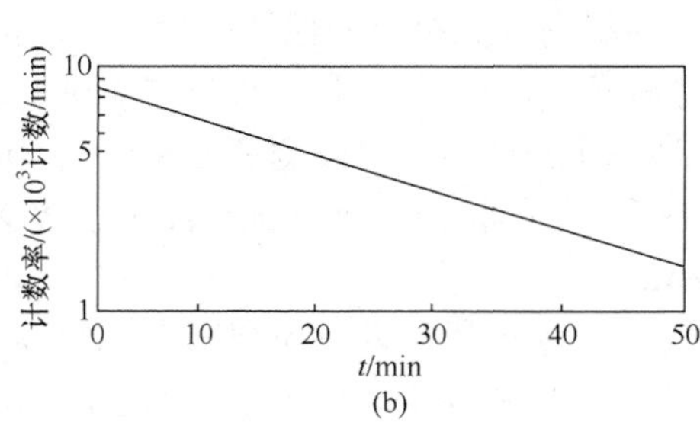

图 1.4.5　^{11}C 的能谱和衰变曲线

带电粒子活化可做多元素分析，例如 Si 样品中的 N、C、O 同时分析. 将待分析的 Si 片进行表面去污后，以 Al 箔包封即成为辐照靶片，采用跑兔装置，将样品送入辐照点，利用能量为 6.8MeV 的质子束进行辐照后，样品表面腐蚀掉 4～5mg/cm^2，这样能完全消除表面沾污及核反冲等效应的影响. 还可相加符合谱技术测量放射性，得到发射β^+的各核素的混合衰变曲线(图 1.4.6).

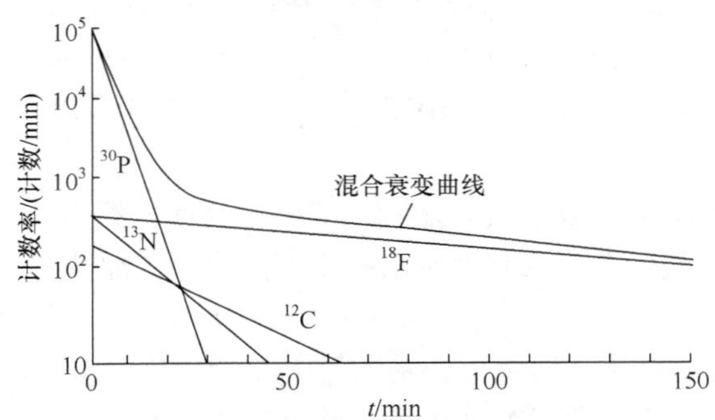

图 1.4.6　硅样品活化后的放射性衰变曲线

以 SiO_2 作为直接测定 O 的标准样品，同时以 SiO_2 中的 O 作为同时测定多种轻元素时的“单标准”. 同时测定多种元素的分析极限为 O：0.2μg/g；N：0.04μg/g；C：4μg/g. 带电粒子活化法对 O 元素分析的灵敏度比红外光谱分析高一个量级，且不受表面氧化层的影响.

Chowdhury 等利用 CPAA 以及 NAA 等核技术进行石墨基体材料中杂质元素的测量，杂质元素包括 Ca、Ti、V、Cr、Fe、Ni、Cu、Zn、Ga、Ge、Sr、Zr、Mo，其一般在毫克/千克到微克/千克的量级. 使用 13MeV 和 18MeV 的质子束轰击样品进行分析，结果发现样品中的杂质含量在微克/千克水平或者更低，除了 Fe 元素，其他微量元素都可以通过 CPAA 技术进行分析，侧面说明 CPAA 技术的有效性(Datta et al., 2014).

2. 金属材料中的元素分析

目前，为提高金属材料的性能，会经常向基体金属中加入其他元素，以保证其性能满足要求. Datta 等利用 CPAA 技术对 CuCrZr 合金进行了表面以及体积分析. 通过实验验证，CPAA 可以测定 CuCrZr 合金中 Zr、Cr 以及 Cu 的浓度. 并且，CPAA 对 Zr 和 Cr 的检测灵敏度优于能量色散 X 射线荧光，但对 Cu 的检测灵敏度较差(Datta et al., 2017).

同样的，Datta 等研究人员还利用 CPAA 技术测定地下水中砷的含量及砷(Ⅲ)和砷(Ⅴ)的形态. 应用 16MeV 质子束测定了印度东部地下水中砷、砷(Ⅲ)和砷(Ⅴ)

的含量. 用 DOWEX 1×8 树脂进行了砷(Ⅲ)和砷(Ⅴ)的价态分析. 用其他常规方法测定总砷浓度作为对照结果，与 CPAA 测定值吻合较好. 结果表明地下水样品中砷(Ⅲ)浓度是砷(Ⅴ)浓度的两倍(Datta et al., 2016).

Erramli 于 2017 年进行了 *Charged Particle Activation Analysis* 书籍的编撰，书中对 CPAA 的原理进行了阐述，并对 CPAA 的应用实例进行了说明，如 CPAA 与离子通道相结合，研究了丘克拉斯基-硅(czochralski-silicon，Cz-Si)基板经快速热退火(RTA)后的氧谱，以及 Cz-Si 热处理后的氧行为. 其次，研究了氦在辐照 UO_2 中的行为对核燃料在核电厂使用期间和使用后的机械稳定性有重要影响(Erramli and Bounagui, 2017).

1.4.5 光子活化分析

光子活化分析(photon activalion analysis, PAA)是用由加速器或同位素源产生的高能γ光子照射样品的活化分析方法. 其主要利用的是(γ，γ)、(γ，n)、(γ，2n)、(γ, p)等光核反应. 适用于原子序数较小的轻元素和一些对热中子活化分析不灵敏的元素的分析，例如碳、氟、铅等.

1. 光子活化分析原理

光子活化分析是建立在高能光子与原子核相互作用的物理基础上的. 当一个能量足够高的光子撞击原子核时,一个中子或一个质子可以被释放出来(见图 1.4.7). 在很多情况下，产生的核素是不稳定的，会发生衰变并产生β^+发射、β^-发射或电子捕获，然后是光子发射，其中大部分粒子的能量范围在 8keV 到几兆电子伏之间. 在这个能量范围内的光子很容易用现有的 X 射线和γ射线光谱仪测量.

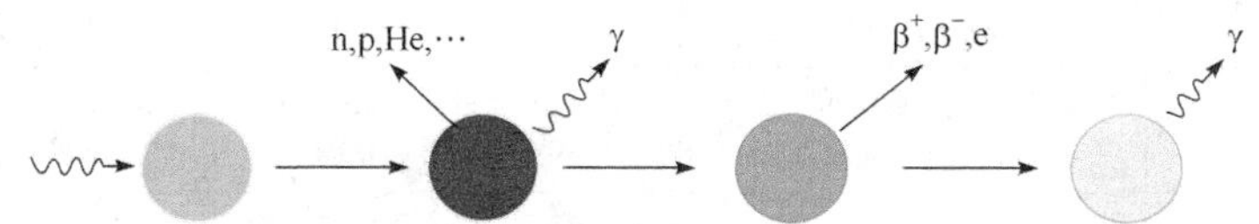

图 1.4.7 光子活化分析技术原理图

产生的放射性核素产额(Y)由一系列的参数决定，参数包括受辐射靶核的数量(N_T)，核反应的阈值能量(E_{th})，光子通量强度($\Phi(E,\ \boldsymbol{r})$)，光核反应截面($\sigma(E)$)，放射性核素的衰减常数(λ)以及辐照时间(t)(Segebade et al., 2017)为

$$Y = N_T(1-e^{-\lambda t})\int_{E_{th}}^{\infty}\Phi(E,\ \boldsymbol{r})\sigma(E)\mathrm{d}E\mathrm{d}^3\boldsymbol{r} \tag{1.4.41}$$

2. 光子活化分析特点

利用高能γ光子对样品进行活化，并对产生的特征粒子，包括中子、γ光子、

质子等进行分析，光子活化分析技术具备以下特点：

(1) 光子与原子核的反应都是阈能反应；

(2) (γ , n)反应截面最大，生成的放射性核素是衰变核；

(3) 大多数轻核的(γ, p)反应截面也较大，其他反应一般都不重要，只有很高能量时才考虑它们所引起的干扰；

(4) 阈能最低，截面小，且大多数反应生成稳定性核素，对活化无贡献.

3. 光子活化分析与其他活化分析比较

光子活化分析是一种非破坏性的技术，在许多情况下可以在不破坏样品的情况下对样品元素进行检测分析. 光子活化分析技术在许多领域中有着悠久的应用历史，是一种广谱、多元素分析技术. 在某些情况下，光子活化分析与中子活化分析非常相似，但是，每种技术对每种元素都有不同的敏感性，使它们可以成为互补的工具. 高能γ光子活化分析主要用于 B、C、N、O、F 等轻元素分析，也可分析 Ca、Mg、Ti、Ni 等元素；热中子分析不灵敏的元素 Fe、Ti、Zr、Tl、Pb、用光子活化分析却相当灵敏. 相较于中子活化分析技术，光子活化分析技术具备几种优势，如表 1.4.3 所示.

表 1.4.3 不同活化分析技术比较

特点	中子活化分析(NAA)	带电粒子活化分析(CPAA)	光子活化分析(PAA)
分析灵敏度和准确度	热中子活化分析灵敏度高，量很少的样品即可分析，标准样品制备要求高	标准样品选择比较方便，相对法的准确度较高	对热中子分析不灵敏的元素 Fe、Ti、Zr、Tl、Pb，用光子活化分析却相当灵敏
对样品的破坏性	可做样品体内杂质元素的非破坏性分析	只能做样品表面层元素分析	可做样品体内杂质元素的非破坏性分析
深度分布信息	只能给出元素成分和总量，不能给出分布信息	只能给出元素成分和总量，不能给出分布信息	只能给出元素成分和总量，不能给出分布信息
选择性	干扰反应较多，不易消除	反应道多，采用不同离子和能量，易于鉴别元素，排除干扰	干扰反应易于消除
多元素分析	可以	可以	不可以
可分析范围	几乎全部元素	轻元素杂质	轻元素杂质
抗沾污性	一般不会沾污样品	可能有沾污，可用表面腐蚀处理	一般不会沾污

4. 光子活化分析的应用

光子活化分析为古生物学研究提供了一种独特的、非破坏性的元素分析技术.

光子活化分析特有的优势使其成为多种古生物学研究的潜在工具，包括物源、古环境重建和分类学研究. 古生物学样本稀少且不可再生，因此研究它们的化学或物理特性需要非破坏性的方法. 用非破坏性方法对物理特性进行常规研究；然而，化学研究往往需要破坏性的方法，除非样品非常小或只对表面成分感兴趣. 因此，可以基于光子活化分析的非破坏性对古生物学样品进行分析，获取其年份、化学成分、生物特征等信息(Segebade, 2013; Reimers et al., 1977).

光子活化分析技术同样可以应用于环境研究. 由于光子活化分析技术对元素的灵敏性，可以对环境中的某几个元素(如 Pb 或 Tl)进行较为精确的分析，分析灵敏度可以达到微量程度. 另外，许多基质元素在自然界中相当丰富(如 Na)，不产生具有复杂干扰γ 能谱的同位素. 其他基体元素，如碳、氧、硅，会产生半衰期相当短的放射性同位素，这些同位素大多可以忽略不计. 大多数环境应用涉及空气(或者空气中产生的微粒过滤器). 最常见的空气过滤材料包括聚苯乙烯、聚丙烯、石英纤维、纤维素和纸. 土壤样品也经常在环境背景下被研究. 1973 年，Aras 等利用光子活化分析技术对空气微粒进行分析(Aras et al., 1973). 多达 14 种元素(包括 Ca、Ti、Ni、Sr、I、Pb 等用 NAA 较难分析的元素)可以被分析，相对偏差小于 5%. Alian 和 Sansoni 对汽车排放尾气进行了系统的研究，对其产生的颗粒物进行了分析(Alian and Sansoni, 1985).

同样的，光子活化分析可以对生物及医学材料进行分析. 20 世纪 60 年代，已有研究将光子活化分析技术应用于生物材料的分析中，主要对 C、H、O、N 以及 S 元素进行分析. 其他微量元素，例如 Co、Cr、Cu、B、F、Fe、I、Mn、Mo 以及 Zn，对生物体十分重要的元素，也同样可被分析检测. 同时，对有害元素同样关注，包括 Pb、Tl、Se、Cd 及 Hg(Hislop and Williams, 1973; Ono et al., 1973; Andersen et al., 1967).

光子活化分析技术在地球化学分析中同样重要. 与生物样品相比，岩石和矿物具有典型的耐热性，能够承受更高的韧致辐射束功率. 然而，在许多情况下，岩石或矿石的本底是非常高的. 例如，由能量大于 16MeV 的光子激活的石灰岩会产生非常强烈和复杂的γ 射线背景(^{42}K、^{43}K、^{47}Ca 和 ^{47}Sc). 活化铜矿也会产生非常高的背景，不允许测量任何半衰期长达数小时的同位素. 然而，目前有很多研究完成了利用光子活化分析技术对岩石和矿石的元素定量分析，包括 Mg、Ca、Ti、Ni、Sr、Rb、Zr、Cs、Ta 等(Wagner et al., 1998; Segebade et al., 1993).

更多地，光子活化分析技术基于其无损检测等优点，可以被用于航空航天、法医、工业等领域(Mizera et al., 2017; Tickner et al., 2015; Alsufyani et al., 2014; Meijers and Aten, 1969).

参 考 文 献

黄文辉，久博，李媛，2019. 煤中稀土元素分布特征及其开发利用前景[J]. 煤炭学报，44(1):

294-301.

梁静, 李延超, 林小辉, 等, 2019. 高纯金属检测技术应用[J]. 中国钼业, 43(1): 9-12.

孙洪超, 倪邦发, 肖才锦, 等, 2012. CARR 堆瞬发伽马活化分析系统的初步设计[J]. 同位素, 25(3): 182-188.

汤亚军, 贾文宝, 黑大千, 等, 2019. 基于 PGNAA 的化学武器识别[J]. 光谱学与光谱分析, 39(12): 3653-3658.

运威旭, 肖才锦, 姚永刚, 等, 2019. CARR 冷中子瞬发γ 活化分析系统主要性能测试[J]. 核电子学与探测技术, 4: 393-399.

张会堂, 2019. 中子活化分析法测定地质样品中的稀有分散元素[J]. 山东化工, 48(7): 105-107.

Alian A, Sansoni B, 1985. A review on activation analysis of air particulate matter[J]. Journal of Radioanalytical and Nuclear Chemistry, 89: 191-275.

Alsufyani S J, Liegey L R, Starovoitova V N, 2014. Gold bearing ore assays using $^{197}Au(\gamma, n)^{196}Au$ photonuclear reaction[J]. Journal of Radioanalytical and Nuclear Chemistry, 302(1): 623-629.

Andersen G H, Graber F M, Guinn V P, et al., 1967. Photonuclear activation analysis of biological materials for various elements, including fluorine[J]. Proceedings of the Symposium on Nuclear Activation Techniques in the Life Sciences, Amsterdam: 99-112.

Aras N K, Zoller W H, Gordon G E, et al., 1973. Instrumental photon activation analysis of atmospheric particulate material[J]. Analytical Chemistry, 45: 1481-1490.

Dasari K B, Acharya R, Das N L, 2018. Chemical characterization of large size archaeological clay bricks for grouping study by internal mono-standard neutron activation analysis[J]. Journal of Radioanalytical and Nuclear Chemistry, 316: 1205-1211.

Datta J, Chowdhury D P, Verma R, 2014. Determination of concentrations of trace elements in nuclear grade graphite by charged particle activation analysis[J]. Journal of Radioanalytical and Nuclear Chemistry, 300(1): 147-152.

Datta J, Dasgupta S, Guin R, et al., 2016. Determination of total arsenic and speciation of As(Ⅲ) and As(Ⅴ) in ground water by charged particle activation analysis[J]. Journal of Radioanalytical and Nuclear Chemistry, 308(3): 927-933.

Datta J, Ghosh M, Dasgupta S, 2017. Simultaneous quantification of Zr, Cr and Cu in copper alloy matrix using charged particle activation analysis[J]. Journal of Radioanalytical and Nuclear Chemistry, 314: 1161-1167.

Dwijananti P, Astuti B, Alwiyah, et al., 2018. Determination of elements in hospital waste with neutron activation analysis method[J]. Journal of Physics Conference Series, 983(1): 012017.

Erramli H, Bounagui O E, 2017. Encyclopedia of Analytical Chemistry[M]. New York: Wiley.

Gméling K, Simonits A, Sziklai László I, et al., 2014. Comparative PGAA and NAA results of geological samples and standards[J]. Journal of Radioanalytical and Nuclear Chemistry, 300(2): 507-516.

Hei D Q, Jiang Z, Jia W B, et al., 2016a. The background influence of cadmium detection in saline water using PGNAA technique[J]. Journal of Radioanalytical and Nuclear Chemistry, 310(1): 27-31.

Hei D Q, Jia W B, Jiang Z, et al., 2016b. Heavy metals detection in sediments using pgnaa method[J]. Applied Radiation and Isotopes, 112: 50-54.

Hislop J S, Williams D R, 1973. The use of non-destructive high energy gamma photon activation for trace element survey analysis[J]. Journal of Radioanalytical and Nuclear Chemistry, 16(1): 329-341.

Holslin D T, Vourvopoulos G, 2006. PELAN for non-intrusive inspection of ordnance, containers, and vehicles[J]. International Society for Optics and Photonics, 6213: 7.

Jia W B, Cheng C, Hei D Q, et al., 2015a. Method for correcting thermal neutron self-shielding effect for aqueous bulk sample analysis by PGNAA technique[J]. Journal of Radioanalytical & Nuclear Chemistry, 304(3): 1133-1137.

Jia W B, Cheng C, Shan Q, et al., 2015b. Study on the elements detection and its correction in aqueous solution[J]. Nuclear Instruments and Methods in Physics Research Section B: Beam Interactions with Materials and Atoms, 342: 240-243.

Kabanov D V, Merkulov V G, Mostovshchikov A V, et al., 2018. Trace impurities analysis of aluminum nanopowder and its air combustion product[J]. AIP Conference Proceedings, 1938(1): 020007.

Kardjilov N, Festa G, 2017. Neutron Methods for Archaeology and Cultural Heritage[M]. Berlin: Springer.

Kuznetsov A, Evsenin A, Gorshkov I, et al., 2009. Device for detection of explosives, nuclear and other hazardous materials in luggage and cargo containers[J]. AIP Conference Proceedings, 1194: 13-23.

Landsberger S, Kapsimalis R, 2013. Comparison of neutron activation analysis techniques for the determination of uranium concentrations in geological and environmental materials[J]. Journal of Environmental Radioactivity, 117: 41-44.

Landsberger S, Yellin J, 2018. Minimizing sample sizes while achieving accurate elemental concentrations in neutron activation analysis of precious pottery[J]. Journal of Archaeological Science: Reports, 20: 622-625.

Li J T, Jia W B, Hei D Q, et al., 2018. The optimization of coal on-line analysis system based on signal-to-noise ratio evaluation[J]. Journal of Radioanalytical and Nuclear Chemistry, 318: 1279-1286.

Li J T, Jia W B, Hei D Q, et al., 2019. Design of the explosion-proof detection integrated system based on PGNAA technology[J]. Journal of Radioanalytical and Nuclear Chemistry, 322(3): 1-10.

Liu Y, Rolle Mcfarland D, Mostafaei F, et al., 2018. In vivo neutron activation analysis of bone manganese in workers[J]. Physiological Measurement, 39(3): 035003.

Mauerhofer E, Havenith A, Kettler J, 2016. Prompt gamma neutron activation analysis of a 200 L steel drum homogeneously filled with concrete[J]. Journal of Radioanalytical and Nuclear Chemistry, 309(1): 273-278.

Meijers P, Aten A H W, 1969. Photon activation analysis of iron meteorites[J]. Radiochimica Acta, 11(1): 1-5.

Mizera J, Řanda Z, Krausová I, 2017. Neutron and photon activation analyses in geochemical characterization of libyan desert glass[J]. Journal of Radioanalytical and Nuclear Chemistry, 311(2): 1465-1471.

Molnár G L, 2004. Handbook of Prompt Gamma Activation Analysis: with Neutron Beams[M]. Berlin: Springer.

Naqvi A A, Al Matouq F A, Khiari F Z, et al., 2013. Optimization of a prompt gamma setup for analysis of environmental samples[J]. Journal of Radioanalytical and Nuclear Chemistry, 296(1): 215-221.

Naqvi A A, Kalakada Z, Al Anezi M S, et al., 2014a. Performance evaluation of a portable neutron generator for prompt gamma-ray applications[J]. Arabian Journal for Science and Engineering, 39(1): 531-539.

Naqvi A A, Maslehuddin M, Kalakada Z, et al., 2014b. Prompt gamma ray evaluation for chlorine analysis in blended cement concrete[J]. Applied Radiation and Isotopes, 94: 8-13.

Ono S, Suzuki M, Kadota M, 1973. Determination of trace fluorine in biological materials by photonuclear activation analysis[J]. Microchimica Acta, 61(1): 61-68.

Oshima M, Yamaguchi Y, Muramatsu W, et al., 2016. Study of charged particle activation analysis (i): determination sensitivity for single element samples[J]. Journal of Radioanalytical and Nuclear Chemistry, 308(2): 711-719.

Ozden B, Brennan C, Landsberger S, 2019. Environmental assessment of red mud by determining natural radionuclides using neutron activation analysis[J]. Environmental Earth Sciences, 78(4): 114.

Reimers P, Lutz G J, Segebade C, 1977. The non-destructive determination of gold, silver and copper by photon activation analysis of coins and art objects[J]. Archaeometry, 19(2): 167-172.

Révay Z, Kudějová P, Kleszcz K, et al., 2015. In-beam activation analysis facility at MLZ, Garching[J]. Nuclear Instruments and Methods in Physics Research Section A: Accelerators, Spectrometers, Detectors and Associated Equipment, 799: 114-123.

Rosa M, Vieira B J, Prudêncio M I, et al., 2018. Chemistry of volcanic soils used for agriculture in brava island (Cape Verde) envisaging a sustainable management[J]. Journal of African Earth Sciences, 147: 28-42.

Sales T N S, Bosch Santos B, Saiki M, et al., 2018. Low temperature synthesis of pure and Fe-doped $HfSiO_4$: determination of Si and Fe fractions by neutron activation analysis[J]. Radiation Physics and Chemistry, 155: 287-290.

Sardet A, Pérot B, Carasco C, et al., 2017. Design of the rapidly relocatable tagged neutron inspection system of the C-BORD project[J]. Nuclear Science Symposium, 2016: 8069693.

Schlesinger H L, Hoffman C M, Pro M J, 1967. Identification of bullet holes by residue transfer[J]. Journal of the Association of Official Analytical Chemists, 50(2): 376-380.

Seabury E H, Wharton C J, Caffrey A J, 2015. MCNP simulation of discrete gamma-ray spectra for PGNAA applications[C]. Nuclear Science Symposium & Medical Imaging Conference, IEEE: 7581848.

Segebade C, 2013. Edward's sword: a non-destructive study of a medieval king's sword[C]. AIP Publishing, Melville: 1525417-1525421.

Segebade C, Starovoitova V N, Borgwardt T, et al., 2017. Principles, methodologies, and applications of photon activation analysis: a review[J]. Journal of Radioanalytical and Nuclear Chemistry, 312(3): 443-459.

Segebade C, Thümmel H W, Heller W, 1993. Photon activation analysis of environmental water: studies of direct sample irradiation[J]. Journal of Radioanalytical and Nuclear Chemistry, 167(2): 383-390.

Stefanik M, Cesnek M, Sklenka L, et al., 2020a. Neutron activation analysis of meteorites at the VR-1 training reactor[J]. Radiation Physics and Chemistry, 171: 108675.

Stefanik M, Sazelova S, Sklenka L, 2020b. Investigation of mammoth remains using the neutron activation analysis at the training reactor VR-1[J]. Applied Radiation and Isotopes, 166: 109292.

Sun A Y, Jia W B, Li J T, et al., 2019. Method for accurate position detection of landmine based on PGNAA technology[J]. Journal of Radioanalytical & Nuclear Chemistry, 320(2): 323-328.

Sun G M, Lee J, Uhm Y R, et al., 2020. An investigation of excretion of calcium from female mice ingested with boron by using neutron activation analysis[J]. Nuclear Engineering and Technology, 52: 2581-2584.

Tickner J, O'Dwyer J, Roach G, et al., 2015. Analysis of precious metals at parts-per-billion levels in industrial applications[J]. Radiation Physics and Chemistry, 116: 43-47.

Wagner K, Gorner W, Hedrich M, et al., 1998. Analysis of chlorine and other halogens by activation with photons and neutrons[J]. Fresenius Journal of Analytical Chemistry, 362: 382-386.

Wharton C J, Seabury E H, Krebs K M, et al., 2015. Chemical warfare agent identification by PGNAA: a comparison of gamma-ray excitation by neutrons from a Cf-252 source, a DD neutron generator, and a DT neutron generator[C]. Nuclear Science Symposium & Medical Imaging Conference: 7581754.

Yakubova G, Kavetskiy A, Prior S A, et al., 2017. Applying Monte-Carlo simulations to optimize an inelastic neutron scattering system for soil carbon analysis[J]. Applied Radiation and Isotopes: Including Data, Instrumentation and Methods for Use in Agriculture, Industry and Medicine, 128: 237.

Yang J B, Yang Y G, Li Y J, et al., 2013a. Prompt gamma neutron activation analysis for multi-element measurement with series samples[J]. Laser Physics Letters, 10(5): 056002.

Yang Y, Yang J, Li Y, 2013b. Fusion of X-ray imaging and photoneutron induced gamma analysis for contrabands detection[J]. Nuclear Science, IEEE Transactions on, 60(2): 1134-1139.

第 2 章　带电粒子核反应瞬发分析

带电粒子核反应分析包括带电粒子缓发分析和带电粒子瞬发分析. 带电粒子(质子、α粒子等)核反应瞬发分析是通过直接测量核反应过程中伴随的瞬发辐射来确定靶原子核的种类和含量的方法. 伴随的瞬发辐射一般包括带电粒子、γ 射线以及中子(张智勇和柴之芳，2003). 这种分析方法较之带电粒子活化分析法具有更多的优越性：方法简便、分析速度快；可利用不同的核反应道、不同的出射粒子和核反应运动学关系来鉴别核素及消除干扰反应；特别是它能在不破坏样品结构的情况下提供核素深度分布信息(张智勇和柴之芳，2003). 由于带电粒子与轻元素的反应 Q 值大、截面大，所以只用几兆电子伏的带电粒子就可以进行高灵敏度核素分析. 带电粒子核反应瞬发分析是样品表面层轻元素分析不可缺少的一种分析方法(梁代骅等，1982). 近些年来在提高分析灵敏度和深度分辨率方面有了不少进展.

本章，主要讨论通过测量 p、d、^{3}He 等带电粒子核反应瞬发的带电粒子和γ 射线来进行核素总量分析与深度分布分析.

2.1　表面核素总量测定

材料表面层元素成分和含量是影响材料表面特征的重要因素. 兆电子伏量级带电粒子在物质中的射程有限，带电粒子核反应瞬发分析一般用于表面层核素总量分析. 如图 2.1.1 所示，能量为 E_a 的带电粒子 a 与靶原子核 A 发生的核反应为 A(a，b)B，b 为出射粒子，B 为剩余核(杨福家，2008). 在实验室坐标系中某一角度θ方向出射的粒子能量 E_b 的核反应 Q 方程为

$$Q=\left(1+\frac{m_b}{M_B}\right)E_b-\left(1-\frac{m_a}{M_B}\right)E_a-\frac{2\sqrt{m_a m_b E_a E_b}}{M_B}\cos\theta \tag{2.1.1}$$

式中 m_a、m_b、M_B 分别为入(出)射粒子 a、b 和剩余核 B 的质量. 核反应微分截面 $\frac{d\sigma}{d\Omega}$ 是θ和 E_a 的函数，对不同的核反应道，截面曲线形状不同，其中某些核反应呈现出共振现象，称为共振核反应. 精确控制入射粒子能量，并对出射粒子种类、能量、强度进行鉴别和测定，就可以确定样品中的核素成分和含量. 通常测量的

出射粒子是质子、α粒子等带电粒子，或者γ射线，少数情况下也可测量瞬发的中子.

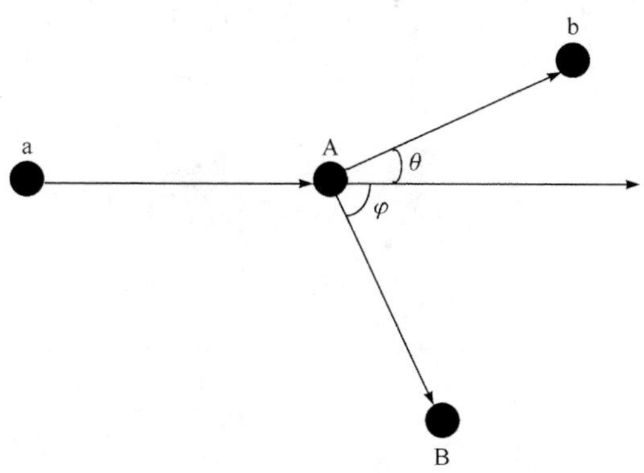

图 2.1.1　A(a，b)B 核反应示意图

2.1.1　非共振核反应测定表面核素总量

非共振核反应的截面随能量的变化比较缓慢，入射粒子能量可选择在截面曲线的平坦区域. 图 2.1.2 给出 $^{16}O(d, p)^{17}O$ 核反应的微分截面曲线，在 E_d 为 800～900keV 时，微分截面几乎是常数.

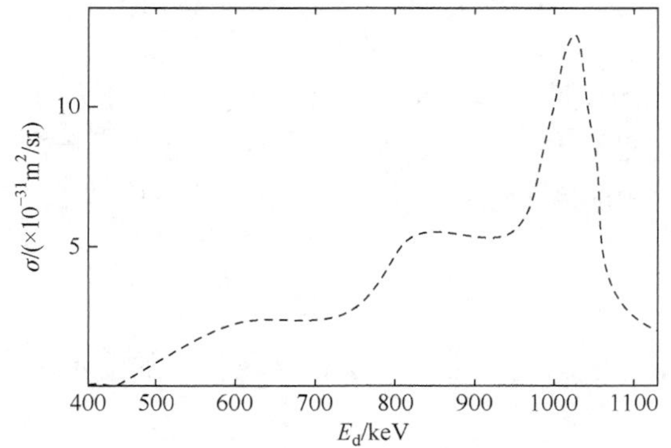

图 2.1.2　$^{16}O(d，p)^{17}O$ 核反应微分截面随入射 d 粒子能量的变化

1. 薄样品分析

若入射粒子贯穿样品时的能量损失很小，则称这种样品为薄样品(面密度约为约μg/cm² 量级)，如图 2.1.3 所示. 由于入射粒子能量相对变化量较小，故核反应截面可看作常数. 这时在某一角度θ方向的核反应 A(a，b)B 出射粒子 b 的产额为

$$Y(\theta, E_c) = \Phi c \Delta x \sigma(\theta, E_a) \Omega \frac{1}{\cos\theta_1} \tag{2.1.2}$$

式中Φ为入射粒子数，Δx为样品厚度，θ_1为入射束与样品平面的法线之间的夹角，c为单位体积内的样品 A 原子数(在薄样品内 c 为常数)，$\sigma(\theta, E_a)$为入射能量为 E_a 时在θ角方向的核反应 A(a，b)B 微分截面，Ω为探测器对样品所张的立体角.

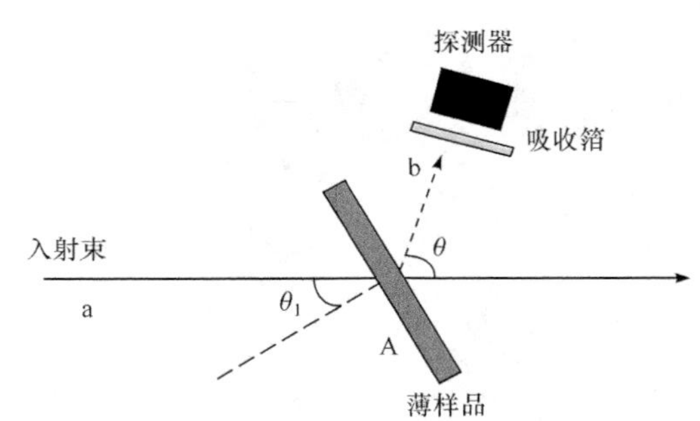

图 2.1.3　薄样品分析示意图

如果出射粒子是带电粒子，并认为探测器的探测效率为 100%，则式(2.1.2)也表示探测器记录到的出射带电粒子计数. 为防止入射粒子在样品上发生弹性碰撞后的散射粒子对探测器造成计数率过载，通常在探测器前方放置适当厚度的吸收箔把散射粒子挡住，只让核反应出射粒子通过，或者用磁偏转方法把散射粒子偏转掉，但是上述方法成立的条件是散射粒子的能量和核质比与核反应出射粒子有相对明显的差异.

记录到的出射带电粒子能谱为一单峰，峰宽与入射粒子的能散度(能量分散性)、有限立体角引起的出射粒子能量的运动学展宽、探测器的固有能量分辨率、带电粒子在吸收箔中的能量展宽有关. 运动学展宽可由式(2.1.1)对θ求微分得到

$$\Delta E_k = \left(\frac{\partial E_b}{\partial \theta}\right)\Delta\theta \tag{2.1.3}$$

式中$\Delta\theta$为立体角锥体的半角，带电粒子在吸收箔中的能量展宽(即能量歧离)将在 2.2 节叙述.

当薄样品中有几种核素或有几个反应道存在时，不同能量的出射粒子有好多群. 只要各个粒子群之间的能量间隔足够大，当能谱的展宽影响不大时，各个峰便能分开. 根据记录到的出射粒子数(峰面积计数)及Φ、σ、Ω值，由式(2.1.2)可求得此薄样品内单位面积上的核素含量.

2. *厚样品分析*

若入射带电粒子贯穿样品时的能量损失不能忽略，则称这种样品为厚样品. 对于厚样品分析，必须考虑由于入射粒子在样品中的能量衰减引起的反应截面的

变化，这时反应产额为

$$Y(\theta,E_0)=\varPhi c\frac{1}{\cos\theta_1}\varOmega\int_{E_0-\Delta E}^{E_0}\frac{\sigma(\theta,E)}{S(E)}\mathrm{d}E \tag{2.1.4}$$

为了书写简便，式中用 $S(E)$替代阻止本领 $-\frac{\mathrm{d}E}{\mathrm{d}x}$，$\Delta E$ 为贯穿厚样品时损失的能量，E_0 为入射粒子 a 的能量. 当 $E_0-\Delta E$ 小于反应阈能或库仑势垒时，$\sigma(\theta,E)=0$. 在式(2.1.4)中，仍假定样品中元素含量 c 是常数，探测器的效率为 100%. 对于均匀分布的厚样品分析，出射带电粒子的能谱宽度除了与入射束的能散度、探测器的固有能量分辨率、出射粒子的运动学展宽及在吸收箔中的能量展宽有关外，还与带电粒子在样品中的能量展宽有关.

2.1.2　共振核反应测定表面核素总量

共振核反应截面(如(p, γ)反应)，可用布雷特-维格纳公式表示

$$\sigma(\theta,E)=\sigma_{\mathrm{R}}\frac{\frac{\varGamma^2}{4}}{(E-E_{\mathrm{R}})^2+\frac{\varGamma^2}{4}} \tag{2.1.5}$$

式中 σ_{R} 为共振能量 E_{R} 时的截面值，$\varGamma$ 为能级宽度，E 为发生反应的入射粒子能量. 测量共振产额激发曲线可求得样品中的元素含量.

1. 薄样品分析

如果带电粒子在样品中的能量损失 $\Delta E\ll\varGamma$，则称样品为薄样品. 入射粒子垂直入射到厚度为 Δx 的薄样品中，$\Delta E=S(E_{\mathrm{R}})\Delta x$，而 $S(E_{\mathrm{R}})\approx S(E)$. 于是，共振产额为

$$Y(E_0)=\varPhi c\varOmega\varepsilon\int_{E_0-\Delta E}^{E_0}\frac{\sigma(\theta,E)}{S(E)}\mathrm{d}E=\varPhi c\varOmega\varepsilon\frac{1}{S(E_{\mathrm{R}})}\int_{E_0-\Delta E}^{E_0}\sigma(\theta,E)\mathrm{d}E \tag{2.1.6}$$

式中 ε 为γ 射线探测器的探测效率(本征效率). 将式(2.1.5)代入式(2.1.6)得到下式，并取 $\varGamma'=E_0-E_{\mathrm{R}}$，对 ΔE 进行泰勒级数展开，并只保留第一项

$$\begin{aligned}Y(E_0)&=\frac{\varPhi c\varOmega\varepsilon\sigma_{\mathrm{R}}\varGamma}{2S(E_{\mathrm{R}})}\left[\tan^{-1}\frac{E-E_{\mathrm{R}}}{\varGamma/2}\right]_{E_0-\Delta E}^{E_0}=\frac{\varPhi c\varOmega\varepsilon\sigma_{\mathrm{R}}\varGamma}{2S(E_{\mathrm{R}})}\left[\arctan\frac{\varGamma'}{\varGamma/2}-\arctan\frac{\varGamma'-\Delta E}{\varGamma/2}\right]\\&\approx\frac{\varPhi c\varOmega\varepsilon\sigma_{\mathrm{R}}\varGamma}{2S(E_{\mathrm{R}})}\frac{2\varGamma}{\varGamma^2+4\varGamma'^2}\Delta E\end{aligned} \tag{2.1.7}$$

考虑 E_0 在 $E_R \pm 5\Gamma$ 范围内改变，测得的激发曲线(见图 2.1.4)峰面积为

$$\begin{aligned} I &= \int_0^{\infty} Y(E_0)\mathrm{d}E_0 = \int_{-\infty}^{\infty} Y(E_0)\mathrm{d}\Gamma' = \frac{\Phi c \Omega \varepsilon \pi \sigma_R \Gamma}{2S(E_R)} \int_{-\infty}^{\infty} \mathrm{d}\Gamma' \frac{2\Gamma}{\Gamma^2 + 4\Gamma'^2} \Delta E \\ &= \frac{\Phi c \Omega \varepsilon \sigma_R \Gamma}{2S(E_R)} \pi \Delta E \end{aligned} \tag{2.1.8}$$

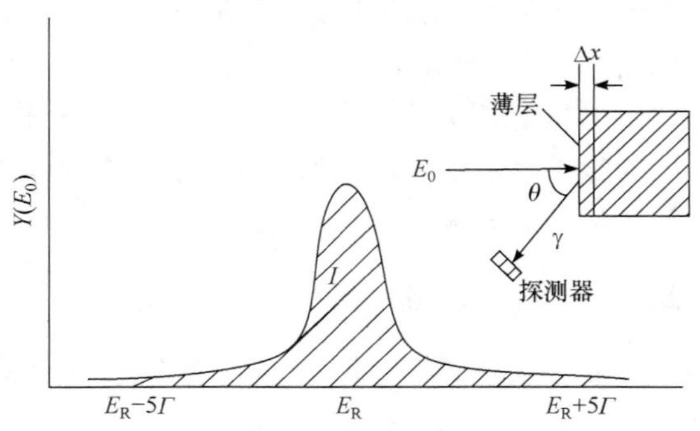

图 2.1.4 薄样品(p, γ)共振反应激发曲线

2. 厚样品分析

如果带电粒子在样品中的能量损失 $\Delta E \gg \Gamma$，则称样品为厚样品($>1\mu m$)，由于是厚靶，故而能量损失不再是常数. 对于厚样品，只有入射粒子能量落在共振能量附近，才会有较大的产额，而其他能量区间对于产额的贡献很小，因此，厚靶对于宽能谱带电粒子的产额会饱和. 产额反映入射粒子能量变化后，落在共振能量区间位置处的靶核素含量，所以可以通过调整入射粒子能量来调整测量的深度区间位置. 图 2.1.5 给出不同厚度样品的γ射线产额随入射粒子能量的变化.

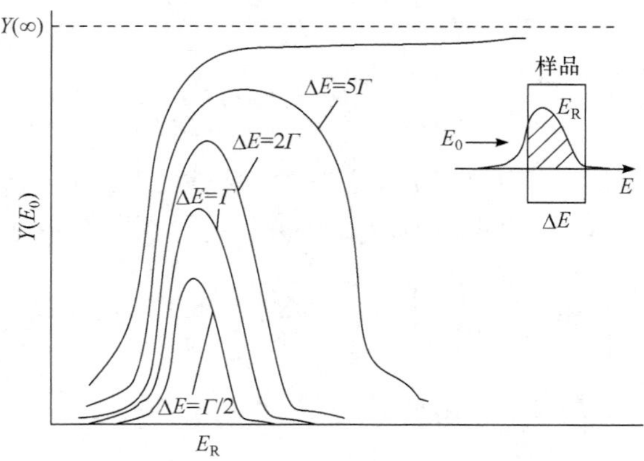

图 2.1.5 不同厚度样品的γ射线产额随入射粒子能量的变化

可以看到，靶厚度增加时激发曲线变宽，峰位在 $E_0 = E_R + (1/2)\Delta E$ 处. 对于 $\Delta E \gg \Gamma$ 的均匀厚样品，产额为

$$Y(E_0) = \frac{\Phi c\Omega\varepsilon\sigma_x\Gamma}{2S(E_R)}\left(\arctan\frac{E-E_R}{\Gamma/2}\right)_0^{E_0} = \frac{\Phi c\Omega\varepsilon\sigma_x\Gamma}{2S(E_R)}\left(\arctan\frac{E_0-E_R}{\Gamma/2}+\arctan\frac{E_R}{\Gamma/2}\right) \tag{2.1.9}$$

由于 $E_R \gg \Gamma/2$，$\arctan[E_R/(\Gamma/2)] \approx \pi/2$；且当 $E_0 - E_R \gg \Gamma/2$ 时，$\arctan\left(\frac{E_0-E_R}{\Gamma/2}\right) \approx \pi/2$，所以由式(2.1.9)得到无限厚样品的共振产额为

$$Y(\infty) = \frac{\pi\Phi c\Omega\varepsilon\sigma_R\Gamma}{2S(E_R)} \tag{2.1.10}$$

可见产额曲线呈现出平台，平台高度为 $Y(\infty)$，表明随着入射能量的增加，在厚样品的不同深度处发生共振，产额保持不变(假定含量 c 为常数). 如果邻近存在着几个共振峰，则厚靶产额曲线呈阶梯状，如图 2.1.6 所示. 厚靶产额的积分公式，可以分三段计算：共振前段、共振段和共振后段. 前后段的能损不是常数，但是由于截面很小，积分值对最后产额贡献可忽略.

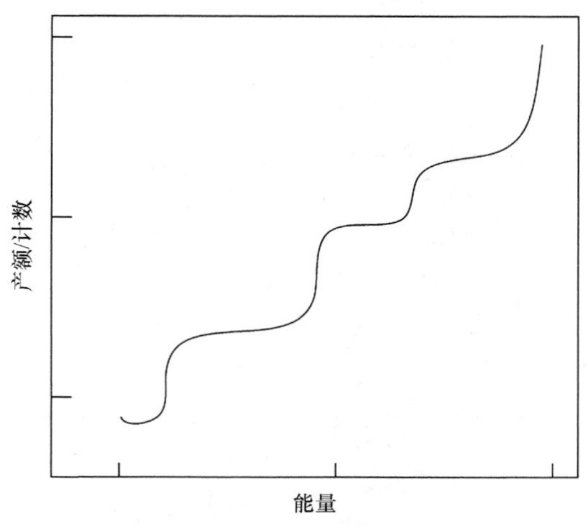

图 2.1.6　厚样品的共振反应γ射线产额曲线

分析时，除了可根据式(2.1.10)用绝对测量法求出待测样品中核素含量 c 外，还可以用已知含量的标准做相对比较求得含量

$$c = c_s\frac{S(E_R)Y(\infty)}{S_s(E_R)Y_s(\infty)} \tag{2.1.11}$$

式中带下角标 s 表示标准样品的有关参量. 如果待分析样品是薄样品，而标准样

品是厚样品，则用式(2.1.8)和(2.1.10)也可求得核素面密度 $c\Delta x$

$$c\Delta x = \frac{I}{Y_{\rm s}(\infty)S_{\rm s}(E_{\rm R})}c_{\rm s} \tag{2.1.12}$$

2.2 核素含量的深度分布测量

带电粒子贯穿靶物质时，要经受能量损失，由能量损失和入射粒子在样品不同深度处发生的核反应产物的产额，可提供有关靶核素含量的深度分布信息. 这是一种非破坏性核素深度分布分析方法(杨福家和赵国庆，1985).

2.2.1 能量损失的歧离效应

快速带电粒子在物质中的能量损失主要是带电粒子与靶原子的电子相互作用的平均能量损失. 由于碰撞事件的统计涨落，带电粒子的能量损失有一涨落，称为能量歧离效应. 因此，带电粒子贯穿一定厚度后能量分布展宽，或者说，带电粒子损失某一确定的能量时，粒子的射程有一分布. 图 2.2.1(a)和(b)分别表示了带电粒子在物质中的射程歧离和能量歧离.

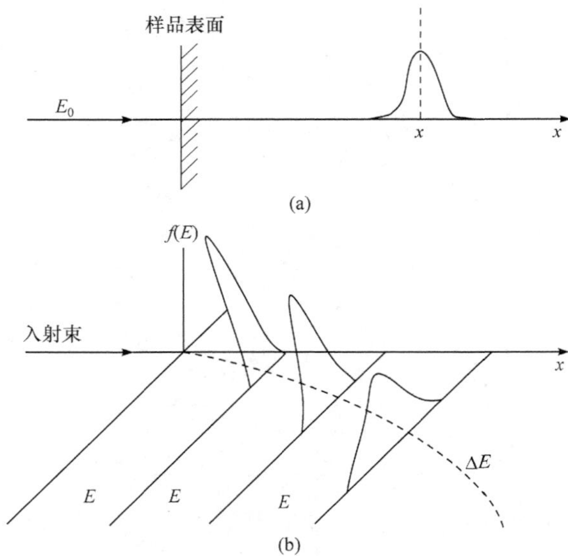

图 2.2.1 带电粒子在物质中的射程歧离和能量歧离

若样品很薄，粒子贯穿样品时的能量损失很小，则能量歧离用瓦维洛夫(Vavilov)分布表示. 当样品较厚，粒子的能量损失较大时，能量歧离用高斯分布表示

$$f(E)=\frac{1}{\sqrt{2\pi}\sigma}\exp\left[-\frac{(E-\overline{E})^2}{2\sigma^2}\right] \tag{2.2.1}$$

这一分布的标准偏差 σ 可用玻尔的近似公式计算

$$\sigma=0.395Z_1\left(\frac{Z_2}{A_2}\Delta x\right)^{1/2}\ (\text{MeV}) \tag{2.2.2}$$

式中 Z_1 为入射粒子原子序数，Z_2 和 A_2 分别为靶核原子序数和质量数，厚度 Δx 以 g/cm^2 为单位. 分布曲线的半高宽(半高度的宽度)(FWHM)为

$$\text{FWHM}=2.35\sigma \tag{2.2.3}$$

用高斯函数积分，得到能量分布的积分曲线，如图 2.2.2 所示，积分曲线高度的 12%和 88%处对应的能量宽度相对于高斯分布的半高宽.

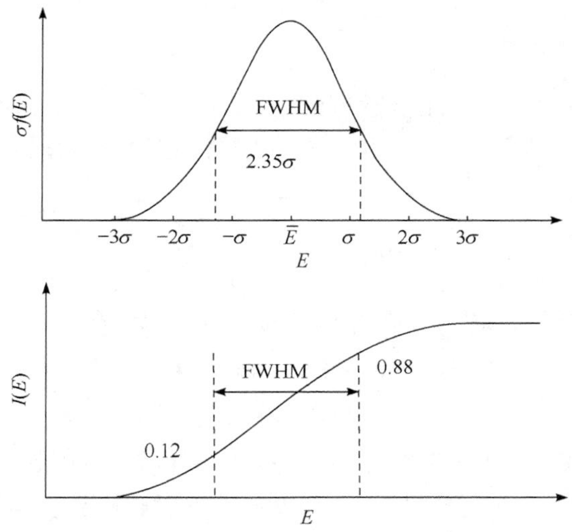

图 2.2.2　高斯分布与积分分布曲线

2.2.2　能谱分析法确定深度分布

在实际应用中一般测量带电粒子核反应 A(a,b)B 的出射带电粒子能谱，则根据该能谱以及入射和出射带电粒子在物质中的能量损失，就可以获得深度分布信息. 图 2.2.3 是核反应能谱分析法的示意图.

图 2.2.3 中(a)为实验几何安排，(b)为能谱. 能量为 E_0 的带电粒子入射到厚样品上，入射束与样品平面法线的夹角为 θ_1，在与此法线夹角为 θ_2 的方向上放置一探测器，测量核反应时的出射带电粒子. 束线、法线、探测方向三者在同一平面内. 入射能量 E_0 选择截面曲线的平坦区域对应的值.

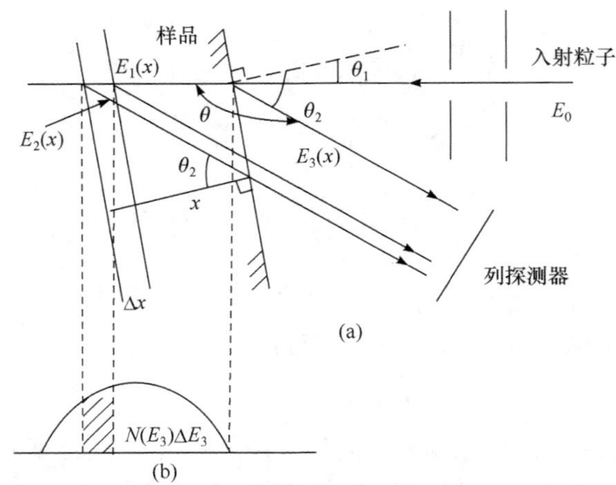

图 2.2.3　核反应能谱分析法的示意图

1. 核反应出射粒子的能谱

首先，在不考虑带电粒子能散度的情况下，可推导出出射粒子的能谱. 在样品表面处，入射粒子能量为 E_0；由于在入射路径上的能量损失，在样品中深度 x 处的入射粒子能量为

$$E_1(x) = E_0 - \int_0^{D_x} S_a \mathrm{d}x \tag{2.2.4}$$

式中 S_a 为入射路径上的阻止本领. 而入射路径长度为

$$D_x = \frac{x}{\cos\theta_1} = \int_{E_1}^{E_0} \frac{\mathrm{d}E}{S_a(E)} \tag{2.2.5}$$

在深度 x 处发生核反应时，在θ角方向出射的粒子能量 $E_2(x)$ 可由核反应 Q 方程(式(2.1.1))计算得到. 出射粒子从深度 x 处出射到样品表面时能量为

$$E_3(x) = E_2(x) - \int_0^{G_x} S_b \mathrm{d}x \tag{2.2.6}$$

式中 S_b 为出射路径上的阻止本领. 而出射路径的长度为

$$G_x = \frac{x}{\cos\theta_2} = \int_{E_3}^{E_2} \frac{\mathrm{d}E}{S_b(E)} \tag{2.2.7}$$

在深度 x 处，厚度间隔为 Δx 薄层内发生核反应，并在θ角度方向立体角Ω内发射的出射粒子产额为

$$Y(\theta, x) = \Phi c(x)\sigma(\theta, E_1(x))\Omega \frac{\Delta x}{\cos\theta_1} \tag{2.2.8}$$

式中$\varPhi$为入射粒子数，$c(x)$为深度 x 处的靶原子密度含量，$\sigma(\theta,E_1(x))$为能量为$E_1(x)$时在θ角方向的微分截面. 这些粒子射出样品表面后的能量分布(图 2.2.3(b))为

$$N(E_3)\Delta E_3=\varPhi c(x)\sigma(\theta,E_1(x))\varOmega\frac{1}{\cos\theta_1}\frac{\mathrm{d}x}{\mathrm{d}E_3}\Delta E_3 \tag{2.2.9}$$

式中$N(E_3)$为单位能量间隔内的粒子数，$\dfrac{\mathrm{d}x}{\mathrm{d}E_3}$为出射粒子能量随深度的变化率的倒数.

通过下面的计算，可以求得$\mathrm{d}x/\mathrm{d}E_3$的表达式. 在入射路径上，厚度间隔$\Delta x$薄层中入射路径的增量为

$$D\Delta x=\int_{E_1-\Delta E_1}^{E_0}\frac{1}{S_\mathrm{a}(E)}\mathrm{d}E-\int_{E_1}^{E_0}\frac{1}{S_\mathrm{a}(E)}\mathrm{d}E=\int_{E_1-\Delta E_1}^{E_1}\frac{1}{S_\mathrm{a}(E)}\mathrm{d}E \tag{2.2.10}$$

因为ΔE_1很小，式中S_a可以看作常数，故

$$D\Delta x=\frac{\Delta E_1}{S_\mathrm{a}(E_1)} \tag{2.2.11}$$

在出射路径上，此薄层中出射路径的增量为

$$\begin{aligned}G\Delta x&=\int_{E_3-\Delta E_3}^{E_2-\Delta E_2}\frac{1}{S_\mathrm{b}(E)}\mathrm{d}E-\int_{E_3}^{E_2}\frac{1}{S_\mathrm{b}(E)}\mathrm{d}E=\int_{E_3-\Delta E_3}^{E_3}\frac{1}{S_\mathrm{b}(E)}\mathrm{d}E-\int_{E_2-\Delta E_2}^{E_2}\frac{1}{S_\mathrm{b}(E)}\mathrm{d}E\\&=\frac{\Delta E_3}{S_\mathrm{b}(E_3)}-\frac{\Delta E_2}{S_\mathrm{b}(E_2)}\end{aligned} \tag{2.2.12}$$

图 2.2.4 为求粒子路径长度的图解法示意图，图 2.2.4(a)为实验几何安排，图 2.2.4(b)为组织本领与能量的关系图，用斜线标出的面积分别表示入射和出射时的路径长度D_x和G_x.

根据核反应Q方程(式(2.1.1))，有

$$\Delta E_2=\left(\frac{\partial E_2}{\partial E_1}\right)_{E_1}\Delta E_1 \tag{2.2.13}$$

由式(2.2.11)和(2.2.13)，得到

$$\Delta E_2=D\left(\frac{\partial E_2}{\partial E_1}\right)_{E_1}S_\mathrm{a}(E_1)\Delta x \tag{2.2.14}$$

将式(2.2.14)代入式(2.2.12)，得到

$$G\Delta x=\frac{\Delta E_3}{S_\mathrm{b}(E_3)}-D\left(\frac{\partial E_2}{\partial E_1}\right)_{E_1}\frac{S_\mathrm{a}(E_1)}{S_\mathrm{b}(E_2)}\Delta x \tag{2.2.15}$$

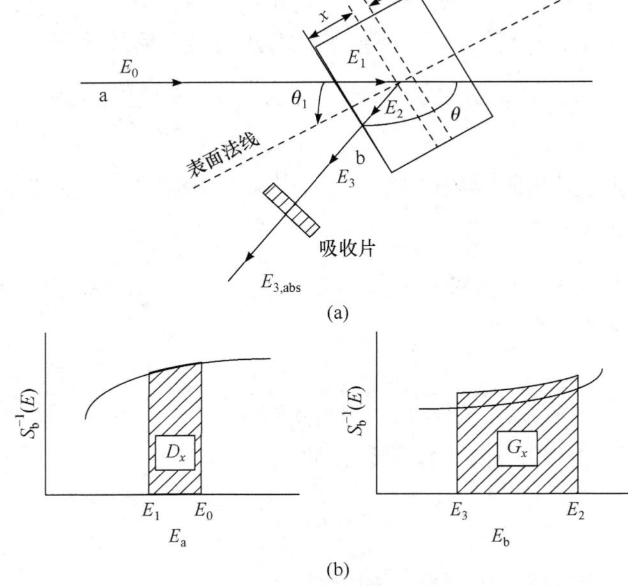

图 2.2.4　带电粒子入射路径和出射路径示意图

于是

$$\frac{\mathrm{d}x}{\mathrm{d}E_3}=\frac{1}{S_\mathrm{b}(E_3)\left[G+D\left(\frac{\partial E_2}{\partial E_1}\right)_{E_1}\frac{S_\mathrm{a}(E_1)}{S_\mathrm{b}(E_2)}\right]} \tag{2.2.16}$$

将式(2.2.15)代入式(2.2.9)，则得到

$$N(E_3)\Delta E_3=\varPhi c(x)\sigma(\theta,E_3(x))\frac{\varOmega}{\cos\theta_1}\times\frac{\Delta E_3}{\left[\frac{\mathrm{d}E_3}{\mathrm{d}x}\right]_\mathrm{rea}} \tag{2.2.17}$$

而式中

$$\left[\frac{\mathrm{d}E_3}{\mathrm{d}x}\right]_\mathrm{rea}=S_\mathrm{b}(E_3)\left[G+D\left(\frac{\partial E_3}{\partial E_1}\right)_{E_1}\frac{S_\mathrm{a}(E_1)}{S_\mathrm{b}(E_2)}\right] \tag{2.2.18}$$

称为核反应能量损失因子.

如果ΔE_3为多道脉冲分析器的能量道宽δE，则每道计数为

$$N(E_3)=\varPhi c(x)\sigma(\theta,E_1(x))\frac{\varOmega}{\cos\theta_1}\frac{\delta E}{\left[\frac{\mathrm{d}E_3}{\mathrm{d}x}\right]_\mathrm{rea}} \tag{2.2.19}$$

由式(2.2.4)和(2.2.6)，将能谱中的能量坐标转换为深度坐标，就得到深度分布. 在样品表面发生核反应时出射粒子能量为 $E_3(0)$，而 $\Delta E = E_3(0) - E_3(x)$ 与深度 x 有关. 如果 S_a 和 S_b 可以看作常数，则在这表面近似条件下，ΔE 与 x 可以写成线性关系

$$\Delta E = \left[GS_b(E_3(0)) + D\left(\frac{\partial E_2}{\partial E_1}\right)_{E_1} S_a(E_0) \right] x \tag{2.2.20}$$

而且，当 $\sigma(\theta, E_1(x))$ 随能量变化不大时，能谱曲线形状与元素含量的深度分布曲线形状十分相似. 在计算上述公式中的阻止本领时，若样品中杂质含量较低，则不必考虑杂质原子对组织本领的贡献，仍用基体元素的 S 值.

当出射带电粒子穿过吸收箔时，又要损失能量，能谱往低能段位移. 若吸收箔厚度为 l，则经过吸收箔之后出射粒子的能量为

$$E_{3,\text{abs}} = E_3 - \int_0^l S_{\text{b,abs}}(E)\mathrm{d}l \tag{2.2.21}$$

式中 $S_{\text{b,abs}}(E)$ 为出射粒子 b 在吸收物质中的阻止本领. 当吸收箔较薄时，$S_{\text{b,abs}}(E) \approx S_{\text{b,abs}}(E_3)$，于是

$$E_{3,\text{abs}} = E_3 - S_{\text{b,abs}}(E_3)l \tag{2.2.22}$$

贯穿吸收箔后的粒子能谱可以写成

$$N(E_{3,\text{abs}}) = N[E_3 - S_{\text{b,abs}}(E_3)l] \tag{2.2.23}$$

当吸收箔较厚时，要考虑 $S_{\text{b,abs}}(E)$ 随能量的变化，对于式(2.2.21)可用数值计算法求得贯穿吸收箔后的能量. 这时能谱 $N(E_{\text{b,abs}})$ 不再是 $N(E_3)$ 的简单变换，还要乘上一个因子 $S_{\text{b,abs}}(E_3)/S_{\text{b,abs}}(E_{3,\text{abs}})$，所以

$$N(E_{3,\text{abs}}) \approx N(E_{3,\text{abs}} + \Delta E')\frac{S_{\text{b,abs}}(E_3)}{S_{\text{b,abs}}(E_{3,\text{abs}})} \tag{2.2.24}$$

式中 $\Delta E' = E_3 - E_{3,\text{abs}}$.

式(2.2.19)和(2.2.24)所表达的粒子能谱是在不考虑带电粒子的能散度情况下得到的，称为理想能谱或真实能谱. 当考虑入射束的能量分布、入射和出射粒子能量损失的歧离效应、探测器的能量分辨率等因素后，粒子能谱形状变宽. 实验上测得的出射粒子能谱是理想能谱与能量分布函数的卷积. 因此，式(2.2.19)和(2.2.24)分别改写为

$$N(E_3) = \int_{-\infty}^{+\infty} N(E_3')g(E_3 - E_3')\mathrm{d}E_3' \tag{2.2.25}$$

和

$$N(E_{3,\mathrm{abs}}) = \int_{-\infty}^{+\infty} N(E'_{3,\mathrm{abs}}) \times g(E_{3,\mathrm{abs}} - E'_{3,\mathrm{abs}}) \mathrm{d}E'_{3,\mathrm{abs}} \tag{2.2.26}$$

式中的 g 函数为能量分布函数. 求深度分布时，应对实验测得的能谱进行退卷积处理. 关于能量分布函数、卷积和退卷积概念将在下面讨论. 图 2.2.5 给出了元素深度含量分布和出射带电粒子的能谱.

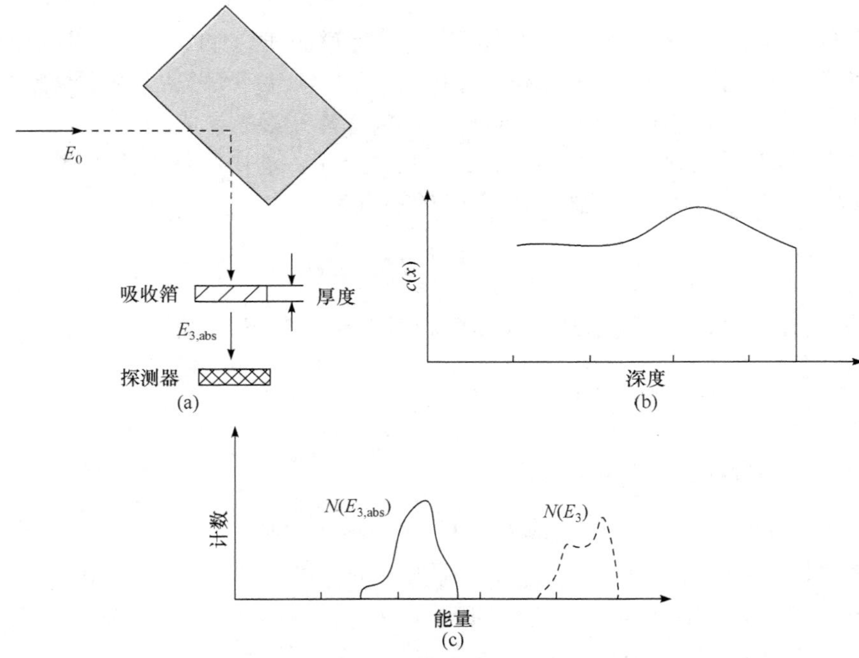

图 2.2.5　元素深度含量分布和出射带电粒子的能谱示意图

在实际的分析应用中，如图 2.2.5 所示，把已知元素含量分布的标准样品与待分析样品作对比测量，则把相同条件下测得的能谱逐道比较，就可获得深度分布信息. 根据式(2.2.18)，有关系式

$$c(x) = c_{\mathrm{s}}(x) \frac{N}{N_{\mathrm{s}}} \frac{\left[\dfrac{\mathrm{d}E_3}{\mathrm{d}x}\right]_{\mathrm{rea}}}{\left[\dfrac{\mathrm{d}E_3}{\mathrm{d}x}\right]_{\mathrm{rea,s}}} \tag{2.2.27}$$

式中 N 为每道计数，下角标 s 表示标准样品.

对(p，α)、(d，α)、(d，p)等核反应，用能谱分析法能获得深度分布. 这种方法原则上也可用于核反应出射的粒子是中子的情况，用于中子飞行时间谱仪测量中子能谱，在计算公式中取 $S_b = 0$.

2. 能谱分析法的深度分辨率

在能谱分析法中，由于入射带电粒子的固有能散度、能量歧离效应、探测器的有限能量分辨率的影响，探测器记录到的样品中同一深度 x 处发射的粒子能量有一分布(谱线展宽)，因而造成对深度分析的不确定性. 只有当深度间隙 $\Delta x = x_1 - x_2$ 内核反应产生的出射粒子能量差大于探测系统的能量分辨率 ΔE_D 时，才能区分开不同的深度 x_1 和 x_2 . 因此，深度分辨率定义为

$$\delta x = \frac{\Delta E_D}{\left[\dfrac{dE_3}{dx}\right]_{rea}} \tag{2.2.28}$$

式(2.2.28)中的 ΔE_D 包括下列各因素.

1) 探测器分辨率 δ_D

δ_D 包括半导体探测器固有的能量分辨率和电子学噪声，主要是探测器的分辨率，它是高斯分布函数. δ_D 与粒子能量 E_3 、产生电子−空穴对的能量 W、法诺因子 F 的关系为

$$\delta_D = 2.355(FWE_3)^{1/2} \tag{2.2.29}$$

2) 几何因素(运动学展宽) δ_G

样品上束斑和探测器前准直孔具有一定面积，导致反应后的粒子出射角 θ 有一角度宽度 $\Delta\theta$. $\Delta\theta$ 使核反应出射粒子产生的相应的能散度为

$$\delta_G \approx \frac{\partial E_2}{\partial \theta}(E_1,\theta)\frac{\partial E_3}{\partial E_2}(x,\theta,E_0)\Delta\theta - \left[\left(\frac{\overline{dE}}{dx}\right)_b x\frac{\sin\theta_2}{\cos^2\theta_2}\right]\Delta\theta \tag{2.2.30}$$

式中第一项表示角度变化引起的核反应出射粒子能量变化；第二项表示出射粒子角度变化引起的路径长度变化造成的能量损失涨落，其中 $\left(\dfrac{\overline{dE}}{dx}\right)_b$ 是出射粒子的平均阻止本领，当 θ_2 接近 90°时，此项的贡献大.

3) 能量歧离因素

入射和出射带电粒子在样品中的能量歧离分别是 $\varDelta_{s,a}$ 和 $\varDelta_{s,b}$ ，其值由式(2.2.2)和(2.2.3)确定. 入射路径上的能量歧离对出射粒子的能散度的贡献为

$$\delta_{s,b} \approx \frac{\partial E_2}{\partial E_1}(E_1,\theta)\frac{\partial E_3}{\partial E_2}(x,\theta,E_0)\varDelta_{s,a} \tag{2.2.31}$$

出射路径上的能量歧离对出射粒子的能散度的贡献为

$$\delta_{s,b} = \Delta_{s,b} \tag{2.2.32}$$

显然 $\delta_{s,a}$ 和 $\delta_{s,b}$ 与所分析样品的厚度有关.

4) 多次散射

一束准直的带电粒子散射贯穿靶物质时，与靶原子的许多次小角度碰撞偏转，使粒子束贯穿靶物质一定距离后有一角度分散，反应前和反应后的带电粒子的多次散射引起的角度分布分别为 $\Delta\theta_a$ 和 $\Delta\theta_b$，它们引起的出射粒子能散度为

$$\delta_{Ms,a} \approx \frac{\partial E_2}{\partial \theta}(E_1,\theta)\frac{\partial E_3}{\partial E_2}(x,\theta,E_0)\Delta\theta_a \tag{2.2.33}$$

和

$$\delta_{Ms,b} \approx \frac{\partial E_2}{\partial \theta}(E_1,\theta)\frac{\partial E_3}{\partial E_2}(x,\theta,E_0)\Delta\theta_b \tag{2.2.34}$$

当入射束或出射束与样品平面夹角很小(即掠角几何条件)时，必须考虑附加的多次散射效应——横向散射，它使入射粒子或出射粒子的路径长度发生变化，因而引起附加的能散度.

5) 入射束的能量分布 δ_B

加速器上经电磁分析器选择得到的单能粒子束，总有固有的能散度 Δ_B，它对核反应出射粒子能散度的贡献为

$$\delta_B = \frac{\partial E_2}{\partial E_1}(E_1,\theta)\frac{\partial E_3}{\partial E_2}(x,\theta,E_0)\Delta_B \tag{2.2.35}$$

核反应能谱分析法中的能量分辨率，可以近似认为是上述各项的平方和的开方，即

$$\Delta E_D = \sqrt{\delta_B^2 + \delta_D^2 + \delta_G^2 + \delta_{s,a}^2 + \delta_{s,b}^2 + \delta_{Ms,a}^2 + \delta_{Ms,b}^2} \tag{2.2.36}$$

总的能量分布函数为高斯函数

$$g(E_3) = \frac{1}{\sqrt{2\pi}\sigma_1}\exp\left[-\frac{(E_3-\overline{E_3})^2}{2\sigma_1^2}\right] \tag{2.2.37}$$

式中 $\sigma_1 = \Delta E_D/2.355$. 由于 ΔE_D 中有些项是与分析深度有关的，所以深度分辨率随深度而改变. 在靠近样品表面处，ΔE_D 主要由 δ_D、δ_G、δ_B 决定. 能谱分析法的典型的深度分辨率为几十到几百纳米量级. 为提高深度分辨率，δ_D、δ_G、δ_B 三项应尽量小，而 $\left[\frac{dE_3}{dx}\right]_{rea}$ 应尽量大. 采用掠角几何条件，可以改善深度分辨率.

上述讨论的出射粒子能散度，尚未包括粒子贯穿探测器前的吸收箔时的能量

歧离的贡献. 考虑它对出射粒子能散度 $\delta_{3,\mathrm{abs}}$ 的贡献后，能谱分析法的深度分辨率会变差.

3. 共振核反应法确定深度分布

有些核反应，例如(p，γ)和(p，αγ)反应，反应截面随能量的变化具有尖锐的共振，共振宽度小于等于 100eV. 入射粒子能量 E_0 等于共振能量 E_R 时，共振发生在样品表面；当入射能量增加时，共振反应发生在样品的深部. 因此，在共振能量附近逐渐改变入射粒子能量，并在每一入射能量时测量核反应产额(一般测量γ射线产额)，得到激发曲线. 由入射粒子在物质中的能量损失，可以得到入射粒子能量和发生共振核反应的深度之间的一一对应关系

$$x = \frac{E_0 - E_\mathrm{R}}{S_\mathrm{a}(E)} \tag{2.2.38}$$

式中 $S_\mathrm{a}(E) \approx S\left(\dfrac{E_0 + E_\mathrm{R}}{2}\right)$，所以，由测量到的激发曲线可以得知有关元素含量的深度分布信息.

1) 孤立共振反应的激发曲线

图 2.2.6 是窄共振反应 A(α, γ)B 用于做深度分布测量的示意图. 激发曲线形状与含量分布曲线形状基本相似；但由于入射粒子的能量分布(包括入射束固有能散度和带电粒子在样品中的能量歧离)的影响，随着深度的增加，共振宽度增大，因而激发曲线形状不完全与含量分布曲线形状相同. 实际测量到的γ射线激发曲线是含量分布曲线与能量分布函数和共振截面曲线的卷积，即

$$N(E_0) = \Phi\varepsilon\Omega\int_{\mu=0}^{\infty}\int_{E=0}^{\infty}\int_{E_\mathrm{d}=0}^{\infty} c(x)G(E_0, E)\times F(E, E_1, x)\sigma(\theta, E_1, E_\mathrm{R})\exp(-\mu x/\cos\theta_2) \times \mathrm{d}E\mathrm{d}E_1\mathrm{d}x \tag{2.2.39}$$

式中 $N(E_0)$ 是记录到的轰击能量为 E_0 时的γ射线计数；ε 为探测器的探测效率；$G(E_0, E)$ 是平均能量为 E_0 的入射粒子具有能量为 $E \to E + \mathrm{d}E$ 的概率，它描写入射粒子固有的能量分布；$F(E, E_1, x)$ 是能量为 E 的入射粒子，在深度 x 处具有能量为 $E_1 \to E_1 + \mathrm{d}E_1$ 的概率，它描写粒子在物质中的能量歧离分布；$\sigma(\theta, E_1, E_\mathrm{R})$ 是粒子能量为 E_1 时的微分反应截面，共振能量为 E_R；$\exp(-\mu x/\cos\theta_2)$ 是γ射线在样品中的吸收项，μ 为样品的γ射线吸收系数，θ_2 为γ射线探测方向与样品平面的法线之间的夹角. 对于高能γ射线，式中的吸收项可忽略. 对激发曲线进行退卷积处理，或者用已知含量分布的标准样品对比测量，可以求得深度

分布 $c(x)$.

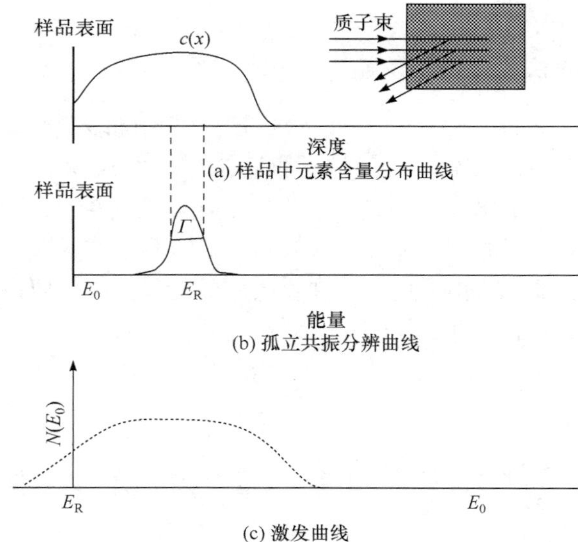

(a) 样品中元素含量分布曲线

(b) 孤立共振分辨曲线

(c) 激发曲线

图 2.2.6　用窄共振做深度分布测量的示意图

如果某一核反应存在着两个以上的共振峰，且共振能量比较靠近，则当入射能量从低于第一个共振能量 $E_{R,1}$ 开始逐渐增至高于第二个共振能量 $E_{R,2}$ 时，在厚样品中将同时出现两个共振. 这时测到的激发曲线就不能反映元素的含量分布了. 可见共振核反应法可分析的最大深度由相邻共振的能量间隔决定.

2) 共振核反应法的深度分辨率

用(p, γ)共振反应测定元素含量的深度分布时，入射束的能量分布使分析深度存在不确定性. 深度分布率的定义为

$$\Delta x = \frac{\Delta E_D}{S(E)} \tag{2.2.40}$$

式中的能量分布

$$\Delta E_D = \sqrt{\varDelta_B^2 + \varDelta_{s,a}^2 + \Gamma^2} \tag{2.2.41}$$

其中 Γ 为共振能级的自然宽度，入射束固有的能量分布函数为

$$G(E_0, E) = \frac{1}{\sqrt{2\pi}\sigma_B} \exp\left[-\frac{(E - E_0)^2}{2\sigma_B^2}\right] \tag{2.2.42}$$

而 $\varDelta_B = 2.355\sigma_B$.

当 Γ 较大，样品较厚时，入射带电粒子在样品中的能量歧离分布为高斯分布

$$F(E,E_1,x)=\frac{1}{\sqrt{2\pi}\sigma_{s,a}}\exp\left[-\frac{(E-E_1)^2}{2\sigma_{s,a}^2}\right] \tag{2.2.43}$$

而 $\varDelta_{s,\sigma}=2.355\sigma_{s,a}$.

$G(E_0,E)$ 和 $F(E,E_2,x)$ 可合并写成一个函数

$$f(E_0,E_1,x)=\frac{1}{\sqrt{2\pi}\sigma_t}\exp\left[-\frac{(E_1-E_0)^2}{2\sigma_t^2}\right] \tag{2.2.44}$$

式中 $\sigma_t=\sqrt{\sigma_B^2+\sigma_{s,a}^2}$.

在样品近表面处，$\Delta E_D=\sqrt{\varDelta_B^2+\varGamma^3}$ 和 $S(E)=S(E_R)$. 共振核反应法测量深度分布时的深度分辨率在几到几十纳米范围，比能谱分析法的深度分辨率要好.

4. 能谱和激发曲线的退卷积处理

在式(2.2.24)中已提到，实验上测量到的能谱和激发曲线是理想能谱及激发曲线与能量分布函数的卷积. 图 2.2.7 给出了 $^{16}O(d,p)^{17}O$ 反应的实验能谱曲线和理想能谱曲线的比较，能量分辨率函数的 ΔE_D 为 40keV.

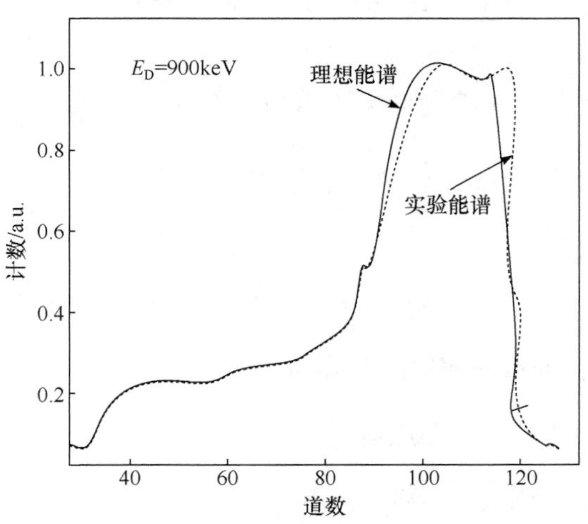

图 2.2.7 $^{16}O(d, p)^{17}O$ 反应能谱曲线

要从实验测得的能谱和激发曲面求出元素含量的深度分布，一般采用下列四种方法：

(1) 用已知含量分布的标准样品作相对比较测量.

(2) 最小二乘法拟合，用一定的函数或函数的线性叠加拟合实验曲线，函数中的系数由非线性最小二乘法确定.

(3) 迭代法，假设一个含量分布，计算它与已知的能量分布函数的卷积积分，将模拟出来的曲线与实验曲线作比较，通过多次迭代直至比较结果相一致，这样逐次逼近求得的含量分布即为所要求的真实的含量分布.

(4) 退卷积处理，用傅里叶变换解卷积积分，直接求得含量分布.

在核分析技术中，不论是前面已讨论过的γ能谱、核反应能谱和激发曲线，还是以后几章中将要叙述的背散射能谱、X 射线能谱、穆斯堡尔谱以及正电子湮没多普勒展宽谱等. 从实验测量谱线获得真实谱线过程中都涉及退卷积问题. 因此，这里简单地讨论一下退卷积处理方法.

1) 傅里叶变换法

先以时间函数说明卷积和退卷积概念.

A. 卷积

设有两个时间函数 $f_1(t)$ 和 $f_2(t)$，它们乘积的积分为

$$h(t)=\int_{-\infty}^{+\infty}f_1(\tau)f_2(t-\tau)\mathrm{d}\tau=f_1(t)*f_2(t) \tag{2.2.45}$$

$h(t)$ 称为函数 $f_1(t)$ 和 $f_2(t)$ 的卷积. 根据卷积定义，$h(t)$ 也可写成

$$h(t)=\int_{-\infty}^{+\infty}f_1(t-\tau)f_2(\tau)\mathrm{d}\tau=\int_{-\infty}^{+\infty}f_2(t-\tau)f_1(\tau)\mathrm{d}\tau=f_2(t)*f_1(t) \tag{2.2.46}$$

B. 卷积定理

应用傅里叶变换，可以将卷积积分化简. 函数 $f_1(t)$ 和 $f_2(t)$ 的傅里叶变换式为

$$F_1(\omega)=\int_{-\infty}^{+\infty}f_1(t)\mathrm{e}^{-\mathrm{j}\omega t}\mathrm{d}t \tag{2.2.47}$$

和

$$F_2(\omega)=\int_{-\infty}^{+\infty}f_2(t)\mathrm{e}^{-\mathrm{j}\omega t}\mathrm{d}t \tag{2.2.48}$$

式中 ω 为频率. 函数 $h(t)$ 的傅里叶变换为

$$H(\omega)=\int_{-\infty}^{+\infty}h(t)\mathrm{e}^{-\mathrm{j}\omega t}\mathrm{d}t \tag{2.2.49}$$

将式(2.2.44)代入式(2.2.48)，经演算可以得到

$$H(\omega)=F_1(\omega)F_2(\omega) \tag{2.2.50}$$

式(2.2.49)表明卷积 $f_1(t)*f_2(t)$ 的傅里叶变换等于这两个函数的傅里叶变换的乘积，即卷积定理.

$F_1(\omega)$ 和 $F_2(\omega)$ 的傅里叶逆变换式分别为

$$f_1(t)=\frac{1}{2\pi}\int_{-\infty}^{+\infty}F_1(\omega)\mathrm{e}^{\mathrm{j}\omega t}\mathrm{d}\omega \tag{2.2.51}$$

和

$$f_2(t)=\frac{1}{2\pi}\int_{-\infty}^{+\infty}F_2(\omega)e^{i\omega t}d\omega \tag{2.2.52}$$

C. 退卷积

根据式(2.2.49)，$F_1(\omega)=\dfrac{H(\omega)}{F_2(\omega)}$. 将它代入式(2.2.50)得到

$$f_1(t)=\frac{1}{2\pi}\int_{-\infty}^{+\infty}\frac{H(\omega)}{F_2(\omega)}e^{j\omega t}d\omega \tag{2.2.53}$$

此式表明只要将已知函数 $h(t)$ 和已知的分布函数 $f_2(t)$ 的傅里叶变换之商 $\dfrac{H(\omega)}{F_2(\omega)}$ 进行傅里叶逆变换，就可求得原函数 $f_1(t)$. 这种处理方法称为退卷积.

上述对时间函数的卷积和退卷积概念，可以推广到能量函数中去. 函数 h 代表实验测到的能谱或激发曲线，f_2 代表能量分辨率函数，f_1 代表理想的能谱或含量的深度分布. 将能谱表达式(2.2.25)中的能量分布函数和激发曲线表达式(2.2.39)中的能量分布函数，均采用式(2.2.44)的函数形式. 按卷积定义的表示方式，式(2.2.19)和(2.2.39)可以分别写成

$$N_0(E_3)=\frac{\Phi\Omega}{\cos\theta_1}c(x)*g(E_3,E_1(x))*\left[\sigma(\theta,E_1(x))\frac{1}{\left[\dfrac{dE_3}{dx}\right]_{rea}}\right] \tag{2.2.54}$$

和

$$N(E_0)=\Phi\varepsilon\Omega c(x)*f(E_0,E_1,x)*\sigma(\theta,E_1,E_R) \tag{2.2.55}$$

实验能谱或激发曲线是已知的，能量分布函数是实验上可以确定的，所以只要按照式(2.2.53)，对式(2.2.54)或(2.2.55)进行退卷积，就可以求得元素含量分布 $c(x)$.

2) 迭代法

通过多次迭代、逐次逼近的办法来确定卷积积分中的真实函数 $f_1(E)$(代表理想能谱、激发曲线或含量分布). 假定一个初始函数 $f_1^{(1)}(E)$ (通常取 $f_1^{(1)}(E)=h(E)$)，将它与已知的能量分辨率函数 $f_2(E)$ 卷积，产生一个函数 $h^{(1)}(E)$. 然后将 $h^{(1)}(E)$ 与 $h(E)$ 比较，并按一定的方式把 $f_1^{(1)}(E)$ 改写，得到一个新的试验函数 $f_1^{(2)}(E)$. 例如按差值法，$f_1^{(2)}(E)$ 可以写为

$$f_1^2(E)=f_1^{(1)}(E)+[h(E)-f_1^{(1)}(E)*f_2(E)] \tag{2.2.56}$$

如按比率法，$f_1^{(2)}(E)$ 可以写为

$$f_1^2(E) = f_1^{(1)}(E)\left[\frac{h(E)}{f_1^{(1)}(E)*f_2(E)}\right] \tag{2.2.57}$$

于是，$f_1^{(2)}(E)$ 再与 $f_2(E)$ 卷积，又产生一个新的函数 $h^{(2)}(E)$. 类似地按式(2.2.56)或(2.2.57)，由 $h^{(2)}(E)$ 和 $f_1^{(2)}(E)$ 再得到新的试验函数 $f_1^{(3)}(E)$，按此方式迭代许多次. 每次迭代后，比较 $h^{(i+1)}(E)$ 和 $h^{(i)}(E)$，当两者的差值小于某一预定值时，迭代结束，这时的 $f_i^{(i)}(E)$ 即为所求的真实函数. 一般认为比率法比差值法更好些，比率法不易产生振荡，且收敛得快. 进一步改进迭代公式，可减少迭代次数，缩短计算时间.

2.3 核反应瞬发分析实验技术

核反应瞬发分析采用的是核物理实验研究中常见的实验设备和测量技术，包括离子加速器、离子束、薄窗、真空、粒子探测、电子学和计算机等实验技术. 核反应瞬发分析法中可供选择的粒子种类多，能量和探测角度选择范围大，有利于鉴别和排除干扰反应粒子(吴治华等, 1997). 因此，从微量和痕量元素分析的要求出发，比较容易选择最佳的实验条件，使分析灵敏度高、准确度好.

2.3.1 常用的带电粒子核反应

带电粒子瞬发分析常用的核反应，主要是 p、d、t、^{3}He 等粒子与轻元素的反应，也可用某些重离子与 H、D 等元素反应. 表 2.3.1 列出了这些核反应及有关参数.

表 2.3.1 带电粒子瞬发分析常用的核反应

核素	核反应	Q 值/MeV	入射粒子能量/MeV	出射粒子能量/MeV	$(d\sigma/d\Omega)$ / ($\times10^{-31}m^2/sr$)	Mylar 吸收膜厚度/μm	产额*/(μC^{-1})
^{2}D	^{2}D(d, p)^{3}T	4.032	1.0	2.3	5.2	14	30
^{2}D	^{2}D(^{3}He, p)^{4}He	18.352	0.7	13.0	61	6	380
^{3}He	^{3}He(d, p)^{4}He	18.352	0.45	13.6	64	8	400
^{6}Li	^{6}Li(d, α)^{4}He	22.374	0.7	9.7	6	8	35
^{7}Li	^{7}Li(p, α)^{4}He	17.347	1.5	7.7	1.5	35	9
^{9}Be	^{9}Be(d, α)^{7}Li	7.153	0.6	4.1	约 1	6	6
^{11}B	^{11}B(p, α)^{8}Be	8.586	0.65	5.57(α_0)	0.12(α_0)	10	0.7
		5.650	0.65	3.70(α_1)	90(α_1)	10	550
^{12}C	^{12}C(d, p)^{13}C	2.722	1.20	3.1	35	16	210
^{13}C	^{13}C(d, p)^{14}C	5.951	0.64	5.8	0.4	6	2
^{14}N	^{14}N(d, α)^{12}C	13.574	1.5	9.9(α_0)	0.6(α_0)	23	3.6
		9.146	1.2	6.7(α_1)	1.3(α_1)	16	7.0

续表

核素	核反应	Q 值/MeV	入射粒子能量/MeV	出射粒子能量/MeV	$(d\sigma/d\Omega)$ / $(\times10^{-31}m^2/sr)$	Mylar 吸收膜厚度/μm	产额*/ (μC^{-1})
^{15}N	$^{15}N(p, \alpha)^{12}C$	4.964	0.8	3.9	约 15	12	90
^{16}O	$^{16}O(d, p)^{17}O$	1.917	0.9	2.4(p_0)	0.74(p_0)	12	5
		1.050	0.9	1.6(p_1)	4.5(p_1)	12	28
^{18}O	$^{18}O(p, \alpha)^{15}N$	3.980	0.73	3.4	15	11	90
^{19}F	$^{19}F(p, \alpha)^{16}O$	8.114	1.25	6.9	0.5	25	3
^{23}Na	$^{23}Na(p, \alpha)^{20}Ne$	2.379	0.59	2.238	4	6	25
^{27}Al	$^{27}Al(p, \gamma)^{28}Si$	11.586	0.99(共振)	1.77			80
				7.39			80
				10.78			80
^{31}P	$^{31}P(p, \alpha)^{28}Si$	1.917	1.51	2.734	16		100

注：数据摘自：Mayer J W, et al. Ion beam handbook for material analysis. New York: Academic Press, 1977.

*入射粒子能量≤2MeV，出射粒子在 $\theta_{Lab}=150°$ 处测量，探测器立体角为 0.1sr，产额为表面原子 $1\times10^{16}cm^{-2}$ 时的单位微库入射粒子的反应产额；对(p, γ)反应，用 7.6cm×7.6cm NaI (Tl)晶体，在距离样品 1cm 处测量γ射线产额.

2.3.2　实验设备

图 2.3.1 给出了典型的核反应瞬发分析用的靶室示意图. 从加速器上获得的单能粒子束，经准直器准直后打到样品上. 对于薄箔样品，可以在箔的后面用法

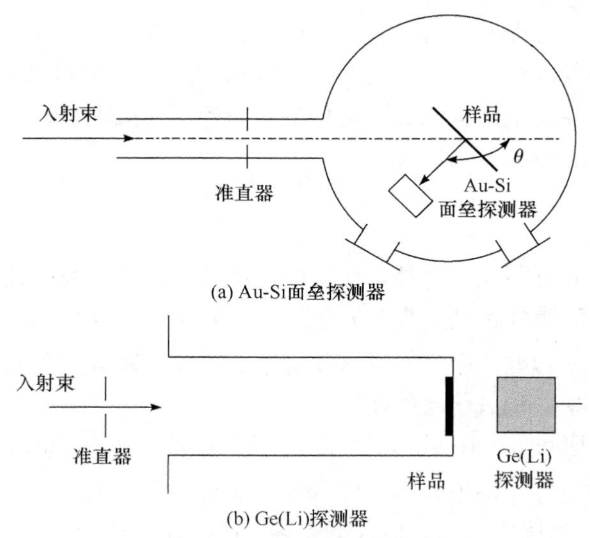

图 2.3.1　核反应瞬发分析用的靶室示意图

拉第筒测量粒子流强度；对于厚样品，可直接从与地绝缘的样品架上收集束流，用束流积分仪记录. 为防止次级电子从样品上逸出，在样品前应放置次级电子抑制电极. 束流强度视样品性质而定，对热传导性好的金属样品，束流可大一些，但对有机膜等样品，应用很小的束流，并在分析时尽可能移动或旋转样品，防止样品损坏.

用 Au-Si 面垒探测器测量核反应产生的带电粒子(图 2.3.1(a)). 探测器可安装在一个可转动角度的装置上，根据反应运动学关系和核反应微分截面曲线，选择合适的探测角度. 探测器对样品所张的立体角大小应合适，Ω太小时，测量时间增加，样品易受损伤. 通常在探测器前放吸收箔阻挡从样品上弹性散射的粒子进入探测器，或者用电磁偏转办法进行粒子甄别.

对于γ 射线，采用 NaI(Tl)或者 Ge(Li)探测器(图 2.3.1(b)). 用常规的核电子仪器(前置放大器、主放大器、多道脉冲振幅分析器)记录探测器的脉冲信号，能谱数据存储在计算机中. 在某些特殊情况下，可把粒子束引到真空室外进行样品分析.

2.3.3 标准样品

在核反应瞬发分析中，常需要已知元素含量和含量分布的标准样品. 可在重元素衬底材料上镀上轻元素薄膜，或者在重元素基体材料中注入轻元素支撑标准样品，衬底材料要纯，薄膜厚度选择要适中，既要保证有足够的反应产物计数，又不要使反应产物被自吸收. 薄膜标准样品的化学稳定性要好. 标准样品在束流轰击时，扩散现象应较弱，可以忽略.

薄膜的制备方法很多，对 Be、B、C、Al、Si 等元素，可采用真空镀膜法或离子束沉积法制备；对 Li、F 等元素，可用 LiF 和 CaF_2 材料真空喷镀；对 N、O 等元素，可采用等离子体沉积法、电化学法制备. 要求薄膜制备工艺的重复性好. 一般标准样品的准确度好于±3%.

2.3.4 干扰问题

核反应瞬发分析不像带电粒子活化分析那样可以进行表面处理，因此对防止样品表面的沾污问题要特别重视. 在分析 H、O、C、N 等轻元素时，为减少靶室内剩余气体原子的影响，靶室真空度要好于10^{-4} Pa. 靶室内用液氮冷阱或者采用无油真空系统以减少碳氢化合物在样品上沉积.

当测量核反应瞬发γ 射线时，不同元素的核反应产生相同的剩余核，发射能量相同的γ 射线. 例如，$^{27}Al(p,\alpha\gamma)^{24}Mg$ 和 $^{25}Na(p,\gamma)^{24}Mg$ 反应，发射的γ 射线能量均为 1.367MeV，利用它们反应截面的差异，可消除这种干扰. 另外，用共振核反应测量产额时，应对非共振贡献的产额进行矫正. 测量时对γ射线探测器的本底计数应该扣除.

当测量核反应瞬发的带电粒子时，根据运动学关系和截面曲线，改变测量角度或改变轰击粒子能量可鉴别不同的核反应并消除干扰反应. 此外，还有实验厅中的电磁辐射对电子学的干扰，实验时应选择最佳实验条件，使分析灵敏度最高.

2.4　带电粒子核反应瞬发分析的发展及应用

带电粒子核反应瞬发分析是利用带电粒子束照射待测样品，使样品中待测元素发生核反应，然后测量伴随着核反应而瞬时放出的γ射线或带电粒子，这样可以求得样品的组分、含量和深度剖面分布(Becker and Rogalla, 2016). 它的优点是选择性强(干扰小)、灵敏度高、精确度高、非破坏性及快速. 此外还可以对样品表面进行微束(约微米数量级)扫描，并且适于重基体中轻杂质的分析，能区分不同的同位素，特别是能给出轻元素含量的深度分布信息. 该技术的应用范围很广，早在 20 世纪 60 年代就被用来分析靶物质中的杂质成分，并迅速成为当时的研究热点；20 世纪 80 年代，由于重离子技术的发展，出现了利用 ^{7}Li、^{11}B、^{15}N、^{19}F 等重离子分析氢等轻元素的有效方法，这是当时带电粒子瞬发核反应分析的新的发展趋势(赵玉华，1986)；新世纪以来，随着检测仪器和分析技术水平的提高，该技术的应用范围和检测能力都得到了进一步提升(Chu, 2012)，目前被广泛用于材料、考古、生物等研究领域，为研究材料中感兴趣核素的表面总量和浅层深度分布提供了有力的检测手段(李湘庆和叶沿林, 2012)，这里列举几个应用实例.

2.4.1　样品表面层轻核素原子总量测定

1. 表面氮元素总量测定

钢铁的氮化(Curado et al., 2008)(即钢铁中的含氮量)对于改善表面质量并增加钢件的耐久性有重要意义. 巴西圣保罗大学利用带电粒子弹性散射反应分析和带电粒子核反应技术，对不同组的不锈钢样品中氮的分布进行测量. 首先，使用 56MeV 的 ^{35}Cl 离子束对第一组样品进行带电粒子弹性散射反应分析，测量结果如图 2.4.1 所示，结果表明样品中大多数已识别元素在其中均匀分布，在分析的深度范围内(0.2μm)原子氮含量约为 2%，N 元素表面含量约 50×10^{15} 原子/cm^2. 对第二组样品，使用带电粒子核反应技术进行分析，利用 1.3MeV 的外部质子束将 $^{15}N(H，\alpha\gamma)^{12}C$ 反应产生的能量为 4.43MeV 的γ射线用于定量分析氮含量. 比较样品的γ射线计数率与在相同条件下照射的参考材料(标准样品)——不锈钢CRM298(N质量含量为0.236%)相比，测得第二组样品中的N含量约0.47%.

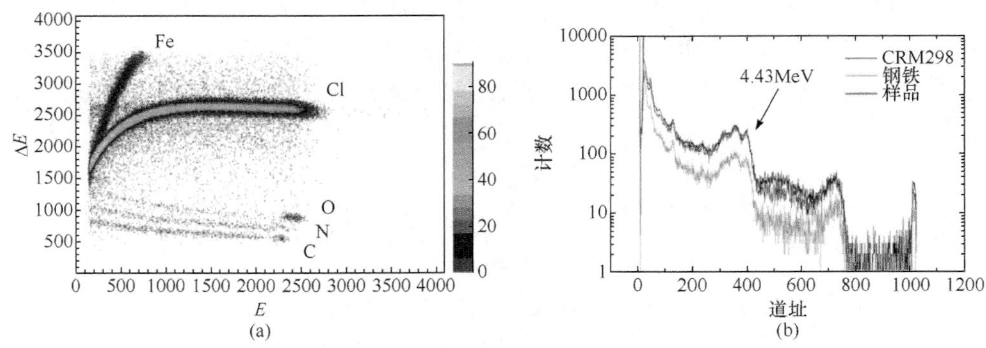

图 2.4.1　钢铁样品γ射线能谱测量结果

(a)各核素测量结果；(b)γ射线测量能谱

2. 半导体材料中的磷元素含量测定

单晶硅中的P元素含量可用 $^{31}P(p,\alpha)^{28}Si$ 反应来分析. 测量时，为了有效地防止弹性散射质子进入半导体探测器，在探测器前用一个小的磁分析器做动量分析，把弹性散射质子偏转到半导体探测器立体角之外. 入射质子束能量为2.5MeV，束流为0.5μA，探测立体角为 1.3×10^{-3} sr，分析灵敏度为 10^{13} 原子/cm^3.

2.4.2　样品中轻元素的深度分布测定

1. 氢的深度分布测定

通过共振反应 $^{1}H(^{15}N,\alpha\gamma)^{12}C$ 进行核反应分析是一种对氢元素非常有效的深度分析方法(Reinhardt et al., 2016)，可定量和非破坏性地揭示固体材料表面的氢含量分布，并且具有高深度分辨率. 该技术应用静电加速器提供的6.385MeV的 ^{15}N 离子束，其对 ^{1}H 同位素检测有效深度为2～4μm. 对表面H覆盖率的测量灵敏度约为 $10^{13}cm^{-2}$(即典型原子单层密度约1%)，对H体积含量的检测限约为 $10^{18}cm^{-3}$. 其测量的近表面深度分辨率为2～5nm，测量结果如图2.4.2所示. 对于非常平坦的样品，可以通过采用表面掠入射的几何布置，深度分辨率可以提高到低于1nm(Wilde et al., 2016).

下面介绍在东京大学的MALT 5 MV串联加速器上进行的“测量 SiO_2/Si(100)叠层埋置界面的氢层密度”实验(Ohno et al., 2014). 该加速器可以提供6～13MeV的高度稳定且良好单色化($\Delta E_i \geqslant$2keV)的 ^{15}N 离子束，并提供了两条实验专用离子束线，如图2.4.3所示.

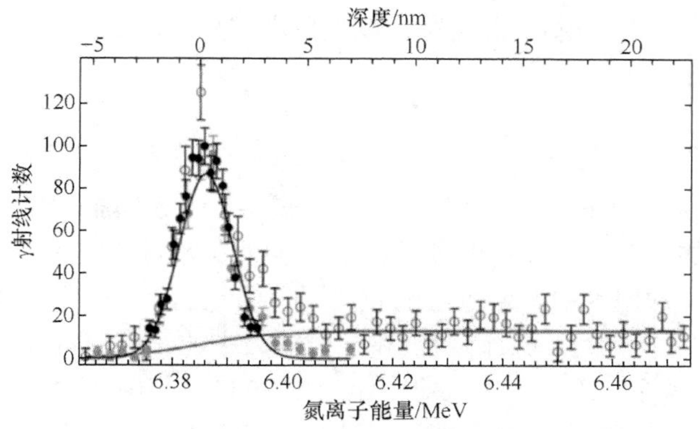

图 2.4.2　氢含量深度测量结果

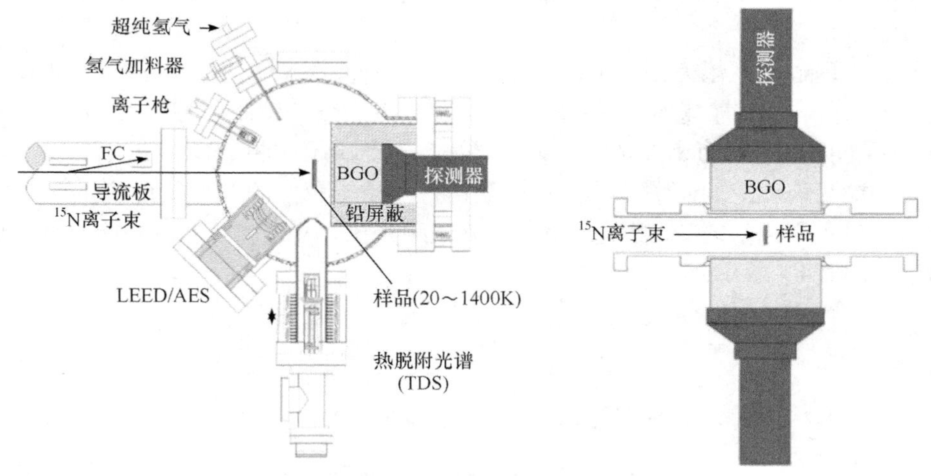

图 2.4.3　测量装置示意图

(1) 具有单一 BGO 闪烁体探测器的超高真空表面分析系统，其主要用于定量样品表面氢含量、零点振动光谱以及与热脱附谱仪组合的原子控制单晶靶的氢深度剖析；其完全配备用于原位有序的单晶表面的原位制备，并且具有小于 10^{-8}Pa 的基础压力以维持表面清洁度. 为了对样品进行表面分析，将 BGO 闪烁体放置在目标后面约 30mm 的 ^{15}N 离子束轴上. 样品安装在四轴操作台上以获得精确(x, y, z, θ)定位，并用液氮冷却至约 80K 或压缩氦冷却至约 20K.

(2) 在高真空室配备两个 BGO 探测器，且距离样品更近，以提高γ射线探测效率，提供更低的氢检测限和更快的数据采集. 两个 BGO 探测器相对于 ^{15}N 离子束为 90°，其前表面与光束轴相距不超过 19.5mm. 样品架为一个简单的夹紧机构，可以快速更换样品，并允许样品围绕垂直轴旋转，以调整 ^{15}N 离子束入射角. 这种装置没有样品制备设施，但可以快速进行样品交换(约 30min).

在两条光束线上，BGO 探测器均放置在真空系统之外，γ 射线穿透薄室壁时衰减可忽略不计.

2. 氟元素的深度分布测定

在牙科领域(Yamamoto et al.，2003)，已知在牙齿表面施加极少量的氟对于预防龋齿是有效的，并已经在商业领域开发了各种含氟材料应用于牙科治疗. 在一些国家，还有在饮用水中溶解少量的氟离子以防止龋齿. 这些做法都旨在缓慢和持续地向牙齿中补充少量氟. 阐明氟在预防龋齿中的作用一直是牙科领域的重要研究方向之一. 尽管该研究已经取得了巨大的进步，但由于缺乏用于检测牙齿的微区域中的氟离子分布的技术，阻碍了人们对该现象的定量分析和理解. 这是因为早前所应用的大多数分析技术都是破坏性的，在完成实验时，牙齿中氟分布的信息被破坏了.

为了理解氟在龋齿预防中的作用，利用 ^{19}F(p,αγ)^{16}O 反应定量测量牙齿微区域的氟的分布，由加速器加速的 1.7MeV 质子束被输送到微束装置. 束斑尺寸约为 1μm，束电流约为 100pA. 核反应 ^{19}F(p, αγ)^{16}O 用于测量氟含量，用 NaI(Tl) 探测器检测该反应的γ 射线. 用 Ge 探测器检测质子诱发的 X 射线以测量钙含量. 在测量时，用铜箔的 X 射线产率监测质子束强度，用于定量分析. 测量获得的结果如图 2.4.4 所示.

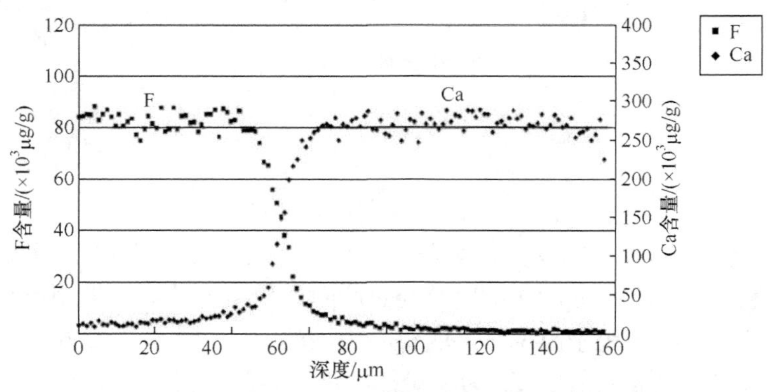

图 2.4.4　牙齿中氟与钙深度分布测量结果

参 考 文 献

柴之芳, 1985. 放射分析物理导论[M]. 北京: 原子能出版社.
李湘庆, 叶沿林, 2012. 核物理与核探测, 核分析技术的应用[J]. 物理, 41(5): 301-308.
梁代骅, 沈关涛, 李德义, 等, 1982. 带电粒子瞬发核反应分析[J]. 核技术, (4): 27-30.
吴治华, 赵国庆, 陆福全, 1997. 原子核物理实验方法[M]. 北京: 原子能出版社.
杨福家, 2008. 原子物理学[M]. 北京: 高等教育出版社.

杨福家, 赵国庆, 1985. 离子束分析[M]. 上海: 复旦大学出版社.

张智勇, 柴之芳, 2003. 分子活化分析[J]. 核技术, 26(10): 736-742.

赵玉华, 1986. 带电粒子引起的瞬发核反应分析及其应用[J]. 中国核科技报告, (0): 72.

Becker H W, Rogalla D, 2016. Nuclear Reaction Analysis[M]//Neutron Scattering and Other Nuclear Techniques for Hydrogen in Materials. Cham: Springer: 315-336.

Chu W K, 2012. Backscattering Spectrometry[M]. New York: Academic Press.

Curado J F, Added N, Rizzutto M A, et al., 2008. Measurement of nitrogen depth profile in steel[J]. Nuclear Instruments and Methods in Physics Research Section B: Beam Interactions with Materials and Atoms, 266(8): 1455-1459.

Ohno S, Wilde M, Fukutani K, 2014. Novel insight into the hydrogen absorption mechanism at the Pd(110) surface[J]. The Journal of Chemical Physics, 140(13): 134705.

Reinhardt T P, Akhmadaliev S, Bemmerer D, et al., 2016. Absolute hydrogen depth profiling using the resonant $^{1}H(^{15}N, \alpha\gamma)^{12}C$ nuclear reaction[J]. Nuclear Instruments and Methods in Physics Research Section B: Beam Interactions With Materials and Atoms, 381: 58-66.

Wilde M, Ohno S, Ogura S, et al., 2016. Quantification of hydrogen concentrations in surface and interface layers and bulk materials through depth profiling with nuclear reaction analysis[J]. Journal of Visualized Experiments, (109): e53452.

Yamamoto H, Nomachi M, Yasuda K, et al., 2003. Fluorine mapping of teeth treated with fluorine-releasing compound using PIGE[J]. Nuclear Instrument & Methods in Physics Research B, 210(3): 388-394.

第 3 章　带电粒子弹性散射分析

散射分析主要有弹性散射分析和非弹性散射分析两种方式，其中弹性散射分析，包括卢瑟福背散射分析(Rutherford backscattering spectrometry，RBS)和弹性反冲分析(elastic recoil detection analysis，ERDA). 自 1967 年背散射技术首次成功地用于月球土壤成分分析以来，背散射分析技术已迅速发展成一种十分成熟的离子束分析技术. 背散射分析具有方法简便、可靠，不需要依赖于标准样品就能得到定量的分析结果，不必用剥层办法破坏样品宏观结构就能获得深度分布信息等优点. 它是固体表面层元素成分、杂质含量和元素深度分布分析，以及薄膜界面特性分析不可缺少的分析手段，与弹性反冲分析结合，能对样品进行从轻到重多种元素的无损分析. 背散射与沟道技术的组合应用还能给出晶体的微观结构、缺陷、损伤及其深度分布等信息. 目前，背散射分析技术已成为许多实验室和电子工业部门的一种常规分析工具. 它在离子注入半导体材料、金属材料，各种薄膜材料，以及材料改性等研究领域中有着广泛的应用，为新材料、新器件的研制和新能源的开发起着推动作用.

本章主要讨论能量为兆电子伏量级的离子背散射分析技术，同时也简单地介绍低能离子散射分析和弹性反冲分析等技术.

3.1　卢瑟福背散射分析原理

当一束具有一定能量的离子入射到靶物质时，大部分离子沿入射方向穿透进去，并与靶原子电子碰撞逐渐损失能量；离子束中只有极小部分离子与靶原子核发生大角度库仑散射. 入射离子与靶原子核之间的大角度库仑散射称为卢瑟福背散射. 用探测器对这些背散射粒子进行测量，能获得有关靶原子的质量、含量和深度分布等信息. 入射离子与靶原子碰撞的运动学因子、散射截面和背散射能量损失因子是背散射分析中的三个主要参量.

3.1.1　运动学因子

如果入射粒子的能量远比原子在靶物质中的化学结合能大，但其能量又不足以引起核反应和核共振，可以用简单的两个孤立原子之间的弹性碰撞来描述它们之间的相互作用. 图 3.1.1 表示了入射粒子 m 与靶原子核 M 之间的弹性散射关系. 由于入射粒子与靶原子碰撞时的能量和动量守恒,可以求得散射后粒子的能量 E_1. 把离子碰撞后和碰撞前的能量之比 K 称为运动学因子，即 $E_1 = KE_0$，

$$K=\left(\frac{m\cos\theta\pm\sqrt{M^2-m^2\sin^2\theta}}{M+m}\right)^2=\left(\frac{\frac{m}{M}\cos\theta\pm\sqrt{1-\left(\frac{m}{M}\right)^2\sin^2\theta}}{1+\frac{m}{M}}\right)^2 \tag{3.1.1}$$

式中 m 和 M 分别为入射粒子和靶原子核的质量， E_0 为入射粒子能量， θ 为实验室坐标系中的散射角度.

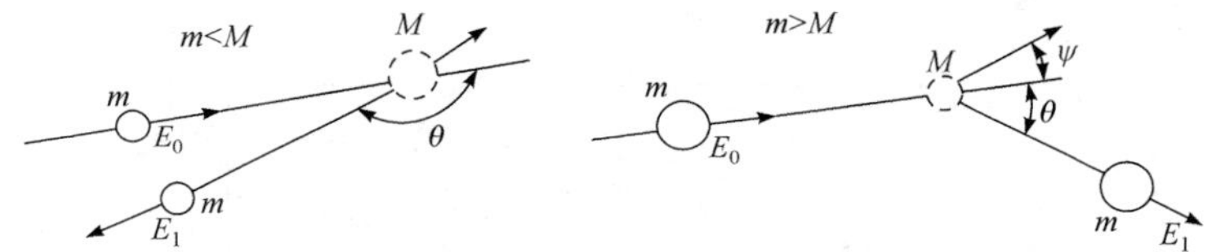

图 3.1.1　入射粒子与靶原子核之间的弹性散射示意图

由式(3.1.1)可见，K 因子与 $\frac{m}{M}$ 和 θ 有关. 当 $m<M$ 时，K 因子表达式中根号前只取正号，E_1 是单值的. 在 $\theta=90°$ 时，$K=\frac{M-m}{M+m}$，而当 $\theta=180°$ 时，$K=\left(\frac{M-m}{M+m}\right)^2$，为极小值.

当 $m=M$ 时， $K=\cos^2\theta$ ，最大散射角度 $\theta_{\max}=90°$.

当 $m>M$ 时， K 因子表达式中根号前取正号和负号，散射粒子能量为双值. 散射粒子不能在大于 $90°$ 方向出现，最大的散射角度为 $\theta_{\max}=\arcsin\frac{M}{m}$ ，而靶原子在 ψ 方向反冲. 背散射分析是考虑 $m<M$ 的弹性碰撞情况. 在 3.4 节介绍弹性反冲分析法时，再讨论 $m>M$ 的情况. 图 3.1.2(a)～(c)给出了 K 因子与 m 、 M 和 θ 的关系曲线. 对一定的入射粒子 m ， M 越小， K 值越小； θ 越大时，同一 M 的 K 值随 θ 的变化越小，而不同 M 的 K 值差异相对增大. 因此，在 180°附近探测散射粒子最为有利. 在同一散射角时，对不同的 m，M 小时 K 值变化大，其中 ^{1}H 对轻元素(D、T、He 等)散射的 K 值变化很大，M 大时，只有用 m 大一些的粒子入射，K 值的相对变化才较大，所以，由背散射运动学因子可知，当 m 和 θ 一定时，测量散射粒子能量就可以进行质量分析. 散射粒子的能量坐标可以转换成相应的靶物质的质量坐标.

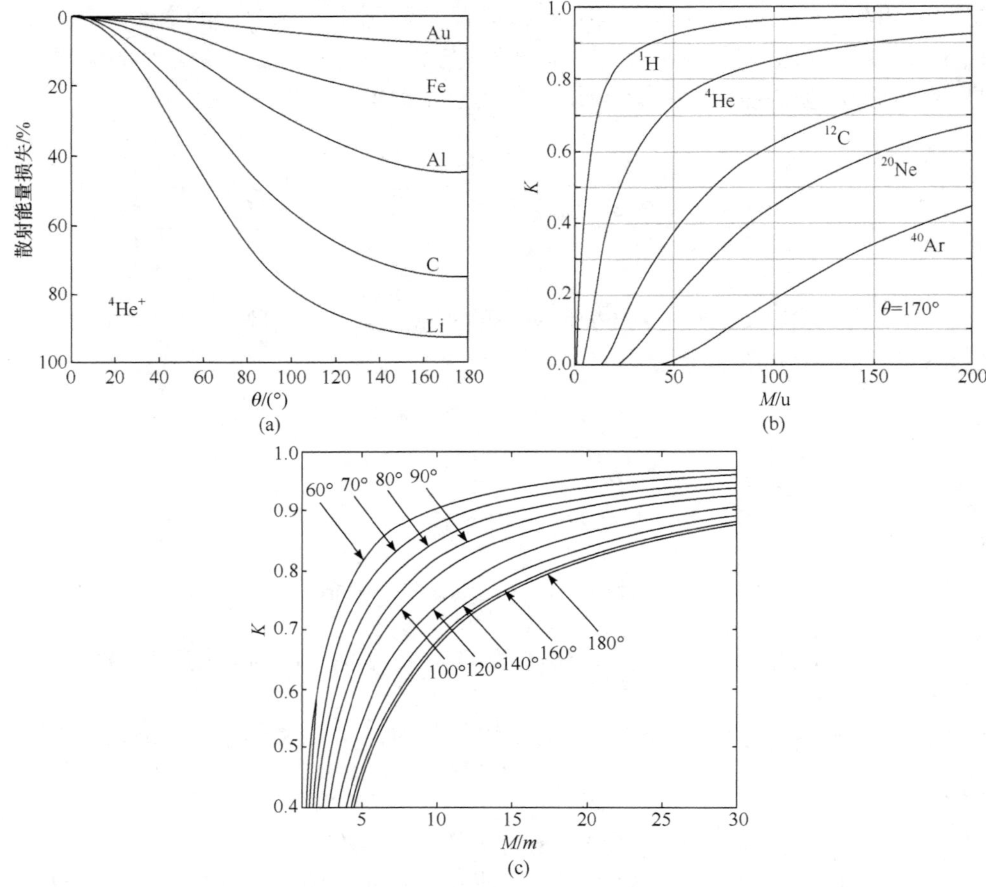

图 3.1.2　K 因子与 m、M 和 θ 关系曲线

3.1.2　散射截面

入射离子与靶原子的微分散射截面为 $\dfrac{d\sigma}{d\Omega}$. 如果探测器所张的立体角为 Ω，则在这小立体角范围内的平均微分散射截面为 $\sigma = \dfrac{1}{\Omega}\int_{\Omega}\dfrac{d\sigma}{d\Omega}d\Omega$.

当 Ω 很小时，$\sigma \to \dfrac{d\sigma}{d\Omega}$.

入射带电粒子与靶原子核之间的弹性散射截面，一般可以写成库仑散射截面和核散射截面这两部分贡献之和. 核散射包括核势散射和核共振散射，只有当入射粒子能量很高时，才会有这部分散射的贡献. 如前所述，在卢瑟福背散射分析中，研究的是入射粒子与靶原子核之间的库仑排斥力作用下的弹性散射过程. 这

种散射过程的微分截面就是大家所熟知的卢瑟福散射截面 (杨福家, 1985)，其描述了微观粒子发生卢瑟福散射的概率为

$$\frac{\mathrm{d}\sigma}{\mathrm{d}\Omega}=\left(\frac{Z_1Z_2e^2}{2E_0\sin^2\theta}\right)^2\frac{\left\{\cos\theta+\left[1-\left(\frac{m}{M}\sin\theta\right)\right]^{1/2}\right\}^2}{\left[1-\left(\frac{m}{M}\sin\theta\right)\right]^{1/2}} \tag{3.1.2}$$

这是在实验室坐标系中当 $m<M$ 时的表达式，式中 Z_1、Z_2 和 m、M 分别为入射离子、靶原子的原子序数和质量，E_0 为入射离子能量，θ 为实验室系的散射角度. 由式(3.1.2)可知，$\frac{\mathrm{d}\sigma}{\mathrm{d}\Omega}$ 与 Z_1^2 和 Z_2^2 成正比，与 E_0^2 成反比，$\frac{\mathrm{d}\sigma}{\mathrm{d}\Omega}$ 与散射角有强烈的依赖关系，在后向角度时，$\frac{\mathrm{d}\sigma}{\mathrm{d}\Omega}$ 最小. 卢瑟福散射截面是精确知道的，因此测定了散射粒子的产额就可以进行靶原子含量的定量分析. 图 3.1.3 给出了 2MeV 的α粒子对不同靶元素、在不同散射角度的卢瑟福散射截面.

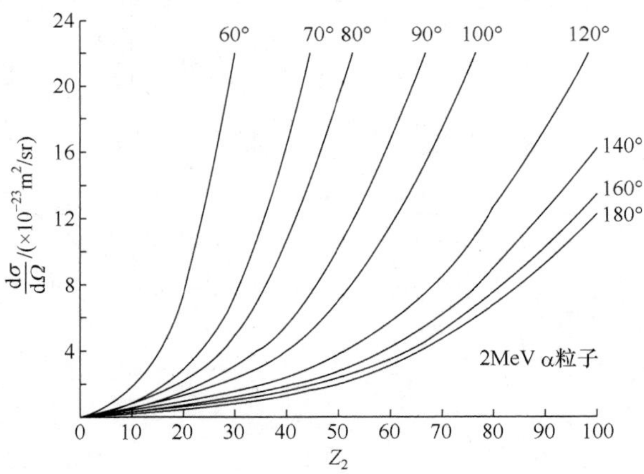

图 3.1.3　2MeV 的α粒子对不同靶元素、在不同散射角度的卢瑟福散射截面

1. 能量下限

值得注意的是，推导式(3.1.2)时，没有考虑入射离子的电荷态和靶原子的电子云，仅认为是两个裸原子核之间的库仑散射. 这种假定只有当入射离子能量较高时才是正确的，这时入射离子速度很快，在靶物质中运动时失去其剩余的电子成为裸原子核；而且能量较高的入射离子能靠近靶原子核的距离小于玻尔半径，故不必考虑靶原子电子云对靶核电荷的屏蔽作用，所用的库仑作用势力

为 $\frac{Z_1Z_2e^2}{r}$. 若入射离子能量较低，则离子在靶物质中穿透时剩余电子不能完全剥离，而且离子与靶原子核碰撞的最接近距离大于原子的玻尔半径，这时应考虑离子的有效电荷态和靶原子内层电子对核电荷的屏蔽作用(Huttel et al., 1983). 相互作用势用屏蔽库仑势来表示

$$V(r)=\frac{Z_1Z_2e^2}{r}\phi(r/a) \tag{3.1.3}$$

式中 r 为作用距离，a 为屏蔽长度，$\phi(r/a)$ 为屏蔽函数. 离子能量低时，弹性散射截面偏离卢瑟福截面公式计算值.

图 3.1.4 给出了不同能量和不同散射角度下，^{4}He 离子对几种靶原子的卢瑟福截面的偏离情况，纵坐标以修正后的散射截面与卢瑟福截面之比表示(Keinonen et al., 1978). 可见，在低能量、重元素和小角度时，偏离较大. 对于小角度散射，它对应于大的碰撞参量的那些散射过程，这时也应该考虑靶原子内层电子的屏蔽作用. 所以，对 $\theta\to 0°$ 的散射截面值也是偏离卢瑟福截面公式计算值. 对于 $\theta=180°$ 时的散射截面，不能用式(3.1.2)计算，应用下式计算(Ziegler and Lever, 1973)：

$$\frac{\mathrm{d}\sigma}{\mathrm{d}\Omega}(180°)=\left\{\frac{Z_1Z_2e^2\left[1-\left(\frac{m}{M}\right)^2\right]}{4E_0}\right\}^2 \tag{3.1.4}$$

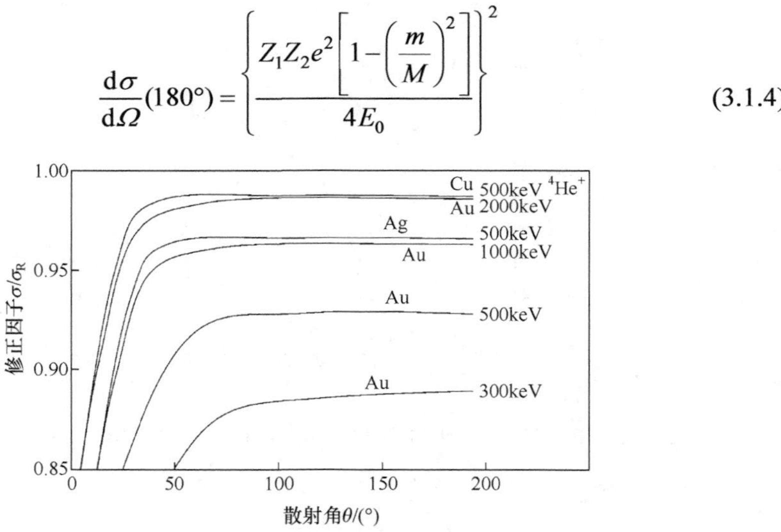

图 3.1.4　^{4}He 离子对几种靶原子的散射截面与卢瑟福截面的比较

2. 能量上限

当入射离子能量很高时，由于核势散射的贡献，散射截面值也偏离卢瑟福截面公式的计算值. 所以，要使卢瑟福公式适用，就存在能量上限. 入射离子与靶原子核碰撞的最接近距离 D 大于两原子核半径时，库仑作用才会占主导，核力作用

较弱. 这时入射离子的能量即为卢瑟福公式适用的能量上限值. 由卢瑟福截面公式的推导知道，碰撞最接近距离为

$$D = \frac{Z_1 Z_2 e^2}{2E_c}\left(1 + \frac{1}{\sin\frac{\theta_c}{2}}\right) \tag{3.1.5}$$

式中 θ_c 为质心散射角度，E_c 为入射粒子在质心系中的动能. 在实验室系中的能量为 $E_0 = \frac{m+M}{M}E_c$. 只有当 $D \geqslant R$ 时，库仑散射占主导，所以要求

$$E_0 \leqslant \frac{Z_1 Z_2 e^2}{2R}\left(\frac{m+M}{M}\right)\left(1 + \frac{1}{\sin\frac{\theta_c}{2}}\right) \tag{3.1.6}$$

式中 $R = R_1 + R_2$ 是入射粒子和靶核的半径之和. 不过在实验上发现即使能量满足此条件，截面值仍有偏离卢瑟福公式所给出的值，所以取的能量上限是

$$E_{0,c} \leqslant \frac{Z_1 Z_2 e^2}{4R}\left(\frac{m+M}{M}\right)\left(1 + \frac{1}{\sin\frac{\theta_c}{2}}\right) \tag{3.1.7}$$

根据上述的讨论，2～3MeV 的 ^{4}He 离子和 200～400keV 的质子束在中、重原子上的散射是遵循卢瑟福散射公式的. 当入射离子能量高时，尤其是入射到轻元素靶物质上时，核散射贡献增强，大大超过卢瑟福散射截面. 例如几兆电子伏的质子在 D、He、C 等轻元素上的后向角度的弹性散射截面比卢瑟福散射截面增强 1～2 个量级. 在有些情况中，需利用非卢瑟福散射截面数据来分析低原子序数的杂质原子. 由于其较大的散射截面值，会获得更高的分析灵敏度.

3.1.3　背散射能量损失因子

除了由式(3.1.1)运动学因子确定的碰撞时入射离子损失的能量外，还有入射离子穿透靶物质时与靶原子电子发生许多次非弹性碰撞引起的电离损失. 前者是一种大能量转移过程，后者是一种小能量转移过程. 必须考虑带电粒子穿透靶物质时的能量损失对计算散射粒子能量和散射产额及能谱的影响. 当入射离子从靶样品表面穿透到靶内某一深度处发生大角度散射时，离子在这段入射路径上要损失一小部分能量；同样，在发生散射后，背散射粒子从靶内射出样品表面到达探测器，在这段出射路径上也要损失一小部分能量. 离子在样品中入射和出射路径上的电离能量损失，使在样品深部发生背散射的粒子能量在能谱上相对于样品表面发生背散射的粒子能量向低能量侧展宽，如图 3.1.5 所示.

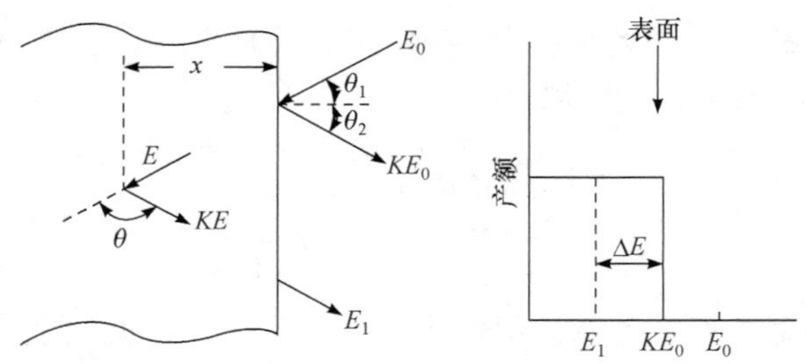

图 3.1.5　背散射几何和散射能量与深度的关系

图 3.1.5 中峰的箭头所示的能量位置表示在样品前表面发生的背散射，虚线对应于样品中深度为 x 处发生的背散射. 能量宽度 ΔE 近似正比于靶厚度和离子在靶物质中的背散射能量损失因子. 这能谱曲线向低能量侧的展宽，反映出了靶原子随深度的分布情况. 因此，由背散射能谱分析，可以获得靶原子的深度分布信息. 根据图 3.1.5 所示的背散射几何关系，很容易建立背散射谱峰宽度与靶厚度之间的关系.

设入射束和散射束与靶样品表面法线之间的夹角分别为 θ_1 和 θ_2，散射角为 θ，该角度与入射粒子的类型和样品靶原子类型有关. 入射离子初始能量为 E_0，在样品表面散射的离子能量为 KE_0. 入射离子进入靶内深度 x 处，未与原子核发生背散射时的能量 E 为

$$E = E_0 - \int_0^{x/\cos\theta_1} \left(\frac{\mathrm{d}E}{\mathrm{d}x}\right)_{\mathrm{in}} \mathrm{d}x \tag{3.1.8}$$

式中 $\left(\frac{\mathrm{d}E}{\mathrm{d}x}\right)_{\mathrm{in}}$ 为入射路径上的能量损失率. 在深度 x 处与靶原子核发生背散射后的离子能量为 KE. 该背散射离子离开靶表面后的能量为 E_1

$$E_1 = KE - \int_0^{x/\cos\theta_2} \left(\frac{\mathrm{d}E}{\mathrm{d}x}\right)_{\mathrm{out}} \mathrm{d}x \tag{3.1.9}$$

式中 $\left(\frac{\mathrm{d}E}{\mathrm{d}x}\right)_{\mathrm{out}}$ 为出射路径上的能量损失率. $\left(\frac{\mathrm{d}E}{\mathrm{d}x}\right)_{\mathrm{in}}$ 和 $\left(\frac{\mathrm{d}E}{\mathrm{d}x}\right)_{\mathrm{out}}$ 都是能量的函数. 于是，从靶表面散射的离子和从靶中某一深度 x 处散射的离子到达探测器的能量差为 ΔE

$$\Delta E = KE_0 - E_1 = K\int_0^{x/\cos\theta_1} \left(\frac{\mathrm{d}E}{\mathrm{d}x}\right)_{\mathrm{in}} \mathrm{d}x + \int_0^{x/\cos\theta_2} \left(\frac{\mathrm{d}E}{\mathrm{d}x}\right)_{\mathrm{out}} \mathrm{d}x \tag{3.1.10}$$

ΔE 代表离子在入射和出射过程中所损失的能量总和. 式(3.1.10)给出 ΔE 与 x 的关系. 对此式可用近似计算法和数值积分法进行计算(Mayer et al., 1978).

1. 近似计算法

如果样品不是很厚，粒子在贯穿该样品时能量变化不太大，则可以把$\left(\dfrac{\mathrm{d}E}{\mathrm{d}x}\right)_{\text{in}}$和$\left(\dfrac{\mathrm{d}E}{\mathrm{d}x}\right)_{\text{out}}$近似看作常数. 这样，式(3.1.10)的计算将大大简化. 于是

$$\Delta E=\left[\frac{K}{\cos\theta_1}\cdot\frac{\mathrm{d}E}{\mathrm{d}x}\bigg|_{\text{in}}+\frac{1}{\cos\theta_2}\cdot\frac{\mathrm{d}E}{\mathrm{d}x}\bigg|_{\text{out}}\right]x=[S]x \tag{3.1.11}$$

式中

$$[S]=\frac{K}{\cos\theta_1}\cdot\frac{\mathrm{d}E}{\mathrm{d}x}\bigg|_{\text{in}}+\frac{1}{\cos\theta_2}\cdot\frac{\mathrm{d}E}{\mathrm{d}x}\bigg|_{\text{out}} \tag{3.1.12}$$

称为背散射能量损失因子. 由式(3.1.11)可见，用近似计算法时，ΔE 与 x 之间是线性关系. 公式中的$\dfrac{\mathrm{d}E}{\mathrm{d}x}\bigg|_{\text{in}}$和$\dfrac{\mathrm{d}E}{\mathrm{d}x}\bigg|_{\text{out}}$可由表面能量近似法或平均能量近似法来确定.

1) 表面能量近似

把能量为 E_0 时的$\dfrac{\mathrm{d}E}{\mathrm{d}x}\bigg|_{E_0}$值作为入射路径上的$\left(\dfrac{\mathrm{d}E}{\mathrm{d}x}\right)_{\text{in}}$值，把在样品表面上散射后能量为 KE_0 时的$\dfrac{\mathrm{d}E}{\mathrm{d}x}\bigg|_{KE_0}$值作为出射路径上的$\dfrac{\mathrm{d}E}{\mathrm{d}x}\bigg|_{\text{out}}$值，如图 3.1.6 所示. 于是，式(3.1.11)和(3.1.12)可以写成

$$\Delta E=[S_0]x \tag{3.1.13}$$

式中

$$[S_0]=\frac{K}{\cos\theta_1}\cdot\frac{\mathrm{d}E}{\mathrm{d}x}\bigg|_{E_0}+\frac{1}{\cos\theta_2}\cdot\frac{\mathrm{d}E}{\mathrm{d}x}\bigg|_{KE_0} \tag{3.1.14}$$

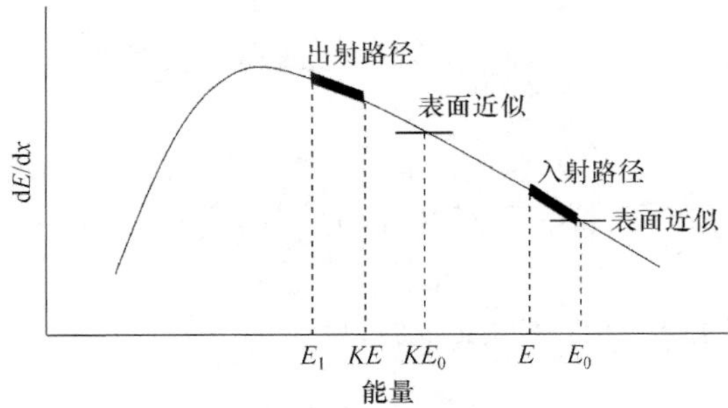

图 3.1.6　背散射分析中的$\dfrac{\mathrm{d}E}{\mathrm{d}x}$与 E 的关系

利用阻止本领与阻止截面 ε 之间的关系

$$\frac{dE}{dx} = N\varepsilon \tag{3.1.15}$$

式(3.1.15)可以写成

$$\Delta E = [\varepsilon_0]Nx \tag{3.1.16}$$

式中 N 为单位体积内的靶原子数，这时样品厚度以单位面积上的原子数 Nx 表示，而式中

$$[\varepsilon_0] = \frac{K}{\cos\theta_1}\varepsilon(E_0) + \frac{1}{\cos\theta_1}\varepsilon(KE_0) \tag{3.1.17}$$

图 3.1.7 给出了由式(3.1.10)和(3.1.13)确定的 ΔE 与 x 的关系曲线. 对 ^{4}He 离子在厚度小于 0.8μm 的硅样品进行背散射分析时，表面近似法引进的误差约 5%.

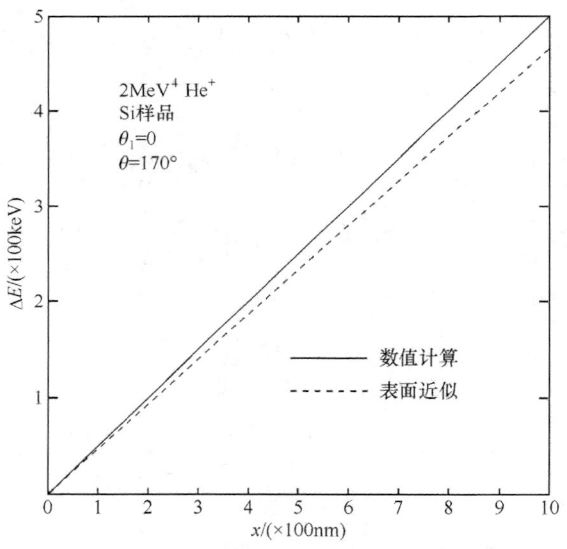

图 3.1.7 背散射分析中 ΔE 与 x 的关系曲线

2) 平均能量近似

用入射路径和出射路径上平均能量下的 $\left.\frac{dE}{dx}\right|_{E_{in}}$ 和 $\left.\frac{dE}{dx}\right|_{E_{out}}$ 代替 $\left(\frac{dE}{dx}\right)_{in}$ 和 $\left(\frac{dE}{dx}\right)_{out}$. 平均入射能量和出射能量分别为

$$\Sigma_{in} = \frac{1}{2}(E + E_0)$$

和

$$\Sigma_{\text{out}} = \frac{1}{2}(E_1 + KE) \tag{3.1.18}$$

这里的 E 是在深度 x 处发生散射前的能量，E 是不能直接测量的，但可以用不同方法来估算. 最简单的估算是在入射路径和出射路径上各损失 $\frac{1}{2}\Delta E$，因此

$$E \approx E_0 - \frac{1}{2}\Delta E \tag{3.1.19}$$

于是

$$E_{\text{in}} \approx E_0 - \frac{1}{4}\Delta E$$

和

$$E_{\text{out}} \approx E_1 + \frac{1}{4}\Delta E \tag{3.1.20}$$

平均能量近似法比表面能量近似法计算的结果更好一些，厚度在大于 0.5μm 以上应用平均能量近似法.

2. 数值积分法

将样品划分成许多等厚度的小薄层 Δx (如 10～20nm)，如图 3.1.8 所示，或将样品分成不同厚度的薄层，但每一薄层在背散射谱上所对应的能量间隔却相同. 在每一小的薄层内，$\frac{\mathrm{d}E}{\mathrm{d}x}$ 值可看作常数. 从样品表面开始，对这些薄层逐层进行计算，就能得到 $E_1(i)$ 与 $x(i)$ 的对应值. 到达每一薄层界面的入射能量为

$$E_1(i) = E_1(i-1) - \left.\frac{\mathrm{d}E}{\mathrm{d}x}\right|_{E(i-1)} \frac{\Delta x}{\cos\theta_1} \tag{3.1.21}$$

在第二和第三层散射的粒子离开样品表面的能量分别为

$$E_1(2) = \left[KE(2) - \left.\frac{\mathrm{d}E}{\mathrm{d}x}\right|_{KE(2)} \frac{\Delta x}{\cos\theta_2}\right] - \left.\frac{\mathrm{d}E}{\mathrm{d}x}\right|_{(KE(2))_1} \frac{\Delta x}{\cos\theta_2} \tag{3.1.22}$$

和

$$E_1(3) = \left\{\left[KE(3) - \left.\frac{\mathrm{d}E}{\mathrm{d}x}\right|_{KE(3)} \frac{\Delta x}{\cos\theta_2}\right] - \left.\frac{\mathrm{d}E}{\mathrm{d}x}\right|_{(KE(3))_2} \frac{\Delta x}{\cos\theta_2}\right\} - \left.\frac{\mathrm{d}E}{\mathrm{d}x}\right|_{(KE(3))_1} \frac{\Delta x}{\cos\theta_2} \tag{3.1.23}$$

式中 $(KE(2))_1$ 和 $(KE(3))_2$ 分别表示到达第一层界面和第二层界面的能量. 其余各层的 $E_1(i)$ 按此类推.

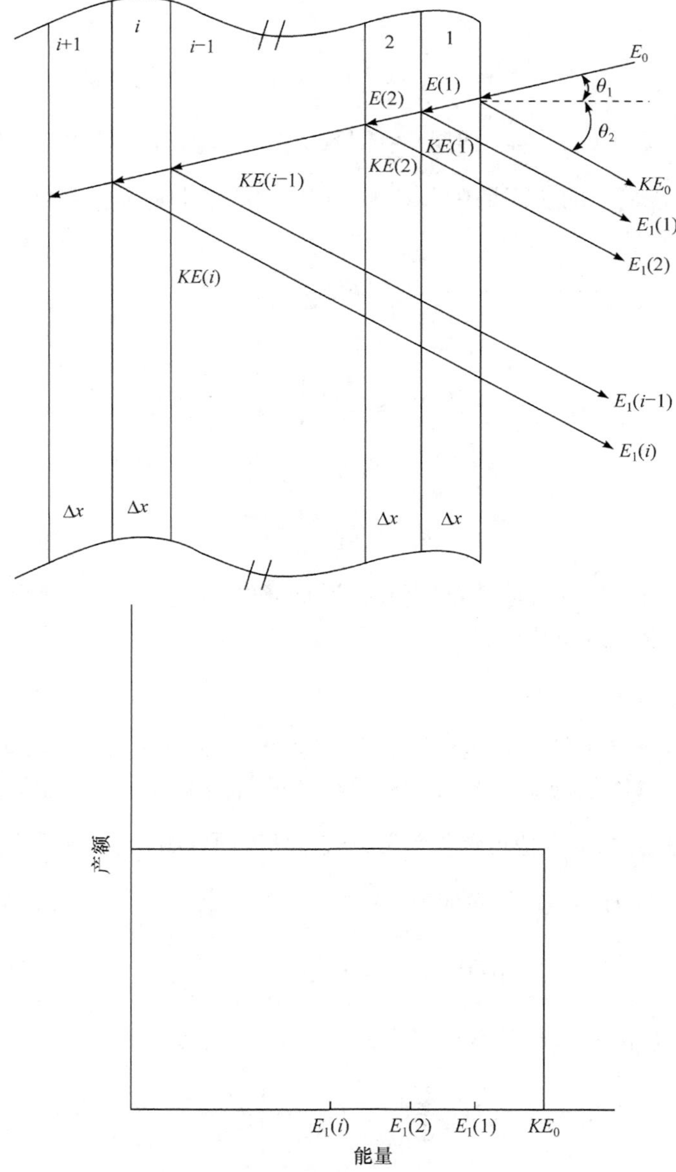

图 3.1.8　数值积分法计算 $E_1(i)$与 $x(i)$关系的示意图

3.1.4　背散射能谱

背散射能谱是进行背散射定量分析的依据. 对于不同的样品元素成分(单质或化合物)和不同的样品厚度，背散射能谱形状不同，下面分别加以讨论.

1. 薄膜样品的能谱

对于薄膜样品，$\Delta E \ll E_0$，可以忽略入射粒子能量的变化，因此散射截面近似为常数.

1) 单元素薄膜

单元素薄膜样品的背散射产额为

$$N = \Phi N_\mathrm{t} \frac{\Delta x}{\cos\theta_1} \sigma(E_0) \Omega \tag{3.1.24}$$

式中，Φ 为入射粒子数，N_t 为单位体积内的靶原子数，Δx 为靶厚度，$\sigma(E_0)$ 为能量 E_0 时 θ 角方向的卢瑟福平均微分散射截面，Ω 为探测器所张的立体角，探测器的探测效率为 100%. 在不考虑探测系统的能量分辨率和带电粒子的能量歧离效应时，薄膜样品的背散射能谱如图 3.1.9(a)所示的矩形谱，峰面积计数为 N，峰宽 $\Delta E = [S_0]\Delta x$.

当薄膜厚度较厚，入射离子穿透薄膜时的能量损失必须考虑时，应该考虑由于能量损失引起的散射截面的变化. 根据式(3.1.2)，有 $\sigma(E) = \sigma(E_0)\dfrac{E_0^{\ 2}}{E^3}$. 于是峰面积计数应写成

$$N = \Phi N_\mathrm{t} \frac{\Delta x}{\cos\theta_1} \sigma(E_0) \Omega \frac{1}{[1 - N_\mathrm{t}\Delta x \varepsilon(\bar{E}_\mathrm{in})/(E_0 \cos\theta_1)]^2} \tag{3.1.25}$$

式中，$\bar{E}_\mathrm{in}$ 为入射路径上的平均能量，对应的阻止截面值 $\varepsilon(E_\mathrm{in})$. 这时的能谱形状如图 3.1.9(a)中虚线所示.

如果样品表面薄层 δx 内背散射粒子的能量在能谱(图 3.1.9(b))上对应的能量宽度为多道分析器的道宽 δE_1，则从薄层内发生背散射粒子的产额为

$$H_0 = \Phi N_\mathrm{t} \frac{\delta x}{\cos\theta_1} \sigma(E_0) \Omega \tag{3.1.26}$$

利用 $\delta E_1 = [S_0]\delta x$ 这一关系，上式可写成

$$H_0 = \Phi N_\mathrm{t} \sigma(E_0) \frac{\Omega}{\cos\theta_1} \frac{\delta E_1}{[S_0]}$$

或

$$H_0 = \Phi \sigma(E_0) \frac{\Omega}{\cos\theta_1} \frac{\delta E_1}{[\varepsilon_0]} \tag{3.1.27}$$

H_0 称为表面谱高度.

2) 化合物薄膜

设由 A 和 B 两种元素组成的化合物为 $\mathrm{A}_m\mathrm{B}_n$，m 和 n 为每个化合物分子中两

种元素的原子数. 并假定 A 元素的质量大于 B 元素的质量. 那么该样品的背散射能谱如图 3.1.9(c)所示.

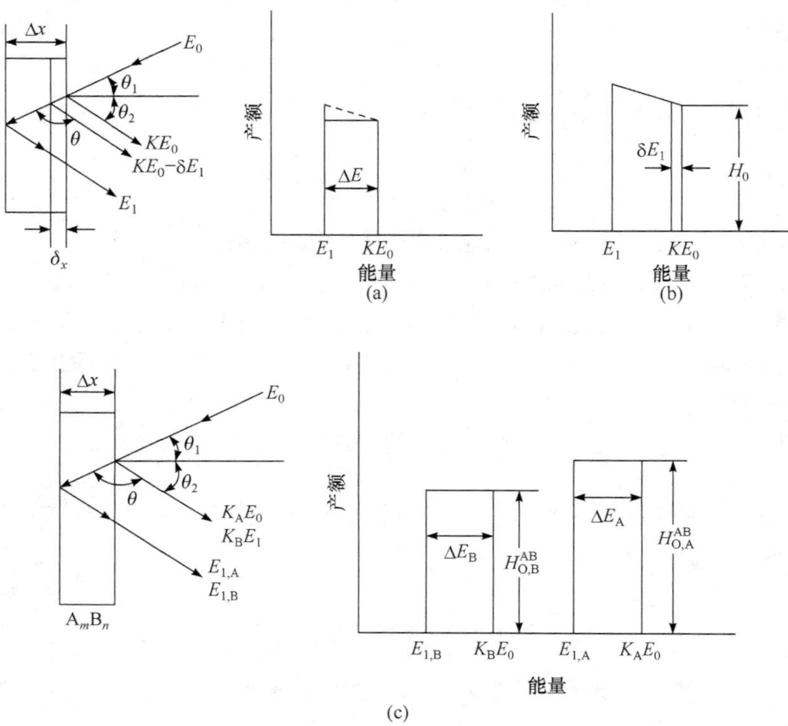

图 3.1.9　单元素和化合物薄膜样品的背散射能谱

按式(3.1.27)的讨论，对于 A 元素和 B 元素，可以分别写出能谱表面高度

$$H_{\sigma\cdot A}^{AB}=\Phi N_A\sigma_A(E_0)\frac{\Omega}{\cos\theta_1}\frac{\delta E_1}{[S_0]_A^{AB}}=\Phi m\sigma_A(E_0)\frac{\Omega}{\cos\theta_1}\frac{\delta E_1}{[\varepsilon_0]_A^{AB}}\tag{3.1.28}$$

和

$$H_{\sigma\cdot B}^{AB}=\Phi N_B\sigma_B(E_0)\frac{\Omega}{\cos\theta_1}\frac{\delta E_1}{[S_0]_B^{AB}}=\Phi m\sigma_B(E_0)\frac{\Omega}{\cos\theta_1}\frac{\delta E_1}{[\varepsilon_0]_B^{AB}}\tag{3.1.29}$$

式中 N_A 和 N_B 分别表示单位体积中 A 和 B 两种元素的原子数，$N_A=mN^{AB}$ 和 $N_B=nN^{AB}$，N^{AB} 为单位体积内的分子数；$\sigma_A(E_0)$ 和 $\sigma_B(E_0)$ 为两种元素的平均微分散射截面，$[S_0]_A^{AB}$ 和 $[S_0]_B^{AB}$ 分别为化合物样品中从 A 元素和 B 元素上散射的背散射能量损失因子(上角标为化合物，下角标为散射元素)，即

$$[S_0]_A^{AB}=\frac{K_A}{\cos\theta_1}S^{AB}(E_0)+\frac{1}{\cos\theta_2}S^{AB}(K_AE_0)\tag{3.1.30}$$

和

$$[S_0]_{\mathrm{B}}^{\mathrm{AB}} = \frac{K_{\mathrm{B}}}{\cos\theta_1} S^{\mathrm{AB}}(E_0) + \frac{1}{\cos\theta_2} S^{\mathrm{AB}}(K_{\mathrm{B}} E_0) \tag{3.1.31}$$

或者

$$[\varepsilon_0]_{\mathrm{A}}^{\mathrm{AB}} = \frac{K_{\mathrm{A}}}{\cos\theta_1} \varepsilon^{\mathrm{AB}}(E_0) + \frac{1}{\cos\theta_2} \varepsilon^{\mathrm{AB}}(K_{\mathrm{A}} E_0) \tag{3.1.32}$$

和

$$[\varepsilon_0]_{\mathrm{B}}^{\mathrm{AB}} = \frac{K_{\mathrm{B}}}{\cos\theta_1} \varepsilon^{\mathrm{AB}}(E_0) + \frac{1}{\cos\theta_2} \varepsilon^{\mathrm{AB}}(K_{\mathrm{B}} E_0) \tag{3.1.33}$$

这里的 $\varepsilon^{\mathrm{AB}}$ 用布拉格法则

$$\varepsilon^{\mathrm{AB}} = m\varepsilon^{\mathrm{A}} + n\varepsilon^{\mathrm{B}} \tag{3.1.34}$$

求得. 而能谱的宽度分别为 $\Delta E_{\mathrm{A}} = [S_0]_{\mathrm{A}}^{\mathrm{AB}} \Delta x$ 和 $\Delta E_{\mathrm{B}} = [S_0]_{\mathrm{B}}^{\mathrm{AB}} \Delta x$.

2. 厚样品的能谱

1) 单元素厚样品

单元素厚样品的背散射能谱是如图 3.1.10 所示的连续谱. 在任意深度 x 处、间隔 δx 薄层内的背散射产额为

$$Y(x) = \Phi N_{\mathrm{t}} \sigma(E) \Omega \frac{\delta x}{\cos\theta_1} \tag{3.1.35}$$

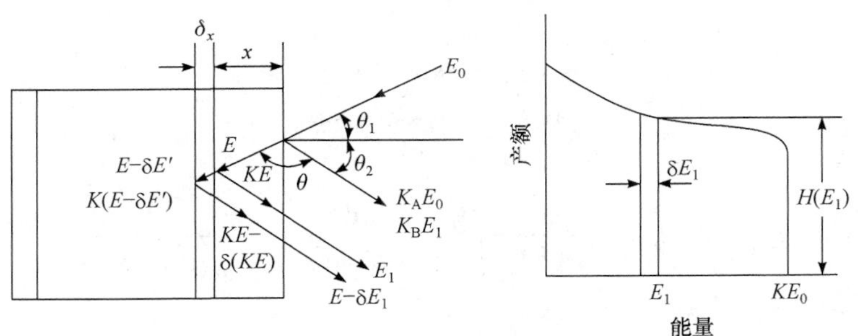

图 3.1.10　单元素厚样品的背散射能谱

这些散射粒子射出样品表面后被探测器记录到的按能量分布的计数为

$$N(E_1)\delta E_1 = \frac{\mathrm{d}Y(x)}{\mathrm{d}E_1} \delta E_1$$

将式(3.1.35)代入，得

$$N(E_1)\delta E_1=\varPhi N_{\mathrm{t}}\sigma(E)\varOmega\frac{1}{\cos\theta_1}\frac{\mathrm{d}x}{\mathrm{d}E_1}\delta E_1 \tag{3.1.36}$$

式中$\frac{\mathrm{d}x}{\mathrm{d}E_1}$与入射路径和出射路径上的能量损失有关. 为书写方便，下面用$S(E)$代表$\frac{\mathrm{d}E}{\mathrm{d}x}$.

在入射路径上，离子经过的路径为

$$\frac{x}{\cos\theta_1}=\int_E^{E_0}\frac{\mathrm{d}E}{S(E)}$$

和

$$\frac{x+\delta x}{\cos\theta_1}=\int_{E-\delta E'}^{E_0}\frac{\mathrm{d}E}{S(E)}$$

两式相减得

$$\frac{\delta x}{\cos\theta_1}=\int_{E-\delta E'}^{E}\frac{\mathrm{d}E}{S(E)} \tag{3.1.37}$$

由于δx很薄，在这薄层内的$S(E)$可以看作常数，于是(3.1.37)可以写成

$$\frac{\delta x}{\cos\theta_1}=\frac{\delta E'}{S(E)} \tag{3.1.38}$$

在出射路径上，离子经过的路径为

$$\frac{x}{\cos\theta_2}=\int_{E_1}^{KE}\frac{\mathrm{d}E}{S(E)}$$

和

$$\frac{x+\delta x}{\cos\theta_2}=\int_{E_1-\delta E_1}^{K(E-\delta E')}\frac{\mathrm{d}E}{S(E)} \tag{3.1.39}$$

两式相减得

$$\frac{\delta x}{\cos\theta_2}=\int_{E_1-\delta E_1}^{E_1}\frac{\mathrm{d}E}{S(E)}-\int_{K(E-\delta E')}^{KE}\frac{\mathrm{d}E}{S(E)}=\frac{\mathrm{d}E_1}{S(E_1)}-\frac{K\delta E'}{S(KE)} \tag{3.1.40}$$

将式(3.1.38)代入(3.1.40)，得

$$\frac{\delta x}{\cos\theta_2}=\frac{\delta E_1}{S(E_1)}-\frac{KS(E)}{\cos\theta_1 S(KE)}\delta x$$

于是得到

$$\frac{\mathrm{d}x}{\mathrm{d}E_1}=\frac{S(KE)}{S(E_1)\left[\frac{KS(E)}{\cos\theta_1}+\frac{S(KE)}{\cos\theta_2}\right]} \tag{3.1.41}$$

将式(3.1.41)式代入式(3.1.36)，因此，能谱为

$$N(E_1)\delta E_1 = \varPhi N_{\mathrm{t}}\sigma(E)\frac{\varOmega}{\cos\theta_1}\cdot\frac{S(KE)\delta E_1}{S(E_1)\left[\dfrac{KS(E)}{\cos\theta_1}+\dfrac{S(KE)}{\cos\theta_2}\right]} = \varPhi N_{\mathrm{t}}\sigma(E)\frac{\varOmega}{\cos\theta_1}\frac{S(KE)\delta E_1}{S(E_1)[S(E)]} \tag{3.1.42}$$

式中

$$[S(E)] = \frac{K}{\cos\theta_1}S(E) + \frac{1}{\cos\theta_2}S(KE) \tag{3.1.43}$$

此能谱是在不考虑探测器系统的能量分辨率和带电粒子的能量歧离效应情况下得到的能谱，称为理想能谱.

如果 δE_1 是能谱中的能量道宽，则每道计数为

$$H(E_1) = \varPhi N_{\mathrm{t}}\sigma(E)\frac{\varOmega}{\cos\theta_1}\frac{\delta E_1}{[S(E)]}\frac{S(KE)}{S(E_1)} \tag{3.1.44}$$

或写成

$$H(E_1) = \varPhi\sigma(E)\frac{\varOmega}{\cos\theta_1}\frac{\delta E_1}{[\varepsilon(E)]}\frac{\varepsilon(KE)}{\varepsilon(E_1)} \tag{3.1.45}$$

$H(E_1)$ 表示能谱中能量为 E_1 的某一道内记录到的在样品中深度 x 处、间隔 δx 内散射的粒子数，称为任意深度处的谱高度. 由此可以得到元素浓度的深度分布信息. 式(3.1.44)中 $\dfrac{S(KE)}{S(E_1)}$ 因子代表在样品深度 x 处、厚度间隔 δx 所对应的背散射能量宽度与它在能谱中所对应的能量宽度不相同而引进的对谱高度的修正项. 从图 3.1.11 可以看到，在深度 x 处、厚度间隔 δx 所对应的能量宽度为 $\delta(KE)$，而 $\delta(KE) = [S(E)]\delta x$. 探测器记录到的却是这一间隔 δx 中散射粒子离开样品表面后的能量差 δE_1. 由于能量为 KE 和能量为 $KE-\delta(KE)$ 的粒子的 $\dfrac{\mathrm{d}E}{\mathrm{d}x}$ 有些差异，它们的出射路径虽然相同，但 $\delta E_1 \neq \delta(KE)$. $\delta(KE)$ 是不能直接测量的，能测量的只是 δE_1. 当样品中杂质浓度是均匀或接近均匀分布时，可以证明，它们之间的关系为

$$\delta(KE) = \frac{S(KE)}{S(E_1)}\delta E_1$$

或

$$\delta(KE) = \frac{\varepsilon(KE)}{\varepsilon(E_1)}\delta E_1 \tag{3.1.46}$$

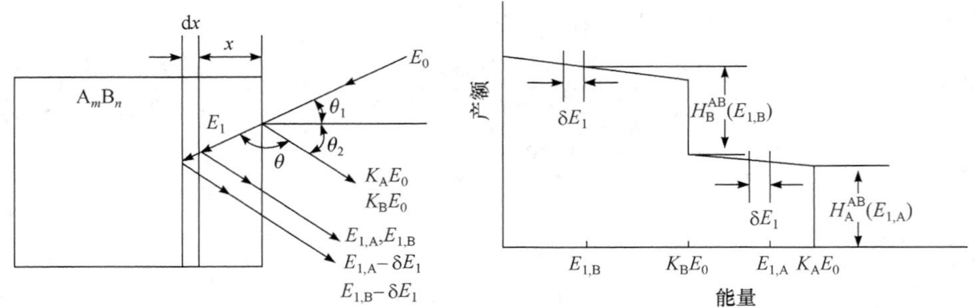

图 3.1.11　厚化合物样品中的背散射能谱

当杂质浓度不是均匀分布时，除了要考虑 $S(E)$ 随能量的变化外，还应考虑 $S(E)$ 随不同深度处的靶物质原子成分变化引起的 $S(E)$ 的变化.

式(3.1.44)或(3.1.45)的物理意义是，当入射离子穿透到样品深处时，粒子能量减小，因而散射截面增加，这种效应使 $H(E_1)$ 随 E_1 的减小而增加. 但另一方面，$[S(E)]$ 或 $[\varepsilon(E)]$，以及 $S(E)$ 或 $\varepsilon(E)$ 因子也随能量而变化. E 减小时，$\varepsilon(E)$ 增大，有时 $\varepsilon(E)$ 也减小(当 E 小于 ε-E 曲线中 ε 最大值所对应的能量时，发生这种情况). 所以能量损失和背散射能量损失因子的变化，使背散射产额减小，有时也增加. 不过，ε 与 E 的依赖关系不像 σ 与 E 的依赖关系那样强烈. 因此，随着深度的增加，这两方面的效应引起的背散射产额变化，可以同时使产额随深度的增加而增加，或者使变化的趋势相互抵消. 对于不同的入射离子. 背散射谱形是不相同的，对 ^{4}He 离子，背散射谱的低能端产额上升很快，而对质子束，它的背散射谱可能在低能端产额上升缓慢，甚至反而低下去. 这种现象除了由上述两种效应的影响外，还由能量较低的质子的多次散射现象引起.

另外，也由于 $[S(E)]$ 因子随深度的增加稍有变化，样品中深度 x 处的薄层 δx 在能谱中所对应的能量宽度，与在样品近表面处的相同厚度的薄层 δx 在能谱中所对应的能量宽度稍有不同，因此，对于厚样品分析，背散射能谱中的能量坐标转换成深度坐标时，道数和深度之间不呈线性对应关系.

2) 厚化合物样品

对组成成分为 A_mB_n 的厚样品，它的背散射能谱如图 3.1.11 所示. 按式(3.1.45)的讨论，对化合物样品在深度 x 处发生散射的粒子在能谱中对应的谱高度为

$$H_A^{AB}(E_{1,A}) = m\Phi\sigma_A(E)\frac{\Omega}{\cos\theta_1}\frac{\delta E_1}{[\varepsilon(E)]_A^{AB}}\frac{\varepsilon^{AB}(K_AE)}{\varepsilon^{AB}(E_{1,A})} \tag{3.1.47}$$

和

$$H_B^{AB}(E_{1,B}) = n\Phi\sigma_B(E)\frac{\Omega}{\cos\theta_1}\frac{\delta E_1}{[\varepsilon(E)]_B^{AB}}\frac{\varepsilon^{AB}(K_BE)}{\varepsilon^{AB}(E_{1,B})} \tag{3.1.48}$$

3.1.5　探测器能量分辨率和带电粒子能量歧离对背散射谱的影响

3.1.4 节讨论的背散射能谱是在不考虑探测器系统的有限能量分辨率、入射束的能散度和粒子在靶物质中的能量歧离效应情况下所得到的所谓理想能谱. 但在实验时，入射离子束总有固有的能散度 δ_B；散射角度由于有一定角宽度引起散射能量的几何展宽 δ_G；探测器和电子学系统也具有有限的能量分辨率 δ_D；离子束在样品中入射路径和出射路径上存在着能量歧离 $\delta_{r,in}$ 和 $\delta_{r,out}$，使原来的理想背散射能谱形状发生变化. 能量歧离使从样品深部散射的离子能量展宽，而探测系统的能散度使从表面散射和从深部散射的离子能量都展宽，谱的前沿和后沿不再是很陡了，如图 3.1.12 所示. 如果忽略 δ_G，能谱的前沿的半高宽(FWHM)为

$$\Gamma_F^2 = K^2\delta_B^2 + \delta_D^2 \tag{3.1.49}$$

后沿的半高宽为

$$\Gamma_R^2 = K^2\delta_B^2 + \delta_D^2 + K^2\delta_{r,in}^2 + \delta_{r,out}^2 = \Gamma_F^2 + K^2\delta_{r,in}^2 + \delta_{r,out}^2 \tag{3.1.50}$$

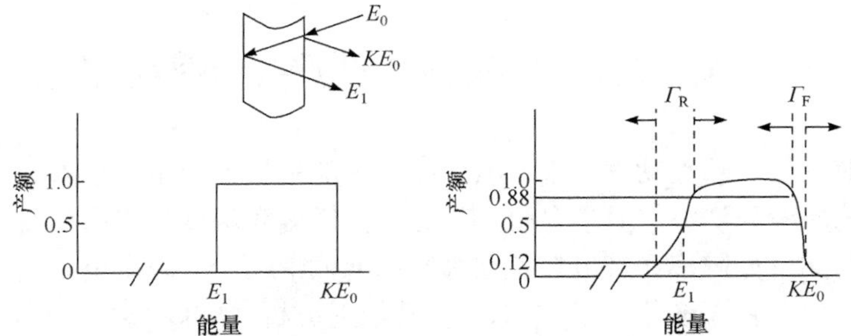

图 3.1.12　能量分辨率和能量歧离对背散射能谱的影响

散射粒子的总能散度可以用高斯函数来表示

$$G(W) = \frac{1}{\sqrt{2\pi}\sigma}\exp\left[-\frac{(W-E_1)^2}{2\sigma^2}\right] \tag{3.1.51}$$

式中 σ 为粒子能量的标准偏差，$\sigma = \Gamma/2.355$，Γ 为总的能散度

$$\Gamma^2 = K^2(\delta_B^2 + \delta_{r,in}^2) + \delta_D^2 + \delta_{r,out}^2 \tag{3.1.52}$$

这样，考虑了粒子的能散度后，实验上所观察到的背散射能谱应该是式(3.1.42)的理想能谱与能量分辨率函数 $G(W)$ 的卷积

$$N_0(E_1)\delta E_1 = \int_{-\infty}^{\infty} N(W)G(W-E_1)\mathrm{d}W \tag{3.1.53}$$

因此，要从实验测得的背散射能谱中得到元素浓度深度分布的话，应对能谱曲线进行退卷积处理. 或者，先假定一个元素分布，与已知的能量分辨率函数做卷积，模拟出一个背散射谱(Saunders and Ziegler, 1983)，再与实验测得的背散射谱

比较，直至完全一致时，所假定的元素分布就是所要求的分布. 已发展了许多背散射谱分析的计算机程序，它能分析多层结构的多种元素组成的化合物样品的背散射谱(Meyer et al., 1976). 图 3.1.13 给出了背散射谱的退卷积结果(Ziegler et al., 1972)，探测系统的 FWHM=30keV.

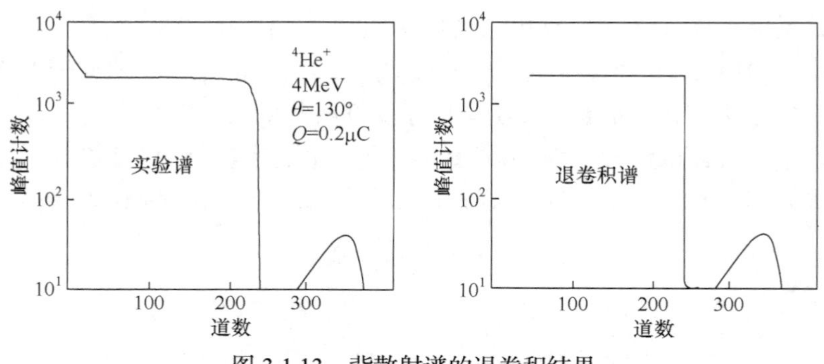

图 3.1.13　背散射谱的退卷积结果

3.2　背散射分析实验条件选择和实验装置

背散射分析中的运动学关系、散射截面和能量损失因子三个参数，分别与背散射分析的质量分辨率、原子含量定量分析灵敏度和深度分辨率相联系；另外，探测系统的能量分辨率和带电粒子在物质中的能量歧离等因素也影响背散射分析中的质量分辨率和深度分辨率，所以，在背散射分析时应该选择最佳的实验条件，包括离子种类、离子能量、束流强度的选择，实验几何安排，探测系统的能量分辨率要求，以及对样品的要求和对靶室的真空度要求等(Ziegler, 1975).

3.2.1　质量分辨率

由背散射运动学因子知道，通过测量散射粒子的能量可以确定靶原子质量. 但由于探测系统存在着有限的能量分辨率 ΔE_D ，当从质量相近的靶原子上散射的粒子的能量差异小于探测系统的能量分辨率时，就不能区分出这两种不同质量的靶原子. 把区分不同质量元素的能力称为质量分辨率.

由关系式 $E_1 = KE$ ，对 M 求微分得到

$$\Delta E_1 = E_0\left(\frac{\partial K}{\partial M}\right)\Delta M \tag{3.2.1}$$

在某一确定的散射角度和某一确定的探测系统能量分辨率条件下，可分辨的两种靶原子的最小质量差为

$$\Delta M = \frac{\Delta E_{\mathrm{D}}}{E_0\left(\dfrac{\partial K}{\partial M}\right)} \tag{3.2.2}$$

当 $\theta = 90°$ 时

$$K = \frac{M - m}{M + m}$$

$$\Delta M = \frac{(M+m)^2}{2m}\frac{\Delta E_{\mathrm{D}}}{E_0}$$

若 $m \ll M$ ，则

$$\Delta M = \frac{M^2}{2m}\frac{\Delta E_{\mathrm{D}}}{E_0} \tag{3.2.3}$$

当 $\theta = 180°$ 时

$$K = \left(\frac{M - m}{M + m}\right)^2$$

$$\Delta M = \frac{(M+m)^2}{4m(M-m)}\frac{\Delta E_{\mathrm{D}}}{E_0} \tag{3.2.4}$$

若 $m \ll M$ ，则

$$\Delta M = \frac{M^2}{4m}\frac{\Delta E_{\mathrm{D}}}{E_0} \tag{3.2.5}$$

可见，提高入射离子的能量 E_0 和采用重的入射离子以及在 $180°$ 附近测量可以提高质量分辨本领，但是 E_0 的最大值不应超过卢瑟福散射的能量上限. 同时也可以看到，背散射对重元素(M 大)分析的质量分辨率较差. 要提高对重元素分析的质量分辨率，虽然可以考虑采用重离子轰击(Ziegler and Biersack, 1985)，但探测器对重离子的能量分辨率较差，所以这又要求不能采用很重的离子作为分析束.

对轻元素和重元素分析，采用 2MeV 左右的 ^{4}He 离子能有较高的质量分辨率. 对于很轻的元素，例如 D、T、He、Li 等，采用质子束做背散射分析，能获得很好的质量分辨率. 在背散射分析时，也可能发生从样品表面某一元素 M_1 散射的粒子能量与样品深部另一元素 M_2 ($M_2 > M_1$)散射的粒子能量正好相等的情况，这时就需要改变入射粒子能量来进行鉴别.

另外，从式(3.2.4)知道，要提高质量分辨率，应尽量使 ΔE_{D} 小. 这里探测系统的能量分辨率包括入射束固有的能散度 δ_{G} 之和；$\Delta E_{\mathrm{D}} = K^2\delta_{\mathrm{B}}^2 + \delta_{\mathrm{D}}^2 + \delta_{\mathrm{G}}^2$. 一般小加速器上束流的固有能散度都好于 1～2keV. 常用的面垒半导体探测器和电子学系

统的能量分辨率在 15～20keV(对兆电子伏量级的 ^{4}He 离子而言). 散射几何安排引起的能散度(或称运动学展宽)为

$$\delta_{\mathrm{G}}=\left(\frac{\partial E_1}{\partial\theta}\right)_0\Delta\theta=\left(\frac{\partial K}{\partial\theta}\right)_0 E_0\Delta\theta \tag{3.2.6}$$

式中 $\Delta\theta$ 为探测器所张立体角半角. $\dfrac{\partial K}{\partial\theta}$ 可由式(3.1.1)求得. 如果以小角度 α 表示 π 与背散射角 θ 之间的差值(即 $\alpha=\pi-\theta$，α 以弧度为单位)，并将式(3.1.1)以 α 展开，则 K 值近似为

$$K(\theta)\approx K(180°)\left(1+\frac{m}{M}\alpha^2\right)=K(180°)+k\alpha^2 \tag{3.2.7}$$

式中 $K(180°)$ 为 $180°$ 时的 K 值，$k=K(180°)\dfrac{m}{M}$，于是

$$\Delta K=2k\alpha\Delta\alpha \tag{3.2.8}$$

可见 θ 在 $180°$ 附近，δ_{G} 很小. 例如，如果探测器的 $\delta_{\mathrm{D}}=15\mathrm{keV}$，$\theta$ 在 $180°$ 附近，δ_{G} 的影响仅使能散度从 15keV 增加到 16keV 或 17keV，一般 δ_{G} 可以忽略不计. 所以在 $180°$ 附近探测散射粒子最为有利，不仅质量分辨率高，而且可以通过增大立体角来提高计数率和减少测量时间，而又不使能量分散性增大. 通常做背散射分析时 θ 取在 $165°$～$170°$.

如果采用静电分析器或磁分析器来探测散射粒子，则由于它们的能量分辨率很高，质量分辨本领大大提高. 不过电、磁分析器所张的立体角小，测量时间长，而且一定的电、磁场强度下只能测量到能谱的一部分，要获得全谱，需调节电磁场强度. 所以这种探测方法不能用在背散射常规分析中，只能用在某些十分必要的高分辨率测量场合.

在某些采用重离子(例如 C、N、O 离子束)做背散射分析的场合，为克服半导体探测器对这些重离子的能量分辨率较低的缺点，近年来，有些实验室采用高分辨率飞行时间谱仪来探测背散射离子(Thomas et al., 1983). 用沟道板(或称微通道板)电子倍增器和碳薄膜做成离子起飞时间探测器，穿过薄膜的背散射离子飞行一确定的距离后，到达另一个沟道板电子倍增器，第二个探测器记录离子到达终点的时刻. 这两个探测器所记录的时间差即为离子的飞行时间(time of flight, TOF)，由多道分析器记录飞行时间谱. 由飞行时间 t、飞行距离 l 和离子质量 m，很容易求得散射离子的能量

$$E_1=\frac{ml^2}{2t^2} \tag{3.2.9}$$

3.2.2　深度分辨率

在 3.1.1 节讨论背散射能量损失因子时，可知，背散射粒子的能量与发生散射的靶原子所处的深度 x 是一一对应的. 在某一深度散射的粒子能量可由式(3.1.8)和(3.1.9)求得. 但是由于粒子能散度的影响，即使在同一深度处散射的一束粒子，其能量也不是单一的. 从深度 x_1 处和从它邻近的深度 x_2 处发生背散射的粒子走出样品表面时，它们的能量差异为 ΔE_1. 只有当 $\Delta E_1 \geqslant \Delta E_D$ 时，才能区分出两个不同的散射深度，所以深度分辨率的定义为

$$\Delta x = \frac{\Delta E_D}{[\bar{S}]} \tag{3.2.10}$$

式中 $[\bar{S}]$ 是用平均能量近似计算的背散射能量损失因子. 这里的 ΔE_D 除了包括 δ_B、δ_D 和 δ_G 的贡献外，还包括入射和出射路径上粒子的能量歧离 $\delta_{r,in}$ 和 $\delta_{r,out}$ 的贡献. 由于 ΔE_D 中的 δ_r 和 $[\bar{S}]$ 因子与深度 x 有关，不同深度处的深度分辨率不同，也由于 δ_r 和 $[\bar{S}]$ 与靶物质有关，对不同的靶物质，深度分辨率也不同. 对于近表面分析，不必考虑 δ_r，所以 $\Delta x = \dfrac{\Delta E_D}{[S_0]}$.

从式(3.2.10)可知，要提高深度分辨率，就要求探测器系统的能量分辨率 ΔE_D 小，$[\bar{S}]$ 因子大. 用重离子作为分析束，固然能增大 $[\bar{S}]$ 因子，但同时半导体探测器对重离子的 ΔE_D 变大，因此对深度分辨率的改善不十分明显. 而且重离子在靶物质中的能量损失大，容易使样品发热，重离子造成的辐射损伤也严重，因此，采用重离子做分析束并不一定有利.

若采用 2MeV 的 $^4He^+$ 离子束进行 RBS 分析，且 $\theta = 170°$，$\Delta E_D = 15keV$，那么在 Si 样品近表面的深度分辨率 $\Delta x \approx 33nm$. 如果采用图 3.2.1 所示的掠角背

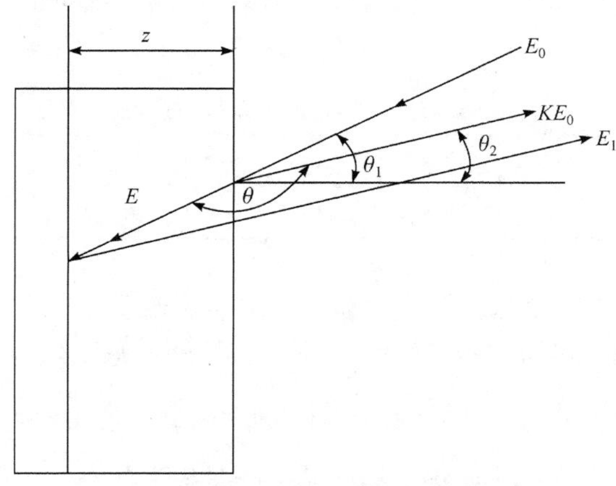

图 3.2.1　掠角背散射几何安排示意图

散射几何安排以增大能量损失因子，则可获得较好的深度分辨率. 做掠角几何实验时，要求样品表面平整光洁.

3.2.3 分析灵敏度

背散射分析中的灵敏度由散射截面及样品性质决定. 对于轻元素基体样品中的重元素杂质成分分析，由于基体元素和杂质元素的 K 值相差大，在能谱上基体元素的谱线不会干扰杂质元素的谱线，以及由于重元素的卢瑟福散射截面大，所以这时对重元素有较高的分析灵敏度. 如果对重元素厚样品中的轻元素杂质分析，从轻元素上散射的粒子的能谱叠加在重元素基体样品的被散射谱上，而且轻元素的散射截面小，则对轻元素杂质的分析灵敏度就较差. 根据经验分析，用 2MeV 的 $^4He^+$离子束对轻元素基体表面的重元素杂质分析的灵敏度为

$$N_i x = \left(\frac{Z_M}{Z_i}\right)^2 \times 10^{14}\ (\text{原子/cm}^2) \tag{3.2.11}$$

式中 Z_i 和 Z_M 分别为杂质和基本元素的原子序数，$Z_i > Z_M$. 例如对 C 膜上的 Au 杂质分析，最小探测限可达 10^{12} 原子/cm^2. 对于厚样品中的重杂质元素分析，分析灵敏度可从

$$\frac{N_i}{N_M} \approx \left(\frac{Z_M}{Z_i}\right)^2 \times 10^{-8} \tag{3.2.12}$$

来估计，大约为万分之一.

表 3.2.1 给出了 2MeV 的 $^4He^+$轰击一个单原子层(1×10^{15} 原子/cm^2)的不同元素时的背散射计数，测量条件为入射离子电荷量 $Q = 20\mu C$，$\Omega = 4msr$，$\theta = 150°$. 可见卢瑟福背散射对轻元素样品中的重元素杂质分析最为合适. 典型的分析深度约为 1μm (Si).

表 3.2.1　几种元素的背散射产额

元素	^{12}C	^{16}O	^{28}Si	^{35}Cl	^{63}Cu	^{72}Ge	^{108}Ag	^{197}Au
计数	22	43	141	210	621	758	1610	4841

根据以上对质量分辨率、深度分辨率和分析灵敏度的综合考虑的结果，选用 2～3MeV 的 $^4He^+$来做背散射分析最为合适. 在这能量范围内，不会出现核共振，散射截面遵循卢瑟福公式，探测器对 $^4He^+$的能量分辨率也好；$^4He^+$的 $\frac{dE}{dx}$ 数据比较齐全，便于数据分析；计算化合物样品中能量损失的布拉格法则，在这能区也

是适用的. 对于大多数小加速器，是很容易提供 $^4He^+$离子束的，而且小加速器的能量又多数在 2MeV 左右，所以背散射分析技术是易于推广应用的.

3.2.4　背散射实验装置

图 3.2.2 是背散射实验装置示意图. 从静电加速器获得的 2MeV $^4He^+$离子束，经磁分析器后进入离子管道，经过两个准直孔后进入靶室，打到样品上. 样品安装在一个可以旋转角度的定角计上，可用步进马达控制转动. 样品上的束斑大小约为 1mm²,束流强度为十几纳安,用束流积分仪记录束流. 为抑制次级电子发射，在样品架前放置一抑制电极，加上−300～−200V 电压. 也可以在靶室中，在束流方向上放置一周期旋转的叶片，叶片上镀有薄 Au 层，设法记录叶片周期切割束流时 Au 元素上背散射的产额，用它作为打到靶样品上的束流强度监测. 样品表面要求平整，对于电绝缘性能较好的样品，为防止电荷堆积，应在样品表面喷镀上一层薄的导电层. 离子管道和靶室中的真空度为10^{-4} Pa. 为减少样品表面的 C 沾污，应尽量使用无油真空泵并且在管道及靶室中加液氮冷阱. 由于背散射分析技术中可用样品基体元素作为标样，以及通过卢瑟福截面公式计算，可以求得样品中的杂质含量，所以背散射分析比较方便，不必像核反应瞬发分析和活化分析那样，制作许多标准样品.

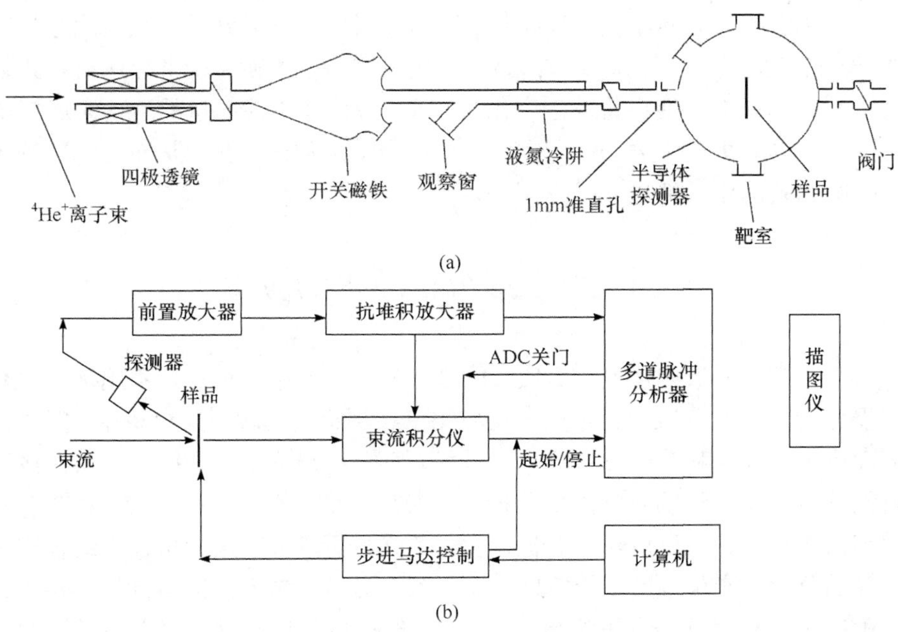

图 3.2.2　背散射实验装置示意图

当某些分析样品体积过大，或者样品极易放气，不能放入真空靶室中做背散射分析时，可以把能量较高(例如 6～10MeV)的质子或 $^4He^+$离子束通过薄窗引出到靶室外，进行非真空分析(Rossi et al., 2003). 样品贴近窗口，在样品上散射的粒子穿回薄窗，被放置在靶室内的探测器记录. 薄窗应有一定的机械强度，能承受大气压力，并能耐束流轰击. 在满足上述条件的情况下，尽量选用原子序数小的材料做成薄窗，以减小能量歧离效应.

在散射角为170° 方向放置一个金硅面垒半导体探测器，探测样品上的背散射离子. 探测器对样品所张的立体角为 3～4msr. 也可以用环形探测器放置在180° 附近来探测散射粒子. 探测器的信号经前置放大器和抗堆积主放大器送入多道分析器记录能谱，能谱数据存入计算机中(见图 3.2.2(b)). 探测系统的屏蔽和接地回路要小心处理，以防止来自加速器及其他机电设备的电磁干扰. 用几种不同的单元素厚样品的背散射能量，对多道分析器进行能量标定，求得道宽值 δE_1. 半导体探测器受离子轰击，达到一定剂量(约 $10^4He^+cm^{-2}$)后能量分辨率会变差，故使用一段时间后应调换新的探测器.

在实验时，应控制样品上的离子轰击剂量不能太高，否则会引起样品辐射损伤. 通常认为背散射分析是无损分析，这是相对于溅射、腐蚀等破坏样品宏观结构而言的. 实际上离子入射到样品中去，总会造成辐射损伤. 只不过对某些材料分析，这种辐射损伤影响不大. 但对半导体和金属单晶材料分析，就不能忽视这个问题. 经过高剂量的离子束轰击，晶体的微观结构有些破坏，半导体材料的某些宏观特性，例如电性能也将发生变化. 所以，应该在不使能量的运动学展宽增大的情况下，尽量使立体角 Ω 大一些，以提高背散射粒子计数，从而可以减少样品轰击时间和轰击离子剂量.

3.3　背散射分析技术的应用

由于背散射分析测量方法简便、能谱分析容易、结果可靠、不用标准样品又是无损分析，因此背散射技术已广泛应用于各种材料的表面层分析中. 例如，样品表面层杂质成分和深度分布分析，材料表面各种薄膜组成和厚度分析，薄膜界面特性分析，化合物的化学配比分析，以及离子束混合材料分析等. 背散射分析还常与沟道技术、核反应瞬发分析、质子荧光分析等离子束分析技术组合应用于同一样品分析，能获得更多的信息. 当然 RBS 分析方法不能区分同量异位素，分析灵敏度也没有核反应分析法高. 此外，背散射也能用来进行带电粒子与物质相互作用的基础研究，例如带电粒子在物质中的能量损失测量. 背散射技术的应用例子很多，下面只列举其中几个.

3.3.1　杂质总量分析

背散射分析对轻元素基体表面或体内的重杂质元素具有较高的分析灵敏度，因此可以测定微量的杂质浓度.

1. 表面杂质含量分析

在玻璃碳基体上，用真空镀膜法镀上一层极薄的 Au 元素. 用 2MeV 的 $^4He^+$ 离子束做 RBS 分析，测到的背散射能谱如图 3.3.1 所示，图中用箭头标出了 Au 和 C 的背散射峰位. C 基体很厚，它的能谱是连续的；Au 层很薄，背散射能谱呈高斯形状的峰，Au 峰面积计数为 N. 如果 Φ 和 Ω 的数值精确知道，则可以从式(3.1.24)求得单位面积上的 Au 原子数 $(Nx)_{Au}$. 另外，$\Phi\Omega$ 值也可以从厚基体样品 C 的表面谱高度作为参考求得. 由式(3.1.24)和(3.1.27)之比，有关系式

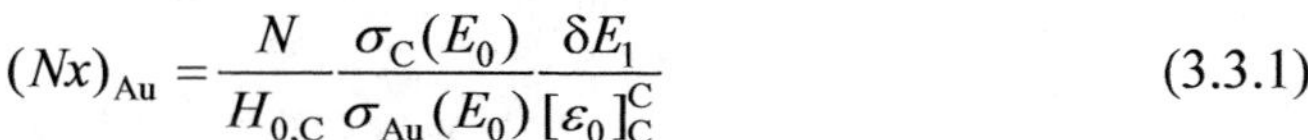

$$(Nx)_{Au} = \frac{N}{H_{0,C}} \frac{\sigma_C(E_0)}{\sigma_{Au}(E_0)} \frac{\delta E_1}{[\varepsilon_0]_C^C} \tag{3.3.1}$$

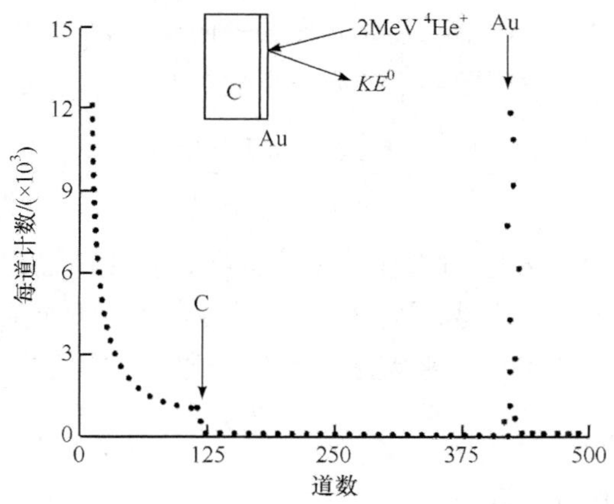

图 3.3.1　$^4He^+$在含有 Au 层的 C 样品上的背散射能谱

计算得到的 Au 层的厚度为 6×10^{16} 原子/cm^2. 除以 Au 的体密度，得到 Au 层的线性厚度为 10.1nm. 分析误差估计为 5%. 计算中，$[\varepsilon_0]_C^C$ 用表面能量近似计算，阻止截面值 ε 采用 Ziegler 等(1973)的数据.

针对表面杂质分析，更常见用于铁制品表面氧化层薄膜厚度的测量，Noguchi 等(2013)使用卢瑟福背散射技术对氧化物薄膜进行了测量，测量的误差小于 100nm.

2. 样品体内杂质含量分析

对于半导体材料 Si 中均匀掺入的重元素杂质原子的浓度，用背散射技术来分析也是非常合适的. 图 3.3.2 是 Si 中掺 As 杂质样品的背散射谱(杨福家和赵国庆, 1985)，把此样品看成一混合物样品.

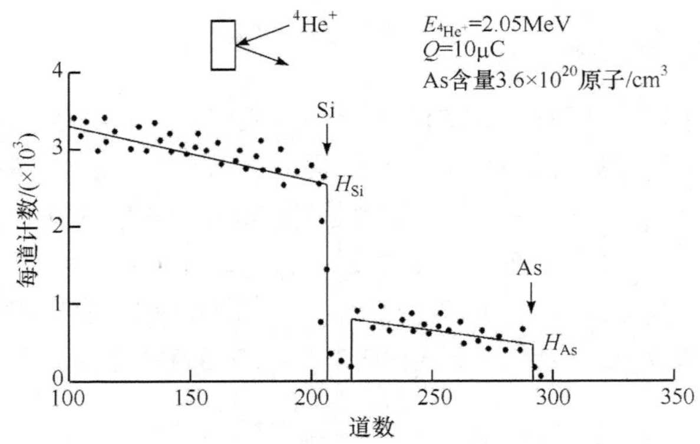

图 3.3.2 Si 中掺 As 杂质样品的背散射能谱

按式(3.1.28)和(3.1.29)，得到基体元素的表面谱高 $H_{0,\mathrm{Si}}$ 以及 As 杂质元素的表面谱高度 $H_{0,\mathrm{As}}$ 之比，从而得到 As 杂质原子数与 Si 原子数之比为

$$\frac{N_{\mathrm{As}}}{N_{\mathrm{Si}}}=\frac{H_{0,\mathrm{As}}}{H_{0,\mathrm{Si}}}\frac{\sigma_{\mathrm{Si}}(E_0)}{\sigma_{\mathrm{As}}(E_0)}\frac{[\varepsilon_0]_{\mathrm{As}}^{\mathrm{Si}}}{[\varepsilon_0]_{\mathrm{Si}}^{\mathrm{Si}}} \tag{3.3.2}$$

式中 $[\varepsilon_0]_{\mathrm{Si}}^{\mathrm{Si}}$ 和 $[\varepsilon_0]_{\mathrm{As}}^{\mathrm{Si}}$ 是 $^4He^+$在组织物质中的背散射阻止截面因子，在该样品中组织物质就是 Si 和 As 的混合物. 因为 As 原子含量少，对 ε 的计算没有影响，只考虑 Si 的阻止截面，故用 $[\varepsilon]^{\mathrm{Si}}$ 来表示. 计算得到该样品的掺 As 量为 3.6×10^{20} 原子/cm^3.

3.3.2 杂质的深度分布分析

离子注入技术是半导体器件和电路生产中应用的一种掺杂新工艺. 用背散射分析技术可以分析注入离子总量和注入离子深度分布. 图 3.3.3 为 Si 中注入 As 样品的背散射能谱. 注入的砷离子能量为 250keV，注入剂量为 1.2×10^{15}As 原子/cm^2. As 元素的质量大，所以 As 峰远离 Si 峰. 由于砷离子入射时，射程有歧离，As 原子在 Si 中有分布，因而 As 原子的背散射能量有分布；探测器系统的有限能量分辨率和 ^{4}He 离子在 Si 中的能量歧离现象，也使 As 峰有一能量宽度.

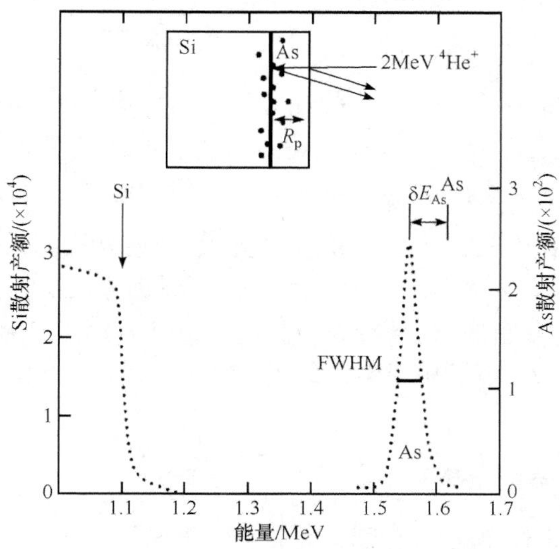

图 3.3.3　Si 中注入 As 样品的背散射能谱

由 As 峰面积计数和 Si 峰表面谱高，采用与式(3.3.1)类似的关系式，可以求得单位面积上的 As 原子数 $(Nx)_{As}$

$$(Nx)_{As} = \frac{A}{H_{0,Si}} \frac{\sigma_{Si}(E_0)}{\sigma_{As}(E_0)} \frac{\delta E_1}{[\varepsilon_0]_{Si}^{Si}} \tag{3.3.3}$$

图 3.3.3 中用箭头标出的能量位置对应于 As 原子在 Si 样品表面时背散射的能量 $K_{As}E_0$. As 峰的中心能量位置 E_{As} 相对于 $K_{As}E_0$ 有一能量位移，$\delta E_{As} = K_{As}E_0 - E_{As} = 68\text{keV}$. 这一能量位移与砷离子在 Si 中的射程 R_p 相联系. 由 $\delta E_{As} = N_{Si}[\varepsilon_0]_{As}^{Si} R_p$ 计算得到 $R_p = 143\text{nm}$. 由于砷离子注入的深度较浅，可以用表面能量近似来计算. 把 As 原子看作 Si 表面的杂质成分，所以 σ_{Si} 中的能量用 E_0 替代，$[\varepsilon_0]_{As}^{Si}$ 中的入射能量用 E_0 替代，出射能量用 $K_{As}E_0$ 替代.

另外，从 As 峰的能量宽度，可以估算出砷离子射程歧离 ΔR_p. 如果注入离子的射程分布是高斯分布，则高斯分布的标准偏差就是射程歧离. 由于高斯分布的半高宽为

$$\delta R_p = 2.355\Delta R_p$$

所以由射程分布 δR_p 引起的背散射能量展宽为

$$\Delta E_{\delta R_p} = N_{Si}[\varepsilon_0]_{As}^{Si} 2.355\Delta R_p \tag{3.3.4}$$

图中实验测到的 As 峰的半高宽(FWHM)为 60keV，是探测器系统能量分辨率 ΔE_D、^{4}He 离子的能量歧离 δ_s 和砷离子射程歧离引起的能散 $\Delta E_{\delta R_p}$ 三者的

$$(\mathrm{FWHM})^2 = \Delta E_{\mathrm{D}}^2 + \delta_{\mathrm{s}}^2 + \Delta E_{\delta R_{\mathrm{p}}}^2 \tag{3.3.5}$$

而$\Delta E_{\mathrm{D}}^2 = K_{\mathrm{As}}^2\delta_{\mathrm{B}}^2 + \delta_{\mathrm{D}}^2 \approx K_{\mathrm{Si}}^2\delta_{\mathrm{B}}^2 + \delta_{\mathrm{D}}^2$，$\Delta E_{\mathrm{D}}$可以从 Si 峰前沿求得$\Delta E_{\mathrm{D}} = 22\mathrm{keV}$；$\delta_{\mathrm{s}}^2 = K_{\mathrm{Si}}^2\delta_{\mathrm{s,in}}^2 + \delta_{\mathrm{s,out}}^2$，$\delta_{\mathrm{s}}^2$也可以从能量歧离的玻尔公式估算得到，$\delta_{\mathrm{s}} = 7.5\mathrm{keV}$. 于是，就可以从式(3.3.5)求得$\Delta E_{\delta R_{\mathrm{p}}} = 55.3\mathrm{keV}$. 相应的射程歧离为$\Delta R_{\mathrm{p}} = 50\mathrm{nm}$.

Eng 等(2003)利用 RBS 技术研究了铀元素在碳钢中的分布，使用的是 2MeV 的 $^4He^+$作为入射束，入射角为 170°，结果显示铀元素在碳钢腐蚀层中是以纤铁矿和富含羟基的相分布的. Ningkang 和 Zhirong(1991)使用 RBS 技术研究了司太立特合金和钽在 NaCl 溶液中对碳钢的渗透深度，入射 $^4He^+$能量为 2MeV，入射角为 168°.

3.3.3　化合物的化学配比测量

各种化合物薄膜，例如氧化物、氮化物、半导体与金属的欧姆接触层、二元合金层、多元化合物层、离子束混合物形成的亚稳态合金等，这些化合物中元素的配比及其随深度的变化、薄膜的厚度、薄膜反应、形成机理都可以用背散射技术来研究.

1. 氮化硅薄膜

氮化硅薄膜是半导体工业中常用的一种介质材料. 采用背散射技术能直接测出氮与硅组分比及其深度分布的变化. 图 3.3.4 是用低压化学气相沉积(low pressure chemical vapor deposition, LPCVD)工艺在 Si 单晶上生长的氮化硅薄膜的背散射能谱. 图中分别标出了氮化硅中 Si 和 N 的背散射峰，以及基体 Si 的背散射峰.

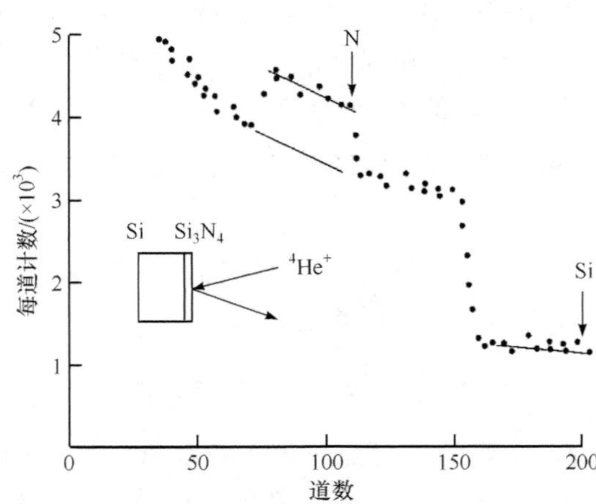

图 3.3.4　氮化硅薄膜的背散射能谱

设氮化硅组成为Si_mN_n. 用式(3.1.28)和(3.1.29), 由 Si 和 N 元素的表面谱高得到氮化硅的原子配比表达式为

$$\frac{n}{m}=\frac{H_{0,\mathrm{N}}}{H_{0,\mathrm{Si}}}\frac{\sigma_{\mathrm{Si}}(E_0)}{\sigma_{\mathrm{N}}(E_0)}\frac{[\varepsilon]_{\mathrm{N}}^{\mathrm{SiN}}}{[\varepsilon]_{\mathrm{Si}}^{\mathrm{SiN}}} \tag{3.3.6}$$

式中的上角标SiN表示化合物. 计算时, 可采用迭代法, 先设背散射阻止截面因子之比等于1(零级近似情况), 计算出$\frac{m}{n}$; 然后以m和n值计算阻止截面因子之比, 再由式(3.3.6)计算出一级近似情况下的$\frac{m}{n}\approx 0.74\pm 0.04$, 与预期值0.75符合良好.

如果按式(3.1.47)和(3.1.48), 写出任意深度处的谱高度之比的表达式, 则可以求得$\frac{m}{n}$值的深度分布. 深度坐标可以按下式计算:

$$\Delta E_{\mathrm{Si}}=K_{\mathrm{Si}}E_0-E_{1,\mathrm{Si}}=[\bar{S}]_{\mathrm{Si}}^{\mathrm{Si}}x \tag{3.3.7}$$

2. *磁泡材料*

钆镓石榴基体上外延生长的磁泡薄膜材料是制造磁性记忆元件的材料. 这种材料中含有 Fe、Ga、Y、Sm 和 O 五种元素, 其成分比通常与石榴石成分比一致, 即为X_8O_{12}, 这里X代表除O以外的其他四种元素. 这四种元素的成分比可以用 RBS 技术来测定.

由每一种元素的谱高度可以求得各元素的相对含量. 按式(3.1.48), 成分为X_8O_{12}的磁泡材料中每一种元素成分的表面谱高度为

$$H_{0,\mathrm{X}}=Q\Omega\sigma_x\frac{N_x}{N^{\mathrm{comp}}}\frac{\delta E_1}{[\varepsilon_0]_{\mathrm{X}}^{\mathrm{comp}}} \tag{3.3.8}$$

式中$\frac{N_x}{N^{\mathrm{comp}}}$是每一个化合物分子中 X 元素的原子数. 由于同一种化合物中各元素的$[\varepsilon_0]_{\mathrm{X}}^{\mathrm{comp}}$因子之比近似等于1, 所以化合物中任意两种元素的背散射谱高度比为

$$\frac{H_{\mathrm{X}}}{H_{\mathrm{X'}}}=\frac{N_{\mathrm{X}}}{N_{\mathrm{X'}}}\frac{\sigma_{\mathrm{X}}}{\sigma_{\mathrm{X'}}}=\frac{N_{\mathrm{X}}}{N_{\mathrm{X'}}}\frac{Z_{\mathrm{X}}^2}{Z_{\mathrm{X'}}^2} \tag{3.3.9}$$

根据化合物的分子式X_8O_{12}, 每一个化合物分子中, 几种重元素的原子总数为8, 即

$$\frac{N_{\mathrm{Fe}}}{N^{\mathrm{comp}}}+\frac{N_{\mathrm{Ga}}}{N^{\mathrm{comp}}}+\frac{N_{\mathrm{Y}}}{N^{\mathrm{comp}}}+\frac{N_{\mathrm{Sm}}}{N^{\mathrm{comp}}}=8$$

或写成

$$\frac{N_{Fe}}{N^{comp}}\left(1+\frac{N_{Ga}}{N_{Fe}}+\frac{N_Y}{N_{Fe}}+\frac{N_{Sm}}{N_{Fe}}\right)=8 \tag{3.3.10}$$

式中的$\frac{N_{Ga}}{N_{Fe}}$、$\frac{N_Y}{N_{Fe}}$、$\frac{N_{Sm}}{N_{Fe}}$由式(3.3.9)求得. 于是从式(3.3.10)可以求出$\frac{N_{Fe}}{N^{comp}}$，从而也就得到$\frac{N_{Ga}}{N^{comp}}$、$\frac{N_Y}{N^{comp}}$和$\frac{N_{Sm}}{N^{comp}}$. 分析结果表明这种磁泡材料的组成为$Y_{2.62}Sm_{0.38}Ga_{1.2}Fe_{3.8}O_{12}$. 与所期望的标准值$Y_{2.6}Sm_{0.4}Ga_{1.2}Fe_{3.8}O_{12}$是相一致的.

3. *薄膜截面反应*

用重离子轰击基体表面的异类原子薄膜，使在薄膜与基体的界面，或薄膜与薄膜的界面上形成原子混合层，这称为离子束混合. 离子束混合与离子注入相比，具有许多优点，它在离子束材料改性研究中占有重要地位. 用背散射分析方法对离子束混合形成的材料进行分析，能提供有关界面混合含原子比、混合层厚度、混合程度与轰击离子剂量及轰击时温度的关系等信息. 根据离子与原子相互作用过程，还可以由计算机模拟离子束混合结果(Biersack et al., 1991).

近年来，人们已广泛地研究了半导体与金属系统的离子束混合现象，例如形成各种硅化物的研究(Buck et al., 1983; Blewer, 1976). RBS 分析技术可研究单层薄膜结构的样品，也可以研究多层薄膜结构的样品. Si 基体上 Ti 薄膜厚度为 32nm，在室温下用 150keV 砷离子轰击，轰击剂量为 1×10^{15}～1×10^{18}As 原子/cm^3. 用 1.2MeV ^{4}He 离子做背散射分析，结果表明已形成了 TiSi 薄膜.

在用退火处理方法形成各种薄膜和薄膜反应的研究中，也同样要用 RBS 分析技术分析薄膜的厚度、组成和界面特性.

3.3.4　阻止本领和能量歧离测量

带电粒子在物质中的能量损失(阻止本领)是原子碰撞理论研究和应用研究中非常重要的一个物理参数. 这些数据的精确测量是很有意义的. 通常可测量带电粒子穿透已知厚度的薄箔时的能量损失来确定它的阻止本领. 可是因为制备均匀、平整的无衬底薄箔有一定技术困难，所以这种测量方法的应用受到一定限制. 背散射技术能克服这一困难，不必用薄箔样品，而是在厚基体材料上喷镀上所要研究的单质或化合物薄膜. 薄膜的厚度用其他独立方法来测定. 然后用这已知的厚度，用计算机模拟一个背散射能谱，与实验测得的能谱比较，从而可确定阻止本领值. 也可以从薄膜的表面谱高度来求得阻止本领值. 图 3.3.5 是碳衬底上 Au 和 Al 薄膜背散射能谱. 在玻璃碳衬底上还喷镀了一层 10nm 的 Au 层作为标记层，然后再在 Au 层上镀上 Al 层，并留出一部分 Au 层不覆盖 Al. 由 Al 峰的分析，或者从 Au 峰的位移能量，可得到 Al 中的阻止本领值. 另外，从没有覆盖 Al 层的 Au 峰的半高宽与覆盖有 Al 层后的 Au 峰的半高宽的差别，就可以得到背散射离子穿透 Al 层时的能量歧离值.

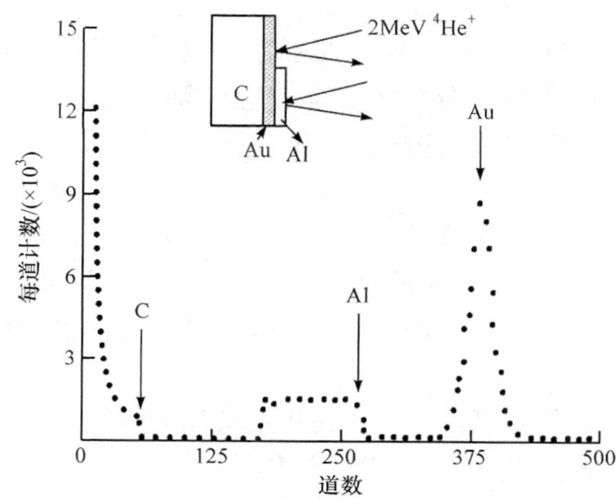

图 3.3.5　碳衬底上 Au 和 Al 薄膜的背散射能谱

3.3.5　低能量散射分析

离子背散射按能量可划分为低能(<10keV)背散射、中能(10～1000keV)背散射和高能(>1MeV)背散射，这三个能区的边界不十分明确. 中能离子散射在样品表面分析中也是非常有用的分析手段，所使用的加速器设备费用比高能背散射便宜. 100～400keV 的离子注入机既可做离子注入工作，又可以做中能背散射分析，常与沟道技术配合实现对离子注入样品的损伤、缺陷、注入量、薄膜厚度等分析. 测量设备与 3.1 节讨论的高能背散射差不多. 用半导体探测器测量散射离子，并对探测器制冷时，能量分辨率可达到 5keV(对 100～400keV 的 $^4He^+$)；采用静电分析器测量，分辨率虽然可以提高到 0.5～2keV，但是要对散射离子计数进行校正. 因为几百千电子伏的氦离子，散射时有相当一部分离子在样品中俘获电子变成中性粒子，而静电分析器只记录某一种电荷态的散射离子，所以必须对离子中性化效应进行修正. 半导体探测器对离子和中性粒子都予以记录，故不必考虑此中性化效应. 几百千电子伏的 H 和 $^4He^+$的散射截面除了 He 对重元素(如 Au 等)的散射外，仍可用卢瑟福公式计算.

低能离子散射分析方法是灵敏度极高的固体表面结构分析和成分分析方法，市场上供应的低能离子散射设备已用于常规的表面分析. 低能离子散射的特点是：

(1) 一般采用惰性气体作为分析束. 采用碱金属离子作为分析束，可以提高散射后的离子非中性成分的比例.

(2) 采用静电分析器或粒子飞行时间方法记录散射粒子. 在低能区，半导体探测器不能用. 由于能量越低，中性粒子的比例越高，尤其是惰性气体离子，只有一小部分离子在散射后保持离子状态(占百分之几)，用静电分析器记录散射粒子产额需要较长的测量时间，粒子甄别本领也差. 可使用剥离器使散射的中性惰性原子在电离后被静电分析器记录. 近些年来已发展了粒子飞行时间方法，测量总的散射粒子产额，用记录粒子的速度来甄别粒子，甄别本领有较大的提高.

(3) 低能量散射只能分析样品表面 1～2 层的原子，所以能用来分析重元素基体表面的轻元素，而不受基体元素的干扰(因为离子贯穿深度大于几个原子以后，能量更低，散射离子中性化程度更严重，静电分析器对中性粒子不予收集记录).

(4) 低能离子弹性散射截面必须考虑用屏蔽库仑势来计算.

(5) 定量分析比较复杂，要求知道不同能量的背散射离子被中性化的比例、低能离子在物质中的阻止本领和射程等数据. 近年来计算机模拟计算使定量分析达到了相当好的精度.

(6) 低能离子散射谱不能给出深度分布信息，要配合使用溅射剥离技术，才能给出深度分布.

(7) 低能离子散射分析容易引起样品表面损伤，束流轰击时间应尽量短.

低能离子散射分析在超真空条件下进行，配合沟道分析技术，能提供固体表面和固体吸附面(几个原子层)的几何结构. 例如，用 5keV Ne 离子束分析 Cu_3Au (100)单晶表面第 1 个和第 2 个原子层.

3.4　轻元素分析

卢瑟福背散射分析最适用于轻基体元素中的重杂质元素分析，而对重元素基体中的轻杂质元素一般是很难分析的，因为轻元素的卢瑟福散射截面小，它的背散射信号易被重元素基体的信号所淹没. 在这种情况下，可以提高 He 离子和质子束的能量或采用重离子来进行分析. 对某些轻元素来讲，在一定的能量时，核势作用开始对弹性散射有贡献，出现共振散射或弹性散射截面增强效应. 这时的弹性散射截面比卢瑟福截面大得多. 因此，可以用这种非卢瑟福散射来分析轻元素的质量、元素浓度以及深度分布. 对重离子轰击样品时弹性反冲出来的轻元素进行测定，是轻元素分布分析的又一有效方法.

3.4.1 共振散射分析

在用 ^4He 和质子做弹性散射分析时，某些元素即使在 ^4He 和质子的能量低于库仑势垒时，也存在共振散射现象. 例如，质子在 1.7MeV 时与 ^{12}C 发生共振散射 $^{12}C(p, p)^{12}C$(在162° 观察)；^4He 离子在 3.05MeV 时与 ^{16}O 发生共振散射(在164° 观察). 这些共振散射的产额比卢瑟福散射产额增强 30～50 倍，所以可用来分析样品中 C 或 O 的含量. 图 3.4.1 是 3.1MeV $^4He^+$在 Si 基体上 500nmSiO_2 薄膜的背散射能谱，谱中有一明显的共振散射峰存在，产额增强 24 倍. 在 2.9MeV 时，没有共振出现. 利用这一共振散射，可研究样品中氧浓度对离子束混合形成硅化物过程和所形成的硅化物的特性的影响.

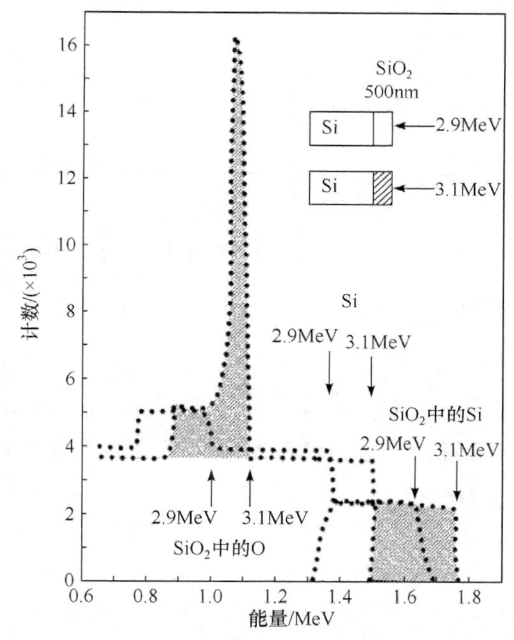

图 3.4.1 3.1MeV $^4He^+$在 Si 基体上 500nmSiO_2 薄膜的背散射能谱

3.4.2 质子非弹性背散射分析

由于质子束对 D、T、He、Li 等轻元素的背散射分析具有较高的质量分辨率，再加之高能(2～3MeV)质子与这些轻元素之间的散射截面增强效应，就可以用高能质子散射来分析重元素基体中的 D、T、^4He 等轻元素. 不同质子能量下的 $^4He(p, p)\,^4He$ 散射截面中，其后向角度散射(或称之为背散射)截面比卢瑟福截面大 2 个量级.

图 3.4.2 是氚-钛靶的质子背散射分析能谱. 图中 Mo 元素是 T-Ti 靶的衬底材

料，Mo 衬底很厚，谱线是连续谱. 由于 Ti 层较厚，能谱中 Ti 峰的低能端与 Mo 峰的高能端叠加在一起. 由 T 和 Ti 峰的表面谱高度之比，可以求出样品表面 T 与 Ti 的原子比.

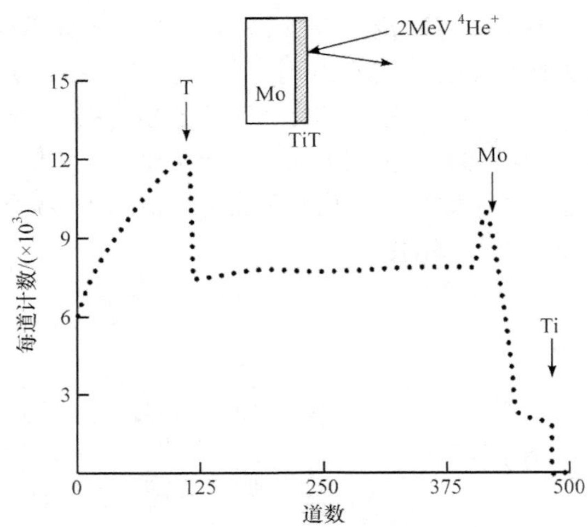

图 3.4.2　2.7MeV 质子在氚-钛靶上的弹性散射能谱

3.4.3　弹性反冲分析法

探测弹性碰撞过程中前向反冲出来的轻元素原子，可以确定轻元素的含量及其深度分布，这种分析方法记为弹性反冲分析(elastic recoil detection, ERD)法. 它既弥补了背散射分析对轻元素不灵敏的缺陷，又克服了 2MeV 小加速器上不能进行 H 元素核反应分析的困难. 目前 ERD 也已成为常用的一种离子束分析技术.

1. 运动学关系

在讨论弹性碰撞运动学关系式(3.1.1)时，曾提及靶原子的反冲. 当 $m > M$ 时，在实验室坐标系中反冲角 ψ 与散射角 θ 的关系为

$$\tan\theta = \frac{\sin 2\psi}{\left(\dfrac{m}{M}\right) - \cos 2\psi} \tag{3.4.1}$$

最大散射角为

$$\theta_{\max} = \arcsin\frac{M}{m} \tag{3.4.2}$$

由此可以确定最大的反冲角 $\psi_{\max}$. 若 E_0 为入射粒子能量，则反冲粒子能量为 $E_2 = K_r E_0$，式中

$$K_r = \frac{4mM}{(m+M)^2}\cos^2\psi \tag{3.4.3}$$

称为弹性反冲运动学因子.

图 3.4.3 给出了 $^4He^+$入射时，反冲粒子的 K_r 值随 M 和 ψ 的变化曲线. 当 $m=M$ 时，K_r 值达极大值. 入射离子越重，K_r 值变化越大，质量分辨率越高. 在同一反冲角度处，有两个不同质量(一个比 m 轻，另一个比 m 重)的反冲原子具有相同 K_r 值. 轻的反冲原子能贯穿一定厚度，冲出样品表面然后被探测到；重的反冲原子贯穿本领差，只有样品表面很薄处反冲的重原子才能被探测到，要探测轻原子的反冲原子(如氢原子杂质)，就必须把重的反冲原子(如氧原子)以及前向散射离子甄别掉. 最简单的甄别办法是在探测器前放一吸收膜. 常用的入射离子有 ^4He、^{12}C、^{18}O、^{35}Cl 和 ^{79}Br 等，分析的反冲原子为 ^1H、^2D、^3T、^4He 等，表 3.4.1 列出了反冲粒子的能量以及在 Ni 靶中的射程.

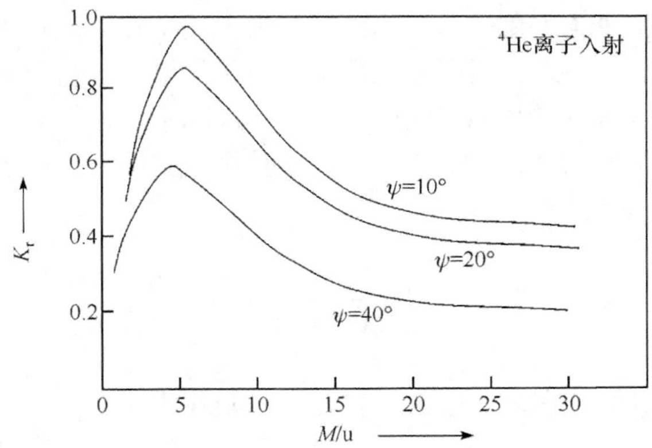

图 3.4.3　反冲粒子的 K_r 值与反冲粒子质量和反冲角的关系

表 3.4.1　反冲粒子的能量和射程

入射粒子和能量	反冲角度	反冲粒子射程/(mg/cm²)和[能量/MeV]				散射离子射程/(mg/cm²)和[能量/MeV]
		^{59}Ni	^1H	^3T	^4He	
^4He	30°	[0.45]	约 7.6[1.2]	3.2[1.84]	—	3.8[2.45]
2.5MeV	60°	[0.15]	约 1.95[0.4]	1.04[0.61]	—	3.6[2.34]
^{12}C	30°	约 0.9[4.2]	17.5[2.13]	11.6[4.8]	10.3[5.6]	3.5[9.5]
10MeV	60°	约 0.36[1.4]	3.8[0.71]	2.8[1.6]	2.9[1.9]	3.1[8.2]
^{16}O	30°	1.0[5.0]	12[1.7]	10[4.0]	8.5[4.8]	2.6[9.3]
10MeV	60°	0.4[1.7]	2.8[0.55]	2.2[1.3]	2.5[1.6]	2.2[7.6]
^{35}Cl	30°	2.5[2.11]	22[2.4]	18[6.5]	17[8.3]	3.5[25.5]
30MeV	60°	1.3[7.0]	4.5[0.51]	3.9[2.2]	4.3[2.8]	2.6[15.7]

2. 反冲微分截面

正如在讨论背散射分析时一样，在弹性反冲分析法中一般仍考虑卢瑟福散射截面，这对重离子入射情况也是完全正确的，反冲微分截面可以写成

$$\left(\frac{\mathrm{d}\sigma}{\mathrm{d}\Omega}\right)=\left[\frac{Z_1Z_2e^2(m+M)}{2mM}\right]^2\frac{1}{\cos^2\psi} \tag{3.4.4}$$

但对于较轻入射离子(如 ^{4}He)与 ^{1}H、^{2}D 轻原子之间的碰撞，散射截面值偏离卢瑟福(弹性)微分截面，即使是在 2MeV 左右的 $^4He^+$，与 H 的反冲微分截面(或称为非弹性反冲微分截面，由于此碰撞过程属于非弹性散射)也大于卢瑟福微分截面(Wang et al., 1986).

3. 深度分布

入射离子与反冲粒子在样品中的能量损失，使得在不同地点产生的反冲粒子到达探测器的能量有差异，因而可以从反冲粒子能谱中分析得到轻元素杂质的浓度分布信息. 图 3.4.4 是弹性反冲分析的两种几何安排. 选择合适厚度的吸收膜，只让反冲轻粒子穿过. 对于薄样品，采用透射几何安排，反冲出样品表面后的反冲粒子的能量 $E_\mathrm{b}(x)$ 为

$$E_\mathrm{b}(x)=K_\mathrm{r}\left[E_0-\left(\frac{\mathrm{d}E}{\mathrm{d}x}\right)_\mathrm{a}\frac{x}{\cos\theta_1}\right]-\left(\frac{\mathrm{d}E}{\mathrm{d}x}\right)_\mathrm{b}\frac{(d-x)}{\cos\theta_2} \tag{3.4.5}$$

式中 $\left(\frac{\mathrm{d}E}{\mathrm{d}x}\right)_\mathrm{a}$ 为入射离子在样品中入射路径上的阻止本领，$\left(\frac{\mathrm{d}E}{\mathrm{d}x}\right)_\mathrm{b}$ 为反冲粒子在样品中出射路径上的阻止本领，式中假定它们为常数；θ_1 和 θ_2 分别为入射和出射粒子与样品表面法线之间的夹角；d 为样品厚度；x 为发生反冲的深度.

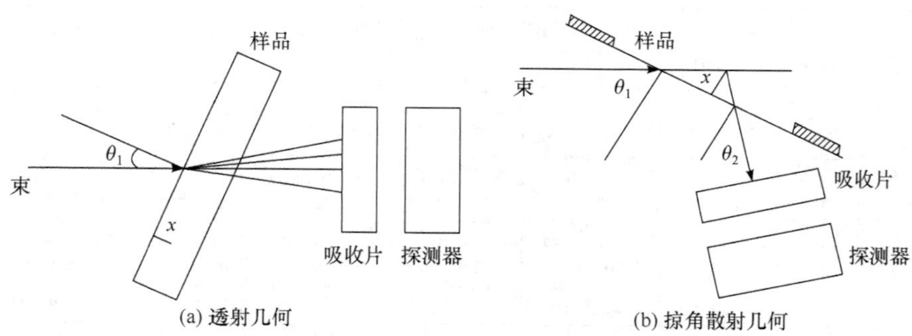

图 3.4.4　弹性反冲法的实验几何安排

对于厚样品，采用掠角散射几何安排，反冲粒子的能量为

$$E_b(x)=K_r\left[E_0-\left(\frac{dE}{dx}\right)_a\frac{x}{\cos\theta_1}\right]-\left(\frac{dE}{dx}\right)_b\frac{x}{\cos\theta_2}=K_rE_0-[S]x \tag{3.4.6}$$

式中

$$[S]=K_r\left(\frac{dE}{dx}\right)_a\frac{1}{\cos\theta_1}+\left(\frac{dE}{dx}\right)_b\frac{1}{\cos\theta_1} \tag{3.4.7}$$

假定$\left(\frac{dE}{dx}\right)_a$和$\left(\frac{dE}{dx}\right)_b$为常数，据式(3.4.5)和(3.4.6)，反冲粒子能量与深度 x 之间是线性关系. 与 3.2.2 节讨论背散射分析的深度分辨率一样，弹性反冲分析法的深度分辨率也可写成

$$\Delta x=\frac{\Delta E_D}{[S]} \tag{3.4.8}$$

式中 ΔE_D 包括入射束能散度、入射束和散射束与靶作用的能量歧离和运动学展宽、探测器的能量分辨率、反冲粒子在吸收膜中的能量歧离. 入射离子越重，[S] 因子越大，因而深度分辨率越高；同时，质量分辨率和分析灵敏度也越高(因为 Z_1 越大截面越大)，但分析深度较小. 表 3.4.2 给出了 ^{35}Cl 离子弹性反冲探测法分析氢和氮同位素深度分布的有关数据. 为避免吸收膜中的能量歧离对深度分布率的影响，可不用吸收膜，而采用电磁偏转方法来去掉前向散射离子束和重反冲离子.

表 3.4.2　弹性反冲探测法分析氢和氮同位素深度分布

测量几何	入射束	可分析深度/μm	深度分辨率(在 Cu 中)/μm	灵敏度/百万分之一原子
薄膜	30MeV Cl	约 1	约 0.03	约 1
厚样品	30MeV Cl	约 1	约 0.03	约 10

4. 弹性反冲分析应用

1) 分析氢元素

用 2.0MeV 左右的 $^4He^+$离子束做弹性反冲分析非常简便，它可分析氢和氮的同位素. 图 3.4.5 是 2MeV 的 $^4He^+$在 Mylar 膜上的弹性反冲质子谱. 2.5MeV $^4He^+$分析 H 的灵敏度为 10^{-3} 原子，对 Si 样品的深度分辨率约为 60nm，可分析的最大深度为 0.7μm(在 Si 样品中).

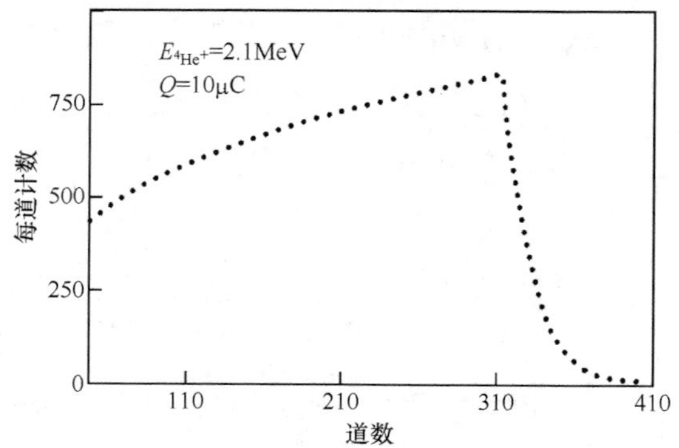

图 3.4.5　2MeV 的 $^4He^+$在 Mylar 膜上的弹性反冲质子谱

2) 分析氦元素

样品为经 30keV 的 $^4He^+$辐照至剂量 5×10^{16} 原子/cm^2 的哈氏 N 合金，在 800℃进行真空退火 1h，入射束为 9MeV 的 $^{12}C^{3+}$，如图 3.4.6 所示为 $^{12}C^{3+}$粒子束轰击哈氏 N 合金所得的弹性反冲能谱图，结果表明，在该实验条件下，距离样品辐照表面约 33nm 深度区域内，出现了氦原子逃逸现象，并且更高温度的退火可加剧氦原子的逃逸(高杰等, 2017).

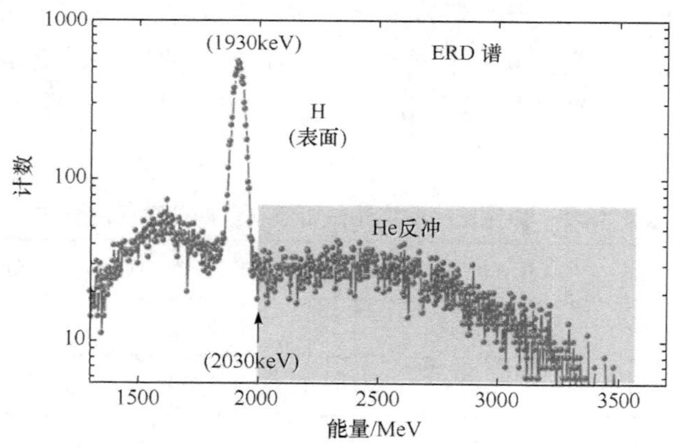

图 3.4.6　9MeV $^{12}C^{3+}$粒子束轰击哈氏 N 合金所得的弹性反冲能谱图

3.4.4　前向散射——反冲符合法

用能量较高的质子束分析薄样品中的 H 元素时，两个同等粒子的弹性碰撞，使散射质子和反冲质子同时在前向角度发射，它们的能量均为碰撞前入射质子能量的一半，如图 3.4.7(a)所示. 如果在入射方向两侧的 45°方向分别放置两个探测器记录散射质子和反冲质子，则可测量它们的符合相加谱. 符合相加能量为

$$E_1+E_2=\left[E_0-\int_0^x\left(\frac{\mathrm{d}E}{\mathrm{d}x}\right)_{\text{in}}\mathrm{d}x\right]-\frac{2}{\cos45^\circ}\int_x^d\left(\frac{\mathrm{d}E}{\mathrm{d}x}\right)_{\text{out}}\mathrm{d}x \tag{3.4.9}$$

式中$\left(\frac{\mathrm{d}E}{\mathrm{d}x}\right)_{\text{in}}$为入射路径上的阻止本领，可近似等于$\left(\frac{\mathrm{d}E}{\mathrm{d}x}\right)_{E_1}$；$\left(\frac{\mathrm{d}E}{\mathrm{d}x}\right)_{\text{out}}$为出射路径上的阻止本领，可近似等于$\left(\frac{\mathrm{d}E}{\mathrm{d}x}\right)_{\frac{E_0}{2}}$. 于是

$$E_1+E_2=\left[E_0-\frac{2d}{\cos45^\circ}\left(\frac{\mathrm{d}E}{\mathrm{d}x}\right)_{\frac{E_0}{2}}\right]+\left[\frac{2}{\cos45^\circ}\left(\frac{\mathrm{d}E}{\mathrm{d}x}\right)_{\frac{E_0}{2}}-\left(\frac{\mathrm{d}E}{\mathrm{d}x}\right)_{E_1}\right]x \tag{3.4.10}$$

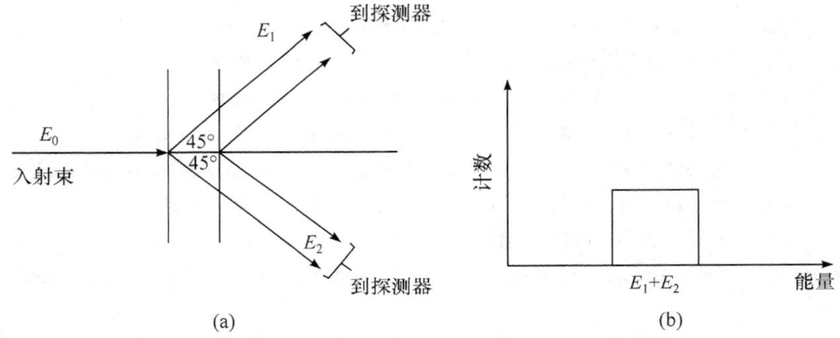

图 3.4.7　前向散射——反冲符合法示意图

所以，从符合相加谱可以得到深度分布信息. 图 3.4.7(b)是均匀分布的含 H 样品的符合相加能谱. 由于采用符合测量，本底大大减小，分析灵敏度可达百万分之一原子. 17MeV 质子在 Al 中可以分析的深度约为 200μm. 深度分辨率为 10μm. 采用同样的原理，可以用 He 来分析薄样品中的 He 原子.

参 考 文 献

高杰, 王春杰, 韩志斌, 等, 2017. 弹性反冲探测分析技术在材料氦行为研究中的应用[J]. 原子核物理评论, 34(3): 656-660.

杨福家, 1985. 原子物理学[M]. 上海: 上海科学技术出版社.

杨福家, 赵国庆, 1985. 离子束分析[M]. 上海: 复旦大学出版社.

Biersack J P, Berg S, Nender C, 1991. T-DYN Monte Carlo simulations applied to ion assisted thin film processes[J]. Nuclear Instruments and Methods in Physics Research Section B: Beam Interactions with Materials and Atoms, 59: 21-27.

Blewer R S, 1976. Some Practical Aspects of Depth Profiling Gases in Metals by Proton Backscattering: Application to Helium and Hydrogen Isotopes[M]. Boston: Springer.

Buck T M, Wheatley G H, Jackson D P, 1983. Quantitative analysis of first and second surface layers by LEIS (TOF)[J]. Nuclear Instruments and Methods in Physics Research, 218(1-3): 257-265.

Eng C W, Halada G P, Francis A J, et al., 2003. Uranium association with corroding carbon steel surfaces[J]. Surface and Interface Analysis, 35(6): 525-535.

Huttel E, Arnold W, Baumgart H, et al., 1983. Phase-shift analysis of pd elastic scattering below break-up threshold[J]. Nuclear Physics, 406(3): 443-455.

Keinonen J, Hautala M, Luomajarvi M, et al., 1978. Ranges of $^{27}Al^{+}$ ions in nine metals measured by (p, γ) resonance broadening[J]. Radiation Effects, 39(3-4): 189-193.

Mayer J W, Nicolet M, Chu W K, 1978. Backscattering Spectrometry[M]. Cambridge: Academic Press.

Meyer O, Linker G, Käppeler F, 1976. Ion Beam Surface Layer Analysis: Volume 1[M]. New York: Plenum Press.

Ningkang H, Zhirong F, 1991. Effect of tantalum or stellite ion beam mixing surface treatment on passivity and pitting of corrosion-resistant steel in NaCl solution[J]. Thin Solid Films, 199(1): 37-44.

Noguchi Y, Hirata T, Kawakubo Y, et al., 2013. RBS study of disordering of $Fe_{3-x}Mn_xSi$/Ge (111) heteroepitaxial interfaces[J]. Physica Status Solidi (c), 10(12): 1732-1734.

Rossi P, Brice D K, Doyle B L, 2003. Spatial distribution measured by the modulation transfer function[J]. Nuclear Instruments & Methods in Physics Research, 210(1): 85-91.

Saunders P A, Ziegler J F, 1983. Interactive computer analysis of nuclear backscattering spectra[J]. Nuclear Instruments and Methods in Physics Research, 218(1-3): 67-74.

Thomas J P, Fallavier M , Ramdane D, et al., 1983. High resolution depth profiling of light elements in high atomic mass materials[J]. Nuclear Instruments and Methods in Physics Research, 218(1-3): 125-128.

Wang Y, Chen J, Huang F, 1986. The calculation of the differential cross sections for recoil protons in ^{4}He-p scattering[J]. Nuclear Instruments and Methods in Physics Research Section B: Beam Interactions with Materials and Atoms, 17(1): 11-14.

Ziegler J F, Biersack J P, 1985. The Stopping and Range of Ions in Matter[M]. Boston: Springer.

Ziegler J F, 1975. New Uses of Ion Accelerators[M]. New York: Plenum Press.

Ziegler J F, Lever R F, 1973. Calculations of elastic scattering of sup ^{4}He projectiles from thin layers[J]. Thin Solid Films, 19(2): 291-296.

Ziegler J F, Cole G W, Baglin J E E, 1972. Discovery of anomalous base regions in transistors[J]. Applied Physics Letters, 21(4): 177-179.

第 4 章　穆斯堡尔谱学

穆斯堡尔效应是由德国科学家穆斯堡尔(Mössbauer)于 1958 年发现的，并以他的名字命名，他因对γ射线的无反冲共振发射和吸收的研究并且发现与此联系的穆斯堡尔效应，获得了 1961 年的诺贝尔物理学奖. 60 多年来，对这一效应的研究经久不衰，穆斯堡尔谱学的发展极为迅速. 由于这一效应对γ射线的固有能量分辨率极高，因此可用来研究原子核与周围环境的超精细相互作用引起的原子核能级极其微小的变化，它已成为研究物质微观结构的有力分析手段. 穆斯堡尔效应的实验设备较简单，不必采用加速器、反应堆这类大型设备，因而易于普及使用. 至今，已观察到穆斯堡尔效应的有 46 种元素、92 种同位素、112 条不同能量的γ跃迁. 穆斯堡尔效应已在固体物理、化学、生物、地质、冶金、材料、考古等许多学科领域中得到了广泛应用，取得了大量成果. 它是核物理与其他学科相互渗透和相互促进的一个突出例子.

近些年来，随着穆斯堡尔谱学的迅速发展，出现了不少新的实验方法和数据处理方法，例如，内转换电子穆斯堡尔谱学和离子注入穆斯堡尔谱学取得了新的进展，微处理机的应用和解谱技术有了发展.

本章将叙述穆斯堡尔谱学的基本原理和实验方法，并列举一些应用例子.

4.1　穆斯堡尔谱学原理

穆斯堡尔效应是一种无反冲γ发射和共振吸收现象. 在无反冲情况下，原子核发射的γ射线或吸收的γ射线能量等于核激发态和基态的能量差，γ谱线的宽度为能级的自然宽度. 当原子核的周围环境发生变化时，通过超精细相互作用，核能级产生相应的移位和分裂，并能在穆斯堡尔谱上极其灵敏地反映出来. 通过对穆斯堡尔参数的分析，从而得到物质微观结构方面的各种信息. 这种利用穆斯堡尔效应对物质进行微观结构分析的学科，就称为穆斯堡尔谱学(夏元复等, 1984; Gibb, 1992; Gonser, 1975; Gruverman et al., 1966).

4.1.1　原子核发射和吸收γ射线过程

1. 原子光谱的共振吸收

共振现象是自然界普遍存在的一种现象. 在力学和声学中，能观察到两个体系间的机械共振和声共振现象. 在原子体系中, 也能观察到原子光谱的共振吸收和共振散射现象. 当入射光子的能量正好等于原子的某两个能级的差值时, 吸收概率大为增加, 吸收光谱呈现尖锐的吸收峰. 如 1904 年伍德(R. W. Wood)的钠黄光实验, 在光路上放置一个钠光源和充有钠蒸气的玻璃球体, 当钠光源发射的 Na-D 线(即黄色光)被玻璃球中钠原子吸收时, 处于基态的 Na 原子被激发. 当它恢复到基态时, 向 4π 方向发射 Na-D 线.

原子核的能级也是分立的, 照理也应该观察到γ光子的共振吸收, 但直到 1958 年才被观察到, 这就需要仔细讨论核能级的宽度和γ光子与核作用的反冲问题.

原子共振吸收时的吸收截面由布雷特–维格纳公式给出

$$\sigma(E)=\frac{2I_{\mathrm{e}}+1}{2I_{\mathrm{g}}+1}2\pi\lambda_0{}^7\frac{\Gamma^2/4}{(E-E_0)^2+\Gamma^2/4} \tag{4.1.1}$$

式中 E 是入射光子的能量, λ_0 是入射光子的波长, E_0 是激发态的能量, Γ 为能级宽度(依照不确定关系, 任何有寿命的激发态必定存在一定的能级宽度), I_{e} 和 I_{g} 分别是激发态和基态的自旋. 对 Na-D 线, E_0=2.1eV, $\Gamma=4.4\times10^{-8}$eV. 根据动量守恒定律, 自由原子发射光子或吸收光子时, 原子要反冲. 原子反冲动能为

$$E_{\mathrm{R}}=\frac{(h\nu)^2}{2Mc^2} \tag{4.1.2}$$

式中 $h\nu$ 为光子能量, M 为原子质量, c 为光速. 原子发射和吸收光子时的反冲能量很小, 例如 Na 原子发射 Na-D 线时的反冲能量只是约 10^{-10}eV, 小于能级宽度. 因此, 只要入射光子的能量在 2.1eV±(2.2×10^{-8})eV 附近, 就能实现共振吸收.

2. 原子核的共振吸收

原子体系中共振荧光现象的存在, 使人们想到原子核中存在着分裂的能级, 可能也存在着γ射线的共振吸收. 可是, 早期的实验很难观察到原子核的γ射线共振吸收现象, 这是因为原子核发射γ射线时, 原子核受到反冲. 假定原子核在发射γ射线前是处于自由的、静止的状态, 那么发射γ射线时原子核获得的反冲动能为

$$E_{\mathrm{R}}=P_\gamma^2/(2M) \tag{4.1.3}$$

式中 M 为原子核的质量, P_γ 为光子动量, 它与能量的关系为

$$P_\gamma=\frac{E_\gamma}{c} \tag{4.1.4}$$

核的反冲动量 P_{R} 与 P_γ 大小相等、方向相反. 反冲动能 E_{R} 是原子核从激发态跃迁到基态或低激发态发射γ射线时产生的, 因此激发核在退激发时所发出的 γ 射线能量 E_γ 比相应的跃迁能量 E_0 要小 E_{R}, 即

$$E_{\gamma} = E_0 - E_R \tag{4.1.5}$$

式中 $E_0=E_e-E_g$ 为核的激发态和基态的能量差.

同理，自由的、静止的原子核在吸收γ射线时，原子核也受到反冲，因此光子的能量不是全部被用来激发原子核的，有一部分提供为核的反冲能 E_R，即要将吸收核从基态激发到激发态所需的γ射线能量为

$$E_{\gamma} = E_0 + E_R \tag{4.1.6}$$

如果能级的能量差为 E_0，那么发射线和吸收线两者的能量相差为 $2E_R$，如图 4.1.1(a)所示. 若 E_R 远大于能级宽度 Γ，则发射线和吸收线没有重叠部分，无法实现共振吸收. 以 ^{57}Fe 核为例，E_0=14.4keV，$E_R=1.96\times10^{-3}$eV，而它的 $\Gamma=4.67\times10^{-9}$eV，显然 E_R 比 Γ 大几个数量级. 这就是观察不到自由原子核的γ射线共振吸收现象的根本原因.

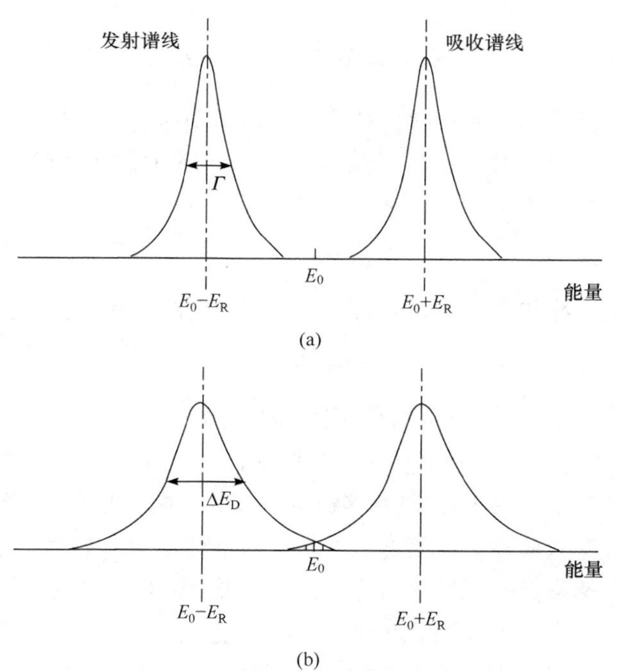

图 4.1.1　原子核的γ射线发射谱和吸收谱

当核的反冲能量 E_R 较小时，发射谱线的中心值与吸收谱线的中心值不重合，由于都具有一定宽度，将会有部分交叠区，会有部分核发生共振吸收效应.

4.1.2　多普勒效应能量补偿

为增加γ射线发射谱和吸收谱之间的重叠区域，可采用多普勒能量补偿办法.

多普勒效应是声波或电磁波辐射相对接收器运动时，接收频率(因而也是变量)发生改变的一种现象.

假定在发射γ射线前，核的动量为 P_{i}，发射能量为 E_{γ} 的γ射线后，核的动量为 P_{j}. 发射γ射线时，由于核的反冲，其动能的变化为

$$\Delta E=\frac{P_{\mathrm{j}}^{2}}{2M}-\frac{P_{\mathrm{i}}^{2}}{2M}=\frac{(P_{\mathrm{i}}-P_{\gamma})^{2}}{2M}-\frac{P_{\mathrm{i}}^{2}}{2M}=\frac{P_{\gamma}^{2}}{2M}-\frac{P_{\gamma}P_{\mathrm{i}}}{M} \tag{4.1.7}$$

其中 P_{γ} 为γ光子的动量. 式(4.1.7)可改写成

$$\Delta E=E_{\mathrm{R}}-2(E_{\mathrm{i}}E_{\mathrm{R}})^{1/2}\cos\theta=E_{\mathrm{R}}-D\cos\theta \tag{4.1.8}$$

其中 $E_{\mathrm{i}}=P_{\mathrm{i}}^{2}/(2M)$，$E_{\mathrm{R}}=P_{\gamma}^{2}/(2M)$，$\theta$ 是γ射线发射方向和核运动方向之间的夹角，而

$$E_{\mathrm{D}}=D\cos\theta=\frac{v}{c}E_{\gamma}\cos\theta \tag{4.1.9}$$

是核运动造成的谱线多普勒位移，式中 v 为核运动速度. 根据原子核系统总能量(动能和激发能)和动量守恒定律，动能的变化 ΔE 等于跃迁能量 E_0 与发射光子的能量 E_{γ} 之差，即

$$\Delta E=E_{0}-E_{\gamma} \tag{4.1.10}$$

因此，考虑了核反冲和多普勒效应后，原子核发射的γ射线能量为

$$E_{\gamma}=E_{0}-E_{\mathrm{R}}+E_{\mathrm{D}} \tag{4.1.11}$$

如果使多普勒位移补偿反冲能量损失(即 $E_{\mathrm{D}}\geqslant 2E_{\mathrm{R}}$)，那么就有可能观察到核的共振吸收. 1950 年 Moon 使用高速离心机旋转放射源 ^{198}Au，那么在切线方向放射源的速度 $v=7\times10^{4}$ cm/s 时，则观察到原子核的共振吸收现象. 不过由原子核热运动造成的多普勒效应使谱线展宽，共振吸收曲线的分布较宽. 原子核处于热运动状态时，运动速度是遵循统计分布的. 在无规则的热运动时，某些原子核向着探测器方向运动，另一些则背向着探测器方向运动，结果由许多原子核发射的γ射线叠加起来的谱线将由于多普勒效应而展宽. 如果原子核的运动速度是按麦克斯韦分布，则谱成的多普勒展宽为

$$\Delta E_{\mathrm{D}}=\sqrt{\frac{\overline{v}^{2}}{c^{2}}E_{\gamma}^{2}} \tag{4.1.12}$$

式中 $\overline{v}^{2}$ 是在观察γ射线发射方向的原子核热运动均方速度. 一般 $\Delta E_{\mathrm{D}}\gg\Gamma$，如图 4.1.1(b)所示. 多普勒展宽增加了γ射线发射谱和吸收谱的重叠区，有利于共振现象出现. 热运动能量与温度有关，升高源和吸收体温度能使两者的原子核之间

有一合适的相对速度，有利于增加多普勒展宽，实现核的共振吸收.

4.1.3 穆斯堡尔效应

上面所述的用多普勒效应能量补偿或多普勒展宽办法虽然能得到有核反冲的γ射线共振吸收，但因发射谱线和吸收谱线的重叠区小，因而共振程度小，实际应用的意义不大.

1. 穆斯堡尔实验

穆斯堡尔在研究 ^{191}Ir 核的γ共振吸收时指出(Mössbauer, 1958)，对于能量 E_γ=129keV 的γ跃迁，计算得到的自由反冲能量 $E_R=4.7\times10^{-2}$eV，能级宽度 $\Gamma=3.2\times10^{-4}$eV，由于 E_R 大于Γ值，因此无法实现共振吸收.

在室温时(T=300K)，按式(4.1.12)计算的多普勒展宽 $\Delta E_D = 7.0\times10^{-2}\,\text{eV}$. 因为 $\Delta E_D > E_R$ ，发射谱线和吸收谱线有一部分重叠，如图 4.1.2 所示，这样应能观察到核的共振吸收. 穆斯堡尔为了证明共振吸收存在，把共振核置于晶体中，并把放射源装在转盘上，使源相对于吸收体运动. 他把放射源和吸收体放在液态氮中，预期由于温度低，多普勒展宽将减小，发射线和吸收线的重叠部分也减少，从而共振吸收效应也减少. 实验的结果却出乎意料，核的共振吸收反而加强.

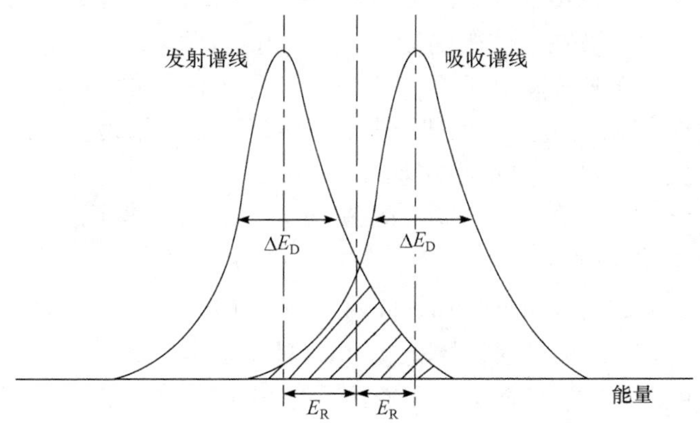

图 4.1.2　^{191}Ir 的 E_γ=129keV 的核的共振吸收

在实验事实得到肯定后，就联想到被晶格束缚的原子核的热中子共振吸收理论. 早在 1939 年 Lamb 就指出，如果晶体在很低的温度下，束缚在晶体中的原子核有一定的概率在中子共振吸收时不单独发生反冲，而整个晶体受到反冲. 同样把这个理论的思想移用到原子核发射γ射线的情况. 因为晶体的质量比单个原子核的质量大十几个数量级，按式(4.1.3)计算的 E_R 很小，所以，实际上反冲能的损耗可以忽略，而且被束缚在晶体中的核不能做随机的热运动，那么 ΔE_D 也趋于零.

这样就可能实现γ射线共振吸收与共振散射.

所以，在实验中会出现没有能量位移和谱线宽度接近自然宽度的极窄的发射谱线与吸收谱线，实现了无反冲γ发射和共振吸收，即穆斯堡尔效应，也称γ射线无反冲发射及共振吸收效应. 穆斯堡尔谱线十分窄，能用来研究核能级差异的极其微小的变化(10^{-9}eV 量级)，固有的能量分辨率 Γ/E_γ 为 10^{-18}. 以 ^{57}Fe 放射源为例，它有一条γ射线的能量为 14.4keV，它的 $T_{1/2}$= 97.7×10^{-9}s，因此能级宽度Γ与 E 之比Γ/E=3.24×10^{-18}.

2. 穆斯堡尔实验的基本解释

在固体物理中，可以用振子的振动(简谐运动)来描述晶体中晶格原子的运动. 束缚于晶格位置的核发射γ射线时的反冲动量由整个晶体带走，而不能采用经典的概念来描述反冲动量的传递过程. 按经典图像，发射γ射线时，核受到反冲，将其动量通过晶体中原子间的联系再传递给邻近原子. 若断定发射γ射线的核先受到反冲，它的反冲能量 $E_{\rm R}=\Delta E$. 按照不确定关系，这一过程需要时间 $t=\dfrac{\hbar}{\Delta E}\geqslant\dfrac{\hbar}{\omega_0\hbar}\approx\dfrac{\lambda}{u}\approx\dfrac{a}{u}$ ，其中 $\omega_0\hbar$ 指的是晶格的束缚能，λ为振动的波长，a 为晶格间距，u 为反冲声波在晶体中的传播速度. 穆斯堡尔效应显著时，必须有 $\Delta E\leqslant\omega_0\hbar_0$ ，在 t 这段时间内，反冲声波在晶体中的传递距离已超过晶体中原子间的距离 a. 因此，不能分辨是单个原子核先受到反冲，还是和邻近原子核同时受到反冲，只能认为是这个核与整个晶体同时受到反冲. 整个晶体移动的能量是很小的. 核的激发能主要分配给所发射的γ光子和晶格振动.

在量子力学中，晶格原子振动的能量态为一系列的声子态，ν是声子的振动频率，每个声子的能量为

$$E=h\nu(n+1/2)=\hbar\omega(n+1/2) \tag{4.1.13}$$

式中，n 为量子数. 假如发射γ射线前，晶格处于零声子态(n=0)，那么，在发射γ射线后，它仍可以处于零声子态，没有声子发射，这时 E_γ完全等于激发态能量差 E_0. 也可激发到能量较高的声子态(声子能量 $\hbar\omega$)，这时就不称为无反冲的γ发射. 有核反冲与无核反冲的概率分别为 f_1 和 f_0. 显然

$$f_0+f_1=1 \tag{4.1.14}$$

从反冲能 $E_{\rm R}$ 分配角度看，有关系式

$$f_0\times 0+f_1\times\hbar\omega=E_{\rm R} \tag{4.1.15}$$

而

$$f_1=E_{\rm R}/(\hbar\omega) \tag{4.1.16}$$

$$f_0 = 1 - E_R / (\hbar\omega) \tag{4.1.17}$$

根据式(4.1.3)和(4.1.4)

$$E_R = \frac{E_\gamma^2}{2Mc^2} = \frac{h^2 k^2}{2M} \tag{4.1.18}$$

式中，k 为波矢，$P_\gamma = \hbar k$ 即为光子动量.

从式(4.1.17)可知，无核反冲 E_R 发射的概率 f_0 的大小与反冲能 E_R 和晶格振动能有关. 当 $E_R < \hbar\omega$ 时，没有声子发射，才有可能存在无核反冲的γ发射. 所以穆斯堡尔效应也称为γ射线零声子发射及共振吸收效应.

在固体中，晶格原子的振动用简谐运动来描写，每一自由度的平均能量可以写成

$$E_s = \frac{M\overline{v}^2}{2} + \frac{M\omega^2\left\langle x^2\right\rangle}{2} = M\omega^2\left\langle x^2\right\rangle \tag{4.1.19}$$

其中 $\left\langle x^2\right\rangle$ 为振幅的均方值. 由式(4.1.13)，取 n=0，则式(4.1.19)为

$$1/(2\hbar\omega) = M\omega^2\left\langle x^2\right\rangle \tag{4.1.20}$$

由此得到

$$\left\langle x^2\right\rangle = \hbar^2/(2M\hbar\omega) \tag{4.1.21}$$

将式(4.1.18)和(4.1.21)代入式(4.1.17)，于是得到

$$f_0 = 1 - k^2\left\langle x^2\right\rangle \tag{4.1.22}$$

其明显的物理意义为：

(1) f_0 随 k 的增加而减小，即γ射线的能量 E_γ 越大，那么无反冲γ射线共振吸收概率 f_0 越小.

(2) 晶体束缚能 $\hbar\omega$ 越大，则 $\left\langle x^2\right\rangle$ 越小，f_0 就越大.

(3) 当温度升高时，$\left\langle x^2\right\rangle = \hbar\omega(n+1/2)/(M\omega^2)$ 也增大，f_0 变小，所以可用冷却办法使 f_0 增大.

根据晶体的德拜模型，穆斯堡尔得到γ射线的无反冲发射概率为

$$f_0 = \exp\{-2W(T)\} \tag{4.1.23}$$

式中

$$W(T) = \frac{3E_R}{k_B\theta_D}\left[1/4 + \left(\frac{T}{\theta_D}\right)^2 \int_0^{\theta_D/T} \frac{x}{e^x - 1}dx\right]$$

其中 k_B 是玻耳兹曼常量，T 是晶体温度，θ_D 是晶体的德拜温度，$E_R=\dfrac{E_\gamma^2}{2Mc^2}$ 为自由核发射γ射线时的反冲能量，$W(T)$通常称为德拜–沃勒(Debye-Waller)因子. 从式(4.1.23)可知，γ射线能量小、晶体的德拜温度高、晶体所处的环境温度低时，穆斯堡尔效应显著.

另外，束缚在固体晶格中的原子核，其激发态寿命($\tau\approx10^{-9}\sim10^{-6}$s)比晶格振动周期($10^{-18}\sim10^{-12}$s)长得多. 这意味着当核处于激发态时，晶格原子发生了许多次振荡. 在这段时间内，晶格原子振动速度的平均值为零. 因此多普勒展宽 ΔE_D 也趋近于零.

4.1.4 穆斯堡尔参数

原子核周围环境(核外电子、邻近原子)的变化会影响原子核的能级. 虽然这种影响极微小，但由于穆斯堡尔效应的能量分辨率极高，在穆斯堡尔谱中峰的位置、形状、宽度和面积上都能灵敏地反映出来. 原子核与核周围环境间的超精细相互作用产生的同质异能位移、四极分裂和磁致分裂等，统称为穆斯堡尔参数.

1. 同质异能位移

同质异能位移又称γ射线能量的化学位移. 它是由穆斯堡尔核的核电荷分布与核周围的电子之间静电作用引起的. 核的线度与原子相比要小许多，在大多情况中可以认为核电荷为点电荷. 当确定概率的电子(例如 s 电子)在核外运动时，核对电子的静电作用相当于点电荷 Ze 的作用. 假定核的半径为 R，电荷均匀分布在球体里. 按经典电学，容易算出在距原子核球心为 r 处的电子的电势为

$$V(r)=\begin{cases}V_0(r)=-\dfrac{Ze^2}{r}, & r>R\\ \dfrac{Ze^2}{R}\left(-\dfrac{3}{2}+\dfrac{r^2}{2R^2}\right), & 0\leqslant r\leqslant R\end{cases} \tag{4.1.24}$$

按照量子力学理论，核电荷体积效应引起的电子与原子核静电相互作用的能量差为(杨福家, 1985)

$$\Delta E=\int_0^\infty \Psi^*\left[V(r)-V_0(r)\right]\Psi 4\pi r^2\mathrm{d}r=\left|\Psi(0)\right|^2\int_0^R\left[V(r)-V_0(r)\right]4\pi r^2\mathrm{d}r \tag{4.1.25}$$

式中 $\Psi(0)$为电子波函数，这里假定了核范围内电子密度$[\Psi(0)]^2$ 是一常数. 利用式(4.1.24)，不难得到

$$\Delta E=\frac{2\pi}{5}\left|\Psi(0)\right|^2 Ze^2R^2 \tag{4.1.26}$$

因为基态和激发态的核半径不一样，因此与电子的相互作用能量也就不一样. 根据式(4.1.26)，对于发射核，它们的激发态和基态与 s 电子之间的相互作用能之差可用下式表示：

$$\delta E_{\mathrm{e}}^{\mathrm{s}}-\delta E_{\mathrm{g}}^{\mathrm{s}}=K\left[\Psi(0)_{\mathrm{s}}\right]_{\mathrm{s}}^{2}\left(R_{\mathrm{e}}^{2}-R_{\mathrm{g}}^{2}\right) \tag{4.1.27}$$

式中 $K=2/(5\pi Ze^2)$为核常数，$\Psi(0)_{\mathrm{s}}$为 s 电子波函数；$\delta E_{\mathrm{e}}^{\mathrm{s}}$和$\delta E_{\mathrm{g}}^{\mathrm{s}}$是由于核电荷分布与 s 电子作用，自由核激发态和基态的能级 ${}^{\mathrm{e}}E_0^{\mathrm{s}}$ 和 ${}^{\mathrm{g}}E_0^{\mathrm{s}}$ 各有一个位移，上角标 s 表示放射源. 同样，对吸收核，激发态和基态能级也各有一个位移 $\delta E_{\mathrm{e}}^{\mathrm{a}}$ 和 $\delta E_{\mathrm{g}}^{\mathrm{a}}$，上角标 a 表示吸收体.

核电荷分布与电子之间的相互作用还不至于引起核能级的分裂. 通常在放射源中核能级的位移和吸收体中该核能级的位移是不同的，如图 4.1.3(a)所示. 放射源发射的γ射线能量是 ${}^{\mathrm{s}}E_\gamma$，吸收体中共振吸收所需要的能量是 ${}^{\mathrm{a}}E_\gamma$，两者相差约 10^{-9}eV.

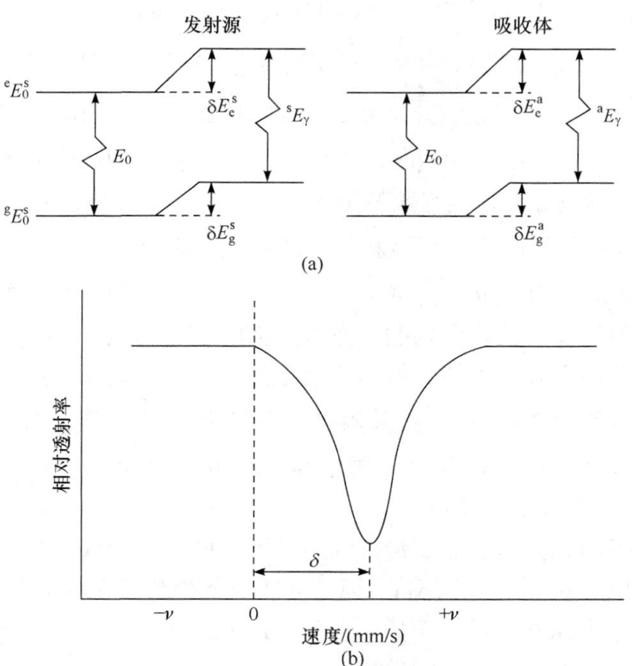

图 4.1.3　发射核和吸收核的能级位移示意图

对固定的穆斯堡尔源和固定的吸收体来说，同质异能位移为

$$\delta=\left(\delta E_{\mathrm{e}}^{\mathrm{a}}-\delta E_{\mathrm{g}}^{\mathrm{a}}\right)-\left(\delta E_{\mathrm{e}}^{\mathrm{s}}-\delta E_{\mathrm{g}}^{\mathrm{s}}\right) \tag{4.1.28}$$

由式(4.1.27)和(4.1.28)，得到

$$\delta = K(R_{\mathrm{e}}^2 - R_{\mathrm{g}}^2)\left\{\left[\Psi(0)_{\mathrm{s}}\right]_{\mathrm{a}}^2 - \left[\Psi(0)_{\mathrm{s}}\right]_{\mathrm{s}}^2\right\} \tag{4.1.29}$$

式中$\left[\Psi(0)_{\mathrm{s}}\right]_{\mathrm{a}}^2$是吸收体的 s 电子密度，$\left[\Psi(0)_{\mathrm{s}}\right]_{\mathrm{s}}^2$是放射源的 s 电子密度. 因为核半径的变化甚微，因此式(4.1.29)可写为

$$\delta = 2KR^2\frac{\delta R}{R}\left\{\left[\Psi(0)_{\mathrm{s}}\right]_{\mathrm{a}}^2 - C\right\} \tag{4.1.30}$$

式中$\delta R = R_{\mathrm{e}} - R_{\mathrm{g}}$,是放射源的特征常数. 式(4.1.30)说明了同质异能位移依赖于$\delta R/R$和核处 s 电子密度$\left[\Psi(0)_{\mathrm{s}}\right]_{\mathrm{a}}^2$. 对于给定核，$\delta R$是常数，因此$\delta$仅依赖在吸收核位置上 s 电子的密度.

影响原子核区域电子密度的主要因素：一是穆斯堡尔原子的内层 s 电子；二是它的外层电子对 s 电子的屏蔽效应，从而对 s 电子云分布有影响. 减少价层的 s 电子，直接减小$\left[\Psi(0)_{\mathrm{s}}\right]_{\mathrm{a}}^2$；p，d 和 f 层价电子减少时，就减小了对 s 电子的屏蔽，从而使核电荷和 s 电子云的相互作用加强，间接地使$\left[\Psi(0)_{\mathrm{s}}\right]_{\mathrm{a}}^2$增大. 例如，$Fe^{3+}(3d^5)$的$\left[\Psi(0)_{\mathrm{s}}\right]_{\mathrm{a}}^2$要比$Fe^{2+}(3d^5)$的$\left[\Psi(0)_{\mathrm{s}}\right]_{\mathrm{a}}^2$大，与金属铁$(\alpha\text{-Fe})(3d^6 4s^2)$的$\left[\Psi(0)_{\mathrm{s}}\right]_{\mathrm{a}}^2$也不同. 对于 ^{57}Fe，$\delta R/R<0$，这表示在吸收核处的电子密度比发射核处小，而且 Fe^{3+}和 Fe^{2+}的δ值相对α-Fe 都是正的. 对化合物中铁的不同氧化态和自旋态，δ值不同. 例如，二价高自旋铁的δ在 1～2mm/s，三价铁的$\delta<1$mm/s. 可见，$\left[\Psi(0)_{\mathrm{s}}\right]_{\mathrm{a}}^2$将随该核所处的化学环境和物理环境不同而有差别，源和吸收体因环境不同，式(4.1.30)所表示的值也不相同. 在穆斯堡尔效应的实验中可以测量出这个能量差，从而可提供有关化合物的价态等方面的重要信息.

为了得到共振吸收，可使放射源或吸收体以速度 v 运动，造成多普勒能量位移，以补偿能量差$({}^{\mathrm{a}}E_{\gamma} - {}^{\mathrm{s}}E_{\gamma})$. 要观察到共振吸收：${}^{\mathrm{s}}E_{\gamma} \pm (v/c)\,{}^{\mathrm{s}}E_{\gamma} = {}^{\mathrm{a}}E_{\gamma}$，这时得到图 4.1.3(b)所示的单线谱. 穆斯堡尔谱线中心位置相对于零速度的位移(用多普勒速度表示)即为同质异能位移.

放射核的不同载体引起的能量位移也各不相同，因此即使是同一吸收体，由于源的载体不同，得到的δ也不同. 因此同质异能位移表示吸收体中材料的差异. 通常放射源是作为标准材料，例如，置于 Pd 中的 ^{57}Co，作为 Fe 的穆斯堡尔源；Sn 的穆斯堡尔谱，以 $BaSnO_3$ 作为放射源.

2. 四极分裂

假如核自旋 $I>1/2$，那么当原子核内电荷分布偏离球对称时，原子核存在电四极矩 Q. 核电四极矩与核外电荷在核位置的电场梯度之间相互作用使核能级分

裂. 例如，^{57}Fe 的激发态自旋 I_e=3/2，基态自旋 I_g=1/2. I_e=3/2 的能级有电四极矩劈裂，m=±3/2 和 m=±1/2. 而 I_g=1/2 不发生分裂. 根据跃迁的选择定则，要求 $\left|I_g - I_e\right| = 1$，得到两个可能的跃迁，因此观察到两条谱线，见图 4.1.4.

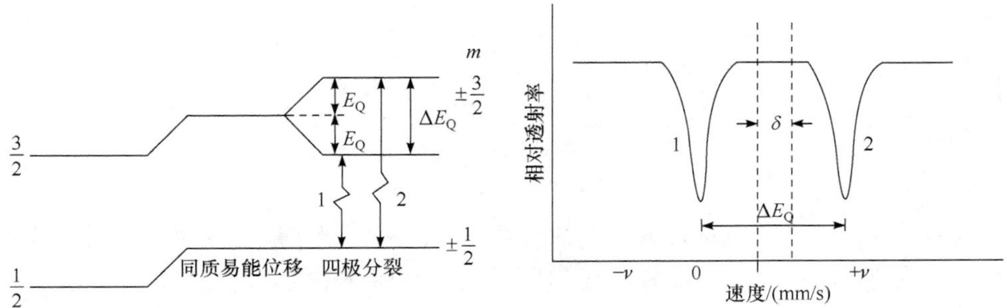

图 4.1.4　核能级和四极分裂

两个峰之间的距离叫作四极分裂. 两个峰的中心相对于零速度的位移称为中心位移. 对自旋为半整数的核来说，四极分裂形成(I+1/2)个能级，对自旋为整数的核，四极分裂为(2I+1)个能级. 若基态和激发态都具有大的核自旋(>1/2)，那么可以观察到更复杂的穆斯堡尔谱.

对于轴对称电场梯度，电四极矩相互作用引起的能级位移为

$$E_Q = \frac{e^2 qQ}{4I(2I-1)}\left[3m^2 - I(I+1)\right] \tag{4.1.31}$$

其中 $q = \frac{1}{e}\frac{\partial^2 V}{\partial Z^2}$ 为原子核处电场梯度的 Z 向分量，Q 为核的电四极矩，I 为自旋，m 为 I 在 Z 轴方向的投影，e 为电子电荷. 四极分裂用下式表示：

$$\Delta E_Q = \frac{e^2 qQ}{2I(2I-1)}\left[3m^2 - I(I+1)\right] \tag{4.1.32}$$

对 I=3/2 的情况，四极分裂间距为

$$\Delta E_Q = \frac{1}{2}e^2 qQ \tag{4.1.33}$$

对非轴对称的电场梯度，引进不对称参数η，那么

$$\Delta E_Q = \frac{e^2 qQ}{2I(2I-1)}\left[3m^2 - I(I+1)\right]\left(1+\frac{\eta^2}{3}\right)^{\frac{1}{2}} \tag{4.1.34}$$

而η与电场梯度的三个分量 V_{XX}、V_{YY}、V_{ZZ} 的关系为

$$\eta = (V_{XX} - V_{YY}) / V_{ZZ} \tag{4.1.35}$$

这三个分量间存在着下述关系：

$$V_{XX}+V_{YY}+V_{ZZ}=0 \tag{4.1.36}$$

这样仅存在两个独立的参数，一般选取 V_{ZZ} 和 η，而

$$V_{XX}=\frac{(\eta-1)}{2}V_{ZZ}$$

和

$$V_{YY}=-\frac{(\eta-1)}{2}V_{ZZ} \tag{4.1.37}$$

形成核位置处的电场梯度的电荷有两种：①穆斯堡尔原子核周围非对称分布的离子电荷，形成$(V_{ZZ})_1$；②穆斯堡尔原子的非对称分布的价电子，形成$(V_{ZZ})_2$. 总的电场梯度可写成

$$V_{ZZ}=(1-\gamma_\infty)(V_{ZZ})_1+(1-R)(V_{ZZ})_2 \tag{4.1.38}$$

式中 $(1-\gamma_\infty)$ 和$(1-R)$分别为离子电荷和价电子造成的内壳层电子畸变的修正因子. 对于 ^{57}Fe，$\gamma_\infty=10$，$R=0.25\sim0.35$. 二价高自旋态铁的 ΔE_Q 为 1～3mm/s，三价铁的 ΔE<1mm/s.

3. *磁致分裂*

磁致分裂又称磁的塞曼效应. 当核自旋 $I\neq0$ 时，核的磁矩为

$$\mu_N=g_N B_N I \tag{4.1.39}$$

式中 g_N 为朗德因子；$B_N=e\hbar/(2Mc)$为核的玻尔磁子，e 和 M 分别为质子的电荷和质量，c 为光速. 如果核处于磁场 H 中，那么磁场和磁矩μ_N之间存在着相互作用，形成$(2I+1)$个能级，其能量特征值为

$$E_m=-g_N B_N H_m \tag{4.1.40}$$

式中 $m=I$，$I-1$，…，$-I$. 所有能级的间距为 $g_N B_N H$. 例如，^{57}Fe 的第一激发态的自旋 $I_e=3/2$，基态自旋 $I_g=1/2$，图 4.1.5 给出 ^{57}Fe 能级的磁分裂和联合分裂情况以及相应的穆斯堡尔谱形(Oshtrakh, 2019)，同时也给出了磁相互作用和电四极相互作用同时存在时所引起的能级分裂.

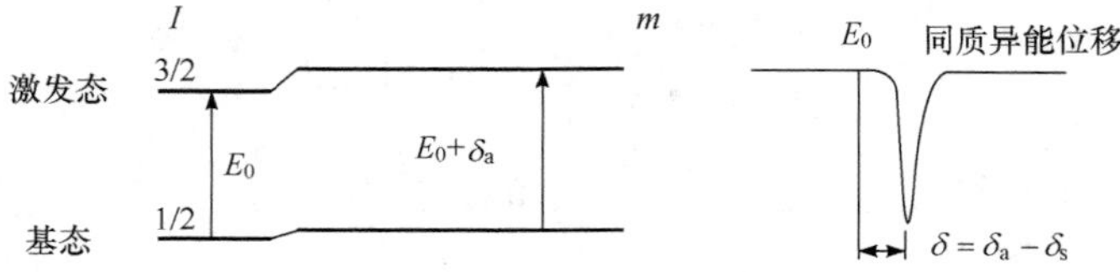

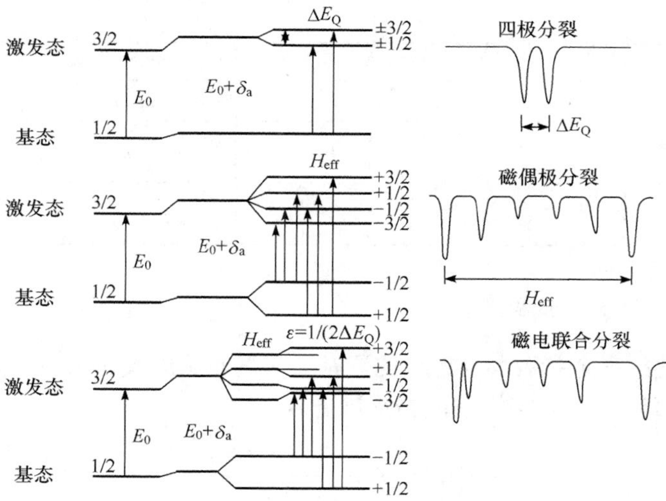

图 4.1.5　^{57}Fe 能级的磁分裂和联合分裂及相应的穆斯堡尔谱

γ 跃迁的选择定则为 $\Delta m=0,\pm1$，因此 ^{57}Fe 的 14.4keV 能级只允许六种跃迁. 这六种跃迁的强度比由它们的跃迁概率来决定. 设 θ 为磁场 H 和γ光子传播方向之间的夹角. ^{57}Fe 的穆斯堡尔谱的六条谱线相对应的γ跃迁能量为

$$\left.\begin{aligned}
E_6 &= E_0+\frac{3}{2}g_e B_N H+\frac{1}{2}g_g B_N H \\
E_5 &= E_0+\frac{3}{2}g_e B_N H+\frac{1}{2}g_g B_N H \\
E_4 &= E_0+\frac{3}{2}g_e B_N H+\frac{1}{2}g_g B_N H \\
E_3 &= E_0+\frac{3}{2}g_e B_N H+\frac{1}{2}g_g B_N H \\
E_2 &= E_0+\frac{3}{2}g_e B_N H+\frac{1}{2}g_g B_N H \\
E_1 &= E_0+\frac{3}{2}g_e B_N H+\frac{1}{2}g_g B_N H
\end{aligned}\right\} \tag{4.1.41}$$

表 4.1.1 给出了 ^{57}Fe 的各个跃迁的概率及其与夹角的关系.

表 4.1.1　^{57}Fe 的 14.4keV 跃迁的磁超精细分裂

γ跃迁	Δm	总跃迁概率	角分布	E
3/2→1/2	−1	3	$\frac{9}{4}(1+\cos^2\theta)$	E_6
−3/2→−1/2	+1	3	$\frac{9}{4}(1+\cos^2\theta)$	E_1
1/2→1/2	0	2	$3\sin^2\theta$	E_5

续表

γ跃迁	Δm	总跃迁概率	角分布	E
−1/2→−1/2	0	2	$3\sin^2\theta$	E_2
−1/2→1/2	+1	1	$\frac{3}{4}(1+\cos^2\theta)$	E_4
1/2→−1/3	−1	1	$\frac{3}{4}(1+\cos^2\theta)$	E_3

4. 线型、线宽和面积

上面所述的三个参数均与谱线位置有关，然而从谱线的线型、宽度、面积也可得到有关信息. 一个无核反冲的γ发射谱为

$$I(E)\mathrm{d}E = I_0 \frac{\Gamma^2/4}{(E-E_0)^2+\Gamma^2/4} \tag{4.1.42}$$

式中 E 为γ光子能量，E_0 为共振能量，Γ 为核能级的自然宽度，I_0 为共振时的强度. 实际上，由于其他各种原因(例如源或吸收体厚度影响)，谱线变宽. 实验中测到的穆斯堡尔谱线的半宽度 Γ_{exp} 为

$$\Gamma_{\text{exp}} = \Gamma_{\text{e}} + \Gamma_{\text{a}} + a\Gamma x \tag{4.1.43}$$

式中 Γ_{e} 和 Γ_{a} 分别为发射谱线和吸收谱线的自然宽度；a 为一系数；x 为有效厚度；$x = n_0 f_{\text{a}} \sigma_0$，$n_0$ 为每平方厘米中穆斯堡尔原子数，f_{a} 是吸收体无反冲的百分数，σ_0 为共振时最大截面，它是由核素决定的，铁原子的 $\sigma_0=2.35\times10^{-18}\text{cm}^2$. 当 $x=0$ 时，Γ_{exp} 是发射线和吸收线的自然宽度相加，即 $\Gamma_{\text{exp}}=2\Gamma$.

穆斯堡尔谱线的峰面积可以表示为

$$A = \frac{1}{2}\pi f_{\text{s}} f_{\text{a}} \sigma_0 \Gamma_{\text{exp}} G(x) n_0 \tag{4.1.44}$$

式中 f_{s} 和 f_{a} 分别为放射源和吸收体的无反冲分数，$G(x)$ 称饱和修正因子. 当 x 趋近零时，$G(x)$ 趋近 1；随着 x 增加，$G(x)$ 减小. 由谱线的面积比

$$\frac{A^1}{A^2} = \frac{n_{0,2}}{n_{0,1}} \tag{4.1.45}$$

可以测定吸收体在两个不同位置上穆斯堡尔原子的面密度.

4.2　穆斯堡尔效应的实验方法和仪器

当发射γ射线的原子核和吸收γ射线的原子核均被束缚在晶体的晶格位置时，

存在一定的概率会发生无核反冲的γ射线共振吸收. 为了在实验上明显地观察到γ射线共振吸收现象，通常是使发射核相对于吸收核有一速度 v 运动，产生多普勒能量位移，测量光子计数与相对速度 v 之间的关系，得到穆斯堡尔谱. 由于透射几何装置简单，不必用强γ源就可在探测器中记录到较高的计数率，故在大多数的穆斯堡尔谱学的实验中采用透射几何条件. 在某些情况下，使用散射几何条件更合适，例如表面分析、很薄或很厚的样品分析，无反冲概率较小的核的研究时，采用散射测量可提高信噪比，观察到的共振效应比透射实验中的明显很多.

4.2.1　透射几何条件测定穆斯堡尔谱

观察穆斯堡尔效应的透射式实验几何如图 4.2.1(a)所示.

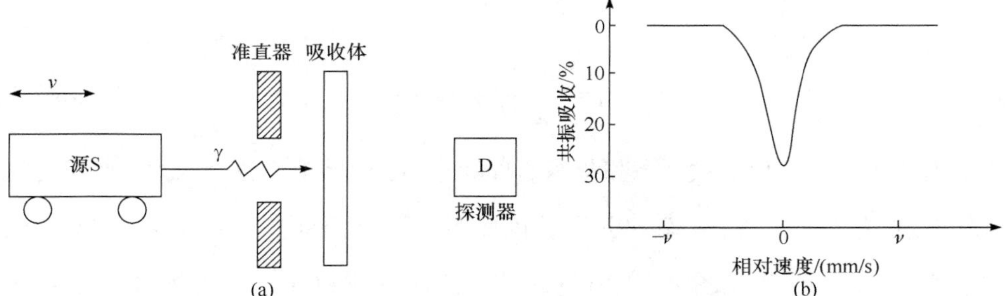

图 4.2.1　透射几何条件下实验安排及它的穆斯堡尔谱

当源和吸收体相对静止时，源发射的γ射线和吸收体吸收的γ谱线完全重叠，吸收的γ光子最多，而探测器记录到的γ光子最少. 如果去掉吸收体，探测器接收到的γ光子计数率为 N_0，中间放上吸收体后，被吸收体共振吸收的光子计数率为 n，到达探测器的光子计数率为(N_0-n). 吸收体在吸收了 n 个光子后处于激发态，当退激时，每秒钟在 4π 方向上发射的光子数为 n. 因此在探测器方向上，单位时间内测到的退激光子数为 $n\dfrac{\mathrm{d}\Omega}{4\pi}$，这里 $\mathrm{d}\Omega$ 为探测器对吸收体所张的立体角. 所以探测器在单位时间记录到的总光子数(假定它的效率是 100%)为

$$N = N_0 - n + n\frac{\mathrm{d}\Omega}{4\pi} \tag{4.2.1}$$

当源和吸收体之间有小的相对速度 v 时，谱线的重叠量减少，共振吸收的γ光子计数率变成 $n(n'<n)$，这时探测器记录到的γ光子计数率为

$$N' = N_0 - n' + n'\frac{\mathrm{d}\Omega}{4\pi} \tag{4.2.2}$$

显然，$N'>N$. 随着相对速度 v 的增大，探测到的γ计数增加. 当 v 增大到某一

值后，发射谱和吸收谱之间不存在重叠，探测器记录到的γ计数率为 N_0. v 再增加时，计数率保持不变. 实验时，速度调节范围为几毫米每秒.

按照式(4.1.42)，当源以速度 v 运动时，发射谱为 $I\left[E\left(1-\dfrac{v}{c}\right)\right]\mathrm{d}E$. 在吸收体后探测到的γ吸收谱应是γ发射谱和共振吸收因子的卷积，即

$$I(v)=\int_{-\infty}^{\infty} I\left[E\left(1-\frac{v}{c}\right)\right]\mathrm{e}^{-n_0\sigma(E)}\mathrm{d}E \tag{4.2.3}$$

式中 n_0 为吸收核的面密度，$\sigma(E)$ 是共振吸收截面，即

$$\sigma(E)=\sigma_0 f_0 \frac{\Gamma^2/4}{(E-E_0)^2+\Gamma^2/4} \tag{4.2.4}$$

而

$$\sigma_0=\frac{\lambda^2}{2\pi}\frac{2I_{\mathrm{e}}+1}{2I_{\mathrm{g}}+1}\frac{1}{1+\alpha} \tag{4.2.5}$$

式中 I_{e} 和 I_{g} 分别为核的激发态和基态的自旋，α 是内转换系数. 因为吸收核退激时除放射γ光子外，还有内转换过程，因此要乘上校正因子 $\dfrac{1}{1+\alpha}$. 透射实验几何测量到的穆斯堡尔谱见图 4.2.1(b). 横坐标为相对速度(对应于多普勒能移)，纵坐标为γ光子计数(共振吸收). 如果能移为 Γ 时，发射线的共振吸收消失，那么观察到的穆斯堡尔谱线的宽度 $\Gamma_{\exp}$ 等于 2Γ 或等于 $\Gamma_{\mathrm{s}}+\Gamma_{\mathrm{a}}$，能量分辨率为 $\dfrac{\Gamma_{\mathrm{s}}+\Gamma_{\mathrm{a}}}{E_0}$. 例如对于 ^{57}Fe 源，能量分辨率约为 6×10^{-13}.

4.2.2 散射几何条件测定穆斯堡尔谱

透射几何装置由于结构简单，不必用强γ源就可在探测器中记录到较高的计数率，广泛应用于大多数的穆斯堡尔谱学的实验. 但是，在一些特定条件下，例如在表面分析、很薄或很厚的样品分析，无反冲概率较小的核(共振能量较高)的研究时，采用散射测量可提高信噪比，观察到的共振效应比透射实验中的明显得多. 图 4.2.2 为散射几何条件下实验装置示意图及穆斯堡尔谱.

4.2.3 穆斯堡尔实验设备

穆斯堡尔谱仪的设备包括无反冲γ辐射源、源的驱动系统、γ射线探测器及其记录系统. 图 4.2.3 为实验设备框图.

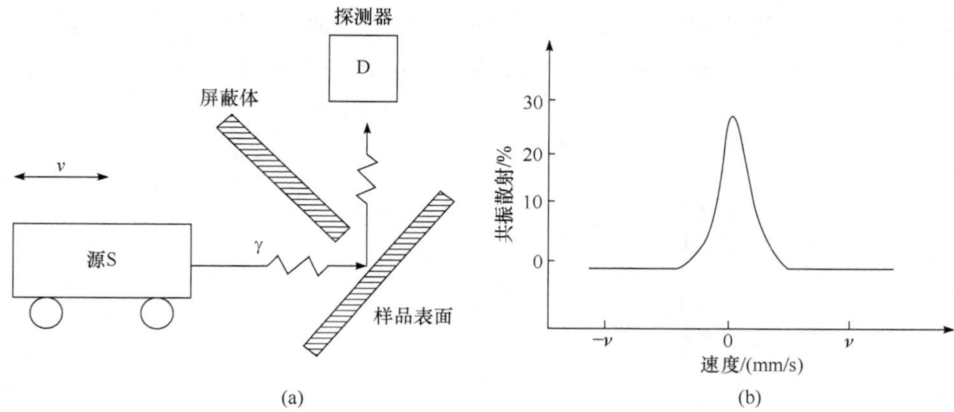

图 4.2.2　散射几何条件下实验装置示意图及它的穆斯堡尔谱

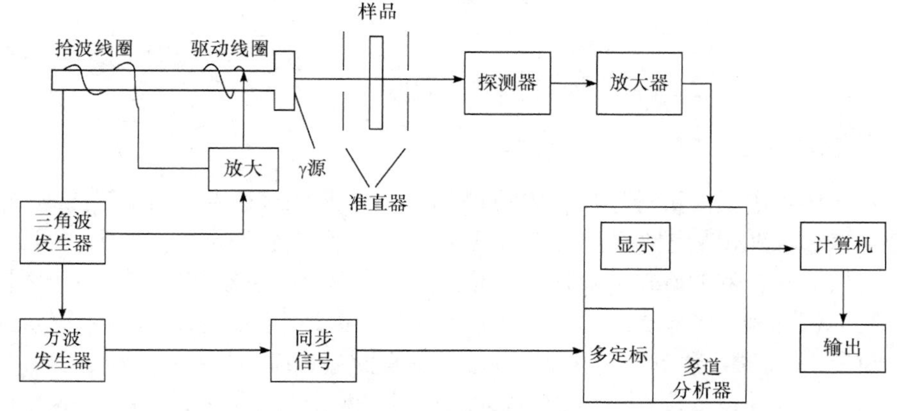

图 4.2.3　穆斯堡尔谱仪框图

1. 穆斯堡尔源

穆斯堡尔效应实验中的γ发射源有几种来源：一是发生电子俘获(例如 ^{57}Co 的衰变)、β 衰变(例如 ^{151}Sm 的衰变)、α 衰变(例如 ^{241}Am 的衰变)的放射性核素，它们衰变到子核(穆斯堡尔核)的激发态，然后发射γ射线；二是存在同质异能跃迁的核素(例如 ^{119m}Sn)；此外，用带电粒子束轰击靶物质进行库仑激发或核反应生成的核素. 图 4.2.4 为最常用的穆斯堡尔核 ^{57}Fe 和它的母核 ^{57}Co 的衰变图.

为了使穆斯堡尔效应明显，应选择同位素丰度高、内转换系数小、γ能量适中(5～160keV)的穆斯堡尔核. 放射源(母核)的半衰期要长，这样可免去经常更换源的麻烦.

穆斯堡尔谱学中，用得最多的是 ^{57}Fe 激发态所发射的 14.4keV γ 射线，迄今一半以上的穆斯堡尔研究工作是用它来做的. 其次是 ^{119}Sn 发射的 23.87keV γ 射线. 另一种方法是探测内转换电子，其基本原理是探测共振激发核所发射的内转换电子，该方法已发展成为内转换电子穆斯堡尔谱学(王广厚, 1985).

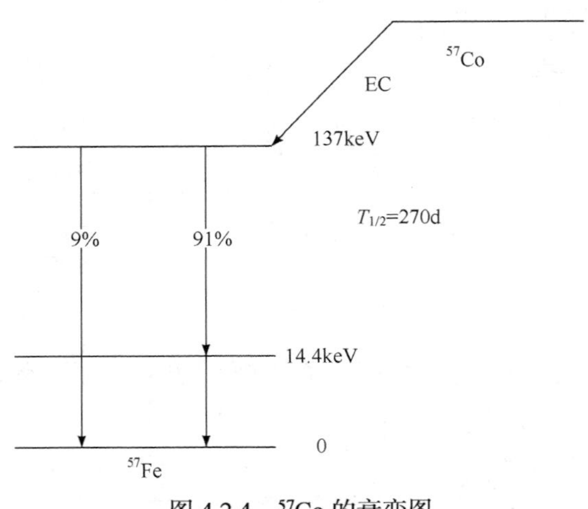

图 4.2.4　^{57}Co 的衰变图

2. 驱动系统

穆斯堡尔谱是测量透过吸收体的γ射线计数率与相对速度 v 的函数曲线，也称为速度谱. 驱动系统包括驱动装置和驱动电路. 驱动装置通常可分两类：一类是纯粹的机械运动，例如旋转的圆板或凸轮；另一类是电磁驱动装置，例如扬声器线圈或其他振动器. 在驱动方式上又可分为两类：一是等速运动，在某一固定速度下，测量γ射线的计数率，逐点改变速度，逐点测量相应的计数率，按这种方式工作的谱仪称为等速谱仪；另一类是放射源相对探测器做等加速运动(这时速度的增加量为常数)，用多道分析器作时间多定标(即速度扫描)测量(参见图 4.2.3)，对应的道数即为不同速度值，多道分析器的各道同时分别累计各种速度下γ射线计数，按这种方式工作的谱仪称为速度扫描谱仪.

电磁振动器由两个磁钢系统组成. 在一个磁钢系统的磁隙中安放驱动线圈，在另一个磁钢系统的磁隙中安放拾波线圈(速度测量线圈). 当驱动电流经过驱动线圈时，线圈运动，带动铝制的连杆一起运动，粘在连杆上的放射源也跟着运动，同时与连杆相连的拾波线圈也跟着运动，于是在拾波线圈上产生的感生电动势为

$$\varepsilon = -Blv \tag{4.2.6}$$

式中 B 为磁感应强度，l 为线圈长度，v 为运动速度. 感生电压与线圈运动速度成正比，示波器所获得信号与三角波发生器信号做比较，经差分放大器再反馈到驱动器，使放射源的运动速度与时间成正比变化. 方波发生器同时控制多道分析器(或用多道分析器的地址进位脉冲控制三角波发生器)，使三角波发生器和多道分析器的多定标电路同步工作，图 4.2.5 是同步测量结果.

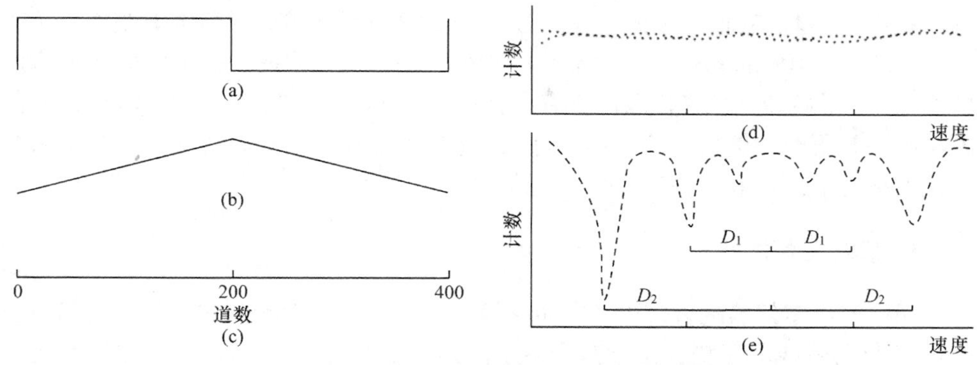

图 4.2.5　多道分析器多定标和驱动器同步测量的结果

从多定标线路中抽出方波(图 4.2.5(a))，积分后成为三角波(图 4.2.5(b)). 多道分析器的总道数(图 4.2.5(c))代表相对速度 v 的变化范围，每一道相当于一个相等的速度增量(或减量)，并且每道停留时间相等. 没有吸收体时计数是一条平的线(图 4.2.5(d))；当放进吸收体后，各种速度成分产生的吸收情况不一样，这样，记录各种驱动速度下的γ计数，随着测量时间(即驱动重复周期数)的增加，会得到对称的穆斯堡尔谱(图 4.2.5(e)).

多道分析器记录的穆斯堡尔谱的道数与速度的对应值，在实验上必须精确地进行绝对定标. 最简单的办法是用标准谱来标定. 例如纯铁的穆斯堡尔谱由六条谱线组成，已经准确测出它们的位置和它们之间的间隔(参见图 4.2.5(e)). 于是可以用来标定速度与道数的关系. 另外也可用光学中的干涉方法来标定(夏元复等, 1984).

3. 探测器和其他附属设备

穆斯堡尔实验中的γ射线探测和计数系统，是一些常规的核物理实验测量设备. 大多数穆斯堡尔源发射的γ射线有多种能量，因此要选取合适的探测器. 常用的有 NaI(Tl)闪烁计数器、正比计数器、Ge(Li)半导体探测器.

由于式(4.1.9)的多普勒效应造成γ谱的能量位移与θ角有关，所以探测器半径 R_D 的选择有一定的限制. 可用 R_D 与它和源之间距离 L 之比(R_D/L)来衡量 $\cos\theta$ 项的影响. 如果 R_D/L 大，则谱线会展宽和移位，这就是余弦效应. 为了克服余弦效应，通常取 $R_D/L<0.05$. 对于弱的放射源，只好增大 R_D/L 值.

4. 吸收体

一般在穆斯堡尔实验中，样品以吸收体形式出现. 主要使用的是固体样品，也可用冷冻溶液样品. 制备样品时，应考虑吸收体的厚度对谱的线型和线宽的影响. 为了减小厚度对谱宽度的影响，对于 Fe 的穆斯堡尔谱，样品中天然铁的面密度一般取 5～10mg/cm². 样品中晶粒的排列会择“优”取向，使电四极双峰的强度不等. 为了破坏这种择优取向，有人将样品粉末(>100 筛孔)与蔗糖混合，并在丙酮中一起研磨，然后喷洒在铝箔之间. 样品的直径视放射源活性区的面积和准直孔大小而定，一般为 1～2cm.

5. 穆斯堡尔仪器

在穆斯堡尔仪器的设计中，非常关键的一点是对其探测到的共振能量范围的选择. 对于γ射线源探测，由于其产生了高计数率的γ射线，需要相应的穆斯堡尔谱仪具有高速数据处理能力. Moritz Jahns 等采用基于 Arduino 的穆斯保尔谱仪(Moritz et al., 2019)，如图 4.2.6 所示，获得了高信噪比及二维(2D)可扩展性能的穆斯堡尔谱仪器.

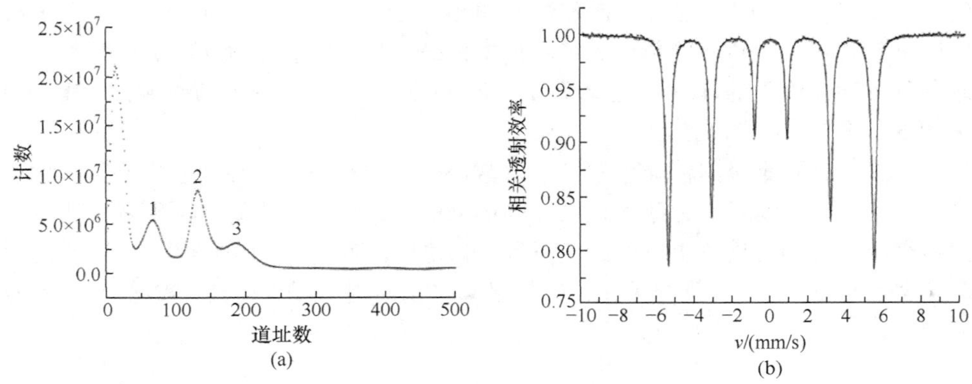

图 4.2.6　(a)^{57}Co 能谱，(1) 7.05keV，(2) 14.41keV，(3) 20.81keV；(b)^{57}Fe 穆斯堡尔谱

4.2.4　穆斯堡尔实验中的数据处理

实验测得穆斯堡尔谱后，可采用计算机程序对谱线进行拟合处理，从而求得精确的穆斯堡尔参数. 一般将穆斯堡尔谱图归纳为一些洛伦兹曲线之和，把共振吸收峰的位置、高度、宽度及其修正量作为独立拟合参数，用最小二乘法拟合，经多次迭代得到最佳值. 迄今，已发展了许多穆斯堡尔谱的计算机解谱程序，读者可参考如下文献的评述(夏元复等, 1984; 李士等, 1981; 蔡廷璜和夏克定, 1980).

在获谱过程中，穆斯堡尔源除有用的穆斯堡尔辐射外，常伴随有其他一些γ辐射和 X 射线辐射. 谱仪中使用的探测器、核计数系统和实验的几何安排等，也常会影响穆斯堡尔谱的质量.

1. 立体角效应

在试验中，源与探测器的距离越近，必然会提高接收射线的立体角，探测器的计数率越高，获得谱的时间越短. 这是所希望的，但是太近时会造成谱畸变，主要使谱线本底基线偏离水平直线，距离越近畸变越厉害. 这是由于源和吸收体的相对运动具有一定幅度，在不同位置上探测器所张的立体角不同，造成进入探测器的γ光子数目随源的位置而变化引起的. 一般由实验谱确定初估值，然后在曲线拟合时加以确定.

2. 余弦效应

由源或样品发射出的γ射线并不是全部平行进入探测器. 因为探测器有一定孔径，所以就有一定量的γ射线斜入射进入探测器. 因此具有单一多普勒速度的γ光子，由于入射方向不同，实际多普勒速度不再相同，而是限于 $v \sim v\cos\theta$ 范围内. 这等效于多普勒能量处于一定范围内，就会使得谱线向同一个方向加宽，同时也会影响速度标定. 为了减小余弦效应的影响，可以保持探测器-源、样品-探测器有足够的距离.

3. 厚度效应

源和吸收体的厚度会使谱线增宽，同时也会影响谱的基线值. 所以要根据具体的要求选择合适的厚度.

4.3　穆斯堡尔效应的应用

穆斯堡尔效应的应用范围极广. 在物理学领域中，这一效应是进行基础研究的卓越手段. 例如，在相对论研究中，验证相对论效应的一些重要结论；在核物理研究中，确定原子核激发态参数(核寿命、电四极矩、g 因子等)，并以此来检验核模型的正确性；在固体物理研究中，研究原子的运动、固体相变特性、电子的状态、固体缺陷等. 在化学领域中，穆斯堡尔效应可用来研究原子核所处的化学环境，得到电子密度、化学键等信息. 在生物学领域中，利用 ^{57}Fe 的穆斯堡尔效应，可对蛋白质分子和催化酶进行研究. 在矿物学、考古学、环境科学等领域中，穆斯堡尔效应也是重要的研究手段. 穆斯堡尔效应还可以与其他分析手段配合使用进行材料分析.

4.3.1　穆斯堡尔效应在固体物理、矿物学、化学、生物学中的应用

1. 固体物理中作相分析

在合金和化合物中，穆斯堡尔原子核可能处于不同的配位环境之中，这样造

成的能级位移和分裂不同，其相应的穆斯堡尔谱就会有差别，故穆斯堡尔谱可以鉴定固体的物相. 兰州大学刘晓星等(2017)制备了不同掺杂浓度的$Ca_{1-x}Pr_xFe_2As_2$(x=0.06, 0.1)单晶，对其结构、电磁性能进行表征，并系统研究其变温穆斯堡尔谱，通过合金中的超精细相互作用来研究这一体系中晶体结构、磁性以及超导电性的相互关联.

对于表示磁性材料的特征来说，穆斯堡尔谱学有相当普遍的应用，其中包括对固态物相的鉴定. 如果材料不止一种含铁的相. 那么每一种相都对应它自己的穆斯堡尔谱. 可与已知相的穆斯堡尔标准谱相比较. 这与采用 X 射线衍射图样分析的方法是一致的. 当然，穆斯堡尔谱学在这方面的应用远不及 X 射线衍射那样普遍. 但穆斯堡尔效应的灵敏度高，可以检测到有些 X 射线检测不出来的第二相.

2. *矿石、陨石样品分析*

铁是自然界中分布广泛的元素，在大多数矿物中都含有铁元素；而 ^{57}Fe 又是最合适的穆斯堡尔核. 因此 ^{57}Fe 的穆斯堡尔谱学已成为研究矿物学的一种重要工具. 对矿物中 Fe^{2+}和 Fe^{3+}的测定，可以得到有关矿物地球化学演变历史等信息.

图 4.3.1(a)和(b)是采用德国 Wissel 等加速驱动型穆斯堡尔谱仪，对淮北矿区煤系高岭石中不同价态 Fe 的晶格取代进行了穆斯堡尔谱测试(刘令云等, 2019). 对其穆斯堡尔谱图拟合结果分析可知，煤系高岭石中的 Fe 占位主要为六配位 Fe^{2+}和四配位 Fe^{3+}，此外还有极少量的六配位 Fe^{3+}, 3 种 Fe 的含量由多到少为六配位 Fe^{2+}>四配位 Fe^{3+}>六配位 Fe^{3+}. 该分析结果在一定程度上证明了煤系高岭石中上述 3 种铁离子的存在.

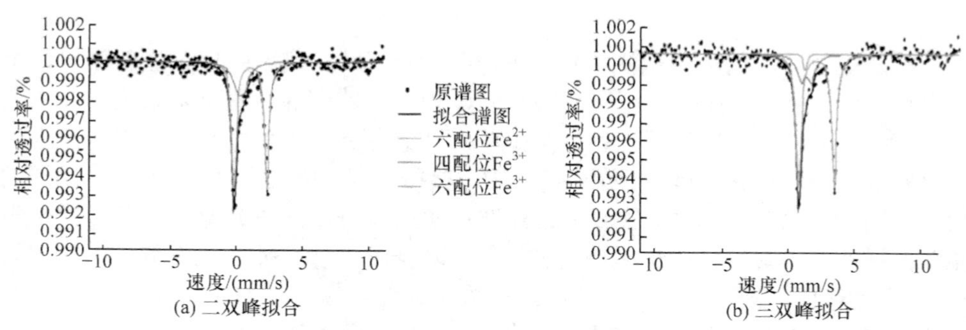

(a) 二双峰拟合　　(b) 三双峰拟合

图 4.3.1　煤系高岭石的穆斯堡尔谱图

图4.3.1彩图

3. *核的周围化学环境分析*

在化学领域中，由化学移(同质异能移位)得到核所在处的电子密度，从而给出关于化学键性质的详细信息. 影响化学移的电子密度主要决定于价电子的组态. Шпинель 等研究了 Sn 的四价化合物 SnI_4、$SnBr_4$、SCl_4、SnF_4 的化学移. 图 4.3.2

表示他们的实验结果，纵坐标表示这些元素的四价化合物相对于 SnO_2 的化学移，横坐标表示 I、Br、Cl、F 的电负性. 从图中看到，元素的电负性越大，它所吸引的电子越多，在 Sn 核处的电子密度减小，因此化学移越小(^{119}Sn 的δR>0).

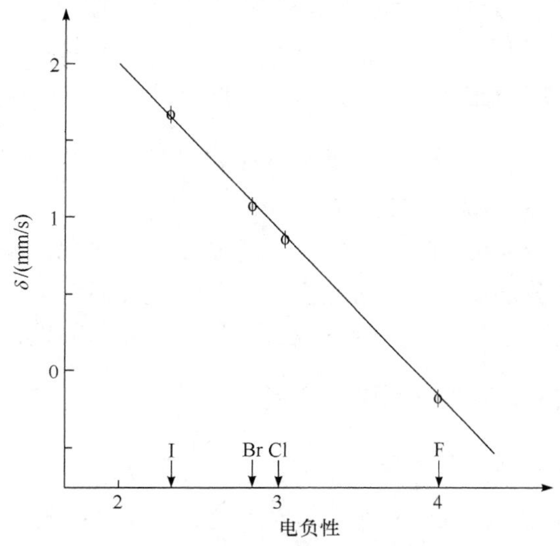

图 4.3.2　不同的锡化合物中的化学移与电负性的关系

由不同的化合物可以获得不同的共振吸收速度谱，例如铁的二价化合物的化学移一般大于三价化合物的化学移，因此可用来做化学分析.

经受辐照的物质因为辐照的剂量不同，得到的穆斯堡尔谱有很大的变化. 因此可以研究物质受辐照后引起的化学效应和核衰变时引起的化学效应.

4. 生物医学研究

近几十年来，穆斯堡尔谱仪在生物医学研究领域大体可概况为以下几类：

(1) 研究含铁生物分子在病理过程中定量变化，如对人体神经衰退相关的脑组织进行研究(Kulinski et al., 2016)，旨在对特定生物分子脑细胞中的 Fe 元素进行观察，分析 Fe 的质量或数量的差异变化.

(2) 研究不同环境因子(物理、化学、生物)对含铁生物分子的影响.

(3) 利用穆斯堡尔核素在生物体内的输运过程来研究代谢过程.

(4) 研究动态过程.

(5) 研究包含穆斯堡尔核素的药物化合物及血液制品.

(6) 其他研究. 诸如用 ^{57}Fe、^{57}Co、^{119}Sn、^{153}Sm、^{197}Au 核素进行生物学研究.

4.3.2　穆斯堡尔效应与沟道技术的组合应用

穆斯堡尔效应可用于研究晶体缺陷和确定杂质原子位置. 用同位素分离器、

库仑激发反冲和核反应等方法把放射性核注入到材料中去，然后测量它的穆斯堡尔谱(张桂林, 1985).

在离子注入的样品中，将穆斯堡尔效应与沟道效应配合起来测量晶格定位有独特优点(汤家镛等, 1984). 例如 ^{119}Sn 注入到 GaP 样品中，看 Sn 原子是否处在 Ga 位置. 在沟道实验中，从$\langle 111\rangle$和$\langle 110\rangle$不可轴向测定沟道坑，可以定出 Sn 是处在 Ga 位还是处在 P 位. 沟道坑的角宽度由沿着原子列的平均核电荷决定，正比于$(Z_2/d)^{\frac{1}{2}}$，对 GaP 的$\langle 111\rangle$方向，所含 Ga 和 P 的原子数相等. 在替位的杂质，它的沟道坑与基体 Ga 和 P 的沟道坑应一致. 在$\langle 110\rangle$方向，含有纯的 Ga 行列和 P 行列，导致不同的 $\Psi_{1/2}$. Ga 的 $\Psi_{1/2}$ 要比 P 的 $\Psi_{1/2}$ 大 1.25 倍. 测量杂质的沟道坑曲线，看它的 $\Psi_{1/2}$ 与哪个基本元素更接近，然后来定它的替位. 实验证实 ^{119}Sn 是处于 Ga 的位置上，而从穆斯堡尔谱线分析也可以定出 ^{119}Sn 处在 Ga 位.

4.3.3　穆斯堡尔效应在其他学科中的应用

1. 检验光在重力场中红移效应

R. V. Pound 和 G. A. Rebka 在实验室里检验了相对论预言的光在重力场中的红移效应. 当放射源放在比吸收体高出 h 的另一水平位置上时，由于它们处于不同的重力场势，放射源发射的γ射线相对于吸收体有一频率移动 $\Delta\nu=\nu'-\nu_0$. 根据计算，$(\nu'-\nu_0)/\nu=gh/c^2=h\times1.09\times10^{-18}$，当 h=22.5m 时，$\Delta\nu/\nu=2.45\times10^{-15}$. 用穆斯堡尔谱仪可以测到$\Delta\nu$的值. 现在发现$\Delta\nu$的实验值与理论值之比为 1.05±0.10. 验证了重力红移效应. 实验中温度控制极为严格，放射源和吸收体的温度偏差为 0.6℃.

2. 测量激发态核参数

穆斯堡尔效应可以用来直接测量原子核的第一激发态寿命. 用发射 129keV γ 射线的 ^{191}Os 作为发射体(129keV 是 ^{191}Ir 的第一激发态，^{191}Ir 是由 ^{191}Os 衰变来的)，用 ^{191}Ir 作为吸收体. 当放射源速度为零时，共振吸收最大，改变速度时吸收减小. 从得到的穆斯堡尔谱线的半宽度可求得寿命. 实验得到 $\Gamma=(4.6\pm0.6)\times10^{-6}$eV，相应的寿命$\tau=(1.4\pm^{0.2}_{0.1})\times10^{-10}\text{s}$. 由于核与周围环境的相互作用，实验所得能级宽度偏大，因此仅给出寿命的下限值. 用该法测量的寿命范围为 10^{-12}～10^{-6}s.

3. 作低温计

如果吸收体处在很低的温度，$k_{\rm B}T\approx\mu_{\rm g}H$，那么对于 ^{57}Fe 核来说，其基态 m=1/2 和 m=−1/2，在热平衡时核的数目不相等. 根据玻尔兹曼分布，能量较低(如 m=−1/2)的核数目要比 m=1/2 的核多. 于是跃迁到 14.4keV 激发态的数目也不一样，形成的共振吸收强度也不一样，因此穆斯堡尔谱的强度也不一样. 这种强度的不对称程度的度量也就成了吸收体的极低温度的度量.

4. 考古

古陶瓷片的穆斯堡尔参数与其原料产地，以及不同产地和年代所使用的颜料(铁化合物)和加工工艺，都有一定的关系，再配合其他分析手段，可解决陶瓷考古问题. 另外，通过穆斯堡尔谱学鉴别颜料中铁的状态，也可用于艺术珍品的考古研究.

参 考 文 献

蔡廷璜, 夏克定, 1980. 穆斯堡尔谱的分解和参数抽取[J]. 核技术, (5):14-19, 63.

李士, 李哲, 王启鸣, 1981. 穆斯鲍尔谱的最小二乘法拟合, 剥离, 剥离拟合法[J]. 原子能科学技术, 15(6):671-676.

刘令云, 闵凡飞, 陈军, 等, 2019. 不同价态 Fe 在煤系高岭石中晶格取代的 DFT 研究[J]. 中国矿业大学学报，48(4):214-221.

刘晓星，2017. 铁基高温超导的穆斯堡尔谱研究[D]. 兰州：兰州大学.

汤家镛，葛启云，陆福全，等，1984. 用沟道效应研究束箔离子的极化机制[J]. 物理学报，33(12):1740-1744.

王广厚，1985. 内转换电子穆斯堡尔谱学[J]. 物理, 14(4):210-214.

夏元复，叶纯灏，张健，1984. 穆斯堡尔效应及其应用[M]. 北京：原子能出版社.

薛缪栋, 张桂林, 刘联璠, 等, 1978. 多通道穆斯鲍尔谱仪[J]. 核技术，(1):17-25.

杨福家，1985. 原子物理学[M]. 上海：上海科学技术出版社.

张桂林, 1985. 离子注入穆斯堡尔光谱学[J]. 物理学进展, 5(4):95-123.

张毓昌，1983. 核技术成果选编[M]. 北京：科学普及出版社.

Gibb T C, 1992. Principles of Mössbauer spectroscopy[J]. Physics and Chemistry of the Earth, 18(7):1-46.

Gonser U, 1975. Mössbauer Spectroscopy[M]. German：Springer. (中译本：贡泽尔编，徐英庭，李哲，李国栋，等译，1979. 穆斯堡尔谱学[M]. 北京：科学出版社.)

Gruverman I J, Seidel C W, Kostiner E, 1966. Mssbauer Effect Methodology[M]. New York：Springer Science+Business Media.

Kulinski R, Bauminger E R, Friedman A, et al., 2016. Iron in typical and atypical parkinsonism——Mössbauer spectroscopy and MRI studies[J]. Hyperfine Interactions, 237(1):1-8.

Moritz J, Stephen K, Dominik N, et al., 2019. An Arduino based Mössbauer spectrometer[J]. Nuclear Inst. and Methods in Physics Research, A, 940: 116-118.

Mössbauer R L, 1958. Kernresonanzfluoreszenz von gammastrahlung in Ir^{191}[J]. Z. Physik, 151:124-143.

Oshtrakh M I, 2019. Applications of Mössbauer spectroscopy in biomedical research[J]. Cell Biochemistry and Biophysics, 77(1):15-32.

第 5 章 核 磁 共 振

核磁共振 (nuclear magnetic resonance，NMR)技术是一种用来检测和研究物质结构及其特性的近代实验技术. 核磁共振现象是非零磁矩的原子核在外部磁场作用下，核自旋简并能级发生塞曼分裂，并共振吸收特定频率射频能量的物理过程. 核磁共振又被称为磁共振，它相对安全，没有原子核的放射性污染问题. 基于核磁共振的原理，研制出了核磁共振波谱仪以及核磁共振成像仪等装置，并已成为医学、化学、物理、生物、医药等领域中最重要的仪器分析手段之一.

5.1 核磁共振基本原理

5.1.1 核磁共振发展简史

核磁共振现象是 1946 年由斯坦福大学的 Felix Bloch(1905～1983)和哈佛大学的 Edward Mills Purcell(1912～1997)两个人分别独立领导的研究团队发现的. Bloch 在液体水、Purcell 在石蜡中观察到了 ^1H 的 NMR 现象. 他们使用与主磁场垂直方向上适当的射频波对进动的原子核进行激励，该激励使得其章动角增大. 停止激励后原子核又恢复至激励前的状态，并发射出与激励电磁波同频率的射频波信号(即核磁共振信号). Bloch 和 Purcell 由于 NMR 现象的发现获得了 1952 年的诺贝尔物理学奖.

NMR 现象发现以后，一门新兴的边缘学科逐步形成——核磁共振波谱学(nuclear magnetic resonance spectroscopy，NMRS)，其在有机化学、生物化学、药物化学等方面应用广泛；在石油工业、橡胶工业、食品业、医药工业、矿业等方面都发挥着重要作用.

5.1.2 核磁共振基本原理

1. *原子核的角动量与磁矩*

原子核是由质子和中子组成，质子带正电荷，中子不带电荷，故原子核带正电. 原子核除具有电荷和质量外，许多原子核还具有自旋角动量. 核自旋角动量用 $\boldsymbol{p}$ 表示，它的绝对值由下式决定：

$$|\boldsymbol{p}| = \hbar\sqrt{I(I+1)} \tag{5.1.1}$$

I 称为核自旋量子数，可以取零、整数或半整数. 按照量子力学原理，核自旋角动量在外磁场方向上的投影只能取一些不连续的数值，约定外磁场方向为 z 方向，自旋角动量在 z 方向的投影值

$$p_z = m\hbar,\ m = I,\ I-1,\ I-2,\cdots,-(I-1),-I \tag{5.1.2}$$

m 可以取 $2I+1$ 个值中的某一值，在外磁场作用下，原来简并的能级，现在按不同的 m 值发生能级分裂，通常称之为塞曼(Zeeman)分裂，所以 m 称为磁量子数(高汉宾和张振芳, 2008). 原子核既有电荷又有自旋，因此就具有相应的磁矩 $\boldsymbol{\mu}$，它和自旋角动量 $\boldsymbol{p}$ 之间有如下关系：

$$\boldsymbol{\mu} = \gamma \boldsymbol{p} \tag{5.1.3}$$

γ 称为旋磁比(gyromagnetic ratio)，其值可正可负，是由核本身性质所决定的. 由于核磁矩 $\boldsymbol{\mu}$ 和自旋角动量 $\boldsymbol{p}$ 之间有上述关系，所以 $\boldsymbol{\mu}$ 在 z 轴上的投影 $\mu_z = \gamma p_z = \gamma\hbar m$，最大投影 $\mu_{z,\ \max}$ 和 $\boldsymbol{\mu}$ 的绝对值分别为

$$\mu_{z,\ \max} = \gamma\hbar I \tag{5.1.4}$$

$$|\mu| = \gamma\hbar\sqrt{I(I+1)} \tag{5.1.5}$$

核磁矩 $\boldsymbol{\mu}$ 与外磁场的作用而获得的附加能量随磁矩在外磁场中的不同取向而不同，规定垂直于磁场的附加能量为零，则 $\mu_z > 0$ 的附加能量为负，$\mu_z < 0$ 的附加能量为正. 在外磁场中核磁矩的附加能量

$$E = -\mu \cdot B_0 = -\mu_z B_0 = -\hbar\gamma B_0 m,\ B_0 = |B_0| \tag{5.1.6}$$

式中，B_0 为磁感应强度. 可见，原子核在外磁场中的能量也是量子化的，只能取一些确定的方向，如图 5.1.1 所示，核磁矩在外场方向上的投影也是量子化的，只能取一些不连续的值.

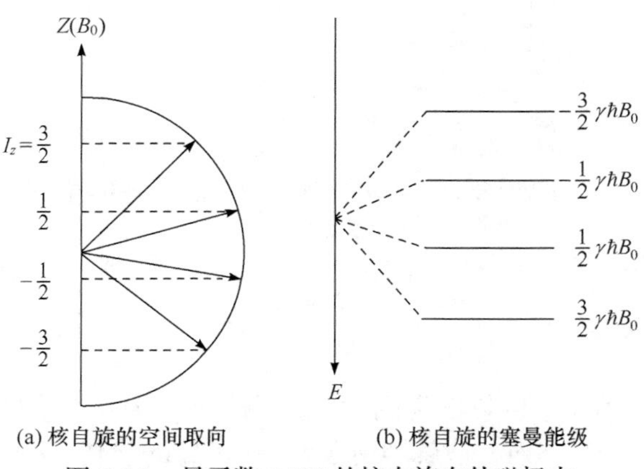

(a) 核自旋的空间取向　　(b) 核自旋的塞曼能级

图 5.1.1　量子数 I=3/2 的核自旋在外磁场中

$$I_z = I,\ I-1,\ I-2, \cdots, (-I+1), -I \tag{5.1.7}$$

在外磁场作用下使原来简并的能级分裂成 $2I+1$ 个能级，这些能级称为塞曼能级，两个相邻能级的能量差 $\Delta E = \hbar\gamma B_0$，图 5.1.1 是自旋量子数 I=3/2 的核在外磁场中的塞曼能级.

2. 核磁共振

当两个振动的频率相等时，这两个振动就会发生共振，核磁共振也是一种共振现象. 核磁共振的量子力学观点认为，核磁矩在磁场中有不同的能量状态(核磁能级)，用适当频率的电磁辐射照射原子核，如果电磁辐射光子的能量 $h\nu$，恰好为两个相邻能级之差 ΔE，原子核就会吸收这个光子. 发生核磁共振的频率条件是

$$h\nu = \gamma\hbar B = \gamma h B/(2\pi) \quad 或 \quad \omega = 2\pi\nu = \gamma B \tag{5.1.8}$$

式中，ν 为频率，ω 为圆频率. 对于确定的核，磁旋比 γ 可被精确测定. 通过测定核磁共振时辐射场的频率 ν，就能确定磁感应强度；反之，若已知磁感应强度，即可确定核的共振频率. 让处于外磁场中的自旋核接受一定频率的电磁波辐射，当辐射能量恰好等于自旋核两种不同取向的能量差时，处于低能态的自旋核便吸收电磁辐射能跃迁到高能态. 这种现象称为核磁共振.

从核磁共振的经典力学观点来看，自旋量子数不为零的原子核放到磁场中会产生进动，进动时的磁矩与磁场的夹角 Q 受磁量子数制约. 对于 ^{1}H 核来说，它相对外磁场只有两种取向：一种低能级状态；一种高能级状态. 当外来电磁波辐射频率 ν 与拉莫尔进动频率 ω 相等时，低能级状态的氢核就跃迁到高能级进动状态，产生共振吸收信号.

由于拉莫尔进动频率为

$$\omega = 2\pi\nu = \gamma B \tag{5.1.9}$$

所以

$$\nu = \frac{\gamma}{2\pi} B_0 \tag{5.1.10}$$

可以看出，对于同一个原子核，外磁场越强，共振频率越高(乔梁和涂光忠, 2009).

5.1.3 饱和与弛豫

1. 玻尔兹曼分布

当无外磁场存在时，以氢核为例，大量氢核中 m 为+1/2 和−1/2 的核数目是相等的. 但是，当磁场存在时，核就倾向于取 m=+1/2 的状态，即与磁场同向，这样处于低能级的核就占优势. 但因室温时热能比核磁能级差要高几个数量能级，势

运动要破坏这种倾向，当达到热平衡时，两种状态的氢核服从玻尔兹曼分布.

$$\frac{n_1}{n_2} = \mathrm{e}^{-\Delta E/(k_\mathrm{B}T)} \tag{5.1.11}$$

式中，n_1 和 n_2 分别代表处于高能态和低能态的氢核数；k_B 为玻尔兹曼常量；T 为绝对温度. 一般在室温条件下处于低能态的核比高能态的核只多百万分之七，而核磁共振就是依靠这部分稍微过量的低能态的核吸收射频能量产生共振信号的. 因此，核磁共振的灵敏度比较低，比紫外、红外和质谱仪所用的样品量要多很多(刘敏等, 2014).

2. 弛豫

因为低能级的核略占优势，所以有共振信号. 如果这种跃迁持续下去，低能级的核总数就会不断减少. 如果高能级的核没有其他途径回到低能级，经过一段时间后，两能级的粒子数就趋于相等，达到饱和，即不再有净吸收，则得不到核磁共振信号. 事实上，在核磁共振中，高能级的核通过“弛豫”过程回到低能级.

无外磁场作用时，核自旋的方向是杂乱无章的，自旋系统的宏观磁矩为零. 当外加磁场 B_0 后，核自旋空间取向从无序向有序过渡，自旋系统的磁化矢量 M_z 从零逐渐增加，当系统达到热平衡状态时，磁化强度达到稳定值 M_0. 系统处于平衡位置时 $M_z = M_0$， $M_{x,y}$ =0，这个过程对于不同样品所经历的时间是不一样的.

如果自旋系统受到某种外界作用(如射频场作用)，磁化矢量就会偏离平衡位置，这时 $M_z \neq M_0$， $M_{x,y} \neq 0$，当外界作用停止后，自旋系统这种不平衡状态不能维持下去，而是要自动地向平衡状态恢复，这个恢复过程也需要一定时间. 自旋系统从不平衡状态向平衡状态恢复的过程，称为弛豫(朱波, 2013). 在核磁共振中，弛豫过程分两类：一类是自旋-晶格弛豫；另一类是自旋-自旋弛豫.

(1) 自旋-晶格弛豫：在此过程中，一些核由高能态回到低能态，其能量转移到周围粒子中去，如在固体样品中传递给晶格，在液体样品中传递给周围分子或溶剂分子等. 弛豫的结果使高能态的核数减少. 因此全体核的总能量下降，自旋-晶格弛豫也称为纵向弛豫. 自旋-晶格弛豫过程需要一定时间，通常用半衰期 t_1 表示. t_1 越小表示弛豫过程效率越高，t_1 越大则效率越低，容易达到饱和. t_1 的数值与核的种类、样品状态和温度有关. 固体的振动和转动频率比较小，不能有效地产生纵向弛豫，所以 t_1 值很大，有时可达几小时或更长，气体及液体的 t_1 值则很小，一般在 10^{-2}～100s 的范围内.

(2) 自旋-自旋弛豫：自旋-自旋弛豫也称为横向弛豫，是一个核的能量被转移至另一个核，而各种取向核的总数未改变的过程. 当同一类的两个相邻的核具有相同进动频率而处于不同的自旋状态时，每一个核的磁场就能相互作用而引起能态的相互变换. 横向弛豫过程用半衰期t_2表示. 固体和黏稠液体因为核的相互位置比较固定，有利于核磁间能量转移，所以t_2一般很小，气体及液体的t_2为 1s 左右.

弛豫时间虽有t_1和t_2之分，但对于每一个核来说，它在某一较高能级所停留的平均时间取决于t_1和t_2中的最小者.

弛豫时间对谱线的宽度影响很大，按照不确定性原理

$$\Delta E \cdot \Delta t \approx h$$

因为$\Delta E = h \cdot \Delta t \cdot \nu$，所以

$$\Delta \nu = \frac{1}{\Delta t} \tag{5.1.12}$$

即谱线宽度与弛豫时间成反比. 固体样品t_2很小，所以谱线非常宽，要得到高分辨谱，样品应先配成溶液，用液体高分辨谱仪来测试. 由弛豫引起的谱线加宽是自然线宽，不能由仪器改进而变窄. 如果需测试固体图谱，就需用特殊的技术，并且仪器要配有专用的魔角旋转的固体探头.

5.2 核磁共振装置

5.2.1 核磁共振装置的分类

核磁共振装置(图 5.2.1)一般按用途可分为核磁成像仪和核磁共振谱仪；按工作方式分类可分为连续波核磁共振仪和脉冲傅里叶变换核磁共振仪.

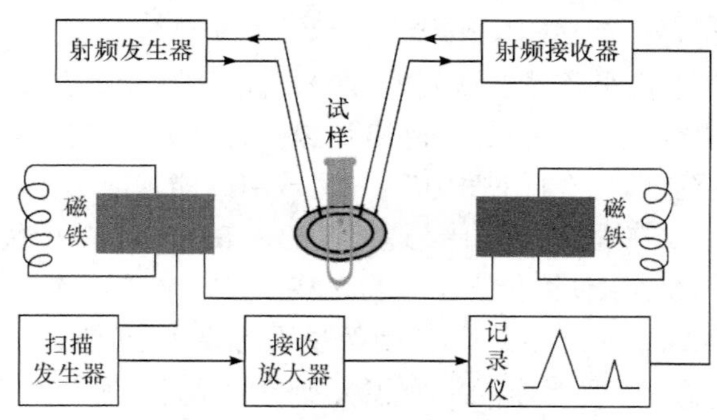

图 5.2.1 核磁共振装置简图

本节内容主要介绍脉冲傅里叶变换 NMR 谱仪和核磁成像仪. 谱仪和成像仪虽然应用于不同的领域，但是都包含了磁体、谱仪系统和计算机等三大基础构成部分. 首先，磁体为系统提供稳定、均匀的外部磁场环境，是最为基础的实验条件之一. 其次，谱仪系统主要负责控制电子系统产生共振现象所需的激发脉冲，将实验样品所产生的磁共振信号转换为计算机可以处理的数据，并监控及维持整

个系统的工作状态. 最后，计算机主要负责产生谱仪可以执行的各种序列数据，并将接收到的数据进行处理生成谱图或图像.

5.2.2 核磁共振谱仪

1. NMR 谱仪的性能指标

(1) 分辨率. 分辨率是指仪器分辨相邻谱线的能力. 分辨率越高，谱线越窄，能被分开的两峰间距就越小. 一般选用乙醛作标准样品,测试仪器分辨率. 乙醛的醛基是一组四重峰,取其高峰的半高宽作为衡量分辨率的指标,如图 5.2.2 所示. 一般仪器的分辨率在 0.1～0.4Hz.

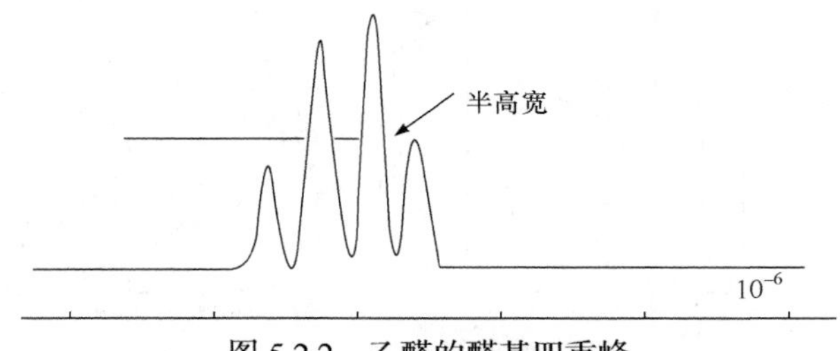

图 5.2.2 乙醛的醛基四重峰

(2) 灵敏度. 灵敏度又称为信噪比，是衡量仪器检测最少样品量的能力. 一般选用乙基苯作为测试的标准品，它的—CH_2 基团为四重峰. 其最高峰高度为 S，最大噪声高度为 N，则灵敏度 $=\dfrac{S}{N}\times 2.5$.

(3) 线形. 分辨率好是分辨图谱峰的一个重要指标，线形好同样重要. ^{1}H 谱的线形测试，核磁共振峰应为洛伦兹线形，用 $CHCl_3$ 的峰的半高宽、^{13}C 卫星峰高度处的宽度(0.55%)和 ^{13}C 卫星峰 1/5 高度处的宽度(0.11%)之间的比来表示. ^{13}C 卫星峰高度处的宽度应为半高宽的 13.5 倍，^{13}C 卫星峰 1/5 高度处的宽度应为半高宽的 30 倍.

(4) 稳定性. 仪器的稳定性一般用信号的漂移来衡量. 短期稳定性信号漂移要小于 0.2Hz/h；长期稳定性信号漂移要小于 0.6Hz/h.

2. 磁体

谱仪的磁体有两类：一类是铁磁体；另一类是超导磁体. 由磁钢构成的永久磁铁的谱仪有 60MHz 和 90MHz 两种,都为连续波谱仪. 由通电线圈和纯铁(软铁)构成的电磁铁谱仪有 80MHz 和 100MHz,两种都为脉冲傅里叶变换谱仪. 100MHz 以上的都为超导谱仪. 超导磁体的结构如图 5.2.3 所示.

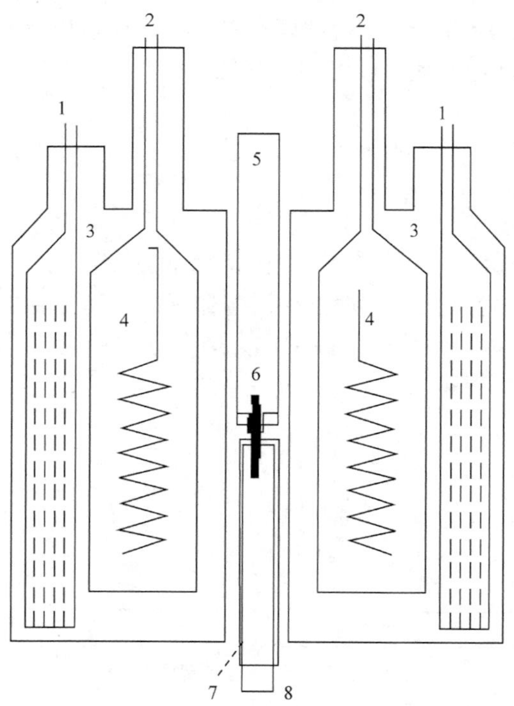

图 5.2.3　超导磁体的结构

1. 液氦容器气门；2. 液氮容器气门；3. 高绝缘和高真空；4. 主磁场螺旋线圈+液氦；
5. 样品升降和旋转装置；6. NMR 样品管；7. 室温匀场线圈；8.探头

超导磁体的外壳为圆形不锈钢容器，抽成高真空，内装液氮. 超导线圈浸在液氦容器中，依据不同的构造每 2～4 个月充一次液氦. 室温匀场线圈贴在磁体内孔的壁上，探头从底部伸进内孔，它的升降与样品旋转由装置 5 执行. 探头至少要接 3 根电缆，即氘锁、^{1}H 发射通道(也是观测通道)、去偶通道(X 核)，外加温控装置.

3. 谱仪控制台

谱仪控制台是做 NMR 实验的操作平台，完全由计算机控制，如图 5.2.4 所示. 由数字频率综合器提供 3 个射频通道(3 种频率)，即发射接收通道、锁信号发射通道、去偶通道. 调控这些通道的发射频率、功率、脉冲强度和宽度，连接到探头. 从探头接收的信号，经前置放大后与本机振荡进行混频，检波后得到中间频率(IF). 对 IF 进行放大，再与本机振荡做第二次混频，经正交检波后，得到音频 NMR 信号. 这个信号分为实部和虚部由 ADC 数字化后输给计算机存储器. 对锁信号也作同样处理后，用来稳定磁场/频率.

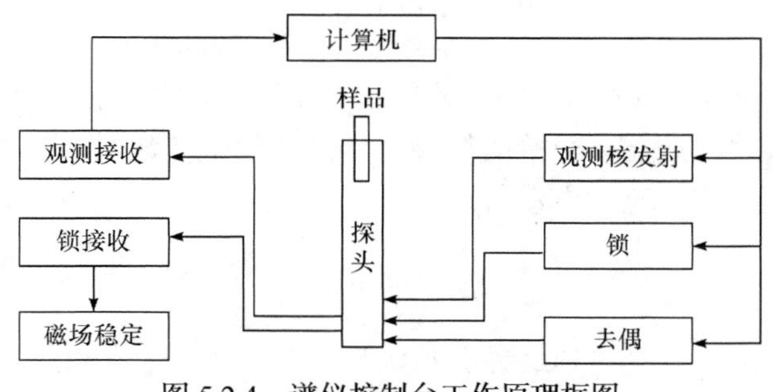

图 5.2.4 谱仪控制台工作原理框图

4. 探头

较老一点的 NMR 谱仪上配备的探头，其结构是内层线圈为不灵敏核(如 ^{13}C、^{15}N、^{31}P 等)的发射通道(又是接收通道)，因为它们的自然丰度低，γ值又小，为提高灵敏度，它们的线圈装在紧靠样品管的内层，内层线圈称为发射/接收通道，探测的是 ^{13}C、^{15}N 等稀核信号. 外层为 ^{1}H 去偶线圈，称为去偶通道. 为了区别现代谱仪上配备的反式探头，将这类探头称为“正式”探头. 反式探头的内层线圈为灵敏核 ^{1}H 的发射/接收通道，探测 ^{1}H 信号以获得最高的灵敏度. 外层为稀核(如 ^{13}C、^{15}N 等)线圈作为去偶通道，这种探头的线圈配置正好与原先的探头配置相反，所以称它为反式探头. 反式探头和正式探头相比，检测灵敏度提高了 32 倍.

为了得到有意义的实验结果和好的信噪比，探头应该正确地调谐到观测核的中心频率. 化合物无论是溶于水还是溶于有机溶剂中，其中心频率存在较大的差别，所以做实验之前经常要对探头进行调谐. 虽然不同的探头其激励线圈的结构可以有很大不同，但所有探头调谐都只调两个电容，一个电容调发射频率，另一个电容调阻抗匹配，而这两者是相互影响的，所以要轮流调，直到最佳为止. 探头调谐方法包括 3 种：反射仪调谐、射频波电路桥和示波器调谐以及摇摆发生器调谐.

5. 磁场稳定度

磁场强度随时间变化的量 $\Delta B / \Delta t$ 与磁场强度 B_0 之比称为磁场稳定度

$$\text{磁场稳定度} = \frac{\Delta B / \Delta t}{B_0} \tag{5.2.1}$$

磁场稳定度直接影响仪器的分辨率. 例如 100MHz 谱仪的分辨率为 0.1Hz，其相对分辨率为 10^{-9}，要求磁场稳定度在记谱的整个实验时间内优于 10^{-9}.

短稳度的提高靠磁通稳定器. 磁场强度 B 与垂直于磁场方向的面积的乘积称为磁通量 Φ.

$$\Phi = B \times S \tag{5.2.2}$$

B 的单位用特斯拉(T)，S 的单位用 m^2，则磁通量的单位为韦伯(Wb).

在两个磁极之间放置一个拾磁线圈，当磁场发生变化时，通过线圈的磁通量发生变化，线圈中产生感生电动势ε

$$\varepsilon = -N\frac{d\Phi}{dt} \tag{5.2.3}$$

式中 N 为线圈匝数. 这个电压经差分放大后，一路加到补偿线圈上，产生一个与变化方向相反的磁场，以抵消磁场的变化使磁通恢复到原来的数值. 另一路加到磁铁电源的稳流器上，以调整磁铁电流. 因为补偿线圈中所能产生的电流往往不足以补偿磁通的总变化，必须用电磁铁主线圈中的电流变化来实现完全补偿(Kazimierczuk and Koźmiński, 2005).

6. 匀场

超导主螺管产生的磁场，其均匀度为 10^{-4}～10^{-3}，加端效应补偿线圈后，可提高到 10^{-6}～10^{-5}. 再提高均匀度需要加超导匀场，其均匀度可达 10^{-8}～10^{-7}，为了获得 10^{-9} 以上均匀度，必须加室温匀场. 超导匀场和室温匀场的设计是相同的，只是超导匀场线圈浸在液氦中，工作于超导状态，一般超导匀场只作一阶和二阶项修正，这样结构简单、调试方便. 超导匀场由生产厂商销售前调好固定，实验中不再调它，这里讨论的专指室温匀场. 现代超导 NMR 谱仪在紧靠磁体内腔壁上装有一个厚的套筒，套筒中装有 20～30 组匀场线圈. 这些线圈都经由谱仪中的匀场装置与控制台上的匀场旋钮相连接，只要对控制台上的匀场旋钮进行操作，输入新的数值，匀场线圈就能获得新的电流值，这些直流电流产生的附加磁场能在较小的范围内抵消原来磁场分布的不均匀性.

5.2.3 核磁成像仪

1. 磁共振成像及原理系统概述

核磁共振成像又称磁共振成像(magnetic resonance imaging，MRI)，磁共振成像仪的核心部件包括：磁体、射频线圈、梯度线圈.

随着无损检测技术的日益成熟，人们也不断考虑将该无损检测技术应用于医学成像中. 直至 20 世纪 70 年代，美国的 Lauterbur 和英国的 Mansfield 提出利用梯度磁场进行空间定位的方法，使得磁共振成像得以实现. 与 NMR 波谱实验不同，MRI 实验是以 ^{1}H 为检测对象来获得物体内的 ^{1}H 分布图，从而形成图像. 在空间线性梯度磁场的作用下，物体各个体素的坐标信息就可以与共振频率形成对应联系. 同时,各体素的信号强度也将以灰度值的形式呈现在重建后的图像中. 通过质子密度、自旋-晶格弛豫时间，或自旋-自旋弛豫时间的不同加权，使得图像可以获得多样的信息.

依据式(5.1.8)可知,当 ^{1}H 处于均匀的外部磁场中且不考虑化学位移等因素时，样品中 ^{1}H 具有相同的拉莫尔频率，无法区分. 然而，如果在主磁场的基础上(主磁场方向：z 正向)分别施加方向为 z 向、变化率为 x、y、z 三个方向的线性梯度磁场，那么磁体内将形成关于 x、y、z 分布的磁场空间分布

$$B_z = B(x,\ y,\ z) = B_0 + zG_z + xG_x + yG_y \tag{5.2.4}$$

其中 G_x、G_y、G_z 分别为 x、y、z 方向的梯度磁场，一般对应于激发层选择、频率编码和相位编码. 因此，当不同位置的磁场强度发生线性变化时，各体素中的共振频率也相应发生变化，从而实现了对物体空间分布信息的获取.

再通过相位编码和频率编码后，接收机采集到不同行列的二维数据矩阵，称为空间 $\boldsymbol{K}$ 矩阵. 接着通过二维傅里叶变换，采集到的空间数据就可变换为样品的灰度图像.

MRI 最为广泛的应用是在医疗诊断中，MRI 机对疾病诊断的功能的实现是一项系统工程，所以在设计 MRI 的工程技术时，一般将 MRI 的硬件组成部分分为磁体系统、射频系统、梯度系统，以及对上述系统进行调控的谱仪系统. 由于医用 MRI 机检查的核心对象为人体(患者),所以按照 MRI 机安装及使用时的空间分布，可分为 MRI 主机房、电子设备房、MRI 机操作间、患者准备间. 其中，MRI 主机房是 MRI 设备的主体放置位置，也是 MRI 整体设备中直接和患者接触的空间，包括磁体、射频线圈、梯度线圈、支撑架、检查床，通过线缆与电子设备房及 MRI 操作间联系，因为这一空间内会产生较强的磁场和射频场，因此需要对主机房设置电磁屏蔽(韩鸿宾, 2016).

2. *磁共振成像系统主机结构*

从 1973 年劳伯特在实验室获得第一幅磁共振图像至今，MRI 设备发展了四十多年，期间成像硬件和软件不断升级换代，但是其基本结构没有变化.

如上所述，MRI 机的主题硬件被安装在 MRI 主机房内，其控制和维护系统分别安装在电子设备房、MRI 机操作间等区域. 从 MRI 机硬件组成的功能角度可分为：①磁体系统；②射频系统；③梯度系统；④谱仪系统；⑤控制台系统. 但是其基本结构没有变化，示意图见图 5.2.5.

(1) 磁体系统：提供均匀主磁场(B_0)，对于超导磁体系统来说包括超导磁体、冷却系统、供电保护和控制系统. 主磁体根据其产生磁场的硬件基础分为多种类型，如永磁体、常导磁体和超导磁体，如图 5.2.6 所示，临床上多采用永磁体和超

导磁体. 主磁体是MRI成像的基础,人体与组织样品在外磁场的作用下发生磁化,成为MRI系统测量的物理对象：磁化强度矢量M_0.

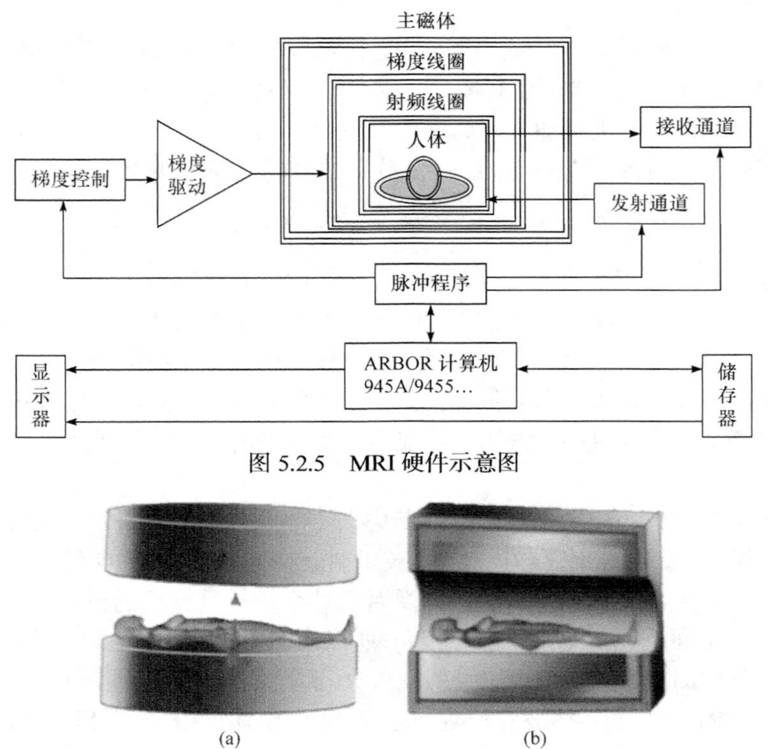

图 5.2.5　MRI 硬件示意图

图 5.2.6　(a)为永磁型磁体；(b)为超导型磁体

(2) 射频系统：可分为射频发射子系统和射频接收子系统.

射频发射子系统提供满足成像要求的射频场(B_1)，包括射频发射线圈和射频放大器等调控系统;射频波是具有一定频率与波长的电磁波. 目前,临床诊断MRI机的射频工作频率范围在8.52～127.73MHz(相当于0.2～3T的MRI). 在临床试验机中，目前可达到298MHz(7T)，甚至383.18MHz(9T)或更高. 射频线圈是产生射频的物质基础，其作用于组织磁化后产生的M_0，使M_0成为可以被测量的形式.

射频接收子系统探测进动的磁化强度矢量(M_0)，由接收线圈和前置放大器等组成. 接收线圈用于接收人体被成像部分所产生的磁共振信号，从外观上看，它与发射线圈非常相似(有时接收与发射共用一个线圈)，但其线圈品质因子Q值要高.

(3) 梯度系统：提供成像所需梯度场，包括梯度线圈和梯度放大器等梯度调控系统. 梯度线圈(gradient，G)：按照电磁学原理中的右手螺旋法则，将两组对应的线圈调整好距离后，通以电流而产生局部梯度磁场. 系统在三个主方向上安装相应的梯度线圈 G_z、G_x、G_y. 根据主磁体的分类，形成磁场梯度的梯度线圈设计也分为两大类，这将在后续梯度系统中详细介绍. 磁场梯度 G 在空间定位、回波形成以及多种对比度形成上都起到关键作用(如扩散、流动敏感等).

(4) 谱仪系统：是射频和梯度系统的控制中心，进行扫描过程时序控制，对射频波形和梯度波形进行计算与控制，对信号进行采集和处理等.

(5) 控制台系统：提供用户接口，从临床工作的角度，控制台用以进行图像显示、图像打印、数据管理以及系统维护，并对谱仪预设的参数进行调整. 对于工程技术人员，也是通过谱仪控制系统各个硬件的平台，对各个部件进行校准、故障诊断和维护.

3. 磁体系统

磁体系统是磁共振成像主机硬件组成中最为重要也是成本最高的部件. 其用途是产生一个均匀主磁场 $\boldsymbol{B}_0$，使人体内具有磁共振特性的原子核(主要是氢原子核)处于磁场中被磁化而形成磁化强度矢量 $\boldsymbol{M}_0$. 磁体系统主要包括主磁场产生单元、均匀单元、制冷单元等. 目前磁共振成像设备使用的磁体有三种：永磁磁体、常导磁体和超导磁体，在医学临床上很少使用常导磁体，而低场永磁磁体和高场超导磁体是未来的发展方向.

1) 永磁磁体系统

永磁磁体一般由多块永磁材料堆积或拼接而成. 磁块的排布要满足构成一定成像空间的要求，又要使其磁场均匀性尽可能高. 因为永磁磁体不需要电来产生磁场，也不需要制冷，所以日常维护费用较低.

永磁磁体的设计主要是磁路的设计，决定着磁场、磁材、重量、体积等参数. 磁体的结构也经历了很大的变化，从初期的普通四柱，发展到对称双柱形. 后来为了追求更大的开放性，将轭形磁体的框架推向一边，就成为非对称双柱形开放式磁体和 C 型(环形，单柱). 同时，永磁磁体的磁场方向一般是垂直方向的. 永磁磁体的典型结构如图 5.2.7 所示.

永磁磁体的主要参数包括：主磁场强度、磁场均匀性与均匀区大小、磁场稳定性、磁体开口尺寸(有效孔径)、重量、体积、散逸磁场、剩磁等. 本节内容主要介绍磁场强度、磁场均匀性与均匀区、磁场稳定性和剩磁.

(1) 磁场强度：磁场强度是衡量磁场大小的一个度量. 磁场强度越高，所需要的磁性材料就越多，造价就越高，体积、重量也就越大. 一般来讲，增加主磁场的强度，可以提高图像的信噪比. 永磁磁体的场强从最初的 0.1T、0.16T、0.2T 到 0.3T、0.35T、0.4T、0.45T、0.5T 不断发展而来. 随着磁体技术的发展及高磁能积材料的出现，特别是磁体设计技术的发展，永磁磁体的场强也在不断提升，现在的场强主要集中在 0.3～0.7T. 目前多采用高磁能积的钕铁硼永磁材料，比较常用的钕铁硼磁性材料的型号是 N42、N45、N47 和 N50.

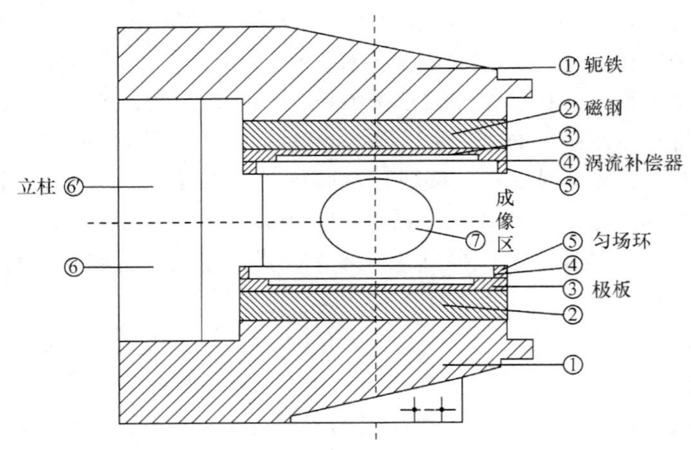

图 5.2.7　典型永磁磁体结构

(2) 磁场均匀性与均匀区：磁体的磁场均匀性用来衡量成像区域内场强的变化，是 MRI 系统的重要指标之一，均匀性越差，图像质量也会越低. 所谓均匀性，指在特定容积内磁体的同一性，即穿过单位面积的磁力线是否相同. 这里的特定容积通常取一球形空间.

在 MRI 系统中，均匀性是以主磁场强度的百万分之一作为一个偏差单位来定量表示的. 磁场均匀性测试可以采用单探头特斯拉仪，也可以采用 Field Camera 特斯拉仪来测试. 后者的测试速度较快，因为该设备上可以接多个探头，一次可以测试多点，而且整个测试过程都是由计算机软件控制完成，数据可自动存储. 特斯拉仪是基于磁共振原理设计的.

一般医学全身成像的 MRI 磁体需要在磁场中心 30～40cm 直径的球域(diameter spherical volume，DSV)内有 2×10^{-5} 左右的均匀静磁场.

值得注意的是，磁体均匀性并不是固定不变的. 即使一个磁体在出厂前已达到了某一标准，安装后由于磁屏蔽，房间内和支持物钢结构、移动设备等环境因素的影响，其均匀性也会改变. 磁体的设计或制造不合理、梯度场的涡流对磁体的加热等，也会造成磁体均匀性逐渐变差.

(3) 磁场稳定性：受磁体附近铁磁性物质、环境温度或均匀电源、温漂等因素的影响及磁性材料本身的变化，磁体的磁场强度值也会发生变化，稳定性就是衡量这种变化的指标. 磁体的稳定性分为长期稳定性和短期稳定性.

长期稳定性是指在长期使用过程中磁体的退化. 磁体的使用寿命都在 10 年以上，在此期间的磁性退化很小，磁体的长期稳定性都满足要求.

短期稳定性是指磁体的磁场强度在短时间内随时间而变化的程度，磁体受到温度以及周围环境的影响，其产生的磁场强度就会变化. 钕铁硼永磁磁材对温度比较敏感，磁场强度与温度成反比，钕铁硼永磁材料的温度系数约为-1×10^{-3}/℃. 为了提高永磁体的温度稳定性，永磁型磁共振设备安装在有空调的屏蔽室中，一般屏蔽室温度可控制在±1℃内变化. 温度的变化不仅影响磁场强度，还影响磁场的均匀性.

(4) 剩磁：剩磁是永磁磁体的独有特性，因为磁滞曲线的存在，磁性材料的充放磁不是线性的，且不是可逆的，从而在施加梯度场时会造成剩磁现象，剩磁的存在会对图像质量产生深层次的影响，使成像回波不能按预计的设计回聚，梯度回波(gradient echo)和自旋回波(spin echo)不能重合，造成信号丢失、图像模糊、图像伪影、信噪比低等. 剩磁对快速自旋回波、回波平面成像等快速成像影响尤为严重. 剩磁主要与磁体设计及梯度场的漏磁场有关，它也是永磁磁共振成像最难处理的问题之一.

2) 超导磁体系统

超导磁体系统分为传统的圆柱形超导磁体和开放式超导磁体两种. 传统型超导磁体根据场强的不同主要分为 1.5T 和 3.0T 两个档次，其中 1.5T 是主流磁体，3.0T 磁体的使用量逐年递增. 开放式超导磁体目前主要有 1.0T 和 1.2T 这两种场强.

超导磁体系统也是由主磁场产生单元、均匀单元以及制冷单元等组成. 其中主磁场产生单元由超导主线圈和超导磁屏蔽线圈组成，均匀单元由超导匀场线圈和无源匀场贴片等组成，制冷单元包括杜瓦、冷屏及冷头等. 图 5.2.8 为超导磁体结构示意图.

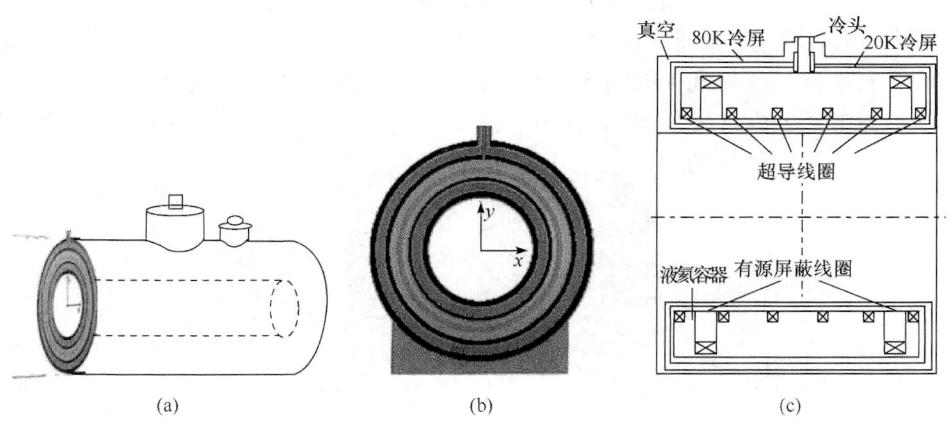

图 5.2.8 超导磁体结构示意图

上述为比较早期的磁共振超导磁体结构特点，经过几十年的发展，磁体线圈和磁体总体结构都发生了比较显著的变化. 线圈的设计越来越紧密, 使得磁体总长度可以越来越短, 磁体成本显著降低, 从而能够促进磁共振整体设备价格下降, 使磁共振应用更为广泛.

4. 射频系统

磁化强度矢量 $\boldsymbol{M}_0$ 的大小远远小于系统主磁场强度, 需要利用共振频率的射频施加在 $\boldsymbol{M}_0$ 上, 使之偏转到与主磁场垂直方向的平面上, 再进行测量, 如图 5.2.9 所示.

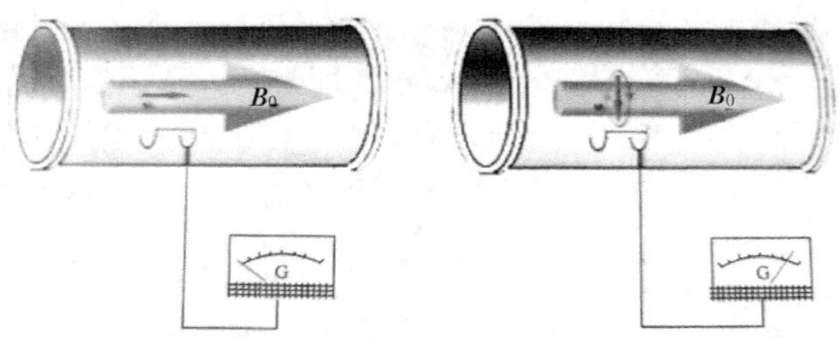

图 5.2.9　$\boldsymbol{M}_0$ 测量原理

只要 $\boldsymbol{M}_0$ 的 z 方向被翻转到 xy 平面内, 并切割感应线圈, 就会产生可被测到的电信号. $\boldsymbol{M}_0$ 越大, 收到的电信号就会越强. 在磁共振成像中, 共振频率的射频脉冲的施加是翻转 $\boldsymbol{M}_0$ 感应线圈的前提和必要条件, 因此, 在磁共振成像系统中, 就是通过施加射频来实现对 $\boldsymbol{M}_0$ 的测量. 无论哪种成像序列, 射频线圈都是最先被启动工作的设备之一, 这是产生可以被测量的 $\boldsymbol{M}_0$ 的基础.

线圈以一定频率通以交变电流后, 在螺线管内可以得到不断变化方向的电流. 按照右手法则, 在螺线管内部就可以得到以相同频率不断变化方向的磁场 $\boldsymbol{B}$, 以时间为横坐标, 就得到了如图 5.2.10 所显示的电磁波形了, 磁场环境中的核磁矩群所形成的磁化强度矢量 $\boldsymbol{M}_0$ 是在 $\boldsymbol{B}_1$ 的作用下发生偏转并切割磁感应线圈产生感应电流, 进而被测量到.

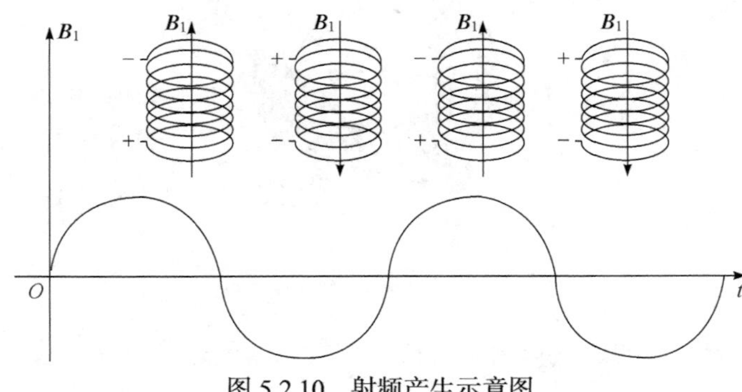

图 5.2.10　射频产生示意图

如前所述，如果能使 M_0 发生翻转运动，并以一定频率切割邻近线圈就可以测量到 M_0，也就是说可以激发并检测磁共振信号. 在磁共振系统中，激发和检测磁共振信号是由射频系统来完成的.

射频系统工作流程图如图 5.2.11 所示，系统分为如下两类.

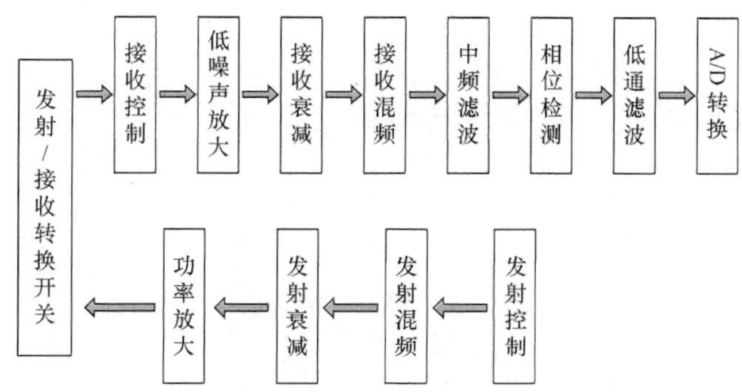

图 5.2.11　射频系统工作流程图

一是射频发射系统，由发射线圈和发射通道组成. 发射线圈产生与 B_0 相垂直的高频率旋转射频磁场 B_1，激发生物组织或被测样品，产生可被测量的磁化强度矢量；发射通道由发射控制器、混频器、衰减器、功率放大器、发射/接收转换开关等组成，用以保证射频发射系统在拉莫尔进动频率范围内高效率工作.

二是射频接收系统，由接收线圈和接收通道组成. 接收线圈主要用来接收激发态样品所发射出来的共振信号，保证射频接收系统在拉莫尔进动频率范围内高效率、高敏感地接收磁共振信号. 与射频发射圈一样，射频接收线圈的绕线也需要与主磁场相垂直排布，以保证接收效率. 接收通道由低噪声放大、衰减器、滤波器、相位检测器、低通滤波器、A/D 转换器等组成，对原始数据进行处理后，在此基础上，由计算机重建得到 MRI 图像.

发射线圈和接收线圈可以是相同的，通过发射/接收转换开关来切换线圈工作在发射状态还是在接收状态. 由于对发射和接收的要求不同，为了使性能达到最优化，一般的磁共振成像系统发射和接收采用独立的发射线圈和接收线圈.

5. 梯度系统

通过磁共振硬件组件中磁体和射频线圈的作用，可以使 M_0 发生偏转并能够被测量. 但是测得的是成像范围内所有组织 M_0 信号的合量，由于在均匀磁场中，该信号不包含空间信息，并不了解空间某一具体体素内 M_0 的大小. 梯度线圈解决了这个问题.

梯度线圈产生的磁场是 MRI 信号空间定位的基础，从工程技术角度，在磁体内成像的区域将空间方向定位. 梯度磁场的方向始终与主磁场方向相同，而其磁

场强度则分别沿着 x、y 和 z 三个方向做线性的变化. xyz 坐标系的定义通常以主磁场的方向为参考.

G_x 是指梯度线圈产生的磁场方向和主磁场 z 相同，但是沿着 x 方向线性变化分布，如图 5.2.12 所示.

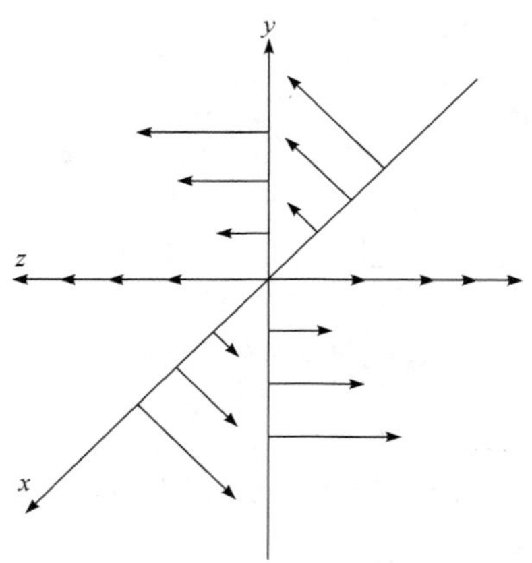

图 5.2.12　x、y、z 三个方向梯度磁场分布

如前所述，原子核产生磁共振现象的主要条件就是原子核自旋频率和射频的频率一致. 而原子核的自旋频率具有磁场强度依赖性. 因此，在保持射频频率不变的情况下，可以通过在空间设置随空间位置而变化的磁场强度来达到磁共振成像空间定位的目的，如图 5.2.13 所示.

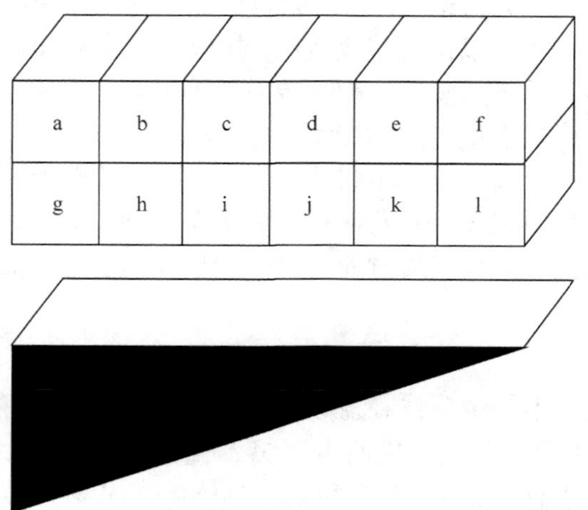

图 5.2.13　梯度线圈产生的磁场在各体素内沿 a 到 f 方向存在一定的线性梯度 G

以体素 a 列和 b 列为例，其施加梯度场后的变化主要包括两个方面：①因为

自旋进动频率的磁场强度依赖性，体素 a 中氢核核磁子进动频率大于 b 中的氢核核磁子：$\omega_a > \omega_b$；②因为梯度的影响，在体素内核磁子进动的角动量也会根据拉莫尔定律而相应变化，结果导致不同体素内的 M 不同，$M_a>M_b$，因为成像的梯度磁场为十几到几十毫特斯拉，只是外在磁场的 1/100，甚至更小. 因此，对于 M 的增加是可以忽略的.

射频脉冲的频率和核磁子的进动频率 ω_0 相同时，才会出现 M_0 的偏转，并被测得. 在图 5.2.13 中，假设 a 平面中的体素(a 与 g)在 z 方向上具有一定的频率范围 $\omega_1 \sim \omega_2$. 这样，如果施加频率范围为 $\omega_1 \sim \omega_2$ 的射频波时，只有 a 平面内的核磁子会发生磁共振现象，即 a 平面内的核磁子被激发，M_0 发生偏转，切割接收线圈，产生电流，非常关键的是，其他列内的 M_0 都不会发生这样的变化. 此时，系统测到的信号，反映的只有 a 平面内的磁化强度矢量 M_a 与 M_g，而没有 b 和其他平面的成分，如果施加频率范围为 b 平面频率范围的射频波时，只会有 b 平面内的 M_b 和 M_h 被测量和显示. 磁共振成像系统就是利用核磁子进动频率的磁场强度依赖性，同时施加呈线性变化的梯度场与具有一定带宽的射频波，就可以只激发二维空间中的一列体素，而在三维(3D)空间中，就会激发其中的一个层面内的所有氢核核磁子. 此时，启动接受线圈，测量得到的信号，反映的就是一个层面内的所有体素内 M_0 的总和.

5.2.4 核磁共振谱仪与磁共振成像仪的区别

虽然仪器的基本结构存在相似之处，但是使用侧重点的不同使得波谱仪和成像仪还是存在着一定的差异.

首先，波谱仪的标准配置中包含有锁场系统和匀场系统. 在实验中，磁场的不均匀和不稳定性不仅会影响磁性核的共振频率，导致谱峰增宽、分辨率降低，而且频率的偏移也会导致前后实验获得的谱图无法累加. 这对要求更高的物质成分和结构分析是十分不利的. 在实验中，因为单个体素的信号带宽通常比磁场漂移产生的频偏更大，所以可以不借助锁场系统来克服 MRI 中的磁场漂移问题. 然而，磁场的不均匀性会导致图像伪影甚至是畸变等问题. 因此在高精度成像仪中也会配备有匀场单元.

其次，出于空间编码的需要，系统还需要配备线性梯度系统，实现磁体梯度变化率在 x、y、z 三个方向上线性梯度磁场. 此外借助于线性梯度磁场的空间定位作用，波谱仪不仅可以进行小样品的实验，而且还可以实现快速扫描、在不均匀场下获得高分辨光谱学新方法. 因此，现代高场超导波谱仪中也出现了方向甚至 x、y、z 三个方向的可选配梯度单元.

5.3　核磁共振发展及应用

5.3.1　在医学领域中的应用

医学领域中第一台 MRI 设备是 20 世纪 80 年代初研发出来的(Conway and Radda, 1991)，我国首台医用 MRI 购置于 1985 年，此后迅速发展，在 2017 年市场容量突破万台. 今天，MRI 已用于检查几乎所有的人体器官，常见的包括颅脑、脊柱、心血管、腹部、盆腔和骨关节等部位. 尤其在提供大脑和脊髓图像时，MRI 具有特殊优势，与只能横切的计算机断层扫描(computed tomography, CT)相比，MRI 可以任意方向扫描，产生清晰的三维图像，而这样的信息对于手术前是极其重要的，MRI 技术大大提高了手术的成功率.

MRI 还可以精确地显示肿瘤的范围，由此指导更为精确的手术和放射治疗. 同时，MRI 还可以替代部分血管造影检查，由于它不入侵人体，无放射性，因而能减轻许多病人的痛苦.

5.3.2　在地质测量中的应用

1. 在油田测井中的应用

20 世纪 50 年代，研究人员发明了测量地磁场强度的核磁共振磁力计，随后利用磁力计技术进行油井测量. 之后相关研究人员发现，当流体处于岩石孔隙中时，其核磁共振弛豫时间与自由状态相比显著减小. 20 世纪 60 年代人们研制出利用地磁场的核磁共振测井仪器样机并开始油田服务. 但是，地磁场核磁测井方案受到三个限制：井眼中钻井液信号无法消除，致使地层信号被淹没；“死时间”太长，使小孔隙信号无法观测；无法使用脉冲核磁共振技术. 因此，这种类型的核磁共振测井仪器难以推广. 20 世纪 80 年代左右，提出一种新的方案，即“inside-out”设计，把一个永久磁体放到井眼中(inside)，在井眼之外的地层中(outside)建立一个远高于地磁场，且在一定区域内均匀的静磁场，从而实现对地层信号的观测. 这个方案后来成为核磁共振测井大规模商业化应用的基础. 但是由于均匀静磁场确定的观测区域太小，观测信号信噪比很低，该方案很难作为商业测井仪而被接受. 随后，研究人员提出一种新的磁体天线结构，使核磁共振测井的信噪比问题得到根本性突破，一种综合了“inside-out”概念和 MRI 技术，以人工梯度磁场和自旋回波方法为基础的全新的核磁共振成像测井问世，使核磁共振测井达到实用化要求(于会媛等, 2012).

2. 在找水探深方面的应用

核磁共振找水方法是利用水中的氢核在磁场的激发下会产生核磁共振现象的原理来进行地下水勘探的一种地球物理方法. 核磁共振找水方法是核磁共振技术应用的新领域，是目前唯一可用来直接寻找地下水的物探新方法，若存在有水(自由水)就会有核磁共振信号反应，测量结果不受地质因素的影响.

核磁共振找水的原理：地中的氢核具有一定的顺磁性及一定的动量矩，在稳定的地磁场作用下，会沿着地磁场方向进动，其进动频率与氢核所处的地磁场强度成正比，该频率称为拉莫尔频率. 当在垂直地磁场方向上施加一个相同频率的交变电磁场区激发它时，会使氢核的进动角度 θ 发生变化(发生共振). 当激发场停止后，氢核的进动将逐渐恢复到激发前的状态，在这个短暂的恢复过程中，将产生一个逐渐衰减的旋进磁场，它的强度与地中的氢核的数量和分布有关. 因为地中的氢核主要是存在于地下水，所以根据测得的旋进磁场(即核磁共振信号)的强度，就可以确定地下含水情况. 因此，构成了一种直接找水的方法(林君和张洋, 2016).

5.3.3 在化学分析中的应用

核磁共振提供分子空间立体结构的信息，是分析分子结构和研究化学动力学的重要手段. 在化学领域，核磁共振为化学家提供了认识未知世界的有效途径. 核磁共振在化学中的应用主要包括在有机化学、无机化学、高分子化合物以及生物化学中的应用.

(1) 有机化学. 核磁共振图谱包括一维(1D)谱和二维(2D)谱，实际上，一维谱和二维谱有很多种，通常用得最多的一维谱有 ^{1}H、^{13}C、^{15}N、^{19}F、^{31}P 等，二维谱有 ^{1}H-^{1}HCOSY、^{13}C-^{1}HCOSY、COLOC 等，通过对脉冲系列进行改变,得到自己想要的信息. 核磁共振最早在有机化学的结构研究中已经积累了大量已知化合物的化学位移数据(主要是 ^{1}H 谱和 ^{13}C 谱)，通过测定化合物的 ^{1}H 谱和 ^{13}C 谱，就可以很方便地确定化合物的结构. 对未知化合物，更是形成了一套比较完整的研究方法. 现在，无论是合成还是分离的新化合物几乎全是用下面这套流程进行结构鉴定(樊劲松, 1996).

同时，应用核磁共振方法可以测定有机化合物的绝对构型，主要是测定 R 和(或)S 手性试剂与底物反应的产物的 ^{1}H 或 ^{13}C 的核磁共振化学位移数据，得到 $\Delta\delta$ 值与模型比较来推定底物手性中心的绝对构型. 包括应用芳环抗磁屏蔽效应确定绝对构型的核磁共振方法和应用配糖位移效应确定绝对构型的核磁共振方法(孟强, 2017).

(2) 无机化学. 核磁共振在无机化学方面的应用主要是通过对杂核(在化学研究中最常用而且比较容易测定的核是 ^{1}H、^{13}C、^{15}N、^{19}F、^{31}P 等，为方便起见，除此之外的核统称杂核)的核磁共振谱的测试，来研究原子核的杂化、配位以及在不同溶剂中的变化情况.

(3) 高分子化合物. 核磁共振在高分子化学方面的应用日趋广泛，特别是固体高分辨核磁共振技术的提高，使得许多不溶性高分子也可以进行核磁共振研究. 在液体核磁共振方面，可以通过一维 ^{13}C、^{19}F 等谱的测试，进行高分子的化学结构的研究，如支化度、立体规整性、链分布、同分异构等；还可以通过弛豫时间的测量，进行高分子的侧基运动、链运动等方面的研究. 在高分子聚合物和合成橡胶中的应用方面包括：共混及三元共聚物的定性、定量分析；异构体的鉴别；端基表征；官能团鉴别；均聚物立规性分析；序列分布及等规度的分析等(程晓春, 2005).

5.3.4　在生物研究中的应用

在生物研究领域，核磁共振技术已发展成为研究蛋白质溶液三维结构的独立方法，正受到蛋白质化学、生物工程技术乃至生命科学的广泛重视.

(1) 测定生物大分子溶液三维结构. 对许多蛋白质，核磁共振谱与 X 衍射给出相同的分子结构，但对另外一些蛋白质，则给出了不同的或差异较大的分子结构. 因此核磁共振谱与X衍射可从不同的侧面描述分子的结构，二者互为补充. 而核磁共振谱的独到之处在于观察是在溶液中进行的，这意味着可以近似生理条件. 核磁共振技术可以通过研究不同溶液条件(温度，pH 值，盐浓度和配体)下生物大分子物理性质的信息，进一步探讨其构象关系(姜凌和刘买利, 2011).

(2) 研究生物大分子的相互作用和开发新药物. 生物大分子主要是蛋白质、多肽、核酸(包括 DNA 和 RNA)及糖类. 由于生物条件下大(小)分子间的相互作用均在溶液中发生，因此用核磁共振法研究生物大分子的相互作用有特殊的优势，已经涉及的这方面研究有蛋白质与 DNA 的相互作用，蛋白质与脂质体的相互作用，抗原与抗体的相互作用等.

在制药工业中，核磁共振可用于测定蛋白质和其他对新药所感兴趣的大分子的结构与性质，从而可以把药物分子设计成与蛋白质的结构相符合，这就像开锁的钥匙一样. 如果把小的药物分子绑在生物大分子上，大分子的核磁共振谱通常都要被改变. 这就可以在开发新药的早期用来对大量候选药物进行“筛选”.

5.3.5　核磁共振发展前景

随着核磁共振技术的发展，核磁共振图谱开始由传统的一维、二维向多维发展. 一维核磁共振图谱即观测体系对一个变量(频率)的响应，经过傅里叶变换后获得的核磁共振谱，方法快速、灵敏度高；而二维核磁共振谱是解决复杂结构问题的主要手段，它提供了丰富多彩的高效快速的分析方法，极大地拓宽了核磁共振的应用范围，尤其是在生物医学中的应用得到快速发展. 把二维核磁共振实验推广到三维和四维(4D)的核磁共振实验，使二维谱中的各重叠峰按其物理量在第三维和第四维上进一步展开，多维核磁共振实验开辟了测试与研究更高分子量(大于20 000)生物大分子溶液三维结构，解释了生物化学现象，以及生物大分子运动状态等新的研究领域. 同时，核磁共振装置也有着小型化、便携化、功能更多样的趋势. 实现核磁共振仪器在性能、功能和小型化之间的良好契合，不仅是工程上的具体问题，而且是仪器技术的研究热点.

核磁共振技术与其他技术联合应用的案例也越来越多，如核磁共振联用技术(LC-NMR). LC 是一种卓越的分离手段，面临的主要问题是检测组分的定性能力差，特别对新的、未知化合物不能准确地定出各个色谱峰的结构，需要使用各种谱学技术进行鉴定. LC-NMR 联用技术早在 20 世纪 80 年代初已经开始研究，但是由于技术上的原因如灵敏度低，使联用技术发展缓慢，近年来核磁共振技术迅猛发展，磁场强度不断提高，灵敏度大幅度提高，氘锁通道的灵敏度也有了很大提高. 此外，随着许多核磁共振技术参数的不断改进，都意味着 LC-NMR 联用技术障碍已经得到了逐步克服(张丽君, 2000).

普通核磁共振仪所测样品多为液体，固体高分辨核磁共振方法是近十几年发展起来的，它用于研究固体的分子结构和物理性质，主要用于测定氢原子的位置以弥补用 X 射线衍射法测定晶体结构的不足之处. 由于固体中的分子处于相对刚性的结构中，缺乏液体中多自由度的随机运动，因此核自旋会受到强的相互作用，这些强的各向异性的相互作用使得固体的核磁共振谱变得很宽，因此固体的核磁共振谱通常变成了没有结构特征的宽峰. “魔角旋转”技术的发展，可消除引起谱线宽化的核自旋之间直接偶极相互作用，以及核四极矩相互作用和化学位移各向异性的影响，因此提高了固体核磁共振谱图的分辨率.

在医学磁共振成像上，提高成像精度，提高主磁场强度等成为未来研究的主攻方向. 现代医学磁共振成像技术有非常高的灵敏度，可以很快实现对人体形态、功能的检测. 超高场磁共振成像被认为是未来的发展方向，众多实验表明它可以有效诊断神经系统退行性病变、脑小血管疾病、多发性硬化症等神经系统疾病.

参 考 文 献

程晓春, 2005. 核磁共振技术在化学领域的应用[J]. 四川化工, 8(3): 29-32.

樊劲松, 1996. 浅谈核磁共振技术及其在化学领域的应用[J]. 广州化工, 24(3): 38-41.

高汉宾, 张振芳, 2008. 核磁共振原理与实验方法[M]. 武汉: 武汉大学出版社.

韩鸿宾, 2016. 磁共振成像设备技术学[M]. 北京: 北京大学医学出版社.

姜凌, 刘买利, 2011. 核磁共振技术在生物研究中的应用[J]. 物理, 40(6): 366-373.

林君, 张洋, 2016. 地面磁共振探水技术的研究现状与展望[J]. 仪器仪表学报, 37(12): 2657-2670.

刘敏，邱雯绮，孙惠军，等，2014. 便携式核磁共振谱仪的研究进展[J]. 波谱学杂志，31(4): 504-514.

孟强, 2017. 核磁共振波谱在分析化学领域应用的新进展[J]. 当代化工研究, 11: 59.

乔梁, 涂光忠, 2009. NMR 核磁共振[M]. 北京: 化学工业出版社.

于会媛, 宋公仆, 蔡池渊, 等, 2012. 核磁共振测井仪器简介[J]. 石油仪器, 26(4): 44-47.

张丽君, 2000. 核磁共振技术的进展[J]. 河北师范大学学报: 自然科学版, 24(2): 224-227.

朱波, 2013. 核磁共振(NMR)发展历程、应用及物理基础概述[J]. 科技创新与应用, 5: 11.

Conway M A, Radda G K, 1991. Nuclear magnetic resonance spectroscopic investigations of the human myocardium[J]. Trends in Cardiovascular Medicine, 1(7): 300-304.

Kazimierczuk K, Koźmiński W, 2005. Efficient compensation of low-frequency magnetic field disturbances in NMR with fluxgate sensors[J]. Journal of Magnetic Resonance, 174(2): 287-291.

第 6 章　X 射线荧光光谱分析

6.1　X 射线荧光光谱分析基本原理

X 射线荧光(X-ray fluorescence，XRF)光谱分析又称 X 荧光分析方法，是利用初级 X 射线或其他微观粒子激发待测样品中的原子，使之产生次级 X 射线(又称 X 荧光)而进行物质成分分析和化学形态研究的方法. 具有分析速度快，多元素同时分析，检测精度高，在地质勘探、冶金选矿、生物医药、环境保护、考古发掘等诸多领域广泛应用.

6.1.1　X 射线与物质的相互作用

X 射线是一种电磁辐射，虽然其产生机理与γ射线、光辐射、同步辐射(synchrotron radiation, SR)等电磁辐射各不相同，但作为电磁辐射，X 射线与物质的相互作用机理，与其他电磁辐射没有本质的差别，只是要注意 X 射线本身的能量特点. 本节所述的 X 射线，是指以 X 射线管为激发源所发出的 X 射线，能量通常在 5～50keV 范围内，在 X 射线荧光光谱中通常被称为原级谱或一次射线. X 射线与物质的相互作用十分复杂，与 X 射线荧光光谱分析相关的主要相互作用涉及光电效应、非相干(康普顿)散射和相干(瑞利)散射，X 射线与物质的相互作用如图 6.1.1 所示.

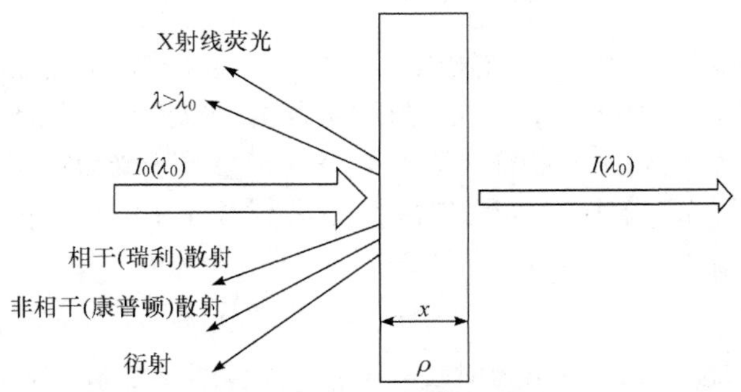

图 6.1.1　X 射线与物质的相互作用示意图

6.1.2　特征 X 射线

当原子受到外部能量辐照时，如果入射的 X 射线能量足够逐出原子某轨道层的电子，即在该层形成空穴，原子处于高能的激发态. 此时，外层电子会自发向内层空穴跃迁，使原子恢复到能量较低的状态或基态(这一过程称为退激). 原子从高能到低能的过程中，多余的能量(就是电子跃迁前后两能级的能量差)会以一定的概率通过 X 射线的形式释放，图 6.1.2 显示了特征 X 射线的产生过程. 当入射 X 射线撞击原子中的电子时，如果光子能量大于原子中的电子束缚能，电子就会被击出. 这一相互作用过程被称为光电效应，被打出的电子称为光电子. 通过研究光电子或光电效应可以获得关于原子结构和成键状态的信息. 在这一过程中，如果入射光束的能量大得足以击出原子中的内层电子，就会在原子的内壳层产生空穴，这时的原子处于非稳态，外层电子会从高能轨道跃迁到低能轨道来充填轨道空穴，多余的能量就会以 X 射线的形式释放，原子恢复到稳态. 如果空穴在 K、L、M 壳层产生，相应就会产生 K、L、M 系 X 射线.

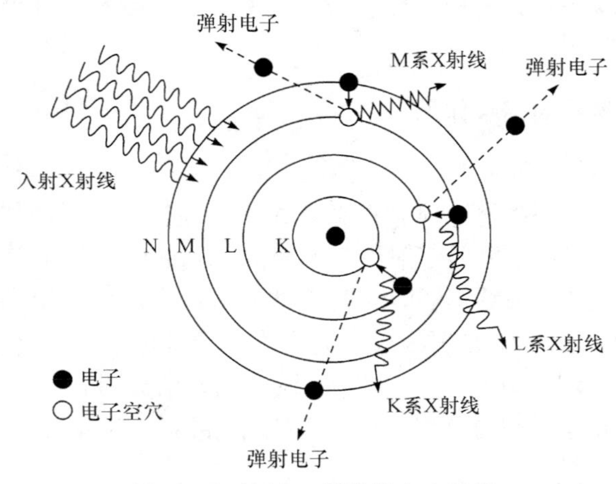

图 6.1.2　特征 X 射线的产生过程

光电子出射时有可能再次激发出原子中的其他电子，产生新的光电子. 再次生成的光电子被称为俄歇电子，这一过程被称为俄歇效应，如图 6.1.3 所示.

元素受激发后辐射出的特征 X 射线光子的能量等于受激原子中过渡电子在初始能态和最终能态的能量差，即发射的特征 X 射线光子能量与该特定元素的电子能态差成正比，遵守能量方程

$$E = h\nu \tag{6.1.1}$$

式中，E 为光子能量(keV)；ν 为射线频率；h 为普朗克常量. 与波长的关系为

$$E(\text{keV}) = \frac{hc}{\lambda} = \frac{1.23984}{\lambda} \tag{6.1.2}$$

式中 c 为光速，值为 2.9979×10^8m/s；λ 为波长，以 nm 为单位.

受激元素辐射出的特征 X 射线能量与该特定元素的轨道能级差直接相关，与

原子序数的二次幂成正比

$$\frac{1}{\lambda} = \nu = k(Z - \sigma)^2 \tag{6.1.3}$$

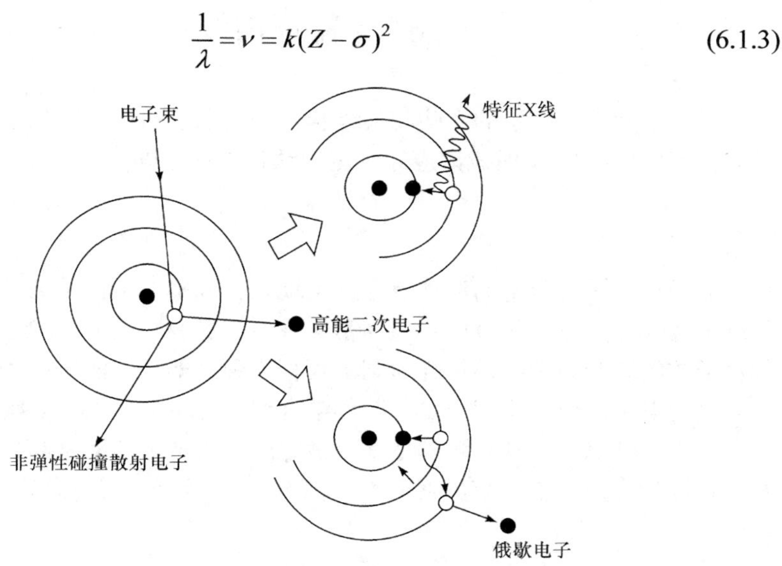

图 6.1.3　俄歇电子与俄歇效应

此即莫塞莱(Moseley)定律. 式中 k、σ 均为特性常数，随 K、L、M、N 等谱系而定. X 射线荧光是来源于样品组成的特征辐射，通过测定和分析特征 X 射线的能量或波长，即可获知其为何种元素，故可用来识别物质组成，定性分析物质中的元素种类.

6.1.3　X 射线的吸收

当 X 射线穿过物质时，与其他电磁辐射一样，将由于光电效应、康普顿散射效应以及其他效应使 X 射线消失或改变能量和运动方向，使沿入射射线方向运动的相同能量 X 射线光子的数目减少，这一过程称为吸收.

以下几个因素可能造成 X 射线强度的衰减：①入射的 X 射线受原子的弹性散射与非弹性散射；②入射的 X 射线受到原子核外的内层轨道电子的吸收，产生了俄歇电子或光电子；③入射的 X 射线与结晶物质相遇产生的衍射.

一束单能 X 射线，设其强度为 I_0，当其照射到厚度为 d 且质地均匀的吸收体时，会与物体发生多种相互作用(如光电、散射、透射等)，这些相互作用会使入射的 X 射线发生衰减，其衰减规律可由朗伯-比尔(Lambert-Beer)定律表示，其如公式(6.1.4)所示

$$I = I_0 e^{-\mu d} \tag{6.1.4}$$

式中 I 为 X 射线穿透物质后剩余的 X 射线的强度，I_0 为入射 X 射线的强度，μ 为线性吸收系数(cm^{-1})，d 为物质的厚度(cm).

6.2 特征谱线系

对于某元素，原子的初始和最终状态是由电子的量子数的不同结合方式所决定的，产生的特征 X 射线谱遵守一定的跃迁选择定则.

6.2.1 电子组态

电子在原子轨道中的运动遵守量子理论，分别由主量子数 n(1，2，3，…)、角量子数 l(0，1，…，n–1)、磁量子数 m(1，0，–1)和自旋量子数 m_s(±1/2)决定. 四种量子数的结合原则必须符合泡利不相容原理，即任一给定电子组态不能存在一个以上的电子，也即每四个量子数的结合对于一个电子而言是唯一的.

对于一个电子，其总角动量 $\boldsymbol{J}$ 是恒定的，为轨道角动量和自旋角动量的向量和，其标量为角量子数与自旋量子数之和，总是正值，只有取向的差别，因而取绝对值

$$|\boldsymbol{J}| = l \pm m_s \tag{6.2.1}$$

三个主壳层的电子结构及量子数取值范围见表 6.2.1. 这些基本电子组态是判断电子跃迁和特征 X 射线谱的基础.

表 6.2.1 三个主壳层的电子结构及量子数取值范围

壳层	n	l	m	m_s	轨道	J
K(2)	1	0	0	±1/2	1s	1/2
L(8)	2	0	0	±1/2	2s	1/2
	2	1	1	±1/2		
	2	1	0	±1/2	2p	1/2；3/2
	2	1	–1	±1/2		
M(18)	3	0	0	±1/2	3s	1/2
	3	1	1	±1/2		
	3	1	1	±1/2	3p	1/2；3/2
	3	1	–1	±1/2		
	3	2	2	±1/2		
	3	2	1	±1/2		
	3	2	0	±1/2	3d	3/2；5/2
	3	2	–1	±1/2		
	3	2	–2	±1/2		

6.2.2　选择定则

当原子受到粒子激发后，并不是所有的轨道电子之间都能产生电子跃迁，发射 X 射线光子. 电子跃迁时必须符合选择定则，如表 6.2.2 所示.

表 6.2.2　选择定则

量子数	选择定则	说明
主量子数 n	$\Delta n \geqslant 1$	必须至少改变 1
角量子数 l	$\Delta l = \pm 1$	只能改变 1
角动量 J	$\Delta J = \pm 1$ 或 0	必须改变 1 或 0，且不能为负

结合表 6.2.1 和表 6.2.2，可以获知跃迁能级. 对 K 壳层，只有 1s 电子，J 只能取 1/2，故只有一个 K 系跃迁能级；对 L 层电子，J 可有三个取值，因此可有三个跃迁能级，分别用 L_{I}、L_{II}、L_{III}表示. 对 M 壳层，可有五个跃迁能级，依次类推. 这些基本的电子组态和选择定则决定了可以观察到的特征 X 射线谱线. 例如对 K 系和 L 系允许以下跃迁：

$$\text{K：p} \rightarrow \text{s}$$

$$\text{L：p} \rightarrow \text{s，s} \rightarrow \text{p，d} \rightarrow \text{p}$$

6.2.3　特征谱线系

特征 X 射线由三类组成：一类是通常看到的常规特征 X 射线；第二类是所谓受禁跃迁谱线；第三类是卫星线.

常规特征 X 射线的产生符合选择定则，例如对 K 系谱线，分别由来自 $L_{\text{II}}/L_{\text{III}}$、$M_{\text{II}}/M_{\text{III}}$、$N_{\text{II}}/N_{\text{III}}$壳层的电子形成三对谱线系. 图 6.2.1 显示了跃迁能级与 X 射线谱线系的关系.

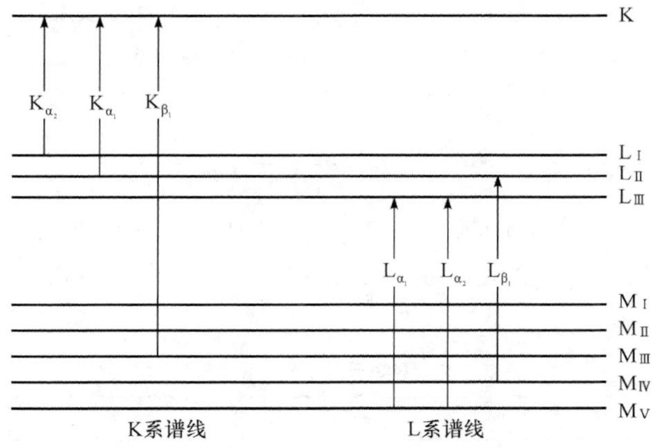

图 6.2.1　跃迁能级与 X 射线谱线系的关系

受禁跃迁谱线主要来源于外层轨道电子间没有明晰能级差的情况. 例如过渡金属元素的 3d 电子轨道，当电子轨道中只有部分电子填充时，其能级与 3p 电子类似，故可观察到弱的受禁跃迁谱线(β_5).

当存在双电离情况时，则可能会观察到第三类谱线——卫星线.

6.2.4　谱线相对强度

入射光子与物质相互作用后，产生的特征谱线强度取决于三个因素：

(1) 入射光子使特定壳层电子电离的概率；

(2) 产生的空穴被某一特定外层电子填充的概率；

(3) 该特征 X 射线出射时在原子内部未被吸收的概率.

第一项与第三项影响因素分别与吸收和俄歇效应相关，而第二项则与跃迁概率相关.

谱线相对强度是指在特定谱线系中谱线的强度比. 例如 $K_{\alpha_1}/K_{\alpha_2}$ 或 K_β/K_α 等 K 系谱线的相对强度. K 系谱线相对强度在不同元素间变化范围较小，测得的准确性也较高，而 L 和 M 谱线系的相对强度变化较大.

值得注意的是，谱线相对强度与谱线相对强度份数是不同的. 谱线相对强度份数是指特定谱线占该能级中的强度比例. 对 K 系线的谱线相对强度份数(f_{K_α})有

$$f_{K_\alpha}=\frac{K_\alpha}{K_\alpha+K_\beta}=\frac{1}{1+K_\beta/K_\alpha} \tag{6.2.2}$$

谱线相对强度份数将在基本参数法中得到应用.

6.2.5　荧光产额

在电子跃迁的过程中不仅会产生特征 X 射线，也会产生俄歇电子. 因此从某一能级产生的特征 X 射线光子数具有一定的相对效率，其大小可用荧光产额来衡量.

荧光产额 ω 定义为在某一能级谱系下从受激原子有效发射出的次级电子数(n_K)与在该能级上受原级 X 射线激发产生的光子总数(N_K)之比，代表了某一谱线系光子脱离原子而不被原子自身吸收的概率. 对 K 系谱线，有

$$\omega=\frac{\sum n_K}{N_K} \tag{6.2.3}$$

几个元素的 K 系荧光产额 ω 列于表 6.2.3 中. 由表可见，原子序数越大，荧光产额越高. 对轻元素，荧光产额很低，这也是利用 XRF 分析轻元素比较困难的主要原因之一.

表 6.2.3　不同元素的 K 系荧光产额

元素	C	O	Na	Si	K	Ti	Fe	Mo	Ag	Ba
ω_K	0.0025	0.0085	0.024	0.047	0.138	0.219	0.347	0.764	0.830	0.901

荧光产额ω可由实验测定，也可采用经验公式计算

$$\omega = \frac{F}{1+F} \tag{6.2.4}$$

$$F = (a + bZ + cZ^3)^4 \tag{6.2.5}$$

式中，Z代表原子序数；a、b、c为常数. 公式表明荧光产额随原子序数的增加而显著上升. 该经验公式可应用于基本参数法的计算中.

K 系谱线的荧光产额 ω_K 准确度要明显高于 L 谱线系的荧光产额 ω_L，而 ω_M 最小. ω_K 的准确度为 3%～5%，ω_L 为 10%～15%.

6.3　定性与定量分析方法

进行 X 射线荧光分析时，需要制定合适的元素定性和定量分析方法. 通常需要利用一定的实验或数学方法，才能准确获得未知样品中存在多少种元素、哪些元素，各元素的定量浓度，定量分析的关键在于基体校正.

6.3.1　定性分析

莫塞莱定律是反映各元素 X 射线特征光谱规律的实验定律，是 X 射线荧光定性分析的基本原理，1913 年莫塞莱研究从铝到金的 38 种元素的 X 射线特征谱 K 和 L 线，得出谱线频率的平方根与元素在周期表中排列的序号呈线性关系. 考虑到特征 X 射线光谱是由内层电子的跃迁产生的，表明特征 X 射线光谱与原子序数是一一对应的，使得 X 荧光分析技术成为定性分析最可靠的方法之一.

特征 X 射线相当于是识别样品中存在某一元素的指纹信息. 通过确定样品中特征 X 射线的波长或能量，就可以判断未知样品中存在何种元素. 通常，在接收到一个未知样品后，需要根据分析要求，选择必要的样品制备方法，并进行定性分析. 在对一个未知样品进行定性分析时，应采取如下策略.

1. 从所有谱线中寻找最强线

多数情况下，当原子序数 Z 小于 40 时，应寻找 K 系线，大于 40 时，可寻找 L 系线. 这主要取决于可用或所用的 X 光管的管压. 尽管 M 系线也可用于此目的，但 M 系线的分布和强度变化较大，且可能来源于那些只是部分填充的轨道，甚至是分子轨道. 故相对而言，M 系线较少应用于定性分析. M 线多用于 Z 大于 71 的情况. 若一谱线被干扰，应选择其他谱系，并寻找最强线.

2. 多条特征 X 射线共同存在，且相互间的强度比正确

在 XRF 光谱中，应证实同系列多个特征 X 射线同时存在，必要时还需证实

不同谱系特征线的存在. 例如，当发现 K_α 线时，则应同时证实 K_β 线的存在，否则，不能确认在未知样品中存在该种元素，应用其他谱线或谱系时亦应如此. 在同一谱线系中，不同特征谱线的强度比例一定. 当相互间的强度比例正确时，才可确定某一元素真实存在. 多数情况下，K_{α_1}～K_{α_2} 在 K 线中占主导地位. 低原子系数的 K_β线要比 K_α线弱得多. 对于 L 系线，则较为复杂. 例如，Sr 的 $L_{\alpha_1}:L_{\beta_1}=100:65$，而 Au 的 $L_{\alpha_1}:L_{\beta_1}=89:100$. X 射线谱线绝对测量强度尽管受多种因素的影响，但主要由荧光产额 ω 和溢余临界电压值决定. 溢余临界电压值是指光管激发电压(U)超出被测元素的临界激发电压($U_{临}$)的多余部分，荧光强度与溢余临界电压的 1.6 次幂成正比，即荧光强度随$(U-U_{临})^{1.6}$变化.

6.3.2　定量分析

定量分析的前提是保证样品具有代表性和均匀性. 定量分析是将样品元素分析线的测量强度转换为元素浓度的过程. 要进行定量分析，需要完成三个步骤：①根据待测样及分析难度要求选择制样方法，保证样品均匀且粒度合适；②根据实验需要选择合适测量条件；③运用一定方法获取谱峰净强度. 在此基础上，再借助一定的数学或实验方法，定量分析待测样品元素含量.

1. 谱线处理

X 射线荧光光谱的谱线处理过程主要包括谱线平滑、本底扣除、寻峰、峰识别和净峰面积计算等. 光谱平滑的目的在于降低采集过程中产生的统计涨落，提高峰识别的准确度，平滑的方法主要有移动窗口平均法、移动窗口多项式最小二乘平滑法、指数平滑算法、粗糙惩罚平滑法和小波变换降噪法等. 本底噪声的存在会淹没或影响净峰的信号，对分析检出限和分析精度有显著影响.

X 射线荧光光谱中本底噪声的来源主要有三个方面：一是原级和次级射线在介质(包括样品、X 射线探测器周围材料等)上散射，尤其是原级连续谱的散射；二是特征 X 射线在 X 射线探测器中因康普顿散射而引起的反冲电子能量沉积；三是仪器的电子学噪声. X 荧光的特征峰净面积也称净计数等于总峰强度减去本底强度，特征谱的净面积计算在定量分析过程中被视为与样品的制备和分析条件的设定处于同样的地位，谱处理的效果直接影响定量分析结果的准确度. 本底强度扣除可以采用物理方法从 X 射线光谱仪的光路上采取措施降低散射本底，但通常在抑制本底的同时会导致 X 荧光特征峰强度的降低. 所以通常采用数学算法进行背景基线扣除，常用方法有多项式拟合、小波变换方法、非对称最小二乘法和自适应迭代加权惩罚最小二乘法等方法. 图 6.3.1 为利用自适应迭代加权惩罚最小二乘法对 XRF 光谱进行背景扣除的效果.

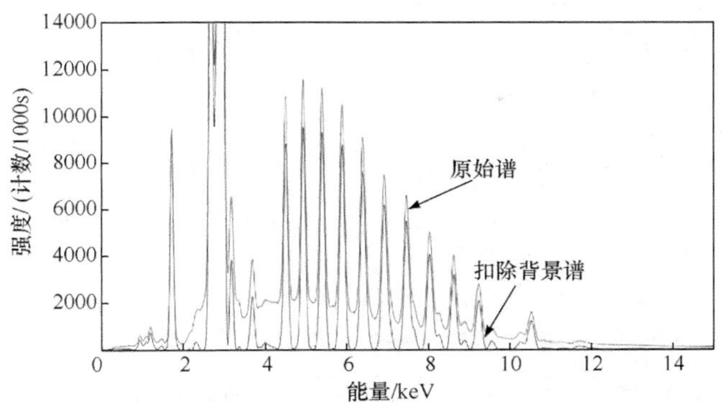

图 6.3.1　自适应迭代加权惩罚最小二乘法扣除 XRF 光谱背景基线

由于探测器能量分辨率等原因，峰位相近且峰宽较大的不同谱峰之间常常出现重叠干扰的现象，要对光谱作进一步较为准确、全面的定量和定性分析，解析光谱重叠峰非常必要. X 射线荧光谱中含有待测元素的 K 系、L 系、M 系特征峰、X 射线光管靶材的瑞利散射峰和靶材的康普顿散射峰、原级 X 射线谱中的连续谱线及其散射谱线，以及这些谱线可能出现的和峰与逃逸峰. 尤其对于基体成分复杂的多元素混合样品(地质样品)，通常会出现不同程度的谱峰重叠现象. 在 X 射线光谱分析过程中，有两种情况使峰位的识别成为技术难点：①目标元素特征 X 射线能量与干扰元素特征 X 射线的能量相接近，且目标元素含量相对较低的情况下，在 X 射线探测器谱上目标元素特征 X 射线光电峰与干扰元素特征 X 射线光电峰存在部分或大部分重叠，甚至于被湮灭；②样品中目标元素含量很低，处于仪器分析检出限左右，目标元素的 X 荧光特征峰被本底放射性统计涨落所湮灭. 对于第二种情况，主要是通过前文所述的谱线平滑，实现 X 射线谱的降噪，达到突出较弱的目标元素 X 荧光特征峰的目的. 对于第一种情况，需要通过一些数学方法将目标元素与干扰元素的特征峰分开，如图 6.3.2 所示. 解谱方法的研究一直都是光谱研究领域、电化学分析及色谱分析领域中的重点课题，现有的一些较为完善的重叠峰解析方法包括导数法、主成分分解曲线拟合、经验参数分解、傅里叶反卷积法和小波变换法等. 随着信息技术的进步而不断发展，从最初的导数法发展到高斯混合模型和期望最大化迭代算法、高斯混合统计模型与遗传算法相结合、小波变换和神经网络相结合，再到现在主流智能算法(如基于自适应免疫算法、粒子群算法、差分进化算法等)的光谱重叠峰分解方法. 重叠峰的问题一直不断的被关注，但目前还没有一种被公认的、没有局限性的方法，比如存在计算量较大、误差大、实时处理困难等局限.

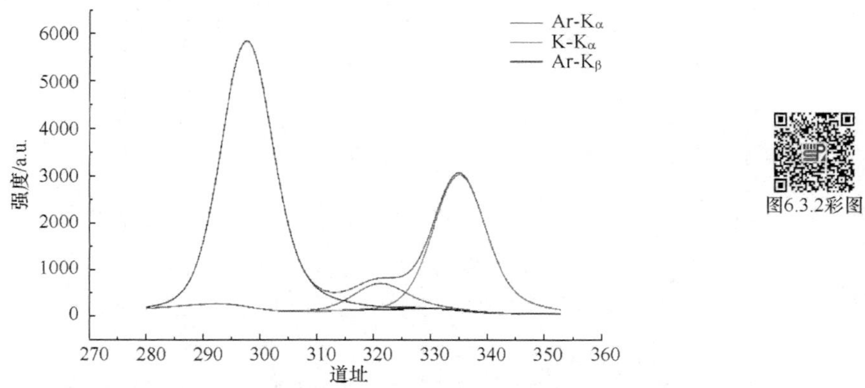

图 6.3.2　卤水 XRF 光谱中钾元素的 K_α 峰与空气中氩 K_β 峰的分解

对基体成分简单的待测样品，样品中目标元素含量与 X 射线仪器谱上该元素 X 射线荧光特征峰净峰面积计数成正比例关系. 因此，只要确定比例常数，即可在相同的测量几何条件下，将目标元素特征 X 射线光电峰净峰面积计数转换为该元素的含量. 但是，对于基体成分复杂的待测样，基体效应的存在破坏了目标元素含量与该元素特征 X 射线光电峰净峰面积计数的正比例关系；另外，在 X 射线光谱分析过程中，样品被测量面凹凸不平、荧光颗粒分布不均匀等情况也是客观存在的，这些因素影响了 X 射线光谱仪对目标元素定性和定量测定的准确度、精确度和灵敏度. 因此，基体效应、不平度效应和不均匀效应的影响及其校正方法是目标元素含量获取的主要研究内容. 近几年来人工智能、机器学习、智能优化算法等新技术逐渐被创新性的引入多种光谱学技术的定量分析和基体效应非线性校正中，相信在不久的未来这些技术将会在 X 荧光光谱解谱方面和定性定量分析方面得到广泛的应用.

2. 基体效应

在 X 荧光分析中获得准确的定量分析结果的关键在于削弱基体效应影响或者采用合适的方法来校正基体效应的影响. 所谓基体是指样品中除待测元素以外的所有元素及样品性质的统称. 在含多种各元素的试样中，每种元素都是其他元素基体的一部分，所以在同一种试样中，不同元素的基体也是不同的.

基体效应是指基体对所测定的特征谱线强度的影响，使分析线的强度增加或减小的现象. 在含多种各元素的试样中，每种元素都是其他元素基体的一部分，所以，在同一种试样中，不同元素的基体也是不同的. 基体效应可分为两大类：第一类为物理化学效应，包括颗粒度、表面结构、化学态和矿物结构等因素对谱峰位、谱形和其他基本参数造成的影响. 物理化学效应可以通过适当的样品处理来消除影响或得到校正，通常可以将标样和未知样品处理成一样的状态. 第二类称为吸收增强效应包括：①样品对初级 X 射线的吸收. 基体对于初级 X 射线的吸收系数可能大于或小于分析元素对初级 X 射线的吸收系数；②样品中分析元素出射 X 射线荧光在出射的路径中被基体吸收；③基体某些元素发射的特征谱线，其波长可能位于分析元素吸收限短波侧，因此分析元素除受初级射线的激发，还可能受到基体其他元素特征线的激发而发射特征谱线，这种作用也称为元素间的增强效应.

基体效应校正方法可分为两大类：实验校正方法和数学校正方法. 大多数校正基体效应的方法要求用到标准样品来建立校正曲线，或通过标样测量所推导的数学关系，把强度数据转换成浓度数据. 当标样与试样的物理化学状态相似时，元素间吸收增强效应不仅是可以预测的，并且可通过实验校正方法进行准确的校正，比较经典的实验校正方法有校准曲线法、内标法、散射校正法、线性回归法、偏最小二乘回归法、经验影响系数法和基本参数法等. 若标样与试样的物理化学状态相差较大时，用基本参数法或理论影响系数法进行校正将产生较大的误差. 目前随着信息技术的发展基于机器学习的人工智能回归预测模型也开始用于存在复杂基体效应样品的 X 荧光定量分析中.

不平度效应是测量面凹凸不平对 X 射线荧光分析结果的影响，主要表现在三个方面：①激发源初级射线和次级射线在空气中路程的变化；②X 射线荧光探头的有效探测面积的减小或增大；③遮盖和屏蔽 X 射线束. 散射校正方法能在一定程度上降低不平整效应的影响，但是解决不平整效应的根本在于在条件允许的情况下，对待测样品表面进行有效的平整处理如压片、抛光等.

不均匀效应是由于有效探测面积内目标元素颗粒分布不均匀引起的，测量面上矿化不均匀可能引起最终分析结果的较大误差. 从矿物颗粒形成的统计规律，采样自旋转样品台结构或者在测量区域内采用多测点测量，取其平均值都是克服不均匀效应的有效方法.

3. 定量分析的实验校正方法

定量分析是将样品元素分析线的测量强度转换成元素浓度的过程. 对于无限厚的样品，分析线强度仅与元素浓度有关. 当样品组成比较简单时，这种关系基本呈现一种理想的线性关系

$$I_i \propto f(C_i) \tag{6.3.1}$$

对组成成分复杂的样品，由于基体效应的存在，样品元素发射的分析线强度与元素浓度间的定量关系十分复杂，其受到多种因素的制约，因此必须使用实验

或数学的方法进行处理. 定量分析可分为实验校正和数学校正两类方法，本小节主要介绍实验校正法.

1) 标准校准法

X 射线荧光光谱定量分析是一种以标准为参考的相对方法. 所用的参考标准应与待测样品具有类似的化学组成及物理-化学状态. 其表现在：①样品的物理形态；②化学组成及浓度范围；③样品颗粒度、密度、均匀性及表面光洁程度等物理特征. 通过这类参考标准样品，使用最小二乘法拟合，建立各组成元素分析线的测量强度与相应浓度的校准曲线，即可实现定量分析，这种方法通常称为标准校准法或外标法.

当样品存在基体效应时，如果分析元素的浓度散布范围窄，标准样品与待测试样的组成及状态相似，则校准曲线仍呈近似线性关系，其近似程度与样品基体的复杂程度相关. 使用外标法的数学表达式为

$$I_{\mathrm{p}} = mC + I_{\mathrm{B}} \tag{6.3.2}$$

式中 I_{p} 为分析线的净峰强度；I_{B} 为残余背景强度；m 为校正曲线斜率，也称为校正因子；C 为待分析元素浓度. 标准校准法适用于元素浓度散布范围窄或者分析浓度较低的样品，此时样品基体效应较小，校准曲线通常为一条直线. 当样品成分复杂，元素浓度散布宽，基体影响严重时，需要更多的标准样品进行非线性校准曲线建立，常用二次校准曲线.

2) 内标法

在标准校准法中，用分析元素的谱线强度与同一试样中测量的内标强度之比代替分析元素谱线强度的方法称为内标法. 内标强度可以是往样品中添加的标准(内标)元素的谱线强度、X 射线管靶线的相干或非相干散射线的强度、与分析线能量相近的背景强度.

对于一个多元素样品，如果要测定其中元素 i，则可以向样品中加入一种内标(internal standard, IS)元素，分别测量内标元素和待测元素谱线的强度，待测元素浓度可用下式求出：

$$C_i = \frac{I_i}{I_{\mathrm{IS}}} C_{\mathrm{IS}} \tag{6.3.3}$$

其中 C_i 和 I_i 分别是待测元素的浓度和谱线强度，C_{IS} 和 I_{IS} 分别是内标元素的浓度和谱线强度.

选择内标元素的原则是：①加入的内标量适用于分析浓度低于 5%～10%的次量及痕量元素分析；②内标元素加入量应与待测元素的实际存在量等效；③内标元素的谱线激发、吸收及增强效应等特性均与待测元素的谱线相似，且两者之间

互不干扰；④原始样品中不能含有选定的内标元素.

此外，与内标法类似的有内控标准法，其内控元素是以固定浓度加入试样及标准样品中的，以分析元素与内控元素谱线的强度比作为校准函数，建立校准曲线. 与内标法不同，内控元素与样品分析元素不一定具有相同的激发性能，可同时作为样品中其他多种元素的内控标准. 在溶液分析中常用这种方法补偿溶液的体积、密度、温度、溶液性质变化及表面状态变化产生的影响，对溶液原始基体变化也有一定的补偿作用，如散射内标法.

Anderman 等发现在待测元素含量较低时，分析线强度和散射线强度比基本上不随基体的改变而改变. 根据这一点，可以用于基体的吸收效应、激发条件、颗粒度、粉末致密度等多种因素的补偿，此时，近似认为待测元素浓度和分析线强度与散射线强度之比成正比，计算公式如式(6.3.4)所示. 但这种方法对增强效应无补偿效果. 采用散射背景内标法时，应注意分析线和内标背景点之间不能有主基体元素的吸收限.

$$C_i = K\frac{I_i}{I_{\mathrm{B}}} \tag{6.3.4}$$

式中 C_i 和 I_i 分别为待测元素的浓度和谱线强度；I_{B} 为背景强度；K 比例常数，可以用校正标样获得.

3) 标准加入法

当需要对样品中某一含量不高的元素进行测量，而又缺少合适的校正标样时，可以采用标准加入法. 如果样品中待测元素 i 的浓度为 C_i，向其中添加待测元素 i，使样品中待测元素 i 的浓度变为 $C_i+\Delta C_i$，则

$$\frac{C_i}{C_i+\Delta C_i} = \frac{I_1}{I_2} \tag{6.3.5}$$

式中 I_1 和 I_2 分别是添加前和添加后待测元素 i 的谱线强度.

而当多次使用标准加入法时，不仅可以测量样品中待测元素的含量，而且还能建立测量其他未知样品的工作曲线. 将待测元素为 i 的样品取若干份，分别按标准加入法的方法，加入不同量的待测元素，同时保留其中一个未做添加的样品. 将添加和不添加待测元素的样品按相同的方法制备后，分别测量待测元素分析线的强度，然后，以浓度ΔC_i 为横坐标，净强度为纵坐标作图，用线性最小二乘法拟合的直线如图 6.3.3 所示. 如果背景扣除合理，直线外推在浓度轴上的截距的绝对值即为样品中待测元素的含量 C_i.

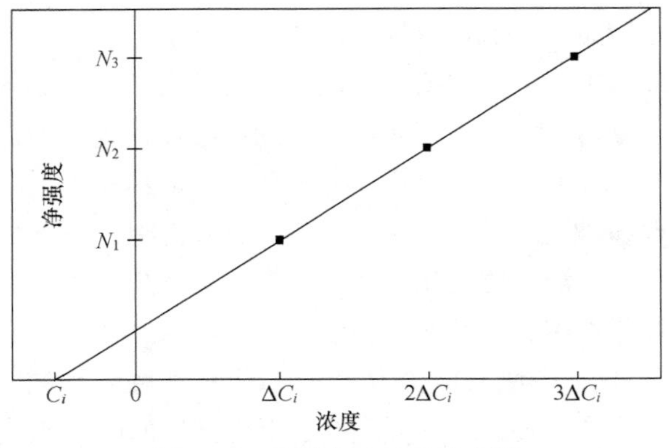

图 6.3.3　标准加入法校准曲线

4. 基体效应的数学校正法

基体效应直接影响定量分析，前面实验校正法中的内标法可以解决第一类基体效应的影响，对第二类中的吸收效应也有一定的效果，但对增强效应无效. 要解决基体效应中的吸收-增强效应，必须进行基体效应的数学校正. 基体效应的数学校正主要有经验系数法、基本参数法和理论影响系数法等，这里主要介绍基本参数法.

1) 理论荧光强度

A. 一次荧光的产生

如图 6.3.4 所示，考虑一厚度为 d 的平滑、均匀试样 s，设含有荧光元素 i，相对浓度为 C_i，入射原级光谱分布为 I_λ，入射角和出射角分别为α和β. 并将 X 射线强度以单位截面下的每秒计数(或光子数)来表达，则荧光强度与下列因子成正比.

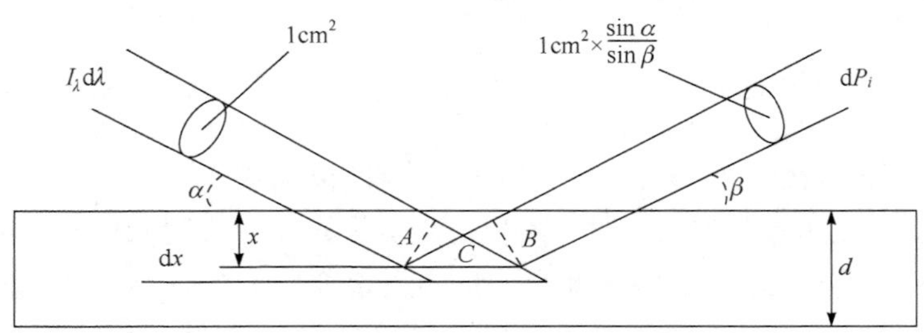

图 6.3.4　一次荧光强度推导过程中的物理和几何示意图

(1) 经过入射路径衰减，达到 dx 体积的入射光强 a 为

$$a = I_\lambda \mathrm{d}\lambda \exp\left(-\mu_{\mathrm{s},\lambda}\rho\frac{x}{\sin\alpha}\right) \tag{6.3.6}$$

式中 $\mu_{\mathrm{s},\lambda}$ 是试样 s 对波长为 λ 的入射光的质量衰减系数；ρ 为试样密度.

(2) 原级辐射在 dx 体积中质量衰减系数为 $\mu_{s,\lambda}$ 的元素 i 吸收的份数为

$$b = C_i \mu_{s,\lambda} \rho \frac{x}{\sin\alpha} \tag{6.3.7}$$

(3) 从 dx 体积中产生的 K_α 线荧光的激发因子等于三个概率(吸收跃迁因子 r_K、荧光产额 ω_K 和谱线相对强度份数 f_{K_α})的乘积，即

$$g = \frac{r_K - 1}{r_K} \omega_K f_{K_\alpha} \tag{6.3.8}$$

(4) 受激产生的 X 射线荧光从 dx 体积中向各方向均匀发射，计入准直器的份数为

$$c = \frac{\mathrm{d}\Omega}{4\pi} \tag{6.3.9}$$

式中 Ω 为准直器立体角.

(5) 出射 X 射线荧光 λ_i 经试样衰减后的强度份数为

$$d = \exp\left(-\mu_{s,\lambda_i} \rho \frac{x}{\sin\beta}\right) \tag{6.3.10}$$

式中 μ_{s,λ_i} 为试样 s 对荧光 λ_i 的质量衰减系数.

(6) 由于已设入射光为单位面积，因此应将出射光也换算成单位面积，故需附加一个单位面积调节因子.

$$\sin\alpha = \frac{A}{C}, \quad \sin\beta = \frac{B}{C} \tag{6.3.11}$$

则 $\dfrac{\sin\alpha}{\sin\beta} = \dfrac{B}{A}$，由于 A=1cm^2，故调节出射光至单位面积的面积调节因子为 $e = \dfrac{\sin\alpha}{\sin\beta}$

(7) 由式(6.3.6) ~ 式(6.3.10)可得总的一次荧光强度计算式，即出射 X 射线荧光强度 dP 等于以上几个因子的乘积

$$\mathrm{d}P_i(\lambda, x) = q g_i C_i \frac{\rho}{\sin\alpha} \mu_{i,\lambda} I_\lambda \mathrm{d}\lambda \exp\left[-\rho x \left(\frac{\mu_{s,\lambda}}{\sin\alpha} + \frac{\mu_{s,\lambda_i}}{\sin\beta}\right)\right] \mathrm{d}x \tag{6.3.12}$$

式中 $q = \dfrac{\sin\alpha}{\sin\beta} \times \dfrac{\mathrm{d}\Omega}{4\pi}$.

对式(6.3.12)从 x=0 到 x=d 积分即可得到一次荧光强度计算式

$$P_{i,s} = q g_i C_i \int_{\lambda_0}^{\lambda_{\mathrm{abs},i}} \left\{1 - \exp\left[-\rho d \left(\frac{\mu_{s,\lambda}}{\sin\alpha} + \frac{\mu_{s,\lambda_i}}{\sin\beta}\right)\right]\right\} \frac{\mu_{i,\lambda} I_\lambda \mathrm{d}\lambda}{\mu_{s,\lambda} + \dfrac{\sin\alpha}{\sin\beta} \mu_{s,\lambda_i}} \tag{6.3.13}$$

对于一无限厚试样，式(6.3.13)变为

$$P_{i,\mathrm{s}}=qg_iC_i\int_{\lambda_0}^{\lambda_{\mathrm{abs},i}}\frac{\mu_{i,\lambda}I_\lambda\mathrm{d}\lambda}{\mu_{\mathrm{s},\lambda}+A\mu_{\mathrm{s},\lambda_i}},\quad A=\frac{\sin\alpha}{\sin\beta} \tag{6.3.14}$$

B. 二次荧光强度

在二次和三次荧光强度计算式的推导过程中，几何因子的计算较为复杂，在此省略推导过程，只给出两者的荧光强度计算式.

对于无限厚样品，二次荧光有

$$S_{i,j}=\frac{1}{2}qg_iC_i\int_{\lambda_0}^{\lambda_{\mathrm{abs},i}}g_jC_j\mu_{j,\lambda_j}L\frac{\mu_{j,\lambda}I_\lambda\mathrm{d}\lambda}{\mu_{\mathrm{s},\lambda}+A\mu_{\mathrm{s},\lambda_j}}\quad L=\frac{\ln\left(1+\dfrac{\mu_{\mathrm{s},\lambda}/\sin\psi_1}{\mu_{\mathrm{s},\lambda_j}}\right)}{\mu_{\mathrm{s},\lambda}/\sin\psi_1}+\frac{\ln\left(1+\dfrac{\mu_{\mathrm{s},\lambda_i}/\sin\psi_2}{\mu_{\mathrm{s},\lambda_j}}\right)}{\mu_{\mathrm{s},\lambda_i}/\sin\psi_2} \tag{6.3.15}$$

式中，j 为某基本元素.

三次荧光强度一般占总荧光强度的 2%，在极端情况下通常也不会超过 3%～4%，故在大多数情况下可忽略.

2) 无限厚试样的基本参数法计算

在利用基本参数法进行荧光强度计算或校正时，首先需要知道的是上述式子中的各项参数. 其获取途径有两个：一是采用实验数据；二是利用公式计算. 其中，第二类参数所需的数据主要有样品的质量衰减系数μ_{s}和激发因子 g(吸收跃迁因子 r_{K}、荧光产额 ω_{K} 和谱线相对强度份数 f_{K_α})，数据均能直接查得. 而 X 射线光管发射谱分布的数据往往直接由实验测量得到，当然也可以利用光管谱分布函数算得，在此不做介绍.

进行基本参数法计算时，首先要将积分式转换为累加式，之后进行迭代计算. 忽略三次荧光信号的影响，可得

$$P_{i,\mathrm{s}}=qg_iC_i\sum_{\lambda_0}^{\lambda_{\mathrm{abs},i}}\frac{D_{i,\lambda}\mu_{i,\lambda}I_\lambda\Delta\lambda}{\mu_{\mathrm{s},\lambda}+A\mu_{\mathrm{s},\lambda_i}} \tag{6.3.16}$$

$$S_{i,j}=\frac{1}{2}qg_iC_i\sum_{\lambda_0}^{\lambda_{\mathrm{abs},i}}D_{j,\lambda}g_jC_j\mu_{j,\lambda_j}L\frac{\mu_{j,\lambda}I_\lambda\Delta\lambda}{\mu_{\mathrm{s},\lambda}+A\mu_{\mathrm{s},\lambda_j}} \tag{6.3.17}$$

式中参数 D 在吸收限内、外时分别等于 1 和 0；$\Delta\lambda$ 为波长间隔，一般取 0.02.

迭代计算的具体步骤如下：

(1) 测试并计算实验和理论相对强度.

对于多元素样品有

$$R_i = \frac{I_i}{I_{(i)}} = \left(\frac{I_i}{I_{(i,s)}}\right)_{ms} \left(\frac{I_{(i,s)}}{I_i}\right)_{cal} \tag{6.3.18}$$

式中 $I_{(i,s)}$表示标样中 i 元素的强度. 下标 ms 表示实测值，cal 表示计算值. 其中 $I_{(i,s)ms} = (P_{i,s} + S_{i,s})_{ms}$.

(2) 强度归一化：将理论和实验相对强度归一化得到浓度初始值$(C_i)_1$，可得$(R_i)_1$.

(3) 采用双曲线三点内插法计算浓度估计值，并加速收敛.

$$C' = \frac{R_i^{ms} C_i (1 - R_i^{cal})}{R_i^{ms}(C_i' - R_i^{cal}) + R_i^{ms}(1 - C_i)} \tag{6.3.19}$$

式中C_i' 是从(0，0)、(C_i，R_i^{cal})和(1，1)三点所限定的双曲线内插求得的.

(4) 迭代计算，直至收敛(收敛设定值一般为 0.1%).

6.4　X 射线荧光光谱仪

自从 X 射线荧光(XRF)光谱分析技术问世以来，因其简便快速、无损、多元素分析特性以及良好的检测精度，已逐渐发展成为一种成熟的分析手段，被广泛且有效地用于石油化工、地质矿物勘查、生态环境保护、食品和药物安全、考古与文物保护等领域. 已成为多领域分析测试方法的通用标准方法，例如在材料成分表征实验室、石油化工中硫分测定、水泥等建材制造、进出口电子电气设备有害元素检测等分析测试实验室中 XRF 仪器通常属于标配设备.

X 射线荧光光谱仪根据探测特征 X 射线荧光的方式不同可分为两大类：一是波长色散型 X 射线荧光光谱仪；二是能量色散 X 射线荧光光谱仪. 前者是记录特征 X 射线的波长，后者是记录特征 X 射线的能量. 波长色散探测系统采用分光晶体，能量分辨率高，但探测效率低，仪器结构较为复杂. 能量色散探测系统的全谱同时测量，多元素同时分析，仪器结构简单.

6.4.1　波长色散 X 射线荧光光谱仪

波长色散X射线荧光光谱仪利用单晶衍射分离样品发射的不同波长的特征谱线. 1948 年弗利德曼(Friedman)和伯克斯(Birks)首先研制了第一台商品性的波长色散 X 射线荧光(wavelength dispersive X-ray fluorescence, WDXRF)光谱仪(卓尚军，1989)，虽然这些早期的光谱仪只能在空气中工作，但它们能够提供关于原子序数

22(钛)以上的所有元素的定性和定量信息. 后来的版本允许使用氦或真空路径，将可分析元素降低到原子序数 9(氟)附近. 所使用的 X 射线探测器包括正比计数器、闪烁计数器和硅漂移(silicon drift detector, SDD)探测器. 目前的波长色散 X 荧光光谱仪检测限可达到亚 10^{-6} 量级，并且可以从少至几毫克的材料中获得合理的响应(Jenkins and Kuczumow, 2000).

1. 波长色散 X 射线荧光仪器基本原理与结构

布拉格定律(Bragg' s Law)是反映晶体衍射基本关系的定律，这也是波长型 X 荧光仪分光的原理，使得不同元素不同波长的特征 X 荧光完全分开，从而确定特征 X 射线的不同元素波长，实现定性分析.

当一束经过准直的、波长为λ的单色 X 射线以θ角投射到晶面间距为 d 的一组晶面上时，每一个晶面上的原子都向各个方向发射次级 X 射线(散射 X 射线). 若散射 X 射线的波长与入射 X 射线波长相等，仅改变入射 X 射线的方向，则称为相干散射. 这些散射 X 射线在一定条件下发生衍射. 这些条件是：①入射束、散射束和晶体平面的法线在同一平面内；②入射束和散射束同晶体平面之间的夹角相等；③各层晶面上散射出来的 X 射线，其光程差为波长的整数倍. X 射线在晶体中的衍射如图 6.4.1 所示. A′和 B′为入射 X 射线束，A″和 B″为散射 X 射线束. A′AA″和 B′BB″之间的光程差为 CBD，等于 $2d\sin\theta$. 如果这些射线是同相的，其光程差为波长λ的整数倍，这就是布拉格定律，即

$$2d\sin\theta = n\lambda \tag{6.4.1}$$

其中 n 为正整数，称为级数；掠角θ称为布拉格角. 由于 $\sin\theta\leqslant 1$，因此 X 射线的波长必须要小于 $2d$. 由此式可知，对确定的 d，只要改变θ角，就可以测量 X 射线的波长.

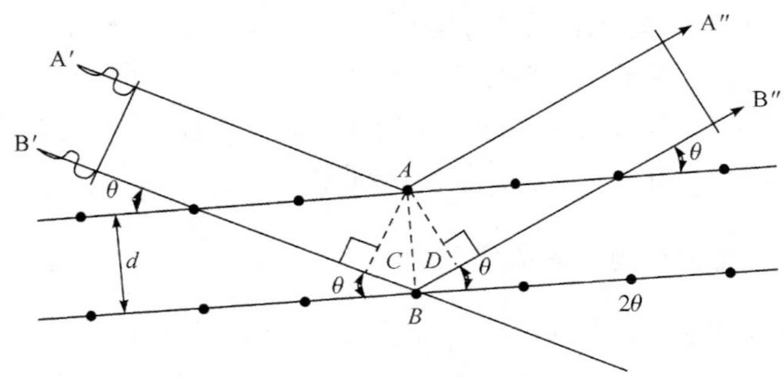

图 6.4.1 X 射线在晶体中的衍射

波长色散 X 射线荧光光谱仪一般由 X 射线管、样品室、准直器、分光晶体、探测器、计数电路和计算机等部分组成，其中分光晶体是波长色散仪器的关键部

件(图 6.4.2). 根据晶体的聚焦方式，波长色散装置一般可分为平面晶体(非聚焦)和弯曲晶体(半聚焦和全聚焦)两种类型. 按光路的组合方式，可分为同时式、顺序式和混合式三种仪器类型.

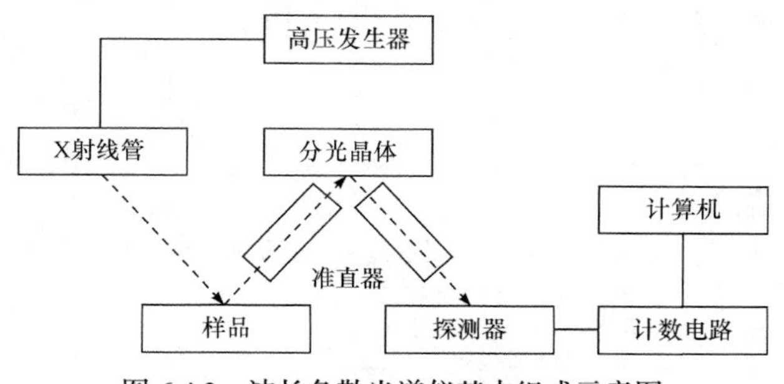

图 6.4.2　波长色散光谱仪基本组成示意图

1) 平面晶体色散装置

平面晶体色散装置可分成布拉格-苏拉、劳埃、单晶及双晶等类型，其中布拉格-苏拉法是波长色散光谱仪最常用的色散装置. 其工作原理是：入射狭缝、分光晶体及接受狭缝(探测器狭缝)均在以晶轴为中心，以 R 为半径的同一圆周上. 过此三点所作的辅助圆称为聚焦圆. 如图 6.4.3 所示，当分光晶体绕轴旋转时，由样品不同位置发射的同一波长的入射线落在晶面的不同位置，并按布拉格原理发生衍射，其反射线与入射线的夹角在聚焦圆上所对的弧度始终相同，最终都到达聚焦圆上的接受狭缝，进入探测器. 对于不同波长的入射线，经过晶体衍射，也同样进入探测器. 由此可见，波长为 λ 的特征 X 射线，在晶体转动过程中按顺序汇聚到聚焦圆的狭缝上，这种聚焦称为时差聚焦. 以这种方式构成的分光计称为布拉格分光计. 在这种分光计中，探测器接受的光谱强度很低. 为克服这一缺点，用多狭缝准直器代替单狭缝，该准直器的结构如图 6.4.4 所示，通常由一组相互平行的布拉格狭缝组成，起提高光束准直度及分光效果的作用，这种准直器也称为苏拉(Soller)狭缝，实际上由一组间隔相等的平行金属箔片叠积而成. 它能滤掉发散的 X 射线，使来自样品的 X 射线成为基本平行的光束，还能剔除来自样品之外的无用的散射线，然后投射到晶体表面或探测器窗口. 其中固定设置在样品与晶体间的准直器，称为初级准直器或光源准直器，主要用于提高光束的准直度和谱线的分辨率，消除样品不均匀性的影响，减少谱线重叠干扰；设置在晶体与探测器间的准直器称为次级准直器、接收准直器或探测器准直器，其作用是排除晶体的二次发射和来自晶体其他衍射面的伪反射，降低背景，改善检测灵敏度.

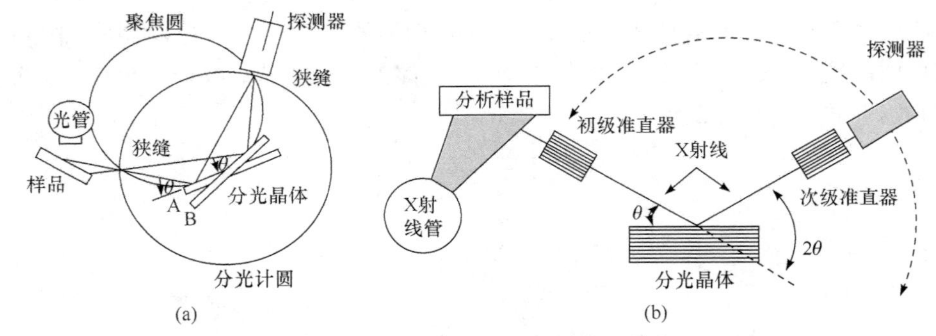

图 6.4.3　布拉格-苏拉法平面晶体色散装置

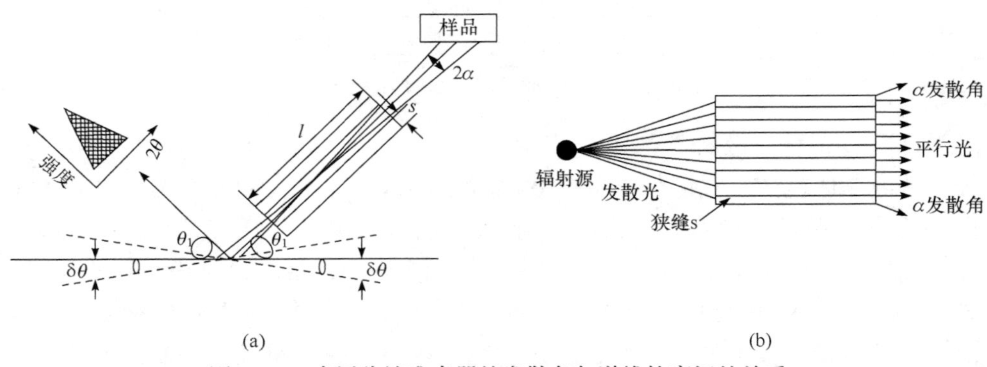

图 6.4.4　多层狭缝准直器的发散角与谱线轮廓间的关系

2) 弯曲晶体色散装置

弯曲晶体使 X 射线汇聚成一束线状或点状光束. 弯曲晶体色散装置中所用的晶体可以是透射式或反射式晶体；就其弯曲方式而言，可以是柱面弯曲、球面弯曲、环形弯曲及对数螺线式弯曲. 图 6.4.5 所示的约翰逊式柱面弯曲晶体(全聚焦)色散几何结构中，以晶体为中心，样品至晶体及晶体至探测器的距离 L 相等，且三者位于直径为 R 的同一聚焦圆上. 该聚焦团类似于光学光路中的罗兰圆.

波长色散X射线光谱仪另有一种半聚焦晶体色散装置是对数螺线弯曲晶体色散装置(图 6.4.6)，晶体可预先按对数螺线轨迹制成弯晶或直接贴在按对数螺线轨迹加工的金属支架上，使样品各点发射的 X 射线以相等的角度(θ)与晶面相交，并形成符合布拉格衍射原理的反射. 这种色散方式与约翰逊式不同，晶体加工简单，适用于任何晶体. 由于这种色散方式，对于不同波长要求的曲率半径不同，宜制成固定通道使用. 在这种装置中，使用宽狭缝探测器可有效弥补其聚焦缺陷. 早期飞利浦公司的 PW 系列仪器及帕纳科公司生产的光谱仪中，固定通道就是采用这种色散方式，以提高轻元素的分析灵敏度.

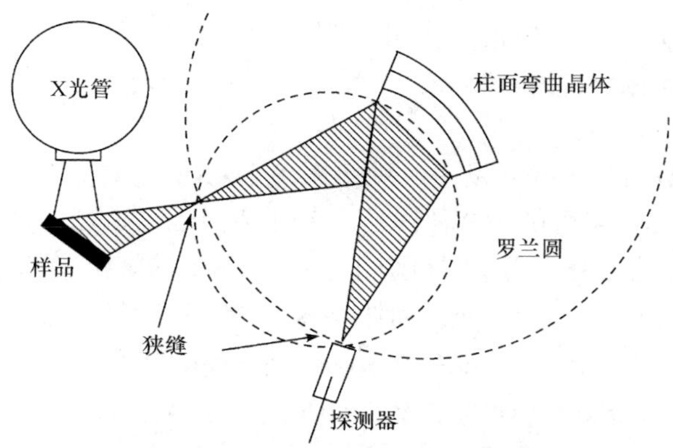

图 6.4.5　约翰逊式柱面弯曲晶体(全聚焦)色散几何结构

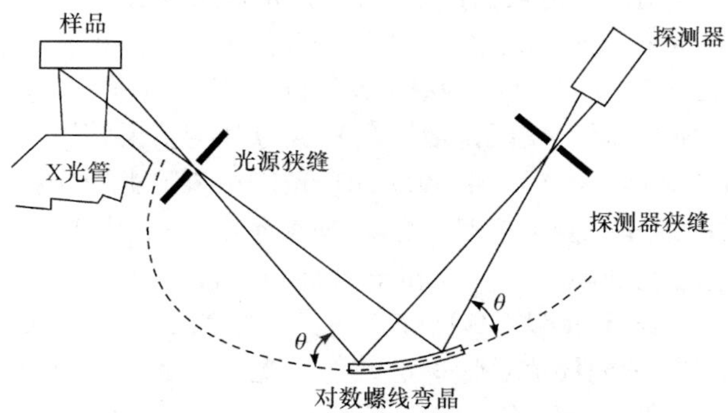

图 6.4.6　对数螺线弯曲(半聚焦)晶体色散几何结构

2. 应用

WDXRF 分析技术具有操作简便快速、不需要消解破坏样品及分离预富集等优点. 近年来，由于激发源、分光晶体和探测器的发展，WDXRF 分析的特点体现在仪器准确度和测定速度大幅度提升、定性和半定量分析自动化等. 多应用于土壤岩石、地质矿产、金属材料、考古文物等领域(史先肖等，2019).

使用 WDXRF 光谱分析土壤岩石、地质矿产等样品，可根据样品形态使用薄样制样、粉末压片制样或熔融制样对样品进行前处理(黄明光等，2013). 2015 年，石慧等(2015)采用粉末制样法，运用波长色散 X 射线荧光光谱仪对土壤、岩石和水系沉积物样品中的 15 种稀土元素(La、Ce、Pr、Nd、Sm、Eu、Gd、Tb、Dy、Ho、Er、Tm、Yb、Lu、Y)进行分析测定. 稀土元素的检出限多在 0.1μg/g 以下. 方法精密度的相对标准差在 0.67%～14%. 测定标准样品的测量值与标准值符合较好.

2015 年，陈景伟等使用薄膜吸附前处理卤水样品，通过优化筛选薄膜材料及卤水取样量，确定移取 50μL 卤水样品滴于 Φ=40mm 的 3 层析滤纸的圆心位置，自然晾干后利用高压压平待检样品，采用人工配制标准样品的曲线用作校正溴的标准曲线，用 WDXRF 测定溴的含量. 钾钠钙镁氯和硫酸根等共存离子的影响可以忽略，方法检出限(3σ)为 0.95mg/L，精密度的相对标准差不大于 0.8%，加标回收率为 99.4%～101.2%.

2015 年，Smoliński 等开发了一种使用 WDXRF 光谱法的方法，确定来自十个波兰煤矿的煤燃烧灰分的 169 种样品中 16 种稀土元素的含量和浓度. 结果发现煤灰中稀土元素的变化水平和范围明显不同. 铈、镧和钪的平均含量分别为 198.8μg/g、76.5μg/g 和 52.4μg/g，而铕、钬、镥、铽和铥等金属的平均含量不超过 5μg/g(分别为 1.2μg/g、1.4μg/g、3.3μg/g、1.3μg/g 和 0.6μg/g).

2016 年，Figueiredo 等研究了 WDXRF 光谱法测量 As、Cd、Cr、Cu、Hg、Ir、Mn、Mo、Ni、Os、Pb、Pd、Pt 的可行性. 除 Pb 外，计算的检出限和定量范围为 0.6～5.4μg/g 和 1.7～16.4μg/g，符合规定的验收标准. 结果表明 WDXRF 方法符合欧洲药典对 Cu、Cr、Ir、Mn、Mo、Ni、Os 和 Pt 定义的验证要求，并且符合美国药典对 Ir、Ni、Os 和 Pt 的验证要求. 这项工作的新颖之处在于将 WDXRF 应用于最终药物检测，而不仅仅是活性药物成分和/或赋形剂的分析.

2018 年，陈有才等(2018)使用 WDXRF 光谱法测定大豆中矿物质元素，实验采用硼酸垫底压片制样，测定样品中的矿物素元素含量. 同时利用电感耦合等离子体发射光谱法(inductively coupled plasma atomic emission spectroscopy, ICP-AES)进行验证. 结果表明：WDXRF 对大豆中的 Mg、K、Ca、Mn、Cu、Zn 这 6 种矿物质元素含量的检测是快速有效的，尤其是大豆标准样品丰富后，定量后更加准确.

6.4.2 能量色散 X 射线荧光

能量色散 X 射线荧光(energy dispersive X-ray fluorescence , EDXRF)光谱法是用于定性和定量检测样品中元素的一种分析方法. 其原理为由 X 射线光管产生的原级 X 射线经过滤光片照射至样品上，或由二次靶所产生的特征 X 射线照射至样品上时，样品产生的 X 射线荧光直接入射到探测器，探测器将 X 射线光子的能量转变为电信号，经前放和主放大器将信号幅度放大，经模数转换器将信号的脉冲幅度转化为数字信号. 经计算机处理后，获得能谱数据(吉昂等，2001). 能量色散 X 射线荧光光谱分析的突出优点是可以实现对样品进行多元素同时测量且样品分析是非破化性的. 通常可分析原子序数 11 号钠到 92 号铀，分析精度可达 mg/kg 量级(West et al., 2017). 能量色散 X 射线荧光光谱技术通用性强，适用于多种类型的试样分析，可满足各种常规分析的要求.

1. 能量色散 X 射线荧光的发展

EDXRF 早期使用气体比例计数器或闪烁探测器直接对 X 射线的能量进行测

定. 由于探测器较差的固有能量分辨率，这种系统在其应用中受到限制，这使得无法对周期表中相邻元素的特征 X 射线进行分离，必须使用初级及次级滤光片进行能量筛选(Kirkpatrick, 1939; Ross, 1928)，所以这类仪器也被称为非色散 X 射线荧光分析仪. 随着固态半导体二极管探测器及其相关脉冲处理电路的出现，能量色散 X 射线荧光分析技术在 20 世纪 60 年代后期获得突破性进展(Bowman et al., 1969; Elad and Nakamura, 1966; Bertolini et al., 1965). 1969 年，美国海军实验室 Birks 研制出第一台真正意义上的 EDXRF 光谱仪. 20 世纪 70 年代由于半导体探测器能量分辨率不断提高，使能量色散 X 射线荧光分析系统进入实用阶段，并于 20 世纪 70 年代初实现了商品化. 我国于 20 世纪 70 年代末引进和研制 EDXRF 光谱仪，从而开始建立 X 射线荧光光谱分析；我国学者虽然起步较晚，但在 20 世纪在 X 射线荧光理论强度计算、原级谱强度分布的测定、基本参数法和理论影响系数法校正元素间吸收增强效应的程序编制等方面均有所建树(吉昂等，2011).

进入 21 世纪以来，实验室能量色散 X 射线荧光光谱仪已完全成熟，并且已经在多个领域有着广泛的应用，其中包括：临床(Singh et al., 2017)、生物(Makundi et al., 2001)、药物(Queralt et al., 2005)、文物(付略, 2008)、纳米材料(de Almeida et al., 2019)以及工业应用(Lemberge et al., 2000)等，EDXRF 光谱仪已成为理化实验室的重要工具.

2. 能量色散 X 射线荧光谱仪结构

1) 常规型能量色散 X 射线荧光谱仪结构

能量色散 X 射线荧光光谱仪通常由 X 射线管(激发源)、滤光片、样品、探测器、放大器、多道分析器及包括脉冲堆积消减器的计数电路和计算机组成. 以 X 光管初级辐射直接激发样品的光谱仪称为二维光学能量色散光谱仪或称常规型能量色散光谱仪，其结构示于图 6.4.7(a)，图 6.4.7(b)所示为南京航空航天大学设计的一种上照式多自由度静态能量色散光谱仪. 样品元素发射的所有谱线同时进入探测器，经光电转换后由多道分析器累计储存并全谱显示. 能量色散 X 射线荧光光谱仪与波长色散 X 射线荧光光谱仪的显著不同是没有分光晶体，而是直接用能量探测来分辨特征谱线，达到定性定量分析的目的. 通常，在通用型能量色散光谱仪的光管与样品之间会设置一块初级滤光片，也叫光源滤光片，其作用是调节样品表面初级辐射谱及辐照强度，消除光管的靶线及杂质谱线，降低散射背景，提高峰背比. 在选定的激发条件下，通过初级滤光片调整样品表面初级辐射的强度，使探测器处于最佳线性工作范围. 滤光片的性能主要决定于所用的材料及厚度，表 6.4.1 列举了几种滤光片材料、规格及其适用范围(高新华等, 2017). 此外，在探测器与样品之间还会设置次级滤光片，也叫探测器滤光片，其主要用于消除基体谱线的干扰，降低背景，提高峰背比.

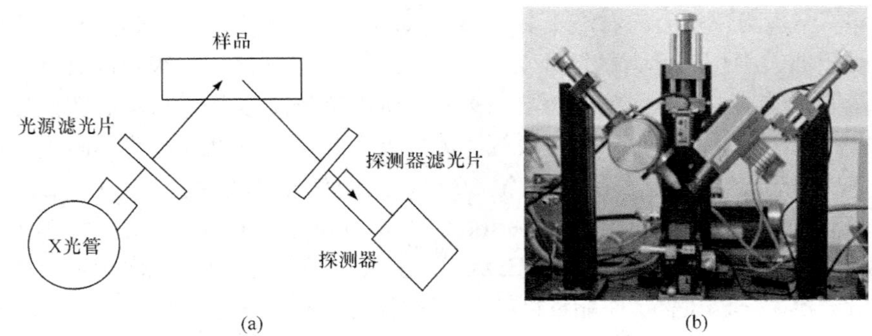

(a)　　(b)

图 6.4.7　(a)常规型下照式能量色散光谱仪结构示意图；
(b)上照式多自由度静态能量色散光谱仪

表 6.4.1　常规型能量色散光谱仪配备的滤光片

滤片名称	分子式	厚度/μm	密度/(g/cm^3)	适用范围
钛	Ti	20	3.5	Mn～Fe
铝(薄)	Al	50	2.7	S～Cl
铝	Al	200	2.7	K～Cu
钼	Mo	100	10.22	Mn～Mo
银	Ag	100	10.5	Zn～Mo
聚酰亚胺	$C_{22}N_2O_5H_{10}$	50	1.42	Na～Ca

2) 偏振能量色散 X 射线荧光谱仪

三维几何光学能量色散光谱仪又称偏振激发 EDXRF 能谱仪. 其优势在于可以有效降低背景对分析结果带来的影响，基本结构由 X 光管、二次靶、滤光片、样品、探测器等组成，其示意图如图 6.4.8 所示(Heckel et al., 1992). 所谓三维几何光学是指 X 射线光路不在一个平面上，而是在两个相互垂直的平面上. 因 X 射线是电磁波，由电矢量 $\boldsymbol{E}$ 和磁矢量 $\boldsymbol{B}$ 组成. 电磁波对物质的作用主要是电场，所以电场矢量又称光矢量. 电磁波是横波，光波中光矢量的振动方向总是与光的传播方向垂直，传播方向是水平的. 任何方向上的光矢量都可以分解成相互垂直的两部分. 图 6.4.8 中 X 射线管发射出的原级 X 射线可分解为 $\boldsymbol{E}_x$ 和 $\boldsymbol{E}_y$，以垂直方向入射到二次靶上，这时垂直电矢量 $\boldsymbol{E}_x$ 不会被散射，从二次靶的水平方向逸出，$\boldsymbol{E}_y$ 从二次靶垂直方向散射到样品前，$\boldsymbol{E}_y$ 被水平偏振化；光矢量水平分量 $\boldsymbol{E}_y$ 射到样品后，在样品的水平方向逸出，而不向探测器方向散射，这样来自 X 射线管发射出的非偏振 X 射线经过两次散射后不能进入探测器. 这种结构的优点是 X 射线管的散射线由于偏振作用基本不能进入探测器，从而消除了 X 射线管产生的原级谱在样品上由散射引起的背景，提高了峰背比，有利于痕量元素的测定.

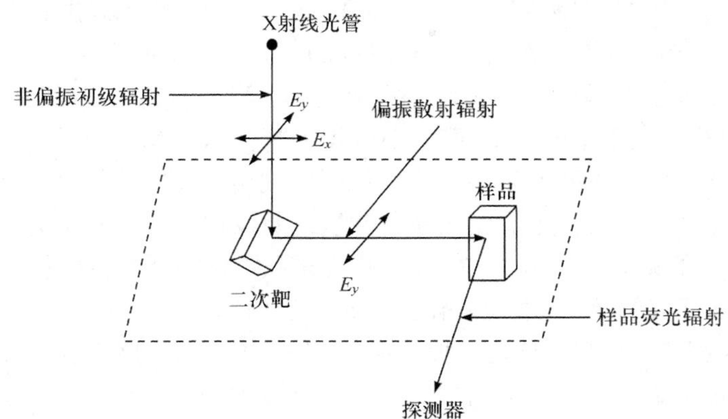

图 6.4.8　偏振激发 EDXRF 能谱仪结构示意图

在偏振能量色散 X 射线荧光光谱仪中，二次靶位于光管与样品之间. 其作用是以二次靶发射的靶线或二次靶散射的初级辐射作为激发源激发样品. 二次靶的优点是降低背景，提高峰背比. 二次靶作为激发源，有以下三种类型.

(1) 散射靶(Barkla 靶). 散射靶是 X 光管初级辐射的散射体，以散射的光管初级辐射激发样品. 对于 Barkla 散射靶的材料选择，主要注意两点(Swoboda et al., 1993)：①散射光谱的绝对强度，以便在样品的荧光光谱中获得高计数率；②光谱强度分布，提高待测能量范围内元素特征荧光峰的峰背比. 因此，这种靶的组成元素或化合物的平均原子量通常很低，康普顿散射效应很强. 如 Al_2O_3 及 B_4C 等轻元素化合物制成的散射靶. 利用 X 射线管的原级谱在 Barkla 靶上产生的散射线激发样品，Barkla 靶上产生的散射线是由 X 射线管阳极靶的特征谱和连续谱的散射而成，散射的初级辐射激发样品中的包括稀土元素在内的痕量重元素，具有极高的激发效率，而 Barkla 靶自身产生的 X 射线荧光由于能量太低并不能激发样品中的重元素.

(2) 荧光靶. 荧光靶以光管初级辐射激发的靶材特征 X 射线激发样品. 在激发样品中某一元素的特征 X 射线时，所选用的荧光靶的特征 X 射线能量必须大于待测元素特征谱的吸收限，且为提高所选靶材的利用效率，尽可能选择适用于激发邻近多种元素谱线的材料作为荧光靶. 通过荧光靶的选择，可选择性地激发待测元素，使样品的特征谱线获得最佳的激发效率，避免共存元素的干扰. 荧光靶对初级辐射的散射能力取决于其原子序数，原子序数越高散射强度就越低. 荧光靶通常由高原子序数材料制成，对初级辐射的散射能力很低，所以其光谱的背景极低，峰背比高. 荧光靶与其他两种靶材最大的区别在于荧光靶虽然对初级 X 射线有偏振作用，但其主要是基于其自身靶材产生的特征 X 射线激发样品，而 Barkla

靶和布拉格靶则是对初级 X 射线偏振后激发样品(高新华等, 2017; 吉昂等, 2008; Swoboda et al., 1993; Heckel et al., 1992). 此外，荧光靶的厚度也可能影响偏振 EDXRF 的激发效率. 因为在增加靶材厚度的同时，靶材所产生的特征 X 射线荧光强度与初级 X 射线荧光散射强度均有所增加，当增加到一定厚度时，由于自吸收,更深层的荧光光子不能溢出,靶材所产生的特征 X 射线荧光强度趋于饱和. 而在相同厚度下，来自初级 X 射线荧光的散射强度可能持续增加，这是因为散射光子的能量往往高于靶材产生的荧光光子能量，所以靶材荧光光子的自吸收比散射光子的吸收更容易发生. 因此存在最佳的荧光靶靶材厚度使得靶材所产生的特征 X 射线荧光强度与初级 X 射线荧光散射强度的比值最大化(Johnston et al., 2017).

(3) 布拉格靶. 布拉格靶是一种衍射靶,在三维几何光路系统中将晶体安装在 X 射线光管和样品之间,依据布拉格定律将晶体调整到适当位置,使入射线呈 90° 产生衍射. 这种靶是一个极好的偏振器，常用 HOPG 或 LiF200 晶体. 其结构示意图如图 6.4.9，布拉格反射的条件在布拉格定律(公式(6.4.1))中给出.

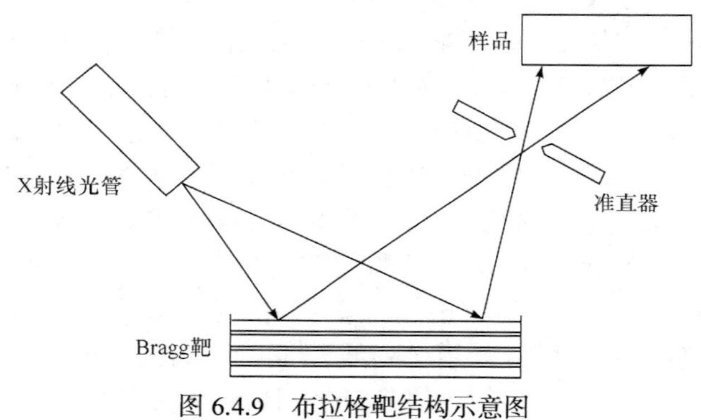

图 6.4.9　布拉格靶结构示意图

采用偏振 EDXRF 光谱仪分析样品时，可根据待测样品、元素特性、光谱仪配置，如表 6.4.2 所示，选择所需要的二次靶.

表 6.4.2　偏振 EDXRF 光谱仪分析中二次靶的选择

靶型	荧光靶	Barkla 靶	布拉格靶
靶材	大多数为金属、金属氧化物或金属卤化物	低元素原子序数组成的高密度物质	单晶体：LiF、Cu、HOPG 等
效果	对初级 X 射线有偏振作用，主要用荧光靶特征 X 射线激发样品	有偏振作用，可产生强的多色 X 射线，初级 X 射线经偏振后激发样品	有偏振作用，初级 X 射线经布拉格靶产生很强的单色光激发样品
适用范围	荧光靶的特征 X 射线能量大于待测元素特征谱的吸收限，适用于 ^{11}Na～^{88}U	用于激发 $Z>22$ 的元素，背景比荧光靶更高	用于激发 Z=11～22 的元素(HOPG)

3) 在线式能量色散 X 射线荧光谱仪

对于资源密集型产业，通过对工业生产过程中物料成分的实时在线分析不仅能切实地提高这些产业的能源利用率，也可缓解我国日益强化的环境保护和节能减排等方面的压力. 目前，实现工业物料成分实时在线检测的技术主要有以下几类：X 荧光分析技术(West et al., 2017)、红外分析技术(徐广通等，2000)以及瞬发γ射线中子活化分析(张兰芝等，2005). 而 EDXRF 分析技术因其紧凑、灵活、便携高效、实时等优点近年来被广泛应用于工业物料的实时监测中.

在线能量色散 X 射线荧光分析技术是 EDXRF 分析技术的一个分支，其基本原理相同. 目前，在世界范围内，德国、芬兰和美国均开发出了成熟的在线 XRF 元素分析仪，并将其应用于工业实践过程中，取得了较好的产品质量控制效果. 1980 年我国甘肃省冶金工业局进行了 BYF 型在线 X 荧光分析仪的开发，并应用在选矿过程中的铜含量控制分析，朱舜奇(1981)对 XRF 在线系统进行改进，开发出 BYF-1 型在线 X 荧光分析仪. 中国建筑材料科学研究总院有限公司研制的 JL-IV 型全自动在线钙铁分析仪，直接安装在水泥生产传送线上，通过自动取样器自动随机取样、粉碎、制样，最后测试分析(川仁，1989). 此外，南京航空航天大学的核分析技术研究所、成都理工大学杨雪梅等(2007)也在进行对此项产品的研发. 在线式 EDXRF 谱仪按仪器类型可分为跨皮带式与取样器取样式两种. 其中，跨皮带式具有装置小、安装适用范围广等优势，但其对物料颗粒度有一定要求，测量精度受限；取样器取样式测量精度高，但安装适用范围窄.

在线 XRF 分析技术研究工作涉及谱处理方法，定量分析及修正方法，工程化仪器研发，以及特殊工况应用研究. 南京航空航天大学核分析技术研究所自 2014 年起先后设计并研发了基于跨皮带式和取样式的在线 XRF 分析系统，并成功地将其应用于钾肥(贾文宝等，2018)、煤炭(Yan et al., 2016; Jia et al., 2014)、水泥生料(贾文宝等，2019；Shan et al., 2016)等工业现场开展应用研究. 南京航空航天大学设计的在线 EDXRF 分析系统组成如图 6.4.10 所示，其在工业现场的实际应用如图 6.4.11 所示，其中取样式水泥生料在线分析仪如图 6.4.12 所示.

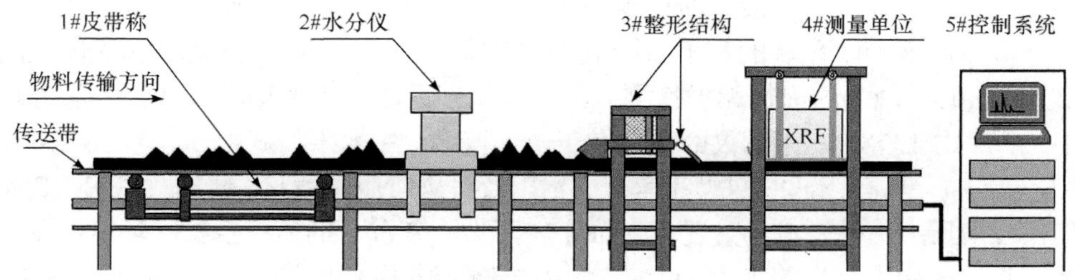

图 6.4.10　南京航空航天大学在线 EDXRF 分析仪结构图

(a)

(b)

图 6.4.11 (a)在线 EDXRF 钢厂水渣应用现场；(b)在线 EDXRF 盐湖钾肥应用现场

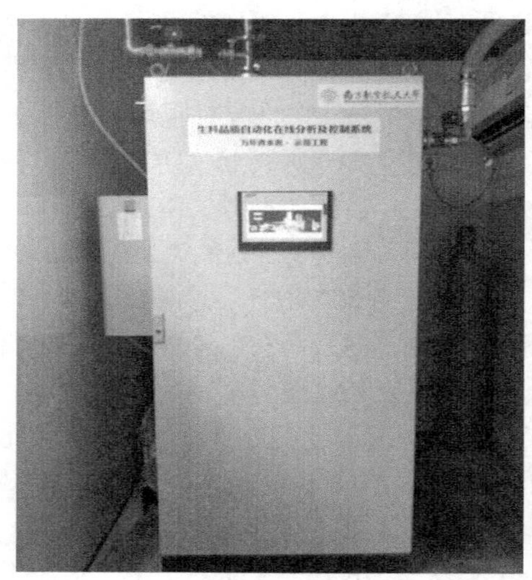

图 6.4.12 取样式在线 EDXRF 分析仪水泥生料应用现场

4) 便携式能量色散 X 射线光谱仪

传统的 EDXRF 分析通常从收集样本和将样本运送到分析实验室开始. 样本必须在分析前在特定条件下储存. 然而，一些应用需要现场或原位分析，并且一些分析目标(例如，珍贵的艺术品)不能进行破坏性采样. 便携式 EDXRF 光谱仪能够短时间(几十秒)内进行无损检测，经常被用于采矿、土壤勘探以及消费品分析中. 便携式 EDXRF 光谱仪的优势在于便于携带，一般手持式的便携整机质量在 1.5～2.5kg，具有较低的购买和运行成本以及可进行原位测量. 便携式 EDXRF 光谱仪在地质、冶金、矿物、化工、临床、药物、考古、刑侦、生物、环境检测等诸多领域得到了广泛的应用. 目前，国内对便携式 EDXRF 谱仪均实现了商业化，如图 6.4.13 所示. 便携式 EDXRF 在未来仍将面临提高检测限、测量速度、准确性及稳定性等方面的挑战.

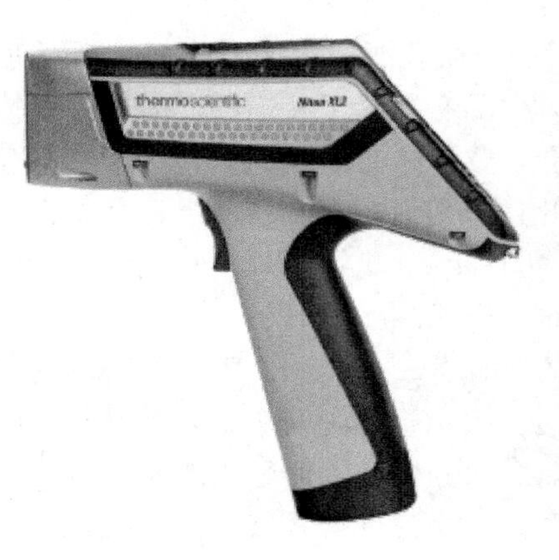

(a)

(b)

图 6.4.13　(a)NitonXL2 手持式 EDXRF 分析仪；(b)浪声 TrueX 手持式土壤 EDXRF 分析仪

3. 样品制备

由于现代仪器自动化程度高，软件智能化及人为误差小等原因，基体效应及样品的制备已成为分析误差的主要来源. 因此，在 EDXRF 谱仪分析过程中，样品制备尤为关键. 样品制备的目的是通过适当的方法将原始试样处理成一种成分分布均匀、表面平整、有整体代表性、规格合适，能直接送入仪器测量的样品. 样品的制备应遵循以下几点：①制备的样品具有整体代表性；②样品的化学组成分布均匀；③样品表面平整、光滑，具有可重复性(Lemberge et al., 2000). 适于 EDXRF 分析的样品包括固体、液体、粉末、薄膜、气溶胶、生物组织，对各类样品的具体制备可参考 Marguí 等(2006)编写的样品制备综述. 以下简要介绍固体、粉末、液体、薄膜样品的制备.

固体样品：对于元素浓度大于检出限的均匀、平整的固体样品，无须进行样品制备即可直接进行分析，但是一些样品可能具有足够高的元素浓度但是不均匀且包含不同尺寸的晶粒. 对于这样的样品则可以通过研磨成细粉或消化后再进行制备(Wobrauschek et al., 2006). 对于钢铁、合金等金属样品，由于分析要求严格，通常要经过切割、表面研磨、清洗、抛光的加工处理，制成表面光滑平整的样品，以消除表面差异所引起的屏蔽效应. 而对于某些不可研磨、机械抛光的样品，可采用电解抛光或火花腐蚀等方法进行表面处理.

粉末样品：用于 EDXRF 分析的粉末样品需要具有均匀的颗粒尺寸，可以通过研磨的方式使颗粒度细化，改善样品均匀性，或是通过熔融的方式解决样品均匀性、消除矿物效应、物相组成差异等影响. 常见的对粉末样品的制备方法为压片法. 对于内聚力差、难以成团的粉末样品，可添加适当黏合剂；对于颗粒太细、黏性太强的粉末，可加入适量纤维素类的缓冲剂或分散剂. 此外，对于少量的 mg 量级的粉末样品可以先制成悬浊液，然后通过微孔滤膜过滤方法制成薄膜沉积样.

液体样品：用于 EDXRF 分析的液体样品必须置于特殊的样品杯中或使用离子交换树脂吸附，然后送入光谱仪中测量. 液体样品最大的优势在于其不存在颗粒度效应且很容易形成均匀的溶液，因此在很多情况下制备标准样品变得非常简单. 但是其主要弊端在于稀释误差所带来的影响，此外在测试轻元素时，分析线辐射透过样品杯窗口时强度严重衰减而难以分析.

薄膜样品：$m(\mu/\rho)\leqslant 0.1$ 的样品可定义为薄膜或薄试样，其中 m 表示为单位面积内样品的质量(g/cm^2)或称质量厚度；(μ/ρ)表示样品随初级辐射及分析线的总质量吸收系数. 在薄膜样品中，由于初级辐射和分析线辐射经历的路程极短，基体的吸收-增强效应可忽略. 对于厚度一定的均匀薄膜，分析线强度与分析元素的浓度成正比. 实际有很多样品本身就以薄膜样品形式存在，例如蒸发膜、涂(镀)层、升华沉积层、滤纸片和离子交换树脂等. 对于大块样品可通过真空蒸发、轧制或腐蚀的方法处理成薄膜. 有限厚样品和少量样品可采用电解沉积，真空蒸发和溶液沉积等方法制备.

4. 应用

在过去几年中，EDXRF 研究领域的重点发生了显著变化. 发展的重点不再是开发新的技术，而是将其应用于实际研究中. 目前，EDXRF 分析技术已涵盖多个领域的研究，各种结构类型的 EDXRF 谱仪也得到广泛的应用.

偏振 EDXRF 谱仪目前已应用于生物样品、食品和金属样品中元素成分的检测，Margui 等(2006)和 Hiroyuki 等(2005)已使用偏振 EDXRF 谱仪对大米以及矿山中的植物叶组织样品进行了定量分析，结果可以与 ICP-MS 相媲美. 李国会等(2005)使用该技术对生物样中的 29 个元素进行了分析，并将其参与到国家技术监督局命名的 10 个生物标样定值.

近几十年，EDXRF 在线检测的研究及应用已扩展到其他很多领域. 在化学领域中，Mussy 等(2006)、Hung 等(2005)和 Eisgruber 等(2002)利用 EDXRF 在线分析技术在电化学应用过程中做了大量研究. 环境监测中，废水中金属元素(Eslava and Parry, 2002; Day and Vigil, 1995)、废气中 PM2.5(Harmel et al., 2000)、稀土元素(Zhe et al., 2012)等都得以实现. 中国的 Li 等(1998)将放射性同位素源 ^{241}Am XRF 在线分析装置与计算机结合，用以控制稀土萃取过程中镧和钕分离.

便携式 EDXRF 光谱仪是一种能在短时间内进行无损检测的强大工具. 该技术因其结构紧凑，适合随时进行现场测量，应用范围更广. 但仍然面临着提高检测限、测量速度、准确性及稳定性等诸多挑战. Hagiwara 等(2012)用便携式 XRF

仪器结合固相萃取技术测定饮用水中的砷(As). Lin 等(2016)采用预浓缩技术对污水中的 Cd(Ⅱ)和 Pb(Ⅱ)进行浓缩，并通过便携式 XRF 光谱仪现场测定. 通过改进能谱处理方法，改善便携式 EDXRF 光谱仪的检出限. Li 等(2015)提出利用小波阈值噪声滤波来降低噪声，并在测定 As、Cr、Cu 和 Zn 时平滑便携式 X 射线荧光的测量光谱，以便对污染土壤中的金属进行现场快速筛查.

5. 展望

目前，EDXRF 光谱仪无论是外形设计还是内在技术性能与初期相比，已经发生了质的飞跃. 其未来的发展趋势主要体现在以下几个方面.

1) 提升测器性能

EDXRF 光谱仪的技术性能关键在于探测器. 因此，现代 EDXRF 光谱仪主要配置半导体探测器，随着电子技术与生产工艺的进步，更高精度的半导体探测器将应用于 EDXRF 的探测.

2) 产品系列化

为满足不同用户需求，其产品呈现出不同档次和不同外形.

3) 进一步小型化

整套 EDXRF 光谱仪系统逐步向小型、轻便、灵活发展.

4) 进一步数字化和智能化

在电子处理技术方面，采用嵌入式技术、微功耗技术、高新显示技术、掌上计算机等诸多数字化处理技术. 将仪器的工作状态实时地显示得一清二楚，操作方式、测量结果输出、显示及数据转化日趋智能化.

5) 谱仪调试和维修远程化

以往，对于谱仪运行一定时间后的调试和仪器故障的诊断、维修通常是在谱仪现场进行. 随着网络通信技术的发展，谱仪众多参数的调节可通过网络通信技术，由计算机远程操作来完成. 对于谱仪故障的诊断，可通过通信网络直接与仪器制造公司的维修部门联系，由维修工程师进行仪器故障的远程诊断和直接的远程操作与调试.

6.4.3　全反射 X 射线荧光

相对于 6.3 节所述的能量色散 X 荧光(EDXRF)光谱，全反射 X 射线荧光(total reflection X-ray fluorescence, TXRF)光谱需要涉及一些光学方面的基础知识. ①X 射线的外全反射：由于 X 射线在介质中的绝对折射率小于 1，即从真空或空气中入射反射体时其折射角大于入射角，在一定的几何条件下将发生全反射现象. 该现象最早由康普顿在 1922 年发现(PRINS,1927)，其论证实验由 Larssonet 等(1924)完成. ②X 射线的干涉：干涉现象是两束及以上的 X 射线叠加产生的，通常以波的图像来解释. 在光束的叠加区会生成波场，以双束干涉为例，如果两束射线是单色且相干的，产生的干涉图像中波峰和波谷会非常明显. 将其应用于全反射 X 射线荧光中可以发现，发生全反射现象的入射和出射射线束明显符合上述相干条件，即其在反射体的表面会形成相干波场. 在仪器条件固定的情况下，该相关波场是沿某一方向驻定不动的，此时将其称为驻波场. 这是全反射 X 射线荧光的基础，激发全反射 X 射线荧光就是发生在全反射平滑反射体前或高反射层内的.

1. 全反射 X 射线荧光发展简介

TXRF 技术最早由日本九州大学的 Y. Yoneda 等(1971)提出，然后研究工作者(Aiginger and Wobrauschek, 1974; Knoth et al., 1977;Klockenkämper and von Bohlen, 2014)不断地补充和发展，至今已近半个世纪，其整体框架已趋于成熟. TXRF 技术作为一种功能强大的分析工具，适用于微量样品中的痕量元素分析. 在元素检测范围上，全反射 X 射线分析技术几乎可以检测元素周期表中的所有元素(从硼(B)到铀(U))，甚至可以检测到锕系中超重元素. 在定量上，定量范围涵盖几个数量级，因此可以测量超痕量到常量元素的浓度. 就检出限而言，在使用 X 光管作为激发源时，绝对检测质量可以达到皮克量级(10^{-12}g)(Streli and Bauer, 1997)，若使用同步辐射光源，绝对检测质量甚至可达到飞克量级(10^{-15}g)(Burba et al., 1989). 同时，在痕量分析方面具有多元素同时检测、样品需求量极少的显著优势.

人们研究和发展全反射X射线荧光分析能力的同时还利用其开展了大量应用研究，这些应用引起了 X 射线荧光分析在超痕量元素分析中的复兴(Wobrauschek et al., 2010). 应用范围涉及药物(Lásztity et al., 2002)、法医与刑侦(Carvalho et al., 2007)、环境、艺术、地质(Klockenkämper et al., 2000,1999,1996)和考古(von Bohlen et al., 2004)等学科的基础研究，这些应用也反向促进了X射线荧光分析的进步. 如今，随着物理学和材料学的发展，所使用的激发光源和探测器的性能得到了极大改善. 单色、线偏振或高亮度的光源及高分辨率、高计数率、大面积甚至成阵列的探测器被应用于 TXRF 中，这不仅极大程度地提高了 TXRF 的检测性能，也为其开辟了新的视角.

2. 全反射 X 射线荧光仪器结构

TXRF 谱仪搭建的关键点在于，能否通过特殊的几何设置使得 X 射线外全反射现象产生. 为此，谱仪需要满足如下条件：①为保证外全反射，入射角必须设定在约 70%的全反射临界角，依据激发能量和载体材料固定角度略有不同(见表 6.4.3)，同时，要求仪器组合必须非常稳定和严密；②通过准直狭缝、光阑或单色器对原级射线束予以整型，原级射线束的散射角应限制在 1mrad 以下.

表 6.4.3　不同载体材料和不同 X 射线能量下的全反射临界角α_{crit}

载体材料	不同光子能量下的α_{crit}/(°)		
	8.4keV	17.44keV	35keV
普莱玻璃	0.157	0.076	0.038
玻璃炭	0.165	0.080	0.040
氮化硼	0.21	0.10	0.050
石英玻璃	0.21	0.10	0.050
硅晶片	0.21	0.10	0.051

在过去的四十几年中，TXRF 的配置有了很大的改变，其在 X 射线管的风冷和小型化、波导狭缝和单色器、小型电制冷 SDD 探测器和同步加速器的开发等方面均有了长足的发展，所有这些配置可以归纳为四类. 图 6.4.14 中给出了这四类配置方式的结构示意图，图 6.4.14(a)给出的是最简单配置，该配置适用于使用低功率 X 光管作为光源的情况；图 6.4.14(b)～(d)中均使用了反射体对原级光束进行了一次或两次的反射，其优点是减小了主光束的发散并可调节入射光束的能量范围，但极大地降低了光子通量，因此适用于高强度光源. 当然也有将双曲面反射体(doubly curved crystal, DCC)应用于此，实现 X 射线聚焦，提供了更高的光子通量(Korotkikh, 2010)，并提供几乎单色的激发光源.

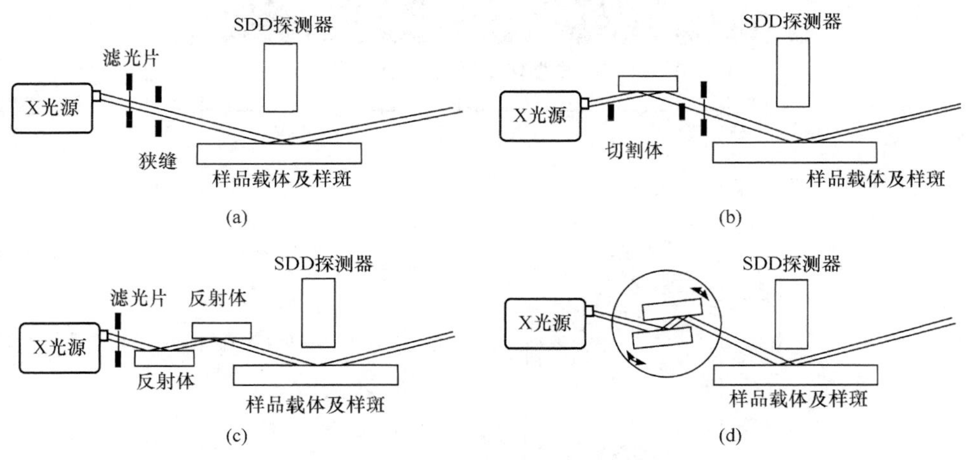

图 6.4.14　TXRF 光谱仪的配置示意图

在 TXRF 提出后的三十年中，人们往往认为原级 X 射线强度越强其分析灵敏度越高，为了达到更高的测试要求则需要使用同步辐射光源. Kunimura 和 Kawai

(2007)的一系列研究工作表明，使用低功率 X 光管(1~10W)产生的多色 X 射线同样可以获得优异的元素检出限(Co 为 10pg，Cr 为 10^{13} 原子/cm^2). 2015 年南京航空航天大学基于小型化多色光激发的设计思路采用如下方法提高仪器的灵敏度：①优化样品制备；②优化管电流、电压及测试时间；③优化掠射角；④选择适当靶材料的光管；⑤优化 X 射线波导狭缝，研制出一台小型化全反射 X 射线荧光仪(张新磊等, 2015)，该仪器如图 6.4.15 所示，对 Ga 单元素的最低检出限可实现 52pg. 目前该仪器已经有效应用于水环境水生植物重金属修复和小区域内茶叶种类鉴别以及 TXRF 定量新方法等研究工作(Shao et al., 2020,2019). 图 6.4.16 所示为 GSB-16 螺旋藻标准物质的 TXRF 测量能谱图.

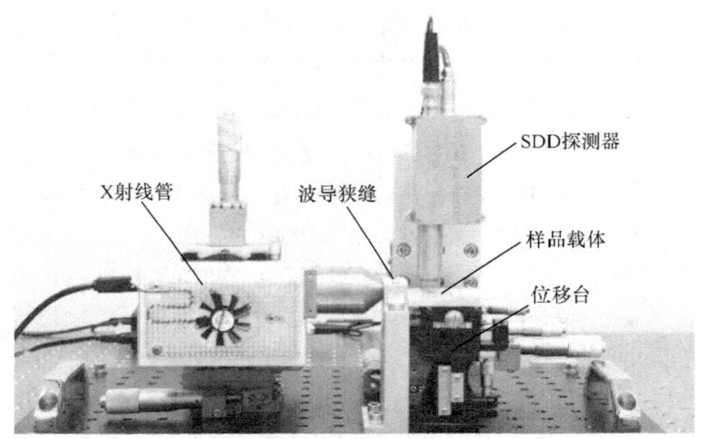

图 6.4.15　小型化全反射 X 射线荧光仪

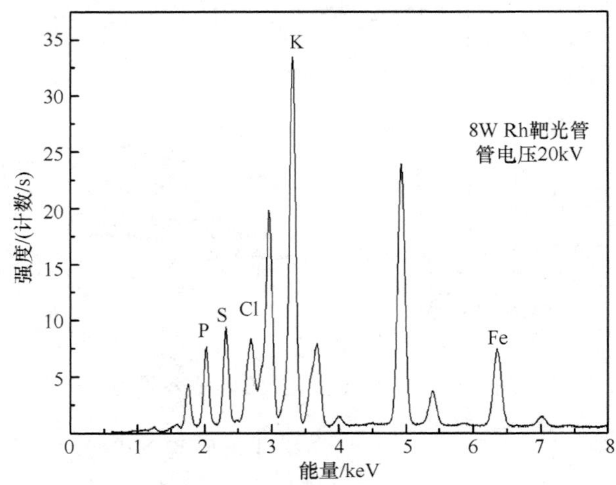

图 6.4.16　GSB-16 螺旋藻标准物质的 TXRF 测量能谱图

3. 定量分析

与其他 XRF 技术相比，TXRF 的主要优点之一是易于量化. 由于 TXRF 分析中所应用的特殊几何结构，其只允许检测微量样品，这导致最终测量的样品就吸收和次级激发效应而言是近乎无限薄的，即可以忽略基体效应的干扰. 因此可以使用内标法进行简单的定量，计算式如下：

$$C_i = \frac{I_i}{I_{\text{IS}}}\frac{1}{R_{i,\text{IS}}} \tag{6.4.2}$$

式中 i 是待分析元素，IS 代表加入的内标元素，C 是元素的含量，I 是所测能谱中对应元素特征峰的净峰面积，R 是 i 元素相对于内标的灵敏度.

然而，不同的待测样品其密度及平均原子质量是不同的，计算过程中需要考虑样品的临界厚度，这样才能进行可靠的定量. 同时，如果样品在载体上的分布不是均匀的其基体效应将不再是可忽略的. 通常，在干燥液体样品时，可以观察到环状残留或中心局部堆积，此时应考虑阴影效应的影响(Fittschen et al., 2014).

4. 样品制备

几乎所有的样品制备方法都可以被应用于 TXRF 中，例如：高压消解、微波辅助消解、氧等离子灰化、过滤、超滤、离子交换、色层分析、透析、气溶胶的小室采集、汞齐化、电化学沉积、凝胶化、切片等. 这些步骤大多用于基体分离、微量元素预浓缩、均质或样品材料的纯化. 由于 TXRF 分析的是沉积在样品载体上的样品薄层，在制样的过程中需要干燥，因此对于那些水分敏感或干燥过程中样品或其某些组分(如酸溶液中的锗、氢化物、CrO_2Cl_2)挥发的有关样品，均不适合测量.

当样品量较多时，可以直接利用上述所提及的制样方法进行样品制备. 其中，有几个简单有效的样品制备程序. 当测试样品为液体时，可以将微量液体直接滴加到样品载体上并烘干，即可得到可测量的样品. 对于粉末固体，可将其配置成悬浊液并直接沉积在样品载体上. 具体的样品制备流程可以参照以下给出的有关特定样品的样品制备综述，例如：固体制样、环境科学、艺术和考古学(Klockenkämper et al., 2000, 1999, 1996)以及生物医学样本(Szoboszlai et al., 2009). 此外，Klockenkämper (2014)在他的专著中专门给出了一个扩展的章节，其中有几个例子说明了 TXRF 分析.

面向微量样品，在此给出几种可能适用于其的制样程序，具体描述如下：

(1) 可直接在样品载体上添加少量酸(主要是 HNO_3)或 H_2O_2 用于消化微量样品；

(2) 直接用氧等离子体灰化石英玻璃容器中微量样品(Reus, 1991)；

(3) 对于血液、血浆或其他含有蛋白质的样品，疏水化的样品载体表面将不再适用，此时应使用清洁和未经处理的样品载体；

(4) 对于极微量的元素分析，可以采用汞齐化方式进行富集. 以 Pd 为例，当样品经消解后与汞混合，然后在石英玻璃载体上将汞蒸发以得到所需样品(Messerschmidt et al., 2000)；

(5) 对于生物组织样品可以直接对组织切片进行分析. 例如对不同器官的癌变和健康组织进行元素表征；

(6) 对于需要纯化或基质分离的样品(海水、腐殖酸、植物细胞质、沉积物等)，多采用过滤法、超滤法、络合法和沉淀法. 其测量结果的检出限在很大程度上取决于实验流程(Szoboszlai et al., 2009).

5. 应用

总结多年来的 TXRF 应用情况，可以很明显地发现该测试方法具有很强的通用性. TXRF 的应用可粗略地分为工业和科研两大领域，其在工业中最为典型的一个应用为 Si 晶片表面上污染物的质量控制. 同时也可以利用通过改变入射角所得的荧光信号来表征反射表面上的薄层或 Si 中的原子注入情况，由此可以确定薄层的元素种类、层厚度和密度，也可以通过将实验结果与理论模型进行比较来评估注入原子的厚度和深度分布.

随着 TXRF 应用的日益广泛，目前关于 TXRF 应用方法及其物理影响机理方面已受到广泛的关注. TXRF 的应用研究按样品类别进行区分可分为三大类. 第一类是最为典型的样品，即为液体样品. 除直接获取的液体样品(水样、油样等)外，大部分样品是经化学消解后所得到的. 对于水样或酸，一般采用蒸发的方式进行元素富集，例如将 50L 的样品进行蒸发，最后测量其残留物. 其元素检出限范围从 pg/mL 到 mg/mL，可同时测定多达 15 种元素. 第二类用于 TXRF 分析的典型样品是细粉末材料，属于此类的样品有颜料、清漆和空气颗粒物等. 颜料等一般应用于与文化遗产对象有关的研究(Osán et al., 2007). 对于空气颗粒物，人们利用低压冲击或小室法收集了大小分级气溶胶，并用 TXRF 进行后续的元素表征工作，为环境和气候研究指明了方向(Varga et al., 2000). 如今，也可利用 TXRF 对激光烧蚀产生的粒子进行粒度分布的表征(Mossop and Tucklee, 2010). 第三类为可直接微观分析的样品，一般直接将待测样品擦拭在样品载体表面即可. 然而，这种简单的样品制备方法往往会带来较大的偏差. 主要误差来源于样品分布的不均匀和基体偏差.

6. 展望

毫无疑问，TXRF 是过去几十年中 X 射线光谱领域三个最突出的发展之一，另外两个是 X 射线光学的发展和同步辐射作为 XRF 的强激发源的应用. 然而，

TXRF 在仪器分析化学实验室中永远不会实现电感耦合等离子体原子发射光谱(ICP-OES)和电感耦合等离子体质谱(ICP-MS)那样的普及和分布，这是由复杂的综合性问题所导致的，要想解决这个问题并不容易.

TXRF 最大的优势在于可以快速且经济地进行多元素定量分析，但只能应用于微量样品，该特点在大多数情况下是有利的但有时却是弊端. 同时，使用 TXRF 及其相关方法获得可靠的结果的困难不仅是仪器的问题，也是恰当样品制备程序的选取问题. 与其他方法相比，TXRF 方法的快速、定量范围广、易于定量以及非消耗特性有着巨大的优势. 因此 TXRF 可以作为生物学、医学和环境科学中筛选任务的理想工具. TXRF 的缺点是离线特性，其不能进行流动液体或气体的实时分析，与 ICP 方法相比缺乏灵敏度.

对于 TXRF 技术的进一步开发可从掠入射入手，表面分析除了在半导体生产和质量控制方面的常规应用外，还可以解决一些纳米技术领域的开放性问题. 同时，TXRF 与其他方法(如 X 射线吸收近边精细结构)或同步辐射激发相结合也是很有前途的，其在解决许多研究领域出现的相关问题时具有很大的潜力.

6.4.4　质子激发 X 射线分析

带电粒子与物质相互作用时同样可以激发样品元素产生其特征 X 射线，利用此特征 X 射线进行元素分析的方法被称为粒子激发 X 射线分析. 对质子、α粒子等重带电粒子作激发源的分析方式，统称为质子激发 X 射线分析(proton induced X-ray emission, PIXE)；离子的能量范围为 10keV～10MeV，通常由加速器产生.

1. 简介

PIXE 的基本原理是用高速质子照射样品，质子与样品中的原子发生库仑散射. 原子内层电子按一定概率被撞出内壳层，留下空穴，较外层电子向这个空穴跃迁时发射出特征 X 射线. 用探测器探测和记录这些特征 X 射线谱，根据特征 X 射线的能量可定性地判断样品中所含元素的种类，根据谱线的强度可计算出所测元素的含量.

PIXE 方法最初把样品放在真空靶室中进行分析，称为真空 PIXE，也叫内束 PIXE 分析. 随着分析技术的发展和实际应用的需要，又出现了外束 PIXE 分析技术. 外束 PIXE 分析就是将质子束从加速器的真空管道中引出，在空气、氮气或氦气中对样品表面层进行分析. 与内束相比，外束 PIXE 分析方法具有对样品的几何形状和大小没有限制、操作方便等优点. 同时，PIXE 分析较厚绝缘材料时，在真空靶室中会因电荷积累效应使分析难以进行，而放在大气中，就会由于周围空气的电离，使该效应得以克服(王广甫，2000)，但是空气中的氩和氮对某些轻元素的分析有干扰作用.

2. 仪器结构

质子 X 射线荧光分析的主要实验装置包括：①加速器，一般用质子静电加速器，选用能量为 1～3MeV 的质子，在此能量范围内，质子激发 X 射线的产额高，灵敏度高；质子的能量较高时，将会引起许多核反应，使本底增大；能量较低时，质子的穿透能力下降，只能用于表面分析；②靶室(或称散射室)，分析样品放置处，其中有特制的样品架，并且包括质子束准直系统、均束装置和集束装置，有探测窗连接探测器，靶室和真空系统相连接；③X 射线能谱分析仪，常用 Si(Li) 探测器. 在质子束照射下，样品发射出的特征 X 射线穿过铍窗、空气层和吸收片，进入 Si(Li)探测器. PIXE 实验装置结构示意图如图 6.4.17 所示.

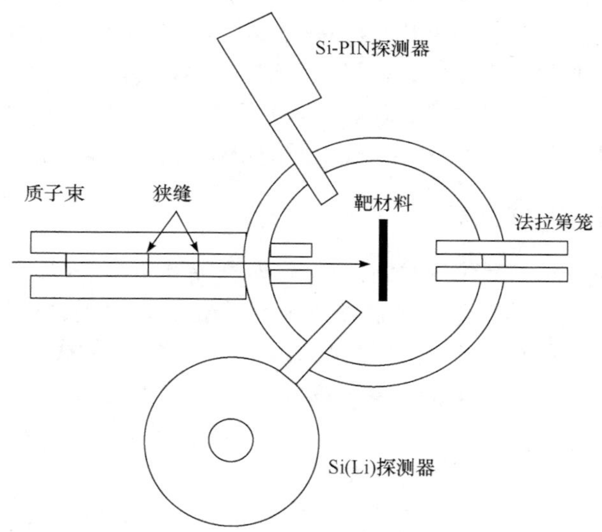

图 6.4.17　PIXE 实验装置结构示意图

3. 样品制备

PIXE 的样品制备过程可分为三大步骤，分别是样品加工、衬底选择和制靶(王广甫，2000).

常用的样品加工方法有以下几种.

(1) 灰化法：将样品放在石英坩埚里，放入灰化炉内，用高频感应加热并通以氧气，使之灰化. 如果样品中含有液体，那么应该用冷冻干燥办法浓缩后，再进行灰化. 灰化法有利于对样品浓缩，以提高分析的灵敏度. 但在灰化过程中，可能会丢失某些易挥发的元素，如 As、Br、I、Hg 等.

(2) 粉碎成粉末：将冷冻干燥样品放在特制的聚四氟乙烯容器里，容器内有特制的包以聚四氟乙烯的钢球. 将容器放在液氮中冷却，然后放在电磁振荡器上来回摆动. 小球不断撞击样品，使之粉碎成颗粒小于 10μm 的粉末.

(3) 酸溶解：用超纯硝酸将样品溶解. 将聚四氟乙烯容器置于钢制容器套内，然后密封加压,加温. 这种方法适用于样品量很少时对样品进行的加工. 其缺点是可能丢失某些元素.

衬底选择：衬底是 X 射线能谱中本底的主要来源，包括衬底中杂质谱线造成的本底和入射粒子在衬底中产生的次级电子引起的轫致辐射本底. 除了从本底角度来选择衬底材料外，还要考虑衬底材料的耐辐照、耐酸、耐碱性能和机械强度. 为了得到良好的导电和导热特性，往往在有机材料的薄膜上镀有铝. 目前常用的有机薄膜衬底材料为以下几种.

(1) Kimfol 薄膜：用于酸性样品的衬底和气溶胶样品的衬底. 由于它对水的不浸润，因此使用前要经过处理.

(2) Formvar 薄膜：一种不含氯的粉末，溶于有机溶液中，再将该溶液滴入水中，可制成每平方厘米几十微克的薄膜.

(3) Mylar 薄膜：可以制成每平方厘米几百微克的厚度，但往往含有 Zn，P，Si 等杂质.

(4) VYNS 薄膜：含有氯元素，会造成 Cl 的 $K_{\alpha}X$ 射线的相加峰，增加无用的计数率. 现已很少使用.

(5) Nuclepore 膜和 Millipore 膜：常用于过滤气体和液体. 因为是多孔性薄膜，轫致辐射本底也小，是气溶胶样品的衬底材料.

(6) 碳膜：用真空蒸镀的办法或化学蒸镀沉积的办法来制备. 它具有耐热、导电的优点. 在碳膜上再蒸镀其他元素，可以制成标准靶.

为防止样品制备过程中的元素沾污，所有盛放样品的容器及工夹具应尽量采用聚乙烯、聚四氟乙烯或石英材料制成，并经严格的清洁处理. 为了防止空气中杂质对样品造成沾污，所有的样品制备过程均在空气净化台上操作.

制靶：对粉末状样品，用几十微升的 1%聚苯乙烯溶液调均匀，然后粘在 Mylar 上. 靶子的厚薄要均匀，厚度约为 $4mg/cm^2$. 用同样的操作程序，在 Mylar 膜上滴上聚苯乙烯，作为衬底材料的空白本底. 对于酸性溶液的样品，将溶液滴在 Kimfol 膜上，待真空干燥后就成了靶子. 同样要做一批未滴样品溶液的空靶，作测量衬底的本底用.

4. 应用

PIXE 方法具有无损分析的特点，在考古学中有广阔的应用前景(郭景康和黄瑞福，1999；朱海信等，2001；赵维娟等，2004；张斌，2004). 复旦大学等单位曾共同分析了在 1965 年出土的、埋藏了近 2500 年的越王勾践佩剑. 这把佩剑长 64.1cm，宽 5cm，在黄色剑身上铸有黑色的图案花纹，在剑格上镶嵌琉璃和绿松石等饰物. 虽然长期埋在地下，但仍光彩夺目，非常锋利，堪称国宝. 由于样品较大，采用了外束 PIXE 技术(将来自加速器的质子束通过真空管道，从出射窗引入大气或 N_2、He 等气氛中)对样品进行分析. 实验时，要用低原子序数的元素制造束流引出头，出射孔的直径为零点几毫米到几毫米，出射窗的材料为 Kapton 膜. 用 Au-Si 半导体探测器测量透过出射窗的前向散射的质子数或以环境气氛中 ^{40}Ar 的 X 射线强度来归一.

定量计算是用迭代法进行的. 在不考虑基体增强效应的近似下，得到如下结果(见表 6.4.4).

表 6.4.4　越王剑表面各部位的元素含量

分析部位	元素含量/%					
	Cu	Sn	Pb	Fe	S	As
剑刃	80.3	18.8	0.4	0.4	—	微量
黄花纹	83.1	15.2	0.8	0.8	—	微量
黑花纹	73.9	22.8	1.4	1.8	微量	微量
黑花纹特黑处	68.2	29.1	0.9	1.2	0.5	微量
剑格边缘	57.2	29.6	8.7	3.4	0.2	微量
剑格正中	41.5	42.6	6.1	3.7	5.9	微量

PIXE 方法也可用来分析其他固体样品，进行基础科学研究. 例如：从琉璃饰物中，发现有大量的钾钙，表明在 2500 年前，古代人已经能烧制钾钙玻璃，打破了以前认为这一时期中国只有铅钡玻璃的结论(张斌，2004). 对吉林陨石中的主要矿物相：辉石、橄榄石、铁-镍金属和陨硫铁进行了多元素分析测定，为陨石中球粒的形成条件和机理研究提供了数据，对陨石进入大气层后烧蚀过程中化学组成的变化也作了分析. 利用 PIXE 分析技术进行气溶胶中微量元素的分析时，采样器采集在滤膜上的大气颗粒物样品不需要进行化学处理，可直接进行分析. 避免了化学处理过程中可能造成的元素污染或丢失. 因此，PIXE 分析能很好地保持样品中元素浓度间固有的相关性，由 PIXE 分析得到的数据作统计处理，能正确地将大气中颗粒物的来源解析出来(朱光华和汪新福，1997；朱光华等，1994；张小曳等，1994).

质子束的单位面积强度比 PIXE 分析中的光子通量密度高得多，故 PIXE 分析中只需采集少量样品就可以进行分析，特别适合于做生物样品分析. 例如，可分析几根头发或者从活体内取出几毫克的人体组织(董永彭等，2007)；人体血液样品的检测(任炽刚等，1984)；有些特别珍贵的生物标本，如古尸的毛发；刑事案件中，量少且要保存留档的实物等. 另外，生物样品分析时，样本数较多，用 PIXE 方法能对大量样品进行快速分析.

5. 展望

近年来，PIXE 技术的发展逐渐由单一的元素分析领域转向与层析技术相结合的领域，且表现出非常优异的性能. 比如对于二维研究，其不仅可以获得亚微米空间分布，还可以获得定量成像. 当 PIXE 与扫描透射离子显微镜(scanning transmission ion microscope, STIM)相结合时，从 STIM 中得到的质量密度可以用来标准化 PIXE 元素的含量，从而得到质量分数分布. 如此，离子束就可以成为一个强大的探针来揭示微观样品的内部结构及其元素含量. 这种特殊性使人们对 PIXE 在宏观层面的应用产生了越来越大的兴趣. 在微观层面，离子束分析技术可能与层析成像技术相关联，以产生三维信息. 常规二维成像通常采用 STIM 和 PIXE 分别测定样品的密度和化学元素含量. 无论是在实验方面还是在算法方面，离子束层析技术均处于重要的技术发展阶段. 其主要目的在于通过缩短实验时间来促进其实施. 新的算法提供了减小投影数据大小的可能性，其将只需要少部分的投影，甚至允许处理部分角度范围的数据. 在生物应用方面，离子束断层扫描技术的主要优点在于其能够在分析体积内同时为外源化合物和具有生物价值的矿物或金属提供结构定位和定量成像. 显然，这些重要的特征可以扩展到其他领域，例如新材料的研究.

由此引申而来的还有医疗方面的技术探索. 由于越来越多的离子医用加速器被应用于世界各地的癌症治疗，使得高能离子束的获取变得更为便捷，专家学者提出了一种基于高能离子束代替 X 射线源进行成像的技术设想. 与此同时，利用质子进行癌症治疗的框架也已逐步完善. 更具体地说，可以实现质子透射层析成像，提高质子治疗剂量计算的准确性，以及对患者病灶的定位预处理验证. 最近，日本北海道大学医院质子治疗中心演示了 PIXE 断层扫描技术在几厘米大小的测试样本上的应用. 在微观和宏观层面上离子束层析技术的发展，特别是在数据缩减、图像对齐和重建方面的发展，必将造福于癌症患者.

6.4.5　X 射线荧光成像

X 射线荧光(XRF)分析是一种具有悠久研究历史的分析技术. 由于其良好的定量分析精度、无须样品前处理、分析时间短和无损分析的特点，在环境、考古、生物和法医科学以及工业等各个领域都有许多应用(Tsuji et al., 2015).

随着 X 射线光学元件、光源和探测器的发展，在对样品进行常规的定性定量分析外，人们更感兴趣化学元素在样品中的分布. 先进的 X 射线光学技术能够对

X 射线进行聚焦、准直、单色，从而能够实现 X 射线微区分析和 X 射线荧光成像. 根据实现方式具体可分为波长色散 X 射线荧光成像、微束扫描 X 射线荧光成像、共聚焦微束 X 射线荧光成像、全场 X 射线荧光成像和 X 射线荧光断层扫描.

在 1949 年提出的电子显微分析中，用聚焦电子束辐照样品激发荧光辐射. 电子激发的主要优点是探针尺寸小(一般小于 1μm)，二次辐射激发效率高，特别是在低能区. 然而，电子激发有一些严重的缺点. 首先，电子轰击样品在产生特定元素的特征光谱的同时，还会产生强烈的韧致辐射，这明显降低了该方法的灵敏度. 其次，电子激发是一种表面灵敏的方法，仅可用于研究薄样. 与电子激发不同，X 射线激发荧光可用于研究大得多的样品，特别是在高能 X 射线下. 最后，电子激发需要特殊的样品制备，且样品必须是导电的，并放置在真空中. 电子显微分析不能被看作是一种非破坏性的方法，特别是对于生物物体. 高灵敏度和无损的 X 射线荧光成像技术广泛用于表征不均匀分布的化学元素，常见于生物医学、材料科学、地质学、古生物学和考古学、环境研究、文化遗产保护、断层扫描和 X 射线光学等领域(Lider, 2017).

1. 波长色散 X 射线荧光成像

WDXRF 分析是在布拉格定律的基础上发展起来的. 该方法由于能量分辨率高、背景噪声低等独特的优点，特别适用于低原子序数的元素分析和痕量分析，在工业质量控制等各个领域得到了广泛的应用(Tsuji et al., 2015).

如图 6.4.18 所示，波长色散 X 射线荧光成像光谱仪一般由 X 射线管、入口直型多毛细管、分光晶体、出口直型多毛细管和 X 射线二维探测器组成. 由 X 射线管产生的初级 X 射线未经聚焦以较大面积照射样品以覆盖分析区域，样品被激发所产生的 X 射线荧光再经由入口直型多毛细管定向引导到达分光晶体处，调节分光晶体的角度使反射出特定波长的 X 射线荧光，特定波长的 X 射线荧光再经由出

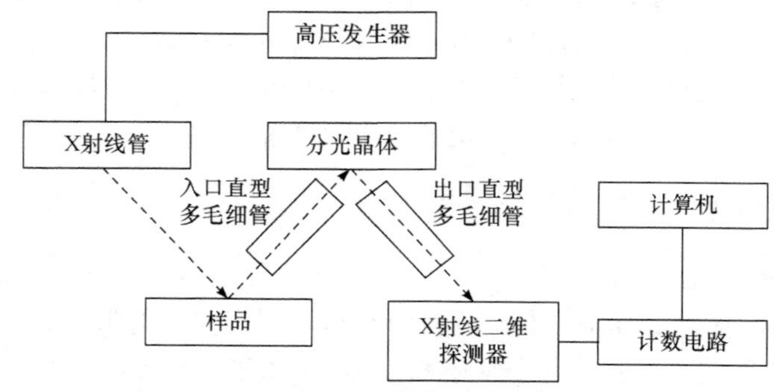

图 6.4.18 波长色散 X 射线荧光成像光谱仪结构示意图

口直型多毛细管到达 X 射线二维探测器的像素阵列上，由于到达探测器处的 X 射线荧光仍然保持了位置信息，从而得到样品表面上元素分布.

Ohmori 等(2013)使用高灵敏度的 X 射线二维探测器——Pilatus 探测器(100K，Rigaku，Japan，像素阵列 487×195，像素大小 172μm×172μm，灵敏面积 83.8mm×33.5mm，对 8keV 的 X 射线量子效率为 99%)、分析晶体 LiF(200)($2d$=0.40273nm)和美国 XOS 公司生产的直型多毛细管光学元件(外径 10.0mm，通道直径 10.0μm，开放面积 73%，X 射线透射效率 53%)开发了波长色散 X 射线荧光成像装置. 通过调节分析晶体的角度，如图 6.4.19 所示，在 45.010°处清晰的 Cu-K_α图像逐渐得到 48.645°处清晰的 Ni-K_α图像.

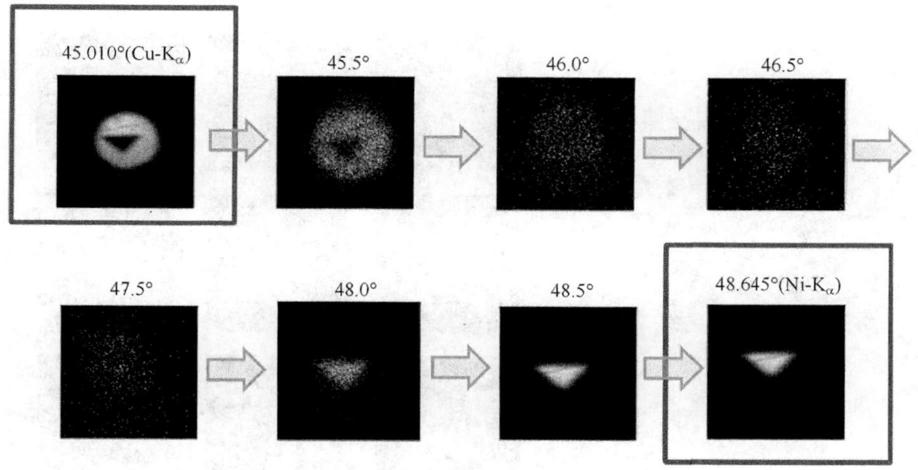

图 6.4.19　不同衍射角下铜镍样品的 X 射线图像(Ohmori et al., 2013)

Emoto 等(2014)指出 WDXRF 成像的优点体现在两方面：一是能量分辨率高；二是高灵敏度 X 射线探测器的快速元素成像能力. Ti-K_α与 Ba-L_α的差值仅为 40eV. 普通 EDXRF 的能量分辨率约为 140eV，很难区分 Ti 图像和 Ba 图像. 使用波长色散 X 射线荧光成像仪器测量钛板上小孔中充满 $BaSO_4$ 粉末的样品，在衍射角分别为 86.11°和 87.14°时，可以获得 Ti-K_α和 Ba-L_α清晰的 X 射线图像，表明，该仪器的能量分辨率优于 40eV. 如图 6.4.20 所示，1s、0.5s 和 0.1s 的曝光时间下得到的欧元硬币的 Ni-K_α、Cu-K_α和 Zn-K_α图像显示，即使曝光时间为 0.1s，也可获得如实物图中红色圆圈所示的直径约为 10mm 的大面积元素 X 射线图像.

2. 微束扫描 X 射线荧光成像

1) 微束 X 射线荧光分析

微束 X 射线荧光(micro X-ray fluorescence, μ-XRF)分析是一种测量微量样品

中主、次及痕量元素化学成分和微区分析的理想工具，已广泛应用于地球化学、生命科学、生物医学、法律鉴定、工业质量控制、考古、环境科学等领域；广泛用于聚合物、复合材料、纤维及植物组织等方面的科学研究.

微束 X 射线荧光分析仪的结构原理与普通 X 射线荧光光谱仪基本相同,通常由 X 射线源、聚焦元件、样品台及能量色散探测系统组成. 聚焦元件将 X 射线源发出的初级 X 射线聚焦到微米甚至是纳米量级级别, 将样品待分析区域放在焦点处,再由能量色散探测系统探测样品发出的特征 X 射线荧光,即可获得元素种类、含量和位置信息. 样品置于精密位移台上，使用聚焦微束实现由点到线再到面的扫描，从而获得样品上化学元素的分布，即为微束扫描 X 射线荧光成像(μ-XFI).

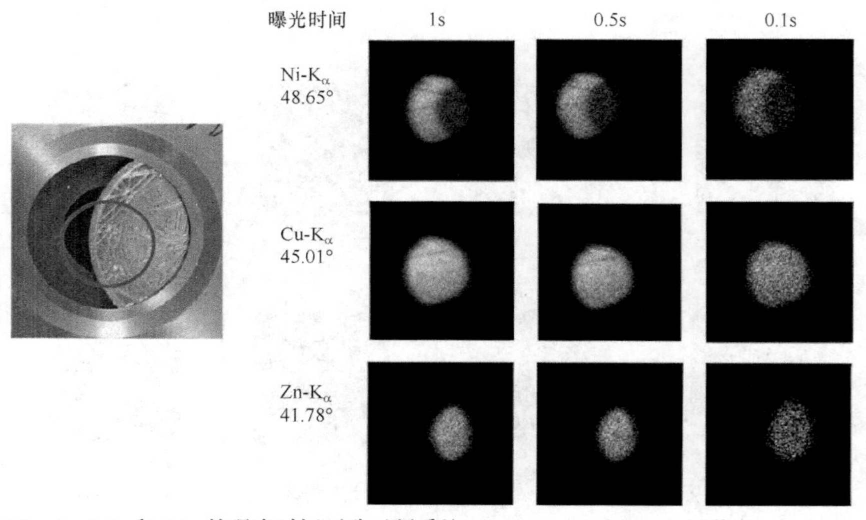

图 6.4.20　1s、0.5s 和 0.1s 的曝光时间下欧元硬币的 Ni-Kα、Cu-Kα和 Zn-Kα图像(Emoto et al., 2014)

2) 微束 X 射线的产生

X 射线聚束的光学原理——X 射线的聚焦是微束荧光仪器的核心. 目前，常用的微束 X 射线的产生方法有同步辐射、激光等离子体 X 射线法、聚焦电子束法以及 X 射线源与各种 X 射线聚焦光学元件组合等方法. X 射线激光器、自由电子激光器也可辐射出高亮度小焦斑 X 射线，但它们仍处于实验室研发阶段. 目前，使用次数最多、应用领域最广的微束 X 射线源是用热阴极发射的电子束流轰击金属靶的 X 射线管,包括固定阳极 X 光管和旋转阳极 X 光管. 其工作原理是将电子枪发射的电子束汇聚成微米级小焦斑，然后高速轰击金属靶面，产生高亮度微束斑 X 射线. X 射线源与各种 X 射线聚焦光学元件组合的方法中，X 射线源包括同步辐射、X 射线管等，使用的聚焦元件包括聚束多毛细管透镜、布拉格-菲涅耳波带片、Kirkpatrick-Baez 镜、沃特镜、复合折射透镜等，其共同作用是将初级辐射汇聚成微束斑 X 射线束.

3) 微束扫描 X 射线荧光成像

图 6.4.21 给出了使用同步辐射源与聚焦光学元件组合得到的微束进行微束扫描 X 射线荧光成像的典型装置. 入射光束和能量色散探测器与样品的夹角均为 45°，这样的几何结构将散射初级辐射的贡献降到最小. 经由双晶单色器、狭缝系统和聚焦光学元件得到单色微束的初级 X 射线束，电离室用于监测初级 X 射线束的能量和通量，光学显微镜用于定位实际分析区域.

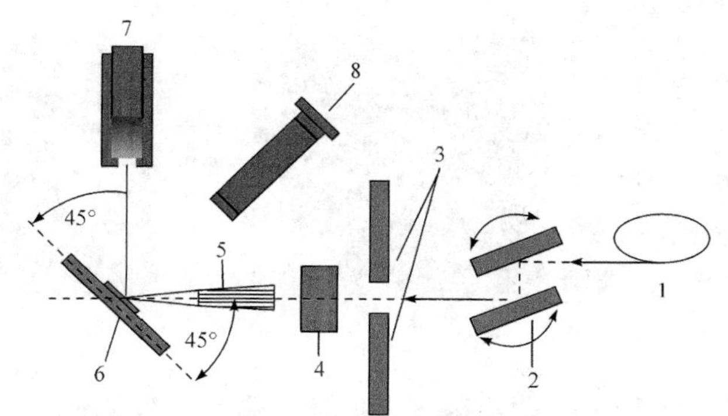

图 6.4.21　微束扫描 X 射线荧光成像的典型装置(Cotte et al., 2010)

1. 同步辐射源；2. 双晶单色器；3. 狭缝系统；4. 电离室；5. 聚焦光学元件；6. 精密位移样品台；7. 能量色散探测器；8. 光学显微镜

X 射线荧光图像的空间分辨率取决于聚焦 X 射线束的大小、累积像素强度、扫描螺距和扫描方式(分步或连续). 在像素强度足够的情况下，空间分辨率可能小于光斑大小，但要得到足够的像素强度则会大大增加测量时间. 与实验室 X 射线管相比，同步辐射具有以下优点：空间分辨率高(可达几十纳米)，元素灵敏度高(绝对检出限达 10^{-18}g)，激发辐射能量平稳，并且具有快速变化的可能性，以及形成相干(准晶)X 射线束的能力. 其局限在于体积大，运行成本高，实验持续时间有限. 近来，高亮度 X 射线管、高效 X 射线光学元件和快速计数探测器的出现提高了实验室仪器的分析潜力.

Leonardo 等(2014)使用同步加速器纳米 X 射线荧光光谱法在欧洲同步辐射装置的 ID22 纳米荧光成像光束线上测定单细胞微藻，这种单细胞微藻被证明具有较高的耐辐射性，并能强烈地浓缩放射性核素以及大量有毒金属. 该技术的高分辨率和高灵敏度使得能够评估亚细胞微藻隔室中的元素缔合和排斥，采用扫描的定量处理来达到每种内源和外源元素的绝对浓度，空间分辨率为 100nm.

大阪市立大学的 Garrevoet 等(2015)开发了一种新型实验室微 X 射线荧光光谱仪. 该装置将由 DCC 得到的单色聚焦 X 射线束激发与高性能硅漂移探测器和二维/三维(2D/3D)扫描能力相结合，获得的 XRF 光谱与同步加速器源获得的 XRF 光谱具有类似的高峰背比，得到了过渡金属的亚毫克每千克最小检出限. 单色激发还允许有效地使用迭代蒙特卡罗模拟算法获得分析样本的定量信息. 该仪器的分析表征和定量结果，须结合迭代反向蒙特卡罗模拟算法，通过在含铁陨石上进行的测量来证明，Cheder 铁陨石的光学图像以及各元素的分布如图 6.4.22 所示.

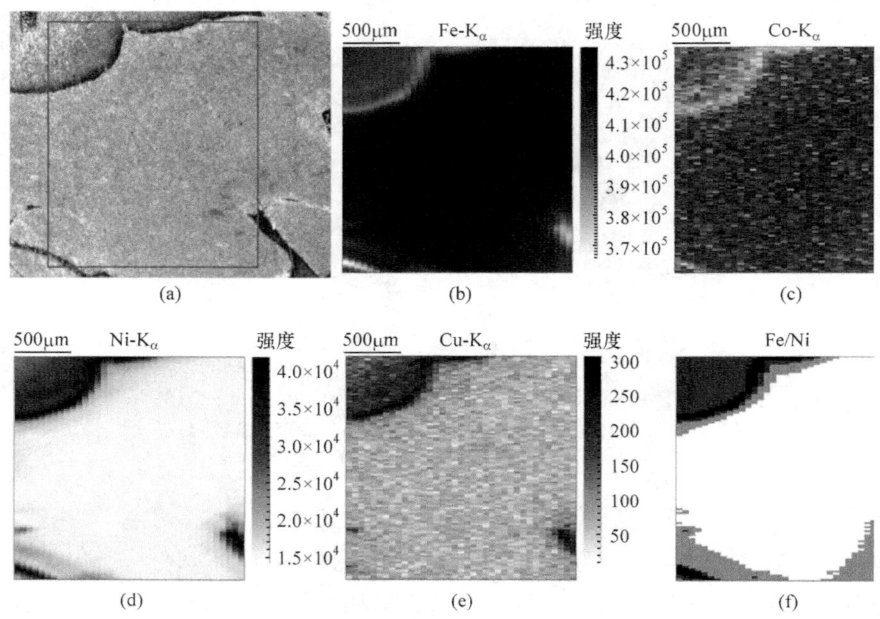

图 6.4.22　Cheder 铁陨石的光学图像(框内是测量区域(2.8mm×2.8mm))(a)和 Fe(b)、Co(c)、Ni(d)、Cu(e)及 Fe/Ni(f)的元素分布图像(Garrevoet et al., 2015)

图6.4.22彩图

3. 共聚焦微束 X 射线荧光成像

Gibson 和 Kumakhov(1993)首次提出了共聚焦微 XRF 的概念，Ding 等(2000)首次报道了共聚焦装置，结构示意图如图 6.4.23 所示，使用多毛细管光学透镜产生初级辐射微束，再将样品产生的特征辐射引导到能量色散探测器处进行检测，多毛细管透镜的两个焦点被调整到一个共同的位置，这被称为共焦体积. 这种独特的实验装置使 XRF 能够对有限的三维小体积样品进行 X 射线荧光分析. 聚焦光学元件除了多毛细管透镜，还可以是单毛细管透镜、Kirkpatrick-Baez 反射镜和复合折射透镜等. 使用 X 射线管作为 X 射线源的装置中，在能量为 17.4keV(Mo-K_α)时，焦斑大小为 10μm，而当 X 射线能量从 5.4keV 变化到 11.4keV 时，深度分辨率变化在 22.6～13.7μm(临界角随能量的增加而减小，以便从较小的体积收集辐射). 使用同步辐射作为 X 射线源的装置中，在 X 射线能量为 17.2keV 时，可获得

15μm×15μm×20μm 的共焦体积(Lider, 2017).

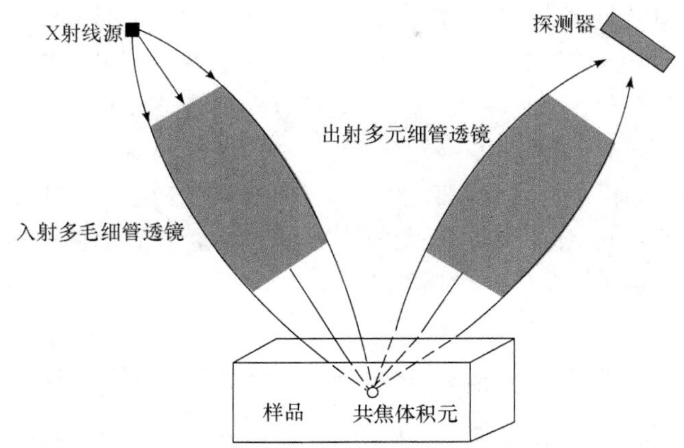

图 6.4.23　共聚焦 X 线荧光光谱仪原理图(Lider, 2017)

共聚焦微束 X 射线荧光成像已经在各个研究领域得到了应用. 当由不同元素组成的层序未知时，深度分辨率至关重要，特别是当该层序沿样品表面发生变化时. 因此，该方法在绘画、工艺品、多层半导体器件等层状结构和金属腐蚀、固液界面的研究中得到了应用. 该方法同样适用于医学、地质学、考古学、犯罪科学、近远空间探索等领域的研究.

Hirano 等(2014)将低碳钢板放入人造海水(NaCl，质量分数 3.5%)中，观察溶液中的腐蚀过程. 样品室由聚四氟乙烯制成，在样品室表面覆盖一个 50μm 厚的 Kapton(聚酰亚胺)薄膜窗口. 通过使用该技术获得 NaCl 溶液中 Fe-K_α强度的深度图像随时间的变化，钢板厚约 90μm，浸泡在 380μm 深的 NaCl 溶液中，腐蚀 10min 后，钢板表面铁强度增加. 铁离子溶解后，铁离子通过溶液向卡普顿窗口迁移. 400min 后，Fe 在窗口附近富集，Fe 化合物将沉积于窗口上.

4. 全场 X 射线荧光成像

在全场 X 射线荧光显微镜(FF-XFM)中，初级 X 射线光束不是聚焦的，而是照射在样品较大面积的感兴趣区域，样品上发射的特征 X 射线荧光经由准直器引导到达电荷耦合器件(charge couple device, CCD)相机的像素阵列上，CCD 相机在单光子计数模式下反复曝光得到一系列的图像帧，通过对这些图像帧进行处理即可得到样品分析区域的 X 射线能谱图和化学元素二维分布图.

图 6.4.24 所示为全场 X 射线荧光成像(FF-XFI)的光学结构，能量色散探测器一般为 CCD 相机，其具有相当大的灵敏传感面积，通常大于 150mm^2，硅漂移探测器这样的普通单像素能量色散探测器的灵敏面积不超过 100mm^2. CCD 相机通

常被设计用来记录各种应用中的可见光图像，包括科学和工业领域，使用 Be 窗等 X 射线窗口遮挡可见光但 X 射线能够穿过，即可在 X 射线波长区域工作，缺点是耗尽层很薄导致在 X 射线波长区域内的量子效率很低. 准直器除图中针孔外，还可用多毛细管、微通道板等，多毛细管的准直性能较好，缺点是制作工艺要求高、价格昂贵；微通道板相较多毛细管而言制作成本较低，缺点是一般长度较短导致准直性能较差；针孔相较前面二者而言制作简单、成本低、便于维护，缺点是要获得较高的空间分辨率，针孔孔径须较小，导致探测效率很低，编码孔阵列是针对效率问题提出的一个解决办法.

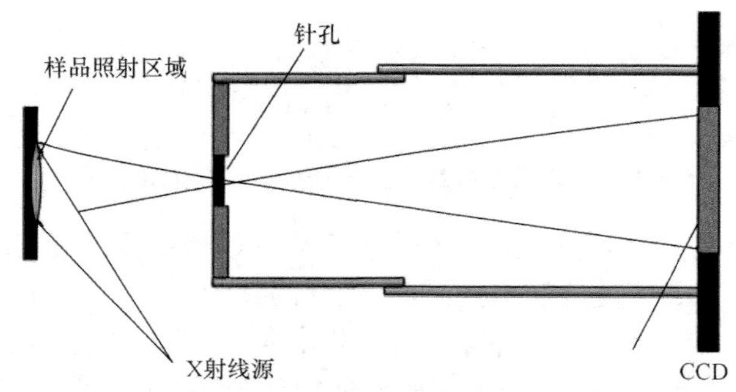

图 6.4.24　全场 X 射线荧光成像的光学结构示意图(Silva et al., 2011)

全场 X 射线荧光成像的空间分辨率取决于多毛细管的大小、微通道板通道尺寸的大小、针孔孔径的大小和像素阵列探测器像素尺寸的大小. 现如今，CCD 相机的像素尺寸可以达到 13μm×13μm，互补金属氧化物半导体相机的像素尺寸可以达到 6.5μm×6.5μm，配合尺寸相匹配的准直器空间分辨率可达到小于 20μm 的水平. 与微束扫描 X 射线荧光成像相比，全场 X 射线荧光成像的优势在于能对大面积样品区域(一般为几平方厘米)进行成像，快速得到样品测量区域化学元素的基本分布. 随着像素阵列探测器的发展和准直器制造工艺的进步，再对得到的图像帧运用压缩传感等技术进行科学的处理，使其在空间和能量分辨率上并不比微束扫描 X 射线荧光成像逊色.

Romano 等(2014)开发了一台全场 X 射线针孔相机，具有高能量、高空间分辨率的特点. 该装置所使用 CCD 相机的像素数和像素尺寸分别为 1024×1024 和 13μm×13μm，针孔为 50μm 孔径，75μm 厚的钨片. 改变针孔在样品盒 CCD 相机之间的位置即可改变系统放大率，实现对样品区域的放大或缩小成像. 图 6.4.25(a)～(d)是在放大率 0.35 下测量纳斯卡碎片中 4cm×4cm 区域，分别给出了 Fe，Mn，Ca 的元素分布图，空间分辨率可达 140μm. 图 6.4.25(e)～(g)是在放大率 6 下测量纳斯卡碎片黑色装饰物中 2.5mm×2.5mm 区域，分别给出了 Fe-Mn 元素共分布图和 Fe-Ca 元素共分布图，空间分辨率可达 30μm.

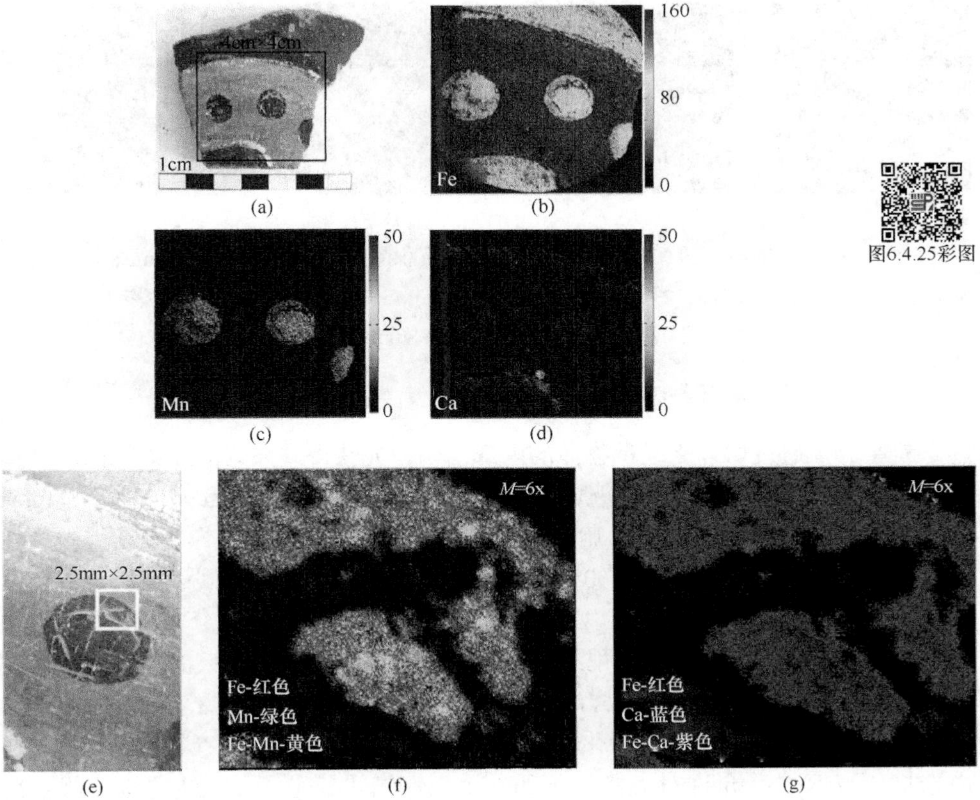

图6.4.25彩图

图 6.4.25　放大率分别为 0.35(a)～(d)和 6(e)～(g)下纳斯卡碎片表面元素分布(Romano et al., 2014)

Zhao 和 Sakurai(2017)使用针孔和 CCD 相机搭建的全场 X 射线荧光成像装置中得到了优于 20μm 的空间分辨率，并用其观测了高锰酸钾溶液中高锰酸钾的沉积和结晶过程. 图 6.4.26(c)和(d)给出了 Mn 和 K 在沉积和结晶后得到的最终的分布图像，由于溶液中只有高锰酸钾一种溶质，所以 Mn 和 K 的分布是一致的. 图 6.4.26(e)是在沉积和结晶过程中不同时间点 Mn 元素分布图，显示出其逐渐变化的过程，时间分辨率为每一帧图像 159s.

图6.4.26彩图

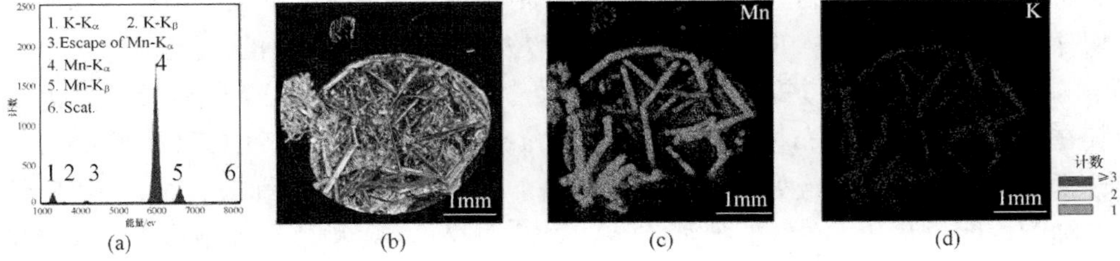

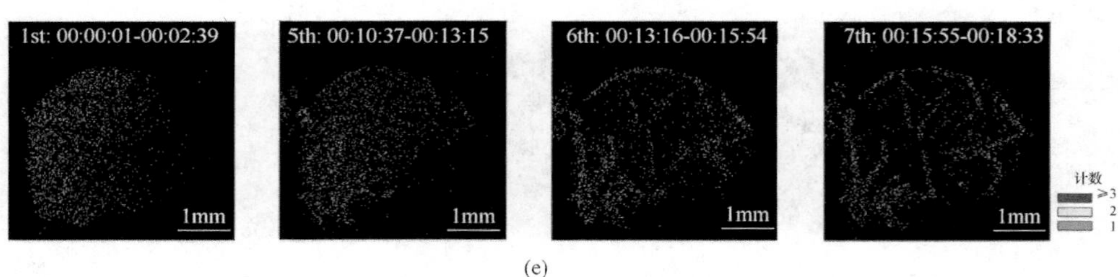

(e)

图 6.4.26　(a)在 2h 内累积的 XRF 光谱；(b)$KMnO_4$沉积晶体的照片，刻度为 1mm；(c)和(d)分别为 Mn 和 K 的 XRF 图像，图案固定后测量 1.5h；(e)Mn 沉积和结晶过程中的关键帧，每帧的测量时间为 159s(Zhao and Sakurai, 2017)

5. X 射线荧光断层扫描

断层成像通过切片来显示物体的内部结构，先获得一系列的二维图像，再转换为三维图像. 扫描 X 射线荧光断层摄影(scanning X-ray fluorescence tomography, SXFT)通常通过 x-y 扫描，以小俯仰角旋转的样本来产生二维图像，以获得一系列二维元素投影. 该过程以 0～360°或 0～180°的角度间隔重复，假设在所有方向上存在足够多的角度投影，则可以在虚拟二维横截面内重建元素分布的图像. 用共聚焦X射线荧光光谱或全场X射线荧光显微镜技术实现平面光束的计算机层析成像，不需要像 SXFT 中那样对样品旋转；它分别由 x-y-z 扫描或 x 扫描(y-z 是主要的光束平面)进行. 这种方法简化了重建算法. 这两种方法的另一个优点是可以自由选择研究区域，允许对大样品上的一个小区域进行分析. 这使得样品制备比 SXFT 和全场 X 射线荧光显微镜容易得多. 此外，共聚焦 X 射线荧光光谱层析成像使得能够在不同的角度位置获取样本的三维元素图像.

实际上，大多数结果都是由 SXFT 获得的. 该方法已应用于生物医学，阐明乳腺组织中金属的分布，研究小鼠大脑皮层、下丘脑和丘脑的灌注，探讨仓鼠心肌代谢，测定骨矿含量，以及检测水化生物物体.

环境领域研究包括城市垃圾的粉煤灰颗粒，过渡金属(铜，镍和锌)对浮游和底栖无脊椎动物的毒性作用机理，水生植物的砷污染(金鱼藻)，三结构各向同样涂层燃料颗粒用于高温气冷反应堆，Ni 在植物中过量累积，苹果树根纵向和横向切片中 Fe、Zn、Mn、Ni 和 Co 的分布，以及拟南芥种子中铁的位置.

砷(As)污染是全世界严重关注的问题，其致死毒性是由 As 化合价的变化及其在各种组织中的分布模式引发的. Mishra 等(2016)使用微 X 射线荧光断层扫描分析不同浓度 As 溶液处理后金鱼藻叶中 As 分布的细胞内细节，结果表明 As 在细胞内明显积累. 在较低的细胞 As 浓度下，As 主要积聚在细胞核中；在较高的细胞 As 浓度下，液泡是 As 积累的主要部位.

6. 总结

X 射线荧光成像是高分辨率、无损研究多种化学元素在许多非均匀物体中的分布的最有效的方法之一. 然而，它并非没有缺点. 例如，高强度的 X 射线纳米光束甚至可能对通常被认为具有抗辐射能力的固体凝聚态样品造成损害. 在许多系统中，如聚合物和生物物体，辐射损伤的可能性确实会限制该方法的空间分辨率，相较于金属和半导体系统，其会受限于系统较低的辐射剂量阈值. 总的来说，X 射线荧光成像的目标是在足够短的时间间隔内收集大量数据，而不损害其质量. 这可以通过下列措施实现(Lider, 2017)：

(1) 研发大入口窗口、低噪声水平和大入口立体角的快速探测器；

(2) X 射线束以更高光子密度聚焦，减少照射时间，但不影响测量信号中统计数据的有效性；

(3) X 射线束聚焦到更小的体积上，提高空间分辨率；

(4) 快速记录大量完整数据，实现对动态过程(如化学反应等)的原位研究；

(5) 在相同的条件下，采用不同的方法对同一样本同时进行实验研究.

第四代同步辐射源利用加速器技术的重大改进，能够使用亮度更高的 X 射线束. 同步辐射源的这种改进应该伴随着光学、探测器和数据分析器的现代化，以充分利用源进步带来的好处. 人们希望用近 10nm 或更高空间分辨率的纳米聚焦光学得到纳米尺寸的焦斑，为 3D 层析成像开辟了新的前景，并使 4D 测量成为可能.

最后，X 射线荧光成像与其他技术的结合将增强研究各种物体的潜力，但也需要开发新算法，以便直接综合处理实验数据和无伪影图像重建.

6.4.6　X 射线吸收谱形态分析技术

X 射线吸收精细结构(X-ray absorption fine structure，XAFS)谱是一种获得元素形态和配位特征的原位分析技术，其发现和应用可追溯到 20 世纪初. 1920 年 Duane 等(1920)使用真空光谱仪有效观察到了元素吸收边的精细结构. 但是在其后的 50 年里，XAFS 的理论研究和应用发展极其缓慢. 1971 年 Sayers 等(1971)给出了 XAFS 的合理解释，并指出利用 XAFS 谱可以获得物质组成的结构信息，与此同时，同步辐射技术也在这个时期出现，从而使得 XAFS 获得了快速发展.

XAFS 已成为原子和分子水平分析样品中目标元素及其周围元素的空间结构的重要工具. 它不仅可以应用于晶体的分析中，还可以应用于平移序很低或没有平移序的物质的分析，例如，非晶体系、玻璃相、准晶体、无序薄膜、细胞膜、液体、金属蛋白、工程材料、有机和金属有机化合物、气体等. 应用 XAFS 技术可以测定元素周期表中的大部分元素，并已在物理学、化学、生物学、生物物理学、医学、工程学、环境科学、材料科学和地质学等学科中得到了广泛应用.

1. X 射线吸收精细结构谱原理

XAFS 的原理是基于 X 射线吸收边和 X 射线质量吸收系数$\mu(E)$——随能量增加，质量吸收系数$\mu(E)$逐渐减小，但当能量达到某一元素的吸收边时，该元素对该特定能量的 X 射线会出现显著吸收，$\mu(E)$急剧增加，对应的特定能量即为 X 射线吸收边. 如图 6.4.27 所示，明确了质量吸收系数 $\mu(\lambda)$ 的波长依赖性. 从物理学意义上讲，XAFS 是一种基于光电效应的量子力学现象. 物质吸收 X 射线能量后会呈现出一个光电离的过程，即处于原子内层或者低能级处的电子吸收 X 射线能量后导致电子脱离原子的束缚，所产生的光电子同样具有波粒二象性，该光电子波在向外出射的过程中会遇到周围各原子的干扰而被散射，此时散射波和出射波之间会出现相互干涉的现象，从而导致中心原子的电子终态波函数发生变化，表现为在 XAFS 光谱图上中心原子的高能一侧出现振荡信号，使得探测 X 射线能量吸收特征成为可能.

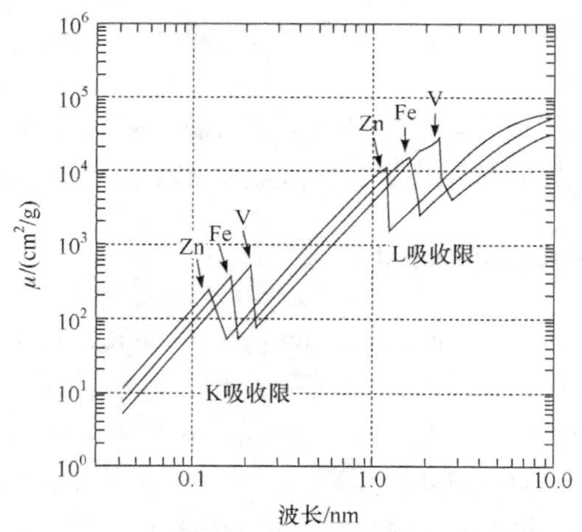

图 6.4.27　V、Fe、Zn 的质量吸收系数随波长的变化关系

将 XAFS 的信号正确解译以后，就可以得出待测样品中的原子和电子结构信息，主要包括：

(1) 价态(valence)信息，吸收物质元素的电荷态；

(2) 形态(species)，吸收物质元素近邻原子的类型与配位特性；

(3) XAFS 包含多种方法与技术，如扩展边 X 射线吸收精细结构(extended X-ray absorption fine structure，EXAFS)、X 射线吸收近边结构(X-ray absorption nearedge structure，XANES)和表面扩展边 X 射线吸收精细结构(surface EXAFS，SEX-AFS). 很多文章将它们简称为 X 射线吸收谱，即 XAS(X-ray absorption spectroscopy)，虽然这些技术的基本原理从本质上来看是一致的，但是参数、技术、术语及理论方法在不同的情况下差别很大.

XAFS 光谱曲线描绘了材料系统中某一中心原子在吸收边高能一侧的 X 射线吸收系数随吸收光子能量的变化. XAFS 光谱曲线一般可以分为两部分：一部分是位于中心原子吸收边周围 30～50eV 范围内的振荡信号，称为 X 射线吸收近边结构(XANES)(Bianconi，1980)；另外一部分是位于中心原子吸收边后 30～1000eV 范围内甚至扩展到更高的能量范围内的振荡信号，称为扩展 X 射线吸收精细结构(EXAFS)(Lee and Pendry, 1975;Sayers et al., 1971)，两者并无严格界限(见图 6.4.28).

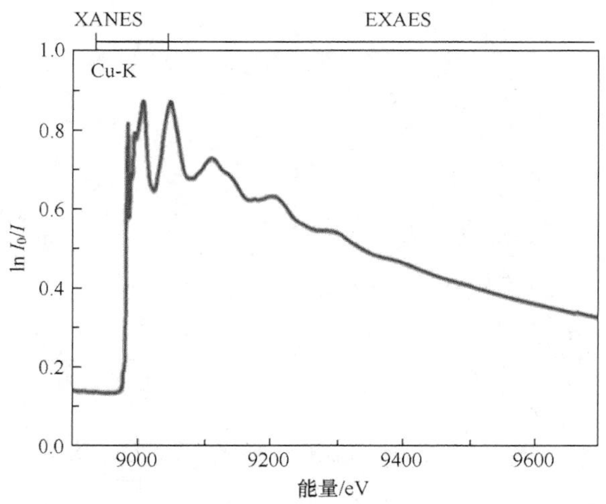

图 6.4.28　XANES 和 EXAFS 的划分

XAFS 数据可以用两大基本理论来解释，一个是单散射理论，另一个是多重散射理论. 下面对这两大基本理论做一些基本的阐述.

X 射线与介质作用，产生光电效应，由于当 X 射线光子被原子吸收时，从原 K 层射出光电子，形成如图 6.4.29 黑线所示的出射光电子波. 电子波在固体中传播和散射的示意图如下.

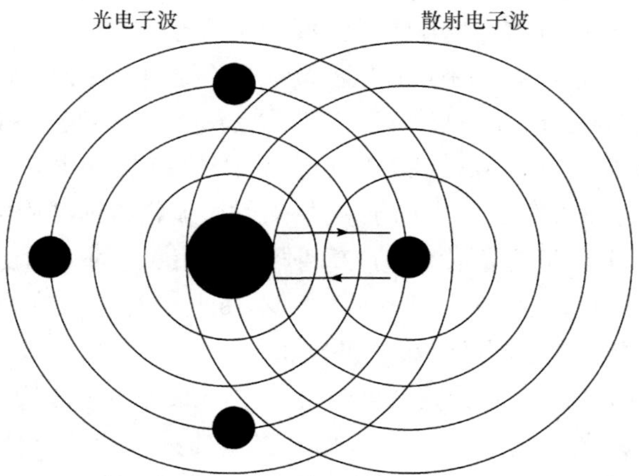

图 6.4.29　吸收原子与中心原子出射波与散射波示意图

考虑如下两种情况.

如果吸收原子周围没有其他原子，出射光电子波将远离吸收原子传播，即终态为自由电子态，它不会随入射光子的能量变化产生振荡，如图 6.4.30 所示.

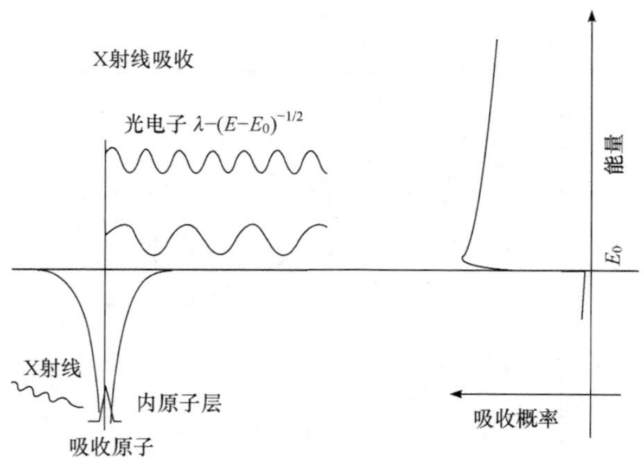

图 6.4.30　吸收原子周围无近邻原子产生的谱图

如果吸收原子近邻有其他原子围绕，像在多原子分子气体或凝聚态物质中那样，出射光电子波将受到周围原子的散射，产生图 6.4.29 中所示的散射光电子波，散射波与出射波在吸收原子处干涉. 当吸收原子周围的环境一定时，改变 X 射线光子的能量，也就是改变光电子的波长，出射和散射光电子波间的相位差随之变化，干涉的相消相长使吸收曲线出现振荡现象，即产生 EXAFS(Ashley and Doniach, 1975)，如图 6.4.31 所示.

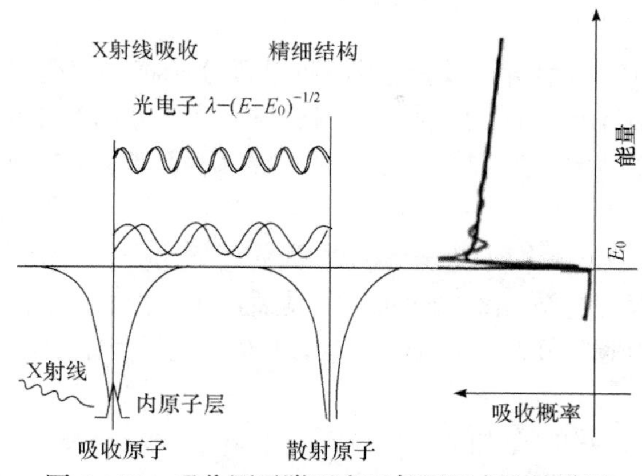

图 6.4.31　吸收原子附近有近邻原子产生的谱图

当电子受激发成为核间运动的光电子之初，光电子的动能几乎为零，然后随着激发能量增加动能逐渐增大. 光电子的散射情况随着光电子的初始动能不同而不同，当出射光电子动能较小时，会被不止一个近邻配位原子多次散射，即多重散射，如图 6.4.32(b)所示. 当出射光电子动能较大时，周围环境近邻配位原子对光电子的影响较小，一般情况下只被近邻配位原子单散射，如图 6.4.32(a)所示. 一般认为 EXAFS 主导机理为单散射，即只考虑一个近邻原子反射对电子终态的影响. 而对于 XANES，则认为多重散射起主导作用，即电子在回到中心原子前又受到其他原子的散射.

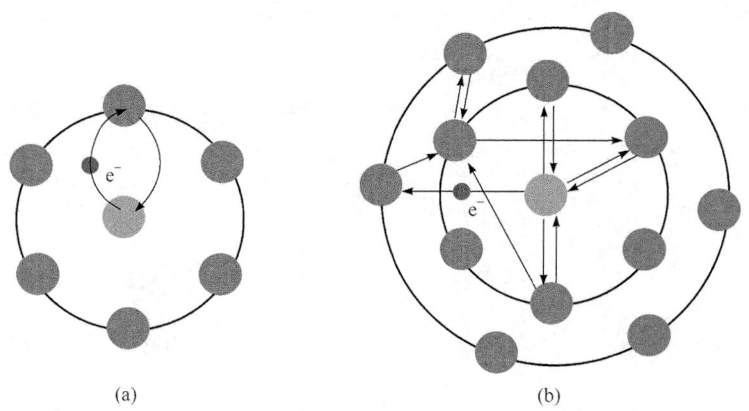

图 6.4.32　(a)原子的单散射图；(b)原子的多重散射

2. X 射线吸收精细结构谱谱测定方法

X 射线吸收精细结构光谱特征主要体现在吸收系数$\mu(E)$的变化上. 一般可以通过透射模式直接测定出来，但也可以在吸收边附近进行能量扫描，通过测定特定元素的荧光 X 射线而间接得到. 针对不同系统的研究需求，研究者已开发了多种多样的 XAFS 测试方法.

(1) 透射法：该法适用于待测元素的质量百分比高于 5%的研究体系，即含有高浓度待测元素的样品. 采用此种方法测试时，为了获得高信噪比的实验谱图，应该尽可能地使样品的厚度均匀，而且对于固体样品要没有孔洞，对于液态样品要没有气泡.

(2) 荧光法：该法适用于待测元素的质量百分比为百万分之几的研究体系，即含有比较低浓度的待测元素的样品. 尤其适用于浓度极稀的，厚度极薄的甚至几个原子层厚度的薄膜样品(Oyanagi et al., 1995)，此时则采用专门的固态探测器荧光 XAFS 技术.

(3) 此外，还有其他模式的 XAFS 测量方法，例如，研究材料的电子自旋状态时，可以选用磁 XAFS 测量模式(Schütz et al., 1987)；在高温或高压条件下，研究材料的相转变过程，可选用原位 XAFS 测量模式(Filipponi and di Cicco, 1995)；对于材料的微区结构研究，可以选用空间分辨微区 XAFS 测量模式；针对反应过程中的动力学研究，可以选用时间分辨 XAFS 测量模式(Dent, 2002).

其中已被普遍使用的测试方法是透射法和荧光法.

透射模式是最直接的测定模式. X 射线穿过物体时，由于物体的吸收而使其强度衰减，这种强度的衰减服从指数分布(朗伯-比尔定律，公式(6.1.4)).

逐步改变入射 X 射线能量大小，即可获得质量吸收系数与入射 X 射线光子的能量关系. 当对一个特定元素，在其吸收边前后做能量扫描时，就获得了该元素 X 射线吸收边的精细结构光谱. XAFS 装置示意图如图 6.4.33 所示.

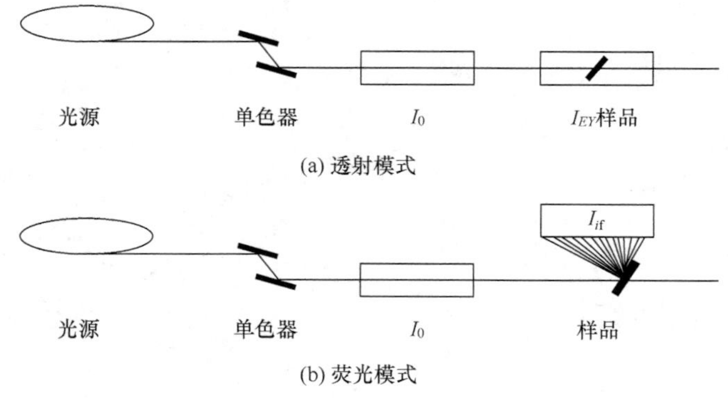

图 6.4.33　XAFS 装置示意图

对于荧光模式，首先测定入射光强度 I_0，同时测定样品发射的荧光强度 I，根据公式

$$\mu = CE_{\text{abs}}(12.398 / E)^n \tag{6.4.3}$$

随着入射 X 射线能量的增加，质量吸收系数减小. 在入射 X 射线能量小于吸收边以前，不能产生待测元素的特征 X 射线，没有 I_i 产生. I_i/I_0 很小. 当入射 X 射线能量大于待测元素的吸收边时，内层电子被激发，出现吸收跃变 r. 对于 K 系线的跃变因子 J_K 为

$$J_K = (r_K - 1) / r_K \tag{6.4.4}$$

这时特征 X 射线荧光 I_i 产生，I_i/I_0 显著上升. 随着入射激发能量的进一步增大，质量吸收系数与 X 射线荧光 I_i 及入射光强度将按下式变化：

$$I_i(E) = I_0 w_i \frac{r_K - 1}{r_K} f_K \omega_K \frac{\mu_i(E)}{\mu_s(E) + A\mu_s(E_i)} \tag{6.4.5}$$

由上式可知，X 射线荧光的强度与入射光的强度、被测元素的质量吸收系数成正比. 由于被测元素的质量吸收系数又是入射光能量的函数，随着扫描能量的逐步增加，被测元素的质量吸收系数下降，但样品基体元素的质量吸收系数也会随之下降. 因此在假定入射光强度不变的前提下，被测元素荧光强度的总体变化趋势由被测元素和样品基体元素的质量吸收系数的总体平衡结果确定. 而将 μ_i 与荧光和入射光强之比作图，则可以得到 X 射线吸收精细结构谱，反映了被测元素的原子结构与配位信息.

荧光模式是间接测定方法，即通过测定在填充空穴时的衰变产物间接得到信号. 常用的间接测定方法还有电子产额模式，在荧光模式中，测定的是光子，在电子产额模式中测定的是样品表面发射的电子. 电子产额模式探测时具有相对较短的路径长度(约 10^{-7}m)，这使得它对表面信号尤其敏感，因而对近表面样品元素形态信息的研究很有帮助，它也可以有效地避免荧光模式中的自吸收效应.

3. 实验室 X 射线吸收精细结构谱谱图的测定方法的发展

X 射线吸收光谱主要是通过使用同步辐射(SR)进行测量的，就强度、平行度和连续性而言，SR 是出色的 X 射线源，因此可以在高分辨率下进行 XAFS 和 XANES 测量. 然而，由于全球同步加速器辐射设施的数量有限，SR 机器的预约使用时间有限，SR 设施位置偏远以及为特殊样品安装和转移困难，利用 SR 开展的 XAFS 科学实验并不方便. XAFS 实验仅能借助于同步辐射光源实现，这会对许多重要的科学或工业工作形成限制. Lytle(1963)首次用普通的 X 射线发生器进行 EXAFS 的测量. 随后几年，高功率旋转阳极 X 射线管的问世促进了实验室 XAFS 的有效发展. Martens 等(1977)使用 12kW 的旋转阳极 X 射线光管，配备有平板晶体单色仪和 NaI 闪烁计数器成功实现了 EXAFS 实验测试，吸收光谱的典型扫描时间约为 10 个小时. Stem(1980)等开发了一个易于使用的实验室 XAFS 设施，具有高通量和较宽的能量检测范围(4～21keV)，可在 15min 内获得 V、Fe、Cu 和 Mo 几种金属箔样品的光谱. 日本福冈大学 Yamashita 等(1992)提出了一种专门用

于测量轻元素吸收光谱的新型 XAFS 光谱仪. 该光谱仪由新开发的便携式尺寸的旋转阳极 X 射线源、低压大电流类型的电源、真空 X 射线路径、Johann 型弯曲单色仪以及带有单通道分析仪的固态检测器系统组成. 在室温下通过在 Cu-K 边缘的铜箔上以及在 Al-K 边缘的粉状菱铁矿和硅铝酸盐的 X 射线吸收测量评估光谱仪的性能. 结果表明, 该分光光度计能够在约 2h 内, 在 Al 和 Cu-K 边缘获得高质量的 XAFS 和 XANES 光谱.

美国华盛顿大学 Seidler 等(2014)等开展了低功耗的实验室 XAFS 的研究工作, 开发了可用作实验室 XAFS 仪器的点聚焦圆柱弯曲晶体分析仪(cylindrically bent crystals analyser, CBCA)来实现能量扫描罗兰圆单色仪, 该仪器只使用一个紧凑的空气冷却低功率(210～50W)的 X 射线管, 配合单色仪可以使用一个设备在 30min 内测量每个光谱的高分辨率 X 射线光谱和高分辨率 XAFS, 在实验室环境中可轻松实现 5～10keV 能量范围内的 XAFS 光谱分析, 这与许多同步加速器质量相当. 非共振 X 射线发射光谱的计数率与在同步辐射光源的单色光谱束线所获得的计数率相当.

图 6.4.34 显示了 Seider 教授课题组的实验室低功率台式 XAFS 的一般结构布局. 主要由低功率X射线管、球形弯曲晶体分析仪和能量分析固态探测器组成. 来自 X 射线管源的宽带 X 射线辐射直接照射球形弯曲晶体分析仪(spherically bent crystals analyser, SBCA), 该分析仪将 X 射线辐射单色化并重新聚焦到样品, 通过样品传输到出口狭缝由探测器测量.

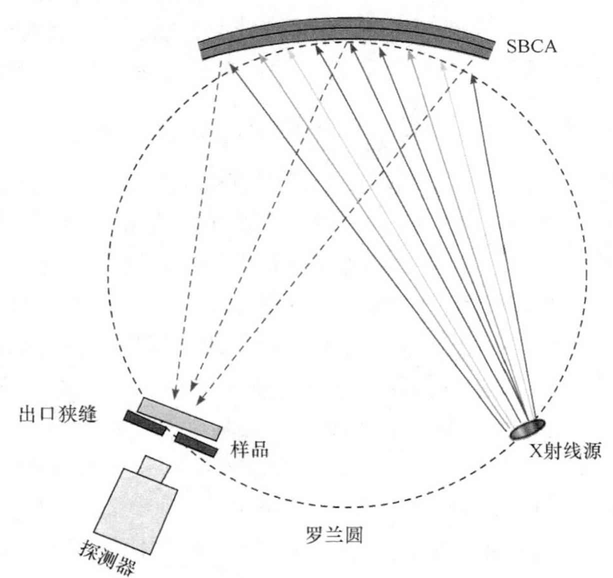

图 6.4.34 使用实验室单色仪研究 XANES 的一般仪器配置

然后通过光源、出口狭缝(和检测器)和 SBCA 的同步线性运动对实验室 X 射线单色仪进行能量扫描. 如图 6.4.35 所示，能量扫描过程是通过对称地扫描源和探测器，同时用跟踪移动的罗兰圆来对 SBCA 的位置进行细微调整.

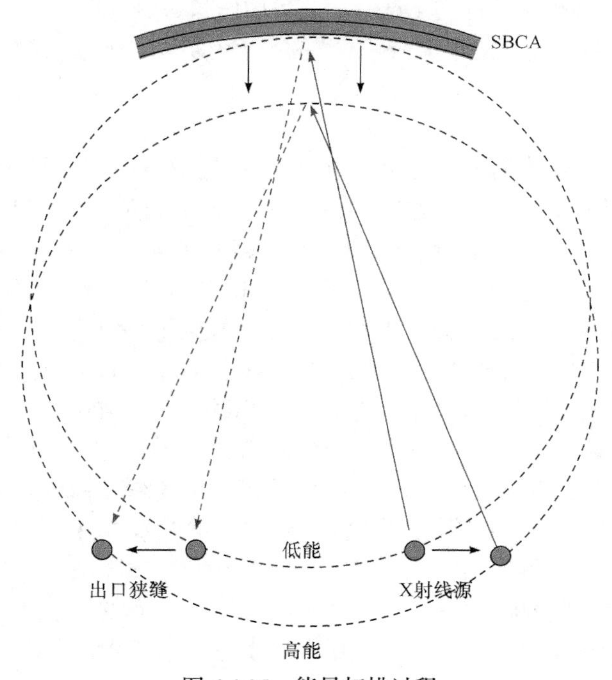

图 6.4.35　能量扫描过程

从 XAFS 实验谱图中，能获取物质局部结构的相关信息，如各原子间的距离、配位原子的类别和个数、体系的无序程度、电子密度等结构参数. 但是 XAFS 光谱不同于红外吸收光谱、拉曼光谱、光电子能谱等，不能直接从谱图中获取物质的微观结构、构成成分、原子氧化态等信息，而必须经过烦琐的计算程序和步骤才能获得目标结构信息. 对于 XAFS 数据的标准分析一般需要依次经过以下几个步骤(Sun et al., 2005)：噪声的消除，背景的扣除，数据的归一化，相对光电子波矢 K 空间的转换，K 空间数据的傅里叶 R 空间转换，反傅里叶变换和曲线拟合.

4. X 射线吸收精细结构谱的应用

X 射线吸收精细结构光谱方法在国际上是一种成熟的实验测试方法，主要用于原子周围结构的测量(Lachowski, 1988). XAFS 技术具有对某一中心原子的近邻结构或者局部配位环境非常敏锐的特点，它可以在分子乃至原子程度上表征出中心原子周围不同配位壳层的配位环境或者电子密度等信息. 它的一个主要特点是具有原子选择性，另外，还具有对研究对象不受形态限制的特点，例如研究对象可以是固态、液态甚至气态等物质. XANES 对吸收原子的氧化态和配位化学环境(如四面体配位，八面体配位)非常敏感，而 EXAFS 一般用来测定吸收原子的近邻原子距离、配位数和原子种类(Newville, 2010). 每一种元素都有其特征的吸收边系，经过对某一原子 XAFS 谱图的分析，可以获取该原子的氧化态及电子密度、周围配位原子的类别、配位原子的数量、与配位原子间的配位距离以及无序度等结构信息.

XAFS 方法在固体物理、催化、生物大分子、材料科学等领域中的应用，使得这些领域近年来非常活跃. 目前，XAFS 技术已在材料科学、工业催化剂研究、地质与地球化学、环境科学、生命科学等领域得到了广泛应用，提供了样品中 Hg、Fe、Cu、Zn、Cr、As、Pb、Ni、Au、U、Sb 和 Ce 等的形态和配位信息，为研究物质结构、氧化还原动态过程、生态毒理性等提供了强有力的技术支撑. 在绝缘体 $BaSO_4$ 上 Ba 空位诱导类半导体光催化中，Coleman 等(2011)利用 XAFS 对合成的 $BaSO_4$ 进行分子层面的表征；在椰纤维生物碳改性土壤中，铅的吸附研究中，Ahmad 等(2014)利用 XAFS 对土壤中 Pb 化合物的固化进行评估；Pd/Al_2O_3 催化 CO 氧化中的活性位点，通过研究 CO 氧化活性对 Pd 纳米颗粒的表面结构和形态的依赖性来鉴定，Murata 等(2019)通过 XAFS 对纳米材料 Pb 进行结构分析；Jahrman 等(2018)利用实验室 XAFS 测定塑料中的 Cr^{6+}. 近 30 年来 XAFS 得到了迅速的发展，成为研究物质原子近邻结构的一种有效手段，在物理、化学、生物、材料科学和环境科学等多个科学领域中已解决了许多重大的科学问题.

参 考 文 献

陈景伟, 宋江涛, 赵庆令, 等, 2015. 薄膜吸附制样-波长色散 X 射线荧光光谱法测定卤水中的溴[J]. 岩矿测试, 34(5): 570-574.

陈有才, 蒙泓宇, 孙亚庆, 等, 2018. 不同大豆品种中 6 种矿物质元素的波长色散型 X 射线荧光光谱法测定[J]. 中国油脂, 43(5): 135-138, 148.

川仁, 1989. 水泥生料在线自动检测与配料系统通过鉴定[J]. 中国建材, (11): 27.

董永彭, Li C M, Luong J H T, 2007. 应用微束质子激发 X 荧光分析研究 Ca 和 S 在头发中的分布模式[J]. 科学通报, 52(9): 1003-1006.

付略, 2008. 古陶瓷 EDXRF 分析及数据处理方法的研究[D]. 杭州: 浙江大学.

高新华, 宋武元, 邓赛文, 等, 2017. 实用 X 射线光谱分析[J]. 高等学校化学学报, 38(5): 31.

郭景康, 黄瑞福, 1999. 用 PIXE 技术测定古代建窑"供御"和"进盏"瓷片的主量, 痕量化学组成[J]. 中国陶瓷, 35(3): 1-4.

黄光明, 侯鹏飞, 江冶, 等, 2013. WDXRF 和 EDXRF 在我国土壤岩石分析中的应用[J].地质学刊, 37(1): 159-168.

吉昂, 李国会, 张华, 2008. 高能偏振能量色散 X 射线荧光光谱仪应用现状和进展[J]. 岩矿测试, 27(6): 451-462.

吉昂, 陶光仪, 卓尚军, 等, 2001. X 射线荧光光谱分析[D]. 杭州: 浙江大学.
吉昂, 卓尚军, 李国会, 2011. 能量色散 X 射线荧光光谱[M]. 北京: 科学出版社: 139-140.
贾文宝, 张新磊, 单卿, 2018. 一种钾盐成分在线检测方法[P]. 中国: CN108680592A, 10-19.
贾文宝, 张新磊, 单卿, 等, 2019. 一种自动取样式水泥生料在线 X 荧光分析装置[P]. 中国: CN109374665A, 02-22.
金象春, 张贵英, 肖才锦, 等, 2014. PIXE 和 XRF 用于北京新镇地区 PM2.5 源解析研究[J]. 原子能科学技术, 48(7): 1325-1330.
李国会, 吉昂, 张华, 2005. XRFS 测定生物样品中有害元素[J]. 理化检验: 化学分册, 41(增刊): 5-9.
鲁永芳, 王广甫, 2006. 北京师范大学外束 PIXE 分析装置的建立[J]. 北京师范大学学报(自然科学版), 42(6): 588-591.
陆坤权, 1985. 扩展 X 射线吸收精细结构(EXAFS)谱[J]. 物理学进展, (1): 127-168.
任炽刚, 姚惠英, 汤国魂, 等, 1984. 用质子激发 X 荧光分析法测定肝硬化病人血清的微量元素含量——探讨中医治疗疗效[J]. 核技术, (6): 21-22, 52, 70.
石慧, 赖万昌, 林宏健, 等, 2015. WDXRF 粉末压片法在分析土壤、岩石和水系沉积物样品中稀土元素中的应用研究[J]. 科技创新与应用, (3): 43-44.
史先肖, 郑乘云, 房秋雨, 等, 2019. X 射线荧光光谱技术在食品、生物医药和化妆品领域的应用进展[J]. 分析仪器, (1): 6-11.
王广甫, 2000. PIXE 分析技术及其应用[J]. 现代仪器与医疗, (2): 6-9.
徐广通, 袁洪福, 陆婉珍, 2000. 现代近红外光谱技术及应用进展[J]. 光谱学与光谱分析, 20(2): 134-142.
杨福家, 赵国庆, 1985. 离子束分析[M]. 上海: 复旦大学出版社.
杨雪梅, 庹先国, 任家富, 等, 2007. 用于在线 X 荧光分析的自动制样送测系统的研制[J]. 冶金自动化, 31(3): 44-47.
张斌, 2004. PIXE 在古陶瓷、古玻璃产地中的应用研究[D]. 上海: 复旦大学.
张兰芝, 倪邦发, 田伟之, 等, 2005. 瞬发γ射线中子活化分析的现状与发展[J]. 原子能科学技术, 39(3): 282-288.
张小曳, 安芷生, 张光宇, 等, 1994. 中国内陆大气颗粒物的搬运、沉积及反映的气候变化——Ⅱ. 黄土高原中部晚第四纪大气矿物气溶胶沉积[J]. 中国科学(B 辑化学生命科学地学), 24(12): 1314-1322.
张新磊, 张焱, 单卿, 等, 2015. 低功率便携式全反射 X 荧光分析仪的研制[C]. 中国地质学会, 第十一届全国 X 射线光谱学术报告会论文集: 82-83.
赵维娟, 李国霞, 谢建忠, 等, 2004. 用 PIXE 方法分析汝州张公巷窑与清凉寺窑青瓷胎的原料来源[J]. 科学通报, 49(19): 2020-2023.
朱光华, 汪新福, 1997. PIXE 分析技术在大气环境研究中的应用[J]. 原子核物理评论, 14(3): 158-160.
朱光华, 张小, 吕位秀, 等, 1994. PIXE 分析与统计处理相结合研究大气污染[J]. 中国核科技报告, S1(100): 95-96.
朱海信, 承焕生, 杨福家, 等, 2001. 福泉山良渚文化玉器的 PIXE 分析[J]. 核技术, 24(2): 149-153.

朱舜奇, 1981. BYT-1 型在线多道 X 荧光分析仪研制小结[J]. 分析仪器, (4): 41-44.

卓尚军, 1989. X 射线荧光光谱分析[C]. 中国地质科学院南京地质矿产研究所文集.

卓尚军, 吉昂, 2009. X 射线荧光光谱分析[J]. 分析试验室, 25(7): 103-108.

Ahmad M, Lee S S, Lim J E, et al., 2014. Speciation and phytoavailability of lead and antimony in a small arms range soil amended with mussel shell, cow bone and biochar: EXAFS spectroscopy and chemical extractions[J]. Chemosphere, 95(1): 433-441.

Aiginger H, Wobrauschek P A, 1974. method for quantitative X-ray fluorescence analysis in the nanogram region[J]. Nuclear Instruments and Methods, 114(1): 157-158.

Ashley C A, Doniach S, 1975. Theory of extended X-ray absorption edge fine structure (EXAFS) in crystalline solids[J]. Physical Review B, 11(4): 1279-1288.

Bare S R, Ravel B, 2002. NSLS course on EXAFS data collection and analysis[J]. Synchrotron Radiation News, 15(6): 10.

Bertolini G, Cappellani F, Restelli G, 1965. Construction and performances of silicon lithium drifted detectors[J], Nuclear Instruments and Methods, 32(1): 86-92.

Bianconi A, 1980. Surface X-ray absorption spectroscopy: surface EXAFS and surface XANES[J]. Applications of Surface Science, 6(3): 392-418.

Bowman H R, Thompson S G, Hyde E K, et al, 1969. Semiconductor X-ray emission spectrometer[P]. U.S. Patent: US3433954A.

Burba P , Willmer P G , Becker M, et al., 1989. Determination of trace elements in high-purity aluminium by total reflection X-ray fluorescence after their separation on cellulose loaded with hexamethylenedithiocarbamates[J]. Spectrochimica Acta Part B Atomic Spectroscopy, 44(5): 525-532.

Carvalho M L, Magalhães T, Becker M, et al., 2007. Trace elements in human cancerous and healthy tissues: a comparative study by EDXRF, TXRF, synchrotron radiation and PIXE[J]. Spectrochimica Acta Part B Atomic Spectroscopy, 62(9): 1004-1011.

Coleman P G, Nash D, Edwardson C J, et al., 2011. The evolution of vacancy-type defects in silicon-on-insulator structures studied by positron annihilation spectroscopy[J]. Journal of Applied Physics, 110(1): 095503.

Cotte M, Susini J, Dik J, et al., 2010. Synchrotron-based X-ray absorption spectroscopy for art conservation: looking back and looking forward[J]. Accounts of Chemical Research, 43(6): 705-714.

Croudace I W, 1991. X-ray fluorescence analysis in the geological sciences: advances in methodology : S.T. Ahmedali (editor). Geological Association of Canada, 1989, 297 pp. Can $35.00 (softback), ISBN-0-919216-38-2[J]. Chemical Geology, 90(3-4): 353.

Day R S, Vigil A R, 1995. Development of on-line EDXRF to monitor actinide contaminated waste streams[J]. Journal of Radioanalytical and Nuclear Chemistry, 194(1): 107-115.

de Almeida E, Duran N M, Gomes M H F, et al., 2019. EDXRF for elemental determination of nanoparticle-related agricultural samples[J]. X-Ray Spectrometry, 48(2): 151-161.

Dent A J, 2002. Development of time-resolved XAFS instrumentation for quick EXAFS and energy-dispersive EXAFS measurements on catalyst systems[J]. Topics in Catalysis, 18(1-2): 27-35.

Ding X , Gao N , Havrilla G J, 2000. Monolithic polycapillary X-ray optics engineered to meet a wide range of applications[J]. Proceedings of SPIE-The International Society for Optical Engineering, 4144.

Duane W, Fricke H, Stenström W, 1920. The Absorption of X-Rays by Chemical Elements of High Atomic Numbers[J]. Proceedings of the National Academy of Sciences of the United States of America, 6(10): 607.

Eisgruber I L, Joshi B, Gomez N, et al., 2002. In situ X-ray fluorescence used for real-time control of $CuIn_xGa_{1-x}Se_2$ thin film composition[J]. Thin Solid Films, 408: 64-72.

Elad E, Nakamura M, 1996. Low-energy spectra measured with 0.7keV resolution[J].Nuclear Instruments & Methods, 42(2): 315-317.

Emoto S, Tsuji K, Kato S, et al., 2014. Analytical characteristics of wavelength dispersive XRF imaging with straight polycapillary and 2D detector[J]. Adv. X-ray Chem. Anal., Jpn., 45: 129-138.

Eslava-Gomez A, Parry S J, 2002. Dual attenuation of X-rays for measurement of the concentration of metals in solution[J]. Analyst, 127(6): 847-851.

Figueiredo A, Fernandes T, Costa I M, et al., 2016. Feasibility of wavelength dispersive X-ray fluorescence spectrometry for the determination of metal impurities in pharmaceutical products and dietary supplements in view of regulatory guidelines[J]. Journal of Pharmaceutical and Biomedical Analysis, 122: 52-58.

Filipponi A, di Cicco A, 1995. Short-range order in crystalline, amorphous, liquid, and supercooled germanium probed by X-ray-absorption spectroscopy[J]. Physical Review B Condensed Matter, 51(18): 12322-12336.

Fittschen U E A, Menzel M, Scharf O, et al., 2014. Observation of X-ray shadings in synchrotron radiation-total reflection X-ray fluorescence using a color X-ray camera[J]. Spectrochimica Acta Part B: Atomic Spectroscopy, 99: 179-184.

Garrevoet J, Vekemans B, Bauters S, et al., 2015. Development and applications of a laboratory micro X-ray fluorescence(μXRF)spectrometer using monochromatic excitation for quantitative elemental analysis[J]. Analytical Chemistry, 87(13): 6544-6552.

Gibson W M, Kumakhov M A, 1993. Applications of X-ray and neutron capillary optics[C]. Proceedings of SPIE - The International Society for Optical Engineering.

Hagiwara K, Koike Y, Aizawa M, et al., 2015. On-site quantitation of arsenic in drinking water by disk solid-phase extraction/mobile X-ray fluorescence spectrometry[J]. Talanta, 144: 788-792.

Harmel R, Haupt O, Dannecker W, 2000. Online monitoring of aerosols with an energy-dispersive X-ray spectrometer[J]. Fresenius Journal of Analytical Chemistry, 366(2): 178-181.

Hayat M A, 1980. X-ray Microanalysis in Biology[M]. Baltimore: University Press.

Heckel J, Haschke M, Brumme M, et al., 1992. Principles and applications of energy-dispersive X-ray 281-286.

Heinrich K, 2009. X-ray fluorescence analysis of environmental samples Edited by T. G. Dzubay. Ann Arbor Science, Ann Arbor, 1977, 310 pp. $27.50[J]. Environmental Research, 14(2):324-325.

Hertz G, 1923. Über trennung von gasgemischen durch diffusion in einem strömenden gase[J]. Zeitschrift Für Physik, 19(1): 35-42.

Hirano S, Akioka K, Doi T, et al., 2014. Elemental depth imaging of solutions for monitoring corrosion process of steel sheet by confocal micro X-ray fluorescence[J]. X-Ray Spectrometry, 43(4): 216-220.

Hiroyuki N, Ryoko O, Akiko H, et al., 2005. Determination of Cd at sub-ppmlever in brown rice by X-ray fluorescence analysisbased on the Cd K α line Adv X-ray[J]. Chem Anal, 36: 235-247.

Hung P Y, Gondran C, Ghatak-Roy A, et al., 2005. X-ray reflectometry and X-ray fluorescence monitoring of the atomic layer deposition process for high-k gate dielectrics[J]. Journal of Vacuum Science & Technology B, 23(5): 2244-2248.

Jahrman E P , Seidler G T , Sieber J R, 2018. Determination of hexavalent chromium fractions in plastics using laboratory-based, high-resolution X-Ray emission spectroscopy[J]. Analytical Chemistry, 90(11): 6587-6593.

Jenkins R , Kuczumow A, 2000. Wavelength-Dispersive X-Ray Fluorescence Analysis: Part Ⅱ[M]// Encyclopedia of Analytical Chemistry. New York: John Wiley & Sons, Ltd.

Jenkins R, 2012. X-Ray Fluorescence Spectrometry[M]. 2nd ed.New Jersey: John Wiley & Sons.

Jia W B, Zhang Y, Gu C G, et al., 2014. A new distance correction method for sulfur analysis in coal using online XRF measurement system[J]. Science China Technological Sciences, 57(1): 39-43.

Johansson T B, Akselsson R, Johansson S A E, 1970. X-ray analysis: Elemental trace analysis at the 10～12g level[J]. Nuclear Instruments and Methods, 84(1): 141-143.

Johnston E M, Byun S H, 2017. Farquharson M J. Determination of optimal metallic secondary target thickness, collimation, and exposure parameters for X - ray tube - based polarized EDXRF[J]. X-Ray Spectrometry, 46(2): 93-101.

Kalnicky D J, Singhvi R, 2001. Field portable XRF analysis of environmental samples[J]. Journal of Hazardous Materials, 83(1): 93-122.

Kievit B, Lindsay G A, 1930. Fine structure in the X-Ray absorption spectra of the K series of the elements calcium to gallium[J]. Phys. Rev., 36(4):648-664.

Kirkpatrick P, 1939. On the theory and use of ross filters[J]. Review of Scientific Instruments, 10(6): 186-191.

Klockenkämper R, von Bohlen A, 1999. Survey of sampling techniques for solids suitable for microanalysis by total-reflection X-ray fluorescence spectrometry[J]. Journal of Analytical Atomic Spectrometry, 14(4): 571-576.

Klockenkämper R, Bohlen A V, 1996. Elemental analysis of environmental samples by total reflection X-ray fluorescence: a review[J]. X-ray Spectrometry, 25(4): 156-162.

Klockenkämper R, Bohlen A V, Moens L, 2000. Analysis of pigments and inks on oil paintings and historical manuscripts using total reflection X-ray fluorescence spectrometry[J]. X-ray Spectrometry, 29(1): 119-129.

Klockenkämper R, Knoth J, Prange A, et al., 1992. Total-Reflection X-ray fluorescence spectroscopy[J]. Analytical Chemistry, 64(23): 1115A-1123A.

Klockenkämper R, von Bohlen A, 1999. Survey of sampling techniques for solids suitable for microanalysis by total-reflection X-ray fluorescence spectrometry[J]. Journal of Analytical Atomic Spectrometry, 14(4): 571-576.

Klockenkämper R, von Bohlen A, 2014.Total-Reflection X-ray Fluorescence Analysis and Related Methods[M]. New York: John Wiley & Sons.

Knoth J, Schwenke H, Marten R, et al., 1977. Determination of copper and iron in human blood serum by energy dispersive X-ray analysis[J]. Clinical Chemistry and Laboratory Medicine, 15(1-12): 557-560.

Korotkikh E M, 2010. Total reflection X-ray fluorescence spectrometer with parallel primary beam[J]. X-ray Spectrometry, 35(2): 116-119.

Kunimura S, Kawai J, 2007. Portable total reflection X-ray fluorescence spectrometer for nanogram Cr detection limit[J]. Analytical Chemistry, 79(6): 2593-2595.

Lachowski E, 1988. X-ray absorption principles, applications, techniques of EXAFS, SEXAFS and XANES: Edited by D. C. Koningsberger and R. Prins, Wiley, New York, 1988. Pages xii + 673. £77.50[J]. Endeavour, 12(4): 195.

Larsson A, Siegbahn M, Waller J, 1924. Der experimentelle Nachweis der Brechung von Röntgenstrahlen[J]. Naturwissenschaften, 12(52): 1212-1213.

Lásztity A, Kelkó-Lévai Á, Varga I , et al., 2002. Development of atomic spectrometric methods for trace metal analysis of pharmaceuticals[J]. Microchemical Journal, 73(1-2): 59-63.

Lee P A, Pendry J B, 1975. Theory of the extended X-ray absorption fine structure[J]. Physical Review B, 11(8): 2795.

Lemberge P, van Espen P J, Vrebos B A R, 2000. Analysis of cement using low-resolution energy-dispersive X-ray fluorescence and partial least - squares regression[J]. X-ray Spectrometry: An International Journal, 29(4): 297-304.

Leonardo T, Farhi E, Boisson A M , et al., 2014. Determination of elemental distribution in green micro-algae using synchrotron radiation nano X-ray fluorescence (SR-nXRF) and electron microscopy techniques-subcellular localization and quantitative imaging of silver and cobalt uptake by Coccomyxa actinabiotis[J]. Metallomics, 6(2): 316.

Li F, Wang J, Lu A, et al., 2015. Establishment and improvement of portable X-ray fluorescence spectrometer detection model based on wavelet transform[J]. Guang Pu Xue Yu Guang Pu Fen XI, 35(4): 1111-1115.

Li W, Ascenzo G D, Curini R, et al., 1998. Study of on-line analysis using energy dispersive X-ray fluorescence spectrometry for controlling lanthanum and neodymium extraction[J]. Analytica Chimica Acta, 362(2): 253-260.

Lider V V, 2017. X-ray fluorescence imaging[J]. Physics-Uspekhi, 60: 119-127.

Lin X, Li S X, Zheng F Y, 2016. An integrated system for field analysis of Cd (ii) and Pb (ii) via preconcentration using nano-TiO_2/cellulose paper composite and subsequent detection with a portable X-ray fluorescence spectrometer[J]. RSC Advances, 6(11): 9002-9006.

Lytle F W, 1963. X-Ray Absorption Fine-Structure Investigations at Cryogenic Temperatures[M]// Developments in Applied Spectroscopy. Boston: Springer, 285-296.

Makundi I N, 2001. A study of heavy metal pollution in Lake Victoria sediments by energy dispersive X-ray fluorescence[J]. Journal of Environmental Science and Health, Part A, 36(6): 909-921.

Marguí E, Padilla R, Hidalgo M, et al., 2006. High-energy polarized-beam EDXRF for trace metal analysis of vegetation samples in environmental studies[J]. X-ray Spectrometry: An International Journal, 35(3): 169-177.

Marguí E, Queralt I, van Grieken R, 2006. Sample preparation for X-ray fluorescence analysis[J]. Encyclopedia of Analytical Chemistry: Applications, Theory and Instrumentation, 1-25.

Martens G, Rabe P, Schwentner N, et al., 1977. Extended X-ray-absorbtion fine-structure beats: a new method to determine differences in bond lengths[J]. Physical Review Letters, 39(22): 1411-1414.

Messerschmidt J , Bohlen A V , Alt F , et al., 2000. Separation and enrichment of palladium and gold in biological and environmental samples, adapted to the determination by total reflection X-ray fluorescence[J]. Analyst, 125(3): 397-399.

Mishra S, Alfeld M, Sobotka R, et al., 2016. Analysis of sublethal arsenic toxicity to ceratophyllum demersum: subcellular distribution of arsenic and inhibition of chlorophyll biosynthesis[J]. Journal of Experimental Botany, 67(15): 4639-4646.

Mossop S C, Tucklee C, 2010. The composition and size distribution of aerosols produced by burning solutions of AgI and NaI in acetone[J]. J. Appl. Meteor, 7(2): 234-240.

Murata K, Eleeda E, Ohyama J, et al., 2019. Identification of active sites in CO oxidation over Pd/Al_2O_3 catalyst[J]. Physical Chemistry Chemical Physics, 21(33): 18128-18137.

Mussy J P G D, Bottiglieri G, Heylen N, et al., 2006. In-line small-spot X-ray fluorescence assessment of electroplating and chemical mechanical polishing[J]. Journal of the Electrochemical Society, 153(9): 45-49.

Newville M, 2010. IFEFFIT: interactive XAFS analysis and FEFF fitting[J]. Journal of Synchrotron Radiation, 8(2): 322-324.

Ohmori T, Kato S, Doi M, et al., 2013. Wavelength dispersive X-ray fluorescence imaging using a high-sensitivity imaging sensor[J]. Spectrochimica Acta Part B: Atomic Spectroscopy, 83-84: 56-60.

Osán J, Török S, Alföldy B, et al., 2007. Comparison of sediment pollution in the rivers of the Hungarian Upper Tisza Region using non-destructive analytical techniques[J]. Spectrochimica Acta Part B Atomic Spectroscopy, 62(2): 123-136.

Osán J, Török S, Alföldy B, et al., 2007. Comparison of sediment pollution in the rivers of the Hungarian Upper Tisza Region using non-destructive analytical techniques[J]. Spectrochimica Acta Part B Atomic Spectroscopy, 62(2): 123-136.

Oyanagi H, Sakamoto K, Shioda R, et al., 1995. Ge overlayers on Si(001)studied by surface-extended X-ray-absorption fine structure[J]. Physical Review B Condensed Matter, 52(8): 5824-5829.

Prins J A, 1927. The total reflection of X-rays[J]. Nature, 120(3014): 188-189.

Qing S, Xin L Z, Yan Z, et al., 2016. Development of an online X-ray fluorescence analysis system for heavy metals measurement in cement raw meal[J]. Spectroscopy Letters, 49(3): 188-193.

Queralt I, Ovejero M, Carvalho M L, et al., 2005. Quantitative determination of essential and trace element content of medicinal plants and their infusions by XRF and ICP techniques[J]. X-ray Spectrometry: An International Journal, 34(3): 213-217.

Reus U, 1991. Determination of trace elements in oils and greases with total reflection X-ray fluorescence: sample preparation methods[J]. Spectrochimica Acta Part B Atomic Spectroscopy,

46(10): 1403-1411.

Romano F P, Caliri C, Cosentino L, et al., 2014. Macro and micro full field X-ray fluorescence with an X-ray pinhole camera presenting high energy and high spatial resolution[J]. Analytical Chemistry, 86(21): 10892-10899.

Ross P A, 1928. A new method of spectroscopy for faint X-radiations[J]. JOSA, 16(6): 433-437.

Sayers D E, Stern E A, Lytle F W, 1971. New technique for investigating noncrystalline structures: fourier analysis of the extended X-ray—absorption fine structure[J]. Physical Review Letters, 27(18): 1204-1207.

Schütz G, Wagner W, Wilhelm W, et al., 1987. Absorption of circularly polarized X-rays in iron[J]. Physical Review Letters, 58(7): 737.

Seidler G T, Mortensen D R, Remesnik A J, et al., 2014. A laboratory-based hard X-ray monochromator for high-resolution X-ray emission spectroscopy and X-ray absorption near edge structure measurements. [J]. Review of Scientific Instruments, 85(11): 65-95.

Shao J, Jia W, Zhang X, et al., 2019. Study of hexavalent chromium induced physiological alterations in eichhornia crassipes by LP-TXRF[J]. Microchemical Journal, 147: 564-570.

Shao J, Jia W, Zhang X, et al., 2020. Analysis of plant samples by low power total reflection X-ray fluorescence spectrometry applying argon peak normalized[J]. Journal of Analytical Atomic Spectrometry, 35(4): 746-753.

Silva A L M , Azevedo C D R , Oliveira C A B , et al., 2011. Characterization of an energy dispersive X-ray fluorescence imaging system based on a micropattern gaseous detector[J]. Spectrochimica Acta Part B Atomic Spectroscopy, 66(5): 308-313.

Singh V K, Jaswal B B S, Sharma J, et al., 2017. Spectroscopic investigations on kidney stones using Fourier transform infrared and X-ray fluorescence spectrometry[J]. X-Ray Spectrometry, 46(4): 283-291.

Smoliński A, Stempin M , Howaniec N, 2016. Determination of rare earth elements in combustion ashes from selected Polish coal mines by wavelength dispersive X-ray fluorescence spectrometry[J]. Spectrochimica Acta Part B: Atomic Spectroscopy, 116: 63-74.

Stern E A, 1980. Laboratory EXAFS Facilities – 1980[J]. American Institute of Ph.

Streli C, Bauer V, Wobrauschek P, 1997. Recent developments in TXRF of light elements[J]. Adv. X-Ray Anal., 39: 771-779.

Sun Z, Wei S, Kolobov A V, et al., 2005. Short-range order structures of self-assembled Ge quantum dots probed by multiple-scattering extended X-ray absorption fine structure[J]. Phys. Rev. B, 71(24): 245334.

Swoboda W, Beckhoff B, Kanngießer B, et al., 1993. Use of Al_2O_3 as a barkla scatterer for the production of polarized excitation radiation in EDXRF[J]. X-ray Spectrometry, 22(4): 317-322.

Szoboszlai N, Polgári Z, Mihucz V G, et al., 2009. Recent trends in total reflection X-ray fluorescence spectrometry for biological applications[J]. Analytica Chimica Acta, 633(1): 1-18.

Tsuji K, Matsuno T, Takimoto Y, et al., 2015. New developments of X-ray fluorescence imaging techniques in laboratory[J]. Spectrochimica Acta Part B: Atomic Spectroscopy, 113: 43-53.

Tsuji K, Ohmori T, Yamaguchi M, 2011. Wavelength dispersive X-ray fluorescence imaging[J].

Analytical Chemistry, 83(16): 6389-6394.

Varga I, von Bohlen A, Záray G, et al., 2000. Chemical speciation of metals and sulphur in air dust by sequential leaching and total reflection X-ray fluorescence analysis[J]. Jouranl of Trace And Microprore Techniques, 18: 293-302.

von Bohlen A, 2004. Total reflection X-ray fluorescence spectrometry—a versatile tool for ultra-micro analysis of objects of cultural heritage[J]. E-Preservation Sciences, 1:23-34.

West M, Ellis A T, Streli C, et al., 2017. Atomic spectrometry update–a review of advances in X-ray fluorescence spectrometry and its special applications[J]. Journal of Analytical Atomic Spectrometry, 32(9): 1629-1649.

Wobrauschek P, 2010. Total reflection X-ray fluorescence analysis-a review[J]. X-ray Spectrometry, 36(5): 289-300.

Wobrauschek P, Streli C, Selin Lindgren E, 2006. Energy dispersive, X-ray fluorescence analysis[J]. Encyclopedia of Analytical Chemistry: Applications, Theory and Instrumentation.

Yamashita S, Taniguchi K, Nomoto S, et al., 1992. Laboratory XAFS spectrometer for X-ray absorption spectra of light elements[J]. X-ray Spectrometry, 21(2): 91-97.

Yan Z, Xin L Z, Wen B J, et al., 2016. Online X-ray fluorescence (XRF) analysis of heavy metals in pulverized coal on a conveyor belt[J]. Applied Spectroscopy, 70(2): 272-278.

Ying L, Susumu I, Jun K, 2014. Low-power total reflection X-ray fluorescence spectrometer using diffractometer guide rail[J]. Powder Diffraction, 30(1): 4.

Yoneda Y, Horiuchi T, 1971. Optical flats for the use in X-ray spectrochemical microanalysis[J]. Rev. Sci. Instr., 42:1069-1070.

Zhao W , Sakurai K, 2017. CCD camera as feasible large-area-size X-ray detector for X-ray fluorescence spectroscopy and imaging[J]. Review of Scientific Instruments, 88(6): 063703.

Zhe L, Xianguo T, Liu M, et al., 2012. Towards an online energy dispersive X-ray fluorescence analytical system for iron ore grade evaluation[J]. Nuclear Science and Techniques, 23(5): 289-294.

第 7 章　正电子湮没技术

正电子湮没技术(positron annihilation technique，PAT)，利用正电子在凝聚物质中的湮没辐射带出物质内部的微观结构、电子动量分布及缺陷状态等信息，从而提供一种非破坏性的研究手段，备受人们青睐.

本章主要介绍正电子湮没技术的发展、正电子与物质的作用、正电子湮没的实验技术以及应用等.

7.1　正电子湮没技术的发展

7.1.1　正电子存在的理论预言

20 世纪 20 年代末期，量子力学已经基本建立，用它来讨论微观粒子的低速运动是很有效的；另一方面，在 1905 年建立的狭义相对论，虽然能够讨论粒子的高速运动，但在处理微观粒子波粒二象性上却无能为力. 因此，人们想把这两种理论结合起来. 1928 年，英国青年物理学家狄拉克(Dirac)做出了成功的开端，他把量子力学的薛定谔方程推广到相对论领域，建立了一个“相对论性”的电子运动方程，这一方程以后被称为狄拉克方程

$$-\frac{\hbar}{\mathrm{i}}\frac{\partial\psi}{\partial t}=\frac{\hbar c}{\mathrm{i}}\left(\alpha_1\cdot\frac{\partial\psi}{\partial x}+\alpha_2\cdot\frac{\partial\psi}{\partial y}+\alpha_3\cdot\frac{\partial\psi}{\partial z}\right)+\beta m_{\mathrm{e}}c^2\psi \tag{7.1.1}$$

式中，ψ 是四分量波函数，α 和 β 是常数. 狄拉克方程成功解释了电子的自旋为 $\frac{1}{2}$，自由电子的能量本征值 E 有以下的关系式：

$$E^2-c^2p^2+m_{\mathrm{e}}^2c^4=0 \tag{7.1.2}$$

由此得出

$$E=\pm\sqrt{c^2p^2-m_{\mathrm{e}}^2c^4} \tag{7.1.3}$$

这里 E 是电子的能量，p 是电子动量，m_{e} 是电子静止质量，c 是光速. 其能级如图 7.1.1 所示，正能态从 $E=m_{\mathrm{e}}c^2$ 到 $+\infty$ 构成连续谱；负能态从 $E=-m_{\mathrm{e}}c^2$ 到 $-\infty$ 有相似的连续谱. 正能态和负能态之间，即 $+m_{\mathrm{e}}c^2$ 到 $-m_{\mathrm{e}}c^2$ 没有能级. 能态的正能量部分，对应于自由运动电子，这在实验中早已被观察到. 现在问题是：为什么实验

中看不到这些处于“负能态”的电子呢?

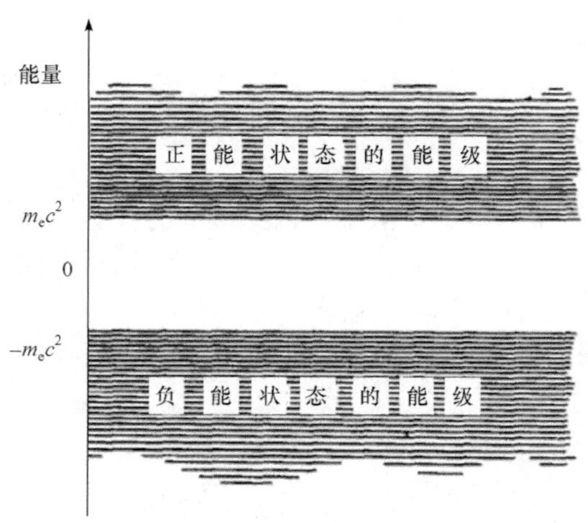

图 7.1.1　狄拉克方程允许存在的能级

狄拉克的许多理论结果都和实验相符合，但是它却遇到了一个特殊的“负能态困难”．按照狄拉克的理论，似乎允许存在电子的能量为负值的状态，而且负能级没有下限. 这样一来，任何一个电子可以落入这个无底的负能深渊，从而无限地释放出能量. 这一推论与实验事实显然不符.

为了回避这一明显的困难，狄拉克提出了一个假设：负能态事先已被大量电子所占满(它之所以能被占满，因为电子是费米子，它服从泡利不相容原理，每个能级只能填充自旋取向相反的两个电子，电子负能态的连续谱可以看作为由距离很近的无数能级组成). 狄拉克还假设这个填满了的负能态电子海所造成的总体效果为零，即整个电子海的所有可观察量——电荷、质量、动量等都是零. 换句话说，狄拉克所设想的负能态电子海就是平时所认为的真空.

全部填满的负能态电子海相当于真空，从这个电子海激发一个电子的时候，也就是出现一个“空穴”的时候，相当于出现一个电子的反粒子，它带有正电荷，因此又称为正电子，记作 e^+ . 于是，狄拉克理论预言了有电子的反粒子(即正电子)的存在，因为所有负能态能级已全部填满，上面所说的激发一个电子只能激发到正能态能级上去，这就是说，在出现一个正电子的同时还会出现一个普通电子(正能态电子)，即电子对产生，如图 7.1.2 所示.

在什么条件下，才能够实现狄拉克理论所预言的电子-正电子对呢？根据图 7.1.2 正能态能级和负能态能级之间存在着 $2m_ec^2$ =1.022MeV 的间距，为了产生电子对，必须让真空吸收能量大于 1.022MeV 的光子，这样“负能电子海”中一个电子激发越过禁区，跳到正能态能级区，表现为一个正能量的电子 e^- ，同时留下的电子

“空穴”则表现为一个带正电荷的正电子 e^+. 综合上述，发生了如式(7.1.4)的过程

$$\gamma \xrightarrow{\text{原子核场中}} e^- + e^+ \tag{7.1.4}$$

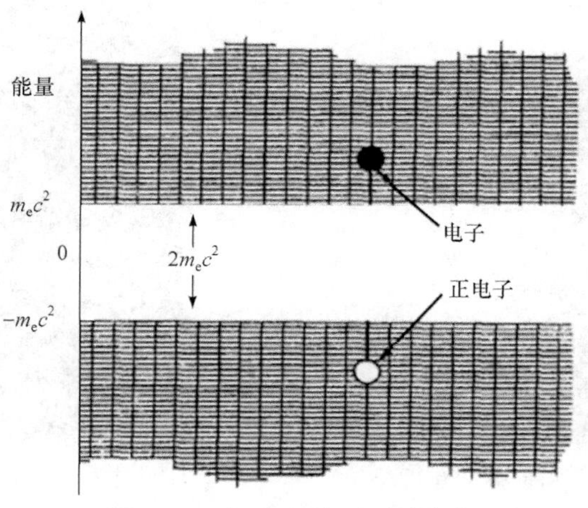

图 7.1.2　电子-正电子对的产生

反过来讲，如果电子海中有一个空位(即有一个正电子)，那么正能态电子(即电子)就能够跳到这个空位上去，并放出能量和大于 1.022MeV 的光子. 伴随着光子的产生，电子对消失了. 这样的过程在物理上叫作“电子对湮灭”或称作“正电子湮没”(赵国庆，1986).

7.1.2　正电子的发现

狄拉克的预言很快被实验所证实，1932 年，美国的安德森(C. D. Anderson)，在云室中拍到了宇宙线中正电子径迹的照片，如图 7.1.3 所示(Anderson，1932). 云室置于磁场中，磁场方向垂直画面向里；在云室中部加有一块 5mm 厚铅板(粒子穿过铅板要损失能量，从而径迹弯曲得更厉害，为的是判断粒子的出入方向). 图 7.1.3 中的径迹向右弯曲，表明这是一个带正电的粒子；铅板下部的径迹比上部弯曲的更显著，表明粒子由铅板上部射入，穿过铅板，粒子损失部分能量后，在云室下部留下了弯曲的更显著的径迹. 根据径迹的长度、粗细、曲率半径和外加磁场的强度及方向，安德森断定这是一种质量与电子相同但带正电荷的粒子，即是狄拉克所预言的正电子. 正电子的发现，引起了物理学家极大的兴趣. 大量实验证明，次级宇宙射线中存在着正电子，还可以在某些核反应实验中找到正电子的痕迹.

实验发现，用能量高于 1.022MeV 的γ 射线照射铅板、薄金属板，就有可能观察到正电子出现. 因为正电子总是和电子成对地产生，它们所带的电荷相反，所以在磁场中总是向不同的方向弯曲，电子-正电子对径迹的照片见图 7.1.4. 电子-

正电子对的产生过程正是狄拉克理论所预言的.

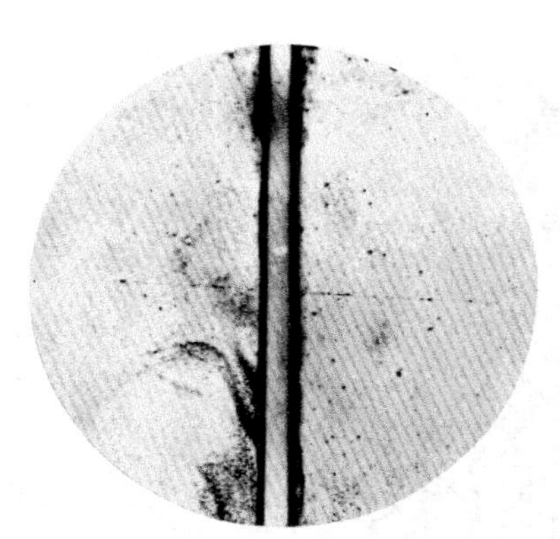

图 7.1.3 宇宙线通过铅板时所留下的径迹
铅板放在云室内，云室则放在磁场中

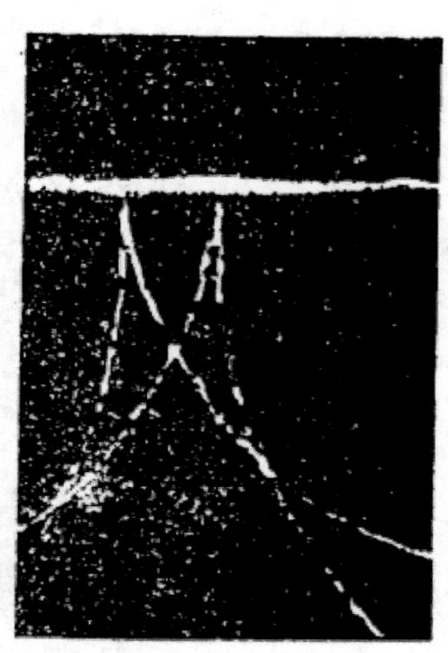

图 7.1.4 电子-正电子对产生
光子撞到铅原子核上而产生电子对

一个高能光子在重原子核场附近转变为电子-正电子对，反过来，正负电子相遇，也可以转变为两个γ光子，记作

$$e^{+}+e^{-}\rightarrow 2\gamma \tag{7.1.5}$$

这叫作正负电子对的湮没过程，或简称正电子湮没.

电子和正电子是互为正反粒子的，它们的静止质量都等于 9.11×10^{-28}g. e^{-} 是稳定的，即寿命为∞，e^{+} 也是一样. 然而由于地球上的物质都包含大量电子，它一旦在过程 $\gamma\rightarrow e^{-}+e^{+}$ 出现后，就会在很短的时间内($<10^{-8}$s)与周围介质中的电子发生湮没反应($e^{+}+e^{-}\rightarrow 2\gamma$)而消失. 正电子在物质中与电子相互作用时发生湮没，湮没过程的有关参数与物质结构有关.

在基本粒子物理学中，把正电子归类为“轻子”，在轻子族中有电子、正电子、$\mu^{\pm}$子、$\tau^{\pm}$子以及六种相应中微子. 正电子和电子的一些基本量见表 7.1.1.

表 7.1.1 正电子和电子的一些基本量

粒子	正电子	电子
静止质量	9.11×10^{-28}g	9.11×10^{-28}g
自旋	1/2	1/2
电荷	1	–1
轻子数	–1	1
磁矩	1	–1

7.1.3　正电子发展历史

1930 年狄拉克从理论上预言正电子的存在；

1932 年安德森，1933 年 P. Blackett 和 G. Occhialini 从实验上观测到正电子的存在；

1934 年 S. Mohorovicic 提出可能存在 e^+-e^- 的束缚态；

1937 年 L. Simon 和 K. Zuber 发现 e^+-e^- 对的产生；

1945 年 A. Eruark 命名正电子素 Positronium(Ps)；

1945 年 A. Ore 提出在气体中形成正电子素的 Ore 模型；

1951 年 M. Deutsch 首先从实验上证实 Ps 的存在；

1953 年 R. E. Bell 和 R. L. Graham 测出在固体中正电子湮没的复杂谱；

1956 年 R. A. Ferrell 提出在固体和液体中形成 Ps 的改进后的 Ore 模型，广泛研究了正电子在固体中的湮没；

1974 年 O. E. Mogensen 提出形成 Ps 的激励团模型；

1974 年 S. L. Varghese 和 E. S. Ensberq，V. W. He 和 I. Lindqre 从 n=1 用光激发而形成 n=2 的 Ps；

1975 年 K. F. Canter，A. P. MiLLs 和 S. Berko 观测了 Ps 拉曼辐射和 n=2 的精细结构.

7.2　正电子湮没理论

正电子贯穿物质时，与物质原子中的核外电子和原子核碰撞而损失能量，这一过程可以称作慢化. 慢化了的正电子遇负电子时发生湮没，或者形成正电子素后再湮没. 这一对粒子同时消失，它们的质量完全转化为电磁辐射能. 这种转化是反粒子的基本性质. 如果所考虑的粒子遵守泡利不相容原理，已被填满了的负能级不能接受更多粒子，因此从正能级到负能级的跃迁是禁戒的. 只有能量足够高(>1.022MeV)的γ 光子能将电子从负能态激发到正能态，并在负能态产生一个空穴. 负能态中的空穴就是正电子，它与电子有相同的质量、自旋和电荷量，但所带的电荷符号相反，空穴具有正能量. 这就是γ 射线的电子对效应. 光子能量转换成物质的逆过程，就是正电子与电子湮没过程，即负能态的一个空穴被正能态电子所填补，以发射光子形式释放其能量.

正电子在物质中与电子相互作用时发生湮没这一特性和湮没过程的有关参数与物质性质的依赖关系，是正电子湮没谱学的物理基础. 它为研究物质性质、结构提供了一种十分灵敏的分析手段.

7.2.1 正电子的湮没

正电子与电子相互作用而湮没时，可以产生一个光子、两个光子或三个光子. 发射单个光子的相对概率很小，可忽略，本节不做讨论.

1. 双光子湮没

正电子与电子碰撞时会发生湮没现象，这时质量转变成能量. 大多数情况下，e^+-e^-(简称为湮没对)湮没后变成两个光子. 湮没时正电子已经慢化到近似静止状态，根据能量守恒定律与动量守恒定律可知，两个光子将沿 180°相反方向射出，每个光子的能量为(郁伟中，2003)

$$E_0 = m_0c^2 - \frac{1}{2}E_{\mathrm{B}} \tag{7.2.1}$$

式中 m_0 为电子静止质量；c 为光速；E_{B} 是电子–正电子对之间的束缚能，一般只有电子伏数量级，与 m_0c^2 相比很小，通常略去不计. 计算可得 E_0 约等于 511keV.

2. 三光子湮没

根据正电子与电子的自旋是互相平行还是反平行，Ps 会形成两种态，即三重态正电子素(o-Ps)和单态仲正电子素(p-Ps)，这两种正电子素具有不同的宇称. 由于湮没过程属电磁相互作用，应满足宇称守恒，p-Ps 可以发生双光子湮没，而 o-Ps 只能发生三光子湮没，即放出三个光子. 量子电动力学证明，p-Ps 寿命较短，只有 125ps，但 o-Ps 寿命较长，在真空中为 142ns.

对于入射的非极化正电子，自旋呈对称分布，因此形成 p-Ps 与 o-Ps 的数目比为 1∶3.

产生三个光子的湮没概率却远小于产生两个光子的湮没概率. 根据计算，双光子湮没概率与三光子湮没概率之比为 372∶1.

7.2.2 正电子湮没截面和湮没率

狄拉克计算了双光子产生截面(晁月盛和张艳辉，2007)

$$\sigma = \frac{\pi r_0^{\ 2}}{\gamma+1}\left[\frac{\gamma^2+4\gamma+1}{\gamma-1}\ln\left(\gamma+\sqrt{\gamma^2+1}\right)\frac{\gamma+3}{\sqrt{\gamma^2+1}}\right] \tag{7.2.2}$$

其中 $\gamma=(1-\beta^2)^{-\frac{1}{2}}$，$\beta=\frac{v}{c}$，$v$ 是正电子相对于电子的速度，c 为光速；$r_0=\frac{e^3}{m_0c^2}$ (电子经典半径). 在非相对论情况下，双光子产生截面为

$$\sigma_0 = \frac{\pi r_0^2 c}{\nu} \tag{7.2.3}$$

正电子湮没率 λ_0 取决于 σ_0 和该区域中电子的数目，即

$$\lambda_0 = \sigma_0 n_e \nu = \pi r_0^2 n_e c \tag{7.2.4}$$

式中 n_e 为单位体积(cm^3)中的电子数目. 对于原子序数为 Z、质量数为 A 的原子，每克物质中的电子数目 n 为

$$n = \frac{6.02\times10^{23}}{A}\times Z \tag{7.2.5}$$

与密度相乘，得到单位体积中电子数 n_e

$$n_e = \frac{6.02\times10^{23}\rho Z}{A}(\mathrm{cm}^{-3}) \tag{7.2.6}$$

于是

$$\begin{aligned}\lambda_0 &= \pi r_0^2 n_e c \\ &= \pi(2.8\times10^{-18})^2\times6.02\times10^{23}\times3\times10^{10}\rho Z/A \\ &= 4.5\times10^3\rho Z/A(\mathrm{s}^{-1})\end{aligned} \tag{7.2.7}$$

从上述讨论可以看到电子密度越大，湮没率越大，因此自由正电子寿命 $(\tau = 1/\lambda_0)$ 就越短. 换言之，通过对自由正电子湮没率的测定，可以诊断自由正电子所在材料中电子密度的信息. 在凝聚态中，自由正电子的湮没寿命通常在 1×10^{-10}～1×10^{-9}s.

由于电子和正电子间库仑吸引，原子核对正电子的排斥，泡利不相容原理，其他外场的作用等，材料中电子密度的计算变得十分困难.

在金属中的自由湮没率可以按照索末菲理论给出.

金属有许多性质是由传导电子决定的，传导电子可以看成自由电子气，它的密度与电子球(单个价电子平均占有的球体积)的半径有关. 如果以玻尔半径 a_0 作为电子球半径的单位，则可以得到

$$\frac{4}{3}\pi(r_0 a_0)^3 = \frac{1}{n_e} \tag{7.2.8}$$

将式(7.2.8)代入式(7.2.4)，得到索末菲湮没率 λ_0 为

$$\lambda_0 = \pi r_0^2 n_e c = \pi(\alpha^2 a_0)^2\frac{3c}{4\pi(r_0 a_0)^3} = \frac{3\alpha^4 c}{4a_0}\frac{1}{r_0^3}\frac{1.2\times10^{10}}{r_0^3}(\mathrm{s}^{-1}) \tag{7.2.9}$$

上述的计算还需对各种场效应进行修正才能得到较好的结果. 由于正负电子间的库仑引力，在正电子周围必然存在一层屏蔽电子云. 换言之，正电子“看到”

的电子密度要比金属中平均自由电子密度大. 由于屏蔽电子云效应，湮没率增强了，这被称为“增强效应”. 可以用一个增强因子 k 来描述这一效应，即 $\lambda = \lambda_0 k$. Brandt 和 Reinheimer 运用内插法得到一个与实验结果较为相符的湮没率(λ_B ，称 Brandt 湮没率)的计算式为

$$\lambda_B = 1.2\frac{1}{r_0^3}\left(1+\frac{r_0^3+10}{6}\right)\times 10^{10}(s^{-1}) \tag{7.2.10}$$

由于一般金属的 r_0 值范围为 2～6，可见增强因子 k 值即为 4～40. 这个公式对贵金属(如 Cu，Ag，Au 等)符合得较差. 这是因为这些金属的 d 壳层电子在湮没中贡献较大. 式(7.2.10)也可写为

$$\lambda_B = (2+134n_e)\times 10^9(s^{-1}) \tag{7.2.11}$$

式(7.2.10)和(7.2.11)可以用来估算金属中正电子湮没及自由电子对这个湮没所做的贡献. 表 7.2.1 给出部分金属中正电子的湮没率. 表中 λ_E 为实验值， λ_B 按式(7.2.10)计算.

表 7.2.1　金属中正电子的湮没率

金属	$r_s(a_0)$	$\lambda_s/(ns^{-1})$	$\lambda_E/(ns^{-1})$	$\lambda_B/(ns^{-1})$
Al	2.07	1.35	6.13	5.61
Fe	2.12	1.26	8.55	5.36
Sn	2.22	1.10	4.72	4.92
Cd	2.50	0.63	3.86	3.84
Cu	2.67	0.63	8.20	3.68
Mg	2.66	0.64	4.31	3.70
Au	3.01	0.44	7.19	3.17
Ag	3.02	0.44	7.04	3.16
Li	3.30	0.33	3.33	2.89
Na	4.00	0.19	2.94	2.50
K	4.00	0.10	2.51	2.27
Rb	5.20	0.09	2.43	2.23
Cs	5.65	0.07	3.39	2.18

7.2.3　正电子在材料中的射程

具有一定能量的正电子进入固体样品后，在样品内发生湮没，湮没光子所带出的信息，基本上反映了正电子在湮没处的局部信息. 因此，了解正电子在湮没

处的位置十分重要. 湮没位置应该指电子在材料中离表面层的深度，与正电子射程或正电子的初始动能有关，也与材料中电子密度有关. 同时，湮没位置还反映了该处的材料结构是完美的晶体还是有缺陷的晶体.

正电子进入材料后，往往要经历两个阶段，即热化阶段和扩散湮没阶段.

1. 热化阶段

具有几百千电子伏动能的正电子(如^{22}Na放射源的正电子最大动能为545keV)，只需要经过几皮秒时间，就可以把能量降到 0.01eV. 在这一过程中，正电子通过电离、原子激发等一系列非弹性碰撞，最终消耗它的能量而达到热化阶段(热运动能量水平).

在热化过程中，正电子径迹周围构成的“云团”是由正电子与周围原子、分子发生非弹性碰撞时产生的离子和电子所组成的. 这时，正电子可能从“云团”中捕获一个电子形成相对稳定的束缚态，称正电子素. 形成正电子素也是一种正电子热化方式. 不过，这种情况只在分子材料中出现. 而在金属材料中，一般认为正电子在热化完成时不会形成正电子素.

正电子动能损失主要发生在热化过程，因此正电子在固体中的射程将主要由热化阶段决定.

2. 扩散湮没阶段

热化后的正电子在材料中扩散，与电子发生湮没，发射出 γ 光子，由它将材料中的信息带出来. 这个阶段的持续时间因材料不同而不同，在固体中是 100～10000ps. 严格地说，正电子寿命就是指这一段时间. 因为热化时间很短，通常小于10ps. 实验上往往从正电子发射时(如以^{22}Na源同时发射的1.28MeV γ 光子作为起始信号)算起，到发出湮没γ 光子(γ 光子能量为 0.511MeV)为止的时间间隔作为正电子寿命. 热化后，正电子能量仅 0.01eV，扩散的距离很短，因此扩散距离不影响它的射程.

若正电子与介质中的电子结合不形成束缚态，而是处于自由状态湮没时，则称为自由湮没. 若正电子被介质中缺陷捕获，处在束缚状态下发生湮没，则这种湮没称为捕获态湮没. 研究正电子的各种湮没特性也与材料的微观结构相联系.

Paulin 给出正电子在材料中射程的经验公式

$$a_+ = \frac{17\rho}{E^{1.43}}(\text{cm}^{-1}) \tag{7.2.12}$$

其中ρ为材料的密度，单位是 g/cm^3；E是正电子的初始动能，单位是 MeV；a_+为材料对正电子的吸收系数. a_+也可以写成与材料的原子序数有关的表达式

$$a_+ = \frac{2.8\rho Z^{0.15}}{E^{1.19}}(\mathrm{cm}^{-1}) \tag{7.2.13}$$

对 ^{22}Na 放射源来说，发射的正电子能量最大为 E_{max}=545keV，平均能量 $\overline{E}$ = 0.15MeV. 式(7.2.13)仅适用于 ^{22}Na 源，计算结果与式(7.2.12)是有差异的，但两者所得结果都是一种估算. 只有提高实验精度以及试样规范化，才能获得较好的结果. 正电子湮没所反映的是射程末端的材料信息. 因此样品必须足够厚，以保证正电子不会穿透样品，通常试样厚度取射程的 3～5 倍.

从近代核物理的观点看，带电粒子射入材料只有射程概念，因而无法引出吸收系数. 然而，当β^+粒子在材料中的能量损失殆尽时，最终发生湮没而消失，因而引进了吸收概念. 按照吸收公式

$$I = I_0 \mathrm{e}^{-\mu x} \tag{7.2.14}$$

其中μ为线性吸收系数，当强度从 I_0 减弱到 I 时，粒子走过的距离为 x. 设 I=kI_0，其中 k 为远小于 1 的正数，其物理意义是绝大部分的β^+粒子发生湮没时，粒子在材料中走过的距离 $x = R$，定义 R 为射程

$$R = \frac{-\ln k}{\mu} \tag{7.2.15}$$

Paulin 根据实验数据，得到经验公式(7.2.16)，这样可得到

$$a_+ = \frac{-\mu}{\ln k} \tag{7.2.16}$$

定义射程

$$R = \frac{1}{a_+}(\mathrm{cm}) \tag{7.2.17}$$

于是得到了部分材料的射程.

正电子在金属内部主要发生自由湮没，而在金属表面有可加形成正电子素. 当然，在分子材料中会形成正电子素. 在材料中并不是所有正电子只发生自由湮没，而是存在着多种湮没率，通常为一个自由湮没率和多个束缚态湮没率.

7.2.4 正电子素的简单介绍

正电子素(记为 Ps)是正电子和电子的亚稳态组合. 正电子在热化过程中从环境中捕获一个电子而形成相互束缚着的 e^+-e^- 对. 在静电力和离心力相平衡时，它们围绕着质量中心旋转，正电子和电子失去了原先的独立性，组成了一个非常轻、呈电中性的原子. 随粒子自旋取向的反平行或平行，正电子素存在着单态(自旋反平行)或三重态(自旋相平行). 单态正电子素写成 p-Ps，在真空中，其本征寿命为

1.25×10^{-10}s. 三重态的正电子素可写为 o-Ps，它的本征寿命为 1.4×10^{-7}s. 正电子素的约化质量是电子质量的一半 ($m_0/2$)，而氢原子的约化质量为 m_0. 将正电子素与氢原子作量子力学比较，发现会重复出现因子 0.5 或 2. 例如，氢原子的基态束缚能为 13.6eV，而正电子素的基态束缚能是 6.8eV. 正电子素的拉曼 α 线波长为 243nm. 正负电子间距是氢原子玻尔半径的 2 倍，即 0.106nm.

因为构成正电子素状态的统计性，o-Ps(J=1，m=0，±1)要比 p-Ps(J=0，m=0)多三倍. 在正电子素内，正电子所遇到的电子影响主要来自它的伙伴. 在材料中，如果所有正电子都形成 Ps，且仅发生自身湮没，那么有 75%为三重态，衰变成三个γ 光子发射，另外的 25%是单态，衰变成双光子发射. 双光子湮没与三光子湮没之比为 0.33. 这与非束缚态的正电子湮没很不相同，它们的双光子湮没与三光子湮没之比为 372. 因此，正电子素是否形成的判据是测量双光子与三光子湮没比. 如果比值低于 372，那么暗示了研究对象中有一些 Ps 已形成了. 如果周围环境的电子密度发生变化，而寿命 1.4×10^{-7}s 的分量并不变化，那么也暗示了 Ps 的存在. 判别 Ps 是否存在的第三个方法是测量湮没光子的能谱(见图 7.2.1). 当三光子湮没发生时，会发射小于 0.511MeV 的光子，与自由湮没相比较，存在着较多的 0.2～0.4MeV 的γ 光子，相比之下 0.511MeV 的光子较少. 事实上，材料中正电子湮没可来自束缚态的电子，也可来自自由态的电子，因此造成的湮没能谱是混合的.

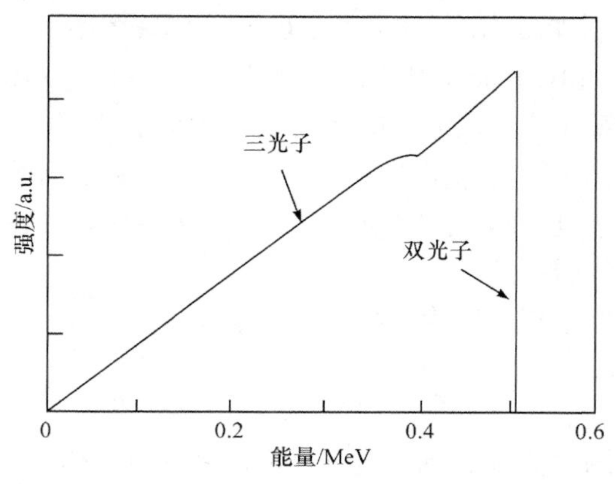

图 7.2.1　湮没光子的能谱

要构成 Ps，正电子要有一定阈能. 如果它的能量比阈能高出许多，那么即使已经形成 Ps，在下一次碰撞时也会发生衰变. 当然，要形成 Ps，正电子必须要有足够能量，使它可以从周围环境中抓到电子. 在气体中，正电子构成 Ps 的阈能是周围介质分子的电离势减 Ps 的结合能(正电子与电子组合为正电子素时所放出的能量)，即 I_A=6.8eV. 如果正电子能量比 I_A 高，所构成的 Ps 带有的能量比结合能大，就会发生破裂. 因此，已经构成的 Ps 能量范围是 I_A 到 I_A–6.8e V 之间. 若正电子周围的环境充满着惰性气体，该气体的激发能级是 E，于是激发碰撞和构成 Ps 两者竞争. 假使正电子的能量范围是从零到 I_A，且正电子分布是均匀的，其激发能级低于 I_A，则构成 Ps 的正电子的百分数应该在$[I_A-(I_A-6.8)]/I_A$ 和 $[E-(I_A-6.8)]/E$ 之间.

以正电子在氩气中为例说明：Ar 的电离势 I_A=15.8eV，构成 Ps 的正电子的最大强度为 0.43、最小强度为 0.23；Ar 的激发能级为 E=11.6eV，它处于 Ar 的电离能和构成 Ps 阈能之间. 说明正电子的能量高于 E 时，分子的激发过程使 Ps 的形成概率降低.

上述的计算对气体来说是成功的. 可是对其他介质，实验结果符合得并不好. 这个原因也许是对激发能级了解得不够，也许是把正电子能量分布看作一致欠妥当.

为了说明在各种情况下的 Ps 形成，出现了各种其他模型：云团模型，气泡模型，自由体积模型等. 分别用以解释 Ps 在液体中形成、高表面张力的水溶液的实验以及在聚合物中 Ps 的形成和湮没.

很显然，Ps 的构成并不是与正电子发射同时发生的，仅在正电子慢化后，能量约为 10eV 附近时才发生. 正电子慢化过程与其周围的电子密度有关. 在金属中，正电子要达到热能(0.01eV)约需要 10^{-11}s；在液体中，正电子热化时间大约 10^{-10}s；在气体中，因电子密度很低，正电子热化时间约为 10^{-7}s.

在所有实际的系统中，都发现 Ps 的寿命比预期的要短，这是因为发生了淬灭. 在自由空间中，o-Ps 本征寿命是 1.4×10^{-7}s. 在凝聚态中，因为淬灭的存在，Ps 寿命可以缩短到十分之几纳秒. 特别令人注目的淬灭发生在 o-Ps 中，这是因为它原先的寿命比 p-Ps 长许多.

淬灭有三种主要形式：转换、拾取、化学反应.

1. 转换淬灭

造成转换淬灭的原因是 o-Ps 与电子不成对的分子相碰撞，交换一个自旋相反的电子. 相对于正电子的自旋方向，电子原先的自旋方向倒了过来，那么由原来 o-Ps 转换成 p-Ps，当然意味着 o-Ps 的寿命缩短了. 由于 p-Ps 的湮没远大于 o-Ps，因此，从 p-Ps 转换为 o-Ps 的可能很小，转换淬灭效应使 o-Ps 寿命小于 140ns，最短寿命为 0.5ns.

引起转换淬灭的分子有 NO，NO_2，O_2 等，均含有不成对的电子.

2. 拾取淬灭

Ps 中束缚着的正电子与“外界”电子相碰时，同“外界”电子发生湮没. 直到在 o-Ps 中,正电子与负电子的自旋相平行. 当 o-Ps 与其他分子或原子相碰撞时，与自旋相反的“外界”电子相遇而发生湮没，这样的湮没带有 p-Ps 的含义. 在凝聚态中，o-Ps 寿命从 140ns 缩短到几纳秒或者更短. 周围介质的克分子浓度愈高，o-Ps 寿命就越短. 反之自由体积越大，拾取淬灭就越不显著. 温度和相的变化，也会造成自由体积变化. 在固体和液体中，不成对的电子少，转换淬灭机会少，拾取淬灭就显得重要.

3. 化学淬灭

Ps 的氧化反应，使它成为自由电子. o-Ps 寿命向自由正电子寿命靠拢，也造成了 p-Ps 寿命缩短.

正电子和正电子素与环境的相互作用，以水为例作一介绍：有 73%的正电子发生自由湮没，其寿命为 0.45ns；另外的 27%组成正电子素，这中间又有 3/4 为三重态的正电子素 o-Ps，另外的 1/4 为单态的正电子素 p-Ps. 因为拾取淬灭存在，使 o-Ps 寿命缩短到 1.8ns，因为氧化化学反应，使 o-Ps 寿命缩短到 0.45ns. 所有情况下，双光子湮没与三光子湮没之比为 372. 然而对 p-Ps 态和 o-Ps 态的自由湮没，它们各自的双光子(对应 p-Ps 态)和三光子湮没(对应 o-Ps 态)均为 100%.

7.3　正电子湮没实验技术

正电子湮没的基本实验方法有三种：寿命测量、角关联测量、谱线的线形测量. 从这些测量可获得材料中电子密度和电子动量密度的信息，进一步了解材料的性质. 本节主要介绍正电子湮没三种实验测量技术：寿命测量、角关联测量和线性测量(陈伯显和张智，2011).

7.3.1　寿命测量

1. 正电子源和样品

在寿命测量中，最常用的正电子源是 ^{22}Na，半衰期为 2.6a. ^{22}Na 在发射最大能量为 545keV 的正电子时，同时(在实验上把在发射正电子后的 10^{-12}s 内发射γ 射线，看成为同时的事件)发射 1.28MeV 的γ 射线和一个中微子，并衰变为 ^{22}Ne. 图 7.3.1 为 ^{22}Na 放射源的衰变图. 因为正电子与中微子共享能量，因此正电子的平均能量为 260keV.

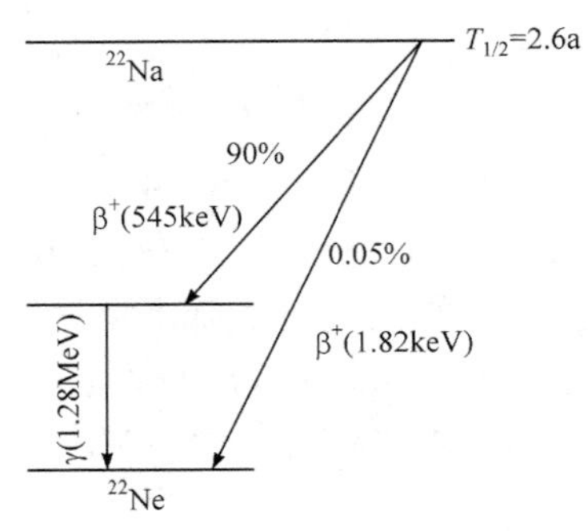

图 7.3.1　^{22}Na 放射源的衰变图

^{22}Na 放射源的优点是半衰期长，在实验的周期内，它的强度可以看作常数. 1.28MeV 的γ射线和正电子同时发射，这在寿命测量的实验中极为有利，可用来标志正电子产生的信号，而湮没光子作为终止信号. 测量这两个γ射线发射的时间差，就能得到电子寿命. 1.28MeV γ 光子和湮没时所发射的湮没光子(一般为双光子发射，能量为 0.511MeV)在能量上差别较大，有利于从实验上对它们进行鉴别. 图 7.3.2 给出了正电子湮没实验的示意图.

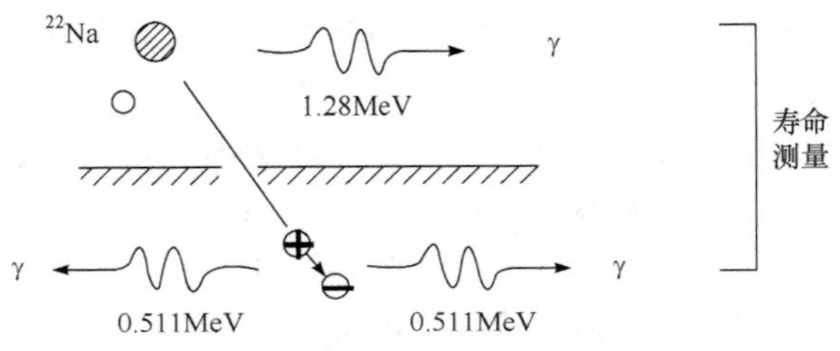

图 7.3.2　正电子湮没实验的示意图

正电子湮没技术用的 ^{22}Na 放射源的制备如下.

将一滴 ^{22}NaCl 液体滴在铝或云母箔上(约 10μm 厚)，待干燥后再在它上面覆盖一层同样的箔，组成一个不泄漏“夹心饼干”式源托. 源托的选择是十分重要的，它必须很薄而能插入所研究的样品中间；要保证正电子与样品发生作用，而不是与源托本身起作用；且要求源托有足够的牢固程度，经得住来自样品或 ^{22}NaCl 本身的腐蚀；还要求源衬底中的 Ps 形成概率小. Mylar 超薄膜也可用来包装 ^{22}Na，这种包装主要用在样品中有高强度长寿命 Ps 存在的情况. 如果用在研究低强度短寿命的 Ps，这种包装不适用. 因为大部分的有机材料薄膜所产生的 Ps 寿命为 1～3ns，大约有 30%的正电子构成 Ps. 如果有 10%的正电子在源托中发生湮没，那么在源托中就有 3%正电子形成 Ps，这可能会干扰正常的数据处理.

源的活度由所研究的课题和实验装置来决定. 在角关联测量中，如果不考虑辐射损伤，则源的活度可从 mCi 到 Ci(1Ci=3.7×10^{10}Bq). 在寿命测量中，源的活度是最大允许偶然符合率的函数，这个偶然符合是指来自不同核事件的 1.28MeV 光子和 0.511MeV 光子间发生的. 合适的源强可以从下面等式来估算：

$$源的活度=\frac{允许的偶然符合率}{所研究的时间区间\times真符合率} \tag{7.3.1}$$

如果时间区间为 100ns，允许偶然符合率与真事件符合率之比为 0.01，根据式(7.3.1)，源的活度为 10^5Bq. 如果增加源的活度，那么随机干扰将会增加.

在大部分寿命测量中，正电子源对样品所造成的宏观损伤可以忽略. 通常在获取数据这一段时间内，Ps 的寿命将不受少量的放射性产物的影响. 如果样品长期暴露在放射性中或放射源的活度非常高，则会造成 Ps 的淬灭，寿命发生变化，也会使已构成的 Ps 数量发生变化. 这是因为短时间内在小区域里集中相当多的能量，使得局部地区的自由电子浓度发生变化. 最明显的证据是在半导体和光导材料中，电子被荷能正电子激发到导带，使正电子湮没寿命长到可与 Ps 相当，甚至比 Ps 还要长.

样品的厚度应该选取为使从源托中出来的所有正电子均被样品吸收. 因为正电子与电子所带电荷相反，在有些材料中，正电子的射程要比同样能量下的电子射程大 80%. 在金属中，电子阻止本领要比正电子阻止本领大 25%. 在液体(如甲苯、汽油、水等)中，电子阻止本领要比正电子大 75%. 200mg/cm^3 的凝聚态材料就足以阻止 ^{22}Na 所发射的正电子. 而对一个大气压的氩气和氮气，正电子的最大射程大约为 150cm.

样品的物理性质和它的制备方法会影响实验结果. 在一定的固体颗粒中，Ps 的寿命会因颗粒大小的变化而变化，这是因为 Ps 扩散到表面与周围气体发生湮没造成的. 因此，正电子湮没不可能仅与固体晶格有关，还与表面的大小、内部损伤、位错等有关. 所以可用来研究样品中损伤和位错. 样品中混有极少量杂质和外界环境的影响会造成实验结果的变化，样品的热处理或表面的氧化层都会造成 Ps 寿命变化.

2. 正电子寿命测量

正电子寿命测量最有意义的技术进展是使用时间-脉冲高度转换器(time-to-pulse height converter, TPHC)(谷冰川，2019). 1.28MeV 的γ射线作为起始信号，触发 TPHC，而 0.511MeV 的γ射线作为终止信号到达 TPHC 时，TPHC 给出一个脉冲，脉冲高度正比于起始和终止信号之间的时间间隔. 将这些脉冲存储在多道分析器中，道数表示事件起始和终止之间的时间. 这样得到湮没事件的时间分布，称正电子寿命谱. 它包含了一个或多个正电子衰减的信息. 通过对它的分析，可以确定正电子的平均寿命.

图 7.3.3 是典型的正电子寿命谱，它包含两种寿命成分：比较短的寿命和比较长的寿命. 前者是正电子的自由湮没和 p-Ps 湮没的贡献，后者是 o-Ps 湮没的贡献. 在半对数图上，它们分别为两条直线，用斜率的倒数来计算寿命. 斜率是在减去本底后作直线拟合得到的. 在寿命谱中，减去长寿命成分便得到短寿命成分.

时间的零点是这样确定的：用确定正电子寿命谱的全套谱仪，原封不动去测 ^{60}Co 放射源，测它同时发射 1.33MeV 和 1.17MeV 的 γ 射线康普顿散射的瞬发峰中心. 谱仪的时间分辨率定义为瞬发峰的半高宽. 如半高宽FWHM值大于200ps，则说明恒比定时甄别器(constant fraction discriminator, CFD)需要调节，应调到FWHM≈140ps(按目前实验条件而言)为止.

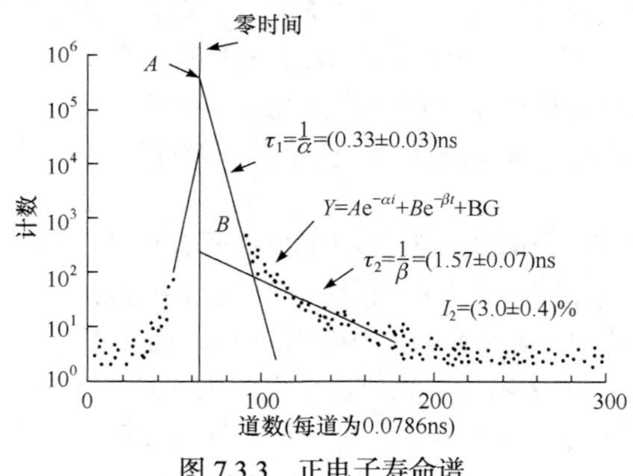

图 7.3.3　正电子寿命谱

正电子寿命谱仪目前常用的有快−慢符合系统和快−快符合系统. 图7.3.4为典型的快-慢符合电路. 现将线路中主要部件分别说明之.

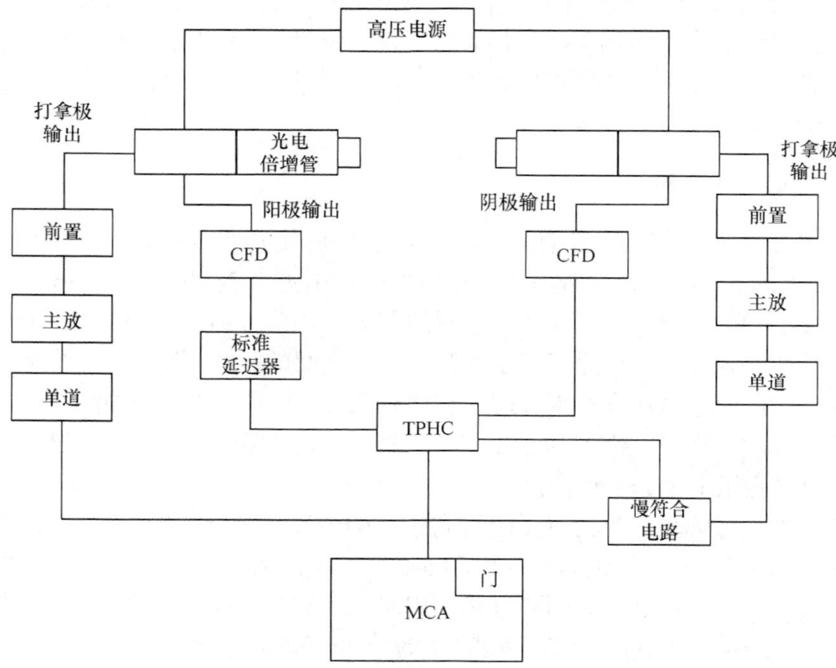

图 7.3.4　正电子寿命谱仪——快-慢符合电路

1) 塑料闪烁体和光电倍增管

正电子寿命谱仪作为时间谱仪要求它有优良的时间分辨率. 因此，要求闪烁体的光输出效率高并且发光时间短，光电倍增管光阴极上转换的光电子多并且光电子发射时间集中. 于是在光电倍增管阳极可以得到幅度大和持续时间短的脉冲. 塑料闪烁体有优越的时间特性，对γ射线有一定的探测效率. 表 7.3.1 列出了几种塑料闪烁体的发光性能方面的一些数据.

表 7.3.1　一些塑料闪烁体的发光性能

型号	Pilot(U)	REM1	ST401
产地	英国	英国	中国
光输出(相对于蒽)	67%	55%	40%
闪烁光衰减的寿命/ns	1.36	0.6	2.0
光电子产额/eV^{-1}	1340		1363

光电倍增器一般选用直线聚焦式，这些管子光阴极呈弧面形状，并且在第一打拿极之间加较高的极间电压以提高光电子运动的等时性，可在第一打拿极上得到较高的倍增系数. 阳极电流线性范围可达 200mA，上升时间快. 目前常用型号为 XP-2020，它的上升时间为 1.9ns. 同种型号的管子，如能挑选光阴极灵敏度高的管子，可以期望获得较好的时间分辨率.

2) 恒比定时甄别器

恒比定时甄别器(CFD)用来克服光电倍增器输出脉冲的噪声所引起的时间误差(晃动)和输出脉冲的上升时间不一致及幅度不一致所引起的时间游动(时移). 图 7.3.5 描写了上述因素引起的脉冲前沿时间偏离. 图 7.3.6 为恒比定时甄别器的工作原理图. 光电倍增管输出(阳极)波形如图 7.3.6(a)所示. 脉冲 A 的幅度 V_1 和脉冲 B 的幅度 V_2 有相同的上升时间，脉冲 C 虽与脉冲 B 有相同的幅度，但上升时

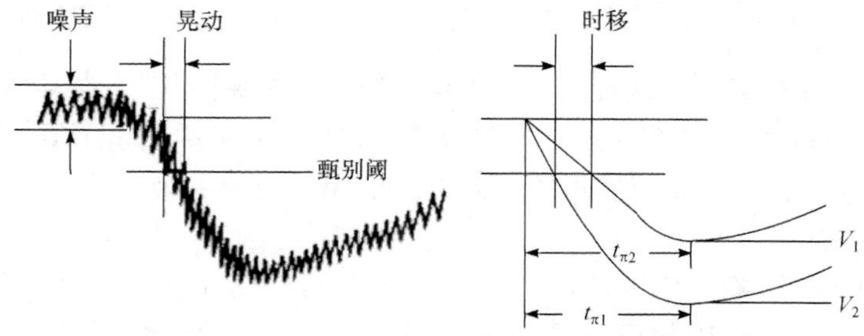

图 7.3.5　晃动和时移引起脉冲前沿时间偏离

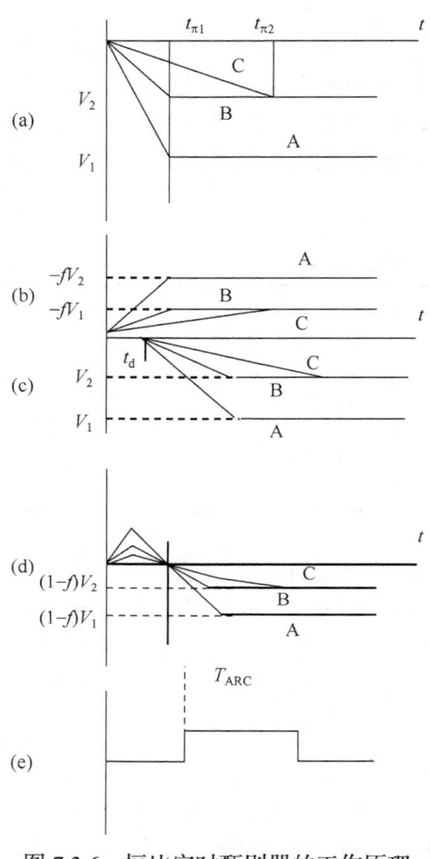

图 7.3.6　恒比定时甄别器的工作原理

间为 $t_{\pi2}$. 在拾取电路中分成两路，一路把脉冲衰减 f(f 为恒比幅度的百分数)，然后倒向成幅度为 fV 的反向脉冲，如图 7.3.6(b)所示. 另一路把脉冲延迟 t_d 时间，如图 7.3.6(c)所示. 然后把图 7.3.6(b)和(c)两路相加，得到总和脉冲，如图 7.3.6(d)所示. 总和脉冲的过零点由恒比幅度决定. 这样消除了 t_π变化和幅度变化引起的时间游动(时移). 即使动态范围 100：1，时间的离散也小于±120ps. 恰当地选取延迟时间 t_d，可以减小时移. 衰减因子 f 选取合适，可以减小时间晃动. 通过零甄别电路，在门信号的作用下，在 T_{ARC} 时刻输出逻辑信号，去启动时间-脉冲高度转换器. 从原理图上可以看到 T_{ARC} 将减少晃动和时移的影响.

3) 时间-脉冲高度转换器

起始信号(来自 1.28MeV)和终止信号(来自 0.511MeV)分别经过两个恒比定时甄别器处理后，启动 TPHC，对这两个脉冲的时间间隔进行记录. TPHC 把时间间隔线性变换为一个脉冲幅度来实现计量. 这个计量电路是在一个恒流源和一个电流开关控制下对一个电容器充放电来实现的，再加一个复位电路所组成，图 7.3.7 是它的工作原理. 设在 t_1 时刻有起始信号输入(见图 7.3.7(a))，接通开关 K，使恒流源 I 对电容器 C 充电，充电电荷随时间 t 线性增加，充电量为 $Q=It$，并建立电压 $V(t)=\dfrac{I}{C}t$ (见图 7.3.7(c)). 在时刻 t_2 有一终止信号输入(见图 7.3.7(b))，使 K 断开，停止对电容 C 充电，这时电容 C 上建立的电压 V 保持不变. 在时刻 t_3 输出一个脉冲，幅度为 V_3 时刻 t_4 停止输出(见图 7.3.7(d)). 复位以后，等待下一次的触发启动. 输出脉冲幅度 V 正比于起始信号和终止信号之间的时间差(t_2-t_1).

4) 慢电路

为了使 TPHC 输出的脉冲是代表真正的核事件，应该用另一电路对它进行检测和鉴定. 谱仪中慢电路(包括放大器、单道分析器和符合电路)用来鉴定 1.28MeV 的γ射线和 0.511MeV 的γ射线. 它的作用是去除 1.28MeV γ射线的自身散射符合或两个 0.511MeV γ射线符合的假事件. 光电倍增器打拿极输出脉冲的分布是由

^{22}Na 源的 1.28MeV γ 射线和 0.511MeV 湮没光子在闪烁体内产生的康普顿反冲电子引起闪烁体原子激发发光造成的，反映为反冲电子的连续能谱. 康普顿反冲电子的动能为

$$E_{\sigma} = \frac{E_{\gamma}^{2}(1-\cos\theta)}{m_0c^2 + E_{\gamma}(1-\cos\theta)} \tag{7.3.2}$$

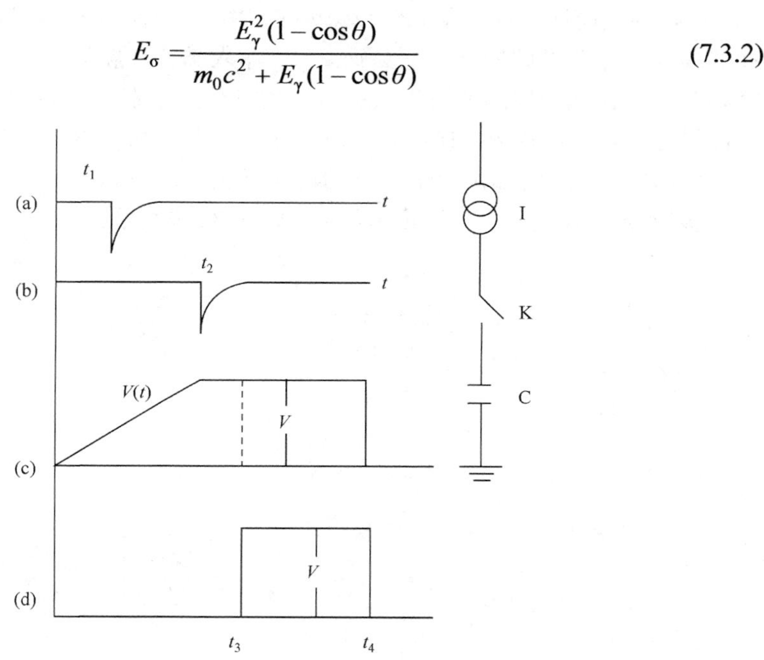

图 7.3.7　TPHC 工作原理示意图

对于 E_{γ}=1.28MeV，E_{σ} 的分布从 0～1.06MeV；对于 E_{γ}=0.511MeV，E_{σ} 的分布从 0～0.341MeV. 不论是起始道探头还是终止道探头，都得到同样的能谱. 起始道的单道分析器，在选择能窗时要求排除 0.511MeV 的终止信号. 通常选在 0.53～1.06MeV 范围内，称为 2∶1 动态. 终止道要完全排除 1.28MeV 的干扰是不可能的，通常选在 0.23～0.34MeV 范围内，称为 3∶2 动态. 为了提高时间分辨率，根据具体的实验条件可以改变能窗条件. 能窗愈窄，谱仪的时间分辨率愈好，但要牺牲计数率，降低了谱仪的效率. 当起始道和终止道的信号进入符合电路时，符合电路输出一个很宽的门信号，保证多道分析器开门，让 TPHC 送出的信号在多道分析器(multi-channel analyzer, MCA)里记录. 因此可以说，快-慢电路中的慢道起着能量识别的功能，而快道记录核事件的时间间隔.

快-慢符合测量系统的主要缺点是只能使用较弱的放射源(约 3.7×10^{5}Bq)，测一条寿命谱所需时间长，对仪器的稳定性要求相应提高. 使用弱源的好处是样品的辐射损伤减少.

5) 快-快符合电路

近年来，由于电子学线路不断进展，往往用快-快符合电路作为时间谱仪. 图 7.3.8 为快-快符合的正电子寿命谱仪. A 路的能窗使它仅记录 1.28MeV 的γ射线，B 路的能窗使它仅记录 0.511MeV 的γ射线. 恒比微分甄别器用来甄别输入脉冲的高度，它有可调的上、下甄别阈. 当输入脉冲高度的绝对值在这上、下阈值之间时，即在甄别器的能窗内，那么恒比微分甄别器同时给出两个逻辑信号. 一个信号经过延迟器送入 TPHC 作为起始信号. 另一个作为符合输入信号送入快符合电路. 符合电路将输出一个很宽的门信号去启动 TPHC，经过转换后的脉冲再送到多道分析器，记录正电子寿命谱，如图 7.3.8 所示.

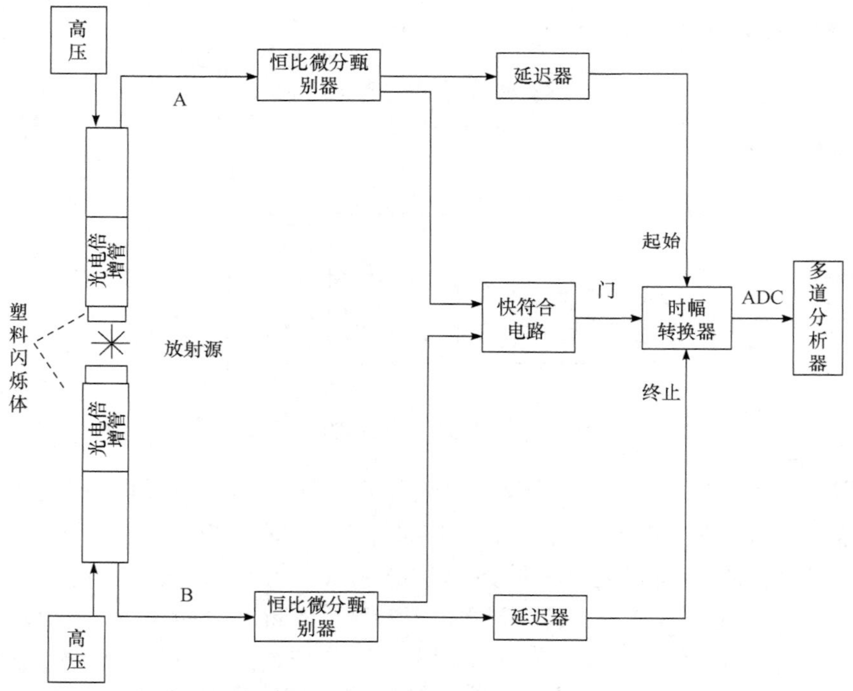

图 7.3.8　快-快符合的正电子寿命谱仪

快-快符合系统的主要优点是可以用较强的正电子源，因而测量时间缩短. 例如，测一个总计数为 10^6 的谱，1～3h 即可测完，仪器稳定性的影响也相应减小.

3. 寿命谱的分解

如何从多道分析器中得到的寿命谱来求正电子的寿命呢?

设 t=0，有 N_0 个正电子进入材料. 由于湮没，在 t=t 时，正电子的数目为 $N(t)$

$$N(t) = N_0 \mathrm{e}^{-\lambda t} \tag{7.3.3}$$

在 $t=t$ 时刻，测量到的正电子湮没数目为

$$I(t)=\lambda N(t)=N_0\lambda \mathrm{e}^{-\lambda t} \tag{7.3.4}$$

其中λ为湮没率. 寿命谱在半对数坐标中是一直线，直线的斜率就是湮没率，所以λ可由下式计算：

$$\lambda=\frac{\ln I(n_1)-\ln I(n_2)}{n_2-n_1} \tag{7.3.5}$$

式中 n_1 和 n_2 为道数，$I(n_1)$和 $I(n_2)$为对应道的计数.

一般理想的正电子寿命谱 $I^*(t)$ 往往是几个指数衰减成分的叠加，即

$$I^*(t)=\sum_{i=1}^{i}N_{0,i}\lambda_i \mathrm{e}^{-\lambda_i t} \tag{7.3.6}$$

式中 i 为寿命谱中衰减成分的个数，λ_i 为第 i 个成分的湮没率，$N_{0,i}$ 为该成分的强度. 实验中得到的寿命谱 $I(t)$是理想寿命谱 $I^*(t)$ 与分辨函数的卷积

$$I(t)=\int_{-\infty}^{\infty}I^*(t')F(t-t')\mathrm{d}t \tag{7.3.7}$$

分辨函数 $F(t)$一般采用高斯函数形式

$$F(t)=\frac{1}{\sigma\sqrt{\pi}}\exp\left[-\frac{(t-T_0)^2}{\sigma^2}\right] \tag{7.3.8}$$

式中 $\frac{\sigma}{\sqrt{2}}$ 为高斯函数的标准偏差，T_0 为寿命谱的时间零点. 将理想寿命谱和分辨函数表达式代入式(7.3.7)的卷积中，积分后得到实验寿命谱与各个成分的关系式为

$$\begin{aligned}I(t)=&\sum_{i=1}^{i}N_{0,i}\lambda_i\exp\left[-\lambda_i\left(t-T_0-\frac{1}{4}\lambda_i\sigma^2\right)\right]\\&\times\left\{1-\mathrm{erf}\left[\frac{1}{2}\lambda_i\sigma-(t-T_0)/\sigma\right]\right\}\end{aligned} \tag{7.3.9}$$

其中 $\mathrm{erf}(x)=\frac{2}{\sqrt{\pi}}\int_0^x \mathrm{e}^{-y^2}\mathrm{d}y$，称为误差函数，有表可查. 对实验寿命谱作最小二乘法拟合，可以求得各个成分的湮没率 λ_i 和强度 $N_{0,i}$，这些工作要用计算机来完成. 从得到的湮没率，可以求得材料中电子密度的信息，反映材料中缺陷的大小和种类.

7.3.2　角关联测量

上文曾提到，在湮没前，正电子已充分热化，其能量为 0.01eV 量级，动量近

似看作零. 这时若发生双光子湮没，那么两个 0.511MeV 的γ 光子是共线的，以相反方向发射. 这个结论只是在正负电子湮没对的总动量为零时才成立. 尽管正电子经热化后动量可以近似看作零，由于材料中自由电子的动能往往为几电子伏，相应的动量不为零，所以湮没对的总动量不为零，于是湮没辐射方向的夹角不是 180°，而是与 180°相差一个角度θ，如图 7.3.9 所示. 图中的矢量分解中，P 表示湮没对的动量，P_1 表示动量的纵向分量，P_2 表示湮没对动量的横向(垂直于光子发射方向)分量. 通常θ角非常小($\theta < 1°$)，可以令 $\sin\theta \approx \theta$. 湮没后，两个光子的动量分别为 P_1 和 P_2，按照动量守恒，有

$$P = P_1 + P_2 \tag{7.3.10}$$

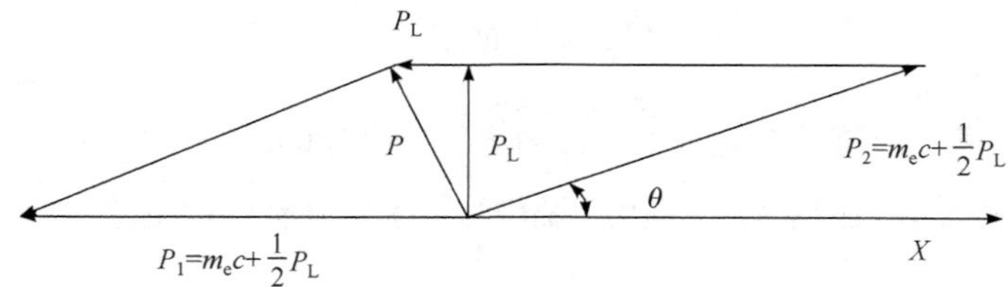

图 7.3.9 γ湮没过程中动量守恒的矢量图

P_1 与 X 轴的夹角为θ，P 在 X 方向的动量 P_X 为

$$P_X = -P_1 + P_2\cos\theta \tag{7.3.11}$$

在 Z 方向上动量的分量 P_Z 为

$$P_Z = P_2\sin\theta \tag{7.3.12}$$

根据能量守恒，有关系式

$$2m_0c^2 + E_B = P_1c + P_2c \tag{7.3.13}$$

式中 E_B 是正负电子对的束缚能、脱出功等，一般为电子伏量级，与 $2m_0c^2$ 相比可以忽略. 式(7.3.13)可以改写为

$$2m_0c^2 = P_1c + P_2c \tag{7.3.14}$$

将式(7.3.11)代入式(7.3.14)，得到

$$2m_0c^2 = (P_X + P_2\cos\theta)c + P_2c$$

整理后可写为

$$P_2 = \frac{1}{1+\cos\theta}\left(2m_0c - P_X\right) \tag{7.3.15}$$

和

$$\sin\theta = P_Z / P_2 = P_Z(1+\cos\theta)/(2m_0c - P_X) \tag{7.3.16}$$

从式(7.3.15)、式(7.3.12)和式(7.3.16)得到

$$P_Z(1+\cos\theta) \ll 2m_0c - P_X \tag{7.3.17}$$

$$P_2 = m_0c \tag{7.3.18}$$

$$P_Z = m_0c\theta \tag{7.3.19}$$

由于θ角与材料中电子动量相联系，在某一方向上测到的湮没事件的数目$N(\theta)$表示了电子的动量分布，因此提供了材料中自由电子动量分布的信息，进而了解材料的性质.

用角关联装置测量湮没γ的符合计数 $N(\theta)$随θ的分布，称为一维角关联曲线. 图 7.3.10 表示测量双光子湮没的长缝型一维角关联实验框图. β^+放射源通常用^{22}Na、^{64}Cu 和 ^{60}C，放射源的活度为 3.7×10^{10}～3.7×10^{11}Bq. 发生于样品中的湮没光子用 NaI 探测器以符合方法进行探测，探头前加了铝屏蔽以防止放射源的直射. 探头与源相距甚远，通常缝与样品距离有几米，缝宽约 1mm，这样的几何条件下，得到的系统的几何分辨率小于 1mrad(毫弧度). 为达到足够的计数率，探头和缝的 X 方向做得尽可能长. 活动臂的角度扫描范围为几十毫弧度，扫描间距可达 0.1mrad，扫描复位的精度要优于 0.01mrad. 用恒比微分甄别器代替单道分析器可在较高的计数率情况下得到好的定时性能. 每改变一个角度，测定计数 $N(\theta)$，θ 扫过全程，即得到 $N(\theta)$-θ 的曲线，见图 7.3.11. 通常一轮实验数据累积时间常常要两三天，这就要求整个系统保持长期稳定.

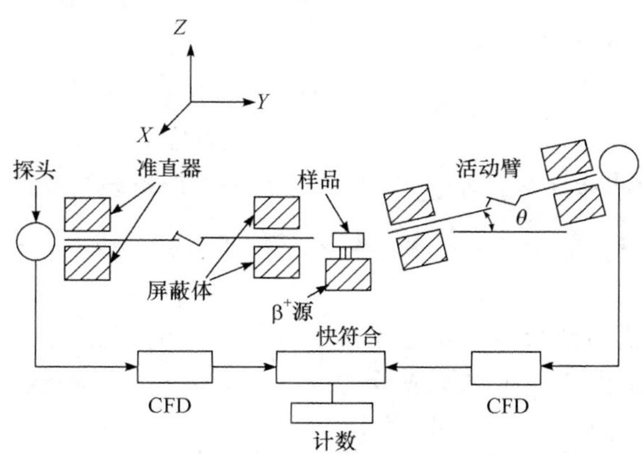

图 7.3.10　长缝型一维角关联实验框图

从式(7.3.19)知道 $P_Z = m_0c\theta$，因此在 $\theta\to\theta+\mathrm{d}\theta$ 区间内的符合计数 $N(\theta)$正比于 Z 方向动量分量 $P_Z\to P_Z+\mathrm{d}P_Z$的电子态的数目，也即正比于动量空间内 $P_Z\to P_Z+\mathrm{d}P_Z$的相空间体积. 从图 7.3.11 可以直接得到

$$N(\theta)\mathrm{d}\theta = A\pi(P_F - P_Z)\mathrm{d}P_Z \tag{7.3.20}$$

其中 A 为常数，P_F 为金属中电子的费米动量

$$P_{F_Z}=m_0c\theta_F \tag{7.3.21}$$

于是

$$N(\theta)=\begin{cases}N(\theta)\left[1-\left(\dfrac{\theta}{\theta_F}\right)^2\right], & |\theta|<\theta_F\\ 0, & |\theta|>\theta_F\end{cases} \tag{7.3.22}$$

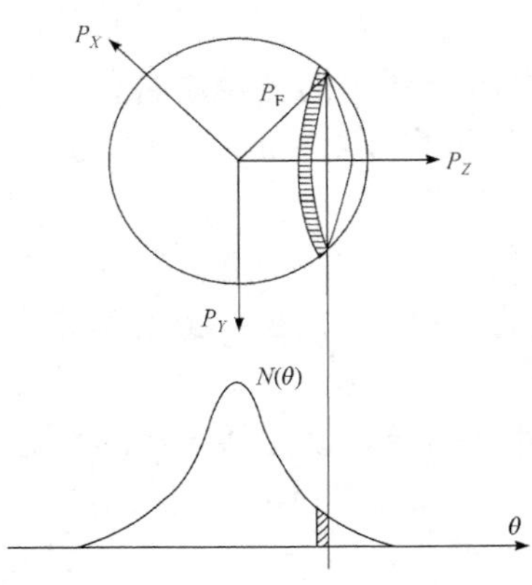

图 7.3.11　一维角关联实验曲线

当 θ=0°时，$N(\theta)=N(0)$，$N(0)$为常数. 显然，$N(\theta)$作为θ的函数是一个倒置的抛物线. 因此，若正电子只与金属中传导电子(自由电子)湮没，则角关联曲线的最大宽度只有θ_F的两倍. 但实际上在大于θ_F的地方，仍可测到计数，这是由于正电子与动量较大的核心电子(内壳层电子)湮没. 图 7.3.11 是实际测到的 Cu 和 Al 金属中角关联曲线. 通常把这角关联曲线近似看成由两条曲线叠加而成，一条与自由电子湮没形成倒抛物线分布，另一条与核心电子湮没形成较宽的高斯分布. 因此可写为下述形式：

$$N(\theta)=2A\pi(\theta_F^2-\theta^2)f(\theta_F-|\theta|)+B\exp(\theta^2/\sigma) \tag{7.3.23}$$

其中 A、B 为归一化常数，且

$$f(\theta_F-|\theta|)=\begin{cases}1, & |\theta|<\theta_F\\ 0, & |\theta|>\theta_F\end{cases} \tag{7.3.24}$$

图 7.3.12 中曲线的拐点为θ_F，明显地看到由倒抛物线和高斯曲线相交而成. 价电子的动量分布在费米面上. 相应的动量 $P_{F_Z}=m_0c\theta_F$ 可直接由两个成分的交点而得到.

当正电子被缺陷捕获后，正电子接触动量较大的核心电子的机会少了. 于是高斯成分的贡献减少，而抛物线成分的贡献相应变大，抛物线的宽度变窄，于是角关联曲线中心部位上升，两翼下降.

用长缝角关联方法测定材料中电子动量密度的优点是角分辨好，它的缺点是设备造价大、计数弱、统计误差大. 用增加源强的办法来提高计数会造成防护上的困难. 增加测量时间则要求仪器的电子学线路有长时间的稳定性. 目前这类实验装置已发展到测量单晶的两维动量密度.

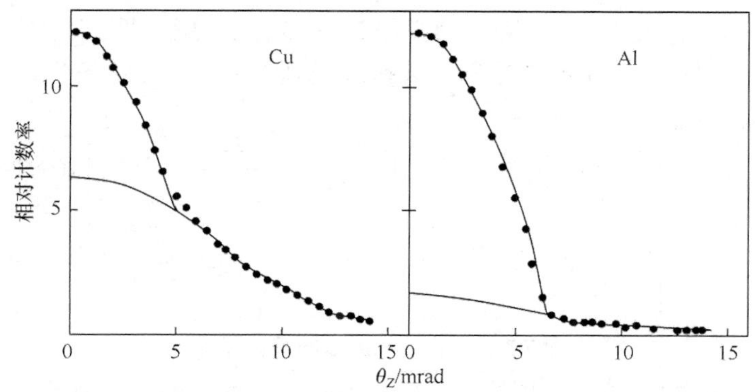

图 7.3.12　铜和铝的角关联曲线

7.3.3　线形测量

由于湮没对具有一定动量，湮没电子对在相对于探测器运动过程中发射湮没辐射时，会产生多普勒效应，因而测量得到的湮没辐射能谱发生变化. 能量变化的大小与电子动量有关，因而从湮没辐射能谱的测量数据可以获得介质中电子动量分布信息.

湮没电子对相对于探测器运动时，发射的湮没光子的能量分别为 $h(\nu+\Delta\nu)$和 $h(\nu-\Delta\nu)$. 频率的相对位移与湮没对相对于探头速度 ν_L 的关系为

$$\frac{\Delta\nu}{\nu}=\frac{\nu_L}{c} \tag{7.3.25}$$

式中 ν_L 是湮没对的质心速度在水平方向的分量，它等于

$$\nu_L = P_L / (2m_0) \tag{7.3.26}$$

将式(7.3.26)代入式(7.3.25)，得到能量变化的关系式为

$$\Delta E = \Delta(h\nu) = \frac{\nu_L}{c}(h\nu) = \left(\frac{P_L}{2m_0C}\right)h\nu = \left(\frac{P_L}{2m_0C}\right)E_0 \tag{7.3.27}$$

式中 $E_0 = h\nu = m_0c^2 = 511\text{keV}$，$\Delta E$ 称为多普勒展宽，即表示湮没光子相对 511keV 有一能量位移.

如果材料中电子动能 E_L=4eV，那么由式(7.3.25)计算得到的能量位移为 1keV. 不同能量的电子的统计效应造成了 511keV 能峰的展宽. 上述情况下，整个峰展宽为 $2|\Delta E| = 2\text{keV}$.

由于 Ge(Li)探头和高纯 Ge 探头的能量分辨率高，在 511keV 附近已达到 1.0～1.5keV，因此有可能用来探测 511keV 能峰的展宽.

图 7.3.13 为测量多普勒展宽的实验装置. 样品距探头的距离可由计数率决定，

过高的计数率会影响能量分辨率，通常用 3.7×10^{11}Bq 的源，距离约为 20cm. 由于能量展宽的量很小，测量时要采取一切措施来确保能谱仪的稳定性.

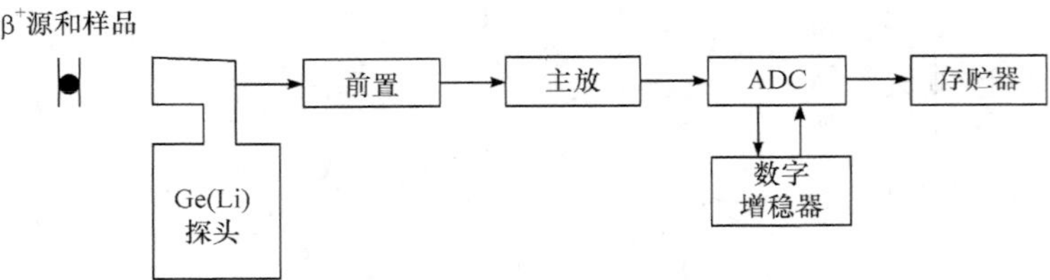

图 7.3.13　多普勒展宽的实验装置

要从能谱仪得到的能量分布求得材料中电子动量分布，一般有两种方法：一是退卷积法；二是线形参数法.

实验上测得的多普勒展宽谱是本征谱与仪器分辨率函数的卷积. 要得到真正的多普勒展宽谱(本征谱)，需作退卷积处理. 假定 $f(E)$为真正的湮没 γ 射线的能量分布，而通过能谱仪测得的湮没γ射线的能量分布为 $F(E)$. 若仪器的能量分辨率为 $R(E)$，它们之间的关系为

$$F(E)=\int_0^\infty f(E')R(E-E')\mathrm{d}E' \tag{7.3.28}$$

其中 $F(E)$和 $R(E)$可以通过能谱仪来测量. 分辨率 $R(E)$是能量的函数，可以取能量尽量靠近 511keV 的单能γ射线源(如 ^{106}Ru 和 ^{86}Sr，它们的能量分别为 512keV 和 514keV)，在多道分析器上显示的谱线的宽度代替 $R(E)$. 有了 $F(E)$和 $R(E)$，通过退卷积间可以求得 $f(E)$. 因为

$$E=Pc \tag{7.3.29}$$

故从γ射线的能量分布，可以推算出材料中电子动量分布.

在许多材料研究中，往往并不需要湮没 γ 射线能量分布的精确值 $f(E)$，而只要知道γ射线能谱曲线的大体形状. 因此可免去复杂的退卷积处理，代之以定义一些参数来描述谱的形状，这种方法称为多普勒展宽线形参数测量.

当样品中存在缺陷时，正电子被缺陷捕获，缺陷周围电子密度特别低. 因此缺陷中正电子“看见”的是减小了的电子密度，特别是动量大的核心电子减少得很多. 这种情况下得到的谱线必定变窄. 谱形的宽窄变化反映了材料中某些性质的变化. 可以用谱形参数来描写. 在图 7.3.14 中，设能谱曲线下的总面积为$\varDelta$，以 A 表示中央部位一定宽度的面积，B、C 为两翼在某一确定宽度内的面积. 常用的三个线形参数是 H、W、C. 分别定义如下：

$$\left.\begin{aligned}H&=A/\varDelta\\W&=(B+C)/\varDelta\\S&=A/(B+C)\end{aligned}\right\} \tag{7.3.30}$$

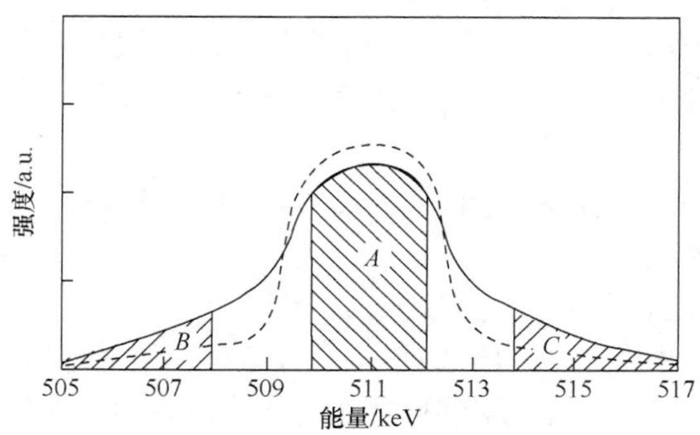

图 7.3.14　多普勒展宽线形参数定义

很显然，缺陷增多时，*H* 和 *S* 参数增大，两翼参数 *W* 将减小. 这种线形测量方法在仪器分辨率不够高时，更为适用.

多普勒展宽方法和角关联方法同样测量材料中电子动量分布. 多普勒方法的优点是一轮实验仅需 1～2h，而且所用的放射源的活度也较低，实验的成本也低. 其缺点是谱仪的能量分辨率还是较差，为 1～1.5keV，这相当于角分辨率为 4～6mrad，而角关联方法的角分辨率可达 0.5mrad.

7.4　正电子湮没技术的应用

正电子湮没技术在物质微观结构分析方面具有许多优越性，它已在许多研究领域得到了广泛应用. 本节主要介绍正电子湮没技术在材料科学、医学成像以及高能物理领域的应用等.

7.4.1　正电子湮没技术应用于固体材料研究

正电子对固体中的点阵缺陷极其敏感，这是因为正电子会被缺陷所捕获. 可以这样来理解这种捕获：正电子带有正电荷，热化后的正电子会受到材料中正离子的排斥，跑到点阵空位上、跑到位错核或其他空洞的空间里. 这种捕获效应影响了正电子的湮没率. 电子密度的贡献来自自由电子和受核束缚的核心电子. 在缺陷周围核心电子密度减少，这就使湮没率减少. 同样，通过角关联或多普勒展宽测量也能测到由于缺陷存在使能潜曲线的中心部分抬高. 实验上发现，当缺陷浓度(原子位置百分比)超过 10^{-7} 时，就会在谱线上有所反映. 当缺陷浓度增加到 10^{-8}～10^{-4} 时，几乎全部正电子都被缺陷捕获. 如果再继续增加缺陷浓度，那么湮没参数不会反映缺陷浓度的变化，因为已经饱和了.

在金属中，正电子湮没特性可作如下粗略的描写. 这些半定量的数据只有数量级或变化趋势上的意义，不能作为普遍规律.

(1) 在完美晶体中，正电子以自由态形式湮没，除碱金属外，其寿命 τ_f 一般为 100～300ps，角关联曲线的半宽度为 8～12mrad，多普勒展宽曲线的半宽度为 2～3keV.

(2) 单空位处正电子寿命 τ_{1v} 比 τ_f 大 30%～60%. 动量分布曲线的半高宽较无缺陷时减少约 15%.

(3) 双空位处正电子寿命 $\tau_{2v} \approx 1.5\,\tau_{1v}$.

(4) 随着空位团增大，正电子捕获态的寿命也增大. 当空位团增大到包含 20～40 个空位后，正电子就从空洞束缚态转变为内表面束缚态，空洞中正电子寿命趋向饱和，其极值 $\tau \approx 500$ps，有时还能形成正电子素，寿命 τ_{pic} 可以超过 500ps.

(5) 对于一种材料而言，各种正电子态的寿命值之间关系大致如下：

$$
\begin{aligned}
&\tau_f < \tau_d = \tau_{1v} < \tau_{2v} \leqslant \tau \\
&\qquad \approx \tau_{vaid} \leqslant \tau < \tau_{pic}
\end{aligned}
\tag{7.4.1}
$$

式中符号依次表示处于自由态、位错、单空位、双空位、晶界、空洞、表面、正电子素拾取湮没的寿命.

1. 追踪金属中缺陷的产生和退火后的回复

材料的形变产生缺陷，因而正电子湮没参数随形变程度而变化. 图 7.4.1 是 Ni_3Mn 材料的参数 S 随形变量 ε 的变化曲线. 当形变程度较低时，正电子湮没参数能紧跟形变程度的变化. 当形变增大到一定程度(到达 20%)后，正电子湮没参数(S 参数)趋向饱和.

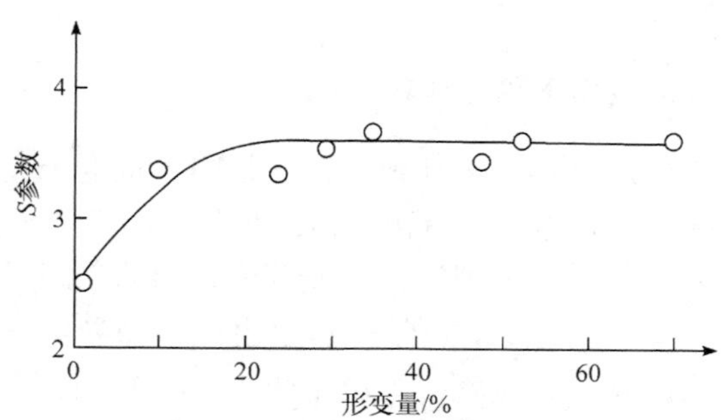

图 7.4.1　Ni_3Mn 材料的参数 S 随形变量 ε 的变化

正电子寿命在不同温度范围内，变化趋势有所不同. 图 7.4.2 是非晶态合金 $(F_{0.1}Ni_{0.33}Co_{0.66})_{78}Si_3B_{14}$ 的正电子寿命 τ 随退火温度的变化曲线. $A \rightarrow B$ 是退火阶段，寿命 τ 明显减小，这是由于样品经过退火后，材料的结构均匀性变好，缺陷数量减少，相关范围内的电子密度有所增加. 在 $B \rightarrow C$ 阶段，随退火温度升高，τ 不仅没有进一步减小，反而慢慢增大. 这可能由于退火使内应力减小之后，原子排列逐步向有序化过渡，出现原子聚集，形成原子团，在包围这些原子团的“边界”处电子密度较低，以致正电子寿命有所增加. 如果考虑各类原子之间的排斥势的作用，当退火温度升高时，一些处于不稳定状态的原子获得足够能量后，有可能填入“边界”，导致 $C\to D$ 阶段的正电子寿命变短.

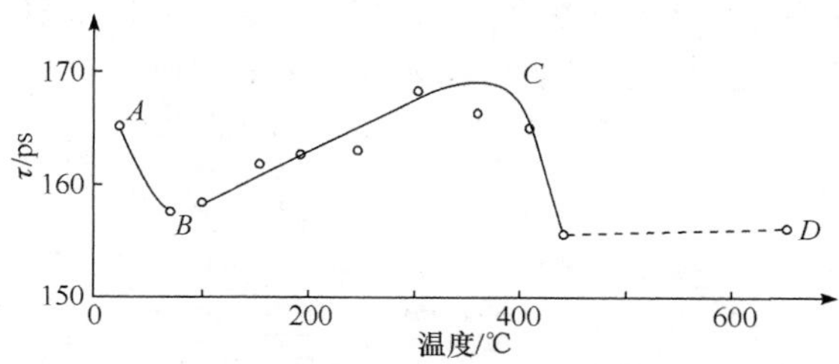

图 7.4.2　非晶态合金$(F_{0.1}Ni_{0.33}Co_{0.66})_{78}Si_3B_{14}$的正电子寿命$\tau$随退火温度的变化

2. 正电子湮没技术对 Pb 空位的研究

在 ABO_3 钙钛型矿结构的压电陶瓷中，掺入不同化合价的杂质离子会产生组分缺陷，这对材料的机电性能有重要影响. 为了证实正电子对$Pb(Zr_{0.55}Ti_{0.45})O_3$中 Pb 空位的敏感性，用 La 元素作掺入剂，便能评价正电子湮没技术对研究 Pb 空位的价值. 图 7.4.3 表示正电子平均寿命 τ_m 与掺 La 量 x 之间的关系. 很显然，随着掺杂量增大，τ_m 近乎线性增加，x=0.04 以后，τ_m 的变化趋于平坦，这说明正电子捕获可能已达到饱和；$x\geqslant0.04$ 以后的点用一条水平直线来拟合即得到 Pb 空位中正电子寿命 τ_d=287ps；当曲线外推到 x=0 时，得到的正电子自由态寿命 τ_f=216ps. 相比之下，Pb 空位的正电子捕获态寿命要比自由态寿命大约增加三分之一.

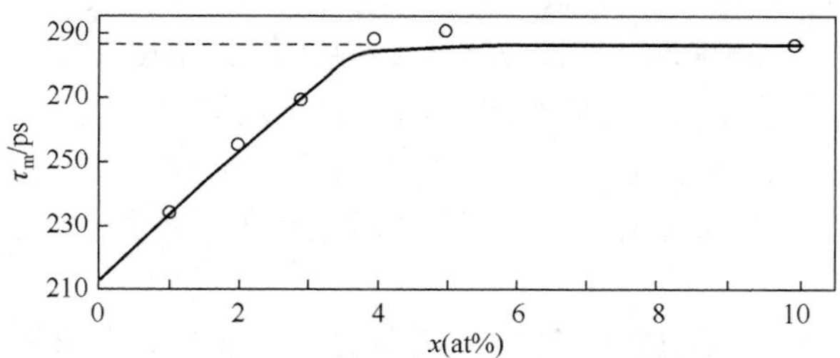

图 7.4.3　正电子平均寿命τ_m与掺 La 量 x 之间的关系

3. 氢脆及金属氢化物的研究

氢的滞后破坏是材料科学中一个重要问题. 因此，研究氢在金属中的行为及氢与金属化合时价态等问题，具有重要的实际意义. 正电子与氢核所带的电荷相等，两者与电子的相互作用库仑势完全一样，可用正电子来类比氢. 例如，通过研究氢气氛区熔硅单晶的等时退火过程中正电子寿命谱，探索硅氢键断裂和缺陷形成过程. 图 7.4.4 为硅样品正电子寿命测量结果. 实心圆点为氢气氛区熔硅样品的测量结果. 由图可知，经 500℃退火后，τ_1 值基本不变，温度大于 550℃后，τ_1 随退火温度升高而上升. τ_1 上升反映了微观缺陷浓度的增加，表明区熔硅单晶中硅氢键断裂. 可以推断硅氢键断裂温度约 550℃或低于 550℃. 在 450℃附近，τ_1 似乎下降，这可能是单晶中原有缺陷在退火过程中减少所致.

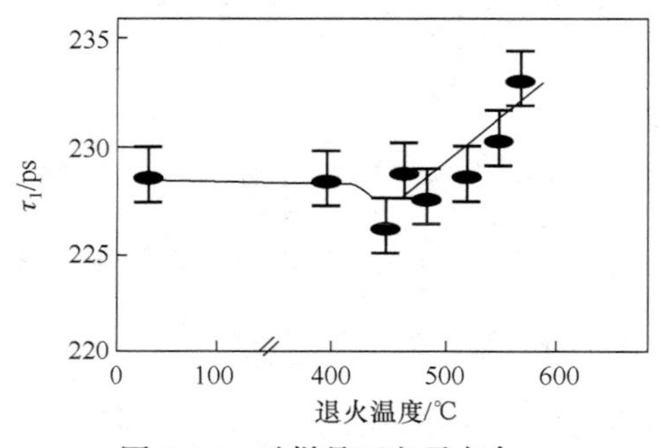

图 7.4.4　硅样品正电子寿命 τ_1

4. 利用正电子湮没技术研究辐照效应

反应堆材料受到中子和γ射线的强烈辐照，造成辐射损伤，半导体工艺中广泛应用的离子束和电子束也会造成材料辐射损伤. 这些损伤主要是产生缺陷，包括空位、空位团、微空洞等. 用正电子湮没技术来研究这些损伤是适宜的. 现以用正电子湮没技术研究受中子辐照后的钼样品为例加以说明. 它的寿命谱包含两个成分：短寿命 τ_1 是自由态、单空位、位错捕获等综合寿命；长寿命 τ_2 对应空位团和微空洞. 图 7.4.5 是受中子辐照的钼的正电子寿命随退火温度的变化曲线. 辐照样品退火开始时，τ_2=330ps，强度 I_2=35%. 随着退火温度升高，τ_1 值减小和 τ_2 值增大，说明空位的迁移和空位团增大；τ_2 接着出现饱和，表明空位团已不能从空位得到补充；接着 τ_1 减小到自由态寿命，τ_2 增加到最大，说明材料中只有大于某一临界尺寸的微空洞型缺陷存在，最后 I_2 减小到零. 说明空洞崩溃，经过退火后缺陷消失.

正电子湮没技术还被应用于相变、金属疲劳、非晶态合金等方面的研究(焦学胜等，2018；史大琳，2019).

5. 研究进展

德国 Schaefer 等研究小组(Schaefer et al., 1987; Valeeva et al., 2007)采用正电子湮没技术从理论和实验上较系统和全面地研究了各种金属间化合物热空位的形成及迁移过程，并通过正电子捕获率计算得到了金属间化合物的有效的空位形成焓 H_V^F，结果显示在密排结构金属间化合物中，具有很高的空位形成焓，而在 bcc 结构金属间化合物中，空位形成焓较低，具有很高的空位迁移焓 (H_V^M)．

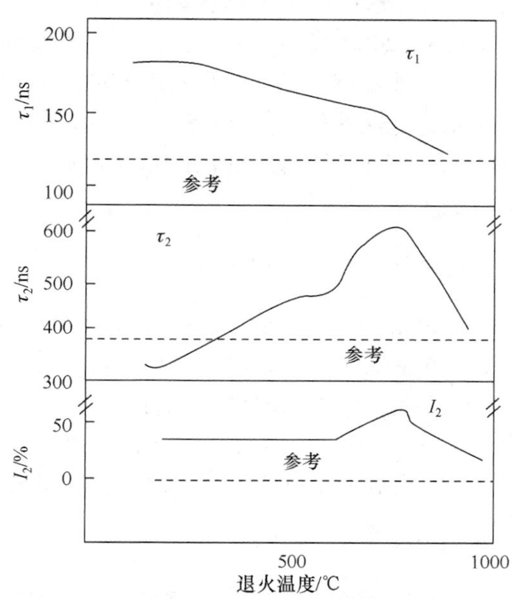

图 7.4.5　受中子辐照的钼的正电子寿命随退火温度的变化曲线

日本 Kuramoto 等研究小组(Kuramoto et al., 1999; Onitsuka et al., 2001)从理论和实验上较系统地研究了高纯金属与合金淬火、辐照及形变所引起的缺陷，以及形变引起的位错和空位．通过研究不同纯度铝(99.5%～99.9999%)形变及退火过程，发现比捕获率 μ_d 的变化取决于位错的分布组态，即割阶密度或杂质的含量．通过 Fe-Cu、Fe-Si、Fe-Mo 等合金的辐照或形变研究表明，合金元素的加入形成空位-杂质原子复合体，正电子在这个复合体中湮没寿命相同．

目前利用正电子湮没技术研究氢填充空位和位错在理论及实验上都证实了氢填充缺陷以后，其正电子寿命减少，角关联及多普勒展宽曲线加宽．吴奕初等采用低温回复消除空位的办法将氢与空位、氢与位错作用分离，使用正电子寿命和多普勒展宽技术研究了退火、回复及冷轧镍充氢与缺陷的互作用，发现冷轧镍充氢后正电子参数(平均寿命和 S 参数)的上升取决于氢和空位的相互作用，与氢和位错的相互作用无关．并采用正电子多普勒展宽与慢拉伸相结合的方法，研究了高纯铁中动态充氢时 S 参数随形变量的变化规律．实验表明氢能促进位错的增殖和运动，同时导致空位的产生，宏观上表现为氢能促进塑性变形．

热弹性马氏体相变是形状记忆合金表现出形状记忆效应的内在结构基础，用正电子湮没技术来观察相变. 一些作者研究了 Cu 基形状记忆合金中空位与形状记忆效应的关系，发现 CuZnMg 合金中加入 Mn 可改善合金的热弹性和滞弹性行为，加入 Zr 可细化晶粒. CuZnAlMnZr 合金淬火空位的动力学回复研究结果指出，仅一种类型空位存在，并且不影响合金的形状记忆效应.

Hamada 等(Kimura et al., 2000)采用正电子湮没技术研究了 AlCuRu 和 AlCuFe 准晶中的结构空位，发现两种合金中都存在高密度的内部结构空位，证实了空位团中空位心的存在与准晶稳定性的相关关系. Sato 等通过慢正电子束技术研究了 AlPdRe 合金系统，获得了二十面准晶体 $Al_{70.7}Pd_{21.34}Re_{7.96}$ 和 $Al_{71.5}Pd_{20.3}Mn_{8.2}$ 的结构空位密度(曹兴忠等，2017).

7.4.2　正电子湮没技术应用于聚合物材料研究

Stevens 综述(Stevens et al., 1970)表明，在一切聚合物中均可以有正电子素形成. 当聚合物的微观结构发生变化时，正电子素所占间就会扩大或缩小，正电子素的拾取湮没寿命发生了相应变化. 长寿命成分对聚合物的各种变化很敏感，这种变化指玻璃态转变、相变、结晶度、聚合度、化学结构、分子量以及各种外场下微观结构的变化. 可以用正电子湮没技术来探测聚合物的物理性质.

1. 研究聚合物的玻璃态转变

线形结构的非晶态聚合物存在着玻璃态转变温度 T_0. 温度在 T_0 以下，聚合物表现为玻璃态；在 T_0 以上，聚合物表现为高弹态. 当聚合物受热，越过玻璃态转变温度时，正电子长寿命成分的寿命值会发生突变. 用正电子湮没技术测到的 T_0 要比其他方法测到的值低 10℃左右. 这表明，在聚合物发生玻璃态转变时，在宏观性质发生变化前，微观结构已开始变化. Stevens 给出了聚苯乙烯玻璃态转变时正电子素寿命测量值，测得的 T_0 值约 90℃，比用微分扫描色度计法(differential scanning colorimeter, DSC)低 10℃左右. 图 7.4.6 给出了聚苯乙烯中正电子寿命随温度的变化.

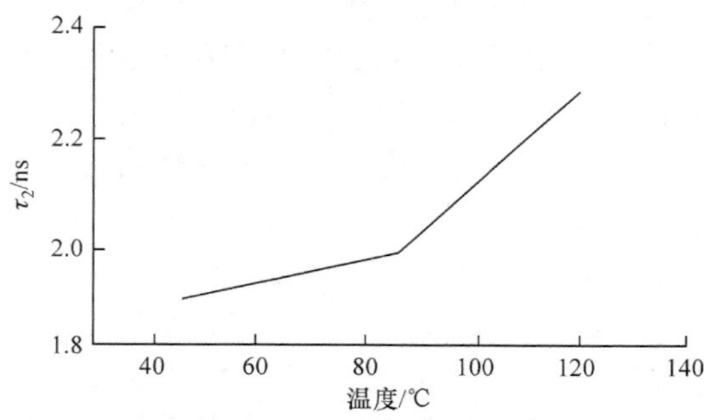

图 7.4.6　聚苯乙烯中正电子寿命随温度的变化

2. 研究聚合物的相变

聚合物相变时，正电子的长寿命成分发生异常变化. 图 7.4.7 给出特氟龙中正电子寿命τ_2与温度关系. 在 1.25K 左右，正电子长寿命成分发生明显的跃变，认为 1.25K 附近是聚四氟乙烯的相变点.

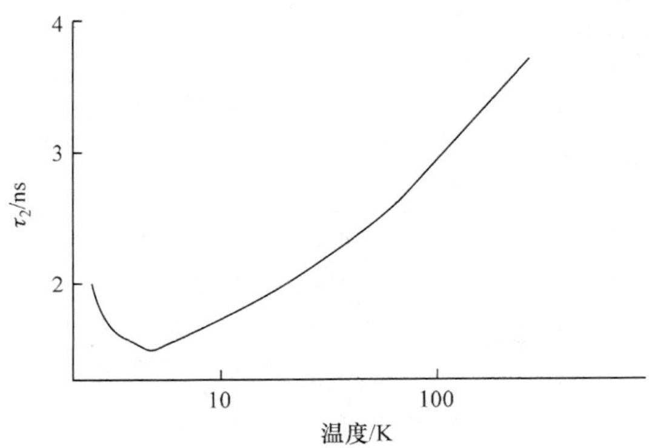

图 7.4.7　特氟龙中正电子寿命τ_2与温度关系

3. 研究晶态聚合物的结晶度

晶态聚合物的结晶区中正电子湮没对应次长寿命的成分(τ_2，I_2)，非结晶区对应最长寿命的成分(τ_3，I_3)，根据两种寿命成分的强度之比，可以推知晶态聚合物的结晶度.

4. 研究聚合过程和聚合度

在固态聚合过程中，聚合物的微观结构发生从单态到聚合物的转变，寿命谱中的各寿命成分也随之变化. 因此从寿命谱的测量可以了解聚合过程和聚合度.

5. 研究γ辐照对聚合物微观结构的影响

研究表明，低剂量的γ辐照引起的微观缺陷所占体积增加；大剂量时，使聚合物的结晶度提高，长寿命成分的强度减小.

6. 研究进展

利用正电子湮没技术对高分子聚合物作研究，研究人员已开展了大量工作. 这种无损害的结构研究同样在半导体材料、离子材料、合金中得到广泛应用(Biganeh et al., 2020; Rosalia et al., 2020; Zhang et al., 2020)，这种无损的结构研究将会展现更大前途.

早在 1989 年, Kobayashi 等(Kobayashi et al., 1989)研究了聚醋酸乙烯的正态电子偶素(o-Ps)湮没寿命及强度随温度的变化，发现在玻璃化转变时，o-Ps 寿命曲线发生转折，斜率变大，如图 7.4.8 所示. 他们认为：在玻璃化转变之前，自由体积分数的变化主要是由自由体积孔洞数量增加引起的；进入高弹态之后，自由体积孔洞数量保持不变或者减小，自由体积孔洞尺寸的增加则成为自由体积分数增加的主要因素.

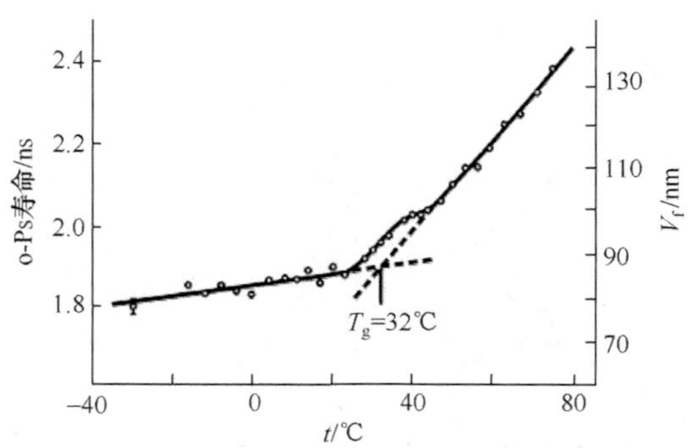

图 7.4.8　聚醋酸乙烯的 o-Ps 湮没寿命及自由体积孔洞随温度变化曲线

外界因素的变化比如气体小分子进入聚合物，会由于增塑以及静态压力的作用对聚合物的微观结构产生影响，从而引起自由体积变化. Jean 等(Jean et al., 2003)研究了 N_2、CO_2 扩散对于 PC 自由体积的影响. 发现在较低的压力下，N_2 对聚合物的增塑作用起主导作用，自由体积尺寸增加；而在较高压力下，静态压力对孔洞的压缩作用增强，自由体积尺寸降低. 而 CO_2 为易吸附气体，同时与 PC 间存在较强的相互作用，因此 CO_2 的增塑作用始终起主导作用，自由体积孔洞尺寸增加. N_2、CO_2 会使 PC 产生新的自由体积孔洞，从而引起 o-Ps 强度的升高.

Hu 等(Hu et al., 2003)研究了 HIPS/PP 和 HIPS/HDPE 共混物的相容性. 发现半晶聚合物 PP、HDPE 较非晶聚合物 HIPS 具有更大的自由体积尺寸，但是仍不能提供 HIPS 分子链的侧链和端基运动所需的空间，导致共混物界面处的相互作用力较弱. 从自由体积理论的角度解释了 HIPS/PP 和 HIPS/HDPE 不相容的原因. 然而 PALS 的结果显示自由体积分数呈现负偏差,这是因为两相界面处的极化作用导致 o-Ps 强度降低,从而计算的相对自由体积分数偏低.

7.4.3　正电子发射断层成像

正电子湮没技术除了在上述的材料科学领域中的应用外，在生命科学研究中也有重要的应用. 正电子发射断层成像(positron emission tomography, PET)是现在核医学领域比较先进的临床检查设备，其基本方法是将生物体新陈代谢所必需的某种物质(如葡萄糖)，标记上某种短寿命的正电子核素(如 ^{11}C、^{18}F(李英华，2014))，注射或口服进入生物体，让其在生物体中代谢聚集，反应生物体的新陈代谢活动情况. 这些短寿命核素在衰变时会发射出一个正电子，在前进零点几个毫米到几毫米后耗尽能量，然后正负电子湮灭，产生两个能量为 511keV 的γ光子. 根据动量守恒定律，这两个γ光子将沿着相隔 180°的方向，即一条直线上反向发射出去. 这时 PET 探测器上如果同时测量到这两个光子，将确定一条反应线(line of response, LOR)，而正负电子湮灭位置肯定在这条 LOR 上，当探测到很多 LOR 时，通过图像重建就可以确定放射源聚集的位置，如图 7.4.9 所示为 PET 结构示意图，一对方向相反的光子可以由 PET 环上相对的两个探测器测量到.

PET 技术是生命科学中的一项重大突破. 它能显示组织器官的功能，反映体内生理及生化变化，能对脏器作动态摄影观察，对研究生命现象有重大意义. 它的问世，在核医学史上是一个划时代的新里程碑. PET 最出色的应用就是进行脑功能奥秘的研究. 在显像剂的帮助下，可测量出大脑各部位的血流量、用氧量、糖代谢、蛋白质合成和各种神经受体的分布等. PET 第一次将人的行为与脑化学联系起来，在分子水平上了解人脑的功能与活动.

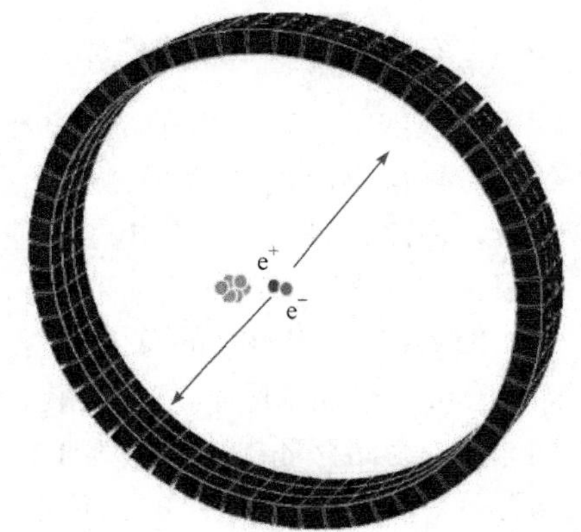

图 7.4.9　PET 结构示意图

但是PET存在的一个不足之处就是定位不准确，因此通常情况下，PET 并不是作为单独的检测手段来使用，而往往是与 CT 结合(即 PET/CT)以实现提高对病灶的检测精度. PET/CT 是 PET 和 CT 一体化的完美融合，PET 提供病灶功能与代谢等分子信息，CT 提供精确解剖定位，一次成像既可获得 PET 图像又可获得相应部位 CT 图像以及 PET/CT 融合图像，既可准确对病灶定性，又可准确定位. PET 和 CT 结果相互补充，互相印证，具有灵敏、准确、特异及定位精确等特点，临床上 PET/CT 主要用于肿瘤、精神与神经疾病、心血管疾病的早期诊断，同时也是基础研究及药理学研究的重要手段(Burglin et al., 2017；李中星，2018；李宇轩，2018).

如图 7.4.10 所示，分别是一病人的胸部 CT 和 PET/CT 图，从 CT 图中未发现微小的病灶，而通过 PET/CT 图得以将该病灶呈现出来.

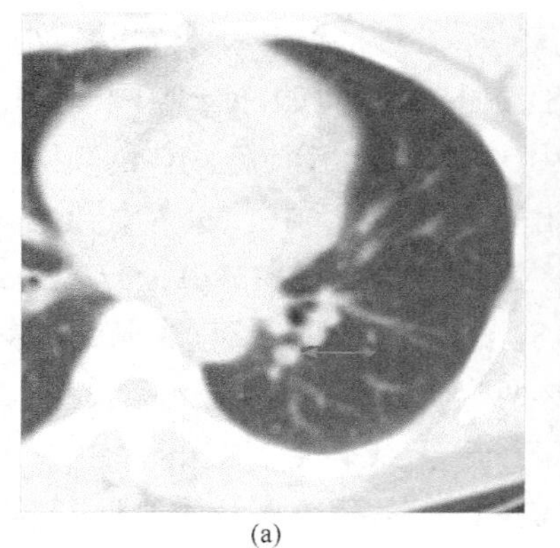
(a)

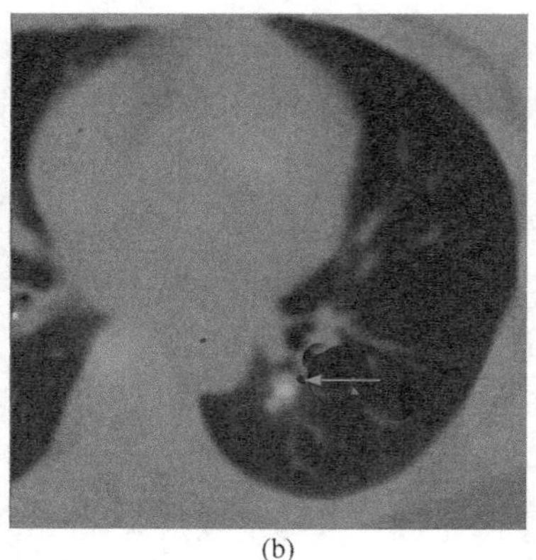
(b)

图 7.4.10　某病人胸部 CT(a)和 PET/CT(b)

7.4.4　在高能粒子物理中的应用

在低能下，正负电子湮没产生两个光子. 高能下，由于高阶效应，根据粒子的质量依次会出现 B 介子，弱电统一理论的 W 玻色子和 Z 玻色子，希格斯玻色子等，而这正是北京正负电子对撞机(Beijing electron-positron collider, BEPC)所做的事情(方守贤, 2018).

图 7.4.11 为 BEPC 的总体简图. 它由注入器、输运线、储存环、北京谱仪(Beijing spectrometer, BES)和同步辐射装置等几部分组成. 注入器是一台 200m 长的直线加速器，为储存环提供能量为 1.1～1.55GeV 的正负电子束. 输运线连接注入器和储存环，将注入器输出的正负电子分别传送到储存环里. 储存环是一台周长为 240.4m 的环型加速器，它将正负电子加速到需要的能量，并加以储存. 用于高能物理研究的大型探测器——北京谱仪位于储存环南侧对撞点. 同步辐射装置则位于储存环第三和第四区，在这里，负电子经过弯转磁铁和扭摆器时发出的同步辐射光经前端区和光束线引至各个同步辐射实验站.

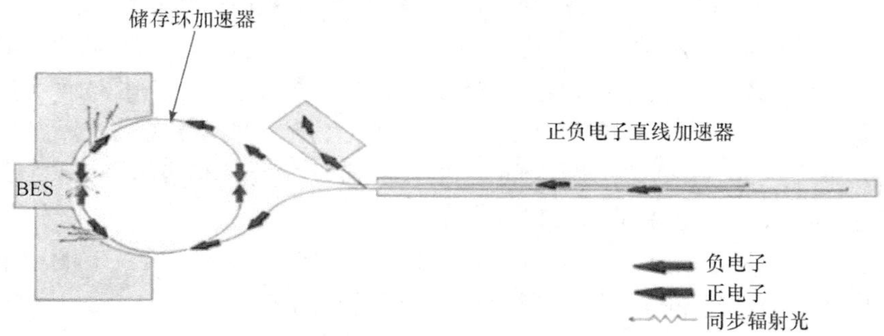

图 7.4.11　BEPC 总体简图

BEPC 的主要科学目标是开展τ轻子与粲物理和同步辐射研究. 为此，BEPC 有两种运行模式：兼用模式优化于高能物理对撞实验，同时也提供同步辐射光；专用模式专用于同步辐射研究.

在对撞实验中，由电子枪产生的电子，以及电子打靶产生的正电子，在加速器里加速到 15 亿电子伏特，输入到储存环. 正负电子在储存环里，能以 22 亿电子伏即接近光的速度相向运动、回旋、加速，并以每秒 125 万次不间断地进行对撞. 但每秒有价值的对撞只有几次. 有着数万个数据通道的北京谱仪，犹如几万只眼睛，实时观测对撞产生的次级粒子，所有数据自行传输到计算机中. 科学家通过这些数据的处理和分析，进一步认识粒子的性质，从而揭示微观世界的奥秘.

2003 年底，国家批准了北京正负电子对撞机重大改造工程(BEPCⅡ). BEPCⅡ是我国重大科学工程中最具挑战性和创新性的项目之一，工程于 2004 年初动工，2008 年 7 月完成建设任务，2009 年 7 月通过国家验收.

BEPCⅡ是一台粲物理能区国际领先的对撞机和高性能的兼用同步辐射装置，主要开展粲物理研究，预期在多夸克态、胶球、混杂态的寻找和特性研究上有所突破，使我国在国际高能物理领域占据一席之地，保持在粲物理实验研究的国际领先地位. 同时又可作为同步辐射光源提供真空紫外至硬 X 射线，开展凝聚态物理、材料科学、生物和医学、环境科学、地矿资源以及微细加工技术方面等交叉学科领域的应用研究，达到“一机两用”.

参 考 文 献

曹兴忠, 宋力刚, 靳硕学, 等, 2017. 正电子湮没谱学研究半导体材料微观结构的应用进展[J]. 物理学报, 66(2): 29-42.

晁月盛, 张艳辉, 2007. 正电子湮没技术原理及应用[J]. 材料与冶金学报, 6(3): 234-240.

陈伯显, 张智, 2011. 核辐射物理及探测学[M]. 哈尔滨: 哈尔滨工程大学出版社.

方守贤, 2018. 北京正负电子对撞机[J]. 现代物理知识, 30(5): 49-52.

谷冰川, 2019. 正电子湮没寿命谱中的新分析方法、脉冲束技术和应用[D]. 合肥: 中国科学技术大学.

焦学胜, 范平, 张乔丽, 等, 2018. 用正电子湮没技术研究新锆合金包壳的离子辐照效应[J]. 原子能科学技术, 52(11): 2028-2032.

李英华, 2014. 正电子发射断层(PET)显像剂 ^{18}F-Fethypride 化学合成、放射性标记及生物学评价[D]. 吉林: 吉林大学.

李宇轩, 2018. 18F-FDG PET/MR 对结直肠癌术前评估的临床应用研究[D]. 北京: 中国人民解放军医学院.

李中星, 2018. ^{12}C 离子质子治疗中 In-beam PET 成像过程研究[D]. 兰州: 兰州大学.

史大琳, 2019. 铁基合金中微观缺陷的热演化及氢/氦行为的正电子湮没学研究[D]. 郑州: 郑州大学.

郁伟中, 2003. 正电子物理及其应用[M]. 北京: 科学出版社.

赵国庆, 1986. 核分析技术[M]. 北京: 原子能出版社.

Anderson C D, 1932. Energies of cosmic-ray particles[J]. The Physical Review, 41(4): 405-421.

Biganeh A, Kakuee O, Rafi-Kheiri H, et al., 2020. Positron annihilation lifetime and Doppler broadening spectroscopy of polymers[J]. Radiation Physics and Chemistry, 166: 108461.

Burglin S A, Hess S, et al., 2017. ^{18}F-FDG PET/CT for detection of the primary tumor in adults with extracervical metastases from cancer of unknown primary：a systematic review and meta-analysis [J]. Medicine (Bal-timore), 96(16)：e6713.

Hu Y, Qi C, Liu W, et al., 2003. Characterization of the free volume in high-impact polystyrene/poly-propylene and high-impact polystyrene/high-density polyethylene blends probed by positron annihilation spectroscopy[J]. Journal of Applied Polymer Science, 90(6): 1507-1514.

Jean Y C, Mallon P E, Schrader D M, 2003. Principles and applications of positron and positronium chemistry[M]. New Jersey: World Scientific.

Kuramoto E, Tsutsumi T, Ueno K, et al., 1999. Positron lifetime calculations on vacancy clusters and dislocations in Ni and Fe[J]. Computational Materials Science. 14(1-4): 28-35.

Kobayashi Y, Zheng W, Meyer E F, et al., 1989. Free volume and physical aging of poly (vinyl acetate) studied by positron annihilation[J]. Macromolecules, 22(5):2302-2306.

Kimura M, Sueoka O, Hamada A, et al., 2000. A comparative study of electron-and positron-polyatomic molecule scattering[J]. Advances in Chemical Physics, 111: 537-622.

Onitsuka T, Takenaka M, Kuramoto E, et al., 2001. Deformation-enhanced Cu precipitation in Fe-Cu alloy studied by positron annihilation spectroscopy[J]. physical Review B, 65(1): 1-4.

Schaefer H E, 1987. Investigation of thermal equilibrium vacancies in metals bypositron annihilation [J]. Physica Status Solidi A, Applied Research, 102(1): 47-65.

Stevens J R, Edwards M J, 1970. The lifetimes and intensities of positron statesin several solid polymers as an indication of structure[C]//Journal of Polymer Science Part C: Polymer Symposia. New York: Wiley Subscription Services, Inc., 30(1): 297-304.

Rosalia R, Domínguez-Reyes R, Capdevila C, et al., 2020. Positron annihilation spectroscopy study of carbon-vacancy interaction in low-temperature bainite[J]. Scientific Reports (Nature Publisher Group),10(1): 487.

Valeeva A A, Rempel A A, Sprengel W, et al., 2007. Vacancies on the Ti sublattice in titanium monoxide TiO_y studied using positron annihilation techniques[J]. Physical Review B, 75(9): 94-107.

Zhang X, Cherry S R, Xie Z, et al., 2020. Subsecond total-body imaging using ultrasensitive positron emission tomography[J]. Proceedings of the National Academy of Sciences,117(5): 2265-2267.

第 8 章　加速器质谱分析

加速器质谱(accelerator mass spectrometry，AMS)分析是指将加速器和离子探测器与质谱分析相结合的一种灵敏度很高的质谱分析技术. 该分析方法测定同位素比十分低的元素，丰度灵敏度最高为 10^{-15}，还有样品用量少(纳克量级)和测量时间短等优点. 它为地质、海洋、考古、环境等许多科学研究的深入发展，提供了一种强有力的测试手段.

本章主要介绍加速器质谱分析的基本原理和应用案例.

8.1　加速器质谱分析基本原理

8.1.1　加速器质谱发展简史

加速器质谱(AMS)分析的发展建立在 19 世纪 30 年代回旋加速器的发展基础之上. 1939 年，Alvarez 和 Cornog 利用回旋加速器测定了自然界中 ^{3}He 的存在，拉开了加速器质谱发展的序幕. 但由于重粒子探测技术和加速器技术等条件的限制，AMS 在之后近 40 年中没有进展. 随着地质学、考古学等对 ^{14}C、^{10}Be 等长寿命宇宙成因核素测量需求的不断增强，衰变计数法和普通质谱(MS)测量方法灵敏度低的问题亟待解决. 1977 年，Stephenson 等提出了用回旋加速器探测长寿命放射性核素的设想. 与此同时，美国 Rocherster 大学的研究小组提出了用串列加速器测量 ^{14}C 的方案. 紧接着加拿大 McMaster 大学和美国 Rocherster 大学几乎同时发布了用串列加速器测量自然 ^{14}C 的结果. 从此，AMS 作为一种独特的核分析技术，以其多方面优势迅速发展起来. 截至 2019 年，全球有 130 多个 AMS 实验室开展了相关工作，其中包括我国中国原子能科学研究院(CIAE)、北京大学、中国科学院上海应用物理研究所、中国科学院地球环境研究所(西安)、中国科学院地球化学研究所(广州)、兰州大学、南京大学、广西师范大学等 12 个 AMS 实验室. 现在，AMS 的应用研究工作几乎涉及所有研究领域，而且在许多方面都取得了重要的科研成果，并发挥着越来越不可替代的作用.

8.1.2　加速器质谱分析技术

质谱分析是很早就发展起来的一种同位素和元素分析方法. 在鉴别元素种

类、测量同位素丰度和在分离同位素、制备同位素纯靶子等方面，质谱技术有着重要的应用. 在粒子加速器和离子注入机上，常用质谱技术来选择所加速的粒子的质量和能量.

早期的常规质谱分析灵敏度较低，在很多应用场景下无法满足需求. 随着加速器技术和离子探测技术的发展，在常规质谱分析技术的基础上融合了加速器技术，形成了超灵敏的加速器质谱分析技术. 加速器质谱分析的基本方法，是把加速器和通常的电磁质谱设备组合在一起. 加速器将从离子源出来的离子加速到能量为几兆电子伏，然后再经过电磁分析，最后对所选择的离子进行鉴别和探测(原子计数). 其中，最关键的措施是使用负离子消除同量异位素原子离子干扰；使用电荷交换消除分子离子干扰；使用核粒子探测器鉴别离子. 这种采用核物理实验技术的质谱分析方法，由于能有效地消除干扰本底，将质谱分析灵敏度提高至少三个量级，因而能用来做同位素比十分低($<10^{-15}$)的研究工作和采用毫克质量的样品在较短的时间内完成分析.

1. 质谱基本原理

质谱分析是根据不同质量和电荷态的离子在电磁场中的不同偏转，来鉴别和测量离子的一种分析方法. 当质量为 M、电荷态为 q、速度为 v 的离子，在垂直于磁场方向进入一均匀磁场 B 时，在磁场力的作用下，离子将沿着半径为ρ的圆周运动，并有下列关系式存在：

$$qvB = \frac{Mv^2}{\rho} \tag{8.1.1}$$

同样，当离子在垂直于电场方向进入一均匀静电场ε时，电场力的作用使离子偏转，并有下列关系式存在：

$$q\varepsilon = \frac{Mv^2}{\rho} \tag{8.1.2}$$

如果在进入磁场和电场时离子的动能为 E，则式(8.1.1)和(8.1.2)可以写成

$$(B\rho)^2 = 2\frac{M}{q}\cdot\frac{E}{q} \tag{8.1.3}$$

和

$$\varepsilon\rho = 2\frac{E}{q} \tag{8.1.4}$$

离子的能量 E 是由离子源的加速电压 V_D 决定的，即

$$E = qV_D \tag{8.1.5}$$

由式(8.1.3)和(8.1.4)可见，静电偏转可以确定离子的 E/q，但不能确定离子的质量. 而磁偏转对具有相同 E/q 值的不同离子，原则上能确定它们的 M/q. 这些离子的 E/q 值虽然相同，但 M/q 不同，从而可以把它们区分开来. 所以，静电偏转和磁偏转结合起来使用，就可以进行质量分析. 但当 M 与 q 具有相同的倍数时，M/q 比值不变，磁分析就不能唯一地确定 M/q.

2. 加速器质谱工作原理

AMS 是基于加速器和离子探测器的一种高能质谱，属于一种具有排除分子本底和同量异位素本底能力的同位素质谱. 普通 MS 与 AMS 原理图如图 8.1.1 所示.

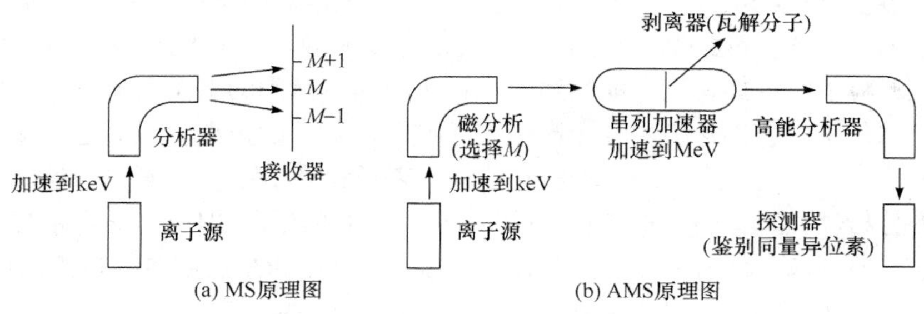

图 8.1.1　普通 MS 与 AMS 原理图

AMS 与普通 MS 相似(图 8.1.1)，由离子源、离子加速器、分析器和探测器组成. 两者的区别在于：第一，AMS 用加速器把离子加速到兆电子伏能量级，而普通 MS 的离子能量仅为千电子伏量级；第二，AMS 的探测器是针对高能带电粒子具有电荷分辨本领的粒子计数器. 在高能情况下，AMS 具备以下优点：①能够排除分子本底的干扰；②通过粒子鉴别消除同量异位素的干扰；③减少散射的干扰.

1) 分子干扰的消除

A. 库仑爆炸

如果把分子的束缚电子剥去几个(例如 3 个以上的电子)，成为多电荷态分子离子，则这时分子结构变得很不稳定. 分子中原子之间正电荷的相互排斥作用，使多电荷态的分子分裂成两个或更多的碎片，这称为库仑爆炸. 经研究知道，失去了 3 个束缚电子的分子，它的寿命是很短的，在约 10^{-9}s 时间内就要破裂；而多电荷态的原子却是稳定的，它仍保持着原子离子状态. 破裂的分子碎片具有较小的质量，因而很容易与原先受它干扰的原子离子区分开来.

B. 多电荷态分子离子产生办法

要产生多电荷态的原子和分子束，有两种办法：其一是采用某一种能产生足够数量的多电荷态离子的离子源；其二是把从离子源出来的单电荷态离子加速到能量为几兆电子伏，然后让这快速离子穿过一定厚度的气体层或固体薄箔进行电荷交换. 比较多的实验室是采用这种电荷交换办法获得多电荷态离子.

用提高离子能量来消除分子干扰的办法是在1976年首先提出来的. 当快速离子与物质发生碰撞时，分子离子和原子离子都很容易被剥去几个电子，成多电荷态离子. 电荷态大小与离子速度有关，一般产生 3^{+}电荷态离子，对轻离子来讲，要求离子能量在 3MeV 以上；对重离子来讲，要求离子能量在 6MeV 以上. 离子在此能量范围时，电荷态转换效率才能达到最佳. 图 8.1.2 给出产生 3^{+}电荷态离子的效率曲线. 可见，能量在 3MeV 以上时，原子很容易移去 3 个电子. 所以，在加速器质谱技术中，要用端电压为几兆伏的串列加速器来加速离子. 如果使用产生正离子的离子源，则可用单级静电加速器. 其缺点是要求离子源(或探测系统)处于高电位，这给操作带来不便，故采用串列加速器是比较理想的. 从负离子源中产生的负离子，经磁偏转器选择某一质量为 M 的离子，注入到串列加速器入口，所选择的粒子经过加速到高能量后，在通过高压电极中的电子剥离器时，负的原子离子和分子离子迅速失去几个电子，换成多电荷态的正离子，而这时多电荷态分子离子马上碎裂. 所有的正离子(包括原子离子和分子碎片)再经过加速，然后进入电磁分析器，选择特定的电荷态(如 q=S^{+4})，分析离子的质量. 这样很容易把分子裂片与原子离子区分开来. 由于对这种分析系统中所采用的磁分析器的质量分

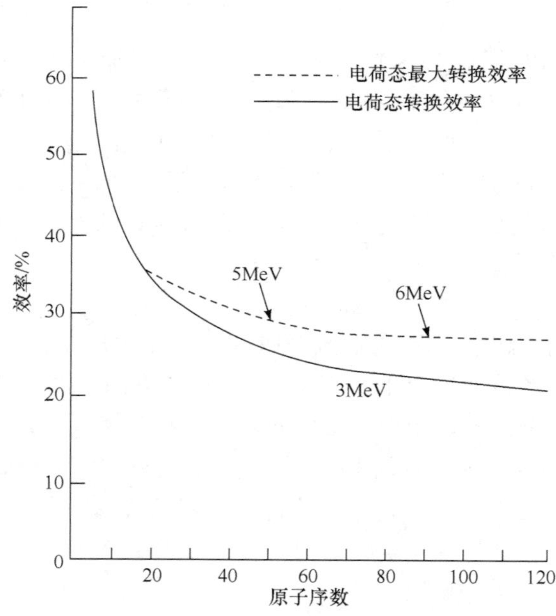

图 8.1.2　3MeV 负离子在 Ar 气中电荷交换产生 3^{+}电荷态离子的效率随原子序数的变化

辨率要求不高($\Delta M\sim 1\mathrm{u}$)，因此允许使用较大的粒子接收角度和宽的束流狭缝，以获得较大的透射系数. 实用上，在这种分析系统中用 $M/\Delta M=300$ 的谱仪已能满足整个元素周期表内的元素分析.

2) 同量异位素的区分

β 衰变的放射性核素与它衰变后的子体(最终为稳定同位素)之间的质量差异是很小的，在低分辨率时，认为它们具有相同的质量，称为同量异位素对. 例如，^{14}C 与衰变后的稳定同位素 ^{14}N 是一对同量异位素. 除采用 $M/\Delta M$ 很高的质谱仪外，在通常的质谱仪中是很难把 ^{14}N 与 ^{14}C 区分开来的. 而自然界中 ^{14}N 的丰度很高，这就影响了分析 ^{14}C 的灵敏度. 因此，要求能有效地区分开同量异位素是和要求能有效地消除分子干扰一样的，都是放射性同位素加速器质谱分析技术中的关键问题. 区分同量异位素应根据具体的情况，采用不同的方法(Rucklidge et al., 1981). 这些方法包括：化学方法、完全电离、射程测量法、利用负离子特性.

其中，利用负离子的特性来实现分离是分离某些同量异位素的最佳办法. 负离子的特点是：负的原子离子中额外的电子不是简单地由库仑束缚力将它束缚在中性原子上的，而是由类似于范德瓦耳斯力那种短程力将它束缚住的. 因此，只存在着有限数目的束缚态而不是里德伯连续态. 许多负离子只有一个稳定态，而在某些情况中，一个稳定态也不存在；或者，即使有亚稳态，但其寿命极短. 图 8.1.3 给出了 N$^-$的能级特性. 图中表明理论上不仅 N$^-$的基态是不稳定的，而且激发态的寿命也较短. 因此，在 ^{14}C 分析时，可以利用 N$^-$不稳定这一特性来消除 ^{14}N 同量异位素对 ^{14}C 测量的干扰.

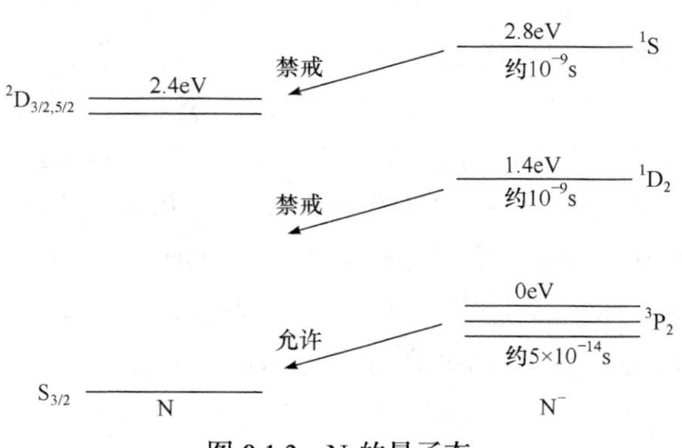

图 8.1.3　N$^-$的量子态

在使用串列加速器做 ^{14}C 加速器质谱分析时，负离子源产生的 ^{14}N$^-$不稳定，很容易在离子源中就将 ^{14}C$^-$ 和 ^{14}N$^-$ 分离开，^{14}N$^-$不会到达串列加速器的终端，因而不会再对 ^{14}C 的测量产生干扰. 这样，当样品中 ^{14}C/^{12}C 原子比等于或小于 10^{-12} 时，^{14}C$^-$也就很容易被探测到.

当然，采用这种办法时，要仔细研究每一同量异位素对的负离子特性对分离是否合适. 如果两种负离子都是稳定的，或者亚稳态寿命较长，则就不能利用负离子特性将它们分离开.

另外，采用负离子的好处还有可以降低加速器中的散射本底. 使用负离子时的散射本底比用正离子时的散射本底低几个数量级. 这是因为当负离子与管壁碰撞时，它总是分裂成中性粒子和一个电子，不太可能会再形成负离子；而中性粒子不受电场加速，因此不会被后面的记录系统记录.

3) 电荷和质量的谱分析

在加速器质谱分析中，虽然利用多电荷态分子离子的快速破裂这一特性能有效地消除分子干扰，但这同时也可能产生另外的问题. 各种电荷态离子的同时存在，会对质谱分析带来困难. 电场和磁场偏转仅能提供 E/q 和 M/q 这两个参量的信息，而不能确定 E、M、q 三个参量的信息. 在加速器质谱分析中，可以测量这三个参量.

A. 原子离子情况

在加速器质谱仪中，经串列加速器加速后的正离子的能量 E_a 为

$$E_a = V_T e(1+q) + V_1 e \tag{8.1.6}$$

或写成

$$\frac{E_a}{q} = eV_T + e(V_T + V_1)\frac{1}{q} \tag{8.1.7}$$

式中 V_T 是串列加速器高压电极的电势；$V_1 e$ 是负离子进入串列加速器前的入射能量；q 是负离子经电荷剥离后的正离子电荷态，存在着各种电荷态离子. 根据式(8.1.7)，每一种电荷态的离子有唯一的 E_a/q 值. 这时，尽管这些离子的 E_a/q 值各不相同，但在磁分析器中，M/q 值不同的离子却不一定能区分开来. 要选择的具有某一 E_a/q 和 M/q 值的离子，可能受到具有 E'_a/q' 和 M'/q' 值的另一种离子干扰，这两种离子在磁场中有相同的偏转(ME/q^2 相同). 如图 8.1.4 所示，在 E/q 和 M/q 平面上有一条磁偏转曲线(a)和一组对应于不同电荷态的静电偏转曲线(b). 每一条垂直线表示只有某一种电荷态的粒子能通过静电偏转器，(a)与(b)的交点就确定了粒子的 E/q 和 M/q. 交点 P、Q 代表不同 E_a/q 和 M/q 的粒子都能在相同的磁场下偏转. 在常规的质谱仪中，因为没有电荷交换，情况比较简单. 如果离子源产生的离子电荷态单一的话，离子的 E/q 就都是相同的.

可见，在加速器质谱分析中，要有能选择电荷态 q 的设备，如静电分析器和离子能量探测器. 用它们来测量离子被加速后的能量，于是就能确定 q，进而从 M/q 值确定离子的质量. 对能量为几兆电子伏的离子，可以用通常的重离子探测

器来测量它们的能量. 例如，用电离室或面垒半导体探测器测量. 对很重的离子，为提高能量分辨率，可用飞行时间法测量. 用探测器测量离子能量时，还能把能量不同的散射本底甄别掉. 这些本底包括来自管壁和剩余气体的散射离子.

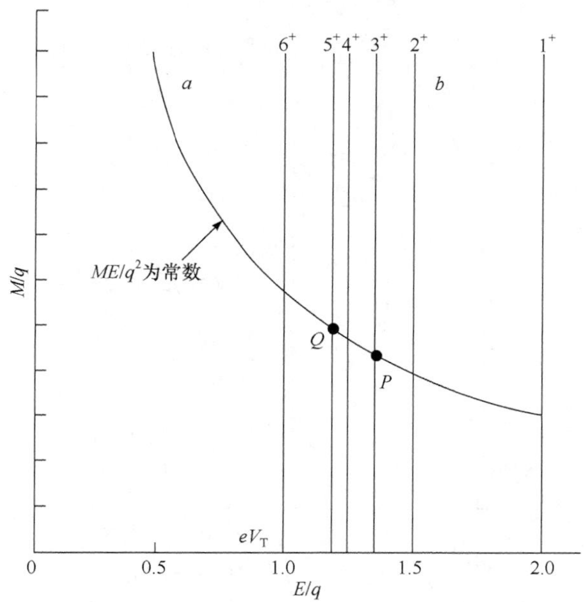

图 8.1.4　离子在 E/q 和 M/q 平面图上的轨迹

B. 分子离子情况

对分子离子也可以进行电荷态、能量、质量分析. 串列加速器中的负分子离子在电荷交换时碎裂成的分子碎片，经加速后的能量 E_d 为

$$E_{\mathrm{d}} = e\left[V_{\mathrm{T}}\left(q + \frac{M_2}{M_1}\right) + V_1\left(\frac{M_2}{M_1}\right)\right] \tag{8.1.8}$$

或写成

$$\frac{E_{\mathrm{d}}}{q} = eV_{\mathrm{T}} + e\left(V_{\mathrm{T}} + V_1\right)\frac{1}{q}\left(\frac{M_2}{M_1}\right) \tag{8.1.9}$$

式中 M_1 为进入串列加速器时所选择的负分子离子的质量，M_2 为碎裂后的分子碎片的质量($M_2<M_1$). 分子束中的每一组分裂前质量为 M_1 和分裂后质量为 M_2 的分子离子. 在 E/q 和 M/q 平面上有一确定的点，如图 8.1.5 所示，由此可以对从加速器出来的分子离子的质量分布进行分析. 若 $M_2=M_1$，即不存在分子碎裂，表明是原子离子束，这时公式(8.1.9)同式(8.1.7).

在 E/q 和 M/q 平面上，$M_a=M_2=M_1$ 的原子离子成分的 E_a/q 和 M_a/q 交于 P 点. 而

对分子碎片，$M_d=M_2<M_1$，在 E_d/q 和 M_d/q 平面图上的交点为 Q，这点 Q 落在直线(C)上，此直线称为分子"解离线"．当原子离子和分子碎片的电荷态相同时，从式(8.1.6)减去式(8.1.8)，并以 $M_a=M_1$ 和 $M_1=M_2$ 表示，就得到

$$\frac{M_a-M_d}{M_a}=\frac{E_a-E_d}{e(V_T+V_1)} \tag{8.1.10}$$

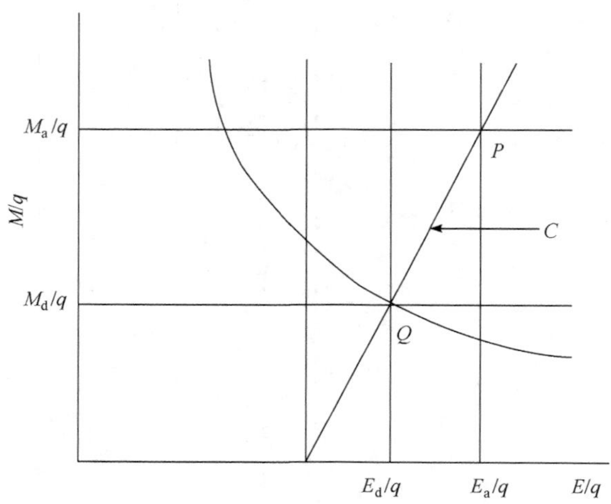

图 8.1.5　分子裂片在 E/q 和 M/q 平面图上的轨迹

实验时，改变电场和磁场大小，即沿分子解离线得到不同的交点，让这些分子离子能到达探测器，测量它们的能量．这样，由式(8.1.10)可分析所有的分子碎片质量．图 8.1.6 给出了由上述 q 选择和能量测量系统测得的 $^{14}C^-$分子和 $^{12}CH_2^-$、$^{13}CH^-$分子干扰成分分析的结果．从图中可以看出经电子剥离后每一种电荷态的离子束中各成分所占的比例．

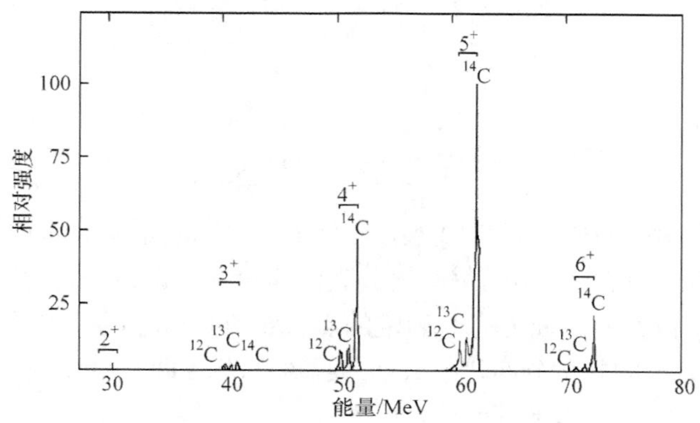

图 8.1.6　质量数为 14 的离子束($^{14}C^-$、$^{13}CH^-$、$^{12}CH_2^-$)电荷态及分子成分分析

除了直接测量离子的能量外，还可以测量它的能量损失率 dE/dx. 因为 $E=\frac{1}{2}mv^2$，$v^2=2(E/q)/(M/q)$，所以当 E/q 和 M/q 确定后，离子的速度就确定. 从能量损失的贝蒂-布洛克公式知道，对某一速度的离子，dE/dx 值与离子的原子序数的平方有关，而与离子质量无关，所以 dE/dx 的测量可以用来鉴别离子的原子序数. 在常规的质谱仪中，该参数是不可能测量到的.

总之，在加速器质谱分析中，由于使用能量为兆电子伏量级的离子，因而可以采用核物理实验中惯用的离子探测和粒子甄别技术. 通过测量离子的能量、能量损失率和飞行时间，给出有关 E、M、q 的信息；在分子裂片本底存在的情况下，能鉴别离子和对离子进行计数——原子计数法. 另外，兆电子伏量级的离子的弹性散射截面也比千电子伏量级的离子截面小几个量级，所以，从管壁和剩余气体上散射的离子本底也大大减少.

8.2　常规质谱分析仪与加速器质谱分析仪

8.2.1　质谱分析的质量分辨率与分析灵敏度

1. 质量分辨率

质谱仪的质量分辨率是衡量仪器区分元素微小质量差异的能力，定义为 $M/\Delta M$，M 为某两种待分析离子的平均质量，ΔM 是它们的质量差异. 质量分辨率在质量谱线(计数–质量关系曲线)上就是对应于峰的半高宽. 如果只要求区分质量差为 1u(原子质量单位)的离子，则这种质谱仪的 $M/\Delta M$ 值只有几十至几百，属于低分辨率质谱仪. 要区分开质量十分接近的离子，就要求谱仪的分辨率很高，$M/\Delta M$ 值应为几千或几万. 例如，若要区分开 ^{14}C 和 ^{14}N 这两种元素，则要求谱仪的 $M/\Delta M=84000$；若要区分开 ^{14}C 和 $^{12}CH_2$，则要求 $M/\Delta M=1134$；要区分开 ^{40}Ca 和 ^{40}Ar，则要求 $M/\Delta M=193500$. 为使谱仪达到这样高的分辨率，在设计时应尽量减小离子成像时的光学像差，并使用窄的物镜狭缝.

2. 分析灵敏度

质谱分析的分析灵敏度可以用分析所需的样品量的多少和分析时间的长短来衡量. 使用的样品量越少、分析时间越短，表示分析灵敏度越高. 也可用同位素比来衡量分析灵敏度. 分析的准确度与样品量和样品年龄有关，并与样品制备过程中是否受到沾污有关.

8.2.2　常规质谱分析仪

常规的质谱仪通常由离子源、电磁分析器、离子收集器三部分组成. 其中，电磁分析器由静电分析器和磁分析器构成，如图 8.2.1 所示. 样品在离子源中电离后，离子经加速电场加速，进入电磁分析器；分析器选择出一定种类的离子，然后这类离子由离子收集器收集、计数. 所采用的离子源种类有高频离子源、火花放电离子源、场致电离源、化学电离源、激光电离源等. 视样品的不同，可采用不同类型的离子源. 离子收集方法也有好几种，如照相板感光、电子倍增器、闪烁计数器等；也可用法拉第圆筒直接收集离子流，然后将弱电流放大、记录. 这种类型质谱仪的 $M/\Delta M$，一般都是几百或几千，有的在一万以上. 这种常规的质谱仪测量放射性同位素或稀有的稳定同位素比的下限可达 10^{-9}.

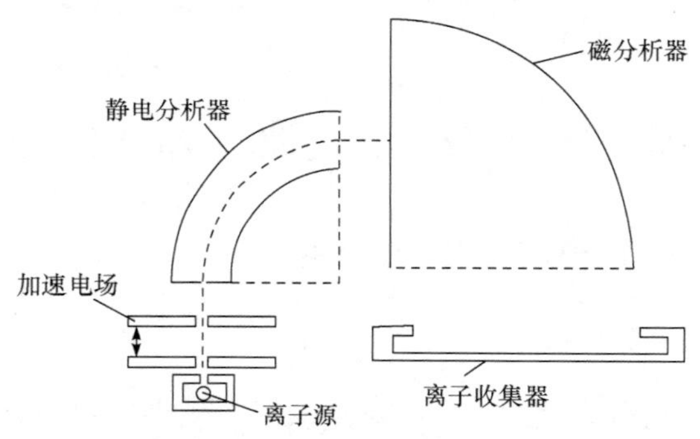

图 8.2.1　常规的质谱仪示意图

除了上述普通的质谱仪外，还发展了另一种质谱分析仪器——二次离子质谱仪(SIMS). 二次离子质谱仪分析是利用具有一定能量(几十千电子伏)的 Ar、Xe 等重离子轰击样品，从样品表面击出离子(这种现象称溅射，击出的样品离子称二次离子)，然后将二次离子引入到质谱仪进行分析. 用来作溅射源的初级离子束直径可以聚焦得十分细小，用这微束可进行样品扫描分析(离子微探针). 二次离子质谱仪是一种表面分析工具，在材料科学、地质学、生物学、环境科学等领域有重要的应用.

8.2.3　加速器质谱分析仪

目前世界上建立的加速器质谱分析系统，大多数采用串列加速器组成质谱计(Long et al., 1986)，也可以用回旋加速器组成质谱计(周善铸等, 1984). 图 8.2.2 是用串列加速器组成的加速器质谱分析设备示意图(López-Lora and Chamizo，2019).

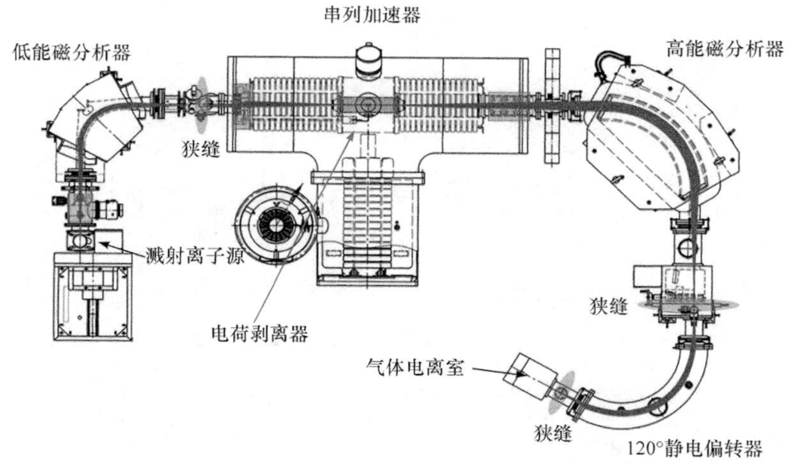

图 8.2.2　加速器质谱仪示意图

1. 溅射负离子源

对 AMS 离子源的要求是：束流大、电离效率高、稳定、无记忆效应、调换样品快. 使用负离子的好处不仅可以通过负离子电荷交换产生多电荷态来消除分子离子干扰，而且还能利用某些元素的负离子的不稳定性来消除同量异位素干扰(Middleton, 1984). 在 20 世纪 70 年代初发展的离子源中，用溅射固体样品的办法能产生很大的 $^{12}C^{-}$离子流，对石墨样品可达几十微安. 对含有毫克质量 C 的靶材料，也能产生大于 1μA 的 $^{12}C^{-}$离子流，因而溅射源能在串列加速器上做 ^{14}C 的断代研究工作. 所谓溅射，是用加速后的重离子(例如 20～30keV 的 Cs^+、Ar^+、Kr^+)轰击固体样品表面，从样品表面打出离子和中性原子的一种现象. 溅射现象可以用入射离子与固体原子之间的碰撞理论来处理(Behrish R et al., 1981). 碰撞后，入射离子停留在固体内，另一方面，在表面附近发生级联碰撞时，把靶原子从靶表面发射出来. 溅射出来的靶原子中的一部分带电荷,一部分呈中性. 靶表面功函数小，电子亲和势大时，靶原子以负离子形式出射的概率较大. 对于 C 原子，转换成负离子的效率约为 10%. 当然溅射时也会打出带负电荷和正电荷的分子离子及中性的分子. 溅射现象中，最基本的参量是溅射系数，即每个入射离子所溅射出来的靶原子数. 溅射系数与入射离子种类、能量、入射角、靶物质及其表面性质结构有关；对单晶样品，还与表面取向有关. 有 60%的元素能形成负离子. 串列加速器离子源中常用的溅射离子为 20keV 的 Cs^+. 覆盖在靶表面的 Cs 原子是电子施主，使靶表面的电子有效脱出功变小. 因此被溅射出来的粒子就容易获得电子，产生较大的负离子流. 图 8.2.3 是溅射离子源装置示意图. 用表面电离法很容易获得流强大的 Cs^+束，产生的 Cs^+能散度小，Cs 溅射源的记忆效应小(气体源有记忆效应)，前一个样品分析后，不会影响后一个样品的分析.

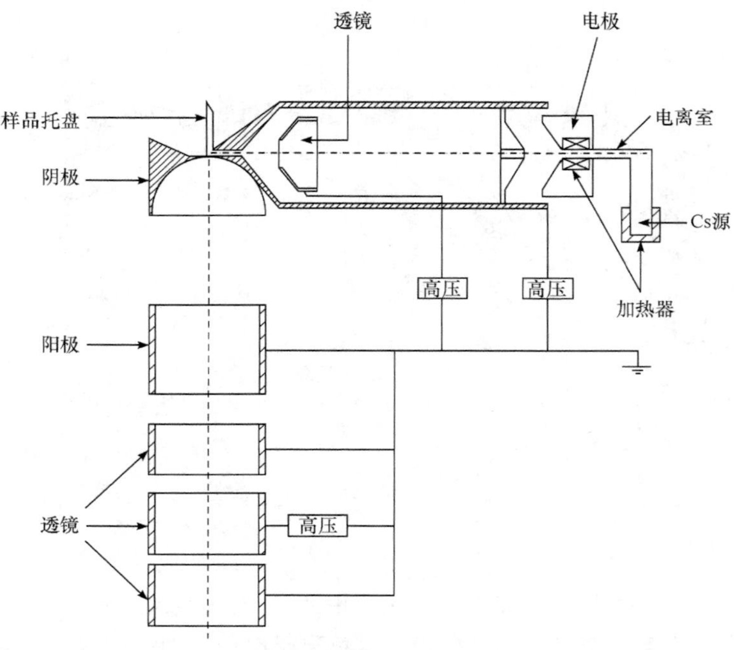

图 8.2.3　溅射离子源装置示意图

溅射源中采用固体样品分析 C 时，要将待分析的含 C 样品制成像石墨一样的固体材料(Donahue et al., 1983). 制备样品时，一方面要求制备方法简便，另一方面又要防止 C 沾污. 极少量的含有 ^{14}C 的碳杂质对待分析样品的沾污将会造成严重的测量本底，影响待分析样品中 ^{14}C 测量的准确度. 图 8.2.4 是 Cs^+溅射石墨样品的负离子电流磁分析结果.

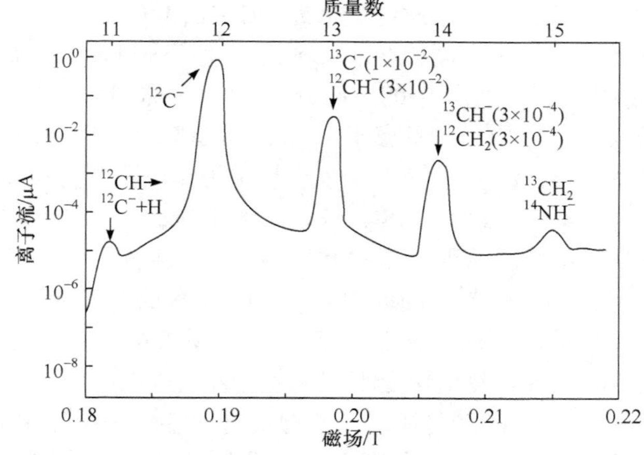

图 8.2.4　Cs^+溅射石墨样品的负离子电流磁分析结果

2. 串列加速器和离子电荷剥离器

加速器质谱分析中，利用端电压为几兆伏的串列加速器加速离子. 从离子源发射的负离子注入到加速器，在位于加速器中间部位的高压电极上的正电压作用下加速. 加速后的负离子通过位于高压电极中间的电荷剥离器时，进行电荷剥离(电荷交换)，成多电荷态的正离子. 正离子在正高压作用下再次加速. 串列加速器中的电荷剥离器可以是固体薄箔(例如，面密度为几十微克每平方厘米的碳箔)，或者是一段细管，其中充以一定压力的气体(例如氩气，压强约为 1Pa). 高速离子通过靶物质时，碰撞过程中失去电子的概率大，获得电子的概率小；而且高速离子通过固体靶物质时，由于碰撞概率大，离子的电荷态比离子通过气体靶物质时的离子电荷态高，所以采用固体剥离器的电子剥离效率较高. 实际上离子剥去几个电子与剥离器的厚度、离子的速度有关. 一束离子经过剥离器后，有的离子电荷态高一些，有的低一些，存在一定的分布. 当达到平衡时，各种电荷态离子所占的比例是一定的，这个比例与离子速度有关. 图 8.2.5 给出 $^{14}C^{-}$经过薄碳箔后的电荷态分布.

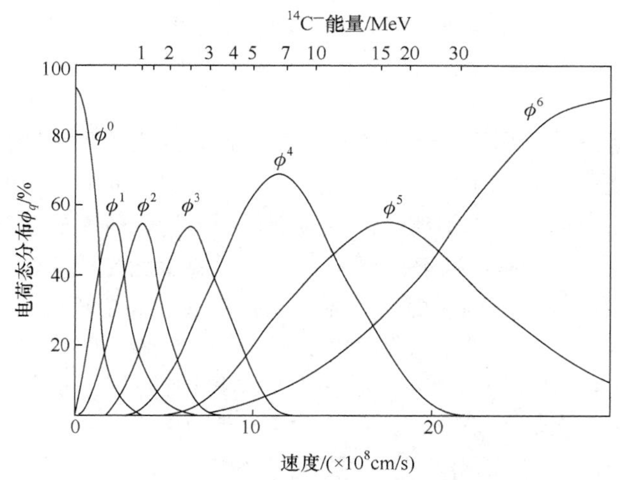

图 8.2.5　$^{14}C^{-}$经过薄碳箔后的电荷态分布

在串列加速器中，相同电荷态负离子的能量相同，但由于电子剥离截面只与离子的速度有关，因此对同一元素的不同同位素来讲，它们的负离子在相同能量下剥离电子后，成为某一正电荷态离子的概率是不相同的. 这就导致一定电荷态的不同同位素的透射系数不相等(Stoller et al., 2007). 这种效应将对同位素比测量引进百分之几的误差. 图 8.2.6 表示了 C^{-}经过电子剥离后形成 $^{12}C^{3+}$和 $^{14}C^{3+}$的百分比(计算值)随 C^{-}能量的变化. 从图中可见，当 C^{-}在 2.68MeV(能量选择很临界)时，电荷交换后 $^{14}C^{3+}$和 $^{12}C^{3+}$的产生概率相等. 这时，对 $^{14}C/^{12}C$ 同位素比测量的影响最小.

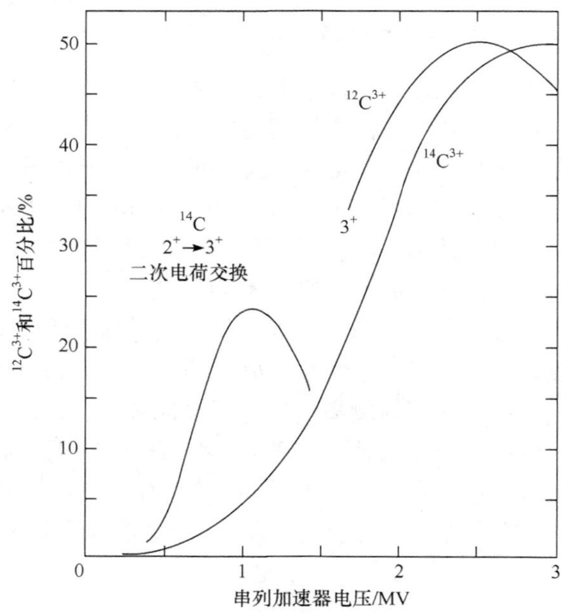

图 8.2.6 电荷态分布与 C^-能量的关系

3. 离子传输

从负离子源产生的离子，经过磁场初步选择后进入串列加速器加速和通过电子剥离器时，离子的强度可能发生变化. 虽然现有的串列加速器的设计能保证离子以高的传输系数通过电子剥离器，且由于采用了低分辨率磁分析器，透射率一般能接近 100%(包括所有电荷态的离子在内). 但要求能方便地调节离子注入系统的聚焦和离子束流导向控制系统，才能达到传送最大离子流的目的. 这在离子束流强度大于 1nA 时，调节是容易做到的. 但是，对于像 $^{14}C^-$这样十分微弱的离子束流(根据前面的估算，$^{14}C^-/^{12}C^-$比为 10^{-12} 时，每秒钟只有 10 个 $^{14}C^-$)，这时很难靠调节聚焦和导向系统来确定 $^{14}C^-$的透射率是否达到最大，需采用其他办法. 在 $^{10}Be^-$或 $^{36}Cl^-$的加速器质谱分析时，可以用伴随存在的 $^{10}B^-$或 $^{36}S^-$离子束(这两种负离子是稳定的)作为调试束，先让束流强度较大的 $^{10}B^-$或 $^{36}S^-$离子束通过串列加速器和随后的离子束传送系统，使透射率达到最大；然后再让 $^{10}Be^-$或 $^{36}Cl^-$通过. 但对于 $^{14}C^-$的分析，不存在具有相同质量的原子离子伴随束($^{14}N^-$不稳定，已在离子源中被消除掉)，只得采用 E/q 和 M/q 相接近的、流强较大的离子束作为试验束.

4. 离子探测器

用电离室做成 ΔE 和 E 探测器，或用半导体探测器测量能量 E. 电离室的窗口用的是 2mg/cm^2 厚的 Havar 箔. 工作气体为异丁烷，气压 1.33×10^{3}Pa.

5. 同位素比测量问题

为计算残存于植物和动物尸体中 C 的年代，必须准确测量 ^{14}C 的含量. 但为了消除负离子绝对产额的不确定性和质谱计传输系统的不稳定性对 ^{14}C 原子计数绝对测量的影响，通常都做相对测量，即测量 ^{14}C 和 ^{12}C 之比. 比值的准确程度直接影响断定年代的准确度. 若要对 10^{4}a 左右的样品断代，就要求同位素比值的准确度好于±1%；对 10^{4}a 以上的样品断代，则准确度要求可以低些. 目前，C 的同位素比值测量是用 $^{12}C^-$和 $^{14}C^-$计数率求得的. $^{12}C^-$可用位于串列加速器中的法拉第圆筒来测量，$^{14}C^-$则用重离子探测器系统计数. 或者，在注入器中分别选择 $^{14}C^-$和 $^{12}C^-$注入到串列加速器，调节后面的电磁选择系统，也用离子探测器测量 $^{14}C^-$和 $^{12}C^-$的计数率.

因为 $^{12}C^-$束流大，所以注入时间要短，以降低注入到加速器的 $^{12}C^-$的平均束流，从而保证探测器中 $^{12}C^-$计数率不会太高. 测量 $^{14}C^-$时，束流弱，注入时间要长. 在这种测量系统中，要有计算机系统对 $^{14}C^-$和 $^{12}C^-$交替注入的周期和电磁偏转系统进行同步控制.

根据对图 8.2.5 的讨论，在同位素比测量时，应选择合适的离子能量，使不同质量同位素的负离子($^{14}C^-$和 $^{12}C^-$)剥离后的电荷态分布相同. 这样探测器记录到的同位素比值才真正反映出未经电子剥离前样品中的同位素比值. 另外，有人还认为同位素比的数值还与溅射位置的涨落、溅射出来的粒子束的方向和发散度等有关.

8.2.4 加速器质谱分析仪发展历程及进展

经过近几十年的发展和科研工作者的不断努力，加速器质谱仪发展先后经历了 4 个阶段，分别为：与核物理实验加速器共用的 AMS 装置阶段、专用加速器的 AMS 装置阶段、小型化和标准化专用 AMS 装置阶段、新型 AMS 的发展阶段(姜山, 2019).

第一阶段：从 20 世纪 70 年代末到 20 世纪 80 年代末，为发展初期阶段. 该阶段的 AMS 装置是在原有的核物理实验研究的加速器基础上改造而成，其特点是：①装置非专用，只有部分束流时间用于 AMS 测量；②加速器的能量较高，测量费用较高；③由于加速器非专用，AMS 系统稳定性差，传输效率较低. 图 8.2.7 所示为中国原子能科学研究院于 1989 年基于 HI-13 串列加速器建成的我国第一台 AMS 装置.

第二阶段：从 20 世纪 90 年代初到 21 世纪初，为专用化阶段. 随着考古、地质、环境学等学科的发展，发展初期的非专用 AMS 装置已不能满足用户需求，继而开始出现专用的 AMS 装置，至 2002 年，国际上专用的 AMS 装置数量接近 50 台. 这些专用 AMS 装置大多基于串列加速器，加速器电压为 5MV、3MV、1MV 和 0.5MV. 这一阶段的特点是：①AMS 装置专门用于 ^{14}C、^{10}Be、^{129}I 等核素的分析与应用；②AMS 装置用于专一目的的研究，如美国 Woods Hole 海洋研究所的 NOSAMS 装置主要用于海洋研究；英国 York 大学的 AMS 设备用于药物研究.

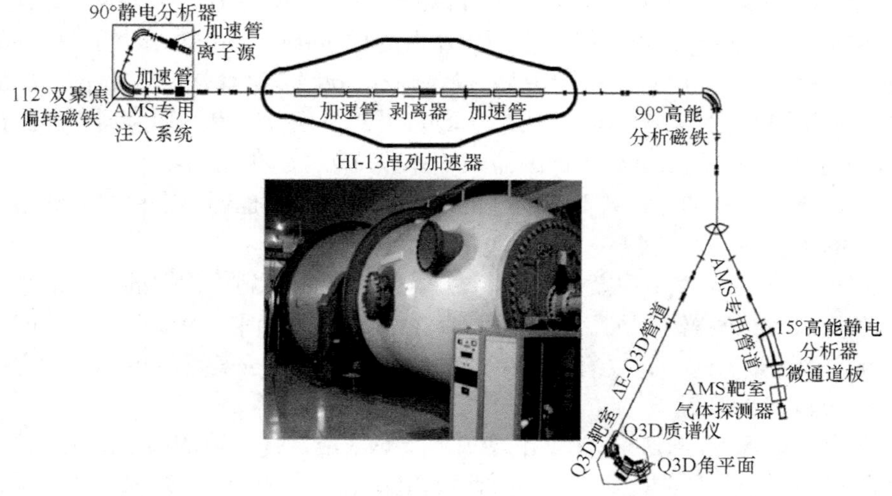

图 8.2.7　中国原子能科学研究院的 AMS 装置

第三阶段：从 2001 年到 2015 年为小型化和标准化阶段. 由于大型设备运行维护费用非常高，AMS 装置走向紧凑和低成本的小型化、简单化的发展方向，如图 8.2.8 所示. 2004 年美国 NEC 公司推出一种新的 AMS 系统，即基于 0.25MV 单

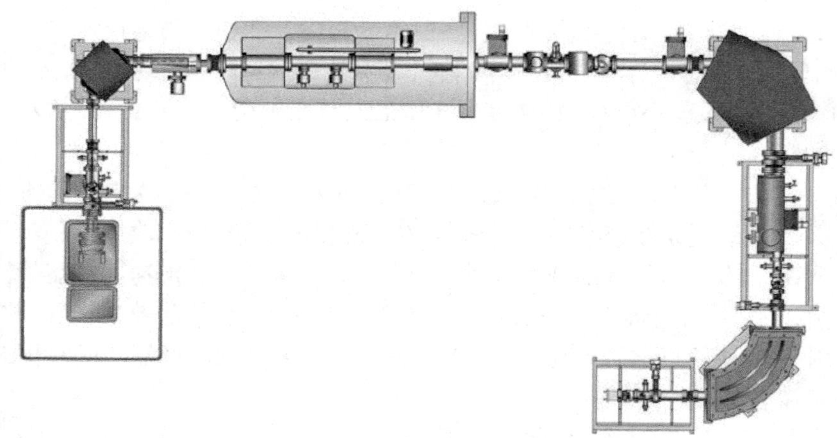

图 8.2.8　紧凑型 AMS 装置(UAMS)

级静电加速器的 AMS 系统(SSAMS)，如图 8.2.9 所示；瑞士苏黎世联邦理工学院(ETH)的 AMS 实验室与美国 NEC 公司合作研制了端电压 0.2MV 专用于 ^{14}C 定年的“桌面”AMS 系统. 针对 ^{36}Cl、^{41}Ca 和 ^{32}Si 等具有较强同量异位素干扰核素的测量，基于 5MV 串列的 AMS 装置在能量上属于临界范围. 2004 年，中国原子能科学研究院的姜山教授课题组提出采用 6MV 的串列加速器并得到了国际认同. 目前，国际上已经有 5 台 6MV 的 AMS 装置.

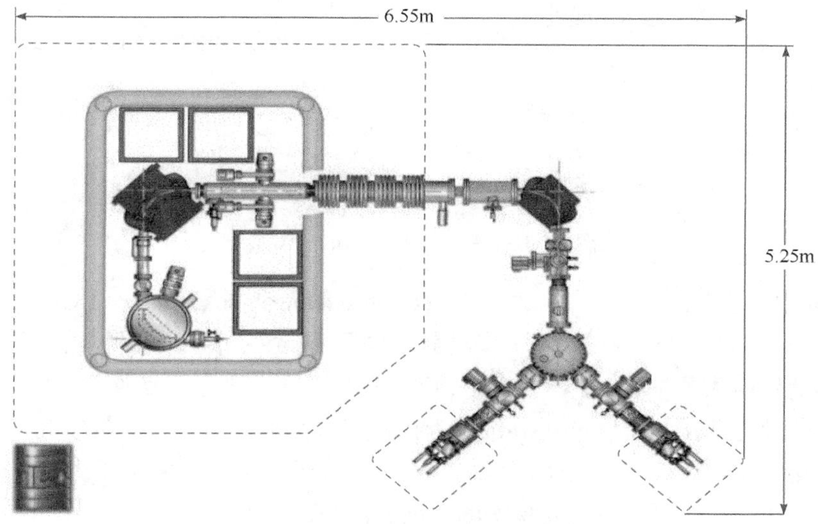

图 8.2.9 单级静电加速器的 AMS 系统

第四阶段：从 2016 年到未来的若干年的新型 AMS 的发展阶段. AMS 将摆脱传统负离子源、剥离器系统和串列加速器等核心部件，采用正离子源、低能加速段(100kV 范围)或取消加速器等技术. 通过改进核心部件和重新设计系统，使 AMS 朝更加小型化和更灵敏度的方向发展. 这一阶段代表性的仪器有以下 3 种.

(1) 基于正离子源的质谱系统(positive ion mass spectrometry, PIMS). PIMS 是由英国格拉斯哥大学的 Freaman 联合美国 NEC 公司和法国 Pantenik 研究所于 2015 年提出的 ^{14}C 专用测量系统，如图 8.2.10 所示. 该系统采用 CO_2 进样，利用单电荷态电子回旋共振源将 CO_2 电离成 C^+，然后将离子加速到 30keV 或 60keV，穿过异丁烷气体将 C^+转换为 C^-，同时将分子离子分解，通过磁分析器和静电分析器排除干扰后，采用面垒型半导体探测器对 ^{14}C 进行测定. PIMS 不需要加速器，这使设备更加小型化. 该系统的主要优点是气体进样，无须制备石墨化样品. 不足之处是：30keV 的 $^{14}C^+$难以较好地排除分子离子干扰；离子电荷转换(正离子转化为负离子)穿过气体时，负离子的转换效率较低. 这些问题导致 PIMS 的丰度灵敏度限制在 10^{-15}.

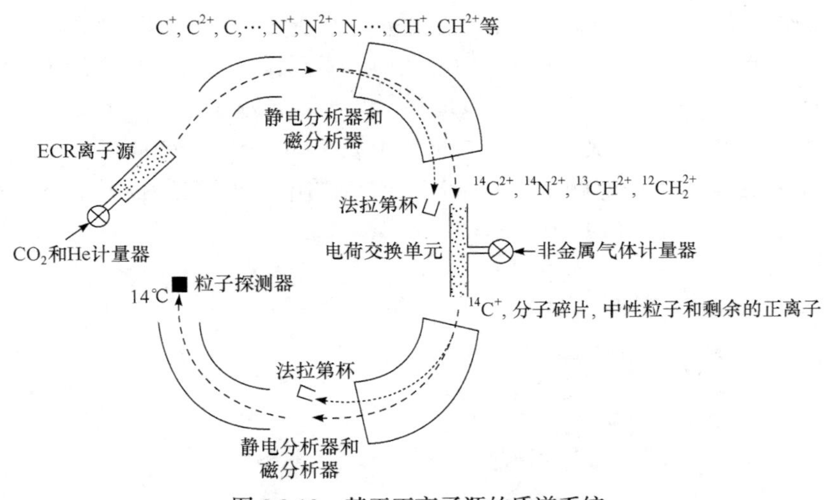

图 8.2.10　基于正离子源的质谱系统

(2) 基于多电荷的电子回旋共振(electron cyclotron resonance，ECR)离子源的质谱系统. ECR-AMS 是一种基于多电荷态电子回旋共振离子源的同位素质谱仪，其结构与磁质谱基本相同. 由于多电荷态 ECR 离子源具有束流强、离子能量离散小、没有分子离子干扰和同量异位素干扰较弱等优点，其测量同位素的丰度灵敏度能够达到 10^{-15}～10^{-13}，适用于 U、Pu、锕系等重元素和一些轻元素(如 H、He、Li、Be、B、C、N 和 O 等)同位素的高精度测量.

ECR-MS 将 AMS 与传统同位素质谱相结合，虽然省去了加速器，但对于无同量异位素干扰的待测核素，部分保留了 AMS 测量的高灵敏度指标和 MS 测量的高精度指标. 对于 ^{10}Be、^{14}C、^{36}Cl 和 ^{41}Ca 等存在同量异位素核素的测量，只需增加一个加速段来提高离子能量，再利用吸收膜和气体电离室等手段就可将测量丰度灵敏度提高至 10^{-15} 以上.

(3) 基于多电荷态 ECR 的 AMS 系统，即 ECR-AMS，如图 8.2.11 所示. 随着 AMS 应用研究的不断深入，10^{-15} 量级的丰度灵敏度已无法满足科研需求. 如对 ^{10}Be 的研究，需要测定其更老的年时代，只有在丰度灵敏度为 10^{-16}～10^{-17} 时，才能得到有效计数. 再如：^{14}C 的考古和定年需要测定 5 万～8 万年甚至更长的年代，10^{-15} 的丰度灵敏度只能给出 5 万年以内的年龄数据，需要将丰度灵敏度提高到 10^{-16}～10^{-17} 范围. 为实现提升 AMS 丰度灵敏度 10～100 倍的目标，姜山和欧阳应根于 2017 年提出了基于多电荷态 ECR 离子源的减速器质谱，即 ECR-AMS.

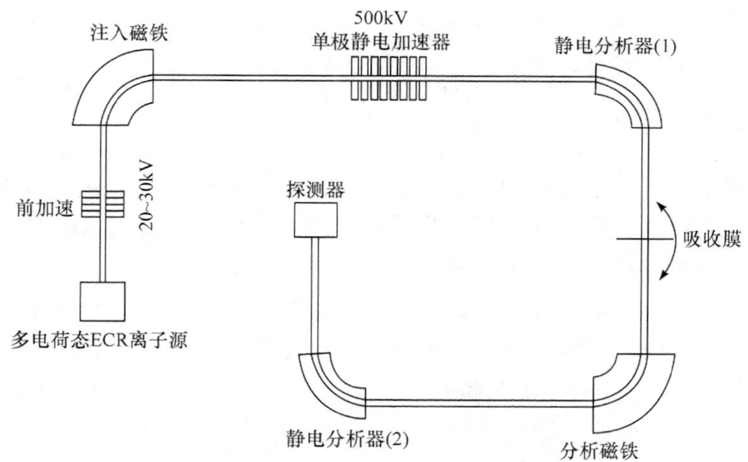

图 8.2.11　ECR-AMS 装置结构示意图

8.3　加速器质谱分析技术应用

由于 AMS 具有测量灵敏度高、样品用量少、测量时间短等优点，所以在国际核分析领域中发挥着越来越重要的作用. 近年来，随着试验设备与技术的不断发展和试验设计灵活性的增加，AMS 所能测量的核素也越来越多，已经发展成为几乎涵盖整个人类生态环境的一门十分活跃的核分析技术.

8.3.1　断代

测定样品中长寿命放射性同位素的含量，能确定样品的历史年代. 这在考古学和地质年代学中是一种很有用的断代方法. 最常用的放射性元素有 ^{10}Be、^{14}C、^{26}Al、^{36}Cl、^{41}Ca 等，其中尤以 ^{14}C 放射性断代研究得最多，^{14}C 是由宇宙射线中的中子与大气中的 N 发生 ^{14}N(n, p)^{14}C 核反应时形成的一种 β 放射性核素，半衰期为 5730a. ^{14}C 与 O 结合形成 CO_2. 在自然界中所有活着的动物、植物生物体，通过 C 循环吸收 ^{14}C，体内所摄入的 C 保持着平衡，^{14}C 的含量是一定的. 因此，生物体内 ^{14}C 与稳定同位素 ^{12}C 或 ^{13}C 的含量比是一定的($^{14}C/^{12}C\approx10^{-12}$). 当这些生物体死亡后，不再有 C 循环，体内的 ^{14}C 通过衰变逐渐减少，随着时间的增长，体内 ^{14}C 与 ^{12}C 和 ^{13}C 之比发生变化. 对考古样品中的 ^{14}C 与 ^{12}C 含量比进行测定，并与标准样品(用当代活着的生物样品作为标准样品)中的 ^{14}C 与 ^{12}C 含量比作比较就可以确定样品的历史年龄(即断定生物体死亡的年代)，公式如下：

$$\frac{^{14}C\,/\,^{12}C}{(^{14}C\,/\,^{12}C)_s}\approx\exp\left(-\frac{\ln 2}{T_{1/2}}-t\right) \tag{8.3.1}$$

式中下角标 s 表示标准样品. 要确定样品中的放射性核素含量，可以通过放射性活度测量或质谱分析来得到.

1. 放射性衰变法及其局限性

采用核物理实验中常规的放射性测量设备，很容易测量半衰期为秒和分量级的放射性核的活度；采用低水平计数技术，能在样品中存在大量的非放射性原子的情况下，探测到很少量的放射性原子. 可是，如果放射性元素的半衰期很长，则单位时间内的衰变概率很小. 要完成对样品中只含有少量长寿命放射性原子的测量所需的实验时间就大大增加. 例如，某一碳样品，质量只有 70μg. 这样品中 C 原子总数为 3.5×10^{18} 个. 如果按样品中 ^{14}C 与 ^{12}C 原子比为 10^{-12} 计算，则 70μg 的样品中含有的 ^{14}C 原子数为 3.5×10^{6} 个. $^{14}C(T_{1/2}=5730a)$的活度为

$$A = A_0\exp(-\ln 2t/5730) \tag{8.3.2}$$

在 85a 内，^{14}C 衰变才产生 36000 个β粒子. 如果假定β探测器的探测效率为 100%，则需要测量 85a 才有 36000 个计数(不包括本底计数). 在 lg 的当代的碳样品中，含有 6.5×10^{10} 个 ^{14}C 原子，但所能观测到的β计数很低，大约 15 个 $g^{-1}\cdot min^{-1}$，接近本底计数水平. 如果核素的半衰期为 10^6a，样品中放射性原子总数为 10^6 个，则实验测量要连续进行 10^4a 才能有 6900 个计数. 这表明对于样品量少的长寿命核素，直接探测它的放射性衰变产物的办法是不可行的. 表 8.3.1 列出了一些长寿命轻同位素的数据.

表 8.3.1 长寿命轻同位素的有关数据

放射性同位素	半衰期/a	可断定年代的范围/a	活度/(dpm/g)*
^{3}H	12	0～120	
^{10}Be	1.5×10^{6}	0～2.5×10^{7}	3.8～7.6 (dpm/cm^3)
^{14}C	5730	0～10^{5}	15
^{26}Al	7.4×10^{5}	0～7.4×10^{6}	0.65
^{32}Si	650	0～6500	$(10\pm1)\times10^{-3}$ (SiO_2)
^{36}Cl	3.1×10^{5}	0～3×10^{6}	2.1(Cl)

注：* dpm 为每分钟衰变数.

2. 常规的质谱分析法及其局限性

采用前面所介绍的常规的质谱分析方法，能记录长寿命放射性核素的原子数. 与放射性衰变法相比，质谱仪对 ^{14}C 原子的探测效率要远高于通过测量 ^{14}C 放射性衰变的β粒子来探测 ^{14}C 原子的效率. 但对于常规的质谱分析技术，由于质

谱仪的质量分辨率限制，谱仪的分析灵敏度(同位素比测量)实际上达不到上面所说的那么高. 这是由于荷质比与 $^{14}C^+$相近的分子离子(如 $^{12}CH_2^+$、$^{13}CH^+$、$^7Li_3^+$)或原子离子(如 $^{14}N^+$)带来的干扰.

若要将 $^{14}C^+$与分子离子及 ^{14}N 原子离子区分开来，就必须有高分辨率的质谱仪. 然而高分辨率的质谱仪不仅设备庞大，造价昂贵，而且由于接收角度小，离子束的透射系数很小，探测效率很低，使原来已经很少的放射性原子的计数更少. 故不能单靠提高谱仪分辨率来消除干扰本底.

对二次离子质谱仪来说，在溅射过程中能从样品表面溅射出带有负电荷的、正电荷的及中性的原子束和分子束，故也同样存在着分子和原子干扰问题，因而限制了灵敏度的进一步提高.

从以上的讨论可以看到，不论是测量放射性衰变，还是采用常规的质谱仪分析及二次离子质谱分析，都存在着局限性. 因此，要寻找更有效的办法来提高分析灵敏度，以便能采用毫克量级的样品进行断代研究，以及能用离子探针对样品中含量极低的稳定同位素进行鉴定. 显然，质谱分析具有广阔的发展前景，只要找到消除原子和分子干扰的有效办法,分析灵敏度就能进一步提高. 在 20 世纪 70 年代中期，找到了有效地消除干扰离子的办法，从而发展成了加速器质谱分析技术.

3. 加速器质谱分析在断代工作的应用

在 20 世纪 70 年代中期，采用负离子溅射源和串列加速器组成的加速器质谱分析做放射性元素断代工作，在考古、地质年代研究中引起了人们广泛的兴趣.

1) ^{14}C 断代研究

^{14}C 断代研究是开展最早，也是最成功的断代方法，先是用一些原有的串列加速器来做这一工作，后来又专门设计了几台 2～3MV 串列加速器做 ^{14}C 断代工作. 由于 ^{14}N 原子离子和 $^{12}CH_2$、$^{13}CH_1$ 和 $^7Li_2$ 分子离子能很好地消除掉，以及制靶时若严格防止沾污的话，可以探测到的 $^{14}C/^{12}C$ 原子比低于 10^{-15}，接近 10^{-10}(在现代的 C 样品中，^{14}C 的天然浓度水平为 $^{14}C/^{12}C=10^{-12}$). C 样品可以做成石墨或金属碳化物. 例如，古老树木年轮样品分析中，样品经过清洗，加热变成 CO_2，用 Mg 还原成 C 和 MgO. 再将 C 粉与 Fe 粉混合(粉末的质量比为 M_C/M_{Fe}=l5)在 Ar 气中熔化成碳化铁，做成合适的固体靶. 测量时可用相对测量法，即先测定一个标准样品的 $^{14}C/^{12}C$ 原子比，然后再测待测样品的 $^{14}C/^{12}C$ 比，从而可定出两种样品中的 $^{14}C/^{12}C$ 之比. 用加速器质谱计对少量样品进行 ^{14}C 断代，测量时间为 1h 的话，能达到的准确度为±200a.

^{14}C 也可用来断定陨石下落的时间. 陨石在空间穿行时受宇宙线作用，由陨石中的核生成 ^{14}C. 陨石中的 ^{14}C 是平衡的，当它坠落到地球上后，^{14}C 不再平衡，

浓度减少，与新近坠落的陨石相对比，就可以定出陨石下坠的年代. 表 8.3.2 对 ^{14}C 断代的放射衰变法和 AMS 方法进行了比较.

表 8.3.2 ^{14}C 测量的放射性衰变法和 AMS 方法的比较

年龄	现代		6×10^4a		10^5a
所需样品量	放射性衰变	AMS	放射性衰变	AMS	AMS
	1g	<1mg	7g	2～5mg (约 1mg/h)	120mg (1mg/h)
计数率	13.7 计数/min	720 计数/min	0.058 计数/min	0.7 计数/min	0.24 计数/h
本底计数率	1.6 计数/min	几个计数/d	1.6 计数/min	几个计数/d	几个计数/d
误差	约 50a	约 25a	约 1800a	约 500a	约 2500a
测量时间	12h	15min	4d	2h	1d

2) ^{10}Be 断代研究

用半衰期为 10^5～10^6a 的同位素来进行年龄范围在 10^6a 左右的断代工作和研究在这时间内宇宙射线诱发的核反应，是很适合的. ^{10}Be 就是其中的一个，它的 $T_{1/2}=1.5\times10^6a$，它是大气中宇宙线通过 $^9Be(n, \gamma)^{10}Be$ 反应产生的. 干扰同量异位素为 ^{10}B，干扰分子为 ^9BeH. 当样品中含有 10^7 个 ^{10}Be 原子时，一年中只发射 5 个β粒子，这远低于β 计数管的本底水平. 显然，对 ^{10}Be 不能采用测量放射性办法. 要探测天然浓度水平的 ^{10}Be，需要采用超灵敏质谱技术，$^{10}Be/^9Be$ 探测水平一般在 10^{-8}～10^{-13}，最好的能达到 10^{-15}. 可制成 BeO(混以 Ag 粉)靶，溅射源产生 $^{10}BeO^-$，用 2～3MV 串列加速器加速. 静电偏转系统选择 $^{10}Be^{3+}$，由探测器记录离子. 利用 ^{10}Be 和 ^{10}B 在物质中的射程不同来区分它们. 用 ^{10}B 作导航束(调试束)很方便. 透射率为 4×10^{-3}，$^{10}Be/^9Be=5\times10^{-13}$，测量时间为 1h，统计误差为±10%.

3) ^{36}Cl 断代研究

^{36}Cl 的 $T_{1/2}=3.08\times10^5a$，在大气中是由宇宙线与 ^{40}Ar 发生核反应生成的. 在地壳中，次级宇宙线中的中子与 ^{36}Cl 发生(n，γ)反应生成 ^{36}Cl. 在水文地质研究中，探测地下水中的宇宙线产生的这种同位素可以断定地下水的年代. 用 ^{36}Cl 也可确定陨石的地球年龄和研究核爆的放射性尘埃. ^{36}Cl 的丰度很低，只能用 AMS 来测. ^{36}Cl 与同量异位素 ^{36}Ar、^{36}S，以及分子 $^{12}C_3$、$^{18}O_2$、^{35}Cl 要区分开. 其中，$^{36}Ar^-$ 是十分不稳定的，很易消除；$^{36}S^-$ 虽然是稳定的(丰度为 0.014%)，但如果加速器能量达 100MeV，使电子完全剥离，则 ^{36}S 的存在不会成为干扰(Kubik et al., 1984). ^{36}S 可用作为调整 AMS 测量系统的调试束. ^{36}S 束流打在磁分析器出口的狭缝仪上还可作为加速器电压稳定的拾取信号. 样品可制成 AgCl，通过人为地混合一定量的 ^{36}S($^{36}S/Cl\approx10^{-3}$)以增大 ^{36}S 调试束强度. $^{36}Cl/Cl$ 的标样(浓度 10^{-9}～10^{-12})可由反

应堆上产生. $^{36}Cl^-$上和$^{37}Cl^-$离子束流用法拉第圆筒测量,系统的透射率为1.5×10^{-3}. 图 8.3.1 为用电离室测得的能谱. 用这一方法对地下水、雨水、骨头、石灰石等样品中$^{36}Cl/Cl$进行了测量，探测下限可达4×10^{-15}.

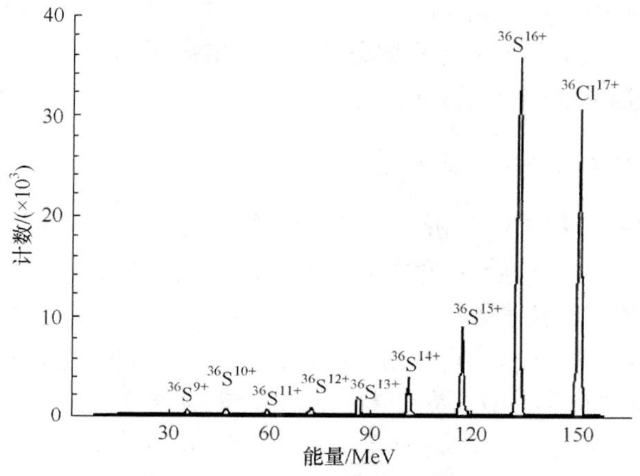

图 8.3.1　质量数为 36 的同量异位素能谱

8.3.2　放射性标记元素测量

用长寿命放射性同位素作为标记元素的许多研究中，也可应用加速器质谱技术测量这些标记元素. 例如，在大气化学学中，测量污染空气中 ^{14}C 浓度，可以指示出污染程度和来源，因为汽车排出的废气中没有 ^{14}C，如 $^{14}C/^{12}C$ 变小，说明污染严重. 在生命科学和医学研究中，用 ^{14}C 作标记晚期肿瘤实体，研究肿瘤在血液、尿液、粪便中的代谢产物，以明确肿瘤组织的生物转化路径并分析个体间的差异性(Sandeepraj et al., 2018)；用 ^{26}Al 作标记元素研究神经系统. AMS 也可用宇宙中形成的其他长寿命核素，例如，^{10}Be、^{36}Cl、^{39}Ar 等作为标记元素，研究物质的运动和所研究的样品的起源.

另外，加速器质谱技术也可用来做超痕量放射性元素测定，例如测量重水中氚的含量(周善铸等，1984)，或者环境中 ^{237}Np、^{239}Pu、^{240}Pu 含量，检测灵敏度为飞克量级(López-Lora and Chamizo，2019).

8.3.3　稳定同位素分析

超灵敏质谱分析技术不仅能用来测量放射性核素，而且也能用来测量痕量的稳定同位素，确定同位素比和丰度. 放射性同位素的自然丰度低，所以对放射性同位素的探测水平都要求低于 10^{-12}. 对天然材料的稳定同位素分析不必要求这么低的探测水平，因为大多数天然存在的稳定同位素的浓度水平远大于 10^{-12}. 可是在某些情况中，需要用高灵敏度分析技术对低水平杂质浓度进行定量分析. 超灵敏质谱分析在材料研究和矿物研究中有许多应用. 例如Pt元素分析,对痕量的Pt,不能用中子活化分析法，因为低于NAA的探测限. 当有少量的干扰元素Au存在时，Pt的NAA分析更难做，要用几克重的样品才行. 而采用超灵敏质谱仪，只要采用10mg的样品就能分析Pt. 浓度为1ng/g时，每分钟计数为1个.

另外，也可构成离子微探针质谱分析. 把溅射离子源中的直径一般为1mm的铯离子束聚焦成微米束，并配上扫描装置，就可以进行微束扫描超灵敏质谱分析.

8.3.4　稀有过程中粒子探测

超灵敏质谱分析不仅可分析一些已知的痕量元素，还可研究一些自然界中很稀有的、现代科学中十分感兴趣的问题. 例如，寻找超重元素、原子核自发发射 ^{14}C 粒子、分数电荷态粒子等.

人们一直在寻找超重元素，并预言在 $Z \approx 114$、$A \approx 300$ 存在超重元素. 预言的 $T_{1/2}$ 值竟差几个量级. 用AMS寻找原始的超重核,要求 $T_{1/2}$ 至少为 1×10^8a左右. 有人已用AMS测量到天然Pt矿石中 $Z=110$、$A=294$ 的元素，它是Pt的化学同系物，在Pt中存在 $Z=110$、$A=294$ 元素的极限含量约为 10^{-11}(Stephens et al., 1980).

8.3.5　加速器质谱的应用进展

近二三十年，AMS技术发展十分迅速，使AMS技术的应用越来越广泛. AMS已广泛应用于考古学、地质学、海洋学、环境科学与核物理等众多科学领域. 近年来，AMS在营养学、毒理学、药理学等生命科学领域展现出了独特的分析能力(姜山等，2012).

AMS在地质学中最主要的应用是年代测定，分析的主要核素有 ^{26}Al、^{10}Be、^{36}Cl、^{14}C 等，通过宇宙射线原生的及次生的粒子与大气物质发生核反应，或者次级粒子穿透大气层与地表岩石中的O、Fe、Si等原子发生反应生成的宇宙成因核素. AMS在地学中的应用主要体现在以下方面：①地表暴露年龄和侵蚀速率测量；②火山喷发年龄测量；③地貌演变研究；④河流、湖泊、海底阶地的年龄测量.

AMS在海洋学的应用主要体现在海洋环境和海底沉积物的研究. 通过对海洋环境样品中的长寿命人工放射性核素 ^{129}I、^{90}Sr、^{137}Cs、^{239}Pu、^{240}Pu 等进行测定，以研究核武器和核能利用对海洋环境造成的影响，对于核燃料处理厂排放监测、废物示踪等具有非常重要的意义. 研究海底沉积物中 ^{10}Be、^{26}Al、^{53}Mn、^{129}I 等长寿命核素，对研究海洋物理、海洋化学和生物过程具有重要的科学意义.

在考古学中的应用主要通过 ^{14}C、^{10}Be、^{26}Al 等元素进行断代研究，例如，北京大学通过 ^{14}C-AMS技术进行了夏商周断代工程，测量了陕西洋西、河南新碧、山西晋侯墓地等多个考古遗址的系列样品，为建立夏商周年代框架作出了重要贡献.

在环境领域，AMS 技术主要应用于核污染监测及城市污染监测、全球环境气候变化等研究. 例如，在 2011 年福岛核事故后，环境监测人员通过 AMS 技术测量反应堆废水中的 ^{129}I、^{137}Cs 等核素，研究放射性污染物的扩散情况. 在城市污染监测方面，主要使用 AMS 技术测量大气中的 ^{14}C，以监测大气中的有害成分. 在全球环境研究领域，主要通过研究远古冰川冰芯中 ^{10}Be，^{36}Cl 等核素的情况，来分析全球环境的变化过程.

在核物理与核天体物理研究领域，AMS 可以测量核素的半衰期、核反应极微小的反应截面、寻找超重元素、产物为长寿命核素的聚变产额. 另外，AMS 还能对珍贵的月球和陨石样品中的宇宙成因核素进行高灵敏测量.

在材料领域，AMS 技术在化学反应机理研究方面发挥了重大作用. 例如，在催化材料的研究中，以 ^{14}C、^{16}O 等标记元素作为探针可以探究石化燃料的催化燃烧反应、污染物光催化处理等反应过程(Lysikov et al., 2018; St-Jean et al., 2017; Liu et al., 2017).

在生物医学方面，AMS 技术在药物早期的临床研究的应用成为了近几年的研究热点，被广泛用于药物临床研发中 ^{14}C 标记药物的测定. 在药物早期临床试验阶段，加速器质谱有利于开展微剂量及微量示踪研究，从而尽早获得药物药代动力学及代谢特征，包括基本药代动力学参数(清除率、表观分布容积)、绝对生物利用度、物料平衡和消除途径等. 例如，在药物零期临床试验过程中，使用 AMS 技术对 1%标准剂量药物在少量人群进行微剂量试验，有助于在早期获取药物在人体内的试验数据，大大降低新药研发成本和后期研发的失败概率(Miyatake et al., 2018; 王少媛等, 2018; Arjomand, 2010).

参 考 文 献

姜山, 2019. 超高灵敏加速器质谱技术及应用进展[J]. 质谱学报, 40(5): 401-414.

姜山, 董克君, 何明, 等, 2012. 超灵敏加速器质谱技术进展及应用[J]. 岩矿测试, 31(1):7-23.

王少媛, 郑昕, 胡蓓, 等, 2018. 在药物早期临床研究中加速器质谱的应用研究现状[J]. 中国临床药理学杂志, 34(5): 584-588.

周善铸, 潘浩昌, 林俊英, 等, 1984. 应用回旋加速器测量水中微量氚[J]. 核技术, (5): 30-32.

Arjomand A, 2010. Accelerator mass spectrometry-enabled studies: current status and future prospects[J]. Bioanalysis, 2(3): 519-541.

Behrisch, Rainer, Eckstein, et al., 1981. Sputtering by particle bombardment I[J]. Topics in Applied Physics, 47: 145-218.

Donahue D J, Jull A J T, Zabel T H, et al., 1983. The use of accelerators for arhaeological dating[J]. Nuclear Instruments and Methods in Physics Research, 218(1): 425-429.

Kubik P W, Korschinek G, Nolte E, 1984. Accelerator mass spectrometry with completely stripped ^{36}Cl ions at the Munich postaccelerator[J]. Nuclear Instruments and Methods in Physics Research B, 1(1): 51-59.

Liu Y, Wu D, Chen M Y, et al., 2017. Wet air oxidation of fracturing flowback fluids over promoted bimetallic Cu-Cr catalyst[J]. Catalysis Communication, 90: 60-64.

Long A, Cai J X, Yuan S G, et al., 1986. Design of an accelerator mass spectrometer[J]. 中国科学院近代物理研究所(1985)年报: 86-87.

López-Lora M, Chamizo E, 2019. Accelerator mass spectrometry of ^{237}Np, ^{239}Pu and ^{240}Pu for environmental studies at the Centro Nacional de Aceleradores[J]. Nuclear Instruments and Methods in Physics Research Section B, 455(SEP.15): 39-51.

Lysikov A I, Kalinkina P N, Sashkina K A, et al., 2018. Novel simplified absorption-catalytic method of sample preparation or AMS analysis designed at the Laboratory of Radiocarbon Methods of Analysis (LRMA) in Novosibirsk Akademgorodok[J]. International Journal of Mass Spectrometry, 433: 11-18.

Middleton R, 1984. A review of ion sources for accelerator mass spectrometry[J]. Nuclear Instruments and Methods in Physics Research B, 5(2): 193-199.

Miyatake D, Nakada N, Takada A, et al., 2018. A phase I, open-label, single-dose micro tracer mass balance study of ^{14}C-labeled ASP7991 in healthy Japanese male subjects using accelerator mass spectrometry[J]. Drug Metabolism and Pharmacokinetics, 33(2): 118-124.

Rucklidge J C, Evensen N M, Gorton M P, et al., 1981. Rare isotope detection with tandem accelerators[J]. Nuclear Instruments and Methods in Physics Research, 191(1-3): 1-9.

Sandeepraj P, Mihaela P, Neeraj G, et al., 2018. Biotransformation of [^{14}C]-ixazomib in patients with advanced solid tumors: characterization of metabolite profiles in plasma, urine, and feces[J]. Cancer Chemotherapy and Pharmacology, 82(5): 803-814.

Stephens W, Klein J, Zurmühle R, 1980. Search for naturally occurring super heavy element Z=110, A=294[J]. Phys. Rev. C, 21(4): 1664-1666.

St-Jean G, Kieser W E, Crann C A, et al., 2017. Semi-automated equipment for CO_2 purification and graphitization at the A.E. Lalonde AMS laboratory (Ottawa, Canada) [J]. Radiocarbon, 59: 941-956.

Stoller C, Suter M, Himmel R, et al., 2007. Charge state distributions of 1 to 7 MeV C and Be ions stripped in thin foils[J]. IEEE Transactions on Nuclear Science, 30(2): 1074-1075.

第9章　中子散射

9.1　简史与概要

9.1.1　发展历史

1932 年，James Chadwick 用α 粒子轰击实验证实了中子的存在，开启了科学界对中子的研究. 之后到 1936 年，Elsasser 首先确认中子的运动可以用动力学来描述，而且它能被晶体衍射. 同一年，Mitchell 和 Powers 通过实验证明了这一点，热中子散射理论也在同一时间发展. 一直到 1945 年，核反应堆可以提供足够的束流后，科学家能够从准直束中选取窄能带中子束，使中子散射研究得到了迅速发展. 最终于 1947 年，在美国 Argonne 国家实验室，Zinn 建造了第一台中子衍射仪，使得中子散射技术开始被运用于分析领域.

近年来，国际中子散射技术呈飞速发展态势. 法国劳厄-朗之万(ILL)中子科学中心、美国国家标准与技术研究院(NIST)中子散射中心等具有悠久历史的中子源不断加大升级力度，以尖端的设备及前沿技术保持世界领先地位. 欧洲散裂中子源(ESS)、英国散裂中子源(ISIS)、日本散裂中子源(J-PARC)、中国散裂中子源(CSNS)等高性能中子源也陆续建立，功率逐级攀升.

除了各个中子源的建设外，对中子光学及探测部件的研制，也是中子散射技术发展的基础. 与发展建造高性能中子源相比，良好的光学部件及探测系统更具有经济性，且可使中子利用率呈量级提高. 因此，开发高效的中子光学部件是目前各国的首要研究目标. 目前，聚焦型中子单色器、Soller 型中子准直器、双晶石墨单色器、二维位置灵敏探测器已经得到广泛应用. 英国 ISIS 的 EngineX 谱仪和澳大利亚核科学与技术组织的 Kowari 谱仪等应力谱仪上利用径向准直器取样，进行大样品残余应力测量，取得了很好的测试结果. 为了在有限测试区域内最大限度提高中子强度以适应小样品、快测量的前沿应用研究需求，高效单色器聚焦技术、高透过率准直器技术及高性价比中子探测器制备技术成为新的研究方向. 德国亥姆霍兹柏林材料与能源研究中心、德国慕尼黑工业大学的 FRM-II 高通量研究堆和瑞士保罗谢尔研究所(PSI)配备了双晶石墨单色器用于开展能量选择中子成像，其波长分辨率可达 3%. 中国原子能科学研究院研制出我国首台垂直聚焦锗晶体中子单色器和 Soller 型中子准直器，已经用于中国先进研究堆(Chinese advanced research reactor，CARR)的高分辨粉末衍射仪. 涂硼气体电子倍增(gas electron multiplier，GEM)中子探测器最早由德国海德堡大学于 2011 年研制成功，被广泛认为很有希望替代 ^3He 气体探测技术，成为下一代中子探测器的重要方向之一. 国内清华大学、中国科学技术大学、中国科学院高能物理研究所等单位很早就开始 GEM 探测器基本性能的研究工作,并取得了一系列优秀的成果. 自 2005 年以来，中国科学院高能物理研究所在国内率先开展 GEM 探测器的研究工作，在 GEM 探测器制作工艺、电子学研制以及测试平台建设方面积累了丰富的经验与成果(武梅梅等，2019).

目前，中子散射技术应用广阔. 在工业领域，中子散射技术可实现工程材料和构件的深部三维应力场、体织构及材料内部纳米析出相的精确无损测量. 在基础研究中，中子散射技术常被用于研究凝聚态物理中晶体的结构、动力学等种种问题. 飞机制造商空客公司已使用中子散射技术多年，主要用于研究铝合金焊接接头的结构完整性，分析并评估是否适用于未来的飞行器. 美国散裂中子源(SNS)、德国 FRM-Ⅱ、法国 ILL 等中子散射中心利用小角中子散射技术都开展过金属材料纳米相的研究，取得了较好成果.

9.1.2　技术特点

发展至今，中子散射已经成为探测物质结构的重要手段. 与目前应用广泛的 X 射线技术相比，中子散射技术主要有以下优势.

(1) 中子不带电、穿透性强，能分辨轻元素、同位素和近邻元素，且有对样品的非破坏性的特点.

(2) 与硬 X 射线同波长的中子，其能量要低很多，并与物质中原子激发的能量相当，因此，中子不仅可探索物质静态微观结构，还能研究原子排列的动力学机理. 这些优势使得中子散射技术得到不断发展，在基础科研、工业上得到了广泛的应用.

(3) 中子有磁矩，因此在测定物质的静态及动力学磁性质(磁有序现象、磁激发、自旋涨落)时，是一种极好的探针.

当然，中子散射技术也有它的不足之处. 最主要的缺点是需有庞大的设备(核反应堆或专用强中子源加速器)，且中子源的运转费昂贵，所以只能到有限的源、有限的地方进行散射实验，不可能像普通 X 射线分析那样广泛和普及. 同时就目前而言，对大分子工作，中子源强度还往往不足，因而常常需要较大量的样品. 现在美国、日本和欧洲正在建造第三代大功率中子源，它将提供比现今功率高 30 倍的中子源. 而对于一些发展中国家，例如印度尼西亚、中国等也开始认识到这项技术对于物质研究的重要性. 中国政府投资 50 亿元(1998 年)在中国原子能科学研究院建造 CARR，希望在中国建成世界上一流的中子散射仪. 新一代中子源的建成，将对中子散射在生物大分子研究领域的应用起到重要的作用.

9.2　原理及相关理论

9.2.1　基本概念

1. 中子能量和其他物理量之间的转换关系

中子散射，常常用到中子能量 E、温度 T、速度 $\boldsymbol{v}$ 、波长 λ 和波数 k 之间的数值转换.

根据德布罗意关系，中子的动量 $\boldsymbol{p}$ 和波矢 $\boldsymbol{k}$ 的关系为 $\boldsymbol{p}=\hbar\boldsymbol{k}$，波矢 $\boldsymbol{k}$ 的方向规定为中子速度 $\boldsymbol{v}$ 的方向，其中 $k=2\pi/\lambda$ ，称为波数. 由此可写出中子能量 E 、温度 T 、速度 $\boldsymbol{v}$、波长 λ 和波数 k 之间的关系

$$E=k_{\mathrm{B}}T=\frac{mv^2}{2}=\frac{h^2}{2m\lambda^2}=\frac{\hbar^2k^2}{2m} \tag{9.2.1}$$

这里 k_{B} 是玻尔兹曼常量，m 是中子的质量，h 是普朗克常量. 代入 m、h、k_{B} 等基本常数后，可以得到以下转换公式：

$$\lambda=6.283\frac{1}{k}=3.956\frac{1}{v}=9.045\frac{1}{\sqrt{E}}=30.81\frac{1}{\sqrt{T}} \tag{9.2.2a}$$

$$E=0.08617T=5.227v^2=81.81\frac{1}{\lambda^2}=2.072k^2 \tag{9.2.2b}$$

式中各物理量的单位为：λ ，10^{-10}m；k，$10^{10}\mathrm{m}^{-1}$；v ，km/s；E，MeV；T，绝对温度 K.

2. 中子散射的动量守恒关系和能量守恒关系

当一个波矢为 $\boldsymbol{k}_0$ 的中子受到原子核散射后，其波矢将变为 $\boldsymbol{k}$、$\boldsymbol{k}_0$ 和 $\boldsymbol{k}$ 的矢量关系如图 9.2.1 所示. 其中 2θ 称为散射角；$\boldsymbol{k}$、$\boldsymbol{k}_0$ 的矢量差 $\boldsymbol{Q}$ 称为散射矢量，其量纲为长度的倒数.

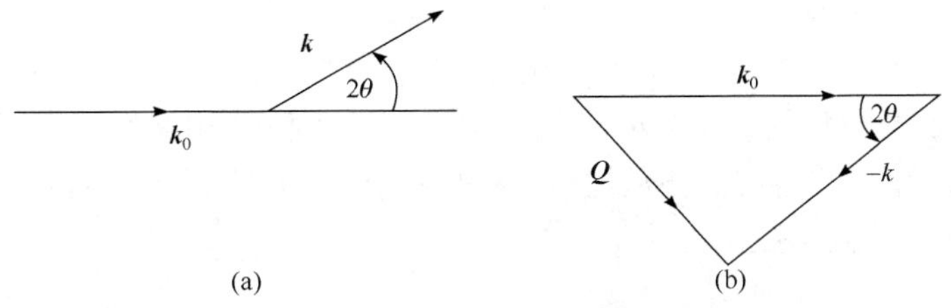

图 9.2.1　(a)散射图；(b)散射矢量 $\boldsymbol{Q}$、$\boldsymbol{k}_0$ 和 $\boldsymbol{k}$ 的矢量图

散射矢量 $\boldsymbol{Q}$ 与散射角，波矢量 $\boldsymbol{k}_0$ 和 $\boldsymbol{k}$ 之间的关系如下：

$$Q^2 = k^2 + k_0{}^2 - 2kk_0\cos2\theta \tag{9.2.3}$$

波矢的变化对应于动量的改变. 所以散射前后中子动量变化为

$$\hbar\boldsymbol{Q} = \hbar(\boldsymbol{k}_0 - \boldsymbol{k}) \tag{9.2.4}$$

$\hbar\boldsymbol{Q}$ 称为动量转移，是中子在散射过程中传递给散射体的动量. 上式是散射过程的动量守恒关系. 与之对应的能量守恒关系为

$$E_0 - E = \frac{\hbar^2 k_0{}^2}{2m} - \frac{\hbar^2 k^2}{2m} = \hbar\omega \tag{9.2.5}$$

式中 E_0 和 E 分别为中子散射前、后的能量，ω 为元激发的频率，$\hbar\omega$ 是中子在散射中传递给散射物质的能量，称为能量转移. 如果 $\omega=0$，散射是弹性的；$\omega>0$ 是中子损失能量的散射，称为下散射；$\omega<0$ 是中子获得能量的散射，称为上散射. 上散射、下散射都是属于非弹性散射. 非弹性散射是中子与原子核在散射过程中交换能量的结果. 这种能量交换行为可以使中子损失一部分能量 $\hbar\omega$，使散射物质中产生一个能量为 $\hbar\omega$ 的元激发(下散射)；也可以是中子湮灭了散射物质中一个能量为 $\hbar\omega$ 的元激发，而使本身的能量增大 $\hbar\omega$ (上散射).

散射中子强度和每一对 $\boldsymbol{k}$、$\boldsymbol{k}_0$ 相对应的散射过程都有一套 $\boldsymbol{Q}$ 和 ω 的数据，中子散射实验的目的就是将待测样品放置在一定的外部环境(温度、压力、磁场等)下，测量样品的散射中子强度和变量 $S(\boldsymbol{Q}, \omega)$ 之间的关系. 由于散射过程必须受动量守恒的关系式(9.2.4)和能量守恒关系式(9.2.5)约束，所以对给定的入射能量 E_0 有

$$\frac{\hbar^2 Q^2}{2m} = 2E_0 - \hbar\omega - 2\cos(2\theta)\sqrt{E_0(E_0 - \hbar\omega)} \tag{9.2.6}$$

因此在固定的散射角只能观察到一定范围的($\boldsymbol{Q}, \omega$). 所以，对于不同的实验目的，入射中子能量 E_0 有一个最佳选择.

3. 束缚核对中子的散射

设坐标原点有一个固定的原子核，波矢为 $\boldsymbol{k}_0$ 的中子束沿 z 轴方向入射到核上. 入射的中子平面波为

$$\psi_{\text{in}} = \mathrm{e}^{\mathrm{i}k_0 z} \tag{9.2.7}$$

低能中子的波长为 10^{-8}cm 量级；中子与原子核的相互作用半径为 10^{-13}～10^{-12}cm，前者远大于后者，所以散射波是各向同性的球面波. 令散射中子波矢为 $\boldsymbol{k}$，则在 $\boldsymbol{r}$ 点处的波函数为

$$\psi_{\text{sc}} = -\frac{b}{r}\mathrm{e}^{\mathrm{i}kz} \tag{9.2.8}$$

其中 b 是和 θ、ψ 无关的常数，具有长度的量纲，称为散射长度. 对于束缚核，散射是弹性的. 令中子速度为 v，则微分散射截面为

$$\frac{\mathrm{d}\sigma}{\mathrm{d}\Omega}=\frac{v\left|\psi_{\mathrm{sc}}\right|^2 r^2}{v\left|\psi_{\mathrm{in}}\right|^2}=b^2 \tag{9.2.9}$$

式(9.2.8)右边的负号带有一定的任意性，目的是让大多数核的 b 值为正. 散射长度通常是复数，其虚部和对中子的吸收有关. 对于某些强烈吸收中子的核素，如 ^{103}Rh、^{113}Cd、^{157}Gd、^{176}Lu 等，b 的虚部才显得重要；对于大多数其他核，虚部实际上可以忽略，且在这种情况 b 中子能量变化可以忽略.

4. 散射长度

核散射长度是表征中子与原子核相互作用的一个重要物理量，它的某些重要性质可归纳如下：

(1) 中子散射长度的正负号和绝对值随原子量 A 和原子序数 Z 的变化都是无规则的.

(2) 不仅不同的核素具有不同的中子散射长度，而且，由于核力与自旋状态相关，对自旋 $I\neq 0$ 的原子核，其自旋取向是与中子自旋方向平行、反平行的两种状态，散射长度 b 也不同，通常用 b+和 b–加以区分.

(3) 散射物质中原子的自旋取向和同位素原子占位的随机性使散射波含有相干和非相干两种成分.

5. 微分散射截面和双微分散射截面

图 9.2.2 是典型的中子散射实验示意图. 图中表示：能量为E_0，波矢为 $\boldsymbol{k}_0$ 的中子入射到样品 S 上后，其中部分中子被散射. 样品(即散射体)可以是任何状态的

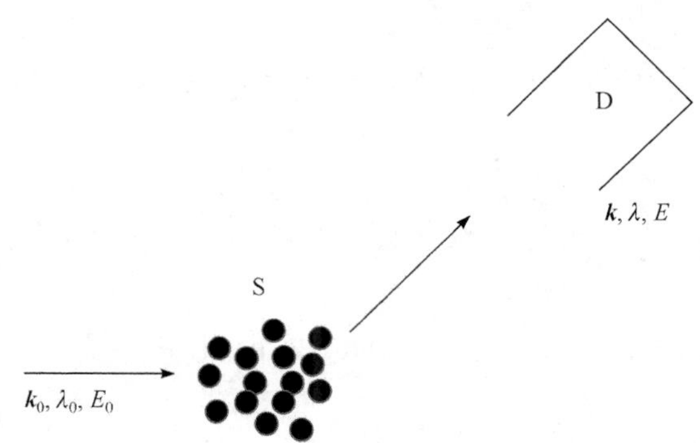

图 9.2.2　中子散射实验示意图

S 为样品；D 为探测器

凝聚态物质：固体、液体、软物质、致密气体等. 散射中子的波矢为 $\boldsymbol{k}$，能量为 E. 散射中子由放置在距靶一定距离、位于 2θ 散射角方向的探测器 D 记录. 探测器和样品之间的距离通常远大于样品的尺寸，因而可以认为探测器对样品所张的立体角 $\Delta\Omega$ 有一个确定的值. 实验的目的是测量双微分散射截面或微分散射截面，并由此获得散射函数 $S(\boldsymbol{Q},\ \omega)$，再由 $S(\boldsymbol{Q},\ \omega)$ 双重傅里叶变换得到扫描散射物质微观动力学的空间-时间关联函数 $G(\boldsymbol{r}, t)$*.

9.2.2　基本理论

1. 双微分散射截面的理论推导

中子散射包括核散射和磁散射两种类型. 这里首先讨论核散射，磁散射的内容将在后文叙述.

考虑一束波矢为 $\boldsymbol{k}_0$ 的中子在样品上的散射. 散射后中子的波矢变为 $\boldsymbol{k}$，样品也由能量为 E_{λ_0} 的初态 $|\lambda_0\rangle$ 跃迁到能量为 E_λ 的末态 $|\lambda\rangle$. 如果不考虑中子在散射过程中自旋状态的变化，这个过程的微分散射截面是

$$\left(\frac{\mathrm{d}\sigma}{\mathrm{d}\Omega}\right)_{\boldsymbol{k}_0,\lambda_0\to\boldsymbol{k},\lambda}=\frac{1}{N\phi_0\Delta\Omega}W_{\boldsymbol{k}_0,\lambda_0\to\boldsymbol{k},\lambda} \tag{9.2.10}$$

其中 N 为样品中受到中子束照射的核数目，ϕ_0 为入射的中子注量率，$\Delta\Omega$ 为探测器对散射靶所张的立体角；$W_{\boldsymbol{k}_0,\lambda_0\to\boldsymbol{k},\lambda}$ 是单位时间内由中子和样品组成的散射系统从初态 $\boldsymbol{k}_0,\lambda_0$ 跃迁到末态 $\boldsymbol{k},\lambda$ 的数目. 根据量子跃迁的微扰理论可以直接写出整个散射体系由初态 $|\boldsymbol{k}_0\lambda_0\rangle$ 跃迁到末态 $|\boldsymbol{k}\lambda\rangle$ 的双微分截面

$$\left(\frac{\mathrm{d}^2\sigma}{\mathrm{d}\Omega\mathrm{d}E}\right)_{\boldsymbol{k}_0,\lambda_0\to\boldsymbol{k},\lambda}=\frac{k}{k_0}\frac{1}{N}\left(\frac{m}{2\pi\hbar}\right)^2\left|\langle\boldsymbol{k}\lambda|V|\boldsymbol{k}_0\lambda_0\rangle\right|^2\times\delta(\hbar\omega+E_{\lambda_0}-E_\lambda) \tag{9.2.11}$$

将上式对靶系统的初态平均，并对末态求和，就得到了实验上观测到的双微分散射截面，即

$$\left(\frac{\mathrm{d}^2\sigma}{\mathrm{d}\Omega\mathrm{d}E}\right)=\frac{1}{N}\frac{k}{k_0}\left(\frac{m}{2\pi\hbar^2}\right)^2\sum_{\lambda_0}P_{\lambda_0}\sum_{\lambda}\left|\langle\boldsymbol{k}\lambda|V|\boldsymbol{k}_0\lambda_0\rangle\right|^2\times\delta(\hbar\omega+E_{\lambda_0}-E_\lambda) \tag{9.2.12}$$

其中 $P_{\lambda_0}=\dfrac{1}{Z}\exp(-\beta E_{\lambda_0})$ 是靶系统在温度 T 时处于 λ_0 态的概率，$\beta=\dfrac{1}{k_\mathrm{B}T}$，$Z=\sum_{\lambda_0}\exp(-\beta E_{\lambda_0})$.

式(9.2.12)是中子双微分散射截面的基本公式. 它是解释中子散射实验观察量的出发点. 如果计算散射过程中中子自旋状态的变化，式(9.2.12)应该改成

$$\left(\frac{\mathrm{d}^2\sigma}{\mathrm{d}\Omega \mathrm{d}E}\right)=\frac{1}{N}\frac{k}{k_0}\left(\frac{m}{2\pi\hbar^2}\right)^2\sum_{\lambda_0}P_{\lambda_0}P_{\sigma_0}\sum_{\lambda\sigma}\left|\left\langle \boldsymbol{k}\lambda\left|V\right|\boldsymbol{k}_0\sigma_0\lambda_0\right\rangle\right|^2 \times\delta(\hbar\omega+E_{\lambda_0}-E_{\lambda}) \tag{9.2.13}$$

2. 费米赝势

式(9.2.12)和(9.2.13)两式是在 Born 近似条件下获得的结果. 核力的作用半径 r_0 在 10^{-13}～10^{-12}cm 范围，而中子散射涉及的中子波长 $\lambda\geqslant 10^{-9}$ cm；凝聚态物质中的原子间距 $d\geqslant 10^{-8}$ cm，因此 $\lambda\gg r_0, d\gg r_0$. 在这种条件下，可以近似地把中子与靶原子核之间的相互作用范围看作一个点，并用一个 δ 函数，即费米赝势，来描写中子与靶原子核之间的相互作用. 这样，尽管相互作用很强，但在散射中心附近的中子波函数与入射平面波的偏离仍然较小，从而仍旧可以把相互作用势当作一个小的微扰量，并利用 Born 近似来处理问题，得到

$$\left(\frac{\mathrm{d}^2\sigma}{\mathrm{d}\Omega \mathrm{d}E}\right)=\frac{1}{N}\frac{k}{k_0}\frac{1}{2\pi\hbar}\int_{-\infty}^{+\infty}\sum_{u'}\left\langle b_l^* b_{l'}\mathrm{e}^{-\mathrm{i}\boldsymbol{Q}\boldsymbol{R}_l(0)}\mathrm{e}^{-\mathrm{i}\boldsymbol{Q}\boldsymbol{R}_{l'}(t)}\right\rangle \mathrm{e}^{-\mathrm{i}\omega t}\mathrm{d}t \tag{9.2.14}$$

式中 $\langle\cdots\rangle=\sum_{\lambda_0}P_{\lambda_0}\left\langle\lambda_0\right|\cdots\left|\lambda_0\right\rangle$ 是算符在温度 T 情况下的热力学平均值，而 $\mathrm{e}^{-\mathrm{i}\boldsymbol{Q}\boldsymbol{R}_{l'}(t)}=\mathrm{e}^{\mathrm{i}Ht/\hbar}\mathrm{e}^{-\mathrm{i}\boldsymbol{Q}\boldsymbol{R}_{l'}(0)}\mathrm{e}^{-\mathrm{i}Ht/\hbar}$ 是薛定谔算符 $\mathrm{e}^{-\mathrm{i}\boldsymbol{Q}\boldsymbol{R}_{l'}(0)}$ 的 Heisenberg 算符形式.

式(9.2.14)是由 N 个原子核组成的散射体中每一个核对中子散射截面的量子力学形式. 这个式子清楚表明：散射波来自两个波的干涉，其中一个由位于 R_l 处的固定散射中心发出，另一个由移动的散射中心在 $\boldsymbol{R}_{l'}$ 处发出，后者相对前者有一个时间差.

3. 相干双微分散射截面和非相干双微分散射截面

式(9.2.14)中的 b_l 的取值和 $\boldsymbol{R}_l$ 处的核素种类以及核的自旋取向有关. 除了在极低温状态下(T<lmK)，靶原子的同位素位置及核自旋取向都是随机的. 因此，b_l 的取值和位矢 $\boldsymbol{R}_l$ 是不相关的. 这样，式(9.2.14)就可以改写为

$$\left(\frac{\mathrm{d}^2\sigma}{\mathrm{d}\Omega \mathrm{d}E}\right)=\frac{1}{N}\frac{k}{k_0}\frac{1}{2\pi\hbar}\int_{-\infty}^{+\infty}\sum_{u'}\left\langle b_l^* b_{l'}\right\rangle\left\langle \mathrm{e}^{-\mathrm{i}\boldsymbol{Q}\boldsymbol{R}_l(0)}\mathrm{e}^{\mathrm{i}\boldsymbol{Q}\boldsymbol{R}_{l'}(t)}\right\rangle \mathrm{e}^{-\mathrm{i}\omega t}\mathrm{d}t \tag{9.2.15}$$

其中 $\left\langle b_l^* b_{l'}\right\rangle$ 表示对靶原子核的同位素及核自旋取向分别取平均. 因为下标 l 不同的散射长度之间没有关联，而且不论核占据什么位置，其平均值都是 $\langle b\rangle$，即 $\langle b_l\rangle=\langle b_{l'}\rangle=\langle b\rangle$. 所以

$$\left\langle b_l^* b_{l'}\right\rangle=\left\langle b_l^*\right\rangle\left\langle b_{l'}\right\rangle=\left\langle b^*\right\rangle\langle b\rangle=\langle b\rangle^2 \quad (l\neq l') \tag{9.2.16a}$$

$$\left\langle b_l^* b_{l'} \right\rangle = \left\langle b_l^* \right\rangle \left\langle b_{l'} \right\rangle = \left\langle b_l^2 \right\rangle = \left\langle b^2 \right\rangle \quad (l = l') \tag{9.2.16b}$$

于是，式(9.2.16a)和(9.2.16b)可以合并为

$$\left\langle b_l^* b_{l'} \right\rangle = \left\langle b_l^* \right\rangle \left\langle b_{l'} \right\rangle + \left(\left\langle b_l^2 \right\rangle - \left\langle b_l \right\rangle^2 \right) \delta_{u'} \tag{9.2.17}$$

因而，式(9.2.15)的双微分截面可以分成两部分

$$\left(\frac{\mathrm{d}^2\sigma}{\mathrm{d}\Omega \mathrm{d}E} \right) = \left(\frac{\mathrm{d}^2\sigma}{\mathrm{d}\Omega \mathrm{d}E} \right)_{\mathrm{coh}} + \left(\frac{\mathrm{d}^2\sigma}{\mathrm{d}\Omega \mathrm{d}E} \right)_{\mathrm{inc}} \tag{9.2.18}$$

其中

$$\left(\frac{\mathrm{d}^2\sigma}{\mathrm{d}\Omega \mathrm{d}E} \right)_{\mathrm{coh}} = \frac{1}{N} \frac{k}{k_0} \frac{\sigma_{\mathrm{coh}}}{4\pi} \frac{1}{2\pi\hbar} \int_{-\infty}^{+\infty} \sum_{u'} \left\langle \mathrm{e}^{-\mathrm{i}\boldsymbol{QR}_l(0)} \mathrm{e}^{\mathrm{i}\boldsymbol{QR}_{l'}(t)} \right\rangle \mathrm{e}^{-\mathrm{i}\omega t} \mathrm{d}t \tag{9.2.19}$$

$$\left(\frac{\mathrm{d}^2\sigma}{\mathrm{d}\Omega \mathrm{d}E} \right)_{\mathrm{inc}} = \frac{1}{N} \frac{k}{k_0} \frac{\sigma_{\mathrm{inc}}}{4\pi} \frac{1}{2\pi\hbar} \int_{-\infty}^{+\infty} \sum_{u'} \left\langle \mathrm{e}^{-\mathrm{i}\boldsymbol{QR}_l(0)} \mathrm{e}^{\mathrm{i}\boldsymbol{QR}_{l'}(t)} \right\rangle \mathrm{e}^{-\mathrm{i}\omega t} \mathrm{d}t \tag{9.2.20}$$

$\left(\frac{\mathrm{d}^2\sigma}{\mathrm{d}\Omega \mathrm{d}E} \right)_{\mathrm{coh}}$ 和 $\left(\frac{\mathrm{d}^2\sigma}{\mathrm{d}\Omega \mathrm{d}E} \right)_{\mathrm{inc}}$ 分别称为相干双微分散射截面和非相干双微分散射截面. 相干散射截面的求和项既包括 $l = l'$ 的项，也包括 $l \neq l'$ 的项. 因此，相干散射截面不仅取决位矢 $\boldsymbol{R}_l$ 处的原子核本身在 t=0 和 t=t 时刻位置间的关联，也涉及它和其他所有原子核在 t=0 和 t=t 时刻位置之间的关联；非相干散射截面的求和只包括 $l = l'$ 的项，所以它只涉及同一核在不同时刻位置的关联，因而不产生干涉效应. 由此可见，相干散射反映的是靶原子核集体运动的信息，而非相干散射只能给出单个原子核的运动信息. 正如在本章所叙述的，由于同一元素原子的散射长度随同位素占位的不同以及中子自旋与原子核自旋的相对取向不同而取值不同，从而破坏了靶原子系统对中子散射势的均匀性. 因为 $b = \langle b \rangle + \delta b$ ，所以散射长度包含了 $\langle b \rangle$ 和 δb 两种成分，而 $\delta b = \left| b - \langle b \rangle \right|$. 双微分截面也因此而分成了相干和非相干两种成分. 其中 $\langle b \rangle$ 所代表平均势具有相干性质，所以相干散射截面正比于 $\langle b \rangle^2$. 偏离平均势的部分所给出的散射是非相干的，所以非相干散射截面正比于散射长度相对平均值的偏离的均方值，即 $\left[\langle b^2 \rangle - \langle b \rangle^2 \right]$. 如果 $b - \langle b \rangle = 0$ ，则不存在散射势的随机涨落，非相干散射也就不存在了.

4. 散射函数

令

$$S(\boldsymbol{Q}, \omega) = \frac{1}{2\pi\hbar} \frac{1}{N} \int_{-\infty}^{+\infty} \sum_{u'} \left\langle \mathrm{e}^{-\mathrm{i}\boldsymbol{QR}_l(0)} \mathrm{e}^{\mathrm{i}\boldsymbol{QR}_{l'}(t)} \right\rangle \mathrm{e}^{-\mathrm{i}\omega t} \mathrm{d}t \tag{9.2.21}$$

$$S_{\text{inc}}(\boldsymbol{Q},\omega)=\frac{1}{2\pi\hbar}\frac{1}{N}\int_{-\infty}^{+\infty}\sum_{l}\left\langle \mathrm{e}^{-\mathrm{i}\boldsymbol{QR}_l(0)}\mathrm{e}^{\mathrm{i}\boldsymbol{QR}_{l'}(t)}\right\rangle \mathrm{e}^{-\mathrm{i}\omega t}\mathrm{d}t \tag{9.2.22}$$

则式(9.2.19)和(9.2.20)可分别写成

$$\left(\frac{\mathrm{d}^2\sigma}{\mathrm{d}\Omega\mathrm{d}E}\right)_{\text{coh}}=\frac{1}{4\pi}\frac{k}{k_0}\sigma_{\text{coh}}S(\boldsymbol{Q},\omega) \tag{9.2.23}$$

$$\left(\frac{\mathrm{d}^2\sigma}{\mathrm{d}\Omega\mathrm{d}E}\right)_{\text{inc}}=\frac{1}{4\pi}\frac{k}{k_0}\sigma_{\text{inc}}S_{\text{inc}}(\boldsymbol{Q},\omega) \tag{9.2.24}$$

$S(\boldsymbol{Q},\omega)$ 和 $S_{\text{inc}}(\boldsymbol{Q},\omega)$ 是描写散射体微观结构和动力学特性的函数，分别称为相干和非相干散射函数. 对于给定的散射物体，它们只取决于散射过程中的动量转移 $\hbar\boldsymbol{Q}$ 和能量转移 $\hbar\omega$ ，而和入射中子的能量、动量、相互作用截面等无关，甚至和入射的射线种类也无关. 所以式(9.2.23)和(9.2.24)适用于一切符合 Born 近似条件的散射过程. 但不同的射线覆盖的 $(\boldsymbol{Q},\omega)$ 空间不尽相同，因而由相应的 $S(\boldsymbol{Q},\omega)$ 获得的信息并不完全相同.

5. 细致平衡原理

$S(\boldsymbol{Q},\omega)$ 还可以写为

$$S(\boldsymbol{Q},\omega)=\frac{1}{NZ}\sum_{\lambda\lambda_0}\frac{\mathrm{e}^{-\beta E_{\lambda_0}}}{Z}\left|\sum_{l}\left\langle \lambda\right|\mathrm{e}^{\mathrm{i}\boldsymbol{QR}_l}\left|\lambda_0\right\rangle\right|^2\times\delta(\hbar\omega+E_{\lambda_0}-E_\lambda) \tag{9.2.25}$$

当 ω 为正值时， $E_\lambda > E_{\lambda_0}$ ，属中子损失能量的下散射. 现考察这一过程的逆过程 $S(-\boldsymbol{Q},-\omega)$. 当 ω 为仍为正值时，中子由样品获得能量(上散射)，而样品则由初态 E_λ 跃迁到末态 E_{λ_0} . 由式(9.2.25)可得

$$S(-\boldsymbol{Q},-\omega)=\frac{1}{NZ}\sum_{\lambda\lambda_0}\frac{\mathrm{e}^{-\beta E_{\lambda}}}{Z}\left|\sum_{l}\left\langle \lambda\right|\mathrm{e}^{-\mathrm{i}\boldsymbol{QR}_l}\left|\lambda_0\right\rangle\right|^2\times\delta(-\hbar\omega+E_{\lambda}-E_{\lambda_0}) \tag{9.2.26}$$

因为 $\langle j|A|k\rangle=\langle k|A^{+}|j^{*}\rangle$ ，所以

$$\begin{aligned}S(-\boldsymbol{Q},-\omega)=&\,\mathrm{e}^{\left[-(E_\lambda-E_{\lambda_0})\beta\right]}\frac{1}{NZ}\sum_{\lambda\lambda_0}\mathrm{e}^{-\beta E_{\lambda_0}}\times\left|\sum_{l}\left\langle \lambda\right|\mathrm{e}^{\mathrm{i}\boldsymbol{QR}_l}\left|\lambda_0\right\rangle\right|^2\\&\times\delta(-\hbar\omega-E_\lambda+E_{\lambda_0})=\mathrm{e}^{-\hbar\omega\beta}S(\boldsymbol{Q},\omega)\end{aligned} \tag{9.2.27}$$

对 $S_{\text{inc}}(-\boldsymbol{Q},-\omega)$ 可得到同样结果. 式(9.2.27)称为细致平衡原理. 它表明，散射体在能量相差 $\hbar\omega$ 的两个态之间的跃迁没有择优方向，正向和逆向跃迁概率相等；但在热力学平衡状态下，样品起始处于较高能态的概率比处于较低能态的小 $\mathrm{e}^{-\hbar\omega\beta}$ 倍，因而导致式(9.2.27)的结果. 所以，散射函数对 ω 是不对称的. 当 $\hbar\omega\ll k_{\text{B}}T$ 时，

中子上、下散射的概率相近，而当 $\hbar\omega \gg k_{\mathrm{B}}T$ 时，上、下散射几乎是不可能的.

6. 晶体对中子的散射

1) 散射截面的声子展开

晶体的特征是具有周期性的长程有序结构. 因此，原子(或分子、离子)在晶体中的平衡位置可以表示为

$$\boldsymbol{R}_{ld} = \boldsymbol{l} + \boldsymbol{d} \tag{9.2.28}$$

其中 $\boldsymbol{l}$ 是原子所在的晶胞位置；$\boldsymbol{d}$ 是原子在该晶胞中的相对位置，即以晶胞位置为原点的原子坐标. 对于 Bravais 晶体，晶胞位置和原子位置相同. 由于热运动，原子的瞬时位置可以写为

$$\boldsymbol{R}_{ld}(t) = \boldsymbol{l} + \boldsymbol{d} + \boldsymbol{u}_{ld}(t) \tag{9.2.29}$$

$\boldsymbol{u}_{ld}(t)$ 是在 t 时刻原子偏离平衡点的位移，是一个很小的量. 将式(9.2.29)代入式(9.2.21)，可得

$$S(\boldsymbol{Q},\omega) = \frac{1}{2\pi\hbar}\frac{1}{N}\int_{-\infty}^{+\infty} \mathrm{e}^{\mathrm{i}\boldsymbol{Q}(\boldsymbol{d}'-\boldsymbol{d})}\sum_{\boldsymbol{u}}^{N_1}\mathrm{e}^{\mathrm{i}\boldsymbol{Q}(\boldsymbol{l}-\boldsymbol{l}')}\left\langle \mathrm{e}^{-\mathrm{i}\boldsymbol{Q}\boldsymbol{u}_{ld}(0)}\mathrm{e}^{\mathrm{i}\boldsymbol{Q}\boldsymbol{u}_{l'd'}(t)}\right\rangle \mathrm{e}^{-\mathrm{i}\omega t}\mathrm{d}t \tag{9.2.30}$$

$$\begin{aligned}\boldsymbol{u}_{ld}(t) = &\sum_{j=1}^{3}\sum_{q}^{N}\sqrt{\frac{\hbar}{2NM_d\omega_j(\boldsymbol{q})}}\\ &\times\left[\boldsymbol{e}_d^j(\boldsymbol{q})\mathrm{e}^{\mathrm{i}(\boldsymbol{q}\boldsymbol{l}-\omega_j(\boldsymbol{q})t)}\times a_j(\boldsymbol{q}) + \boldsymbol{e}_d^{*j}(\boldsymbol{q})\mathrm{e}^{-\mathrm{i}(\boldsymbol{q}\boldsymbol{l}-\omega_j(\boldsymbol{q})t)}\right]a_j^{+}(\boldsymbol{q})\end{aligned} \tag{9.2.31}$$

式中 M_d 是原子质量，j 是声子支的指标，$\boldsymbol{q}$ 是声子动量，$\omega_j(\boldsymbol{q})$ 是第 j 支动量为 $\boldsymbol{q}$ 的声子频率，$\boldsymbol{e}_d^j(\boldsymbol{q})$ 为$(j,\boldsymbol{q})$声子的特征矢量. a_j 和 a_j^{+} 分别为$(j,\boldsymbol{q})$声子的产生和湮灭算符. 可以证明

$$\left\langle \mathrm{e}^{-\mathrm{i}\boldsymbol{Q}\boldsymbol{u}_{ld}(0)}\mathrm{e}^{\mathrm{i}\boldsymbol{Q}\boldsymbol{u}_{l'd'}(t)}\right\rangle = \mathrm{e}^{-(W_d+W_d')}\sum_{p=0}^{\infty}\frac{1}{p!}\left\langle \boldsymbol{Q}\boldsymbol{u}_{ld}(0)\boldsymbol{Q}\boldsymbol{u}_{l'd'}(t)\right\rangle^{p} \tag{9.2.32}$$

式中 $\mathrm{e}^{-(W_d+W_d')}$ 称为 Debye-Waller 因子

$$W_d(\boldsymbol{Q}) = \frac{\hbar}{4NM_d}\sum_{qj}\left[\frac{\left|\boldsymbol{Q}\boldsymbol{e}_d^j(\boldsymbol{q})\right|^2}{\omega_j(\boldsymbol{q})}\right]\times\left\langle 2n_j(\boldsymbol{q})+1\right\rangle \tag{9.2.33}$$

$n_j(\boldsymbol{q})$ 是玻色–爱因斯坦分布

$$n_j(\boldsymbol{q}) = \frac{1}{\mathrm{e}^{\beta\hbar\omega_j(\boldsymbol{q})-1}} \tag{9.2.34}$$

结合式(9.2.23)便得到

$$\left(\frac{\mathrm{d}^2\sigma}{\mathrm{d}\Omega\mathrm{d}E}\right)_{\mathrm{coh}} = \frac{k}{k_0}\frac{1}{2\pi\hbar}\frac{1}{N}\sum_{dd'}\left\langle b_d^*\right\rangle\left\langle b_{d'}\right\rangle\int_{-\infty}^{+\infty}\mathrm{e}^{-\mathrm{i}\omega t}\mathrm{d}t\mathrm{e}^{\mathrm{i}\boldsymbol{Q}(\boldsymbol{d}'-\boldsymbol{d})}\mathrm{e}^{-(W_d+W_d')} \times\sum_{u'}^{N_1}\mathrm{e}^{\mathrm{i}Q(l-l')}\sum_{p=0}^{\infty}\frac{1}{p!}\left\langle \boldsymbol{Q}\boldsymbol{u}_{ld}(0)\boldsymbol{Q}\boldsymbol{u}_{l'd'}(t)\right\rangle^p \tag{9.2.35}$$

仿此可得

$$\left(\frac{\mathrm{d}^2\sigma}{\mathrm{d}\Omega\mathrm{d}E}\right)_{\mathrm{inc}} = \frac{k}{k_0}\frac{1}{2\pi\hbar}\frac{1}{N}\sum_{d}\left\langle b_d^2\right\rangle-\left\langle b_d\right\rangle^2\mathrm{e}^{-2W_d}\sum_{l}^{N_l}\int_{-\infty}^{+\infty}\mathrm{e}^{-\mathrm{i}\omega t}\mathrm{d}t \times\sum_{p=0}^{\infty}\frac{1}{p!}\left\langle \boldsymbol{Q}\boldsymbol{u}_{ld}(0)\boldsymbol{Q}\boldsymbol{u}_{l'd'}(t)\right\rangle^p \tag{9.2.36}$$

式(9.2.35)和(9.2.36)中 p=0 项为弹性散射截面，p=1，2，⋯，各项分别称为单声子、双声子散射截面⋯⋯由于中子波长 λ 远大于原子热振动的位移 $\boldsymbol{u}(t)$，所以双声子以上的多声子截面一般可以忽略.

2) 弹性散射

在式(9.2.35)中，p=0 项里含有 $\delta(\hbar\omega)$，所以它代表弹性散射截面

$$\left(\frac{\mathrm{d}^2\sigma}{\mathrm{d}\Omega\mathrm{d}E}\right)_{\mathrm{coh}}^{\mathrm{el}} = \frac{k}{k_0}\frac{1}{N}\sum_{dd'}\left\langle b_d^*\right\rangle\left\langle b_{d'}\right\rangle\mathrm{e}^{\mathrm{i}\boldsymbol{Q}(\boldsymbol{d}'-\boldsymbol{d})}\mathrm{e}^{-(W_d+W_d')}\times\sum_{u'}\mathrm{e}^{\mathrm{i}\boldsymbol{Q}(\boldsymbol{l}-\boldsymbol{l}')}\delta(\hbar\omega) \tag{9.2.37}$$

上式对能量积分后有

$$\left(\frac{\mathrm{d}\sigma}{\mathrm{d}\Omega}\right)_{\mathrm{coh}}^{\mathrm{el}} = \sum_{u'}\left\langle b_d^*\right\rangle\left\langle b_{d'}\right\rangle\mathrm{e}^{\mathrm{i}\boldsymbol{Q}(\boldsymbol{d}'-\boldsymbol{d})}\mathrm{e}^{-(W_d+W_d')}\times\sum_{u'}\mathrm{e}^{\mathrm{i}\boldsymbol{Q}(\boldsymbol{l}'-\boldsymbol{l})} \tag{9.2.38}$$

因为

$$\lim_{N_l\to\infty}\frac{1}{N}\sum_{l}^{N_l}\sum_{l'}^{N_l}\mathrm{e}^{\mathrm{i}Q(l'-l)} = \frac{(2\pi)^3}{v_0}\delta(\boldsymbol{Q}-\boldsymbol{\tau}) \tag{9.2.39}$$

其中 $\boldsymbol{\tau}$ 为倒易晶格矢量，v_0 为晶胞体积，所以

$$\left(\frac{\mathrm{d}\sigma}{\mathrm{d}\Omega}\right)_{\mathrm{coh}}^{\mathrm{el}} = \frac{(2\pi)^3}{v_0}\sum_{\tau}\left|F(\tau)\right|^2\delta(\boldsymbol{Q}-\boldsymbol{\tau}) \tag{9.2.40}$$

其中

$$F(\boldsymbol{\tau}) = \sum_{d}\left\langle b_d\right\rangle\mathrm{e}^{\mathrm{i}\boldsymbol{Q}\boldsymbol{d}}\mathrm{e}^{-W_d} \tag{9.2.41}$$

为单位晶胞结构因子. 由式(9.2.40)可以看出，中子通过晶体时，将出现一系列弹性散射的干涉极大，其强度正比于结构因子的平方. 实际上 $\boldsymbol{Q}=\boldsymbol{\tau}$ 是布拉格衍射条件 $2d\sin\theta=\lambda$ 的另一种写法，而在 $\boldsymbol{Q}=\boldsymbol{\tau}$ 处出现的干涉极大也就是布拉格衍射峰.

所以中子的相干弹性散射又叫中子衍射. Debye-Waller 因子作为一个衰减因子出现在 $F(\boldsymbol{\tau})$ 中，是由于热运动模糊了原子间的相位关系. 式(9.2.40)右边包含晶体结构的全部信息.

将以上推演步骤用于非相干散射，不难得到

$$\left(\frac{\mathrm{d}\sigma}{\mathrm{d}\Omega}\right)_{\text{inc}}^{\text{el}}=\frac{1}{4\pi}\sum_{d}C_{d}\sigma_{\text{inc}}^{d}\mathrm{e}^{-2W_{d}} \tag{9.2.42}$$

由此可见，非相干弹性散射并不给出任何结构信息. 它是叠加在相干弹性散射上的本低.

3) 单声子非弹性散射

在式(9.2.35)中，若只取声子展开式中 p=1 的项，而略去其他各项即得到单声子相干散射截面.

$$\begin{aligned}\left(\frac{\mathrm{d}^{2}\sigma}{\mathrm{d}\Omega\mathrm{d}E}\right)_{\text{coh}}^{\pm1}=&\frac{k}{k_{0}}\frac{(2\pi)^{3}}{v_{0}}\frac{1}{2N}\sum_{\tau}\sum_{qj}\left|F_{1}(\boldsymbol{Q},\boldsymbol{q}j)\right|^{2}\times\frac{1}{\omega_{j}}\Big[\left\langle n_{j}(\boldsymbol{q})+1\right\rangle\\&\times\delta(\boldsymbol{Q}-\boldsymbol{q}-\boldsymbol{\tau})\delta(\omega-\omega_{j}(\boldsymbol{q}))+\left\langle n_{j}(\boldsymbol{q})\right\rangle\delta(\boldsymbol{Q}+\boldsymbol{q}-\boldsymbol{\tau})\delta(\omega+(\boldsymbol{q}))\Big]\end{aligned} \tag{9.2.43}$$

单声子过程是激发或湮灭一个声子非弹性散射过程. $\left(\frac{\mathrm{d}^{2}\sigma}{\mathrm{d}\Omega\mathrm{d}E}\right)_{\text{coh}}^{\pm1}$ 的上标+1 表示等式右边方括号中只取第一项，代表下散射；−1 表示只取第二项，代表上散射.

$$F_{1}(\boldsymbol{Q},\boldsymbol{q}j)=\sum_{d}\frac{\left\langle b_{d}\right\rangle}{\sqrt{M_{d}}}\mathrm{e}^{-W_{d}(\boldsymbol{Q})}\mathrm{e}^{\mathrm{i}\boldsymbol{Q}\boldsymbol{d}}\boldsymbol{Q}\boldsymbol{e}_{d}^{j}(\boldsymbol{q}) \tag{9.2.44}$$

上式右边的 δ 函数代表散射过程的动量、能量守恒条件. 以下散射为例，这两个条件分别是

$$\boldsymbol{Q}=\boldsymbol{q}+\boldsymbol{r} \tag{9.2.45}$$

$$E=E_{0}-\hbar\omega_{j} \tag{9.2.46}$$

对一定的 $\boldsymbol{k}_0$ 和 E_0，当 $\boldsymbol{Q}$ 和 E 同时满足式(9.2.45)及(9.2.46)时，实验上将观察到 $\omega_j(\boldsymbol{q})$ 声子的散射峰. 利用这一原理，可以用单晶样品测出声子频率随其动量 $\boldsymbol{q}$ 和极化指标 j 变化的曲线，即声子色散射曲线 $\omega=\omega_j(\boldsymbol{q})$.

同理，不难推出单声子非相干散射截面

$$\begin{aligned}\left(\frac{\mathrm{d}^{2}\sigma}{\mathrm{d}\Omega\mathrm{d}E}\right)_{\text{inc}}^{\pm1}=&\frac{k}{k_{0}}\frac{1}{2N}\sum_{d}\frac{1}{M_{d}}\frac{\sigma_{\text{inc}}^{d}}{4\pi}\mathrm{e}^{-2W_{d}(\boldsymbol{Q})}\sum_{qj}\frac{\left|\boldsymbol{Q}\boldsymbol{e}_{d}^{j}(\boldsymbol{q})\right|^{2}}{\omega_{j}(\boldsymbol{q})}\\&\times\Big[\left\langle n_{j}(\boldsymbol{q})+1\right\rangle\delta(\omega-\omega_{j}(\boldsymbol{q}))+\left\langle n_{j}(\boldsymbol{q})\right\rangle\delta(\boldsymbol{Q}+\boldsymbol{q}-\boldsymbol{\tau})\delta(\omega+(\boldsymbol{q}))\Big]\end{aligned} \tag{9.2.47}$$

式(9.2.47)只含有代表能量守恒的 δ 函数，而没有动量约束条件. 这表明，对于给定的 $\boldsymbol{k}_0$、2θ 和晶体取向，发生单声子非相干散射的 $\boldsymbol{k}$ 值构成一个连续区间；而对任何给定的 $\boldsymbol{k}$ 值，可以得到满足式中 $\omega_j(\boldsymbol{q})$ 值的所有简正模式. 因此，可以用声子态密度 $Z(\omega)$ 来表示非相干单声子散射截面. 因为

$$Z(\omega)=\frac{1}{3N}\sum_{qj}\delta(\omega-\omega_j(\boldsymbol{q})) \tag{9.2.48}$$

所以

$$\left(\frac{\mathrm{d}^2\sigma}{\mathrm{d}\Omega\mathrm{d}E}\right)_{\mathrm{inc}}^{+1}=\frac{k}{k_0}\sum_d\frac{3}{2M_d}\frac{\sigma_{\mathrm{inc}}^d}{4\pi}\mathrm{e}^{-2W_d(Q)}\left\langle(\boldsymbol{Q}\boldsymbol{e}_d(\boldsymbol{q}))^2\right\rangle\frac{Z(\omega)}{\omega}(n(\omega)+1) \tag{9.2.49a}$$

式中 $\boldsymbol{Q}\boldsymbol{e}_d(\boldsymbol{q})$ 表示对 ω 处有模式取平均. 同理，式(9.2.47)中的单声子吸收截面可以写为

$$\left(\frac{\mathrm{d}^2\sigma}{\mathrm{d}\Omega\mathrm{d}E}\right)_{\mathrm{inc}}^{-1}=\frac{k}{k_0}\sum_d\frac{3}{2M_d}\frac{\sigma_{\mathrm{inc}}^d}{4\pi}\mathrm{e}^{-2W_d(Q)}\left\langle(\boldsymbol{Q}\boldsymbol{e}_d(\boldsymbol{q}))^2\right\rangle\times\frac{Z(\omega)}{-\omega}\langle n(-\omega)\rangle \tag{9.2.49b}$$

如果 $Z(\omega)=Z(-\omega)$ 则有

$$\left(\frac{\mathrm{d}^2\sigma}{\mathrm{d}\Omega\mathrm{d}E}\right)_{\mathrm{inc}}^{-1}=\frac{k}{k_0}\sum_d\frac{3}{2M_d}\frac{\sigma_{\mathrm{inc}}^d}{4\pi}\mathrm{e}^{-2W_d(Q)}\left\langle(\boldsymbol{Q}\boldsymbol{e}_d(\boldsymbol{q}))^2\right\rangle\times\frac{Z(\omega)}{\omega}\langle n(\omega)+1\rangle \tag{9.2.50}$$

式(9.2.49a)与(9.2.50)完全相同，因此

$$\left(\frac{\mathrm{d}^2\sigma}{\mathrm{d}\Omega\mathrm{d}E}\right)_{\mathrm{inc}}^{+1}=\left(\frac{\mathrm{d}^2\sigma}{\mathrm{d}\Omega\mathrm{d}E}\right)_{\mathrm{inc}}^{-1}=\left(\frac{\mathrm{d}^2\sigma}{\mathrm{d}\Omega\mathrm{d}E}\right)_{\mathrm{inc}} \tag{9.2.51}$$

对于立方晶体，$\left\langle(\boldsymbol{Q}\boldsymbol{e}_d(\boldsymbol{q}))^2\right\rangle=\dfrac{\boldsymbol{Q}^2}{3}$. 因而，对单一元素的立方晶体有

$$\left(\frac{\mathrm{d}^2\sigma}{\mathrm{d}\Omega\mathrm{d}E}\right)_{\mathrm{inc}}^{+1}=\frac{\sigma_{\mathrm{inc}}}{4\pi}\frac{k}{k_0}\frac{Q^2}{2M}\mathrm{e}^{-2W_d(Q)}\frac{Z(\omega)}{\omega}(n(\omega)+1) \tag{9.2.52a}$$

顺便指出，对于含有多种类原子的分子晶体，双微分截面需要对每类原子按其振动的位移 $\boldsymbol{u}_d$ 的平方加权. 因而对含 N 个原子的分子，其微分截面表示式为

$$\left(\frac{\mathrm{d}^2\sigma}{\mathrm{d}\Omega\mathrm{d}E}\right)_{\mathrm{inc}}^{+1}=\frac{k}{k_0}\sum_d\frac{\sigma_{\mathrm{inc}}^d}{4\pi}\frac{\boldsymbol{Q}^2(\boldsymbol{u}_d^2)}{2M_d}\mathrm{e}^{-2W_d}\frac{Z(\omega)}{\omega}[\langle n+1\rangle] \tag{9.2.52b}$$

双声子以上的散射过程对截面的贡献通常为百分之几，实验上一般把它们当作修正项来处理.

7. van Hove 关联函数

对散射截面的进一步处理，需要利用 van Hove 空间-时间关联函数(van Hove, 1954). van Hove 将 X 衍射理论中三维静态(粒子)对分布函数 $g(\boldsymbol{r})$推广为四维的空间-时间关联函数 $G(\boldsymbol{r}, t)$，应用于中子散射. 利用空间-时间关联函数来表示中子散射双微分截面，不仅使截面中所含各项物理意义更加清晰，而且在散射体系特性的计算、数据的分析、解释等方面都有一些优点. 关联函数方法对固态、液态和气态散射物质普遍适用，但对液体的研究尤其有用. 固体原子间的相互作用虽然很复杂，但它在结构上的长程有序使情况大大简化；气体的原子分布虽然是无规则的，但其原子间距离相当大，从而可以忽略原子间的相互作用；液体则不然，它在结构上只有邻近短程有序，但原子并无固定的位置，加之原子间距离和固体差不多，存在着较强的相互作用. 因此，液体的结构和动力学的研究相对复杂很多. 20 世纪 60 年代以后，由于关联函数的引入，利用中子散射体对液体的研究取得了一些进展.

由 $(\boldsymbol{Q},\omega)$ 构成的动量空间是真实空间的倒易空间. 因此，散射函数 $S(\boldsymbol{Q},\omega)$ 经过双重傅里叶转换后可以得到描写散射物质微观结构和动力学特性的空间-时间关联函数 $G(\boldsymbol{r}, t)$. 即

$$S(\boldsymbol{Q},\omega)=\frac{1}{2\pi\hbar}\int_{-\infty}^{+\infty}\mathrm{e}^{-\mathrm{i}\omega t}\mathrm{e}^{\mathrm{i}\boldsymbol{Q}\boldsymbol{r}}G(\boldsymbol{r},t)\mathrm{d}\boldsymbol{r}\mathrm{d}t \tag{9.2.53}$$

$$G(\boldsymbol{r},t)=\frac{1}{(2\pi)^3}\int_{-\infty}^{+\infty}\mathrm{e}^{\mathrm{i}\omega t}\mathrm{e}^{-\mathrm{i}\boldsymbol{Q}\boldsymbol{r}}S(\boldsymbol{Q},\omega)\mathrm{d}\boldsymbol{Q}\mathrm{d}\omega \tag{9.2.54}$$

以及

$$S_{\text{inc}}(\boldsymbol{Q},\omega)=\frac{1}{2\pi\hbar}\int_{-\infty}^{+\infty}\mathrm{e}^{-\mathrm{i}\omega t}\mathrm{e}^{\mathrm{i}\boldsymbol{Q}\boldsymbol{r}}G_{\mathrm{s}}(\boldsymbol{r},t)\mathrm{d}\boldsymbol{r}\mathrm{d}t \tag{9.2.55}$$

$$G_{\mathrm{s}}(\boldsymbol{r},t)=\frac{1}{(2\pi)^3}\int_{-\infty}^{+\infty}\mathrm{e}^{\mathrm{i}\omega t}\mathrm{e}^{\mathrm{i}\boldsymbol{Q}\boldsymbol{r}}S_{\text{inc}}(\boldsymbol{Q},\omega)\mathrm{d}\boldsymbol{Q}\mathrm{d}\omega \tag{9.2.56}$$

$G_{\mathrm{s}}(r,t)$ 称为自关函数，如果定义两个新的函数

$$I(\boldsymbol{Q},t)=\frac{1}{N}\sum_{ll'}\left\langle \mathrm{e}^{-\mathrm{i}\boldsymbol{Q}\boldsymbol{R}_l(0)}\mathrm{e}^{\mathrm{i}\boldsymbol{Q}\boldsymbol{R}_{l'}(t)}\right\rangle \tag{9.2.57}$$

$$I_{\mathrm{s}}(\boldsymbol{Q},t)=\frac{1}{N}\sum_{l}\left\langle \mathrm{e}^{-\mathrm{i}\boldsymbol{Q}\boldsymbol{R}_l(0)}\mathrm{e}^{\mathrm{i}\boldsymbol{Q}\boldsymbol{R}_l(t)}\right\rangle \tag{9.2.58}$$

则由式(9.2.57)及(9.2.58)可将散射函数改写为

$$S(\boldsymbol{Q},\omega)=\frac{1}{2\pi\hbar}\int_{-\infty}^{+\infty}\mathrm{e}^{-\mathrm{i}\omega t}I(\boldsymbol{Q},t)\mathrm{d}t \tag{9.2.59}$$

$$S_{\text{inc}}(\boldsymbol{Q},\omega)=\frac{1}{2\pi\hbar}\int_{-\infty}^{+\infty}\mathrm{e}^{-\mathrm{i}\omega t}I_{\mathrm{s}}(\boldsymbol{Q},t)\mathrm{d}t \tag{9.2.60}$$

$I(\boldsymbol{Q},t)$ 称为中间相干散射函数；$I_{\mathrm{s}}(\boldsymbol{Q},t)$ 称为中间非相干散射函数. 比较式(9.2.53)与(9.2.59)，式(9.2.55)与(9.2.60)可得

$$I(\boldsymbol{Q},t)=\int_{-\infty}^{\infty}\mathrm{e}^{\mathrm{i}\boldsymbol{Qr}}G(\boldsymbol{r},t)\mathrm{d}\boldsymbol{r} \tag{9.2.61}$$

$$I_{\mathrm{s}}(\boldsymbol{Q},t)=\int_{-\infty}^{\infty}\mathrm{e}^{\mathrm{i}\boldsymbol{Qr}}G_{\mathrm{s}}(\boldsymbol{r},t)\mathrm{d}\boldsymbol{r} \tag{9.2.62}$$

因此，中间散射函数是关联函数的空间傅里叶变换.

对式(9.2.61)进行傅里叶变换可得

$$G(\boldsymbol{r},t)=\frac{1}{N}\sum_{ll'}\int\left\langle\delta(\boldsymbol{r}-\boldsymbol{r}'+\boldsymbol{R}_l(0))\delta(\boldsymbol{r}'-\boldsymbol{R}_{l'}(t))\right\rangle\mathrm{d}\boldsymbol{r}' \tag{9.2.63}$$

上式是关联函数的量子力学表达式. 其中算符 $\boldsymbol{R}_l(0)$ 和 $\boldsymbol{R}_{l'}(t)$ 除 t=0 外是不对易的. 因此上式在一般情况下是无法求积的. 同样，对自关联函数有

$$G_{\mathrm{s}}(\boldsymbol{r},t)=\frac{1}{N}\sum_{l}\int\left\langle\delta(\boldsymbol{r}-\boldsymbol{r}'+\boldsymbol{R}_l(0))\delta(\boldsymbol{r}'-\boldsymbol{R}_{l'}(t))\right\rangle\mathrm{d}\boldsymbol{r}' \tag{9.2.64}$$

$G_{\mathrm{s}}(\boldsymbol{r},t)$ 实际上是式(9.2.63)求和式中的对角项. 令非对角项为 $G_{\mathrm{d}}(\boldsymbol{r},t)$ ，则

$$G(\boldsymbol{r},t)=G_{\mathrm{s}}(\boldsymbol{r},t)+G_{\mathrm{d}}(\boldsymbol{r},t) \tag{9.2.65}$$

其中

$$G_{\mathrm{d}}(\boldsymbol{r},t)=\frac{1}{N}\sum_{l\neq l'}\int\left\langle\delta(\boldsymbol{r}-\boldsymbol{r}'+\boldsymbol{R}_l(0))\delta(\boldsymbol{r}'-\boldsymbol{R}_{l'}(t))\right\rangle\mathrm{d}\boldsymbol{r}' \tag{9.2.66}$$

称为异对关联函数或对关联函数. $G_{\mathrm{d}}(\boldsymbol{r},t)$ 和 $G(\boldsymbol{r},t)$ 的不同点在于，在考虑 t 时刻的粒子密度时，前者不包括 t=0 时刻位于原点的粒子.

为了把中间函数、散射函数和关联函数写成另一种更常用、更简洁的形式，以下引入粒子密度算符 $\rho(\boldsymbol{r},t)$:

$$\rho(\boldsymbol{r},t)=\sum_{l}\delta(\boldsymbol{r}-\boldsymbol{R}_l(t)) \tag{9.2.67}$$

它的物理含义是,在 t 时刻位置 $\boldsymbol{r}$ 处的粒子密度. 令它的傅里叶变换为 $\rho_Q(t)$ ，则有

$$\rho(\boldsymbol{r},t)=\frac{1}{(2\pi)^3}\int\rho_Q(t)\mathrm{e}^{\mathrm{i}\boldsymbol{Qr}}\mathrm{d}\boldsymbol{Q} \tag{9.2.68}$$

其中

$$\rho_Q(t) = \sum_l \mathrm{e}^{-\mathrm{i}\boldsymbol{Q}\boldsymbol{R}_l(t)} \tag{9.2.69}$$

由此可得

$$I(\boldsymbol{Q},t) = \frac{1}{N}\left\langle \rho_Q(0)\rho_{-Q}(t)\right\rangle \tag{9.2.70}$$

$$S(\boldsymbol{Q},\omega) = \frac{1}{2\pi\hbar N}\int_{-\infty}^{+\infty}\left\langle \rho_Q(0)\rho_{-Q}(t)\right\rangle \mathrm{e}^{-\mathrm{i}\omega t}\,\mathrm{d}t \tag{9.2.71}$$

$$G(\boldsymbol{r},t) = \frac{1}{N}\int\left\langle \rho(\boldsymbol{r}'-\boldsymbol{r},0)\rho(\boldsymbol{r}',t)\right\rangle \mathrm{d}\boldsymbol{r}' \tag{9.2.72}$$

仿照以上同样步骤，对 $G_\mathrm{s}(\boldsymbol{r},t)$ 可得到类似的结果.

1) 关联函数的经典近似及其物理解释

在 t=0 的特殊情况下

$$G(\boldsymbol{r},0) = \frac{1}{N}\sum_{ll'}\left\langle \delta(\boldsymbol{r}+\boldsymbol{R}_l(0)-\boldsymbol{R}_{l'}(0))\right\rangle = G_\mathrm{s}(\boldsymbol{r},0)+G_\mathrm{d}(\boldsymbol{r},0) \tag{9.2.73}$$

其中假定

$$g(\boldsymbol{r}) = \sum_{l\neq 0}\left\langle \delta(\boldsymbol{r}+\boldsymbol{R}_0(0)-\boldsymbol{R}_l(0))\right\rangle = G_\mathrm{d}(\boldsymbol{r},0) \tag{9.2.74}$$

在推导式(9.2.73)时做了一个简化的假定，即认为散射体中所有原子核都是相同的. 在 X 射线衍射理论中，$g(\boldsymbol{r})$ 称为静态对分布函数. 它给出相对于任何粒子为原点的平均粒子密度分布. 式(9.2.74)的物理含义是：选定任一原子的坐标为原点，则在任意一瞬间，在 $\boldsymbol{r}$ 附近 $\mathrm{d}\boldsymbol{r}$ 体积内发现任何其他原子的概率为 $g(\boldsymbol{r})$. 同样，对自关联函数有

$$G_\mathrm{s}(\boldsymbol{r},0) = \delta(\boldsymbol{r}) \tag{9.2.75}$$

当散射过程的能量转移 $\hbar\omega$ 和动量转移 $\hbar\boldsymbol{Q}$ 都很小时，即当条件

$$|\hbar\omega| \gg \frac{1}{2}k_\mathrm{B}T \tag{9.2.76}$$

$$\frac{\hbar^2\boldsymbol{Q}^2}{2M} \ll \frac{1}{2}k_\mathrm{B}T \tag{9.2.77}$$

得到满足时，散射体系的量子力学性质便可以忽略. 式(9.2.77)中 M 为散射原子的质量. 此时，$\boldsymbol{R}_l(0)$ 和 $\boldsymbol{R}_{l'}(0)$ 不再具有算符性质，只分别代表粒子 l 在 t=0 时刻及粒子 l 在 t=t 时刻的坐标位置. 从而关联函数便过渡到它的经典形式

$$G^\mathrm{cl}(\boldsymbol{r},t) = \sum\left\langle \delta(\boldsymbol{r}+\boldsymbol{R}_0(0)-\boldsymbol{R}_l(t))\right\rangle \tag{9.2.78}$$

$$G_\mathrm{s}^\mathrm{cl}(\boldsymbol{r},t) = \left\langle \delta(\boldsymbol{r}+\boldsymbol{R}_0(0)-\boldsymbol{R}_0(t))\right\rangle \tag{9.2.79}$$

式(9.2.78)有明确的物理意义，它表示在 t=0 时刻选定某个原子的坐标为原点，则在 t=t 时刻，在 $\boldsymbol{r}$ 位置的 d$\boldsymbol{r}$ 体积内发现任何原子(包括 t=0 时刻在坐标原点的原子在内)的概率为 $G^{\mathrm{cl}}(\boldsymbol{r},t)$；同样式(9.2.79)表示，在 t=0 时刻选定某原子的坐标为原点，则在 t=t 时刻，在 $\boldsymbol{r}$ 位置的 d$\boldsymbol{r}$ 体积元内发现该原子的概率为 $G_{\mathrm{s}}^{\mathrm{cl}}(\boldsymbol{r},t)$. 由此

$$\int G^{\mathrm{cl}}(\boldsymbol{r},t)\mathrm{d}\boldsymbol{r}=N \tag{9.2.80}$$

$$\int G_{\mathrm{s}}^{\mathrm{cl}}(\boldsymbol{r},t)\mathrm{d}\boldsymbol{r}=1 \tag{9.2.81}$$

$G(\boldsymbol{r},t)$ 通常是一个复函数. 在量子效应可以忽略的情况下，式(9.2.72)中的 $\rho(\boldsymbol{r}'-\boldsymbol{r},0)$ 和 $\rho(\boldsymbol{r}',t)$ 不再是非对易算符. 因而 $G^{\mathrm{cl}}(\boldsymbol{r},t)$ 也变为实函数，且为 $\boldsymbol{r}$ 和 t 的偶函数. 在这种情况下，由式(9.2.53)可以看出 $S(\boldsymbol{Q},\omega)=S(-\boldsymbol{Q},-\omega)$.

这个结果是和细致平衡原理相悖的. 在实际应用中，通过物理模型计算的往往是 $G^{\mathrm{cl}}(\boldsymbol{r},t)$ 而不是 $G(\boldsymbol{r},t)$. 为了在实函数 $G^{\mathrm{cl}}(\boldsymbol{r},t)$ 和 $G(\boldsymbol{r},t)$ 之间建立一个过渡关系，Schofield(1960)建议定义一个新的函数

$$\tilde{G}(\boldsymbol{r},t)=G\left(\boldsymbol{r},t+\frac{1}{2}\mathrm{i}\hbar\beta\right) \tag{9.2.82}$$

并认为，令 $\tilde{G}(\boldsymbol{r},t)=G^{\mathrm{cl}}(\boldsymbol{r},t)$ 可以获得较好的近似. 这样，用 $\tilde{G}(\boldsymbol{r},t)$ 代替由模型计算出的 $G^{\mathrm{cl}}(\boldsymbol{r},t)$ 后，再 $G^{\mathrm{cl}}(\boldsymbol{r},t)$ 利用关系式

$$G(\boldsymbol{r},t)=\tilde{G}\left(\boldsymbol{r},t-\frac{1}{2}\mathrm{i}\hbar\beta\right) \tag{9.2.83}$$

便可将 $G^{\mathrm{cl}}(\boldsymbol{r},t)$ 过渡为 $G(\boldsymbol{r},t)$，并使 $S(\boldsymbol{Q},\omega)$ 满足细致平衡原理. 以上关系也适用于 G_{s}、I_{s}、S_{inc}.

2) 关联半径及时间

中子散射所研究的散射体系通常都足够大，因而它的一切行为都应遵循统计物理规律. 显然，对这样的体系在足够大的时间间隔或空间距离以外，粒子之间的行为是没有关联的. 以液体为例，假定有一个原子在 t=0 时刻运动到原点，这个原子的运动对以原点为中心、半径为 r_0 的区间内的其他原子形成了一个微扰. 这个微扰虽然发生在 t=0 时刻，但它的有效作用时间将覆盖 t=0 前、后的一段时间间隔 t_0. r_0 称为关联半径，t_0 称为弛豫时间. r_0 在量级上相当于液体中的平均原子间距，约 10^{-8}cm；t_0 相应于粒子通过关联区域所需的时间. 粒子运动的速度为 10^5cm/s 量级，因此，t_0 约 10^{-13}s. 当 $r\gg r_0$ 或 $t\gg t_0$ 时，粒子之间实际上已经不存在关联，$G(\boldsymbol{r},t)$ 过渡到它的渐近式 $G(\boldsymbol{r},\infty)$. 当利用中子研究液体的结构和动力学性质时，中子穿过关联半径的时间必须大于 t_0，即速度应在 1000m/s 左右(λ约

0.4nm). X 射线的速度约 3×10^8m/s，不能胜任这样的研究. 它所看到的只能是液体内部的瞬时结构，即 $G_d(\boldsymbol{r},0)$ 和 $g(\boldsymbol{r})$，而不能获得任何动力学信息. r_0 和 t_0 的概念对理想晶体是没有意义的. 由于晶格振动的集体运动性质，理想晶体的 $r_0=\infty$，$t_0=\infty$. 实际晶体的 r_0 和 t_0 虽然不会趋于无限大，但仍然是很大的. 上面估计的 r_0，t_0 值是符合液体的实际情况的. 图 9.2.3 是气体、晶体和液体的 $g(r)$ 曲线，这里假定在原点已有一个原子. 从图中可看出，单原子气体的 $g(r)$ 值在原点附近很小(图 9.2.3(a))，这是因为在第一个原子附近不可能找到另一个原子；但曲线很快上升至平均密度 g_0，并达到饱和状态，体现了气体分布的完全无规性. 晶体的 $g(r)$ 曲线呈现出周期性的极大值(图 9.2.3(b))，反映出晶体的长程有序性质. 与此相反，液体的 $g(r)$ 曲线在原点附近就出现尖锐的极大(图 9.2.3(c))，并随 r 增大逐渐趋于平缓，表明了液体中只存在短程有序.

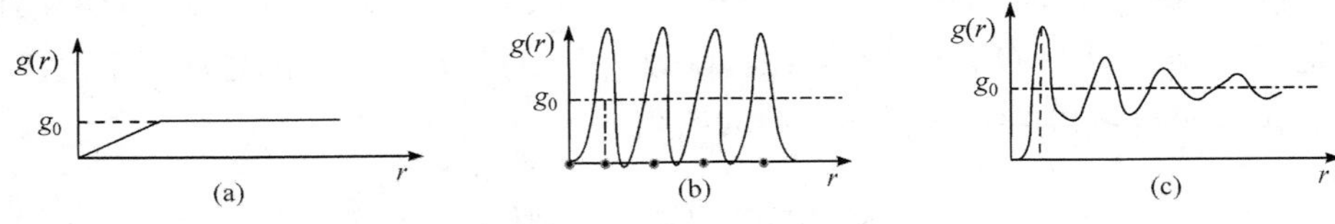

图 9.2.3　单原子气体(a)、晶体(b)和液体(c)的 $g(r)$ 曲线

图 9.2.4 是液体 $t\gg t_0$ 及 $t\ll t_0$ 两个极端情况下的 G_d 和 G_s 曲线，t_0 是弛豫时间. 图 9.2.4(a)在 $t\ll t_0$ 时，即在原点发现某个原子后不久，该原子几乎还在原点，因而 G_s 近似于 $\delta(r)$，而其余原子在这一时刻的分布函数为 $g(r)$. 如图 9.2.4(b)所示，在原点观察到该原子很长一段时间以后，该原子已由原点扩散远去，但只要这段时间是有限的，这个原子便仍有一定概率占据原点，因而，其他原子的分布在原点的概率略低于正常时刻. G_d 和 G_s 都是复函数，图中给出的只是其实部.

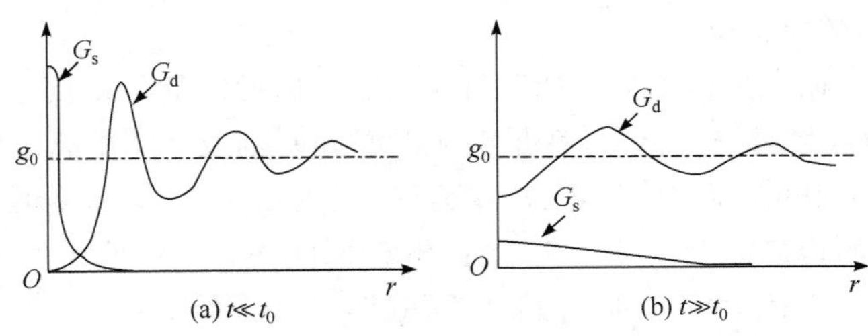

图 9.2.4　液体的空间-时间关联函数

3) 弹性散射和 $G(\boldsymbol{r},\infty)$

令 $G(\boldsymbol{r},\infty)$ 为 $r>r_0, t>t_0$ 时 $G_d(\boldsymbol{r},t)$ 的渐近形式. 由于原子间的关联不存在，因而式(9.2.63)和(9.2.64)可以分别写成

$$G(\boldsymbol{r},\infty)=\frac{1}{N}\sum_{ll'}\int\langle\delta(\boldsymbol{r}-\boldsymbol{r}'+\boldsymbol{R}_l)\rangle\langle\delta(\boldsymbol{r}'+\boldsymbol{R}_{l'})\rangle\mathrm{d}\boldsymbol{r}' \tag{9.2.84}$$

$$G_{\mathrm{s}}(\boldsymbol{r},\infty)=\frac{1}{N}\sum_{l}\int\langle\delta(\boldsymbol{r}-\boldsymbol{r}'+\boldsymbol{R}_l)\rangle\langle\delta(\boldsymbol{r}'+\boldsymbol{R}_l)\rangle\mathrm{d}\boldsymbol{r}' \tag{9.2.85}$$

此外，当 $t\to\infty$时，$\boldsymbol{R}_l(0)$ 和 $\boldsymbol{R}_{l'}(0)$ 都不再与时间有关，所以式(9.2.67)定义的粒子密度算符 $\rho(\boldsymbol{r},t)$ 也不再与时间有关. 这样就有

$$G(\boldsymbol{r},\infty)=\frac{1}{N}\int\langle\rho(\boldsymbol{r}')\rangle\langle\rho(\boldsymbol{r}'-\boldsymbol{r})\rangle\mathrm{d}\boldsymbol{r}' \tag{9.2.86}$$

通常总可以把 $G(\boldsymbol{r},t)$ 分为两部分，使

$$G(\boldsymbol{r},t)=G(\boldsymbol{r},\infty)+G'(\boldsymbol{r},t) \tag{9.2.87}$$

其中

$$\lim_{t\to\infty}G'(\boldsymbol{r},t)=0 \tag{9.2.88}$$

同样可得

$$G_{\mathrm{s}}(\boldsymbol{r},t)=G_{\mathrm{s}}(\boldsymbol{r},\infty)+G'_{\mathrm{s}}(\boldsymbol{r},t) \tag{9.2.89}$$

$$\lim_{t\to\infty}G'_{\mathrm{s}}(\boldsymbol{r},t)=0 \tag{9.2.90}$$

将式(9.2.87)代入式(9.2.53)，并利用式(9.2.23)可得到

$$\left(\frac{\mathrm{d}^2\sigma}{\mathrm{d}\Omega\mathrm{d}E}\right)_{\mathrm{coh}}=\left(\frac{\mathrm{d}^2\sigma}{\mathrm{d}\Omega\mathrm{d}E}\right)_{\mathrm{coh}}^{\mathrm{el}}+\left(\frac{\mathrm{d}^2\sigma}{\mathrm{d}\Omega\mathrm{d}E}\right)_{\mathrm{coh}}^{\mathrm{inel}} \tag{9.2.91}$$

由此可见$\left(\frac{\mathrm{d}^2\sigma}{\mathrm{d}\Omega\mathrm{d}E}\right)_{\mathrm{coh}}$由两部分组成：第一部分是由 $G(\boldsymbol{r},\infty)$ 贡献的弹性散射成分$\left(\frac{\mathrm{d}^2\sigma}{\mathrm{d}\Omega\mathrm{d}E}\right)_{\mathrm{coh}}^{\mathrm{el}}$；另一部分是由 $G'(r,t)$ 贡献的非弹性散射成分$\left(\frac{\mathrm{d}^2\sigma}{\mathrm{d}\Omega\mathrm{d}E}\right)_{\mathrm{coh}}^{\mathrm{inel}}$. 由式(9.2.86)可得到弹性散射截面为

$$\left(\frac{\mathrm{d}\sigma}{\mathrm{d}\Omega}\right)_{\mathrm{coh}}^{\mathrm{el}}=\frac{\sigma_{\mathrm{coh}}}{4\pi}\frac{1}{N}\left|\int\mathrm{e}^{\mathrm{i}\boldsymbol{Qr}}\langle\rho(\boldsymbol{r})\rangle\mathrm{d}\boldsymbol{r}\right|^2 \tag{9.2.92}$$

同样，由 $G_{\mathrm{s}}(r,t)$ 可以得到

$$\left(\frac{\mathrm{d}^2\sigma}{\mathrm{d}\Omega\mathrm{d}E}\right)_{\mathrm{inc}}=\left(\frac{\mathrm{d}^2\sigma}{\mathrm{d}\Omega\mathrm{d}E}\right)_{\mathrm{inc}}^{\mathrm{el}}+\left(\frac{\mathrm{d}^2\sigma}{\mathrm{d}\Omega\mathrm{d}E}\right)_{\mathrm{inc}}^{\mathrm{inel}} \tag{9.2.93}$$

比较式(9.2.93)与式(9.2.42)，可以看出 $G_{\mathrm{s}}(\boldsymbol{r},\infty)$ 的傅里叶转换是 Debye-Waller

因子，因而非相干弹性散射截面可以写为

$$\left(\frac{\mathrm{d}\sigma}{\mathrm{d}\Omega}\right)_{\mathrm{inc}}^{\mathrm{el}}=\frac{\sigma_{\mathrm{inc}}}{4\pi}\frac{1}{N}\int \mathrm{e}^{\mathrm{i}\boldsymbol{Q}\boldsymbol{r}}G_{\mathrm{s}}(\boldsymbol{r},\infty)\mathrm{d}\boldsymbol{r}=\frac{\sigma_{\mathrm{inc}}}{4\pi}\mathrm{e}^{-2W} \tag{9.2.94}$$

因此，$G(\boldsymbol{r},\infty)$ 和 $G_{\mathrm{s}}(\boldsymbol{r},\infty)$ 分别与相干弹性散射的截面和本底有关. 对于各向同性的均匀散射体，比如液体或气体，$\langle\rho(r)\rangle=\rho$，这将导致式(9.2.93)$\propto\delta(\boldsymbol{Q})$. 所以，中子在液体或气体中不会产生弹性散射，因为入射波矢没有变化的散射并不是真正的散射.

4) 静态近似

从原则上讲，将 $S(\boldsymbol{Q},\omega)$ 对 $\mathrm{d}\omega$ 积分，就可以单独得到结构的信息. 因此，$S(\boldsymbol{Q})$ 称为结构因子，它的定义如下：

$$S(\boldsymbol{Q})=\int S(\boldsymbol{Q},\omega)\mathrm{d}\omega \tag{9.2.95}$$

的确，将式(9.2.53)代入式(9.2.95)，利用式(9.2.73)便可以得到

$$S(\boldsymbol{Q})=\frac{1}{2\pi\hbar}\int \mathrm{e}^{\mathrm{i}\omega t}\mathrm{e}^{\mathrm{i}\boldsymbol{Q}\boldsymbol{r}}G(\boldsymbol{r},t)\mathrm{d}\boldsymbol{r}\mathrm{d}t\mathrm{d}\omega=1+\int \mathrm{e}^{\mathrm{i}\boldsymbol{Q}\boldsymbol{r}}g(\boldsymbol{r})\mathrm{d}\boldsymbol{r} \tag{9.2.96}$$

这表示，要测定 $g(\boldsymbol{r})$ 只要知道 $\int S(\boldsymbol{Q},\omega)\mathrm{d}\omega$ 就行了，并不需要知道 $S(\boldsymbol{Q},\omega)$. 但实际上获取 $\left(\frac{\mathrm{d}\sigma}{\mathrm{d}\Omega}\right)_{\mathrm{coh}}$ 只能通过全散射截面测量. 从式(9.2.23)可知

$$\left(\frac{\mathrm{d}\sigma}{\mathrm{d}\Omega}\right)_{\mathrm{coh}}=\frac{\sigma_{\mathrm{coh}}}{4\pi}\int_{-\infty}^{\infty}\frac{k}{k_0}S(\boldsymbol{Q},\omega)\mathrm{d}\omega \tag{9.2.97}$$

从式(9.2.97)很难得到 $S(\boldsymbol{Q})$. 如果散射中子的能量和入射中子能量相比变化很小，近似认为散射是弹性的，则相当于在式(9.2.97)中令

$$\frac{k}{k_0}\approx 1 \tag{9.2.98}$$

这样才能从全散射截面测量获得 $S(\boldsymbol{Q})$，这种近似称为静态近似. X 射线入射能量高，散射能量近似等于入射能量，故能满足静态近似；而低能中子散射时能量变化较大，不符合静态近似条件，必须对全散射实验结果进行修正才能得到 $S(\boldsymbol{Q})$. 在静态近似条件下，全散射截面由相干和非相干两部分组成

$$\left(\frac{\mathrm{d}\sigma}{\mathrm{d}\Omega}\right)_{\mathrm{coh}}=\frac{\sigma_{\mathrm{coh}}}{4\pi}\int \mathrm{e}^{-\mathrm{i}\boldsymbol{Q}\boldsymbol{r}}G(\boldsymbol{r},0)\mathrm{d}\boldsymbol{r} \tag{9.2.99}$$

$$\left(\frac{\mathrm{d}\sigma}{\mathrm{d}\Omega}\right)_{\mathrm{inc}}=\frac{\sigma_{\mathrm{inc}}}{4\pi}\int \mathrm{e}^{-\mathrm{i}\boldsymbol{Q}\boldsymbol{r}}G_{\mathrm{s}}(\boldsymbol{r},0)\mathrm{d}\boldsymbol{r}=\frac{\sigma_{\mathrm{inc}}}{4\pi} \tag{9.2.100}$$

$$\frac{d\sigma}{d\Omega}=\left(\frac{d\sigma}{d\Omega}\right)_{coh}+\left(\frac{d\sigma}{d\Omega}\right)_{inc}=\frac{\sigma_{coh}}{4\pi}\int e^{-i\boldsymbol{Q}\boldsymbol{r}}G(\boldsymbol{r},0)d\boldsymbol{r}+\frac{\sigma_{inc}}{4\pi} \tag{9.2.101}$$

全散射截面测量是研究液体、非晶态物质的主要方法. 图 9.2.5(a)是这类实验的示意图. 实验要求在一系列选定的 2θ 散射角测量散射中子强度 $I(2\theta)$. 由图 9.2.5(b)可以看出，由于实验所做的是固定散射角测量，而不是常 $\boldsymbol{Q}$ 测量，探测器在 2θ 角接收到的散射中子有一个很宽的动量转移范围，因此测量结果必须对静态近似及其他相关的修正项进行修正(Placzek, 1952; Temperley et al., 1968).

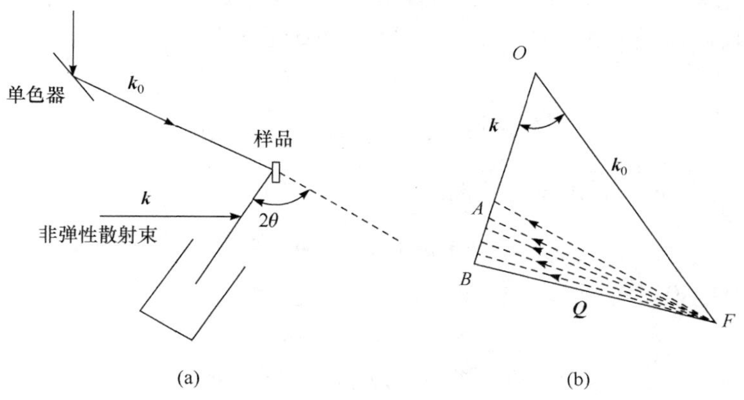

图 9.2.5 全散射截面测量示意图

8. 准弹性散射

在处理晶体对中子的散射时，首先假定晶体中所有原子都有一个确定的平衡位置. 在这种假定下,散射被区分为弹性和非弹性两大类型. 非弹性散射表现为元激发的产生和湮灭过程，成为中子与元激发交换动量和能量的过程；而在弹性散射中，中子的动量转移只能使晶体作为一个整体产生反冲，单个原子仍然留在原来的平衡位置. 但在实际晶体中，原子除了在平衡位置附近的热运动外，偶尔还可以从一个晶位移动到另一个晶位，这就是固体粒子扩散现象. 粒子的扩散使弹性散射峰宽化,形成准弹性散射峰. 峰的宽化程度与粒子扩散速率有关. 某些固体中的粒子,例如金属氢化物中的氢原子核超离子导体中的导电离子扩散速度很快，其弹性峰的宽化较明确. 在这种情况下，中子准弹性散射(quasi-elastic neutron scattering，QENS)便成了深入研究扩散过程的一种实验手段.

液体原子没有固定的平衡位置，因此总能观察到准弹性散射现象. 但液体中的元激发通常是高度阻尼的，其散射函数在非弹性散射区和准弹性散射间常常严重交叠，尤其在高动量转移区. 但在某些条件下，在小 Q 区间还是可以把准弹性峰分出来，并从中获得有关的扩散过程的信息.

1) 液体的扩散

液体的扩散可以用 Fick 定律来描写. 根据 Fick 定律，对于足够长的时间 t，足够大的距离 r，描写原子运动的扩散方程为

$$\frac{\partial p(\boldsymbol{r},t)}{\partial t} = D\nabla^2 p(\boldsymbol{r},t) \tag{9.2.102}$$

式中 D 为自扩散系数，对各向同性的扩散 $\nabla^2 = \frac{1}{r^2}\frac{\partial}{\partial r}\left(r^2\frac{\partial}{\partial V}\right)$. $p(\boldsymbol{r},t)$ 是在时刻 t，在距离 r 处发现某个原子的概率. 如果在 t=0 时刻该原子位于坐标原点，则 $p(\boldsymbol{r},t)$ 实际上就是 $G_{\mathrm{s}}(\boldsymbol{r},t)$. 在这种情况下，式(9.2.102)的解为

$$G_{\mathrm{s}}(\boldsymbol{r},t) = \frac{1}{\left(4\pi D|t|^{\frac{3}{2}}\right)}\exp\left(-\frac{r^2}{4D|t|}\right) \tag{9.2.103}$$

该原子在时间 t 内走过的均方距离为

$$\langle r^2\rangle = \int |r^2| G_{\mathrm{s}}(\boldsymbol{r},t)\mathrm{d}\boldsymbol{r} = 6Dt \tag{9.2.104}$$

进行傅里叶变换可得到 $S_{\mathrm{inc}}(\boldsymbol{Q},\omega)$

$$S_{\mathrm{inc}}(\boldsymbol{Q},\omega) = \frac{1}{\pi\hbar}\frac{DQ^2}{\omega^2 + (DQ^2)^2} \tag{9.2.105}$$

因此，散射中子谱形为洛伦兹函数，其半宽度 $\Gamma(Q) = 2DQ^2$. 准弹性散射提供了直接测量扩散系数的手段，但测量只限于小 Q 区间. 液体原子的扩散系数约为 $10^{-5}\mathrm{cm}^2/\mathrm{s}$，当 $Q\approx 0.1\mathrm{nm}^{-1}$，$\Gamma(Q)$ 约为 0.1meV，这样的宽度一般的中子实验是可以分辨的.

2) 固体的扩散——跳步式模型

前面“1) 液体的扩散”小节的讨论只适合于连续扩散模型，它的基本假定是扩散的步进单元是一个无限小量，远小于时间间隔Δt 较长的任意两个时刻的粒子间距. 固体粒子的扩散方式是非连续性的，粒子由一个平衡位置以跳进的方式移动到另一个平衡位置. Chudley 和 Elliott(1961)提出了一个适合这种方式的模型，其基本假设是：一个原子在时间间隔 t 内占据一个给定的晶位，并在平衡位置附近作热振动. 在这期间，它有可能聚积了足够的能量，并很快跳向相邻的另一个晶位，跳步的时间可以忽略. 原子在两个晶位之间的跳步矢量$|l|$ 远大于原子在平衡点附近热运动的区间. 假定原子所在晶位为 Bravais 格点而且跳步只限于在最近邻晶位之间进行，则在 t 时刻该原子占据 $\boldsymbol{r}$ 晶位的概率 $p(\boldsymbol{r},t)$ 可由以下方程给出：

$$\frac{\partial}{\partial t}p(\boldsymbol{r},t) = \frac{1}{n\tau}\sum_{i=1}^{n}[p(\boldsymbol{r}+\boldsymbol{l}_i,t) - p(\boldsymbol{r},t)] \tag{9.2.106}$$

式中 n 为 $\boldsymbol{r}$ 晶位的最近邻晶位数. 因为 $p(\boldsymbol{r},0)=\delta(\boldsymbol{r})$ ，所以

$$G_{\mathrm{s}}(\boldsymbol{r},t)=p(\boldsymbol{r},t) \tag{9.2.107}$$

由此可得

$$\frac{\partial}{\partial t}I_{\mathrm{s}}(\boldsymbol{Q},t)=\frac{1}{n\tau}\sum_{i}^{n}I_{\mathrm{s}}(\boldsymbol{Q},t)[\exp(-\mathrm{i}\boldsymbol{Q}\boldsymbol{l}_i)-1] \tag{9.2.108}$$

令 $f(\boldsymbol{Q})=\dfrac{1}{n\tau}\sum\limits_{i=1}^{n}[1-\exp(-\mathrm{i}\boldsymbol{Q}\boldsymbol{l}_i)]$ ，则有

$$I_{\mathrm{s}}(\boldsymbol{Q},t)=I_{\mathrm{s}}(\boldsymbol{Q},0)\exp(-\Delta\omega(\boldsymbol{Q})t) \tag{9.2.109}$$

或

$$S_{\mathrm{inc}}(\boldsymbol{Q},\omega)=\frac{1}{\pi\hbar}\frac{f(\boldsymbol{Q})}{f^2(\boldsymbol{Q})+\omega^2} \tag{9.2.110}$$

即在这种情况下，非相干散射函数仍旧是一个洛伦兹函数，其半宽度 $\Gamma(\boldsymbol{Q})=2f(\boldsymbol{Q})$ ， $\Gamma(\boldsymbol{Q})$ 与原子在晶位的平均驻留时间 τ 有关，也与晶格几何有关.

9. 磁散射

磁散射源于中子的磁矩与原子中的未配对电子(即磁活性电子)的磁相互作用. 在中子波长大于电子经典半径的条件下，磁散射可以用 Born 近似方法处理. 实际上，低能中子波长 λ 约为 10^{-9}cm，电子的经典半径 r_0=2.818×10^{-13}cm，因此，低能中子磁散射的理论诠释完全可以在 Born 近似的理论框架下进行.

1) 中子与电子的磁相互作用

一个动量为 $\boldsymbol{p}_l$ 的电子在距自己 $\boldsymbol{R}$ 处产生的磁场强度为

$$\boldsymbol{B}=\frac{\mu_0}{4\pi}\left[\mathrm{rot}\left(\frac{\boldsymbol{\mu}_{\mathrm{e}}\times\boldsymbol{R}}{|\boldsymbol{R}|^3}\right)-\frac{2\mu_{\mathrm{B}}}{\hbar}\frac{\boldsymbol{p}_l\times\boldsymbol{R}}{|\boldsymbol{R}|^3}\right] \tag{9.2.111}$$

式中 μ_0 为真空磁导率； $\boldsymbol{\mu}_{\mathrm{e}}=-2\mu_{\mathrm{B}}\boldsymbol{s}$ ，为电子的磁矩算符， $\mu_{\mathrm{B}}=\dfrac{e\hbar}{2m_{\mathrm{e}}}$ 为玻尔磁子，$\boldsymbol{s}$ 为电子的自旋算符. 这个磁场由电子的自旋电流和轨道运动电流产生. 它们分别由式(9.2.111)方括号中的第一项和第二项表示.

中子的磁矩算符

$$\boldsymbol{\mu}_{\mathrm{n}}=-\gamma\mu_{\mathrm{N}}\boldsymbol{\sigma} \tag{9.2.112}$$

其中 γ =1.1913， $\mu_{\mathrm{N}}=\dfrac{e\hbar}{2m_{\mathrm{p}}}$ 为核磁子，$\boldsymbol{\sigma}$ 是中子的泡利自旋算符，m_{p} 是质子质量.

因此，位于 $\boldsymbol{r}=\boldsymbol{r}_l+\boldsymbol{R}$ 的中子，感受到第 l 个电子磁场的作用势为

$$V_m^l = -\boldsymbol{\mu}_{\mathrm{n}} \boldsymbol{B} = \frac{-\mu_0}{4\pi} \gamma \mu_{\mathrm{N}} 2\mu_{\mathrm{B}} \boldsymbol{\sigma} \left[\mathrm{rot}\left(\frac{\boldsymbol{s}_l \times \boldsymbol{R}}{|\boldsymbol{R}|^3} \right) + \frac{1}{\hbar} \cdot \frac{\boldsymbol{p}_l \times \boldsymbol{R}}{|\boldsymbol{R}|^3} \right] \tag{9.2.113}$$

可以证明

$$\left\langle \boldsymbol{k} \middle| \mathrm{rot}\left(\frac{\boldsymbol{s}_l \times \boldsymbol{R}}{|\boldsymbol{R}|^3} \right) \middle| k_0 \right\rangle = 4\pi \mathrm{e}^{\mathrm{i}\boldsymbol{Q}\boldsymbol{r}_l} [\boldsymbol{e} \times (\boldsymbol{s}_l \times \boldsymbol{e})] \tag{9.2.114}$$

$$\left\langle \boldsymbol{k} \middle| \frac{\boldsymbol{p}_l \times \boldsymbol{R}}{|\boldsymbol{R}|^3} \middle| \boldsymbol{k}_0 \right\rangle = \frac{4\pi \mathrm{i}}{\hbar \boldsymbol{Q}} \mathrm{e}^{\mathrm{i}\boldsymbol{Q}\boldsymbol{r}_l} [\boldsymbol{p}_l \times \boldsymbol{e}] \tag{9.2.115}$$

式中 $\boldsymbol{e}$ 为沿散射矢量 $\boldsymbol{Q}$ 方向的单位矢量. 对含有 l 个磁活性电子的离子，磁相互作用势 $V_m = \sum_l V_m^l$. 于是

$$\left\langle \boldsymbol{k} \middle| V_m \middle| \boldsymbol{k}_0 \right\rangle = -\frac{2\pi\hbar^2}{\boldsymbol{m}} r_0 \gamma \sigma \boldsymbol{D}_\perp \tag{9.2.116}$$

式中 $r_0 = \dfrac{\mu_0}{4\pi} \dfrac{e^2}{m_{\mathrm{e}}} = 2.818 \times 10^{-13}\,\mathrm{cm}$ ，是电子的经典半径.

$$\boldsymbol{D}_\perp = \sum_l \mathrm{e}^{\mathrm{i}\boldsymbol{Q}\boldsymbol{r}_l} \left[\boldsymbol{e} \times (\boldsymbol{s}_l \times \boldsymbol{e}) + \frac{\mathrm{i}}{\hbar Q} \boldsymbol{p}_l \times \boldsymbol{e} \right] = \boldsymbol{D}_{\perp s} + \boldsymbol{D}_{\perp L} \tag{9.2.117}$$

其中 $\boldsymbol{D}_{\perp s} = \sum_l \mathrm{e}^{\mathrm{i}\boldsymbol{Q}\boldsymbol{r}_l} [\boldsymbol{e} \times (\boldsymbol{s}_l \times \boldsymbol{e})]$，$\boldsymbol{D}_{\perp L} = \dfrac{\mathrm{i}}{\hbar Q} \sum_l \mathrm{e}^{\mathrm{i}\boldsymbol{Q}\boldsymbol{r}_l} (\boldsymbol{p}_l \times \boldsymbol{e})$. $\boldsymbol{D}_\perp$ 称为磁相互作用算符，$\boldsymbol{D}_{\perp s}$ 和 $\boldsymbol{D}_{\perp L}$ 分别是自旋和轨道角动量对 $\boldsymbol{D}_\perp$ 的贡献.

根据式(9.2.117)

$$\boldsymbol{D}_{\perp s} = \sum_l \mathrm{e}^{\mathrm{i}\boldsymbol{Q}\boldsymbol{r}_l} [\boldsymbol{e} \times (\boldsymbol{s}_l \times \boldsymbol{e})] = \boldsymbol{e} \times \boldsymbol{D}_s \times \boldsymbol{e} \tag{9.2.118}$$

可以证明

$$\boldsymbol{D}_{\perp L} = \boldsymbol{e} \times \left(-\frac{1}{2\mu_{\mathrm{B}}} \boldsymbol{M}_L(\boldsymbol{Q}) \times \boldsymbol{e} \right) \tag{9.2.119}$$

这里的 $\boldsymbol{M}_L(\boldsymbol{Q})$ 是轨道磁化算符 $\boldsymbol{M}_L(\boldsymbol{r})$ 的傅里叶变换. 因此，$\boldsymbol{D}_{\perp L}$ 是 $\boldsymbol{M}_L(\boldsymbol{Q})$ 在垂直于 $\boldsymbol{e}$ 的平面上的投影，所以，算符 $\boldsymbol{D}_\perp$ 实质上与原子总磁化算符 $\boldsymbol{M}(\boldsymbol{r})$ 的傅里叶转换 $\boldsymbol{M}(\boldsymbol{Q})$ 在矢量 $\boldsymbol{e}$ 的垂直平面上的投影相关. 从物理上讲，矩阵元 $\left\langle \boldsymbol{k} \middle| V_m \middle| \boldsymbol{k}_0 \right\rangle$ 中含有算符 $\boldsymbol{D}_\perp$ 是可以理解的，因为中子受到的相互作用势来自磁性电子的磁场，而这个磁场归根结底又是和电子的总磁化程度相关的. 但对散射起作用的只是磁化矢量在垂直于 $\boldsymbol{e}$ 的平面上的投影部分.

2) 磁散射双微分截面的一般表达式

在相互作用势V_m的作用下，含有l个磁性电子的离子与中子组成的散射系统从$|\boldsymbol{k}_0\sigma\lambda_0\rangle$态跃迁到$|\boldsymbol{k}\sigma\lambda\rangle$态的微分截面

$$\frac{\mathrm{d}^2\sigma}{\mathrm{d}E\mathrm{d}\Omega}=(r_0\lambda)^2\frac{1}{N_\mathrm{m}}\frac{k}{k_0}\sum_\lambda\sum_{\lambda_0}p_{\lambda_0}\sum_\sigma\sum_{\sigma_0}p_{\sigma_0}\left|\langle\sigma\lambda|\boldsymbol{\sigma}\boldsymbol{D}_\perp|\sigma_0\lambda_0\rangle\right|^2 \times\delta(\hbar\omega+E_{\lambda_0}-E_\lambda) \tag{9.2.120}$$

式中N_m是磁性离子的数目. 由于中子和电子的坐标参数是相互独立的，σ只与中子有关，$\boldsymbol{D}_\perp$只与电子有关，所以

$$\langle\sigma\lambda|\boldsymbol{\sigma}\boldsymbol{D}_\perp|\sigma_0\lambda_0\rangle=\langle\sigma|\boldsymbol{\sigma}|\sigma_0\rangle\langle\lambda|\boldsymbol{D}_\perp|\lambda_0\rangle \tag{9.2.121}$$

由此，对于非极化中子可得

$$\frac{\mathrm{d}^2\sigma}{\mathrm{d}E\mathrm{d}\Omega}=(r_0\lambda)^2\frac{1}{N_\mathrm{m}}\frac{k}{k_0}\sum_{\alpha\beta}(\delta_{\alpha\beta}-\boldsymbol{e}_\alpha\boldsymbol{e}_\beta)\sum_{\lambda_0}p_{\lambda_0}\sum_\lambda\langle\lambda_0|\boldsymbol{D}_a^+|\lambda\rangle\times\langle\lambda|\boldsymbol{D}_\beta|\lambda_0\rangle \times\delta(\hbar\omega+E_{\lambda_0}-E_\lambda) \tag{9.2.122}$$

式中α、β代表x、y、z;$\delta_{\alpha\beta}$为Kronecker δ符合. 上式在推导过程中，利用以下关系式:

$$\boldsymbol{D}_\perp=\boldsymbol{e}\times(\boldsymbol{D}\times\boldsymbol{e})=\boldsymbol{D}-(\boldsymbol{D}\boldsymbol{e})\boldsymbol{e} \tag{9.2.123}$$

$$\boldsymbol{D}_\perp^+\boldsymbol{D}_\perp=\boldsymbol{D}^+\boldsymbol{D}-(\boldsymbol{D}^+\boldsymbol{e})(\boldsymbol{D}\boldsymbol{e})=\sum_{\alpha\beta}(\delta_{\alpha\beta}-e_\alpha e_\beta)D_\alpha^+D_\beta \tag{9.2.124}$$

$$\sum_{\sigma_0}p_{\sigma_0}\langle\sigma_0|\boldsymbol{\sigma}^+\boldsymbol{\sigma}|\sigma_0\rangle=1 \tag{9.2.125}$$

其中$\boldsymbol{D}=\boldsymbol{D}_s+\boldsymbol{D}_L$. 式(9.2.122)表明，磁散射是各向异性的. 令离子自旋方向的单位矢量为$\boldsymbol{\eta}$，则磁散射的各向异性可以用$1-\boldsymbol{e}\boldsymbol{\eta}$来表示. 当$\boldsymbol{e}\perp\boldsymbol{\eta}$，即离子磁化方向垂直于散射矢量时，散射截面极大；而两者平行或反平行时，截面为零.

3) 自旋磁散射

对于磁性电子局域在离子的平衡位置附近，而离子的总角动量合成又遵循LS耦合规则的晶体，当总的轨道角动量量子数L=0(例如Mn^{2+}、Fe^{3+}和Gd^{3+}等)或总的轨道角动量被其内部晶场淬灭(例如铁族元素)时，磁相互作用势中只剩下由自旋磁场贡献的那一部分，磁散射的处理便有所简化. 这种类型的散射称为自旋磁散射. 以下对自旋磁散射进行一些讨论.

A. 磁散射长度

假定离子的位矢为

$$\boldsymbol{R}_{ld}=\boldsymbol{R}_l+\boldsymbol{R}_d \tag{9.2.126}$$

式中 $\boldsymbol{R}_l$ 是离子所在的晶胞的位置，$\boldsymbol{R}_d$ 为离子在该晶胞中的位置. 令离子中的第 l 个磁性电子位置 $\boldsymbol{r}_l'$ 与 $\boldsymbol{R}_{ld}$ 相距 $\boldsymbol{r}_l$，即 $\boldsymbol{r}_l' = \boldsymbol{R}_{ld} + \boldsymbol{r}_l$，由此得到

$$\boldsymbol{D} = \boldsymbol{D}_s = \sum_{ld} \mathrm{e}^{\mathrm{i}\boldsymbol{Q}\boldsymbol{R}_{ld}} \sum_{l(d)} \mathrm{e}^{\mathrm{i}\boldsymbol{Q}\boldsymbol{r}_l} \boldsymbol{s}_l \tag{9.2.127}$$

$$\langle \lambda | \boldsymbol{D} | \lambda_0 \rangle = \left\langle \lambda \left| \sum_{ld} \mathrm{e}^{\mathrm{i}\boldsymbol{Q}\boldsymbol{R}_{ld}} \sum_{l(d)} \mathrm{e}^{\mathrm{i}\boldsymbol{Q}\boldsymbol{r}_l} \boldsymbol{s}_l \right| \lambda_0 \right\rangle \tag{9.2.128}$$

上式中 λ_0 和 λ 分别代表描写散射前后离子状态的所有量子数. 由于中子能量很低，所以散射前后除了离子的自旋取向和空间位置可能发生变化外，其余状态不可能改变，因此

$$\left\langle \lambda \left| \sum_{ld} \mathrm{e}^{\mathrm{i}\boldsymbol{Q}\boldsymbol{R}_{ld}} \sum_{l(d)} \mathrm{e}^{\mathrm{i}\boldsymbol{Q}\boldsymbol{r}_l} \boldsymbol{s}_l \right| \lambda_0 \right\rangle = F_d(\boldsymbol{Q}) \left\langle \lambda \left| \sum_{l(d)} \mathrm{e}^{\mathrm{i}\boldsymbol{Q}\boldsymbol{r}_l} \boldsymbol{s}_{ld} \right| \lambda_0 \right\rangle \tag{9.2.129}$$

式中 $\boldsymbol{s}_{ld} = \sum_{l(d)} \boldsymbol{s}_l$ 是离子的总自旋算符，$F_d(\boldsymbol{Q})$ 称为磁形状因子，其表示式为

$$F_d(\boldsymbol{Q}) = \int \rho_d(\boldsymbol{r}) \mathrm{e}^{\mathrm{i}\boldsymbol{Q}\boldsymbol{r}} \mathrm{d}\boldsymbol{r} \tag{9.2.130}$$

函数 $\rho_d(r)$ 为离子 d 的归一化的磁性电子密度，即磁性电子密度除以磁性电子数目. 因为 $\boldsymbol{D}_\perp = \boldsymbol{D}_{\perp s}$，所以由式(9.2.127)及式(9.2.128)可以得到

$$\langle \lambda | \boldsymbol{D}_\perp | \lambda_0 \rangle = F_d(\boldsymbol{Q}) \left\langle \lambda \left| \sum_{ld} \mathrm{e}^{\mathrm{i}\boldsymbol{Q}\boldsymbol{R}_{ld}} \boldsymbol{e} \times (\boldsymbol{s}_{ld} \times \boldsymbol{e}) \right| \lambda_0 \right\rangle \tag{9.2.131}$$

对 Bravias 晶胞，$\boldsymbol{R}_{ld} = \boldsymbol{R}_l$，$\boldsymbol{s}_{ld} = \boldsymbol{s}_l$，于是

$$\frac{\mathrm{d}^2\sigma}{\mathrm{d}E\mathrm{d}\Omega}_{\sigma_0\lambda_0 \to \sigma\lambda} = (r_0\lambda)^2 \frac{1}{N_\mathrm{m}} \frac{k}{k_0} \left| \langle \sigma\lambda | \boldsymbol{\sigma} \boldsymbol{D}_\perp | \sigma_0 \lambda_0 \rangle \times \right|^2 \delta(\hbar\omega + E_{\lambda_0} - E_\lambda) \tag{9.2.132}$$

$$= \frac{1}{N_\mathrm{m}} \frac{k}{k_0} \left| r_0 \gamma F_l(\boldsymbol{Q}) \sigma\lambda \right| \mathrm{e}^{\mathrm{i}\boldsymbol{Q}\boldsymbol{R}_l} \boldsymbol{e} \times (\boldsymbol{s}_l \times \boldsymbol{e}) \boldsymbol{\sigma} \left| \sigma_0 \lambda_0 \right|^2 \times \delta(\hbar\omega + E_{\lambda_0} - E_\lambda) \tag{9.2.133}$$

由式(9.2.133)不难看出，磁散射长度

$$P = 2r_0\gamma F(\boldsymbol{Q}) \boldsymbol{e} \times (\langle \boldsymbol{S} \rangle \times \boldsymbol{e}) \langle \boldsymbol{S}' \rangle = 2r_0\gamma F(\boldsymbol{Q}) \langle \boldsymbol{S}' \rangle \langle \boldsymbol{S} \rangle [\boldsymbol{e}(\boldsymbol{\eta}\boldsymbol{e}) - \boldsymbol{\eta}] \tag{9.2.134}$$

式中 $\langle \boldsymbol{\sigma} \rangle = 2\langle \boldsymbol{S}' \rangle$，$\boldsymbol{S}'$ 是中子自旋矢量，$\langle\ \rangle$ 表示对自旋取向平均，$\boldsymbol{\eta}$ 是离子自旋方向的单位矢量. 式中省略了 F_d 和 S_l 的下标. $[\boldsymbol{e}(\boldsymbol{\eta}\boldsymbol{e}) - \boldsymbol{\eta}]$ 称为磁相互作用矢量，文献上常用 $\boldsymbol{q}$ 代表. $\boldsymbol{q}$ 是一个几何因子，其模量为 $\sin\alpha$，α是 $\boldsymbol{\eta}$ 和 $\boldsymbol{e}$ 之间的夹角(见图 9.2.6).

式(9.2.134)给出的磁散射长度仅适用于自旋磁散射. 对于 $L \neq 0$ 时散射需要用 $gJ/2$ 代替式(9.2.134)中的 $\langle S \rangle$. J 是总角动量，g 是朗德因子

$$g = 1 + \frac{[J(J+1) + S(S+1) - L(L+1)]}{[2J(J+1)]} \tag{9.2.135}$$

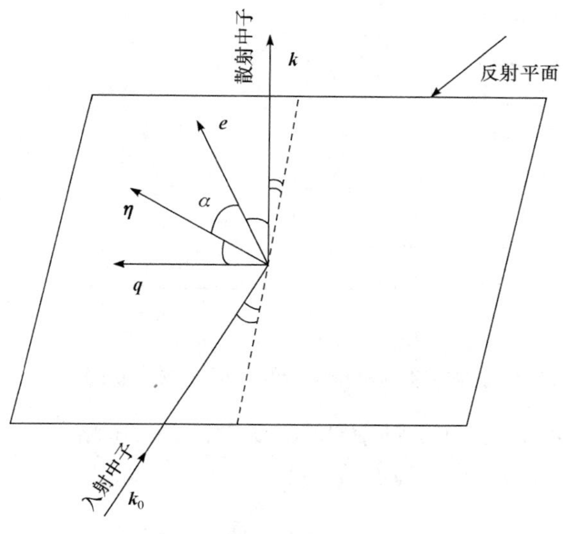

图 9.2.6 矢量 $\boldsymbol{q}$ 、$\boldsymbol{e}$ 、$\boldsymbol{\eta}$ 的几何关系

磁散射长度有正负之分. 当中子和离子两者自旋平行时 P 为正，反平行时为负. 因此

$$P = \pm(r_0\gamma)F(\boldsymbol{Q})\langle \boldsymbol{S} \rangle \langle \boldsymbol{H} \rangle \tag{9.2.136}$$

式中 $H = 2(\langle \boldsymbol{S}' \rangle \boldsymbol{q})$.

磁散射长度中包含磁形状因子 $F(\boldsymbol{Q})$, $F(\boldsymbol{Q})$ 反映了电子云的有限尺寸对磁散射的影响. 电子云对中子的散射不再是点源的散射，因此，散射波不再是各向同性的，而是 $\boldsymbol{Q}$ 相关的. 图 9.2.7 是 Shull 等由 MnF_2 顺磁散射测定的 Mn^{2+}的磁形状因子随 $\sin\theta/\lambda$ 变化的曲线(Shull et al., 1951). 图中还画出了锰的 X 射线散射形状因子. 由图可见，中子的磁形状因子随散射角的变化比 X 射线形状因子的变化快得多. 因此，磁散射的贡献主要在散射角小的区间.

利用磁散射研究 $F(\boldsymbol{Q})$ 是很有意义的，因为：① $F(\boldsymbol{Q})$ 能提供电子定向分布的信息；② $F(\boldsymbol{Q})$ 是测得磁结构必不可少的参数.

作为比较，图中同时画出了锰原子对 X 射线散射缓慢变化的形状因子.

B. 铁磁体离子磁散射截面

$$\frac{d\sigma}{d\Omega} = (r_0\gamma)^2 \langle \boldsymbol{S}^2 \rangle F(\boldsymbol{Q})^2 H^2 \tag{9.2.137}$$

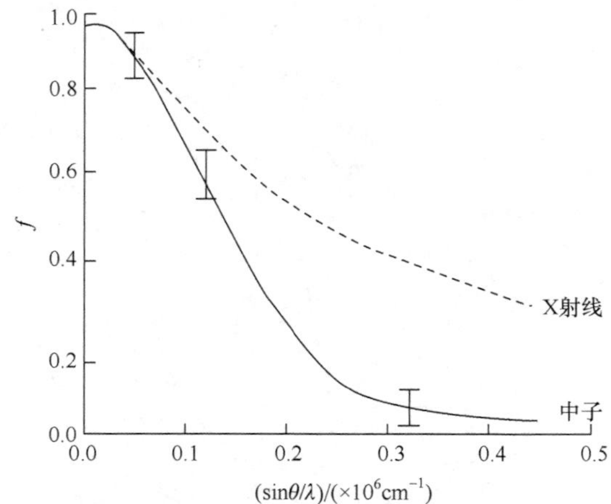

图 9.2.7　由 MnF_2 顺磁散射实验测量得到的 Mn^{2+} 的磁形状因子 f 随 $\sin\theta/\lambda$ 的变化

这里给出的是每个离子的散射截面. 所以在上式中略去了 S_t 下标. 对于非极化中子，H^2 需要对中子自旋取向求平均

$$\left\langle H^2\right\rangle = 4\sum_{i=1}^{3} q_i^2 \left\langle \boldsymbol{S}_i'^2\right\rangle = \frac{4}{3}\left\langle \boldsymbol{S}_i'^2\right\rangle \sum_i q_i^2 = \frac{4}{3}\boldsymbol{S}'(\boldsymbol{S}'+1)q^2 \tag{9.2.138}$$

对于中子 $S'=\dfrac{1}{2}$，所以 $\left\langle H^2\right\rangle = q^2$，因此

$$\frac{\mathrm{d}\sigma}{\mathrm{d}\Omega} = (r_0\gamma)^2\left\langle S^2\right\rangle F(\boldsymbol{Q})^2[1-(\boldsymbol{e\eta})^2] \tag{9.2.139}$$

当磁化方向与散射矢量 $\boldsymbol{e}$ 成直角时，$q^2=1$，截面值极大；而当磁化方向与 $\boldsymbol{e}$ 平行或反平行时，$q^2=0$，截面为零. 实验上可以利用这一原理将核散射效应从磁散射中扣除.

C. 顺磁离子散射截面

对于顺磁离子，除了对中子自旋取向求平均外，还要对不同的离子自旋方向求平均. 因为 $q=\sin a$，所以

$$\left\langle q^2\right\rangle = \left\langle \sin^2 a\right\rangle = \frac{2}{3} \tag{9.2.140}$$

此外，$\left\langle S^2\right\rangle = S(S+1)$，因此得到顺磁离子散射截面

$$\frac{\mathrm{d}\sigma}{\mathrm{d}\Omega} = \frac{2}{3}(r_0\gamma)^2 S(S+1)F(\boldsymbol{Q})^2 \tag{9.2.141}$$

顺磁材料中离子的自旋取向是随机的，彼此没有联系. 因此，其散射截面和

单个离子的完全相同，两者都可用式(9.2.141)表示.

4) 自旋磁散射双微分截面

将式(9.2.128)、(9.2.129)代入式(9.2.122)，可得

$$\begin{aligned}\frac{\mathrm{d}^2\sigma}{\mathrm{d}E\mathrm{d}\Omega}=&\frac{1}{N_\mathrm{m}}(r_0\lambda)^2\frac{k}{k_0}\sum_{\alpha\beta}(\delta_{\alpha\beta}-e_\alpha e_\beta)\sum_{ld}\sum_{l'd'}F_d^*(\boldsymbol{Q})F_{d'}(\boldsymbol{Q})\\&\times\sum_{\lambda_0}p_{\lambda_0}\sum_{\lambda}\left\langle\lambda_0\left|\mathrm{e}^{-\mathrm{i}\boldsymbol{Q}\boldsymbol{R}_{ld}}S_{ld}^\alpha\right|\lambda\right\rangle\left\langle\lambda\left|\mathrm{e}^{-\mathrm{i}\boldsymbol{Q}\boldsymbol{R}_{l'd'}}S_{l'd'}^\beta\right|\lambda_0\right\rangle\delta(\hbar\omega+E_{\lambda_0}-E_\lambda)\end{aligned}\tag{9.2.142}$$

因为

$$\delta(\hbar\omega+E_{\lambda_0}-E_\lambda)=\frac{1}{2\pi\hbar}\int_{-\infty}^{\infty}\mathrm{e}^{\frac{\mathrm{i}(E_{\lambda_0}-E_\lambda)t}{\hbar}}\mathrm{e}^{-\mathrm{i}\omega t}\mathrm{d}t\tag{9.2.143}$$

$$\left\langle\mathrm{e}^{\frac{\mathrm{i}Ht}{\hbar}}\middle|\lambda\right\rangle=\left\langle\mathrm{e}^{\frac{\mathrm{i}E_\lambda t}{\hbar}}\middle|\lambda\right\rangle\tag{9.2.144}$$

所以

$$\begin{aligned}\frac{\mathrm{d}^2\sigma}{\mathrm{d}E\mathrm{d}\Omega}=&\frac{1}{N_\mathrm{m}}(r_0\lambda)^2\frac{1}{2\pi\hbar}\frac{k}{k_0}\sum_{\alpha\beta}(\delta_{\alpha\beta}-e_\alpha e_\beta)\sum_{ld}\sum_{l'd'}F_d^*(\boldsymbol{Q})F_{d'}(\boldsymbol{Q})\\&\times\int_{-\infty}^{\infty}\left\langle\mathrm{e}^{-\mathrm{i}\boldsymbol{Q}\boldsymbol{R}_{ld}(0)}\mathrm{e}^{-\mathrm{i}\boldsymbol{Q}\boldsymbol{R}_{l'd'}(t)}S_{ld}^\alpha(0)S_{l'd'}^\beta(t)\right\rangle\mathrm{e}^{-\mathrm{i}\omega t}\mathrm{d}t\end{aligned}\tag{9.2.145}$$

因为电子自旋取向对原子间作用力的影响极小，因而对原子核的运动影响极小，从而可以忽略磁振子(magnon)和声子间的关联，即

$$\begin{aligned}&\left\langle\mathrm{e}^{-\mathrm{i}\boldsymbol{Q}\boldsymbol{R}_{ld}(0)}\mathrm{e}^{-\mathrm{i}\boldsymbol{Q}\boldsymbol{R}_{l'd'}(t)}S_{ld}^\alpha(0)S_{l'd'}^\beta(t)\right\rangle\\&=\left\langle\mathrm{e}^{-\mathrm{i}\boldsymbol{Q}\boldsymbol{R}_{ld}(0)}\mathrm{e}^{-\mathrm{i}\boldsymbol{Q}\boldsymbol{R}_{l'd'}(t)}\right\rangle\left\langle S_{ld}^\alpha(0)S_{l'd'}^\beta(t)\right\rangle\end{aligned}\tag{9.2.146}$$

式(9.2.145)中的因子$\left\langle\mathrm{e}^{-\mathrm{i}\boldsymbol{Q}\boldsymbol{R}_{ld}(0)}\mathrm{e}^{-\mathrm{i}\boldsymbol{Q}\boldsymbol{R}_{l'd'}(t)}\right\rangle$是决定核，仍然需要对散射体的化学性质和核性质有所了解. 它的物理意义是不言而喻的，因为原子是磁的“载体”.

因此,中子的核散射只与核散射长度与核的坐标关联因子$\left\langle\mathrm{e}^{-\mathrm{i}\boldsymbol{Q}\boldsymbol{R}_{ld}(0)}\mathrm{e}^{-\mathrm{i}\boldsymbol{Q}\boldsymbol{R}_{l'd'}(t)}\right\rangle$有关；而中子的磁散射不仅与原子的磁散射长度和自旋关联因子$\left\langle S_{ld}^\alpha(0)S_{l'd'}^\beta(t)\right\rangle$有关，而且还和核的坐标关联因子有关. 所以一般而言，磁散射的处理比核散射复杂.

在进一步处理中，需要把坐标关联因子和自旋关联因子的弹性散射部分分离出来. 为此，需要把关联因子分为与时间无关的($t\to\infty$时的渐近值)和随时间变化的($t\to\infty$时，其渐近值为零)两部分. 前者与弹性散射有关，因为 $t=\infty$时，能量变化为零. 对于坐标关联因子

$$\lim_{t\to\infty}\left\langle \mathrm{e}^{-\mathrm{i}\boldsymbol{QR}_{ld}(0)}\mathrm{e}^{-\mathrm{i}\boldsymbol{QR}_{l'd'}(t)}\right\rangle = \mathrm{e}^{-\mathrm{i}\boldsymbol{QR}_{ld}(0)}\mathrm{e}^{-W_d}\mathrm{e}^{-\mathrm{i}\boldsymbol{QR}_{l'd'}}\mathrm{e}^{-\mathrm{i}W_{d'}} \tag{9.2.147}$$

式中 $\boldsymbol{R}_{ld}$、$\boldsymbol{R}_{l'd'}$ 分别表示第 ld 和第 $l'd'$ 个核的平衡位置，e^{-W_d} 和 $\mathrm{e}^{-\mathrm{i}W_{d'}}$ 是由于原子核在平衡位置附近的热振动而带来的散射强度衰减因子，即 Debye-Waller 因子. 自旋关联因子与时间无关的部分为

$$\lim_{t\to\infty}\sum_{\alpha\beta}(\delta_{\alpha\beta}-e_\alpha e_\beta)\left\langle S_{ld}^{\alpha}(0)S_{l'd'}^{\beta}(t)\right\rangle = \sum_{\alpha\beta}(\delta_{\alpha\beta}-e_\alpha e_\beta)\left\langle S_{ld}^{\alpha}\right\rangle\left\langle S_{l'd'}^{\beta}\right\rangle \tag{9.2.148}$$

这样，磁散射双微分截面便可表示成

$$\frac{\mathrm{d}^2\sigma}{\mathrm{d}E\mathrm{d}\Omega} = \frac{\mathrm{d}^2\sigma_{\mathrm{ee}}}{\mathrm{d}E\mathrm{d}\Omega} + \frac{\mathrm{d}^2\sigma_{\mathrm{ie}}}{\mathrm{d}E\mathrm{d}\Omega} + \frac{\mathrm{d}^2\sigma_{\mathrm{ei}}}{\mathrm{d}E\mathrm{d}\Omega} + \frac{\mathrm{d}^2\sigma_{\mathrm{ii}}}{\mathrm{d}E\mathrm{d}\Omega} \tag{9.2.149}$$

式中 σ 的双下标意义如下：e 代表弹性散射，i 代表非弹性散射，第一个下标表示核散射，第二个下标表示磁散射. 因此，$\dfrac{\mathrm{d}^2\sigma_{\mathrm{ee}}}{\mathrm{d}E\mathrm{d}\Omega}$ 为核散射和磁散射都是弹性散射的截面，对 E 积分后得

$$\begin{aligned}\frac{\mathrm{d}\sigma_{\mathrm{ee}}}{\mathrm{d}\Omega} = &(r_0\lambda)^2\frac{1}{N_{\mathrm{m}}}\sum_{ld}\sum_{l'd'}F_d^*(\boldsymbol{Q})\mathrm{e}^{-W_d}F_{d'}(\boldsymbol{Q})\mathrm{e}^{-W_{d'}}\mathrm{e}^{-\mathrm{i}\boldsymbol{Q}(\boldsymbol{R}_{l'd'}-\boldsymbol{R}_{ld})}\\ &\times\sum_{\alpha\beta}(\delta_{\alpha\beta}-e_\alpha e_\beta)\left\langle S_{ld}^{\alpha}\right\rangle\left\langle S_{l'd'}^{\beta}\right\rangle\end{aligned} \tag{9.2.150}$$

磁弹性散射不改变散射体的量子状态.

第二项所代表的散射过程为磁振动散射. 这种散射过程对声子系统是非弹性的，而对自旋系统是弹性的. 散射前后电子的自旋取向不变，但中子通过磁相互作用使晶格发射或吸收声子. 其截面形式为

$$\begin{aligned}\frac{\mathrm{d}^2\sigma}{\mathrm{d}E\mathrm{d}\Omega} = &\frac{1}{N_{\mathrm{m}}}(r_0\lambda)^2\frac{k}{k_0}\sum_{ld}\sum_{l'd'}F_d^*(\boldsymbol{Q})F_{d'}(\boldsymbol{Q})\frac{1}{2\pi\hbar}\int\mathrm{e}^{-\mathrm{i}\omega t}\mathrm{d}t\\ &\times\left[\left[\left\langle \mathrm{e}^{-\mathrm{i}\boldsymbol{QR}_{ld}(0)}\mathrm{e}^{-\mathrm{i}\boldsymbol{QR}_{l'd'}(t)}\right\rangle - \left\langle \mathrm{e}^{-\mathrm{i}\boldsymbol{QR}_{ld}}\right\rangle - \left\langle \mathrm{e}^{-\mathrm{i}\boldsymbol{QR}_{l'd'}}\right\rangle\right]\right]\\ &\times\sum_{\alpha\beta}(\delta_{\alpha\beta}-e_\alpha e_\beta)\left\langle S_{ld}^{\alpha}\right\rangle\left\langle S_{l'd'}^{\beta}\right\rangle\end{aligned} \tag{9.2.151}$$

它和核的非弹性散射不同的地方在于截面中出现了磁形状因子. 这当然是因为散射并不是由原子核，而是由电子的磁相互作用产生的缘故. 而不同原子散射的波之间的干涉比核散射更复杂一些. 与时间有关的截面部分和核的非弹性散射没有什么区别.

第三项形式为

$$\frac{\mathrm{d}^2\sigma}{\mathrm{d}E\mathrm{d}\Omega}=\frac{1}{N_{\mathrm{m}}}(r_0\lambda)^2\frac{k}{k_0}\sum_{ld}\sum_{l'd'}F_d^*(\boldsymbol{Q})\mathrm{e}^{-W_d}F_{d'}(\boldsymbol{Q})\mathrm{e}^{-W_{d'}}$$
$$\times\mathrm{e}^{-\mathrm{i}\boldsymbol{Q}(\boldsymbol{R}_{ld}-\boldsymbol{R}_{l'd'})}\sum_{\alpha\beta}(\delta_{\alpha\beta}-e_\alpha e_\beta)\int\mathrm{d}t\mathrm{e}^{-\mathrm{i}\omega t} \tag{9.2.152}$$
$$\times\left[\left\langle S_{ld}^{\alpha}(0)S_{l'd'}^{\beta}(t)\right\rangle-\left\langle S_{ld}^{\alpha}\right\rangle\left\langle S_{l'd'}^{\beta}\right\rangle\right]$$

这个截面代表散射前后原子核的量子状态没有变化，但原子的自旋状态却发生了变化，即散射过程没有声子参与，但由于磁振动的产生或吸收，晶格中出现了自旋波的传播.

第四项的形式为

$$\frac{\mathrm{d}^2\sigma}{\mathrm{d}E\mathrm{d}\Omega}=\frac{1}{N_{\mathrm{m}}}(r_0\lambda)^2\frac{k}{k_0}\sum_{ld}\sum_{l'd'}F_d^*(\boldsymbol{Q})F_{d'}(\boldsymbol{Q})\frac{1}{2\pi\hbar}\times\int\mathrm{d}t\mathrm{e}^{-\mathrm{i}\omega t}$$
$$\times\left[\left\langle\mathrm{e}^{-\mathrm{i}\boldsymbol{Q}\boldsymbol{R}_{ld}(0)}\mathrm{e}^{-\mathrm{i}\boldsymbol{Q}\boldsymbol{R}_{l'd'}(t)}\right\rangle-\left\langle\mathrm{e}^{-\mathrm{i}\boldsymbol{Q}\boldsymbol{R}_{ld}}\right\rangle-\left\langle\mathrm{e}^{-\mathrm{i}\boldsymbol{Q}\boldsymbol{R}_{l'd'}}\right\rangle\right] \tag{9.2.153}$$
$$\times\sum_{\alpha\beta}(\delta_{\alpha\beta}-e_\alpha e_\beta)\left[\left\langle S_{ld}^{\alpha}(0)S_{l'd'}^{\beta}(t)\right\rangle-\left\langle S_{ld}^{\alpha}\right\rangle\left\langle S_{l'd'}^{\beta}\right\rangle\right]$$

这个截面代表同时有声子和磁振子参与的散射过程.

顺磁材料的离子自旋取向是随机的，各离子自旋之间没有关联，自旋关联因子与时间无关. 因此，自旋关联因子的平均值为

$$\left\langle S_{ld}^{\alpha}(0)S_{l'd'}^{\beta}(t)\right\rangle=\left\langle S_{ld}^{\alpha}(0)S_{l'd'}^{\beta}(0)\right\rangle=\delta_{\alpha\beta}\delta_{ldl'd'}\frac{1}{3}S_{ld}(S_{ld}+1) \tag{9.2.154}$$

$$\sum_{\alpha\beta}(\delta_{\alpha\beta}-e_\alpha e_\beta)\left\langle S_{ld}^{\alpha}(0)S_{l'd'}^{\beta}(t)\right\rangle=\delta_{ldl'd'}\frac{2}{3}S_{ld}(S_{ld}+1) \tag{9.2.155}$$

由此得到顺磁散射截面

$$\frac{\mathrm{d}\sigma}{\mathrm{d}\Omega}=(r_0\lambda)^2\sum_{d}F_d(\boldsymbol{Q})^2\mathrm{e}^{-W_d}\frac{2}{3}S_d(S_d+1) \tag{9.2.156}$$

如果略去 Debye-Waller 因子，此式与式(9.2.141)完全相同. 因此，顺磁散射只有弹性散射，而且式(9.2.155)中的 $\delta_{ldl'd'}$ 说明，顺磁散射还是非相干的.

10. 中子光学基础

1) 概述

普通光学中有许多现象，如折射、反射等都可以用慢中子来观察. 对这些现象的系统研究，形成了中子物理的一个分支，即中子光学. 中子光学方法很早就用来测量核的中子散射长度(Koester and Steyerl，2006). 随着专业领域的拓展，中子光学和中子散射技术两者正在相互渗透. 从 20 世纪 70 年代中期开始，利用中子的全反射、镜反射等原理设计、制造的中子导管(Maier-Leibnitz and Springer，

1963；Carlile et al., 1979)、中子超镜(Mezei, 1976；Mezei and Dagleish, 1977)和其他多层薄膜器件(Abrahams et al., 1977; Hayter et al., 1978)已经广泛用于中子散射技术. 本节将简要介绍与中子折射、反射等现象有关的一些内容. 这些内容虽不属中子散射技术的范畴，但在中子散射技术中有着广泛的应用，是中子散射技术中某些实验方法和设备的物理基础.

需要指出的是，中子光学和中子散射虽然探讨的都是中子波的干涉现象，但两者的着眼点是不同的. 中子散射研究的是从散射体中各个原子发出的散射波之间的干涉，这种干涉是和散射体的结构与动力学状态相关的，因而要求入射中子的波长、动量分别和原子的间距及各种元激发的能量相当；中子光学研究的是中子通过介质时，入射波和向前散射的波之间的干涉，即 Q=0 的弹性相干散射. 所以中子光学现象与介质的微观结构及动力学状况无关，因而入射中子的波长往往比原子间距离大得多. Q=0 还表示散射核无反冲，因而中子光学中的散射长度一律采用束缚核的相干散射长度，即使对气体也不例外.

当中子由一种介质进入另一种介质时，由于相互作用势的变化，其波长要发生变化. 由能量守恒原理可以推出，动能为 E_1 的中子，由介质 1 进入介质 2 之后，其波长将按以下方式变化：

$$E_1 = \frac{\hbar^2 k_1^{\ 2}}{2m} = \frac{\hbar^2 k_2^{\ 2}}{2m} + \langle V \rangle \tag{9.2.157}$$

其中 k_1、k_2 分别为中子在介质 1、2 中的波数，$\langle V \rangle$ 为中子由介质 1 进入介质 2 后感受到的平均作用势的变化. 由此得到

$$\frac{k_2}{k_1} = \sqrt{1 - \frac{\langle V \rangle}{E_1}} \tag{9.2.158}$$

$\frac{k_2}{k_1}$ 称为介质 2 相对于介质 1 的折射率 $n_{1,2}$，它实际上也是介质 2 的折射率 n_2 和介质 1 的折射率 n_1 之比，即

$$n_{1,2} = \frac{n_2}{n_1} = \frac{k_2}{k_1} \tag{9.2.159}$$

真空(或空气)的折射率为 1，因此，任何介质相对于中子的作用势由核势和磁势两部分构成. 对于非磁材料，磁势不存在. 由此，介质的折射率

$$n_{\pm} = n_{\mathrm{N}} + n_{\mathrm{M}} = 1 - \frac{N\lambda^2}{2\pi}\left(b \pm \frac{2\pi m \mu_n B}{h^2 N}\right) \tag{9.2.160}$$

n_+ 和 n_- 分别代表中子自旋与 $\boldsymbol{B}$ 平行及反平行的折射率；n_{N} 和 n_{M} 分别代表核势和磁势对折射率的贡献；N 为介质单位体积的原子数；b 为介质的相干散射长度. 式(9.2.160)没有考虑核对中子的吸收，因为在大多数情况下吸收是可以忽略不计的.

2) 镜反射

A. 全反射

中子波在穿越折射率不同的两种介质时，入射波一部分被界面反射，另一部分将透过界面继续传播，如图 9.2.8 所示.

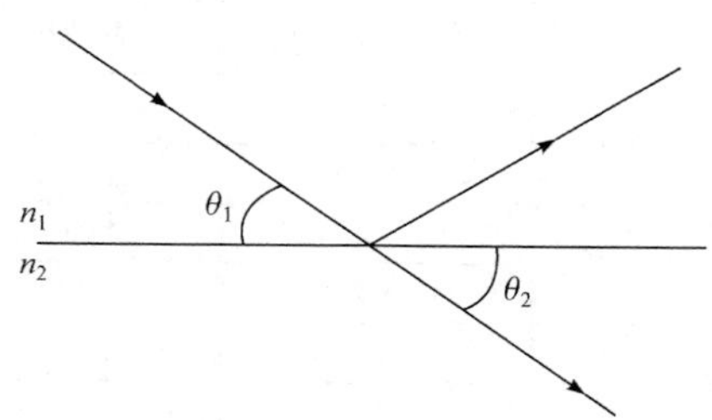

图 9.2.8 中子波在折射率分别为 n_1 和 n_2 的两种物质界面上的反射及折射

入射波在界面的反射为镜反射，反射角与掠射角 θ_1 相等. 透射束与分界面形成的折射角 θ_2 与介质的相对折射率有关. 根据 Snell 定律

$$\frac{\cos\theta_1}{\cos\theta_2}=\frac{n_2}{n_1}=n_{1,2} \tag{9.2.161}$$

当 $n_{1,2}<1$ 时，将出现全反射现象. 全反射临界角

$$\cos\theta_c=n_{1,2} \tag{9.2.162}$$

大多数物质的散射长度 b 为正值，因而其折射率 $n<1$. 所以中子从空气入射到这些介质面可能会出现全反射现象. 对于 0.1nm 的中子，$1-n$ 的数值在 10^{-6} 量级，因此有

$$\cos\theta_c\approx 1-\frac{\theta_c^{\ 2}}{2}=n \tag{9.2.163}$$

$$\theta_c=\sqrt{2(1-n)}=\lambda\sqrt{\frac{N}{\pi}\left(b\pm\frac{2\pi m\mu_n B}{h^2N}\right)}=\alpha\lambda \tag{9.2.164}$$

式中 $\alpha=\sqrt{\frac{N}{\pi}\left(b\pm\frac{2\pi m\mu_n B}{h^2N}\right)}$ 只取决于介质的原子核性质，是一个和中子波长无关的参量.

中子在界面发生全反射时，入射波矢垂直于界面的分量

$$|k_\perp|=\Delta k=\frac{2\pi}{\lambda}\sin\theta_c\approx\frac{2\pi}{\lambda}\theta_c \tag{9.2.165}$$

因此，全反射条件也可以表示为

$$\Delta k\leqslant 2\pi\alpha \tag{9.2.166}$$

Δk 与波长无关，它只和反射介质的核性质有关，用它表示全反射条件在有些情况下是很方便的. 表 9.2.1 给出了若干典型材料的 α 和 Δk 值.

表 9.2.1　若干典型材料的 α 和 Δk 值

	原子数 /($\times10^{22}$cm^{-3})	散射长度 /($\times10^{12}$cm)	α		$\Delta k=2\sqrt{Nb\pi}$ /($\times10^{-1}$nm^{-1})
			10^{-2}rad/nm	×10(′)/nm	
玻璃	7.0		1.06	3.64	0.67
^{58}Ni	9.0	1.44	2.03	6.98	1.28
Ni	9.0	1.03	1.70	5.84	1.07
Cu	8.5	0.79	1.39	4.78	0.88
Fe	8.5	0.96	1.62	5.57	1.02
C	11.1	0.66	1.61	5.53	1.01

B. 反射率

反射率 R 定义为反射中子波与入射中子波的强度比.

像图 9.2.8 这样界面明确的两种介质,散射长度只在垂直于界面的方向发生变化. 因此反射率仅考虑只涉及波的垂直分量，其波函数 $\Psi(z)=\exp(\mathrm{i}k\sin\theta)$. 对于介质 1 和介质 2，波的总振幅分别为

$$\Psi_1(z)=\exp(\mathrm{i}k_1\sin\theta_1 z)+\sqrt{R}\exp(-\mathrm{i}k_1\sin\theta_1 z) \tag{9.2.167}$$

$$\Psi_2(z)=\sqrt{T}\exp(\mathrm{i}k_2\sin\theta_2 z) \tag{9.2.168}$$

T 为波的透射率. 不言而喻，$R+T=1$. 利用波函数 $\Psi(z)$ 及其导数 $\mathrm{d}\Psi/\mathrm{d}z$ 在边界两侧必须连续的边界条件，不难得到

$$R=\left|\frac{n_1\sin\theta_1-n_2\sin\theta_2}{n_1\sin\theta_1+n_2\sin\theta_2}\right|^2\approx\left|\frac{1-\sqrt{1-\left(\dfrac{\theta_c}{\theta_1}\right)^2}}{1+\sqrt{1-\left(\dfrac{\theta_c}{\theta_1}\right)^2}}\right|^2 \tag{9.2.169}$$

从这个结果可以看出，当 $\theta_1=\theta_c$ 时，$R=1$；而在 $\theta_1>\theta_c$ 区间，R 随 θ_1 的增大而锐减. 例如 $\left(\dfrac{\theta_1}{\theta_c}\right)=1.1$ 时，R 约17%.

在 $\theta_1\leqslant\theta_c$ 区间，$\sqrt{{n_2}^2-{n_1}^2\cos\theta_1}$ 为虚数，从而导致 $n_2\sin\theta_2$ 在介质 2 内为虚数. 这就是全反射时出现的隐失波(evanescent wave). 通常把隐失波振幅在介质 2 内衰减到其界面处的 1/e 倍的距离当作全反射中子在介质 2 中的穿透深度 d，因此

$$d=\frac{i}{k_l\sqrt{n_{1,2}^2-\cos^2\theta_1}}=\frac{\lambda}{2\pi\sqrt{\sin^2\theta_c-\sin^2\theta_1}} \tag{9.2.170}$$

3) 多层膜的全反射

图 9.2.9 是一种最简单的薄膜系统，膜的厚度为 d，它和空气以及底衬之间都具有明确的界面.

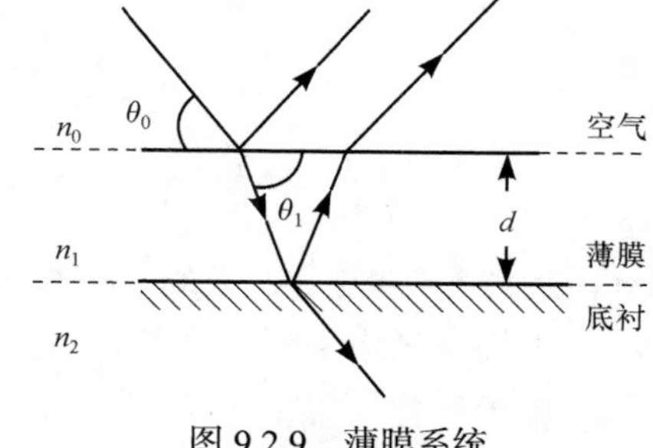

图 9.2.9 薄膜系统

对于这样的系统，仍然利用波函数及其梯度在两种介质界面必须连续的界面条件，采用“镜反射”中同样的方法可以算出其反射率

$$R=\left|\frac{r_{01}+r_{12}\exp(2\mathrm{i}\beta)}{1+r_{01}r_{12}\exp(2\mathrm{i}\beta)}\right|^2 \tag{9.2.171}$$

其中 r_{ij} 为 ij 界面的菲涅耳系数，其表示式为

$$r_{ij}=\frac{n_i\sin\theta_i-n_j\sin\theta_j}{n_i\sin\theta_i+n_j\sin\theta_j} \tag{9.2.172}$$

$$\beta=\frac{2\pi}{\lambda}n_1 d\sin\theta_1 \tag{9.2.173}$$

这种计算方法可以严格地推广到多层薄膜系统，用来计算每个界面上的反射率和透射率(Gukasov et al., 1977). 每一层膜的特征矩阵为

$$M_j=\begin{bmatrix}\cos\beta_j & -\dfrac{\mathrm{i}\sin\beta_j}{\rho_j}\\ -\mathrm{i}\rho_j\sin\beta_j & \cos\beta_j\end{bmatrix} \tag{9.2.174}$$

其中

$$\rho_j=n_j\sin\theta_j \tag{9.2.175}$$

$$\beta_j=\left(\frac{2\pi}{\lambda}\right)n_j d_j\sin\theta_j \tag{9.2.176}$$

n_j 和 d_j 分别为第 j 层膜的折射率及厚度；θ_j 为第 j 层膜的入射掠角，可由 Snell 定律得到

$$n_1\cos\theta_1=n_2\cos\theta_2=\cdots=n_L\cos\theta_L \tag{9.2.177}$$

由每一层的特征矩阵可以得到多层特征矩阵[M]

$$[M]=[M_1][M_2]\cdots[M_j]\cdots[M_L]=\begin{bmatrix}M_{11} & M_{12}\\ M_{21} & M_{22}\end{bmatrix} \tag{9.2.178}$$

而反射率

$$R=\left|\frac{\left(M_{11}+M_{12}\rho_{s}\right)\rho_{0}-\left(M_{21}+M_{22}\rho_{s}\right)}{\left(M_{11}+M_{12}\rho_{s}\right)\rho_{0}+\left(M_{21}+M_{22}\rho_{s}\right)}\right|^{2} \tag{9.2.179}$$

透射率

$$T=\left|\frac{2\rho_{0}}{(M_{11}+M_{12}\rho_{s})\rho_{0}+(M_{21}+M_{22}\rho_{s})}\right|^{2} \tag{9.2.180}$$

式(9.2.179)及(9.2.180)中的下标 0 和 s 分别代表空气(真空)层及底衬层.

上面这种中子反射率的计算方法在表面、界面研究及中子光学器件(薄膜单色器，中子极化器等)的设计和研究中都广泛的应用.

9.3　中子散射实验设备和方法

9.3.1　中子源概述

现代的中子散射实验要求中子源的热中子注量率不小于 10^{14} 中子/(cm^2 · s)，并要有合适的中子谱. 符合上述条件的中子源有两类，即反应堆(主要是研究堆)和散裂中子源(散裂源). 反应堆包括稳态的和脉冲的两类. 散裂源通常工作于脉冲状态，只有瑞士研究所 PSI(Paul Scherrer Institute)的 SINQ 散裂源工作于连续状态，提供类似于稳态反应堆的连续中子束. 以反应堆作为中子源进行中子衍射结构分析的历史可以回溯到 20 世纪 40 年代中期;而散裂源是最近 20～25 年来刚刚兴起的新一代中子源，现在还不普及. 当前世界上大多数中子散射实验室，包括中国原子能科学研究院和中国工程物理研究院核物理与化学研究所的中子散射实验室均是以反应堆作为中子源，即 CARR 堆和中国绵阳研究堆(China Mianyang research reactor，CMRR).

早期的反应堆几乎都以天然铀或低浓铀为燃料，堆芯和堆体都比较大，堆内最大热中子通量只有 10^{11}～10^{13} 中子/(cm^2 · s). 这些反应堆并不是专门为中子束实验而设计的，水平孔道一般沿径向安排，直视堆芯，因而中子束的快成分和 γ 辐射本底都较高. 20 世纪 60 年代后出现了一批新研究堆. 这些研究堆的建造主要是为了满足中子束实验的需求，在设计上不仅追求较高的热中子注量率，同时还着眼于引出的中子束流品质. 其中典型的代表是美国 BNL 实验室(Brookhaven National Laboratory)的反应堆 HFBR(high flux beam reactor)(Rowe J M et al., 1991)和位于法国的 ILL 研究所的反应堆 HFR(high flux reactor)(Mössbauer, 1974). 前者于 1965 年投入运行，是世界上第一座专供中子束实验的反应堆，其最大热中子注量率为 1.5×10^{15} 中子/(cm^2 · s)(60MW). ILL 研究所的反应堆 HFR 为法德两国共建，现为法德英等国共有，1971 年投入运行，最大热中子注量率为1.5×10^{15}中子/(cm^2 · s)(57MW). 与 HFBR 同期投入运行的高通量堆还有美国 ORNL 实验室(Oak-Ridge National Laboratory)的反应堆 HFIR(high flux isotope reactor)，其最大热中子注量率为1.2×10^{15}中子/(cm^2 · s)(85MW). 这个堆虽然主要用途是生产同位素，但在设计上也兼顾了中子束实验的要求. HFR 的反射层内还装有冷源和高温源，所以从水平孔道不仅可以引出热中子束，还可以引出较强的冷中子(0.2～2nm 长波中子)和超热中子(≤0.1nm 的短波中子)束. 20 世纪 80 年代前后，一大批老的研究堆在运行多年以后开始升级改建(Bauer and Thamm，1991)，并陆续建成一批新研究堆，其中具有代表性的是法国 Saclay 的 Orhphee 堆(Bellissent-Funel, 1992)，该堆于 1981 年建成，最大热中子注量率可达到3×10^{14}中子/(cm^2 · s).

中国原子能科学研究院于 1958 年建成一座功率 3～5MW 的重水研究堆(heavy water research reator，HWRR)(仲言，1989)，并在该堆上开展了中子散射研究(叶春党，1993). 1979～1980 年，对 HWRR 进行了升级改建. 改建后用含 3%^{235}U 的低浓铀燃料，堆芯较改造前紧凑，功率提升到 10～15MW. 堆芯附近最大热中子注量率为1.6×10^{14}中子/(cm^2 · s). 1988 年在反应堆 4 号孔道的内端附近安装了液 H_2 冷源(Zhou Y et al., 1990; Ye, 1990).

中国工程物理研究院于 2012 年在绵阳建成一座 20MW 的轻水研究堆(中国绵阳研究堆)，拥有 65 个水平中子通道和若干垂直孔道，堆芯热中子注量率达到2.4×10^{14}中子/(cm^2 · s). 热中子通道出口的中子注量率约为10^9中子/(cm^2 · s)，液氢冷源后有 3 条冷中子导管，依托于该堆在 2015 年建成并投入运行一期的中子应力分析谱仪、高压中子衍射谱仪、高分辨中子衍射谱仪、飞行时间极化中子反射谱仪、中子小角散射(SANS)谱仪和冷中子三轴谱仪等 6 台中子散射谱仪和 2 台中子照相装置，其二期建设的超小角中子散射谱仪、热中子三轴谱仪、中子测试束等 8 台中子散射装置将于 2022 年建成投运.

高通量堆能给出的最大热中子注量率在 10^{15} 中子/(cm^2 · s)左右. 这个数值已经接近当前反应堆技术所能达到的极限，进一步提高中子注量率将受到燃料的导热条件限制. 加速器由于靶上的能量沉积相对低一些，且工作在脉冲状态，而靶的散热却是连续的，故导热条件相对宽容一些. 20 世纪六七十年代，强流电子加速器曾一度有所发展，但最近几十年来人们开始关注散裂源的发展(Carpenter, 1977; Manning, 1978; Windsor, 1981).

散裂中子源的中子产额非常高，但是由于造价昂贵，且工艺要求较高，目前只有少数国家建造了散裂源，并且部分散裂源已经处于关闭状态. 表 9.3.1 为目前国际上散裂中子源的建设情况，其中日本的 KENS 散裂中子源于 2005 年关闭；美国的 IPNS 散裂中子源于 2008 年关闭.

表 9.3.1　在建或已在运行的散裂中子源

名称	所在国家	靶体材料	脉冲频率/Hz	质子能量/GeV	质子束功率/kW	中子通量/[中子/(cm^2 · s)]	运行时间
KENS	日本	W/Ta	50	0.5	3	5×10^{14}	1980
IPNS	美国	U	60	0.5	6	7.5×10^{14}	1981
LANSCE	美国	W/Ta	60	0.8	80	5×10^{15}	1985
ISIS	英国	W/Ta	50	0.8	160	8×10^{15}	1985
SNS	美国	Hg	60	1.0	1400	1×10^{17}	2006
J-PARC	日本	Hg	25	3.0	1000	1.2×10^{17}	2007
ESS	欧盟	Hg	50	1.0	5000		
CSNS	中国	W/Ta	25	1.6	100	2.5×10^{16}	2018

9.3.2　稳态反应堆

研究堆的目的是为中子束实验提供品质优良的热中子束. 它的设计思想不同于以生产同位素或材料元件辐照为目的的反应堆. 后者要求在活性区形成一个中子阱，以保持堆芯较高的中子注量率；前者的要求正好与此相反，希望热中子分布的峰值不在活性区，而在活性区以外的反射层中. 为此，研究堆的各个部分应满足一些特殊要求.

1. 堆芯

研究堆的堆芯应小而紧凑，外围有较大的反射层(兼作慢化剂). 活性区的中子是欠慢化的，这些中子进入反射层后继续慢化，并在距活性区 30～50cm 处形成热中子峰区，冷源和水平孔道内端口都布置在这里. 由于峰区距离活性区较远，中子束的快成分和γ辐射都大大减少，故引出的中子束品质较好；冷源放在这里，也使辐照发热量相应降低. 峰区远离活性区的另一个好处是有足够的空间使水平孔道沿堆芯切线方向布置，从而可以进一步降低水平孔道的快中子及γ 辐射.

2. 冷却剂

高通量研究堆通常都用高浓铀作燃料，采用渐开线式整体燃料组件，堆芯直径一般不大于 50cm，从而有较高的功率密度，可以向反射层提供足够的欠慢化中子.

重水的散射截面和吸收截面比轻水的小. 堆芯的冷却剂应以重水为佳但重水的密封、加压等技术较复杂，因此，现有的几座高通量堆除 HFBR 堆用重水冷却外，大多采用轻水冷却. 采用轻水作为冷却剂的反应堆堆芯应更加紧凑，并要有足够高的功率密度.

3. 反射层和慢化剂

反射层及慢化剂对反应堆的性能影响较大. 就研究堆而言, H_2O 和 Be 都不是理想材料. H_2O 的慢化长度较短，吸收截面较大；Be 对中子吸收虽小，反射性能也不错，但弱点是慢化长度不够大. 热中子注量率在 Be 中沿径向衰减较快，造成峰区离活性区较近. 相比之下，D_2O 的慢化长度较大，用作慢化剂兼反射层具有较好的输运效果，形成的热中子注量峰区较宽，而且远离活性区. 引出的中子束镉比可高达 200 以上.

4. 能谱

反应堆的中子谱除麦克斯韦部分外，还含有少量 $1/E$ 谱. 其能谱形式为

$$\Phi(E)=\Phi_{\rm th}\frac{E}{(k_{\rm B}T)^2}{\rm e}^{-\frac{E}{k_{\rm B}T}}+\frac{\Phi_{\rm epi}}{E} \tag{9.3.1}$$

其中 $\Phi_{\rm th}$ 和 $\Phi_{\rm epi}$ 分别为热中子和超热中子注量率. 典型的研究堆要求 $\Phi_{\rm th}/\Phi_{\rm epi}\geqslant 100$. D_2O 慢化剂的温度在 35～50℃，相应的麦克斯韦谱的最概然中子波长在 0.1～0.2nm. 这种波长的中子对热中子散射实验很理想. 但麦克斯韦谱的超热区($\lambda\leqslant$0.05nm)以及低能区($\lambda\geqslant$0.2nm)能谱下降很快. 解决这个问题的方法是局部改变慢化剂的温度，即安装冷源和高温源.

5. 水平孔道

水平孔道是研究堆的一个重要组成部分. 早期水平孔道多为圆形，现在已逐渐出现一些椭圆及矩形水平孔道. 在中子散射实验中，束的垂直发散度对分辨率的影响远小于水平发散度. 因此,水平孔道以矩形或椭圆形为佳. 根据国内外的经验，孔道内端开口的线度不宜大于 18cm. 开口过大不仅增加堆外屏蔽的难度，而且也会使反应堆的有效功率降低. 研究堆的水平孔道内要有一道能远距离控制的内门.

由于反应堆有一定体积，水平孔道的长度一般不小于 3m. 缩短水平孔道长度的一个可行的方法是把部分实验部件安装到孔道出口一侧的反应堆屏蔽墙内. 例如，美国 NIST 和法国 Orphee 堆的冷源导管前端就装在反应堆屏蔽墙内.

出于屏蔽和安放各种设备的需要，水平孔道之间必须留有足够的距离. 通常相邻孔道之间的反应堆屏蔽墙上的平均间隔应不小于 2m. 孔道外围应有 5～10m 或更长的延伸空间. 为了充分利用中子束，解决实验空间拥挤的办法是安装导管；另外，还可以安装倾斜孔道. 水平孔道由于内端延伸至反射层内热中子峰区，孔

道材料的辐射损伤不容忽视，在设计中必须考虑是否易于更换. 法国 Grenoble 的高通量堆 HFR 的孔道寿命为 12 年，已于 1984～1985 年全部更新(Prask et al., 1993).

冷源、热源、导管以及水平孔道等，现在已经发展成研究堆上的常规设备，应视为反应堆主体的一部分. 其设计、安装、使用和维修等因素都应在反应堆设计时由反应堆工程技术人员和中子散射实验人员相互磋商，拟定最佳方案.

9.3.3　散裂中子源

目前世界上有 6 台散裂中子源用于中子散射工作，其中 5 台为短脉冲源，产生亚微秒宽度的快中子脉冲；另一台是瑞士 PSI 的连续中子源 SINQ，用回旋加速器加速的质子流直接打在靶上产生连续的中子流. 这里仅从中子散射的角度作进一步讨论.

(1) 散裂中子源的初始中子能量平均在兆电子伏量级，必须慢化到 10 eV 以下才能供中子散射使用. 连续工作状态的散裂中子源不存在脉冲宽度问题，允许采用较长的慢化时间充分慢化，以获得较高的热中子强度. 因此对冷中子，一般不需要太短的脉冲即可达到较高的分辨.

一般来说，短脉冲散裂中子源要求中子的脉冲持续时间尽可能短，所以对慢化剂的种类和尺寸都有严格限制. 为了获得较强的热中子短脉冲，一般用高密度的氢化物作慢化剂，并尽可能贴近靶头放置. 慢化剂外围要加反射层，以减少中子漏失. 在慢化剂和反射层中逗留时间过长的中子要用吸收片吸收，以控制脉冲宽度. 降低慢化剂的温度也能有效地缩短脉冲宽度. 但限制脉冲宽度是以降低中子强度为代价的，两者必须根据实验要求折中处理.

(2) 散裂中子源的中子谱和慢化剂的种类、尺寸以及中子束的裁剪等情况有关. 但一般而言，为了保持较短的脉冲宽度，其中子谱是欠慢化的. 在超热中子区，散裂源中子束比反应堆的高温源强得多. 图 9.3.1 是 ILL 研究所 HFR 堆的高温源中子谱及重水反射层距堆芯 30cm 处的中子谱与 ANL 实验室 IPNS 散裂中子源中子谱的比较. 后者所用的慢化剂为 10cm×10cm×5cm CH_2，300K. 由图可见在 0.5～1eV 区间，IPNS 的中子注量率较 HFR 高温源的高 100～1000 倍. 因此，散裂中子源中子散射实验的(Q，W)空间比反应堆源宽得多，最大能量转移和动量转移分别可达到 10eV 及 1000nm^{-1}，反应堆源只能达到 100meV 和 100nm^{-1}.

(3) 散裂中子源工作于脉冲状态，中子本底比反应堆低. 但由于高能质子打在靶上会产生一些前冲的高能中子，对这部分中子的屏蔽比较复杂.

(4) 散裂中子源一般利用飞行时间法测量中子能量. 为提高分辨率，飞行距离往往很长. 例如 ISIS 散裂中子源的高分辨粉末衍射谱仪的飞行距离长达 100m 左右，分辨率可达到相当高水平($\Delta d/d \approx 5\times10^{-4}$).

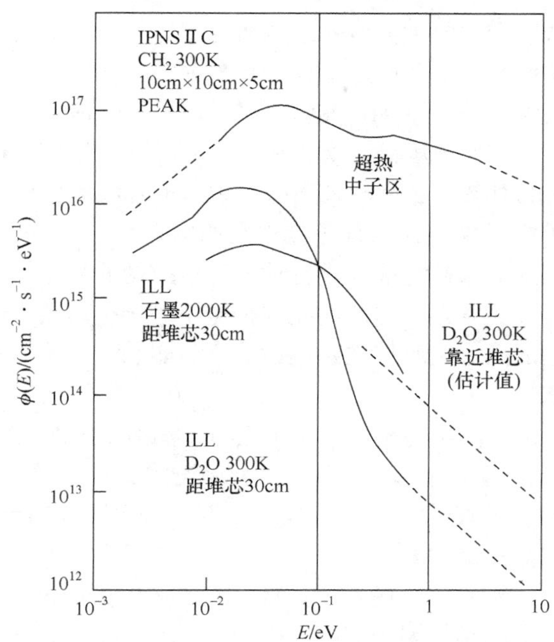

图 9.3.1 ILL 研究所 HFR 堆中子谱与 ANL 实验室 IPNS 散裂中子源的中子谱比较

中国散裂中子源(CSNS)于 2011 年开工建设，2018 年 8 月 23 日，国家重大科技基础设施中国散裂中子源通过国家验收，投入正式运行，并对国内外各领域用户开放. CSNS 的总体设计指标为：质子打靶的束流功率为 100 kW；脉冲重复频率为 25Hz，质子束动能为 1.6GeV；每脉冲质子数为 1.56×10^{13}. 同时，CSNS 束流功率设计有 500 kW 的升级能力(孙志嘉等，2010)，2019 年 9 月 26 日，中国散裂中子源开始新一轮开放运行.

由于反应堆中子源和加速器散裂中子源的差别，两者的实验技术有许多差别，后者以飞行时间方法为主，前者则更加灵活、多样化. 鉴于当前中子散射实验仍以稳态反应堆中子源为主，所以下面将着重讨论反应堆的中子散射实验技术和方法.

9.3.4 中子衍射

1. 概述

中子衍射是中子散射技术的一个重要组成部分，它和 X 射线(包括同步辐射)衍射一起，并称为研究物质微观结构的两大工具，但两者在结构研究方面的重点不同. 中子衍射侧重于结构中轻元素的定位、原子序数相近的“近邻”元素的分辨和磁结构的测定. 此外，由于中子能够分辨同位素，尤其是对氢(散射长度为-0.374×10^{-12}cm)和氘(散射长度为 0.6675×10^{-12}cm)的分辨非常灵敏，所以在有机物、聚合物和生物大分子的结构研究中，中子衍射具有其他手段难以替代的优势. 不过目前中子源的强度远远低于 X 射线源，因而它的实验精度一般不如同类的 X 射线衍射实验高，且实验周期长. 此外，反应堆和加速器的建造、运行及维修耗资巨大，实验成本高，所以在结构研究中一般应遵循“先 X 后中子”的原则，对所研究的对象，首先用 X 射线衍射或其他实验获得一切可能得到的资料，然后再用中子衍射获得 X 射线不能得到的信息.

早期中子衍射的对象几乎都是具有长程有序结构的晶态物质. 20 世纪 50 年代中期以后，van Hove 关联函数方法的建立拓宽了中子衍射技术的应用范围，使它的研究对象由单纯的晶态物质扩大到包括液体、非晶态、软物质和致密气体在内的所有凝聚态物质.

对晶态物质，衍射涉及的是弹性相干散射，实验测定的是 $S(\boldsymbol{Q},0)$，其变换为 $G(r,\infty)$；对于缺乏长程有序结构的物质，实验测定的是全散射截面 $\mathrm{d}\sigma/\mathrm{d}\Omega$，在散射中子能量变化远小于入射中子能量 E_0 的情况下，由测量结果可获得 $S(\boldsymbol{Q})$.

布拉格散射和晶体结构分析.

中子通过晶态物质产生的相干弹性散射称为中子衍射. 在式(9.2.40)和(9.2.41)中，(hkl)晶面的结构因子 $F(\boldsymbol{\tau})$可以写成

$$F(\boldsymbol{\tau})=\sum_{d}\langle b_d\rangle \mathrm{e}^{2\pi(hx_d+ky_d+kx_d+lx_d)}\mathrm{e}^{-Wd} \tag{9.3.2}$$

其中，$\boldsymbol{\tau}=h\boldsymbol{a}^*+k\boldsymbol{b}^*+l\boldsymbol{c}^*$，$\boldsymbol{\tau}$ 为(hkl)晶面的倒易晶格矢量，$\boldsymbol{a}^*$、$\boldsymbol{b}^*$、$\boldsymbol{c}^*$ 是倒易晶胞的基矢.

由式(9.2.40)可知，相干弹性散射中子波的干涉极大，将以一系列 δ 函数形式在某些特定的散射角 $2\theta_{hkl}$ 出现. 因为 $|\boldsymbol{Q}|=4\pi\sin\theta_{hkl}/\lambda$，$|\boldsymbol{\tau}|=2\pi/d_{hkl}$，$|\boldsymbol{Q}|=|\boldsymbol{\tau}|$ 实际上就是熟知的布拉格衍射方程 $2d_{hkl}\sin\theta_{hkl}=\lambda$ 的另一种表示方式. $\boldsymbol{\tau}$ 的矢量方向与 $\boldsymbol{Q}$ 相同，沿(hkl)反射面的法向. 由于晶体的嵌镶度、仪器的分辨率、入射中子的波长都有一定宽度，理论上的占函数在实验上将表现为具有一定半宽度的有限高峰. 这就是通常所称的衍射峰或布拉格峰. 由峰的位置可定出 d_{hkl}，进而推出晶胞的形状和尺寸.

实验上观测布拉格反射需要满足两个条件. 第一，散射矢量的长度 $|\boldsymbol{Q}|$ 必须适合布拉格方程式，即探测器应放在 $Q=\tau=4\pi\sin\theta_{hkl}/\lambda$ 所规定的 θ_{hkl}；第二，反射晶面的法线方向必须平行于散射矢量 $\boldsymbol{Q}$. 第一个条件可以通过探测器沿 2θ 角扫描来实现. 实现第二个条件有两种不同的方法. 一是采用含有许多小晶粒的粉末样品，晶粒的取向分布是随机的，其中总有一些晶面的法线平行于 $\boldsymbol{Q}$. 这种方法称为粉末(晶体)衍射. 第二种方法是采用单晶样品，使待测晶面的倒易晶格矢量 $\boldsymbol{\tau}$ 平行于 $\boldsymbol{Q}$，这种方法称为单晶衍射.

2. 粉末晶体中子衍射

1) 粉末晶体中子衍射仪

粉末晶体中子衍射仪简称粉末(中子)衍射仪，是利用粉末衍射测定晶体结构和磁结构的专用设备. 它的主要部件包括：三个准直器、一个晶体单色器、一个样品台和一个中子探测器. 其结构和工作原理如图 9.3.2 所示. 谱仪的第一准直器(发散角为α_1,)安装在反应堆水平孔道内. 经这个准直器准直后引出的中子束，以确定的掠射角 θ_M 入射到晶体单色器 M 上，由单色器的布拉格反射获得一束波矢为$\boldsymbol{k}_0$的单色中子束. 这束单色中子通过发散角为α_2的第二准直器后投射到固定在样品台中心的样品上，经样品散射后的中子通过发散角为α_3的第三准直器进入探测器. 第一、二、三准直器及样品、探测器的中心都在同一水平高度. 第一准直器用以限定投射到单色器上的白光中子束的方向；改变 θ_M 可以获得不同能量的单色束. 入射中子的方向由第二准直器限定，散射中子的方向由第三准直器限定. 第三准直器和探测器作为一个整体可绕样品台中心的垂直轴在轨道上转动，从而在不同的散射角 2θ 上进行扫描记录散射中子，测出衍射中子强度随散射角变化的曲线 $S(Q)$.

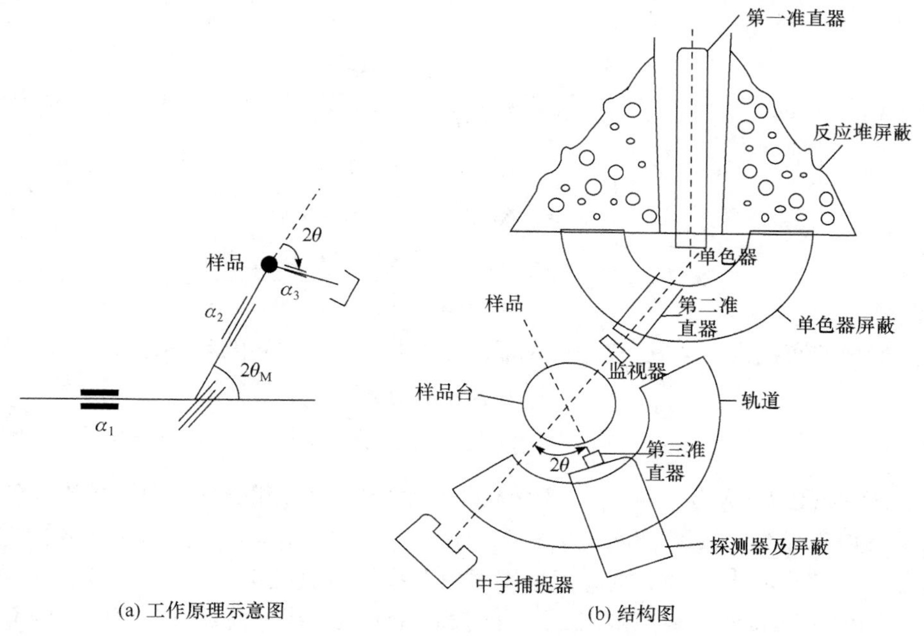

(a) 工作原理示意图 (b) 结构图

图 9.3.2 粉末晶体中子衍射仪

2) 粉末衍射仪的分辨率

粉末衍射仪的分辨率取决第一、二、三准直器的发散角 α_1、α_2、α_3 和晶体单色器的嵌镶发散角β. Caghioti 等(1958、1960、1962)对此做过详细计算. 为了简化计算，他们将 Soller 准直器的三角形透射函数代之以高斯函数，其形式为

$$G(\phi_i)=\exp\left[-\left(\frac{\phi_i}{a_i'}\right)^2\right] \tag{9.3.3}$$

其中$G(\phi_i)$为穿过第 i 个 Soller 准直器的中子束在ϕ_i方向的相对强度；ϕ_i为中子束与准直器轴线的交角；$a_i'=a_i/2\sqrt{\ln 2}$，a_i是第 i 个准直器的发散角. 晶体单色器的嵌镶分布也假定为高斯分布形式

$$W(\eta)=\exp\left[-\left(\frac{\eta}{\beta'}\right)^2\right] \tag{9.3.4}$$

其中$\beta'=\beta/2\sqrt{\ln 2}$，$\beta$是晶体单色器的嵌镶分布的半宽度；$W(\eta)$是嵌镶晶块的法线与晶体平均法线成$\eta$角的晶块数目. 对于没有择优取向的粉末晶体样品，Caglioti 等给出的衍射峰半宽度 A 所适合的方程为

$$A_{\frac{1}{2}}^2=U\tan^2\theta+V\tan\theta+W \tag{9.3.5a}$$

其中

$$U=\frac{4(\alpha_1^2\alpha_2^2+\alpha_1\beta^2+\alpha_2^2\beta^2)}{\tan^2\theta_{\mathrm{M}}(\alpha_1^2+\alpha_2+4\beta^2)} \tag{9.3.5b}$$

$$V=\frac{4{\alpha_2}^2(\alpha_1^2+2\beta^2)}{\tan^2\theta_{\mathrm{M}}(\alpha_1^2+\alpha_2+4\beta^2)} \tag{9.3.5c}$$

$$W=\frac{{\alpha_1}^2{\alpha_2}^2+{\alpha_1}^2{\alpha_3}^2+{\alpha_2}^2{\alpha_3}^2+4\beta^2(\alpha_2^2\alpha_3^2)}{{\alpha_1}^2+\alpha_2+4\beta^2} \tag{9.3.5d}$$

θ为衍峰的布拉格角，θ_{M}式为单色器的布拉格角. 衍射峰的积分强度

$$L=\frac{\alpha_1\alpha_2\alpha_3\beta}{\sqrt{{\alpha_1}^2+{\alpha_2}^2+4\beta^2}} \tag{9.3.6}$$

Hewat(1975)认为，常规高分辨粉末谱仪的参数优化组合应该是：晶体单色器的起飞角 $2\theta_{\mathrm{M}}$ 约为$120°$，$\alpha_1=\alpha_3=\alpha$，$\beta=2\sim4\alpha$，$\alpha_2=\beta$，样品对计数管所张的垂直发散角应大于$5°$. 垂直发散度对分辨率没有直接影响，只不过除 $2\theta=90°$ 外，Debye-Scherrer 锥在探测器平面的投影并不是直线，而是有些弯曲，因而垂直发散度将造成探测器两端的角位置与其中央的角位置略有差异.

3) 粉末晶体的衍射强度

粉末衍射样品中的晶粒取向是随机的，波矢为 $\boldsymbol{k}$ 的中子入射到样品上产生的

衍射效果，等效于保持 $\boldsymbol{k}$ 固定，而对倒易晶格矢量的所有取向求平均. 因此，必须把式(9.2.38)对 $\boldsymbol{\tau}$ 的所有取向求平均才能适用于粉末晶体衍射. 而对 τ 的取向进行平均等效于对散射矢量 Q 的取向求平均，其结果为(Marshall and Lovesey, 1971)

$$\frac{\mathrm{d}\sigma}{\mathrm{d}\Omega}=\frac{2\pi^2 N}{k^2 v_0}\sum_{\tau}\frac{1}{\tau}\left|F(\boldsymbol{\tau})\right|^2\delta\left(1-\frac{\tau^2}{2k^2}-\cos 2\theta\right) \tag{9.3.7}$$

上式表明，v_0 为单胞体积，N 为单胞数目. 式(9.3.7)表明，衍射只发生在入射中子以 k 为轴线，以 2θ 为半角的锥内，θ 满足方程

$$\cos 2\theta = 1-\frac{\tau^2}{2k^2} \tag{9.3.8}$$

这就是所谓的 Debye-Scherrer 锥.

根据式(9.3.7)，每一个 r 值所对应的 Debye-Scherrer 锥都是无限薄的，但实际上由于准直器有一定宽度，入射中子波长也有一定范围，因而锥也有一定厚度. 每个锥所对应的散射截面

$$\sigma(hkl)=\frac{4\pi^3 N}{k^2 v_0}\frac{j_{hkl}}{\tau}\left|F(\boldsymbol{\tau})\right|^2 \tag{9.3.9}$$

其中 j_{hkl} 是反射的多重性因子. 它出现的原因是不同的 (hkl) 晶面，例如 $(h_1k_1l_1)$ 晶面与 $(h_2k_2l_2)$，具有相同的 τ 值，因而其衍射峰位于相同的 θ 位置. Debye-Schrerrer 锥的积分散射中子强度正比于 $\sigma(hkl)$；但探测器所“见”到的只是全部 Debye-Schrerrer 锥的一部分，即 $1/(2\pi r\sin\theta)$. l 是探测器的高度，r 是探测器与样品之间的距离. 这样，探测器记录到的强度

$$I_{hkl} \sim \frac{V\lambda^3 j_{hkl}\left|F_{hkl}\right|^2}{{v_0}^2 8\pi r\sin\theta\sin 2\theta}\frac{\rho'}{\rho}A_{hkl} \tag{9.3.10}$$

其中 $F(\tau)=F_{hkl}$，ρ' 和 ρ 分别为样品的真实密度和理论密度，A_{hkl} 是样品的吸收系数，V 是样品沉浸在中子束中的体积. 准确测定衍射峰的积分强度，可以获得结构因子 F_{hkl}，从而获得各种原子在晶胞中的占位数和坐标.

4) 实验方法考虑

(1) 尽可能用大一些的样品，对一般中等面量反应堆柱状样品直径不应小于 0.5cm. 过小的样品不仅不利于强度提高，而且样品的晶粒取向也不充分，不能代表所有的晶粒取向. 允许使用较大的样品尺寸，正是中子优于 X 射线的条件之一. X 射线的低穿透力限制了样品的尺寸，样品中的晶粒取向往往不充分.

(2) 对结构研究而言，$\Delta d/d$ 的分辨率比衍射束的分辨 $\Delta\theta$ 更重要. 由布拉格方程可得：$\Delta d/d=\Delta\theta\cot\theta$，所以散射角越大，$\Delta d/d$ 值小(分辨高). 大角度虽然衍射峰

较宽，但$\Delta d/d$ 并不会差. 因此，2θ的收集范围应该尽可能大. 背散射中子的$\Delta d/d$可与最好的 X 射线设备相比.

(3) 衍射强度随散射角增大而衰减的主要因素来源于核的热振动，即 Debye-Waller 因子. 但 Debye-Waller 因子的作用随样品温度降低很快减小. 因而，必要时可在低温下进行测量(X 射线衍射一般只能在室温下进行，因此这也是中子的优点).

(4) 衍射实验的中子束宽度应等于或略大于样品宽度，但束的垂直发散度对水平方向的分辨率影响极小，如将束的垂直发散度放开到 5°左右，对一般的衍射仪的几何尺寸这大致上相当于采用 125mm 高的样品或 125mm 高的探测器.

(5) 在给定的 2θ 区间，布拉格峰的数目随 a_0/λ 增加而很快增加，a_0 为晶格常数. 因为总的散射强度只与散射原子数有关，而和晶胞尺寸无关，所以每一个布拉格峰的平均强度随 a_0/λ 的增加而降低. 因此对尺寸大的晶胞必须选用长波中子. 这样既可以拉开峰与峰之间的距离，也可提高峰的平均强度.

(6) 磁散射信息主要来源于低 Q 区的数据，采用长波中子会使数据质量得到优化；而对原子位置参数精度要求高的结构研究，就应选用短波(约 0.1nm)中子进行测量.

3. 单晶中子衍射和四圆中子衍射仪

1) 单晶衍射原理

当一束单能中子入射到单晶样品时，如果布拉格条件得到满足，即 $\boldsymbol{Q}=\boldsymbol{\tau}_{hkl}$，则在 $2\theta_{hkl}$ 散射角将出现布拉格峰. 对全部沉浸在中子束中的样品，衍射积分强度 I_{hkl} 与结构因子 F_{hkl} 间的关系为

$$I_{hkl}=\frac{\lambda^3 V\left|F_{hkl}\right|^2}{v_0{}^2\sin 2\theta_{hkl}}A_{hkl} \tag{9.3.11}$$

因此，由衍射峰的位置和积分强度可以得到 $\boldsymbol{\tau}_{hkl}$ 和 F_{hkl} 的信息. 在 2θ 角范围内收集尽可能多的反射面的积分衍射强度数据，并对吸收、消光、原子的热振动、热漫散射等一系列因素进行修正后，求得 $\left|F_{hkl}\right|^2$，再利用傅里叶求和，转换为核散射密度函数 $\rho(\boldsymbol{r})$

$$\rho(\boldsymbol{r})=\frac{1}{v_0}\sum_h\sum_k\sum_l\left|F_{hkl}\right|\mathrm{e}^{\mathrm{i}\phi}\exp[2\pi\mathrm{i}(hx+ky+lz)] \tag{9.3.12}$$

其中 ϕ 为相角. 由 ρ 的极大值，即密度峰的位置可得到原子的位矢 r，密度峰的高度正比于相应原子核的散射长度 b. 这种方法通常称为傅里叶合成法. 利用式(9.3.12)求散射密度函数必须知道相角 ϕ，但由衍射数据无法得到 ϕ. 解决这个问题需要借助

于 X 射线衍射发展的一些方法(Stout and Jensen, 1989)，如直接法或化学改变法等.

2) 四圆中子衍射仪

用于单晶衍射实验的设备称为四圆衍射仪. 图 9.3.3 是四圆衍射仪的结构示意图. 它的特征是有四个独立旋转的“圆”，分别称为 x 圆、ω 圆、ϕ 圆和 2θ 圆. 仪器的主轴由两个同心轴组成，载有探测器的长臂通过外轴环绕主轴沿水平面的旋转称为 2θ 旋转. 内轴上装有一个欧拉环. 欧拉环绕主轴沿水平面的转动称为 ω 旋转，绕水平轴线在垂直平面内的转动称为 x 旋转. 单晶样品通过一个探测角头放置在欧拉环的中心(ω 圆的中心)，它通过探测角头固定在欧拉环的内环上，可以绕自身轴做协旋转. 样品通过 x、ϕ 和 ω，可以在空间做任何取向的运动. 入射中子束沿水平方向通过 ω 圆中心打到样品上，在 2θ 方向记录散射中子的探测器中心与入射中子束在同一水平面上. 因此，2θ 轴总是垂直于含有入射中子束及散射中子束的散射平面 ω 轴与 2θ 轴重合，并与 x 轴垂直，而 ϕ 轴在垂直于 x 轴的平面中沿 x 圆和 ω 圆旋转. 虽然只需要 x 和 ω 两种旋转就可以把晶体中的任何一个倒易矢量，调整到平行于散射矢量 $\boldsymbol{Q}$ 的方向，但在某些情况下会出现“盲点”，即入射束或衍射束被欧拉环挡住. 加上一个势圆运动就是为了避免这种盲点.

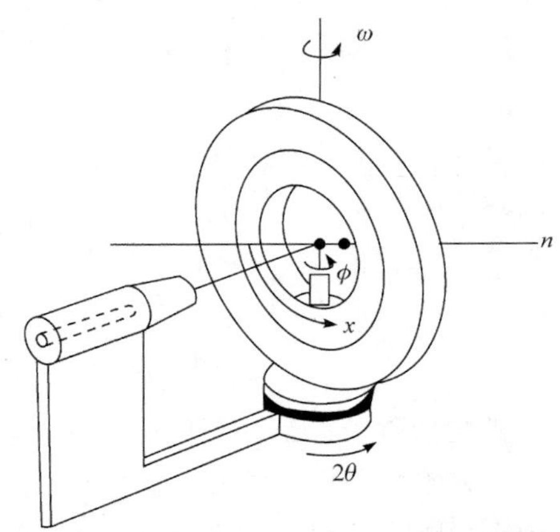

图 9.3.3　四圆衍射仪的结构示意图

实验所需的 x、ω、ϕ 和 2θ 角都由计算机控制.

四圆衍射仪的单晶样品体积较小，为了增加强度，有时采用聚焦单色器，将中子束聚到样品上. 因此，中子束的发散度可能较大；有时采用较宽的单色中子束. 四圆衍射仪的数据收集方式随入射中子束的情况不同而不同. 因此，实验之前必须对仪器和样品的情况进行初步估计，以决定采用什么方式进行扫描. 四圆衍射实验对分辨的要求不太高，所以探测器与样品之间距离不大. 探测器前的准直孔径要足够大，以使布拉格反射束全部都能进入探测器中.

四圆衍射仪的缺点是样品附近的空间较小，样品的高、低温及磁场等装置安排较困难.

9.3.5　磁性中子衍射

利用磁性晶体进行中子衍射实验，除了核的布拉格峰外，还会出现附加的磁散射峰. 磁散射长度和核散射长度有相同的量级，所以利用中子衍射不仅可以测定晶体结晶，还可以测定磁结构.

1. 非极化中子的布拉格磁散射

对于简单的铁磁或反铁磁材料，磁矩只有平行和反平行两种情况，其微分散射截面为(Halpern and Johnson, 1939)

$$\mathrm{d}\sigma = b^2 + 2bp\boldsymbol{\lambda q} + p^2q^2 \tag{9.3.13}$$

其中 b、p 分别为核和磁的散射长度，$\boldsymbol{q}$ 为磁散射矢量，$\boldsymbol{\lambda}$ 是入射中子方向的单位矢量. 对于非极化中子，$\boldsymbol{\lambda}$、$\boldsymbol{q}$ 对所有方向的平均为零，所以

$$\mathrm{d}\sigma = b^2 + p^2q^2 \tag{9.3.14}$$

于是，相应的结构因子

$$\left|F_{hkl}\right|^2 = \left|F_{hkl}^n\right|^2 + \left|F_{hkl}^m\right|^2 \tag{9.3.15}$$

其中

$$\boldsymbol{F}_{hkl}^m = \sum_j \boldsymbol{q}_j p_j \exp\left[2\pi\mathrm{i}\left(hx_i + ky_i + lz_j\right)\right]\mathrm{e}^{-\omega_j} \tag{9.3.16}$$

为磁结构因子，是一个矢量.

大多数磁性材料样品，无论是多晶还是单晶，都含有许多磁畴，磁矩只有在单个磁畴内才出现有序排列. 磁反射的总强度取决于 q^2 对所有磁畴的磁矩方向的平均值 $\langle q^2\rangle$.

反铁磁结构中存在一种特殊的螺旋磁结构，其磁矩方向的轨迹形成一条螺旋线. 以 Au_2Mn 为例，其结构如图 9.3.4(a)所示. 由于相邻的两层锰原子层的磁矩相对于 C 轴有 51°的转动，所以在主衍射峰附近会出现一对伴峰(或称伴线)，如图 9.3.4(b)所示.

迄今已经发现了多种螺旋磁结构. 不同的螺旋结构具有不同的结构因子表达式，因而具有不同的衍射强度.

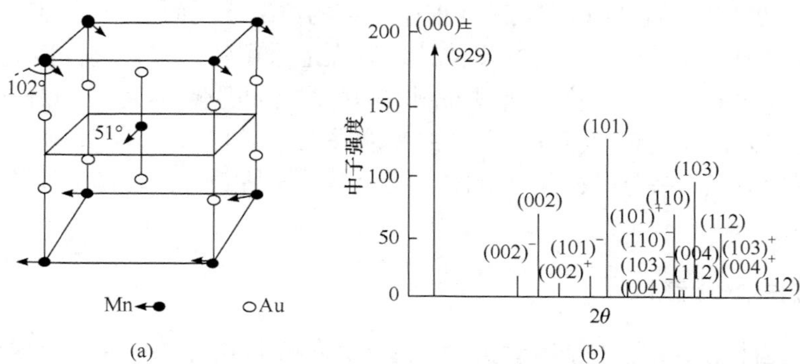

图 9.3.4　(a) Au_2Mn 的螺旋磁结构；(b) Au_2Mn 的衍射峰及伴线示意图

利用非极化中子进行测量，衍射束中的核和磁两种成分是混在一起的. 铁磁材料的磁峰与核峰是完全重合的，从一次测量的衍射曲线中不可能单独分离出磁散射的强度；必须对比居里点以上和居里点以下的两次实验结果，才能把磁峰分离出来. 对软磁材料，还可以对样品加磁场，让磁场沿散射矢量 $\boldsymbol{Q}$ 的方向，使磁结构因子中的 $q^2=0$，从而使衍射束中的磁散射成分消失. 反铁磁材料，由于磁晶胞大于螺旋磁结构叫化学晶胞，磁峰与核峰一般不重合，磁峰表现为超结构峰，比较容易辨认；螺旋结构的标志是在主衍射峰两侧出现伴线，也较容易辨认.

磁衍射的数据处理，原理上与核衍射的数据处理并没有差别，但需要注意：

(1) 测定磁结构必须知道磁形状因子 $F(\boldsymbol{Q})$随 $\sin\theta/\lambda$ 的变化，在数据缺乏的情况下，可用图 9.2.7 的 Mn^{2+}的形状因子曲线作为输入的初始数据.

(2) 计算式(9.3.15)中的结构因子时，对 $\boldsymbol{F}_{hkl}^{m}$ 和 $\boldsymbol{F}_{hkl}^{n}$ 必须用相同数目的原子进行计算，对磁晶胞大于化学晶胞的反铁磁材料，结构因子应包含磁晶胞中所有原子的贡献.

(3) 磁晶胞的对称性通常低于化学晶胞，结果使{hkl}反射晶形的多重性降低. 例如 MnO 的{111}反射晶形的 8 个等效反射面中，只有(111)和(iii)反射，因而，粉末衍射的多重性因子由 8 减小为 2.

(4) 利用粉末衍射确定磁结构有一定局限性：当结构是立方对称时，从粉末数据不能得到自旋取向的结论；而对单轴系统，只能推断出自旋取向和磁单胞的单轴间的夹角. 例如，对铁，不可能得到任何结论；对 MnO，可以得出自旋矩与(111)轴成 90°，但不知道在(111)平面内的取向.

2. 极化中子的布拉格散射

对于极化的入射中子，由式(9.3.13)可知，相应中子与原子磁矩方向呈现平行和反平行两种状态，结构因子中的散射长度分别取，在 b_j+p_j 和 b_j-p_j 情况下，通常都要利用外加磁场使样品磁化.

由于磁散射结构因子与中子自旋方向有关，磁散射可以作为获取极化中子束的一种方法.

9.3.6　中子小角散射

中子小角散射是 20 世纪 70 年代冷源和中子导管普及以后逐渐发展起来的一种实验方法，位置灵敏探测器的出现进一步推动了它的发展. 目前，它在生物大分子、聚合物分子、冶金以及材料科学和工程等方面有着极其广泛的应用，是当今中子散射技术中最活跃的一个分支.

在许多材料中存在一些大于原子间距离的结构单元，例如金属中的沉淀、空洞、溶液中的大分子或分子团、聚合物长链等，其线度通常在 1～500nm，远大于原子间的距离 d. 由这些结构单元发出的散射波将在 $Q \leqslant \pi/d$ 的区间，即从倒易空间原点至第一倒易格点之间的区间，形成干涉. 小角散射就是指这种倒易晶格原点附近的干涉现象.

“小角散射”这个名词并不确切，更确切的名称应该是“低 Q 散射”. 实际上，如果 d 在 0.3nm 左右，则 $Q \leqslant 10\text{nm}^{-1}$，对 1.2nm 的中子，散射角 2θ 已经达到 180°左右了！但今天人们仍然习惯使用在 X 射线衍射中沿用已久的“小角散射”一词 (Strobl et al., 2017).

1. 原理

小角散射从散射性质上应归属于相干弹性散射. 每个原子的相干散射截面为

$$\frac{\mathrm{d}\sigma}{\mathrm{d}\Omega} = \frac{1}{N}\left|\sum_R b_R \mathrm{e}^{\mathrm{i}\boldsymbol{Qr}}\right|^2 \tag{9.3.17}$$

对于 $Q \leqslant \pi/d$ 的散射，单个原子的散射已经不可能分辨，散射过程主要取决于散射体中尺度大约为 π/Q 的一些散射单元之间的干涉. 所以，可以把散射长度重新定义为空间连续变化的散射长度密度 $\rho_{\mathrm{b}}(\boldsymbol{r})$，而将式(9.3.17)的对原子求和改为对 $\boldsymbol{r}$ 积分

$$\frac{\mathrm{d}\sigma}{\mathrm{d}\Omega} = \frac{1}{N}\left|\int \rho_{\mathrm{b}}(r)\mathrm{e}^{\mathrm{i}\boldsymbol{Qr}}\mathrm{d}\boldsymbol{r}\right|^2 \tag{9.3.18}$$

式中积分区间 V 为受到中子束照射的样品体积. 核的散射长度密度 ρ_{b} 的定义为 $\rho_{\mathrm{b}} = N_{\mathrm{A}}db/A$，其中 N_{A} 为阿伏伽德罗常量，d 为密度，A 为原子量，b 为散射长度.

当样品中存在结构不均匀现象时，则散射长度密度将偏离其平均值

$$\rho(\boldsymbol{r}) = \langle \rho_{\mathrm{b}} \rangle + \delta(\boldsymbol{r}) \tag{9.3.19}$$

其中 $\langle \rho_{\mathrm{b}} \rangle$ 为 $\rho_{\mathrm{b}}(\boldsymbol{r})$ 的平均值，$\delta(\boldsymbol{r})$ 为 $\rho_{\mathrm{b}}(\boldsymbol{r})$ 在 $\boldsymbol{r}$ 附近偏离平均值的涨落. 将此式代入式(9.3.18)，因为 $\langle \rho_{\mathrm{b}} \rangle$ 的贡献为 Q=0 处的弹性峰，故可略去；而在 $Q>0$ 处则有

$$\frac{\mathrm{d}\sigma}{\mathrm{d}\Omega} = \frac{1}{N}\left|\int \delta_{\mathrm{p}}(\boldsymbol{r})\mathrm{e}^{\mathrm{i}QR}\mathrm{d}\boldsymbol{r}\right|^2 \tag{9.3.20}$$

由此可见，小角散射的出现，是由于样品中存在尺度大于原子间距离的不均匀结构. 对于均匀的结构，即 $\delta_{\mathrm{p}}(\boldsymbol{r}) = 0$，则不存在低 Q 区的散射.

2. 小角散射函数 $S(\boldsymbol{Q})$的性质

小角散射的散射函数 $S(\boldsymbol{Q})$的某些性质可以从两相材料的散射推导出来. 假定

样品中含有两相，一相是具有均匀散射长度密度的基体(matrix)材料；另一相是嵌在基体材料中具有均匀散射长度密度 ρ_b 的 N_b 个粒子. 利用式(9.3.20)可写出

$$\frac{d\sigma}{d\Omega}=\frac{V_p^2 N_p}{N}(\rho_p-\rho_m)^2\left|F_p(\boldsymbol{Q})\right|^2 \tag{9.3.21}$$

其中

$$F_p(\boldsymbol{Q})=\frac{1}{V_p}\int_{V_p} e^{i\boldsymbol{Q}\boldsymbol{r}}d\boldsymbol{r} \tag{9.3.22}$$

因此

(1) $Q\to 0$，$\left|F_p(0)\right|^2=1$，若已知$(\rho_p-\rho_m)$，则可测出$\dfrac{V_p^2 N_p}{N}$.

(2) 对单一尺寸、半径为 R 的颗粒，当$Q\to 0$时有

$$S(\boldsymbol{Q})=\left|F_p(\boldsymbol{Q})\right|^2=\left\{\frac{3[\sin QR-QR(\cos QR)]}{Q^3R^3}\right\}^2 \tag{9.3.23}$$

(3) 对大小相同，随机取向的粒子，当粒子的线度 l 满足 $Ql\ll 1$ 时

$$S(\boldsymbol{Q})=\frac{e^{-Q^2 {R_G}^3}}{3} \tag{9.3.24}$$

式(9.3.24)称为 Guinier 近似；式中 R_G 为粒子的回旋半径：$R_G=\dfrac{1}{V_p}\int_{V_p} r^2 d\boldsymbol{r}$. 对半径为 R 的球状颗粒，$R_G=R\sqrt{3/5}$. Guinier 近似的适用范围为 $QR_G<1.2$.

(4) 对具有明确边界、表面积为 A 的均匀颗粒

$$S(\boldsymbol{Q})\approx\frac{2\pi A_p}{{V_p}^2 Q^4} \tag{9.3.25}$$

式(9.3.25)称为 Porod 近似，它的适用条件是$Ql\gg 1$，即大 Q 值区.

(5) 由式(9.3.21)及(9.3.22)可得

$$\tilde{Q}\approx\frac{N}{V}\int\frac{d\sigma}{dQ}(\boldsymbol{Q})d\boldsymbol{Q}=(2\pi)^3[\delta\rho^2(\boldsymbol{r})]_{av} \tag{9.3.26}$$

其中$[\delta\rho^2(r)]_{av}$是对整个散射体取平均. 对于嵌在均匀基体材料中的均匀颗粒有

$$\tilde{Q}=(2\pi)^3 C_p(1-C_p)(\rho_p-\rho_m)^2 \tag{9.3.27}$$

式中 $C_p=\dfrac{V_p N_p}{N}$ 是粒子所占的体积分数. 因此，由全散射强度的绝对测量可得到

粒子的体积分数，而由外推到 Q=0 的小角散射强度可得 $\frac{V_{\mathrm{p}}^2 N_{\mathrm{p}}}{N}=V_{\mathrm{p}}C_{\mathrm{p}}$，从而两者结合可测得粒子体积 V_{p}.

3. 粒子间的相互干涉

以上讨论只适用于颗粒之间没有相互干涉，即颗粒浓度低的情况. 但在某些高浓度胶体溶液或生物分子中，粒子间的干涉必须加以考虑.

将散射体分为 N_{p} 个元胞，使每个元胞中只含 1 个颗粒. 令第 i 个元胞的中心位置为 R_i，而元胞中第 j 个原子与元胞中心的相对距离为 $\boldsymbol{d}_j$，则宏观截面

$$\frac{\mathrm{d}\Sigma}{\mathrm{d}\Omega}=\frac{1}{V}\left\langle\left|\sum_{i=1}^{N_{\mathrm{p}}}\mathrm{e}^{\mathrm{i}QR_i}\sum_{j=1}^{N_i}b_{ij}\mathrm{e}^{\mathrm{i}\boldsymbol{Q}\boldsymbol{d}_j}\right|^2\right\rangle \tag{9.3.28}$$

N_i 为元胞中的原子数目. 式中 b_{ij} 为元胞 i 中原子 j 的散射长度，定义单个元胞的形状因子

$$F_i(\boldsymbol{Q})=\sum_{j=1}^{N_i}b_{ij}\mathrm{e}^{\mathrm{i}\boldsymbol{Q}\boldsymbol{d}_j} \tag{9.3.29}$$

于是可以得到

$$\frac{\mathrm{d}\Sigma}{\mathrm{d}\Omega}=\frac{1}{V}\left\langle\sum_{i=1}^{N_{\mathrm{p}}}\sum_{i'=1}^{N_i}F_i(\boldsymbol{Q})F_i'(\boldsymbol{Q})\mathrm{e}^{\mathrm{i}\boldsymbol{Q}(\boldsymbol{R}_i-\boldsymbol{R}_{i'})}\right\rangle \tag{9.3.30}$$

对于全同粒子系统，如果所有粒子具有同一取向，或对球形粒子，则所有粒子的形状因子相同，因而有

$$\frac{\mathrm{d}\Sigma}{\mathrm{d}\Omega}=\frac{N_{\mathrm{p}}}{V}\left|F(\boldsymbol{Q})\right|^2 S(\boldsymbol{Q}) \tag{9.3.31}$$

其中 $S(\boldsymbol{Q})$ 为粒子间结构因子

$$S(\boldsymbol{Q})=\frac{1}{N_{\mathrm{p}}}\left\langle\sum_{i=1}^{N_{\mathrm{p}}}\sum_{i'=1}^{N_i}\mathrm{e}^{\mathrm{i}\boldsymbol{Q}(\boldsymbol{R}_i-\boldsymbol{R}_{i'})}\right\rangle \tag{9.3.32}$$

上式为测定大尺寸结构单元构形的基本公式，在生物分子结构研究中十分有用. 利用氘化技术可以使结构中某些亚单元的散射长度密度与基体材料(在生物分子研究中多为水溶液)的参数相匹配. 如果除了两个亚单元外，分子中所有其余单元的散射长度密度都与基体溶液相等，则 $S(\boldsymbol{Q})$ 中含有的 $I(\boldsymbol{Q})$ 项为

$$I(\boldsymbol{Q})=\frac{\sin Ql}{Ql} \tag{9.3.33}$$

式中 l 为两个亚单元中心间的距离，$I(\boldsymbol{Q})$ 描写的是这两个散射中心之间的干涉. 由 $Q=2n\pi/l$ 所对应的 $I(0)$ 可得到中心距离 l. 这种方法曾广泛应用于核糖体(ribosome)结构的测定(Engelman and Moore, 1976).

4. 小角磁散射

均匀磁化的磁性样品，小角磁散射强度为零. 但当临近饱和磁化时，磁化密度 $\boldsymbol{M}(\boldsymbol{r})$可能有取向和大小的涨落，从而会产生小角磁散射. 小角磁散射截面

$$\frac{\mathrm{d}\sigma}{\mathrm{d}\Omega_{\mathrm{mag}}}=\frac{1}{N_{\mathrm{m}}}(N_0\gamma)^2\left|\left\langle \boldsymbol{D}\perp(\boldsymbol{Q})\right\rangle\right|^2 \tag{9.3.34}$$

5. 中子小角散射谱仪及实验技术

1) 中子小角散射谱仪

中子小角散射谱仪通常安装在冷源导管出口处. 图9.3.5是中子小角散射谱仪的示意图. 由导管(l)出口处引出的白光中子束首先通过一个机械选择器(2)选出适合的单色中子束. 单色中子束经过第一准直器(3)后投射到安放在样品台(4)上的样品，经样品散射后的中子由二维位置灵敏探测器(7)记录并将信号送入在线计算机. 在第一准直器入口与机械选择器出口间有一个低计数效率的探测器用作入射中子束监视器. 第一准直器由多节可移动的导管与固定光栏组成，光缆装在每节导管的接头处. 准直器的长短根据实验对中子束的发散度要求而定. 样品台上除了安放样品外，还应能安放改变样品环境的辅助装置，如高、低温装置，磁场装置，高压装置等. 样品台至探测器之间是第二准直器(5). 该准直器通常为直径 1m 左右的圆柱形中空钢管,内表面有 1～2cm 的含硼聚乙烯或碳化硼等屏蔽材料. 管内抽真空,其长短可根据实验要求而改变,如法国 ILL 的 D11 小角谱仪的探测腔,直径为 1m，长度可作 2m、5m、10m、20m 及 40m 几种选择. 二维探测器表面在正对入射中子束方向(θ=0°)有一块由厚度大于 1～2mm 的镉片做成的中子束阻挡片(6)，其外形略大于直接入射束，用以吸收 0°的投射中子束.

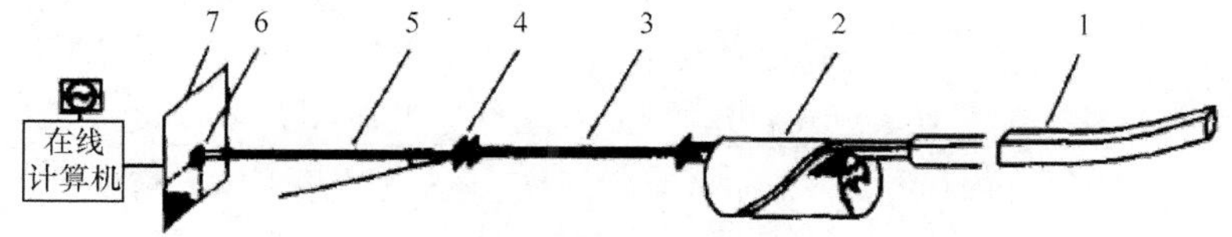

图 9.3.5 中子小角散射谱仪的示意图

中子小角散射探测器是小角中子散射(SANS)谱仪的关键设备之一，探测器要求有足够大的探测面积、较高的探测效率及较好的空间分辨率，能够在真空腔中稳定地工作并可在腔体内前后移动. 以中国散裂中子源小角中子散射谱仪探测器

为例，小角散射探测器采用 120 只 8mm 直径位置灵敏 ^{3}He 管，组成有效面积 1000mm(X)×1020mm(Y)的二维探测器阵列. 探测器阵列分为 10 个模块，每一个模块功能完全独立，包括 12 只 ^{3}He 管及其对应的位于探测器背面的回字形密闭腔体内的读出电子学和数据获取系统. 该探测器探测效率大于 50%，空间分辨率好于 10 mm，目前正在中国散裂中子源小角散射谱仪中使用(周晓娟等, 2019).

2) 实验技术

现代的小角散射谱仪本身都是高度自动化的，只要对设备本身有初步了解一般都能操作. 但要获得高质量的数据，必须做到以下几点.

(1) Q 区间的估计. 根据所测结构的尺度 L 及谱仪的有效散射角 Φ，可对 Q 区间作如下估计：

$$\frac{\pi}{L_{\max}} < Q < \frac{\pi}{L_{\min}}, \quad L_{\min} \approx \frac{\lambda}{\phi_{\max}}, \quad L_{\max} \approx \frac{\lambda_{\max}}{\phi_{\min}} \tag{9.3.35}$$

选择适当的 $\lambda_{\max}$ 及样品至探测器的距离，满足 $\phi_{\min}$. 通常入射中子注量随 λ 增大而降低. $\phi_{\min}$ 取决于束或准直器面积. 能达到的 $\phi_{\min}$ 取决于探测器面积.

(2) 样品厚度 t 选择的依据一般是使透射率 $T = \mathrm{e}^{-\Sigma_t t}$ 达到 60%～90%. Σ_t 为宏观全截面. 一般为 1～10mm. 样品尺寸约 10mm×10mm. 薄样品多次散射误差小，优于厚样品. 小角散射数据积累时间不长，中等通量堆做一轮测量大约几小时，高通量堆只需几分钟，样品更换频繁，需要有自动换样品装置.

(3) 中子小角散射实验通常要对截面作绝对测量. 因而除样品(S)外还要对标准样品(W)(钒样品或 1mm 厚的水样品)、空样品盒(C)、镉吸收片(Cd)进行测量. 一般小角散射的本底计数大约每平方厘米探测器每分钟几个计数. 本底一部分来自透过样品的直穿束；另一部分与入射中子无关. 因此，需要分别将空样品盒及镉吸收片放在样品位置进行测量. 除此以外还要对样品的透射率进行测量才能正确估算出样品盒的本底. 作透射率测量需要将探测器中央的镉阻挡片取下，测量时间应尽可能短. 令 I，M 分别代表探测器及监视器计数，T 代表透射率，则测得的截面为

$$\frac{\mathrm{d}\Sigma}{\mathrm{d}\Omega} = \frac{\left(\dfrac{I_{\mathrm{S}}}{M_{\mathrm{S}}} - \dfrac{I_{\mathrm{Cd}}}{M_{\mathrm{Cd}}}\right) - T_{\mathrm{S}}\left(\dfrac{I_{\mathrm{C}}}{M_{\mathrm{C}}} - \dfrac{I_{\mathrm{Cd}}}{M_{\mathrm{Cd}}}\right)}{\left(\dfrac{I_{\mathrm{W}}}{M_{\mathrm{W}}} - \dfrac{I_{\mathrm{Cd}}}{M_{\mathrm{Cd}}}\right) - T_{\mathrm{W}}\left(\dfrac{I_{\mathrm{C}}}{M_{\mathrm{C}}} - \dfrac{I_{\mathrm{Cd}}}{M_{\mathrm{Cd}}}\right)} \times \left(\frac{\mathrm{d}\Sigma}{\mathrm{d}\Omega}\right)_{\mathrm{W}} \frac{t_{\mathrm{W}}}{t_{\mathrm{S}} T_{\mathrm{S}}} \tag{9.3.36}$$

式中 t_{W} 及 t_{S} 分别代表水及样品的厚度，T_{S} 的引进是为了修正样品的多次散射效应；但对水的多次散射无须修正，因为水对中子的散射是各向同性的. 式(9.3.36)中仍然包含了样品的非相干散射贡献，最后的数据还需要扣除这项贡献.

9.3.7 中子反射仪

利用中子镜反射(specular reflection)研究物质的表面、界面现象是20世纪80年代初、中期发展起来的中子散射的一个分支. 目前这方面的研究工作十分活跃. 凡是拥有散裂源或中等以上通量反应堆的中子散射中心，近几年都相继建立了中子反射仪.

单能中子入射到物质的表面时，如果入射掠角θ大于临界角θ_C，则反射率$R(\boldsymbol{Q})$下降的方式取决于折射率$n(Z)$的变化，Z是以表面为零点的垂直距离；或者说，$R(\boldsymbol{Q})$取决于散射长度密度P随表面深度Z的变化$P(Z)$. 因此，$R(\boldsymbol{Q})$可以给出散射表面和界面的核成分及密度梯度的知识.

$R(\boldsymbol{Q})$的测量有两种方式：一种是固定入射中子波长，改变掠入射角进行扫描；另一种是用白光中子入射，在固定的反射角θ测量反射中子的飞行时间谱. 由于入射角非常小，所以入射中子束要求准直得非常好. 对于给定的Q，中子波长越大，掠入射角θ越大.

迄今为止，反应堆上所建的反射仪既有用固定的长波中子入射，进行$\theta\sim2\theta$扫描的，也有用白光中子飞行时间扫描的. $\theta\sim2\theta$扫描的分辨率由$\delta\theta$及$\delta\lambda$共同决定，分辨率随入射角以$\cot\theta\delta\theta$方式变化；样品受到中子束的照射面积随θ变化而变化，所以对测量结果须作几何修正. 在脉冲源上大多采用飞行时间方法. 飞行时间方法测量的优点是测量几何恒定，Q的分辨率仅与$\delta\theta$有关，在整个扫描过程中$\delta\theta$是一个常数，而飞行时间误差δt对$\delta\lambda$的贡献与$\delta\theta$相比可以忽略. 飞行时间方法的另一个优点是反射率扫描同时在较宽的Q区间进行.

谱仪的散射几何有水平散射和垂直散射两种，前者的样品表面，即反射面，是垂直安放的，适于开展固体-固体及固体-气体的表面、界面研究；后者的样品表面在水平面上，适于包括液体和气-液界面在内的各类表面、界面研究，但探测器必须能在垂直方向移动，且对防震要求比较严格. 反射仪也可利用极化中子入射，并分析极化中子反射率，研究与磁有关的表面、界面现象.

9.3.8 三轴谱仪

三轴谱仪由于具有较高的束流强度和适中的能量分辨率,是目前最为广泛采用的中子非弹性散射测量技术. 如图9.3.6所示，从反应堆中子源导出的白光谱首先经单色器(第一轴)实现单色化,此时入射中子束的波矢为$\boldsymbol{k}$. 单色束经样品(第二轴)散射后，散射束(波矢为$\boldsymbol{k}'$)的强度被分析器晶体(第三轴)反射到中子探测器，从而确定能量转移(李世亮和戴鹏程，2011).

三轴谱仪最大的优势是可以测量倒易空间中的任一预设点(恒$\boldsymbol{Q}$扫描)，也可以在固定能量转移的情况下对倒易空间中特点$\boldsymbol{Q}$方向进行扫描(恒E扫描)，因此

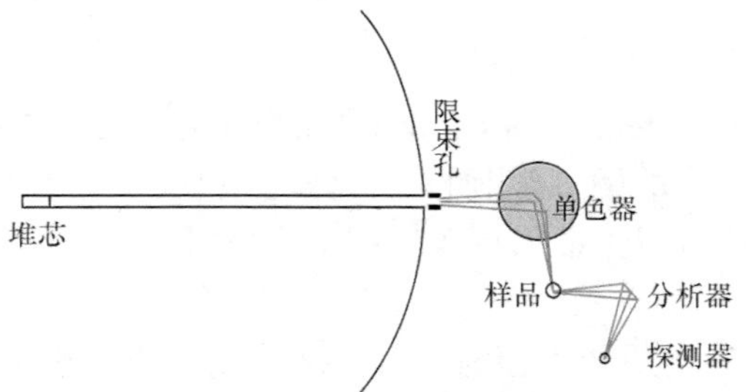

图 9.3.6　三轴谱仪的基本布置图

能够以可控的方式测量单晶的色散关系. 当然，对 $\boldsymbol{Q}$ 和 E 进行一般的扫描也是可行的. 对于三轴谱仪，确定动量转移和能量转移的所有物理量都是可调的，因此测量 $\boldsymbol{Q}$、ω 空间中的某一点的强度具有多种可能的方式. 最常用的方式是固定 $\boldsymbol{k}'$ 的扫描，因其只需要稍做修改即可将计数率转换成截面.

三轴谱仪的分辨率依赖于散射平面内经单色器晶体和分析器晶体透射过的相空间体积，以及拟测的激发的色散斜率. 三轴谱仪有多种不同的中子路径构型，每个轴都可以顺时针或者逆时针地旋转一定角度，以便达到最佳的分辨特征.

目前世界上主要的科技强国都拥有自己的三轴中子散射谱仪，其中高水平的实验室包括：美国的橡树岭国家实验室和美国国家计量标准局；加拿大的 Chalk River 实验室；欧洲的 ILL 研究所(法国)、FRM-Ⅱ实验室（德国）；澳大利亚的 Bragg Institute 等. 中国原子能科学研究院核物理研究所于 2009 年,联合德国于利希(Juelich)中子科学中心在中国先进研究堆开始设计建造非弹性中子散射三轴谱仪. 到目前为止，该三轴谱仪上可实现从低温 6K 到高温 1900K 的测试功能，满足设计需求. CMRR 上的冷中子非弹性散射谱仪(鲲鹏)是一期投运的六台中子散射谱仪之一,已在凝聚态物理问题揭示中发挥重要作用(Cheng et al., 2016; 郝丽杰等, 2017).

9.3.9　背散射谱仪

在单晶反射实验中，如果希望获得极高的能量分辨率，散射角必须为 π(或极为接近 π). 超高分辨谱仪的分析器利用了这一特性，从而可以极精确地测量散射束波矢. 在这种情况下，大面积的近乎完美的晶体排列在样品周围的球形支架上. 经样品散射且满足背散射条件的中子被反射到样品附近的一系列探测器上. 分析器系统的能量是固定的. 为了测量样品的能量转移，入射中子的能量变化必须同样具有非常高的分辨. 可通过下面几种方法来实现：

(1) 利用高分辨飞行时间单色器(斩波器)产生入射中子束,但需要脉冲装置到样品处的飞行路径在 100m 量级内；

(2) 设计一种可用于背散射的单色器，其晶格常数可以随时间变化，即通过改变温度来改变其晶格常数；

(3) 将背散射单色器安装在速度驱动器上，利用多普勒效应来产生频移.

背散射谱仪的能量分辨率在微电子伏范围，这近乎是基于晶体单色器和飞行时间设备的谱仪所能达到的极限分辨率了.

9.3.10　自旋回波谱仪

自旋回波谱仪基于中子自旋在磁场中的进动. 中子自旋在穿过磁场的过程中将会发生一系列的旋转，通过反转散射中子的自旋方向，并探测其在穿过第二个进动场之后自旋取向的变化，就可以很好地分析其能量的变化. 图 9.3.7 是该谱仪的示意图.

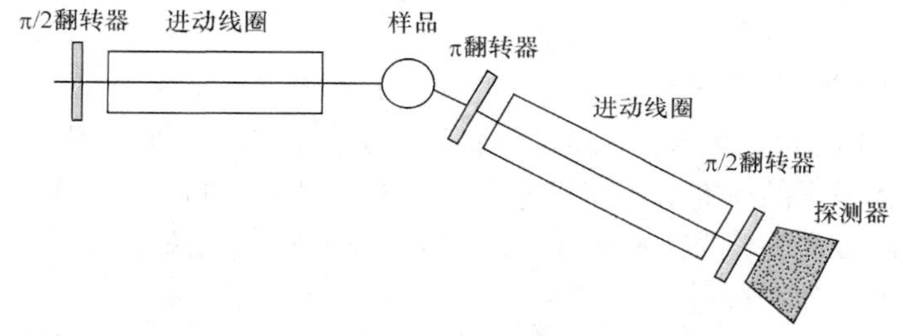

图 9.3.7　自旋回波谱仪示意图

纵向极化中子自左边进入谱仪. 在第一个 $\pi/2$ 翻转器处，自旋发生旋转，出来的中子自旋垂直于进动路径的纵向磁场 H，得到初始极化 $P=1$. 中子横穿过长度为 L 的第一个进动线圈时，总的进动角度为

$$\phi = \gamma_{\mathrm{d}} \cdot \frac{L \cdot H}{v} \tag{9.3.37}$$

由于速度分布的原因，束流在进动线圈中存在去极化问题，平均极化度为

$$P = \langle \cos\phi \rangle = \int f(v)\cos(\phi(v))\mathrm{d}v \tag{9.3.38}$$

然而，如果束流横穿过第二个一模一样但进动方向相反的线圈时，去极化可以被消除. 为了反转进动方向，需要在两个进动线圈中放置一个π翻转器. 最后，在第二个进动线圈的末端，将中子自旋翻转回初始的纵向方向，以便分析它的极化. 只有当两个进动线圈完全一样，且中子在样品处没有能量变化的情况下才能得到完全极化的中子束.

如果中子在样品处有能量变化为 $\hbar\omega$ ，也即是速度变化 Δv ，则经过第二个进动线圈后的自旋取向将会偏离一个角度

$$\Delta\phi \approx \gamma_{\mathrm{L}} \frac{L \cdot H}{v^2} \tag{9.3.39}$$

在自旋回波谱仪中，能量转移不像背散射谱仪那样通过测定入射波矢和散射波矢来进行测量．而是根据式(9.3.29)直接分析散射前后中子速度的变化来进测量．因此，在自旋回波实验中可以使用相对较宽的中子波段(波长分辨量级为 $\delta\lambda/\lambda$ 约 10^{-1})，而在背散射中一般要求 $\delta\lambda/\lambda \leqslant 10^{-4}$．在自旋回波方法中，能量转移与中子能量是相互独立的量(不以牺牲中子强度为代价来提高能量转移分辨)，能够分辨的最小能量低至纳电子伏.

9.4 中子散射在基础研究、工业以及国防等领域的应用

9.4.1 基础研究

1. 磁形状因子测定

由式(9.2.131)可以看出，磁形状因子 $F(\boldsymbol{Q})$含有离子的归一化磁性电子密度.因此，磁形状因子的研究可以获得原子外层未配对电子的密度分布，从而得到未配对电子波函数的知识．具体而言，对 3d 过渡材料、稀土材料和锕系材料的磁形状因子研究可以分别获得 3d，4f 和 5f 电子的分布和波函数.

实验上需要在尽可能宽的 $\boldsymbol{Q}$ 范围内测量出 $F(\boldsymbol{Q})$方能由式(9.2.131)的傅里叶变换获得比较可靠的磁电子密度值．由于形状因子随 $\boldsymbol{Q}$ 的增大下降很快，所以在磁散射长度 p 远小于核散射长度 b 的情况下，例如，当 $p/b\leqslant 0.01$ 时，必须利用极化中子进行测量．除此以外，为了测定每一个 Q 值所对应的实验值，需采用单晶样品，否则无法区分 $|\boldsymbol{Q}|$ 相同的反射，如立方晶体的(333)和(511).

在固体的电子结构计算中，为了区分所用的各种势模型，通常要求磁形状因子的测量值精度不低于 1%．在含有轨道电子磁矩的情况，电子波函数的理论推导和处理相当复杂.

自 1959 年 Shull 等对 Mn^{2+}的磁形状因子测量后，迄今已利用中子磁散射对一大批分子晶体、顺磁金属及 3d，4d，5f 磁性材料的磁形状因子进行了研究，并在锕系化合物中存在的基态波函数不对称性等方面获得了其他方法难以获得的许多知识(Moon, 1982; Freeman and Lander, 1984).

2. 对多酸溶液的成分、行为、结构研究

多金属氧酸盐(即多酸)是一大类主要由金属-氧多面体连接构成、结构明确、大小在纳米级(尺寸从 1～10nm) 的分子簇．多酸因为其丰富的组成与结构，在催化、光电材料、单分子磁体、质子导体、磁性材料、生物材料等领域有着非常广泛的应用(郑昭等，2018)．但是如何设计与合成具有特定结构和功能的多酸分子

簇，是多酸化学家面临的一个难题，需要对多酸的溶液行为进行深入的研究. 与X射线等分析方法相比，中子散射具有以下优点.

(1) 可以分辨轻元素、同位素和原子序数紧邻的元素，补充了X射线技术不能表征有机成分的空白. 例如，氢和氘这对同位素对中子的散射具有差异性，因而通过对杂化材料相应结构进行氘代处理，可以选择性地提取杂化材料的结构信息.

(2) 对于有自组装行为的杂化分子来说，中子散射的能量、散射矢量范围完全满足杂化分子多尺度结构组装的时间、空间尺度要求，可以对杂化分子自组装过程中结构变化的动力学机理进行表征.

(3) 中子散射表征手段对样品具有较好的穿透性，且属于无损检测，可对杂化软物质体系进行原位表征，因此中子散射是测定杂化材料有机成分的结构、构象和形态的有效手段.

Bauduin 课题组在研究多金属氧酸盐/聚乙二醇体系在水中的相互作用时，同时利用了小角X射线散射技术和中子散射技术来表征样品结构. 研究人员研究了α-Keggin 型多酸(比如α-硅钨酸和α-磷钨酸)吸附在覆盖有极性有机物(例如，蔗糖和环氧乙烷)的中性柔软表面上这一过程. 结合 SAXS/SANS 结果，确定 PW-PEG200 纳米组装体平均由两个 PEG 寡聚物包围多酸组成(Buchecker et al., 2017).

9.4.2 生物分子研究

20世纪70年代以来，中子散射技术以其特有的性质，成为了继X射线和电子衍射之后的又一研究物质微观结构的有效方法. 近年来，中子散射技术在蛋白质等生物大分子结构研究领域中得到了广泛的应用(Oberdisse and Hellweg, 2017). 在这个领域里，使用得较广泛的是中子衍射和小角中子散射两项技术. 前者相当于一个高倍数(10^9)、小视野的显微镜，可用于研究溶剂水的结构、位置及氢键在蛋白质分子中的精确位置. 后者则相当于倍数稍低、视野较大、适用于尺度在几纳米到几十纳米，分子量在10^4～10^6的中、大分子集团的观察，例如，大分子周围的脂质、胶束结构、类脂膜结构或微囊的结构. 中子散射不仅可以定位生物大分子中的氢核，提供静态结构信息，而且可以提供氢核、水分子及大分子的分子运动动力学信息.

中子散射用于生物大分子高级结构研究包括以下几个方面.

(1) 生物大分子及其晶体主要是C、H、O的化合物，测定氢原子和氢键的位置是十分重要的. 由于氢元素具有较大的中子散射截面，所以在高分辨率时利用中子衍射可以定位生物大分子中的氢原子和氢键的位置.

(2) 利用小角中子散射(SANS)来研究生物大分子的形状和结构.

(3) 中子散射同时也可用于生物大分子的动力学研究，获得原子和分子的动态信息.

(4) 中子散射可以区分氢中的氘. 利用中子对氢和氘的灵敏度,低分辨率时在生物研究中可以使用“同位素标记”方法，利用 SANS 来测定复合生物大分子的结构及分子组成.

1. 定位生物大分子中的氢原子和水分子的位置与状态

近年来，人们对于蛋白质序列方面的研究已经有了长足的进展，然而对于各种蛋白质高级结构及其周围水分子的动态性能的了解进展缓慢. 许多大的蛋白质分子的结构至今仍是未知的. 蛋白质分子中有将近一半的元素是氢原子，定位蛋白质分子中的氢原子对于研究蛋白质分子的结构起着非常重要的作用，而确定氢原子位置的最有效方法就是中子衍射. 同时有研究表明，水合水分子对于球形蛋白等生物大分子结构的稳定起着非常重要的作用. 在高分辨率时，用中子衍射不仅可以定位蛋白质分子中的氢，同时也可以定位生物大分子中水合水分子的位置.

上海大学叶毅扬和洪亮(2019)就通过将中子散射、氘化技术以及分子动力学模拟相结合的方法研究蛋白质及其表面水分子的动力学行为，使得对蛋白质的研究有了更加深入的认识.

2. 生物大分子的结构研究

生物大分子结构研究是生命科学一个重要的研究领域. 在 20 世纪后半叶，X 射线单晶结构分析被用于生物大分子(例如蛋白质和 DNA)的三维结构，揭示出了生命科学中许多未知的奥秘，但对于一些生物大分子的结构仍然存在着许多疑问. 人类进入 21 世纪，对生物大分子结构的研究日益引起人们的重视，已经成为世界瞩目的一个科学研究领域. 而中子散射技术的引入将使这一研究领域产生前所未有的突破性进展.

1) 利用小角中子散射研究生物大分子的形状和结构

如前所述，SANS 适用于尺度在几到几十纳米的生物大分子结构的研究. 同时由于中子是中性粒子，所以不受磁场和电场的影响，具有很好的穿透性，可以很容易地穿过生物大分子，利用三维小角中子散射(3D-SANS)研究生物大分子纳米级的立体结构. 例如，近期人们就利用 SANS 解释了免疫球蛋白 A(IgA)的结构. 免疫球蛋白 IgA 对人体自身免疫力起着一个重要的作用，它不仅存在于血液中，同时也是胃、肠道黏膜表面抗体的重要组成，但是长期以来人们对于它的三维结构一直不是很清楚. 近期，Perkins 等在 ISIS 利用 SANS 研究得到了 IgA 的立体结构(图 9.4.1). IgA 的这种两端展开的 T 形结构使其较其他抗体更易接近较远处游离的外来粒子上的抗原. 从而正确解释了其具有较高免疫功能的原因.

此外，近十年来，由于天然生物大分子应用的广泛，人们对其结构的研究也越来越重视. 目前研究大分子结构的方法并不少(电镜纳米技术，X 射线衍射，核

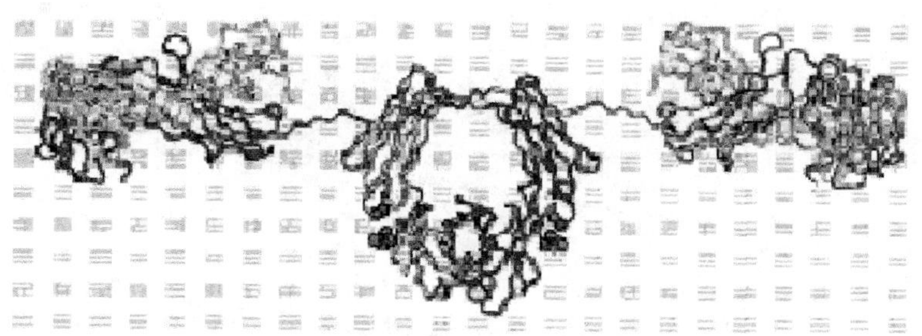

图 9.4.1　免疫球蛋白 A 的缎带结构

磁共振等),其中确定 1～100nm 范围内大分子结构的最有效、简便的方法是 SANS. Evmenenko 等便利用 SANS 确定了壳聚糖等多种天然多糖类大分子的立体结构，这对于此类生物大分子材料的应用具有重要的指导意义.

2) 生物大分子复合物结构的研究

生物大分子在生物体内很少是单独存在的，多是以多组分复合物的复杂形式存在，例如蛋白质与脂的复合物、DNA 键连蛋白质是一种 DNA 和蛋白质的复合物、核糖体是各种形式的蛋白质与 RNA 的复合物. 在 SANS 实验中利用 H 和 D 之间散射长度差别(H: -0.374×10^{-12}cm 和 D: 0.617×10^{-12}cm)可以获得生物大分子复合物的结构.

A. “衬度变化”法(contrast variation method)

图 9.4.2 是一个“反差图”，横坐标是普通水-重水(H_2O-D_2O)混合物中重水的百分比，纵坐标是热中子“散射密度”，对于体积为 V 的物质的散射密度等于该体积内所有原子的散射长度之和除以 V,相当于用热中子观察该物质时物质的“密度”. 图中列出了混合水(斜度最大的线)和酯类、蛋白质、DNA、RNA 以及某些氘化(用氘代氢)物的“密度”曲线,水-重水混合物在约 9%(质量百分比)重水时“密度”为零. 更为重要的是，混合水的散射密度在许多点上与蛋白质、DNA、RNA 等物质相等. 也就是说，在这些特殊的水-重水混合物比值上，它的“密度”与蛋白质、DNA 等一致，而使得这些物质在这一特殊点上对中子而言和“水”背景完全一样而“消失”. 这样便可以把其他成分突出出来加以测定.

B. 三重同位素替代法

对比变异法只能使一种组分“消失”，对于多组分复合物，如果要研究其中一种组分的结构，就必须把其他所有组分的散射“扣除”. 这时上述方法就无能为力了. 于是人们又设计了三重同位素替代(triple isotopic substitution, TIS)方法来研究多组分复合物.

此方法的基本原理是研究溶液(Ⅰ)和(Ⅱ)的散射曲线之差，即差谱. 其中溶液(Ⅰ)包括 1、2 两种不同氘代形式的粒子，溶液(Ⅱ)中包括一种氘代形式介于 1、2

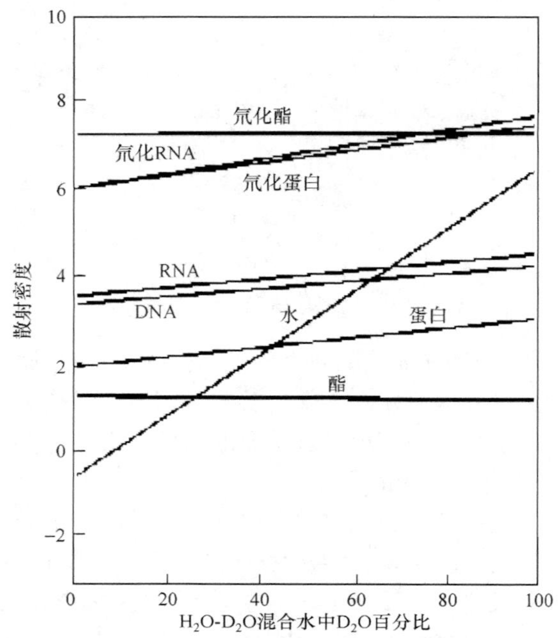

图 9.4.2　H_2O-D_2O 混合水和一般生物分子的热中子散射密度

之间的第三种形式的粒子 3，其散射长度 $b_3=(1-x)b_1+b_2$，式中 b_1、b_2 为溶液(Ⅰ)中 1、2 两种粒子的散射长度，x 为粒子 2 在 1、2 混合物中的百分含量. 在两种溶液中溶剂对谱线的影响是相等的，所得的差谱与溶剂中水-重水比例无关. 计算结果发现所得差谱相当于一种散射密度等于 1、2 两种粒子散射密度之差，即 $b_F=b_1-b_2$ 的粒子在“真空”中的散射曲线. 这样，在(Ⅰ)、(Ⅱ)两种溶液所有粒子中氘代程度一致的组分在差谱中其散射信号均被“扣除”了，仅余下在(Ⅰ)、(Ⅱ)两种溶液中氘代程度不一致的那一种组分的散射信号. 利用这种方法就可以研究多组分复合物中任一组分的结构了.

3. 生物大分子的动力学研究

生物学家的研究表明，生物大分子的动态力学特性与其一系列生理功能有着密切的联系. 这些动态特性是指介质内部粒子的各种运动，包括固体和液体的各种元激发，如晶格点阵的振动(即声子谱)，磁矩的扰动，液体分子的扩散，不同分子或分子团之间的振动、旋转、离子迁移等. 而这些都可以归结为能量问题，它们大都在 1～100meV，而中子的能量恰恰与研究对象具有相同的数量级，因而利用中子与物质的相互作用所引起的能量和动量的变化，就可以测定出研究对象内部的能量状态. 这就是利用热中子非弹性散射进行动态研究的基本原理. 由于

^1H 核的不相干中子散射截面相当大，而且氢核在蛋白质中大量存在且分布均匀，所以此方法是通过氢原子作为探针来研究蛋白质的动力学信息的.

目前，人们对于蛋白质分子在皮秒(ps)范围内的结构的不规则变动，利用动态模拟等理论方法已经研究得非常细致了，然而，长期以来并没有很多相应的实验数据来验证所得到的结论. 利用非弹性中子散射(INS)方法，人们得到了几种蛋白质在皮秒范围的动力学信息，以及湿度和温度对其流动性等动力学性能的影响. 研究发现溶液中的蛋白质和低含水量的蛋白质粉末的内部动力学情况不同. 例如，将溶菌酶粉末中 D_2O 的含量从 0.07g D_2O/g 蛋白质增加到 0.20g D_2O/g 蛋白质时，中子散射峰强度有所降低，这是由于均方位移增加所造成的. Doster 等利用 INS 对水合肌红蛋白在 4～350K，0.1～100ps 范围内原子运动情况的研究还发现：在 180K 以下，肌红蛋白的动力学行为基本上只有振动这一种运动方式，在 180K 以上则发生变化，产生非振动的运动方式. 另外，利用准弹性非相干中子散射(IQEN)，Wanderlingh 等还研究了肌红蛋白和溶菌酶等生物大分子中水合水的动力学信息，发现它们转换和旋转速度均比自由水低，空间结构也有所改变. 同时还利用氘代溶剂的方法研究了水合水对生物大分子动力学性能的影响.

9.4.3 工业应用

1. 残余应力测量

材料和工程部件在焊接、加工和实验中产生的非均匀塑性形变往往形成残余应力. 在材料和工程部件的使用上，残余应力是必须考虑的安全因素之一. 工程上沿用的通过测量残余应变张量导出残余应力的方法一般是破坏性的，因而只能在有限的方向上进行有限数目的测量. 从原则上讲，测量任一点的残余应变张量必须在不同方向做出六个独立的测量. 但这对于破坏性测量是根本做不到的. 虽然用 X 射线衍射可以非破坏性地去测定材料晶格的应变力，但由于材料对 X 射线的吸收，所以只能测出表面的应变. 利用中子衍射进行的类似测量，不仅是非破坏性的，而且材料的吸收问题小得多，故可以提供材料内部的应变情况. 目前. 中子应力测量已经发展成一种成熟的常规检验技术，世界上许多中子散射中心都在反应堆或散裂源加速器上建立了固定的装置，开展常规的应力检测和研究. 检验的部件有核电站透平机蒸汽管、火车铁轨、焊缝、声呐系统的电致伸缩材料和聚变堆材料等.

测量残余应力的中子衍射方法的基本原理是布拉格定律，当晶体材料受到与其晶面间距相近波长的射线照射时，射线将被衍射从而形成特定的布拉格峰，衍射线产生的角度由布拉格衍射定律给出

$$2d_{hkl}\sin\theta_{hkl}=\lambda \tag{9.4.1}$$

式中 λ 为射线波长，d_{hkl} 为产生布拉格峰的(hkl)晶面间距，$\sin\theta_{hkl}$ 为布拉格角，衍射峰观察位置与入射束成 $2\theta_{hkl}$ 角.

当利用中子衍射测量残余应力时，材料的晶格应变 $\varepsilon=\delta d/d$，其中 δd 是由于应变引起的晶面间距的变化量，d 是无应变的晶面间距. 对布拉格公式微分后可得，对于固定的 λ，$\varepsilon=-\cot\theta\delta\theta$. 如果用飞行时间法测量，$\varepsilon=\delta t/t$.

目前，中国工程物理研究院中子物理学重点实验室已经建成多个中子应力分析谱仪(RSND)，已经将中子应力分析技术应用于惯性仪表、航空发动机涡轮盘、飞机翼身等的残余应力检测，为优化结构设计和工艺改进提供了数据支撑，在此过程中已经建立了一整套完善的实验技术方法、数据处理、有限元拟合等方面的能力，可用于航空航天、船舶、高铁等高端工业的无损检测. 该实验室通过与中国人民解放军第二炮兵工程大学、南京航空航天大学、北京航空航天大学等单位开展合作，利用中子应力分析谱仪对惯性仪表薄壁件、大型飞机翼身、飞机铝锂合金蒙皮内部残余应力进行检测. 为我国高端制造的加工变形预测和控制、质量检验提供可行的研究手段和可借鉴的理论方法. 图 9.4.3 为该单位于 2017 年设计的航空发动机涡轮盘特定区域三维残余应力分布检测装置.

图 9.4.3　航空发动机涡轮盘特定区域三维残余应力分布检测装置

2. 织构测量

实用的材料大多为多晶状态，其晶粒的取向分布规律称为织构. 织构在许多加工环节中都会形成，特别是金属材料在锻造、轧制、热处理、电镀等过程中总会形成一定的择优取向. 人们有时候不希望材料有择优取向；而有时候为了加强材料某些性能，又希望获得某种织构. 例如，硅钢板的使用要求在磁力线流通的方向具有最大磁感应强度.

织构的传统测量采用 X 射线衍射方法. 用 X 射线测量织构与测量残余应力具有同样性质的缺点，即给出仅仅是表面层的信息，而且由于其穿透深度仅为微米量级，所以统计性较差. 借用 X 射线衍射测量织构的方法，用中子进行织构分析也有极图、反极图和几维取向分布函数三种表示式方法. 但中子测量可以获得与 X 射线不同的效果：中子给出的结果是大块材料的平均效果，与材料的真实性能更接近. 除此之外，对磁性材料，如硅钢，中子还能给出磁畴取向的重要信息.

3. 金属沉淀颗粒回转半径测量

很多用于高温的高强度合金，其性能与合金中呈现的第二相微颗粒有关. 这些颗粒的存在可以阻止位错移动及蔓延，从而防止断裂. 但材料在有高温、应力和辐射的情况下使用，第二相沉淀会继续生长，使材料老化而降低强度.

在 CMRR 堆上，中国工程物理研究院的研究人员利用中子小角散射谱仪原位磁场环境开展了纳米结构氧化物弥散强化钢内析出相粒子尺寸信息研究，使用球形粒子对数正态分布模型拟合得到某一个样品析出相的平均半径为 2.3nm.

4. 材料中的粒子扩散和漫散射

漫散射很早就被用于材料中的杂质和缺陷检验. Harris 曾经利用中子准弹性散射为英国水泥混凝土协会研究水泥固化过程中结晶的变化. 自由水分子的扩散造成准弹性峰加宽；结晶水处于束缚状态，不贡献准弹性成分，在水泥的不同固化阶段，准弹性散射峰是不同的. 暨南大学的刘小慧等(2019)也利用中子准弹性散射研究了混凝土样品中含两个氢原子的水分子的动态信息，通过其 QENS 谱对水泥样品微纳孔中三维受限水的动态特征分析进行研究. 水泥固化过程中的许多物理、化学问题至今尚未获得最终答案. 目前的研究手段已经由简单的准弹性散射发展到高分辨本领的实时准弹性散射. 在燃料电池领域，中国工程物理研究院的夏元华等利用高分辨中子衍射谱仪(凤凰)首次完成了质子交换燃料电池材料中氢离子的定位研究工作，确定了质子氢在材料中的传导机理.

5. 原位中子散射水合物测量

由于中子对于氢元素极为敏感，中子散射技术也常用于可燃冰检测. 可燃冰作为一种清洁能源在世界范围内广泛存在，具有巨大的应用前景. 由于可燃冰资源存在于海洋底部，处在一种十分敏感的平衡状态，开采、减压或升温都会使其分解，扩散到大气中的甲烷气体将急剧加重温室效应，因此必须在原位进行检测，避免对环境造成影响. 目前研究可燃冰的晶体结构通常使用 X 射线衍射和中子散射技术两种方法，由于中子衍射对氢和其他轻元素更为敏感，能够精确测定可燃冰晶体结构中碳、氢和氧原子的位置. 同时，中子具有更强的穿透能力，能够穿透维持极端环境的高压容器及低温恒温器，因此原位低温高压耦合环境下的中子衍射技术对可燃冰的研究具有巨大的优势.

2017 年房雷鸣等与中国科学院物理研究所合作，完成高压低温水合物合成与表征实验系统的搭建调试，并在高分辨中子衍射谱仪(凤凰)上完成了首轮测试. 研究结果表明团队成功合成了稳定的 SI 型 $CH_4 \cdot nH_2O$ 甲烷水合物，同时该团队还对可燃冰的动力学稳定性进行研究. 随着中国散裂中子源 2018 年建成投入使用，白波等(2019)设计加工了一套低温高压耦合设备，该装置如图 9.4.4 所示，主要包括恒温器主体、循环水冷机、制冷压缩机、分子泵组、温控仪、气体面板等部分. 通过该装置，可以为样品提供 50～300K 的变温环境，并提供最高 20MPa 的气体压强. 通过在通用粉末衍射谱仪上的测试，成功观察到了可燃冰的衍射峰.

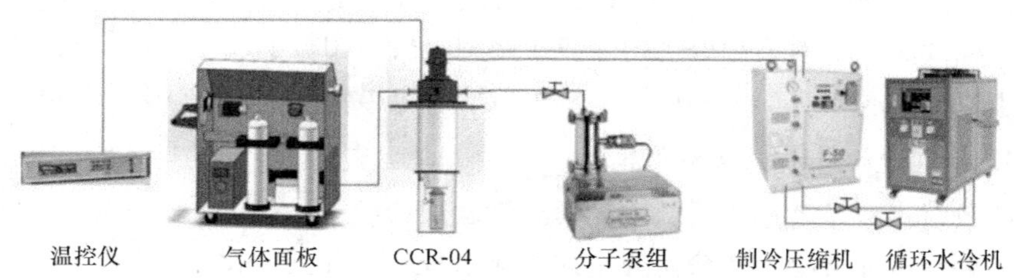

图 9.4.4 燃冰检测测试系统流程图

9.4.4 中子散射探雷技术

长期以来，地雷被许多国家列为了“常规性防御武器”的首选，在战后给人民生产与生活造成严重危害. 由于地雷种类繁多，埋设背景复杂，使得对地雷目标的识别十分复杂. 常规方法，如金属探雷、红外成像探雷、声波探雷、微波探雷、雷达探雷等，通过探测地雷外壳中的金属成分、地雷与周围土壤的传导特性、发热量、电磁波等不同特性对地雷进行识别，存在原理性虚警，对新型塑料地雷虚警率较高. 中子背散射是以快中子为“探针”，通过探测背散射慢热中子计数实现对目标物氢元素含量的准确判断，依据地表氢元素含量判断是否有地雷存在. 由于该技术穿透力强、准确、快速等特点，在 20 世纪晚期受到人们的关注，发展迅速.

图 9.4.5 是炸药物质的主要原子组分和几种元素的弹性散射截面图. 如图所示，各种炸药的氢元素含量大部分为 20%～30%，通常高于环境中的氢含量. 并且随着中子能量的降低，弹性散射截面显著升高. 当中子能量低于 1 MeV 时，中子与氢元素的弹性散射截面明显高于其他核素，当中子能量达到热中子能区时，中子与氢元素的弹性散射截面比其他核素高出数倍. 因此，可以将氢元素作为炸药的特征元素或称为指纹特征，探测土壤中的氢元素异常，即可探测地雷.

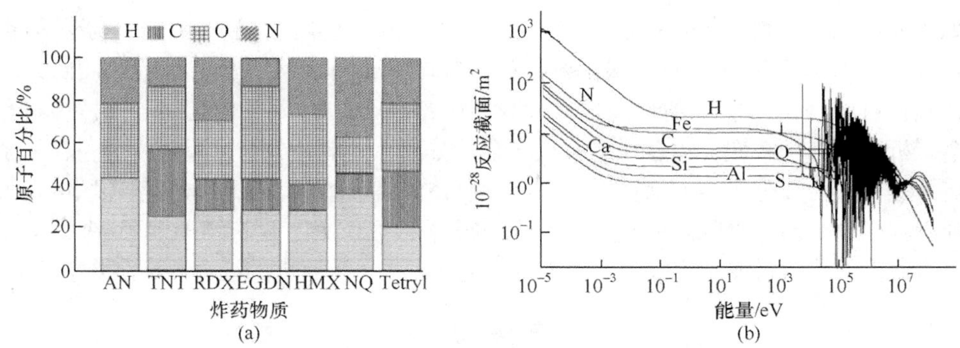

图 9.4.5　(a)炸药物质的主要原子组分；(b)几种元素的弹性散射截面图

基于中子散射的原理，中国原子能科学研究院核技术应用研究所的卢远磊等采用 ^{252}Cf 作为中子源设计了高阻性板室(resistive plate chambers，RPC)热中子探雷系统，通过该装置实现热中子的成像，进而识别地雷的位置. 图 9.4.6 为 RPC 探测器的基本结构.

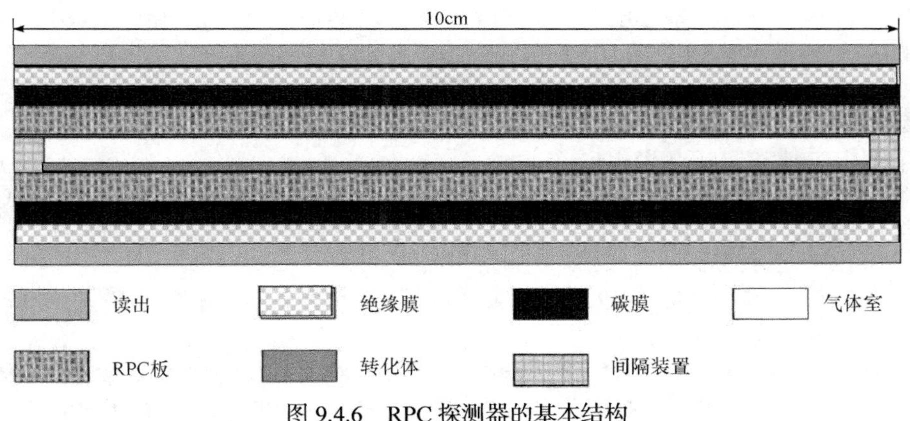

图 9.4.6　RPC 探测器的基本结构

9.5　发 展 趋 势

随着中子散射技术的不断发展，对实验设备、技术的要求不断提高，而应用领域也在不断扩宽. 许多国家都加大了对中子光学关键部件的研发与升级，如径向准直器、双聚焦硅单色器、双晶石墨单色器等设备. 通过改进这些现有设备，能够有效提高使用效果，获取更加准确的数据. 同时，对于新型中子探测器的研发也在不断取得成果. 目前常用的 ^{3}He 中子探测器虽然具有中子探测效率高、性能稳定、无毒等优势，但 ^{3}He 气体缺乏等难题也加快了其他中子探测器(如液体闪烁体探测器、塑料闪烁体探测器(Rogers et al., 2019)等)的研发. 同时，中子散射也越来越多地运用于更多的领域，在材料学领域中，可以从原子结构的层面研究高强高韧纤维、太阳能电池、高比表面材料内部分子结构，探索航空航天特种材料金属析出相结构演变，以及对高分子合金相分离、功能高分子自组装行为；在复杂流体领域，可以分析表面活性剂、液晶、胶体的溶液结构；在生物科学领域可以表征细胞组分结构、细胞膜内超分子聚集、神经和突触结构、病毒结构等. 这些研究成果将使得中子散射技术更好地应用于生产生活中，产生巨大的社会和经济效益.

参 考 文 献

白波, 袁宝, 杜三亚,等, 2019. 用于原位中子散射水合物测量装置[J]. 低温与超导, 47(5): 7-11.

郝丽杰, 马小柏, 秦健飞,等, 2017. 冷中子非弹性散射谱仪建设[J]. 中国原子能科学研究院年报.

李世亮, 戴鹏程, 2011. 中子三轴谱仪的原理、技术与应用[J]. 物理, 40(1): 33-39.

刘小慧, 邓沛娜, 李华, 2019. 水泥样品的准弹性中子散射谱分析[J]. 核技术, 42(6): 60-68.

孙志嘉, 杨桂安, 许虹,等, 2010. CSNS 谱仪-中子探测器初步设计[C]. 第十五届全国核电子学与核探测技术学术年会论文集.

武梅梅, 郝丽杰, 孙凯, 等, 2019. 中子散射关键技术及前沿应用研究[J]. 中国基础科学, 21(2): 33-37, 43.

叶春党, 1993. 我国的热中子散射工作现况和展望[J]. 核技术, 16(8): 505-510.

叶毅扬, 洪亮, 2019. 基于中子散射、氘化技术和分子模拟探究蛋白质及其表面水分子的动力学行为[J]. 物理学进展, 39: 95-106.

郑昭, 赖钰妍, 张明鑫,等, 2018. 散射技术在多酸溶液研究中的应用[J]. 科学通报, 63(32): 3313-3332.

仲言编, 1989. 重水研究堆[M]. 北京: 原子能出版社.

周晓娟, 周健荣, 滕海云,等, 2019. 中国散裂中子源小角中子散射谱仪探测器研制[J]. 原子核物理评论, 36(2): 204-210.

Abrahams K, Ratynski W, Stecher-Rasmussen F, et al., 1996. On a system of magnetized cobalt mirrors used to produce an intense beam of polarized thermal neutrons[J]. Nuclear Instruments and Methods, 45(2): 293-300.

Bauer G S, Thamm G, 1991. Reactors and neutron-scattering instruments in Western Europe—an update on continuous neutron sources[J]. Physica B: Condensed Matter, 174(1-4): 476-490.

Bellissent-Funel M C, 1992. Neutron scattering facilities at the Laboratoire Léon Brillouin[J]. Neutron News, 3(1): 7-15.

Buchecker T, Le Goff X, Naskar B, et al., 2017. Polyoxometalate/polyethylene glycol interactions in water: from nano-assemblies in water to crystal formation by electrostatic screening[J]. Chemistry-A European Journal, 23: 8434-8442.

Caglioti C, Ricci F P, 1962. Resolution and luminosity of crystal spectrometers for neutron diffraction[J]. Nuclear Instruments and Methods, 15(2): 155-163.

Caglioti G, Paoletti A, Ricci F P, 1958. Choice of collimators for a crystal spectrometer for neutron diffraction[J]. Nuclear Instruments, 3(4): 223-228.

Caglioti G, Paoletti A, Ricci F P, 1960. On resolution and luminosity of a neutron diffraction spectrometer for single crystal analysis[J]. Nuclear Instruments and Methods, 9(2): 195-198.

Carlile C J, Johnson M W, Williams W G, 1979. Neutron guides on pulsed sources[R]. Science Research Council.

Carpenter J M, 1977. Pulsed spallation neutron sources for slow neutron scattering[J]. Nuclear Instruments and Methods, 145(1): 91-113.

Cheng P, Zhang H, Bao W, et al., 2016. Design of the cold neutron triple-axis spectrometer at the China Advanced Research Reactor[J]. Nuclear Instruments and Methods in Physics Research Section A: Accelerators, Spectrometers, Detectors and Associated Equipment, 821: 17-22.

Chudley C T, Elliott R J, 1961. Neutron scattering from a liquid on a jump diffusion model[J]. Proceedings of the Physical Society, 77(2): 353.

El Abd A, Abdel-Monem A M, Osman A M, 2013. A method for bulk hydrogen analysis based on transmission and back scattering of fast neutrons[J]. Journal of Radioanalytical and Nuclear Chemistry, 298(2): 1293-1301.

Engelman D M, Moore P B, 1976. Neutron-scattering studies of the ribosome[J]. Scientific American, 235(4): 44-56.

Freeman A J, Lander G H, 1984. Handbook on the physics and chemistry of the actinides. vol. 1[M]. Amsterdam: North-Hollad.

Gukasov A G, Ruban V A, Bedrizova M N, 1977. Interference magnification of the region of specular reflection of neutrons by multilayer quasimosaic structures[J]. Sov. Tech. Phys. Lett., 3: 52.

Halpern O, Johnson M H, 1939. On the magnetic scattering of neutrons[J]. Physical Review, 55(10): 898.

Hayter J B, Penfold J, Williams W G, 1978. Compact polarising Soller guides for cold neutrons[J]. Journal of Physics E: Scientific Instruments, 11(5): 454.

Hewat A W, 1975. Design for a conventional high-resolution neutron powder diffractometer[J]. Nuclear Instruments and Methods, 127(3): 361-370.

Koester L, Steyerl A, 2006. Neutron Physics[M]. Berlin: Springer.

Maier-Leibnitz H, Springer T, 1963. The use of neutron optical devices on beam-hole experiments[J]. Journal of Nuclear Energy. Parts A/B. Reactor Science and Technology, 17(4-5): 217-225.

Manning G, 1978. Spallation neutron sources for neutron beam research[J]. Contemporary Physics, 19(6): 505-529.

Marshall W, Lovesey S W, 1971. Theory of thermal neutron scattering: the use of neutrons for the investigation of condensed matter[M]. New York: Clarendon Press.

Mezei F, 1976. Novel polarized neutron devices: supermirror and spin component amplifier[J]. Communications on Physics (London), 1(3): 81-85.

Mezei F, Dagleish P A, 1977. Corrigendum and first experimental evidence on neutron supermirrors[J]. Communications on Physics (London), 2(2): 41-43.

Moon R M, 1982. Magnetic form factors[J]. Le Journal de Physique Colloques, 43(C7): C7-187- C7-197.

Mössbauer R L, 1974. Neutron beam research at the high flux reactor of the institute max von laue-paul langevin[J]. Europhysics News, 5(6): 1-4.

Oberdisse J, Hellweg T, 2017. Structure, interfacial film properties, and thermal fluctuations of microemulsions as seen by scattering experiments[J]. Advances in Colloid and Interface Science, 247: 354-362.

Placzek G, 1952. The scattering of neutrons by systems of heavy nuclei[J]. Physical Review, 86(3): 377.

Prask H J, Rowe J M, Rush J J, et al., 1993. The NIST cold neutron research facility[J]. Journal of Research of the National Institute of Standards and Technology, 98(1): 1.

Rogers W F, Kuchera A N, Boone J, et al., 2019. Measurements of fast neutron scattering in plastic scintillator with energies from 20 to 200 MeV[J]. Nuclear Inst. and Methods in Physics Research, A, 943: 162436.

Rowe J M, Prask H J, 1991. Status of research reactor instrumentation in the USA[J]. Physica B: Condensed Matter, 174(1-4): 421-429.

Schofield P, 1960. Space-time correlation function formalism for slow neutron scattering[J]. Physical Review Letters, 4(5): 239.

Shull C G, Strauser W A, Wollan E O, 1951. Neutron diffraction by paramagnetic and antiferromagnetic substances[J]. Physical Review, 83(2): 333.

Stout G H, Jensen L H, 1989. X-ray Structure Determination: A Practical Guide[M]. New York: John Wiley and Sons.

Strobl M, Harti R P, Grünzweig C, et al., 2017. Small angle scattering in neutron imaging—a review[J]. Journal of Imaging, 3(4): 64.

Temperley H N V, Rowlinson J S, Rushbrooke G S, 1968. Physics of simple liquids[M]. Amsterdam: Wiley.

van Hove L, 1954. Correlations in space and time and Born approximation scattering in systems of interacting particles[J]. Physical Review, 95(1): 249.

Windsor C G, 1981. Pulsed Neutron Scattering Taylor and Francis[M]. New York: Taylor & Francis.

Ye C T, 1990. Developments at the institute of atomic energy, China[J]. Neutron News, 1(1): 20.

Zhou Y, Cai G X, Li G, 1990. The cryogenic system for the cold neutron source at the Institute of Atomic Energy, Beijing[J]. Cryogenics, 30(suppl): 178-182.

第 10 章　基于中子的元素成像技术

在科学研究和工业生产过程中，有时不仅需要知道被检测样品的整体元素组成，同时也需要得到样品中元素分布的信息. 例如，在先进材料研发和生产过程中，分析材料结构、组成以及其元素分布可以为材料的研发提供重要信息；在对古文物进行检测时，对其进行元素成分和分布检测，可以对文物的制作工艺和年代进行研究考证及进行修复工作；在核燃料组件检测中，对燃料组件中的铀、钚等元素的含量和分布测量可以确定燃料富集度，包壳中的氢、硼等杂质元素的含量和分布与氢脆及材料性能直接相关. 元素分布检测又称为元素成像技术，目前常用的一些技术有：基于 X 射线分析的元素成像技术(如 XRF、μ-XRF 和μ-PIXE)，基于激光诱导击穿光谱(laser-induced breakdown spectroscopy，LIBS)技术的元素成像以及基于中子相关技术的元素成像技术等.

前两种方法只能实现样品表面元素成像分析. 中子作为电中性的粒子，可以穿透到样品内部，实现样品内部结构和组分的成像分析. 这一特点使得中子特别适合用于分析大体积样品，基于 PGNAA 技术和中子共振透射(neutron resonant transmission, NRT)技术的元素成像技术应运而生.

10.1　基于瞬发γ中子活化分析技术的元素成像技术

利用瞬发γ中子活化分析(PGNAA)技术，结合断层扫描或者准直聚焦对样品进行二维或者三维的元素成像. 其中，断层扫描图像重建是利用数学算法对测量到的数据进行积分处理从而确定元素的空间分布；而准直后定点直接测量方法，是利用经过准直的中子源及探测系统获得样品被测部分的信息. 通过中子激发样品产生特征γ射线，对这些特征γ射线的能量和强度进行探测分析，从而得到样品被辐射区域的元素成分和含量信息.

10.1.1　基于断层扫描的元素成像技术

该技术的基本原理是利用中子束激发样品，通过探测器实时测量其反应过程中不同核素产生的特征γ射线，再结合样品二维/三维旋转装置，即可得到样品不同角度下的γ能谱，进一步利用元素成像重建算法最终得出样品不同位置的元素组成及分布. 该技术最早由英国萨里大学利用反应堆 PGNAA 技术结合断层扫描对样品内部核素成像进行了研究，将该方法称为中子激发 γ 辐射断层成像(neutron induced gamma-ray emission tomography，NIGET)技术(Kusminarto and Nicolaou, 1987). 该测量系统示意图如图 10.1.1 所示，探测系统包括一套中子探测系统(^{3}He 探测器)以及一套高纯锗(HPGe)探测器系统. 利用中子束对样品进行测量，通过旋转样品获取不同角度下样品信息并结合算法进行元素成像(Spyrou, 1987).

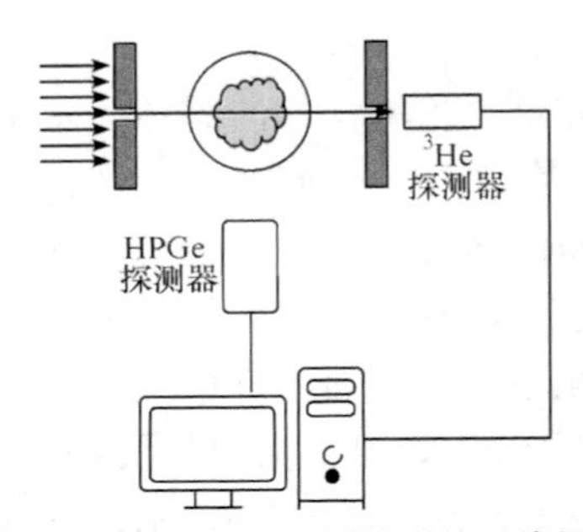

图 10.1.1　NIGET 测量系统示意图

基于断层扫描的元素成像技术是最早被提出来用于元素分布的检测技术，目前在反应堆和大型加速器上均得到研究.尤其是利用快中子进行测量时，由于快中子在样品内部穿透距离长，可以对大体积的样品进行测量. 但是该技术受限于探测器记录的信息必须覆盖该层样品的全部厚度，获取的能谱参数较少，需要复杂的成像算法进行辅助处理. 同时由于实际使用过程中，样品的形状和尺寸有着严格限制，干扰因素多. 因此，该方法的核素空间分辨率低.

10.1.2　基于准直聚焦的元素成像技术

基于准直聚焦的元素成像技术是在传统的 PGNAA 技术上改进得到的，一般意义上的 PGNAA 技术是对样品整体进行测量，得到的结果是被检测区域内样品各种核素的平均值. 如果同时对探测系统进行准直，被检测体积将会不断缩小，被检测区域为中子束与探测器准直的交点，即所谓的等效体积，如图 10.1.2 所示. 在理想条件下，等效体积是空间中一个很小的固定体积，是信息的来源. 之后通过移动样品就可以实现对样品内部不同区域等效体积中的核素进行定性和定量检测，该方法是一种直接成像技术，是从传统检测转化为元素成像的最为方便的方法，又被称为瞬发γ成像(prompt gamma activation imaging , PGAI)技术(Belgya et al., 2008a).

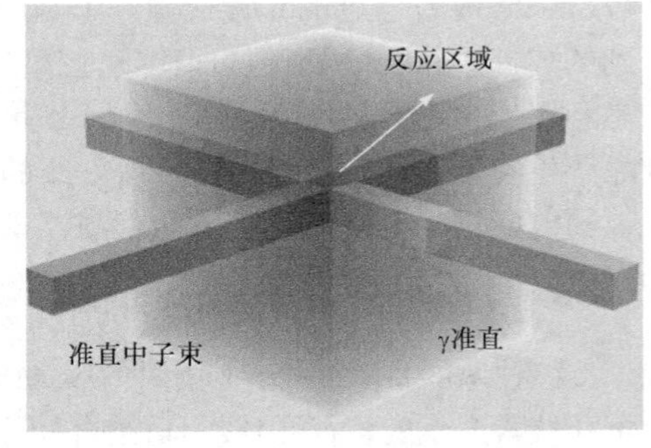

图 10.1.2　PGAI 技术原理示意图

目前 PGAI 测量装置都建立在反应堆上，利用热/冷中子结合 HPGe 探测器进行测量. 测量装置如图 10.1.3(a)所示，主要包括三部分：经过准直的中子束；能够移动和旋转样品的平台；经过准直的γ射线探测系统. 对于中子束准直，其形状为正方形，可以准直到 2～3mm 宽度大小，因此又被称为“铅笔束”，如图 10.1.3(b)所示. 而探测系统的准直通常会大一点，从而可以确保得到足够多的计数，通常将其设置为矩形，狭缝宽度约为 1cm，对不同能量的γ射线的准直效果如 10.1.3(c)所示(Belgya et al., 2008b; Kis et al., 2015).

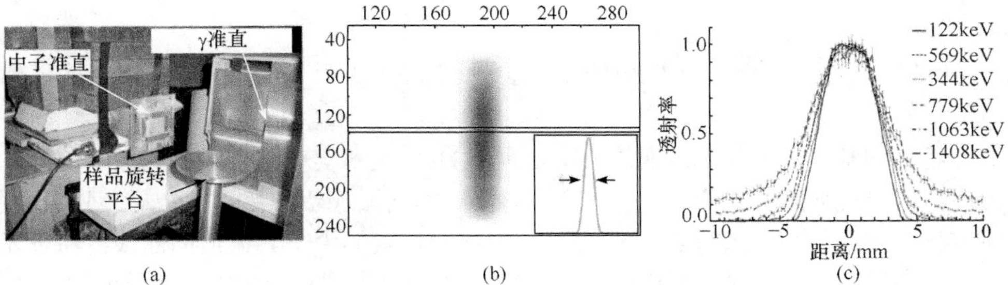

(a)　(b)　(c)

图 10.1.3　(a) PGAI 装置示意图和实物图；(b) 中子束准直；(c) 探测系统准直

该技术已实现了对小型样品的检测分析，由于在样品处的中子通量大，可以达到 10^6～10^{10} 中子/($cm^2 \cdot s$)量级，因此该技术的空间分辨率很高，可以达到立方毫米量级. 但是该技术测量时间过长，对于一个样品进行元素成像测量时，为保证测量结果的统计性，需要一周到十天左右的时间.

10.1.3　基于伴随粒子法的元素成像技术

前两种技术都是基于反应堆和大型加速器开展的，这些大型设施可提供高通量中子束，但也限制了应用范围尤其是现场在线检测. 针对某些特殊场景，新的探测方法和技术手段也在不断被提出. 通过伴随粒子法，如 D-D 反应生成的 ^3He 粒子，结合测量分析可对样品内部的元素分布进行测量分析. 该方法的原理示意图如图 10.1.4 所示，由于 D-D 中子发生器在产生中子的同时，在其相反方向上生成一个 ^3He 粒子，当中子与样品发生反应生成γ射线的同时，^3He 粒子被位置灵敏探测器探测到，这样两者在时间和空间上均存在符合对应关系，通过关联符合测量γ射线以及伴随 ^3He 粒子即可得出样品内部元素的含量和分布信息(Abel et al., 2016).

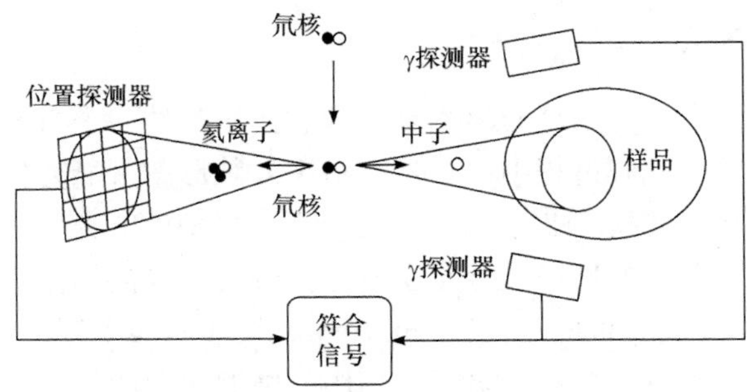

图 10.1.4　伴随粒子法测量样品示意图

该方法可以摆脱大型设备的束缚，拓展了元素成像技术的应用范围. 由于采用了符合测量的方法，其同样面临测量时间过长等问题，目前的空间分辨率在立方厘米量级.

10.2 基于中子共振透射技术的元素成像技术

另一种基于中子的元素成像方法是利用 NRT 技术实现的，当中子轰击靶核时，反应截面呈现强烈的起伏，这就是中子核反应的共振现象，大量的实验表明，几乎所有核素的中子反应都存在这一现象，但不同核素的中子共振截面曲线的特征不同. 当中子穿透样品时，利用飞行时间(TOF)法可以得到时间与中子透射率的关系，当中子在共振区内被样品吸收后，在该能量区间的通量会大幅下降，从而其透射率会呈现一个下降的峰，如图 10.2.1 所示，通过不同的峰确定元素的种类和含量.

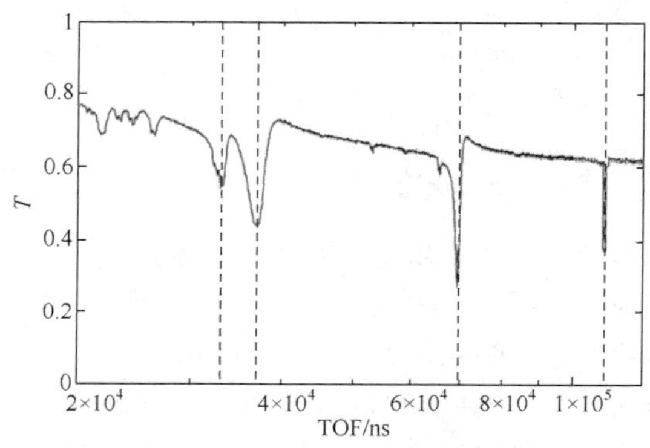

图 10.2.1 基于 TOF 技术测量共振区中子透射率

10.3 元素成像技术的应用

10.3.1 医学应用研究

人体组织器官中的元素分布检测是元素成像技术的一个重要应用，因为对于某些疾病，在其早期发病过程中，其器官组织外貌形态可能变化不大，但是病灶处会出现特定元素的富集. 杜克大学的 Floyd 等(2008)提出利用快中子与核素发生非弹性散射反应结合断层扫描进行元素成像，该技术也被称作中子激发发射计算机断层扫描(neutron-stimulated emission computed tomography，NSECT)技术. 随后，对该技术进行了可行性实验研究，利用大型加速器产生的 2.5MeV 中子束对一个由铁和铜组成的“N”形样品进行成像分析. 测量装置示意图如图 10.3.1(a)所示，中子束经过一个 1.5m 长铜管进行准直轰击样品，同时样品不断旋转如图 10.3.1(b)所示，通过最大似然期望最大化(maximum likelihood through expectation maximization，MLEM)算法对其进行成像如图 10.3.1(c)所示(Sharma et al., 2007).

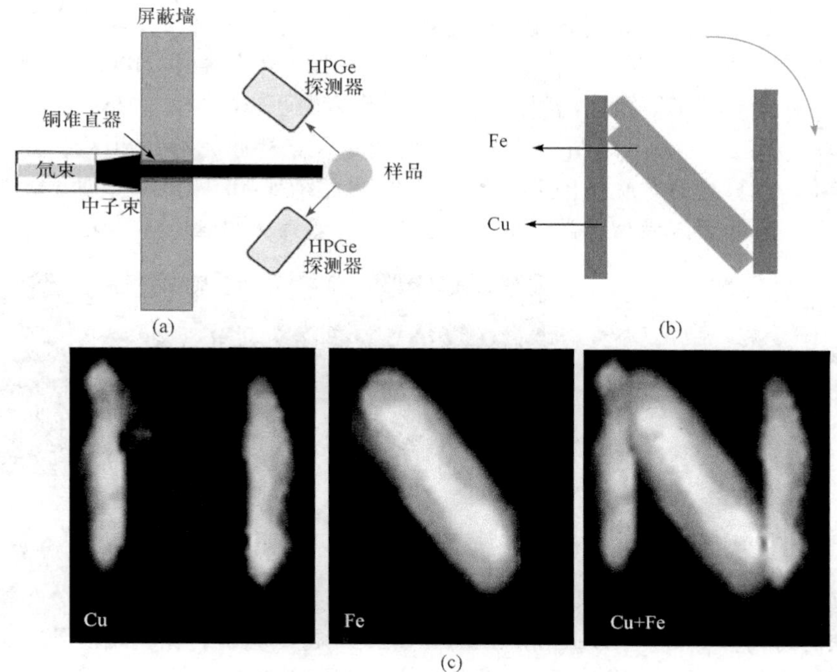

(a)　(b)

(c)

图 10.3.1　(a) NSECT 技术原理图；(b) 被检测样品；(c) 检测结果

之后也对实际应用于人体器官中相关元素的分布检测进行了模拟研究. Viana 等(2013)在此技术的基础上，对人体肾内不同元素的分布进行了模拟分析，其模型如图 10.3.2(a)所示，通过布置在人体外部的多个探测器对γ射线进行测量分析，部分结果如图 10.3.2(b)所示.

图10.3.2彩图

(a) MCNP结构示意图　(b) 部分检测结果

图 10.3.2　肾器官内部元素检测

Araghian 等(2016)也对正常乳腺组织和恶性乳腺组织微量元素值的变化进行了模拟研究. 建立了如图 10.3.3(a)所示的模拟结构，用若干个 HPGe 探测器分别测量了不同角度出射的γ射线，分别探测了 ^{12}C、^{2}H、^{14}N、^{35}Cl、^{56}Fe、^{44}Ca、^{55}Mn、^{64}Zn、^{23}Na、^{39}K 等微量元素释放的特征γ射线，并经过迭代算法对乳腺结构进行图像重建，重建结果如图 10.3.3(b)所示. 通过考虑病变区域与正常组织的元素含量的差异从而区分病灶边界.

图10.3.3彩图

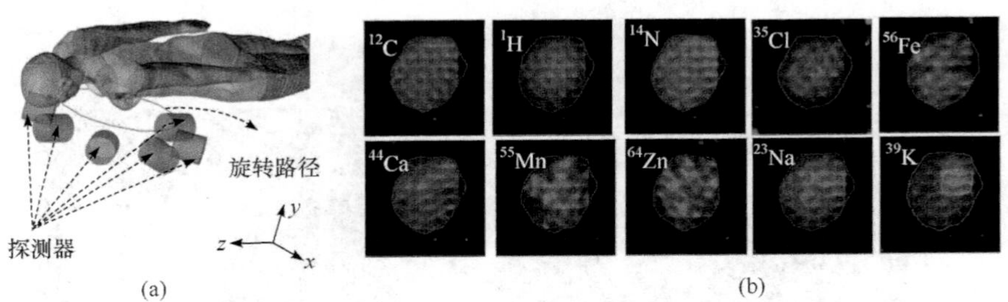

图 10.3.3　(a) 体模和模拟成像系统；(b) 不同元素图像重建结果

基于伴随粒子法的元素成像检测也被应用于人体器官内部的元素分布检测，该方法的可行性研究由 Evans 和 Mutamba(2002)得到验证，其利用伴随粒子法对一个铝制样品进行了成像分析. 在此基础上，美国普渡大学的 Abel 和 Nie(2018，2019)提出对人体内器官如肝脏中的铁元素进行元素成像测量，通过 MCNP 模拟利用HPGe探测器和α粒子探测器符合测量可以实现分辨率约为1cm^{3}的体积检测. 之后，又利用 NaI 探测器符合测量进行了验证性实验.

10.3.2　文物检测研究

文物检测是目前元素成像技术应用较多的领域，针对文物检测的测量平台都是基于 PGAI 技术在反应堆上搭建的，利用热/冷中子结合 HPGe 探测器进行测量. 目前世界上对该应用研究最多的是位于匈牙利布达佩斯的中子中心(BNC)和位于德国慕尼黑的慕尼黑工业大学 FRM-Ⅱ反应堆，先后建立了分析平台. 最早是针对欧洲古文物的检测应用提出的该方法，其在 ANCI ENT-CHARM(analysis by neutron resonant capture imaging and other emerging neutron techniques: new cultural heritage and archaeological research methods)项目的框架中对文物的元素分布进行检测，从而对文物的年代工艺、制造手段进行分析. 在测量过程中发现，由于检测体积过小从而导致测量时间过长. 因此，在后面的研究中，将该技术与中子照相(neutron tomography，NT)进行结合，发展为一种名为 PGAI-NT 的检测方法，如图 10.3.4 所示. 其先利用中子成像对样品进行整体分析确定主要元素组成，之后再对感兴趣区域内的元素进行成像分析.

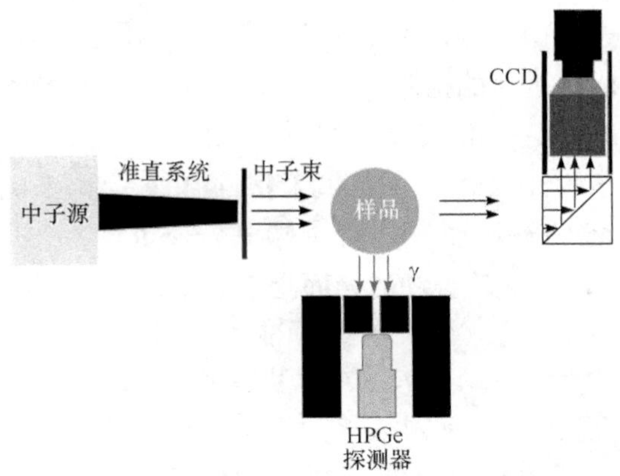

图 10.3.4　PGAI-NT 检测示意图

由于该技术针对的古文物大部分为金属制作而成，因此首先利用该检测方法对一个金属样品进行了验证性试验分析，样品为一个直径 12mm、高度 40mm 的铝制圆柱，内部填充一个直径 2mm 的铁圆柱和直径 2mm 的铜圆柱，结构如图 10.3.5(a)所示. 利用中子成像对其进行测试，之后对其进行元素成像. 检测结果如图 10.3.5(b)和(c)所示(其中 X、Y 为平面坐标)，同时也与 MCNP 模拟结果进行了对比(Kis et al., 2011).

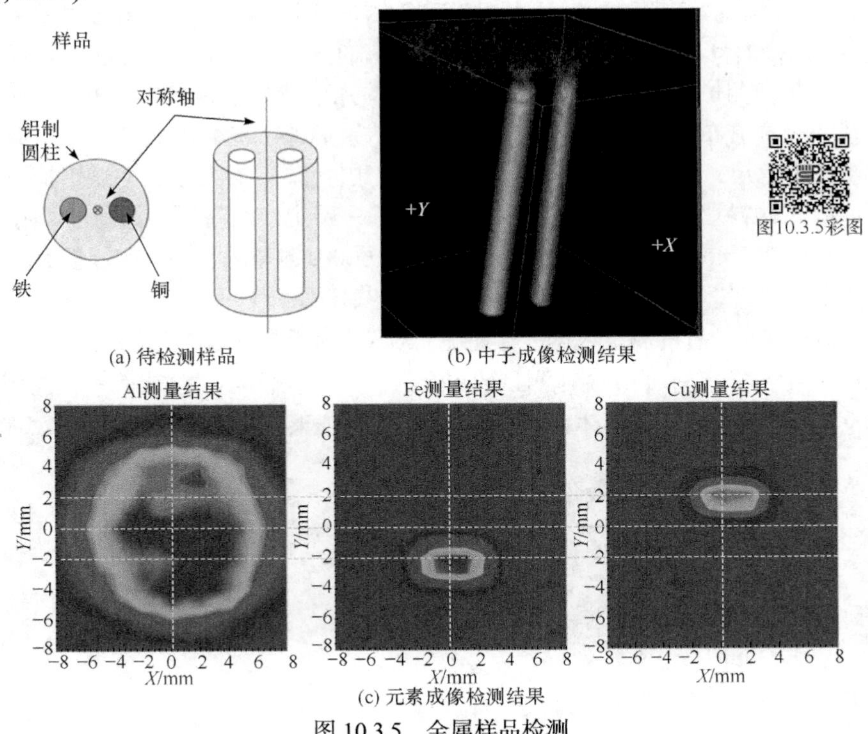

(a) 待检测样品　　(b) 中子成像检测结果

(c) 元素成像检测结果

图 10.3.5　金属样品检测

之后，该技术被应用到文物检测领域. 最早的应用是在 BNC 的测量装置上对一个遗址中发现的胸针进行的检测，这个胸针可以追溯到公元 6 世纪末，目前保存在匈牙利国家博物馆(Schulze et al., 2013). 它的直径为 31mm，厚度为 10mm，质量为 20.08g. 对于胸针的组成，认为胸针外圈可能是由铁构成，圆形金色部分则是一颗镶嵌的石榴石(铁铝榴石)，而一颗成分未知的珍珠被放置在胸针正面中心. 在此之前，人们认为这款胸针的背面是青铜制成的. 样品如图 10.3.6 所示.

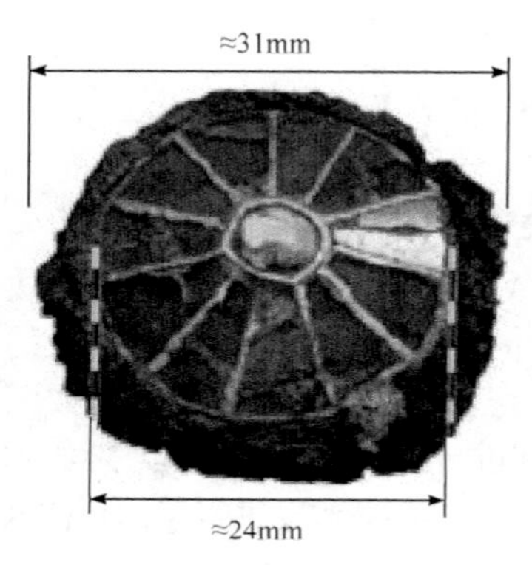

图 10.3.6　胸针样品及其测量网格

为了准备测量样品元素成像，在 BNC 的 PGNAA 装置上对样品进行了简单的测量，确定了主要元素为 Fe(64.5%)、S(15.3%)、Au(7.9%)、Cu(7.2%)、H(2.2%)、Al(1.2%)、Ag(0.9%)、Mn(0.7%)和 Cl(0.1%). 从这些结果可以估计出后续 PGAI 测量中每个位置的大概时间，从而为可靠的元素识别提供足够多的计数. 此外，这种测量方式可以估计样品中残余的放射性，为了保证辐射保护，会延迟样品的取出. 为了减少这一风险，当存在一个长半衰期的核素导致产生大量辐射时，测量时间应该尽可能短. 由于对整个样品的 PGAI 扫描时间将特别长(以周为单位)，因此首先通过 NT 技术证实了样品中的对称性，并将测量扫描限制在对象特定部分的几个典型小区域内. 并通过镜像将测量到的元素分布扩展到所有四个胸针象限. 为了进一步缩短测量时间，假设胸针主要分为三层，扫描网格被限制在胸针的三层：第一层为镶嵌的铁铝榴石，第二层为填充材料，第三层为胸针的背面. 在每一层中，测量网格进一步缩小，根据棋盘模式在 2mm×2mm 尺寸网格中仅每隔 10000s 测量一次位置. 即使有以上所有这些限制条件，依然测量了 77 个能谱，总共花费了 10 天.

对不同空间位置的测量数据进行处理，对重要元素的定性结果如图 10.3.7 所示. 图中的每一个体素是来自 PGAI 测量的单个数据点，突出显示的体素表示检测到给定元素的区域，而其他区域的体素则是透明的. 这些结果证实了考古学家的一些假设.

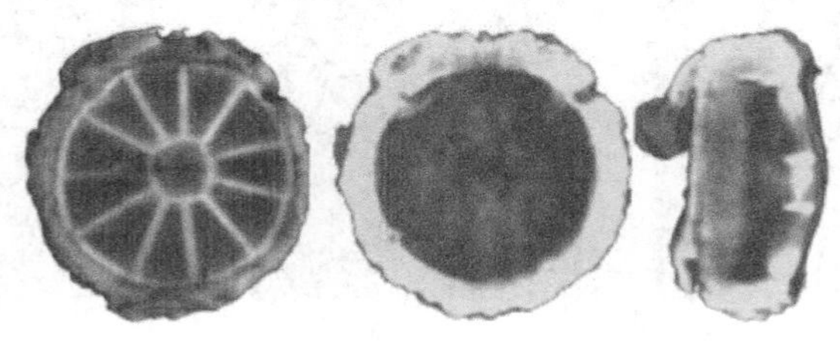

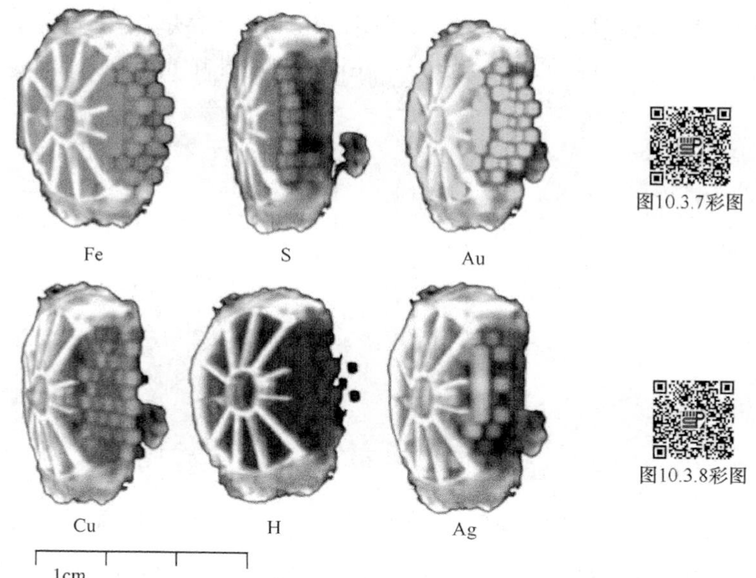

图 10.3.7　PGAI 和 NT 成像模式下的胸针文物不同元素空间分布图

利用 NRT 技术也可以对文物中的金属元素进行测量(Cippo et al., 2011). 如图 10.3.8(a)所示，对一个皮带挂件文物中的 Ag 和 Cu 元素进行元素成像分析，在英国 ISIS 散裂中子源上进行测量. 通过 TOF 对透射中子进行测量，探测器为 10×10 个 ^{6}Li 玻璃组成的阵列探测器，每个小探测器的面积为 2.5mm×2.5mm. 测量的结果如图 10.3.8(b)和(c)所示.

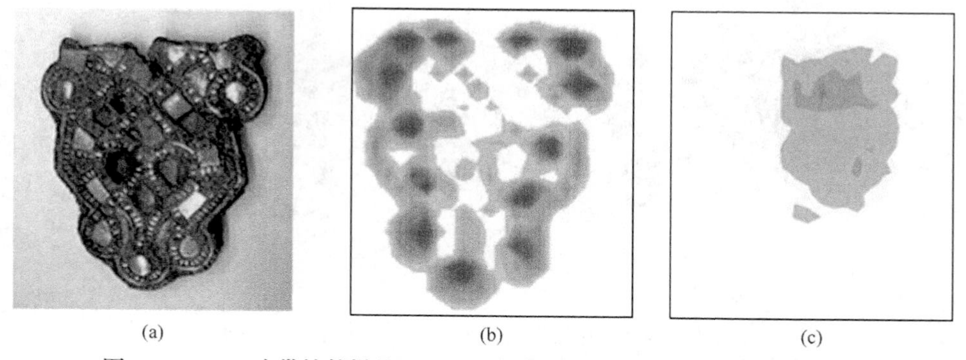

图 10.3.8　(a) 皮带挂件样品；(b) Ag 成像检测结果；(c) Cu 成像检测结果

10.3.3　违禁物检测应用研究

利用快中子的 NRT 技术同样可以实现对某些元素的成像检测分析，如原子系数较小的 C、H、O 和 N 元素的分布检测. 这是由于这些元素在较高的中子能量区间也有共振峰，如图 10.3.9 所示. 由于一些高爆炸药、毒品等违禁物通常都是由这些元素组成的，因此该技术在违禁物检测中得到应用研究.

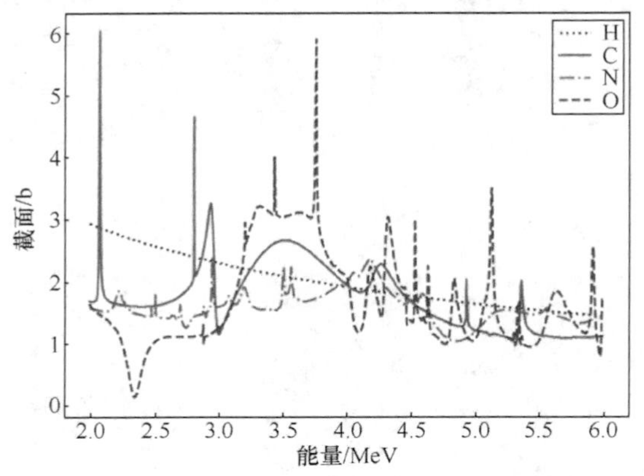

图 10.3.9　四种元素在能量 2～6MeV 区间的总反应截面

目前美国的麻省理工学院已开展相关工作，将这项技术应用于行李箱爆炸和有害物质的检测分析，装置示意图如图 10.3.10(a)所示，其利用 D-D 中子发生器产生的中子，在不同角度中子能量有差别，结合塑料闪烁体制作的整列探测器对样品进行检测，由于样品对不同能量中子的吸收能力不同，因此可以建立不同的方程，从而可以求解得到不同元素的分布，如 10.3.10(b)所示，可以明显地观察到 H 和 O 元素的分布(David et al., 2019).

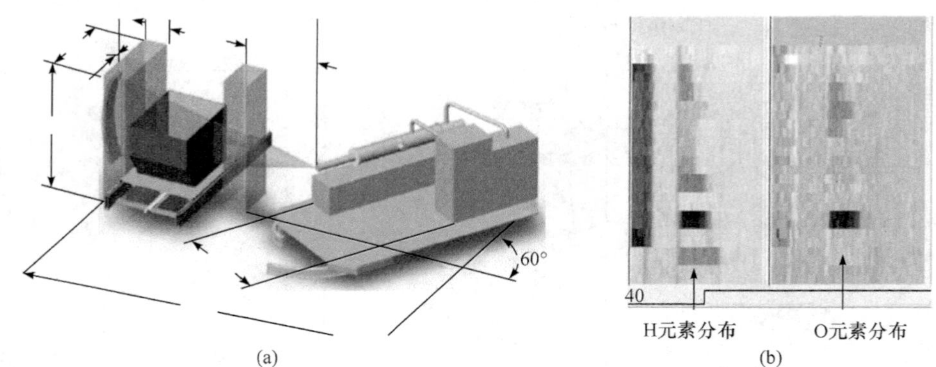

图 10.3.10　基于快中子共振吸收元素成像检测装置的示意图

10.3.4　其他应用研究

PGAI 技术也被拓展到其他领域的检测分析，图 10.3.11 是对一个陨石样品的检测结果. 对一个长度约为 1cm 的陨石进行了中子成像，同时对陨石的硅、铁和镁元素进行了元素成像分析(Canella et al., 2009). 此外，也对核材料进行了检测分析，在一个罐子内部放置了由不同材料组成的样品，首先利用中子成像技术对其进行分析，之后对感兴趣区域进行元素分析，可以确定是否为核材料，如图 10.3.12 所示(Szentmiklósi and Kis, 2015).

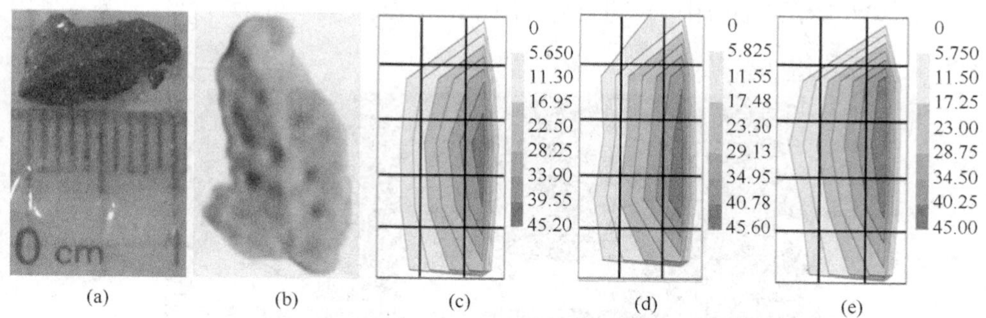

图 10.3.11　(a) 陨石样品；(b) NT 检测结果；(c) Si 成像检测结果；(d) Fe 成像检测结果；(e) Mg 成像检测结果

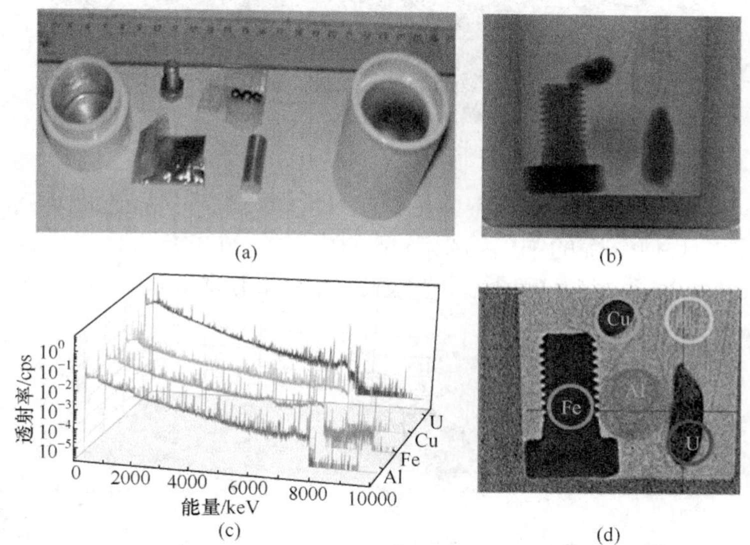

图 10.3.12　(a) 待测样品；(b) NT 检测结果；(c) 不同位置样品γ能谱测量结果；(d) PGAI-NT 样品识别结果

图10.3.12彩图

10.4　国内研究现状

国内方面，目前有多家单位对基于 PGNAA 技术的元素成像技术进行了研究. 其中，中国科学技术大学针对 NSECT 技术中的探测系统进行了相关研究，探讨了利用常规阵列探测器对γ射线的位置和能量进行分析的可行性，同时模拟了塑料闪烁光纤在 NSECT 技术发展中的潜在应用(Tang et al., 2007). 兰州大学赵亮等(2018, 2017)利用蒙特卡罗计算对 NSECT 的前端组件进行了设计和模拟计算，探讨了在兰州大学的强流中子发生器装置上进行相关实验研究的可行性，测量平台如图 10.4.1 所示.

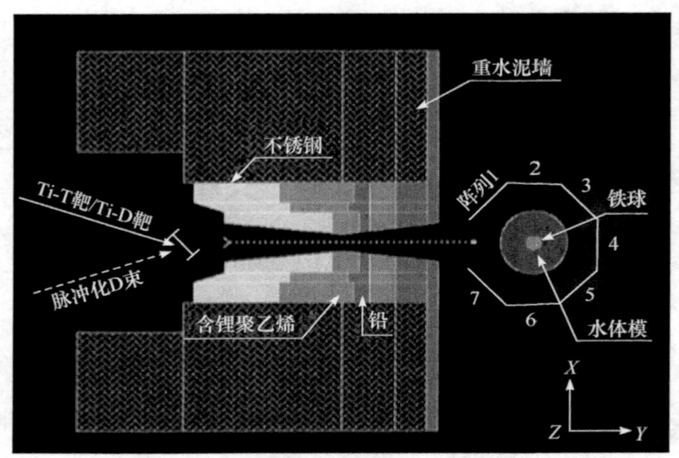

图 10.4.1　兰州大学 NSECT 系统模型示意图

对于 PGAI 技术，目前在中国原子能科学研究院的中国先进研究堆(CARR)和中国工程物理研究院的中国绵阳研究堆(CMRR)均开展了验证性的研究(杨鑫等, 2017), 图 10.4.2 为 CARR 堆上的 PGNAA 辐照射测量系统和 PGAI 测量系统.

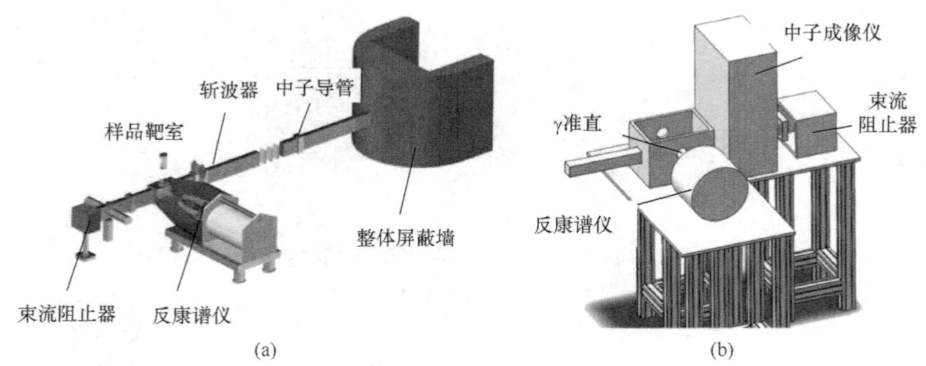

图 10.4.2　(a) CARR 堆 PGNAA 辐照测量系统图；(b) γ成像测量系统示意图

此外，南京航空航天大学核分析技术研究所针对基于快中子激发的 PGAI 技术也进行了探索性的研究. 一方面，由于快中子需要进行慢化才可以得到热中子，从而限制了中子通量，造成测量时间过长，利用快中子进行检测时无须慢化，因此可以提供高通量快中子束，减少测量时间；另一方面，由于一般核素的非弹性散射反应截面相比于吸收截面较小，因此其自屏蔽效应和散射效应远小于热中子. 测量平台如图 10.4.3(a)所示，利用 D-T 中子发生器对金属元素 Fe，Cu 和 Ti 组成的大体积样品进行测量，样品如图 10.4.3(b)所示由 16 个尺寸为 4cm×4cm×4cm 的金属块组成，其中 Cu 和 Ti 各两块，其余为 Fe 块. 测量结果如图 10.4.3(c)所示.

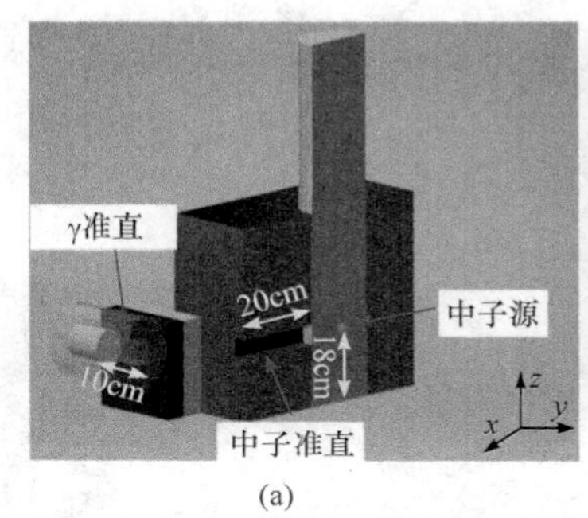

(a)

(b)

(c)

图 10.4.3　(a) 快中子 PGAI 测量平台三维结构示意图；(b) 金属样品；(c) 元素成像结果

10.5　发展趋势

10.5.1　样品体效应修正

利用 PGNAA 技术对样品进行检测时，对于被检测样品，其与中子源发射出的中子经过各种反应之后，在其内部会形成一个稳定的中子场分布. 由于样品存在一定的体积，因此经过俘获反应和散射反应后，样品内部不同位置的中子密度不相同，即中子场分布不均匀. 这一现象在对大体积样品进行检测时，特别是中子吸收截面较大的元素含量发生改变时尤为明显，因此，在对样品进行检测时，除了样品改变外其带来的中子场分布变化也会对测量结果的准确性造成干扰，这种干扰称为样品体效应.

在对大体积样品进行元素成像测量时，样品体效应对测量结果的影响需要进行修正，提高测量结果的准确性. 目前的研究方向是结合中子照相对样品体效应进行修正，由于中子成像结果可以给出样品内部的结构和截面信息，可以通过测量结果即图像的灰度值来对样品内部中子场进行计算从而对体效应进行修正.

10.5.2　新型探测器应用

为保证测量结果的统计性，目前的元素成像技术测量时间十分漫长，而增加测量体积又会导致空间分辨率下降. 因此利用新型的探测器和探测技术来减少测量时间是一个重要的发展趋势. 目前，美国国家标准与技术研究院(NIST)反应堆上已经开展了基于康普顿相机(Compton camera，CC)的元素成像研究，如图 10.5.1

所示(Chen et al., 2018; Chen-Mayer et al., 2019).

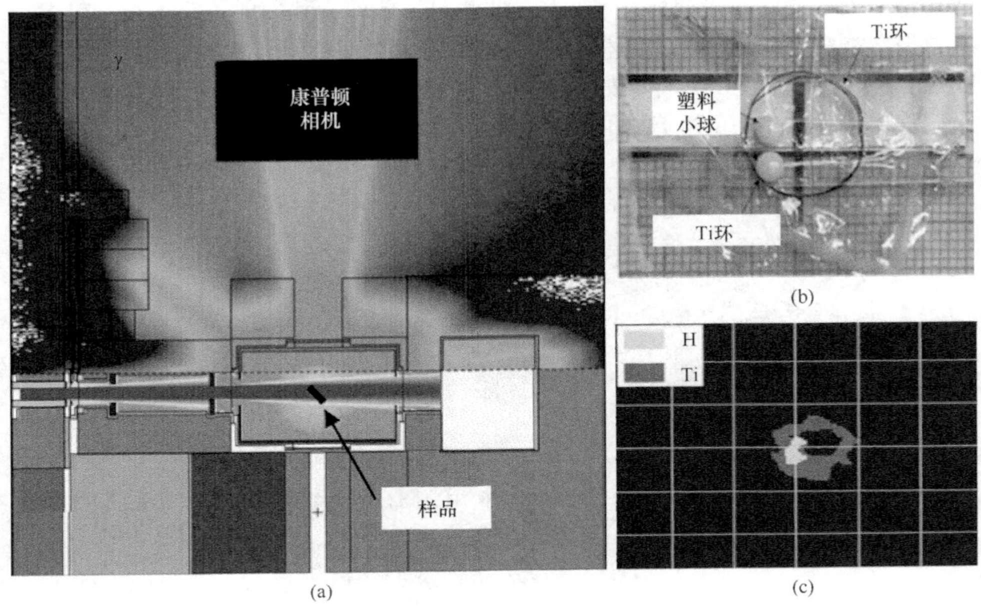

图 10.5.1 (a) NIST 测量平台；(b) Ti 环和塑料球样品；(c) Ti 和 H 元素成像结果

10.5.3 提升测量信号信噪比研究

图10.5.1彩图

针对快中子 PGAI 测量过程中，有效信号强度弱的问题，通过利用符合测量技术对样品的快中子γ能谱和热中子能谱进行分离，提升目标信号的信噪比. 在利用中子发生器进行测量的过程中，屏蔽防护和准直材料会产生大量的热中子并激发俘获反应能谱. 由于快中子需要经过一定的时间慢化成为热中子(微秒量级)，之后再激发产生俘获能谱，因此其与非弹性散射能谱之间存在一定的时间差. 利用脉冲中子发生器对样品进行测量，在一个测量周期内，脉冲期间测量的大部分为非弹性散射反应产生的能谱，在空窗期产生的大部分为俘获能谱，由于有效信号为非弹性散射反应产生的，因此可以降低俘获能谱带来的本底干扰，提高测量信号的信噪比.

参 考 文 献

杨鑫, 李润东, 王冠博, 等, 2017. 瞬发伽马活化分析与中子层析照相联合测量技术[J]. 同位素, 30(3): 153-163.

赵亮, 范亚明, 董明, 等, 2018. 基于 D-D/D-T 中子源的中子受激辐射计算机断层扫描成像的比较研究 [J]. 中国科学:物理学 力学 天文学, 48(02): 41-47.

赵亮, 李中星, 岳松, 等, 2017. 中子受激辐射计算机断层扫描成像系统的 MCNP 模拟 [J]. 中国科学: 物理学 力学 天文学, 47(06): 43-50.

Abel M R, Nie L H, 2019. Improving the sensitivity of fast neutron inelastic scatter analysis to iron using associated particle collimation[J]. Nuclear Instruments and Methods in Physics Research Section A: Accelerators, Spectrometers, Detectors and Associated Equipment, 932: 31-42.

Abel M R, Nie L H, 2018. Monte Carlo simulations of elemental imaging using the neutron - associated particle technique[J]. Medical Physics, 45(4): 1631-1644.

Abel M R, Koltick D S, Nie L H, 2016. Associated particle neutron elemental imaging in vivo: a feasibility study[J]. Medical Physics, 43(11): 5964-5972.

Araghian N, Miri-Hakimabad H, Rafat-Motavalli L, 2016. 3D imaging of the elemental concentration associated with a malignant tumor in breast cancer using Neutron Stimulated Emission Computed Tomography: a Monte Carlo simulation study[J]. Radioprotection, 51(2): 101-111.

Belgya T, Kis Z, Szentmiklósi L, et al., 2008a. A new PGAI-NT setup at the NIPS facility of the Budapest Research Reactor[J]. Journal of Radioanalytical and Nuclear Chemistry, 278(3): 713-718.

Belgya T, Kis Z, Szentmiklósi L, et al., 2008b. First elemental imaging experiments on a combined PGAI and NT setup at the Budapest Research Reactor[J]. Journal of Radioanalytical and Nuclear Chemistry, 278(3): 751-754.

Canella L, Kudějová P, Schulze R, et al., 2009. PGAA, PGAI and NT with cold neutrons: test measurement on a meteorite sample[J]. Applied Radiation and Isotopes, 67(12): 2070-2074.

Chen H , Chen-Mayer H H , Turkoglu D J , et al., 2018. Spectroscopic Compton imaging of prompt gamma emission at the MeV energy range[J]. Journal of Radioanalytical & Nuclear Chemistry, 318(1): 241-246.

Chen-Mayer H H, Brown S, Yang H, 2019. Feasibility study of Compton imaging for PGAA[J]. Journal of Radioanalytical and Nuclear Chemistry, 322(3): 1729-1738.

Cippo E P, Borella A, Gorini G, et al., 2011. Imaging of cultural heritage objects using neutron resonances[J]. Journal of Analytical Atomic Spectrometry, 26(5): 992-999.

David P, Brandon W B, Gongyin C, et al., 2019. Fast neutron resonance radiography for elemental imaging [J]. Nuclear Instruments and Methods in Physics Research Section A: Accelerators, Spectrometers, Detectors and Associated Equipment, 922: 71-75.

Evans C J, Mutamba Q B, 2002. The use of associated particle timing based on the D+ D reaction for imaging a solid object[J]. Applied Radiation and Isotopes, 56(5): 711-716.

Floyd J C E, Kapadia A J, Bender J E, et al., 2008. Neutron-stimulated emission computed tomography of a multi-element phantom[J]. Physics in Medicine & Biology, 53(9): 2313.

Kis Z, Szentmiklósi L, Belgya T, 2015. NIPS-NORMA station—a combined facility for neutron-based nondestructive element analysis and imaging at the Budapest Neutron Centre[J]. Nuclear Instruments and Methods in Physics Research Section A: Accelerators, Spectrometers, Detectors and Associated Equipment, 779: 116-123.

Kis Z, Belgya T, Szentmiklósi L, 2011. Monte Carlo simulations towards semi-quantitative prompt gamma activation imaging[J]. Nuclear Instruments and Methods in Physics Research Section A: Accelerators, Spectrometers, Detectors and Associated Equipment, 638(1): 143-146.

Kusminarto N M S , Nicolaou G E, 1987. 2-D reconstruction of elemental distribution within a sample using neutron capture prompt gamma-rays[J]. Journal of Radioanalytical and Nuclear Chemistry, 112(1):57-64.

Schulze R, Szentmiklósi L, Kudejova P, et al., 2013. The ANCIENT CHARM project at FRM II: three-dimensional elemental mapping by prompt gamma activation imaging and neutron tomography[J]. Journal of Analytical Atomic Spectrometry, 28(9): 1508-1512.

Sharma A C, Harrawood B P, Bender J E, et al., 2007. Neutron stimulated emission computed tomography: a Monte Carlo simulation approach[J]. Physics in Medicine & Biology, 52(20): 6117.

Spyrou N, 1987. Prompt and delayed radiation measurements in the elemental analysis of biological materials: the case for neutron induced gamma-ray emission tomography[J]. Journal of Radioanalytical and Nuclear Chemistry, 110(2): 641-653.

Szentmiklósi L, Kis Z, 2015. Characterizing nuclear materials hidden in lead containers by neutron-tomography-driven prompt gamma activation imaging (PGAI-NT)[J]. Analytical Methods, 7(7): 3157-3163.

Tang S B, Yin Z J, Ma Q L, 2007. Possible use of a BGO array for neutron stimulated emission computed tomography by summing adjacent signals [J]. Nuclear Instruments and Methods in Physics Research B, 263(2): 441-445.

Viana R S, Agasthya G A, Yoriyaz H, et al., 2013. 3D element imaging using NSECT for the detection of renal cancer: a simulation study in MCNP[J]. Physics in Medicine & Biology, 58(17): 5867.

第 11 章 激光诱导击穿光谱分析技术

11.1 简史及概要

激光诱导击穿光谱(LIBS)分析技术是一种能快速检测元素的原子发射光谱分析技术，该技术利用高能激光器作为激发源，通过聚焦作用将高能脉冲激光聚焦到样品表面，使得样品表面被击穿、烧蚀，从而产生等离子体，在脉冲作用结束后，处于激发态的原子和离子在向低能级或基态跃迁的过程中，会发射表征样品组分信息的光谱，利用光谱仪对等离子体发射光谱进行采集，之后对光谱进行解析，可以得到样品组分的类别和含量信息.

LIBS 分析技术是由美国洛斯阿拉莫斯(Los Alamos)国家实验室的 David Cremers 研究小组于 1962 年提出和实现的，该小组最先提出了用红宝石微波激射器来诱导产生等离子体光谱，之后，激光诱导击穿光谱技术开始被广泛应用于气体、液体和固体等各个领域(Brech and Cross，1962). 但受限于当时硬件设备的性能，脉冲激光的能量稳定性较差，严重影响该方法的灵敏度和精密度，因此这一研究并未得到广泛关注. 随着激光技术、光谱探测技术在 20 世纪 80 年代的飞速发展，LIBS 技术凭借检测快速、能远程检测、无须对样品进行预处理、多元素同时分析等优点再次引起研究学者的关注，在各领域有了不同程度的应用. 在 20 世纪 90 年代中期，随着便携式半定量分析商品仪器的成功研制，LIBS 分析技术广泛地应用到各个领域(Lin and Huang，2008; Eppler et al.，1996; Emst et al.，1996; Pakhomov et al.，1996). 在近几十年，LIBS 分析技术不断被改进，得到了巨大的发展，广泛渗透到越来越多的研究和应用领域，如考古学、生物医学、地理化学、军事、工业等领域，主要是重金属检测、危险物质识别、重要元素分析等.

11.2 激光诱导击穿光谱分析技术原理及其特点

LIBS 技术利用激光器发射高能脉冲激光，聚焦到被测样品表面，在高光子能量的轰击下，样品表面被剧烈加热并迅速融化，在样品表面形成一个很薄的熔融层，随着样品表面吸收的能量的继续增加，熔融层继续向内部扩展，形成局部烧蚀区，激光与样品相互作用的过程如图 11.2.1 所示，当吸收的热量超过了样品的气化潜热时，部分物质开始气化，气化后的样品继续吸收能量，使得其中的分子被分解成更小的粒子，大量自由粒子继续吸收激光能量并被加速，与更多的样品分子发生碰撞，使其电离，这样气化区域的电子浓度将呈指数增长，形成初始的等离子体(钱燕，2018).

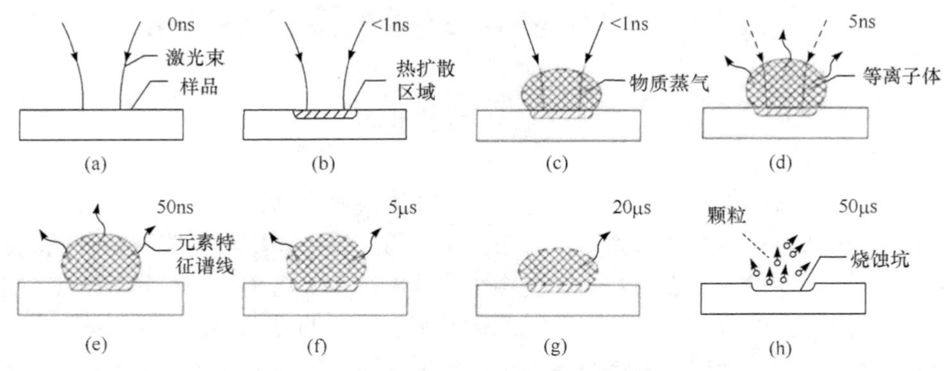

图 11.2.1 激光与样品相互作用的过程示意图(刘平，2018)

当等离子体达到最大电离状态时，等离子体开始冷却，不再吸收能量. 在冷却过程中，等离子体中处于激发态的粒子向低能级或基态跃迁，并发出特征谱线. 利用光谱仪对其进行采集、解析，从而得到样品中元素种类和含量信息(钱燕，2018). 跃迁过程如图 11.2.2 所示.

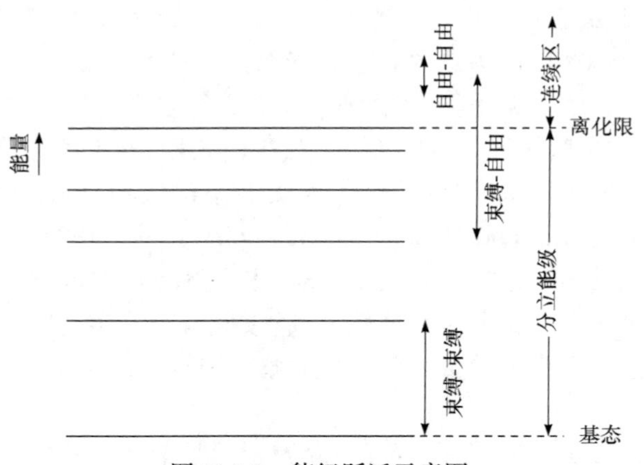

图 11.2.2 能级跃迁示意图

作为一种新兴的原子发射光谱分析技术，LIBS 技术具有以下优点：①适用于任何物理形态的样品(包括固体、液体、气体)；②无须对样品进行预处理或处理过程非常简单；③可实现原位、远程分析；④多元素同时分析；⑤对样品的需求量很小；⑥操作简单、分析速度快、无辐射污染. 但该技术也存在以下缺点(乌日娜，2016)：①稳定性较差，测量精密度不高；②信噪比较低，光谱背景严重；③基体效应严重；④检出限较大，检测灵敏度不高.

11.3　激光诱导击穿光谱理论模型

为了定量地描述等离子体辐射特性，首要的便是需要对等离子体中各种电荷如何分布和各个激发态粒子能级布局分布进行了解. 然后通过速率方程的求解，得到相应能级跃迁情况，便可以对其进行分析，即给定一个电离态，可以通过电离和复合过程与相邻两个态进行求解. 但是由于精确求解较为复杂，故一般采用简化模型来(电子密度大小对模型进行区分)进行求解：晕模型、碰撞辐射模型、局部热平衡模型.

11.3.1　晕模型

晕模型适用于等离子体电子密度很低的情况下，此时无自吸收效应的发生.

在晕模型平衡状态时，等离子体中主要要满足以下假设：自由电子满足麦克斯韦速度分布，碰撞电离和辐射复合之间的转换关系可描述为

$$N_z N_e S_z(T_e) = N_{z+1} N_e \alpha_{z+1}(T_e, N_e) \tag{11.3.1}$$

电子密度满足

$$N_e \leqslant 1.5\times 10^{10}(k_B T_e)^4 x_i^{-\frac{1}{2}} \tag{11.3.2}$$

式(11.3.1)和式(11.3.2)中 N_z 和 N_{z+1} 分别表示电离度为 z 与 $z+1$ 的粒子密度，$S_z(T_e)$ 与$\alpha_{z+1}(T_e, N_e)$分别为碰撞电离系数与复合电离系数，T_e 为电子温度，x_i 为粒子 z 的电离势.

11.3.2　碰撞辐射模型

通过电子密度来判断可以看出碰撞辐射模型是介于晕模型和局部热平衡模型之间的模型. 在碰撞辐射模型中粒子数分布主要通过对速率方程求解来进行分析，相邻电离度粒子密度表述为

$$N_z S_z^{\text{eff}} = N_{z+1}\left(\alpha_{z+1}^{\text{eff}} + N_e \beta_{z+1}^{\text{eff}}\right) \tag{11.3.3}$$

式中 N_z 和 N_{z+1} 分别表示电离度为 z 与 $z+1$ 的粒子密度，S_z^{eff} 、$\alpha_{z+1}^{\text{eff}}$、$\beta_{z+1}^{\text{eff}}$ 分别表示有效电离系数、复合系数、三体复合系数. 当电子密度比较小时，三体复合系数可以忽略，此时碰撞辐射模型就能转换为晕模型.

11.3.3　局部热平衡模型

局部热平衡模型是基于假设电子密度完全由碰撞过程决定的，粒子密度在等离子体中分布完全决定于等离子体中电子密度和温度，且局部热平衡模型一般需要

满足下列条件.

(1) 等离子体中各个粒子可近似认为具有一致的温度即 $T_g=T_{exc}=T_e=T_{ion}=T$，这里 T_g 是气体动力学温度，也是离解温度，T_{exc} 表示激发温度，T_{ion} 表示电离温度.

(2) 原子或者离子的各个能级上的布局服从玻尔兹曼分布.

(3) 原子电离服从萨哈热电离方程：$M+e = M^++2e$.

(4) 分子的离解服从质量作用定律：$MX = M+X$.

(5) 辐射服从普朗克辐射定律.

(6) 电子数满足：$N_e \geqslant 1.6\times 10^{12}\Delta E^3 T_e^{1/2}\text{cm}^{-3}$($\Delta E$ 为跃迁能级差).

等离子体中电离态分布由萨哈方程来确定

$$\frac{N_e N^z}{N^{z-1}} = 2\frac{U^z(T)}{U^{z-1}(T)}\left(\frac{m_e k_B T}{2\pi h^2}\right)^{\frac{3}{2}} e^{-\frac{E_{ion}^{z-1}-\Delta E_{ion}^{z-1}}{k_B T}} \tag{11.3.4}$$

式中 E_{ion} 表示原子电离能，m_e 为电子质量，h 为普朗克常量，$U^z(T)$与 $U^{z-1}(T)$分别为原子和离子的配分函数.

11.4 实验装置

LIBS 技术实验系统包括：激光器、光谱仪、激光聚焦装置、光谱收集装置和数据处理系统. 激光聚焦装置主要包括反射镜和透镜，光谱收集装置包括透镜组和光纤，数据处理系统为计算机. 装置如图 11.4.1 所示，激光器输出脉冲激光，通过聚焦装置聚焦在样品表面，在样品表面产生等离子体，等离子特征光谱信号经由光谱收集装置接收，得到光谱信号，再通过数据处理系统进行分析，得到待测样品中元素的相关信息.

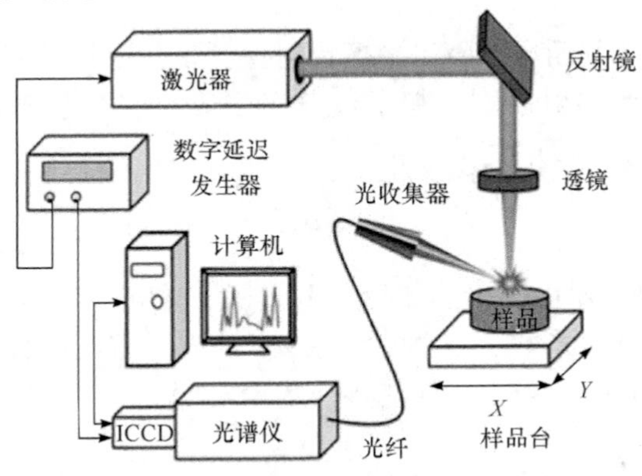

图 11.4.1 LIBS 技术实验系统装置示意图

激光器是 LIBS 系统的核心部件，LIBS 技术中的激光脉冲来自激光器. LIBS 技术的飞速发展得益于激光器性能的不断提高. 目前 LIBS 技术实验系统中采用最多的激光器为调 Q Nd：YAG 固体激光器. 该激光器产生的脉冲稳定度高，结构简单紧凑. 并且可以支持倍频切换，基频的波长为 1064nm，可以很方便地切换为二倍频(532nm)，三倍频(355nm)等. 该激光器的激光脉冲宽度通常为 6～15ns，单脉冲能量范围在微焦耳至几焦耳之间可调，发射频率可达 50Hz 甚至更高.

脉冲功率密度由脉冲能量大小、聚焦光斑大小、脉冲宽度决定，是能否产生等离子体最关键的指标.

脉冲功率密度波动会导致实验系统参数波动，进而引起光谱信号的波动. 这就给激光器的输出能量稳定性和脉冲宽度稳定性提出了较高的要求，一般情况下，要求其波动误差不能超过 5%. 烧蚀脉冲数量是指单次测量周期内激光器发射出的脉冲数量. 常见的如双脉冲 LIBS、三脉冲 LIBS 等技术. 相对于单脉冲技术，多脉冲技术能够在一定程度上提升光谱信号强度. 选择激光器的时候需要综合考虑激光器参数、脉冲功率密度、烧蚀脉冲数量、激光器尺寸、成本等(张海滨，2018).

聚焦和收集装置都是通过光学器件来完成的. 聚焦光路系统负责将高能脉冲激光聚焦至样品表面；收集光路系统将产生的等离子体光谱信号导入至探测系统中. 激光聚焦方式一般可以采用单透镜聚焦、多透镜聚焦两种方式. 单透镜聚焦设置简单，但存在焦距固定且不可用于远程对焦的缺点. 多透镜聚焦设置相对复杂，能够利用光学望远镜的原理对焦距进行动态调整(张海滨，2018).

在具体的实验过程中，首先要确定被测样品表面和光路系统的距离，选择合适焦距的单透镜或者可调焦透镜组；其次是要确定激光聚焦点与被测样品的相对位置，一般的操作过程中，激光聚焦点一般设置在略低于样品表面的地方，以防止环境气体被击穿而产生噪声信号(张海滨，2018).

图 11.4.2 给出的是复合肥样品在 190～500nm 和 690～890nm 范围内的 LIBS 光谱中主要元素的特征谱线(沙文，2018). 复合肥中基体元素主要有 Ca、Mg、Al、Si、Fe、Ti、O 等. LIBS 技术一般能使复合肥样品元素激发产生原子和离子谱线，复合肥样品中的 Fe、Ti、Ca、Mg 等元素较易激发，原子及离子发生谱线多且强

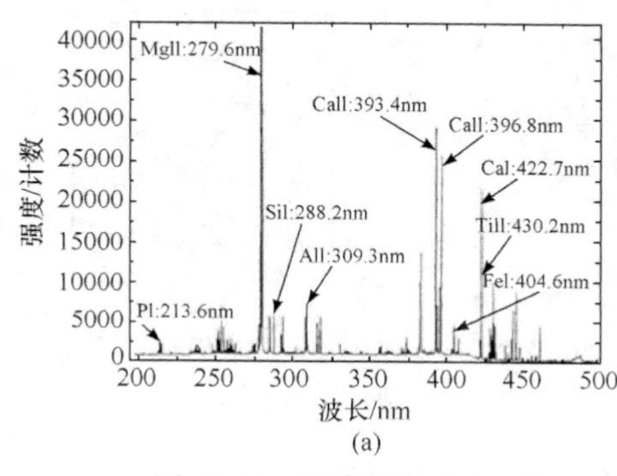

(a)

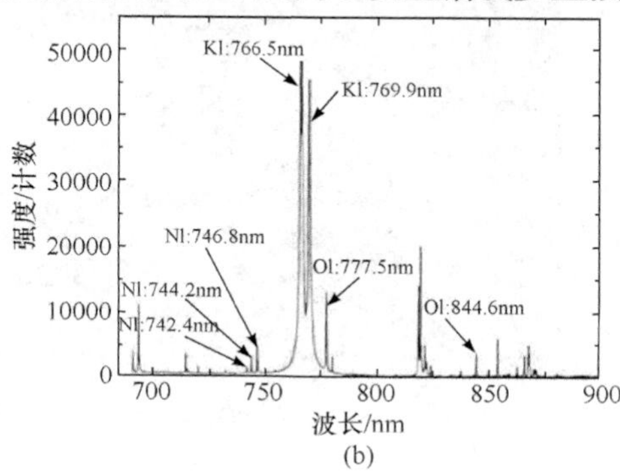

(b)

图 11.4.2　复合肥样品在 190～500nm 和 690～890nm 范围内的 LIBS 光谱

度大，尤其 Fe 和 Ti 两种元素的发射谱线特别多. 复合肥这些基体元素的特征谱线广泛分布在 190～500nm 范围内，干扰着氮、磷、钾元素的谱线. 从图 11.4.2(a)中可看出，在 190～500nm 波长范围内原子、离子特征谱线较多，主要为基体元素的特征谱线. 而图 11.4.2(b)，在 690～890nm 波长范围内主要是氮、钾、氧元素的特征谱线，复合肥基体元素的特征谱线存在的较少.

11.5 应用案例和范围

11.5.1 地质勘探领域

从 1992 年开始美国洛斯阿拉莫斯国家实验室进行了一系列现场试验(Blacic et al.，1992)，证明了在大气条件下使用 LIBS 对远距离地质样品进行取样检测的可行性. 在此之后，考虑到火星探索任务的需要，研究人员在模拟火星大气环境(7Torr CO_2)(1Torr=1.33322×10^2Pa)下，对 19m 外的石头和土壤样品进行了检测(Knight et al.，2000). 在美国航空航天局(NASA)资金的支持下，一个紧凑型 LIBS 检测系统研制出来，并在 NASA 位于内华达州沙漠的 Ames "K9" 漫游者火星车上进行了测试(Wiens et al.，2002). 之后洛斯阿拉莫斯国家实验室与其他一些组织合作，研制出一个名为 ChemCam 的基于 LIBS 技术的远程分析系统，该系统由天线单元(MU)(Maurice et al.，2012)和车体单元(BU)(Wiens et al.，2002)组成，可以获得"好奇号"探测车周围 7m 范围内的样品数据(图 11.5.1). 在 2012 年 8 月，ChemCam 在火星上获得了第一个 LIBS 光谱.

图 11.5.1 "好奇号"探测器、ChemCam 仪器的天线单元和车体单元

1996 年，Vadillo 和 Laserna(1996)率先使用 LIBS 研究从野外采集的地质样本，并在不进行任何预处理的情况下进行分析. 分析了四种不同种类的矿物. 使用波

长 532nm 的 Nd：YAG 激光器记录了钕钇铝石榴石、钒钛矿、黄铁矿、石榴石和石英的发射光谱，检测了其中的镁、锰、铁和硅. 随后，LIBS 技术被用于在 Malaga(西班牙)附近的 Nerja 洞穴中定位探测不同的洞穴元素(Vadillo et al.,1998)，得到了作为古气候重要指标的镁和锶的空间分布剖面. 此外,利用 1064nm 的 Nd：YAG 激光对铁矿中的锰和硅进行了测定(Sun et al.，2000). 利用波长 532 nm 的激光器对硫化物矿物进行鉴定(Kaski et al.，2003)，根据黄铁矿、磁黄铁矿、黄铜矿、闪锌矿、重晶石、方解石和白云石的参考光谱进行矿物分类，并对含硫岩心样品中的矿物分布进行了估算.

McMillan 等(2007)采用 1064nm 激光器快速、准确地鉴别了碳酸盐岩和硅酸盐矿物. 分析了一组碳酸盐、辉石岩和辉石岩、角闪岩、层状硅酸盐和长石. 所有 52 种矿物得到了正确的分类. 这表明 LIBS 在快速识别矿物和记录地质过程的矿物的原位分析方面具有较大的应用前景. Sharma 等(2009)展示了一种在大气中碳酸盐、硫酸盐、含水和无水硅酸盐矿物的远程分析技术，他们设计了一个集成的远程系统，可以在 9m 远的距离上得到方解石、石膏和橄榄石的拉曼光谱和 LIBS 光谱.

11.5.2　环境领域

从 20 世纪 90 年代中期开始将 LIBS 用于检测有毒和微量金属污染物，1995 年由美国能源部资助，美国洛斯阿拉莫斯国家实验室研制的 TRACER 便携式土壤污染物检测装置(Cremers et al.，1996)，研究人员在一周的时间内检测了超过 1000 个样品中的 As、Be、Pb、Cd、Ag、Cr、Zn、Cu、Fe、Sr 和 Mn，检出限范围为 10～510ppm，每个样品的检测时间不超过 1min，同时期，俄罗斯也研制出了类似的 LIBS 检测装置(图 11.5.2).

图 11.5.2　俄罗斯研制的 LIBS 仪器

此后，该技术开始被应用到各种环境中的污染物检测，2000 年，Buckley 等(2000)利用 LIBS 对焚化炉排放物中的 Be、Cd、Hg 和 Pb 进行了检测，四种元素的检出限范围为 2～100μg/dscm[①]. Gondal 等(2006)检测了原油残渣中所含的金属元素 Ca、Fe、Mg、Cu、Zn、Na、Ni 和 Mo，检出限范围在 2～14μg/g，测定结果与 ICP 相符.

11.5.3　食品分析领域

2011 年 Lei 等(2011)利用 LIBS 技术检测了 7 种奶粉中的 Ca、Mg 和 K，并将结果与 ICP-AES 技术进行了比较，结果表明，运用 LIBS 技术测得的结果(平均误差分别为 9.6%、5.8%和 17%)与 ICP-AES(平均误差分别为 3.6%、4.0%和 3.2%)相比还是存在较大差距. Liu 等(2012)运用 LIBS 技术测定奶酪中水分含量，使用氧元素含量作为测定水分的参考，在 3.7mJ 激光能量下，绘制了水分-氧含量校准曲线，结果发现，当水含量在 0.5%～45%范围时，校准曲线的 R^2 为 0.99. Abdel-Salam 等(2013)对母乳中的矿物质成分进行了定量分析. Wang 等(2016)使用 LIBS 通过比较 Mg、Mn、Ca、Al、Fe、K、CN 和 C_2 的谱线强度对不同种类的茶叶(龙井绿茶、白茶、铁观音、普洱茶、蒙顶黄芽白茶和武夷红茶)进行了分类，结果发现龙井绿茶、铁观音和普洱茶的正确鉴别率分别为 100%，而蒙顶黄芽、白茶和武夷红茶的正确鉴别率分别为 94%、98%和 80%，此外，从 300 个测试样本中正确识别了 286 个样品，平均正确识别率为 95.33%.

11.5.4　工业生产领域

将 LIBS 技术应用于工业生产，是该技术应用最成熟的领域.

奥地利约翰尼斯 · 开普勒林茨大学将 LIBS 系统用于大气环境下橡胶硫化生产线中橡胶制品的检测(Trautner et al.，2019). 在真空或惰性气体条件下成功利用双脉冲 LIBS 系统对三种橡胶(天然橡胶、丁苯橡胶和顺丁橡胶)中的硫进行检测. 此外，该测量方法可以推广以检测其他橡胶生产中的硫，并对其他材料(如石油和煤炭)生产过程中的硫进行定量测定.

华中科技大学将光纤激光器用于辅助 LIBS(FL-LIBS)检测矿浆中金属元素(Guo et al.，2019)，装置示意图如图 11.5.3 所示，将两束激光聚焦到矿浆的同一个点上，由于光纤激光器发射的激光能量较高，能达到消除水分同时增强等离子体能量的目的，从而能够提高矿浆中金属元素检测的灵敏度与精密度. 分别使用两种 LIBS[FL-LIBS 和单脉冲 LIBS(SP-LIBS)]对样品中的 Fe 进行了测定并绘制校准曲线，结果发现使用 FL-LIBS 进行测定的线性更好(图 11.5.4). 此外，南京航空航天大学核分析技术研究所基于 LIBS 分析在工业物料检测方面进行了相关研究.

---

① dscm(dry standard cubic meter，干标准立方)，在干燥环境下，1 dscm=1 m^3.

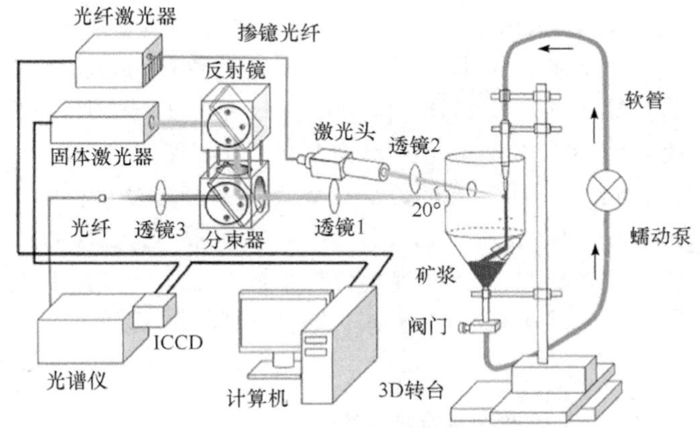

图 11.5.3　FL-LIBS 系统检测矿浆

美国伍斯特理工学院的研究者将 LIBS 技术用作检测熔融态金属合金中的杂质(Hudson et al., 2018). 研究者将 Al_2O_3 以金属基复合材料的形式加入熔融铝中，之后用 LIBS 技术对熔融铝中 O 元素进行检测. LIBS 技术检测熔融金属的装置图如图 11.5.5 所示. 使用LIBS技术能检测出 Al_2O_3 掺杂物. 然而金相分析技术所研究的颗粒尺寸小于 20μm, 体积分数为 4μm³/m³ 甚至更小. LIBS 技术具有能直接检测熔融态金属，可检测不同成分的包合物，能探测任何深度的熔融金属且可快速、连续

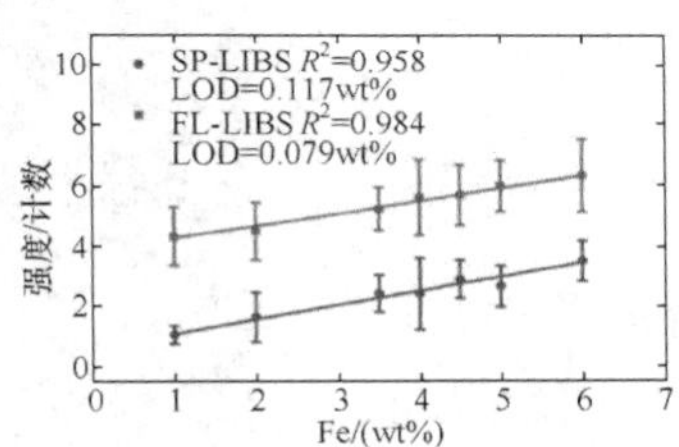

图 11.5.4　两种 LIBS 系统对于 Fe 的校准曲线的对比

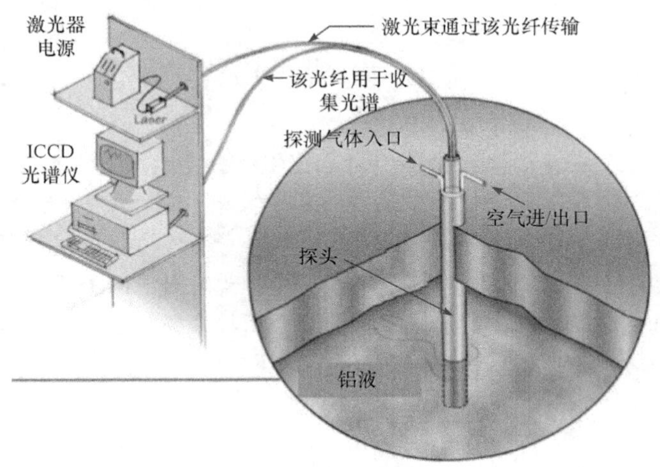

图 11.5.5　检测装置示意图

检测的优点，因此研究 LIBS 技术在检测熔融金属方面具有巨大的意义.

日本国家先进工业科学技术研究院建立了利用激光诱导击穿光谱法(LIBS)在多种材料黏接前检测表面污染的方法(Tadatake et al.，2019) (图 11.5.6). 相较于之前该方法的检测限值为 11.8mg/mm^2，改进后的 LIBS 使铝合金衬底上硅油的检测限降低到 5.29mg/mm^2. 运用相同的方法得到钢和碳纤维复合材料上 Si 的检测限值分别为 1.35mg/mm^2 和 11.4mg/mm^2. 考虑到检测限值会受多种因素的影响. 因此作者采用多脉冲 LIBS 法对碳纤维复合材料树脂层中的硅树脂进行了研究. 采用多个激光脉冲的激光器进行检测得到了含硅衬底的深度剖面信息.

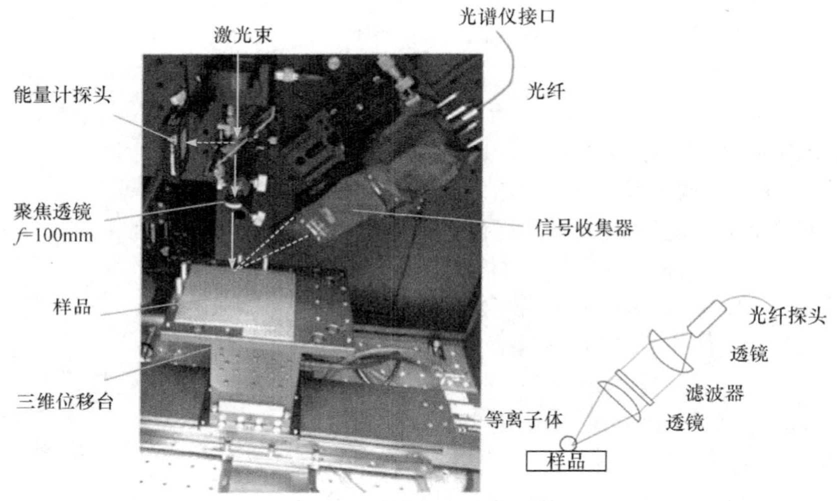

图 11.5.6　检测装置实物图

11.6　发 展 趋 势

随着社会的发展，科技的进步，自动化生产必定会成为今后工业生产的主流模式，而为实现生产的自动化，就需要一种能实现快速、在线检测产品质量的分析仪器，激光诱导击穿光谱分析技术无须制样、多元素同时检测、远程遥感监测的特点正符合这一要求，并且与其他在线分析仪器相比，LIBS 技术无辐射安全问题. 因此，LIBS 技术很有可能成为今后在线分析技术领域的又一种主流分析技术. 现阶段，LIBS 技术的发展趋势主要是围绕以下几个方面：

1. 便携化

近年来由于环境污染、食品安全等一系列问题，快速检测仪器的研发得到广泛的关注. LIBS 技术以其无样品预处理，多形态分析以及无辐射危害的优势成为现场检测技术最新发展的热点，而便携化无疑是这一技术的一大发展趋势. 这类仪器的研发不仅要考虑仪器的集成度和稳定性等基本指标，还需要考虑能耗、抗振动、工作环境等问题.

2. 专用化

在实际应用中，要摒弃"一机多用"的面面兼顾思维模式，不仅浪费资源，也往往使仪器不能达到最优的使用效果. 对于不同的使用需求，要开发各种有针对性的实用仪器. 针对特定的检测对象和检测指标，关键还要有大量的、稳定可靠的校正模型以及模型的维护和二次开发能力.

3. 核心零部件研制和创新

核心零部件性能对于仪器整体性能的提升至关重要. 光栅是光谱仪器的核心部件，光栅刻划集精密机械、光学技术于一身. 但目前我国光栅、检测器、扫描装置等部件多依赖于进口. 因而，积极采用以及自主研发国产部件对于最终成型仪器的商品化上市以及产品的竞争力具有极大的推动作用. 最重要的是，仪器成本往往取决于相关部件的成本，若仅仅靠装配组装技术，永远无法掌握真正的核心技术，也难于形成有国际竞争力的产品. 反过来，LIBS 技术的大力发展，不仅对于技术本身有积极意义，对于零部件国产化的进程也具有极大的促进作用.

4. 分析方法的创新

只有单纯的谱图，是远远无法满足工业分析需求的. 而简单的线性拟合方法，又会受到基质效应等因素的影响. 对于分类方法来说，固定不变的参数同样会因为外界基质的变动而在实际应用中产生较大误差. 大多数 LIBS 分析软件依赖于光谱仪的操控，仅仅是获得了元素的谱图，而后续再采用第三方软件进行处理；抑或是通过最小化参数的改变来实现定性测定的要求. 可以说，没有合适分析方法的 LIBS 仪器仅仅是硬件的堆积. 只有加入分析方法学、统计算法学等，才能够实现 LIBS 技术的有效应用.

5. 技术联用

近年来，由于激光光谱仪器部件的趋同性，技术发展的一大趋势是将之与其他检测技术联用，例如将 LIBS 多元素检测能力和拉曼技术或荧光技术在分子层面的检测能力相结合，能得到更为全面的物质成分信息.

6. 远程监测

目前纳米脉冲激光器的使用已经可以进行长达百米左右距离的固体目标遥测. 通过使用有效的聚焦透镜对激光束远程高度聚焦，已经实现了远距离的等离子体激发和收集. 随着 LIBS 仪器的日趋成熟，今后可能将其安装在遥控操作式载体上，完成对空气、地面甚至水下检测的任务.

7. 提高可靠性

可靠性是分析仪器的灵魂和生命线. 对于当前的 LIBS 系统，可靠性仍然是发展中亟待解决的问题之一. 当务之急是建立可靠的检测范围和实验方法来巩固和完善其在定量分析中的实用性，尽快制定出完善的检测标准，得到行业的认可，从而最快速度扩大 LIBS 技术的应用范围.

参考文献

刘平, 2018. EAST 壁材料纳秒激光诱导击穿光谱诊断技术研究[D]. 大连: 大连理工大学.

钱燕, 2018. 激光诱导击穿光谱技术对于煤中有机元素的测量研究[D]. 杭州: 浙江大学.

沙文, 2018. 基于激光诱导击穿光谱技术的复合肥成分实验测量与分析研究[D]. 合肥: 安徽大学.

乌日娜, 宁日波, 岱钦, 等, 2016. 新型激光器件与 LIBS 技术[M]. 北京: 电子工业出版社.

张海滨, 2018. 激光诱导击穿光谱定量分析算法研究[D]. 合肥: 中国科学技术大学.

Abdel- Salam Z, Al-Sharnoubi J, Harith M, 2013. Qualitative evaluation of maternal milk and commercial infant formulas via LIBS[J]. Talanta, 115: 422-426.

Brech F, Cross L, 1962. Optical micromission stimulated by a ruby laser[J]. Applied Spectroscopy, 16: 59.

Blacic J D, Pettit D R, Cremers D A, 1992. Laser-induced breakdown spectroscopy for remote elemental analysis of planetary surfaces[C]. Published in the Proceedings of the International Symposium on Spectral Sensing Research, Maui, HI: 15-20.

Barraclough B L, Maurice S, Wiens R C, et al., 2012. The ChemCam instrument suite on the Mars Science Laboratory (MSL) Rover: body unit and combined system tests[J]. Space Sci. Rev., 170: 167-227.

Buckley S G, Johnsen H A, Hencken K R, et al., 2000. Implementation of laserinduced breakdown spectroscopy as a continuous emissions monitor for toxic metals[J]. Waste Manag., 20: 455-462.

Cremers D A, Ferris M J, Davies M, 1996. Transportable laser-induced breakdown spectroscopy (LIBS) instrument for field-based soil analysis[J]. Proc. SPIE, 2835: 190-200.

Eppler A S, Cremers D A, Hiekmott D D, 1996. Matrix effects in the detection of Pb and Ba in soil using laser-induced breakdown spectroscopy[J]. Appl. Spectrosc., 50(9): 1175-1181.

Emst W E, Farson D F, Sames D J, 1996. Determination of copper in A533b steel for the assessment of radiation embrittlement using laser-induced breakdown spectroscopy[J]. APPL Spectrosc, 50(3): 306-309.

Gondal M, Hussain T, Yamani Z, et al., 2006. Detection of heavy metals in Arabian crude oil residue using laser induced breakdown spectroscopy[J]. Talanta, 69: 1072-1078.

Guo L B, Cheng X, Tang Y, et al., 2019. Improvement of spectral intensity and resolution with fiber laser for onstream slurry analysis in laser-induced breakdown spectroscopy[J]. Spectrochimica

Acta Part B, 152: 38-43.

Hudson S W, Craparo J, Desaro R, et al., 2018. Inclusion detection in aluminum alloys via laser-induced breakdown spectroscopy[J]. Metallurgical and Materials Transactions B, 49B: 658-665.

Knight A K, Scherbarth N L, Cremers D A, et al., 2000. Characterization of laser-induced breakdown spectroscopy (LIBS) for application to space exploration[J]. Appl. Spectrosc., 54(3): 331-340.

Kaski S, Häkkänen H, Korppi-Tommola J, 2003. Applied mineralogy sulfide mineral identification using laser-induced plasma spectroscopy[J]. Miner. Eng., 16(11): 1239-1243.

Lin K C, Huang J S, 2008. Detection of trace metal elements using Laser-induced breakdown spectroscopy[J]. Metallurgical Analysis, 28 (1): 97.

Liu Y, Gigant L, Baudelet M, et al., 2012. Correlation between laser-induced breakdown spectroscopy signal and moisture content[J]. Spectrochim. Acta B At. Spectrosc., 73: 71-74.

Lei W, El H , Motto-Ros V, et al., 2011. Comparative measurements of mineral elements in milk powders with laser-induced breakdown spectroscopy and inductively coupled plasma atomic emission spectroscopy[J]. Anal. Bioanal. Chem., 400: 3303-3313.

Maurice S, Wiens R C, Barraclough B L, et al., 2012. The ChemCam instrument suite on the Mars Science Laboratory (MSL) Rover: science objectives and mast unit description[J]. Space Sci. Rev., 170: 95-166.

McMillan N J, Harmon R S, DeLucia F C, et al., 2007. Laser-induced breakdown spectroscopy analysis of minerals-carbonates and silicates[J]. Spectrochim. Acta Part B, 62: 1528-1536.

Pakhomov A V, Niehols W, Borysow J, 1996. Laser-induced breakdown spectroscopy for detection of lead in concrete[J]. Appl. Spectrosc., 50(7): 850-884.

Sun Q, Tran M, Smith B W, et al., 2000. Determination of Mn and Si in iron ore by laser-induced plasma spectroscopy[J]. Anal. Chim. Acta, 413: 187-195.

Sharma S K, Misra A K, Lucey P G, et al., 2009. A combined Raman and LIBS instrument for characterizing minerals with 532nm laser excitation[J]. Spectrochim. Acta Part A, 73: 468-476.

Sato T, Tashiro K, Kawaguchi Y, et al., 2019. Pre-bond surface inspection using laser-induced breakdown spectroscopy for the adhesive bonding of multiple materials[J]. International Journal of Adhesion and Adhesives, 93: 93-101.

Tadatake S, Kenichi T, Yoshizo K, et al., 2019. Pre-bond surface inspection using laser-induced breakdown spectroscopy for the adhesive bonding of multiple materials[J]. International Journal of Adhesion and Adhesives, 93: 93-101.

Trautner S, Lackner J, Spendelhofer W, et al., 2019. Quantification of the vulcanizing system of rubber in industrial tire rubber production by Laser-Induced Breakdown Spectroscopy(LIBS)[J]. Analytical Chemistry, 91: 5200-5206.

Vadillo J M, Laserna J J, 1996. Laser-induced breakdown spectroscopy of silicate, vanadate and sulfide rocks[J]. Talanta, 43: 1149-1154.

Vadillo J M, Vadillo I, Carrasco F, et al., 1998. Spatial distribution profiles of magnesium and strontium in speleothems using laser-induced breakdown spectrometry[J]. Fresenius J. Anal. Chem, 361: 119-123.

Wang J M, Zheng P C, Liu H D, et al., 2016. Classification of Chinese tea leaves using laser-induced breakdown spectroscopy combined with the discriminant analysis method[J]. Analytical Methods, 15: 3204-3209.

Wiens R C, Arvidson R E, Cremers D A, et al., 2002. Combined remote mineralogical and elemental identification from rovers: field and laboratory tests using reflectance and laser-induced breakdown spectroscopy[J] J. Geophys. Res., 107.